新一代信息技术网络空间安全高等教育系列教材

# 密码学隐私增强技术导论

主　编　鞠　雷　刘巍然

编　者　林璟锵　唐　朋　李增鹏

　　　　彭力强　付仕辉　彭　立

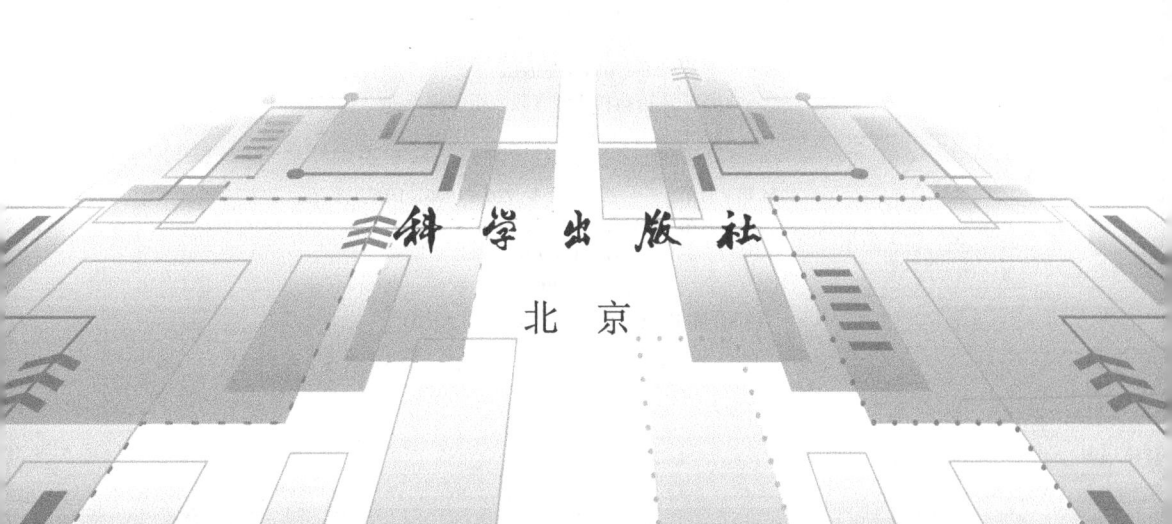

科学出版社

北京

## 内 容 简 介

本书是新一代信息技术网络空间安全高等教育系列教材之一. 隐私增强技术允许在对数据进行处理和分析的同时保护数据的机密性, 并且在某些情况下还可以保护数据的完整性及可用性, 从而既保护数据主体的隐私, 也维护数据控制者的商业利益. 这些技术是确保数据安全合规流通的关键. 近年来, 基于密码学的隐私增强技术在基础理论、算法协议, 以及实际应用等方面取得了显著进展, 成为学术界和工业界的热点议题. 本书全面介绍了包括差分隐私、同态加密、安全多方计算、门限签名、零知识证明等在内的主流密码学隐私增强技术, 从发展历程、核心原理到算法分析进行了多维度的阐述, 并通过实例展示了它们在人工智能和大数据等场景中的实际应用. 本书内容由浅入深, 结合理论知识与应用实践, 旨在帮助读者掌握隐私增强技术的最新动态, 并为进一步学习与应用这些技术打下坚实基础.

本书可作为密码科学与技术、信息安全、网络空间安全、数学、计算机等相关专业的本科生或研究生的密码学教材或参考书, 也可供从事网络空间安全相关工作的同仁参考, 或感兴趣的自学者自修.

---

#### 图书在版编目(CIP)数据

密码学隐私增强技术导论 / 鞠雷, 刘巍然主编. -- 北京：科学出版社, 2024.9. -- ISBN 978-7-03-079505-2

I. TN918.1

中国国家版本馆 CIP 数据核字第 2024T0G736 号

---

责任编辑: 张中兴　王　静　李　萍 / 责任校对: 杨聪敏
责任印制: 赵　博 / 封面设计: 有道设计

**科学出版社** 出版
北京东黄城根北街 16 号
邮政编码: 100717
http://www.sciencep.com
天津市新科印刷有限公司印刷
科学出版社发行　各地新华书店经销
\*
2024 年 9 月第　一　版　　开本: 720 × 1000　1/16
2024 年 11 月第二次印刷　　印张: 21 1/2
字数: 428 000
**定价: 89.00 元**
(如有印装质量问题, 我社负责调换)

# 丛书编写委员会

（按姓名笔画排序）

主　编：王小云　沈昌祥

副主编：方滨兴　冯登国　吴建平　郑建华

　　　　郭世泽　蔡吉人　管晓宏

编　委：王美琴　韦　韬　任　奎　刘建伟

　　　　刘巍然　许光午　苏　洲　杨　珉

　　　　张　超　张宏莉　陈　宇　封化民

　　　　段海新　鞠　雷　魏普文

# 《密码学隐私增强技术导论》编委会名单

主　编：鞠　雷　山东大学

　　　　刘巍然　阿里巴巴集团

编　委：林璟锵　中国科学技术大学

　　　　唐　朋　山东大学

　　　　李增鹏　山东大学

　　　　彭力强　阿里巴巴集团

　　　　付仕辉　山东大学

　　　　彭　立　阿里巴巴集团

# 丛 书 序

随着人工智能、量子信息、5G 通信、物联网、区块链的加速发展，网络空间安全面临的问题日益突出，给国家安全、社会稳定和人民群众切身利益带来了严重的影响. 习近平总书记多次强调"没有网络安全就没有国家安全"，"没有信息化就没有现代化"，高度重视网络安全工作.

网络空间安全包括传统信息安全所研究的信息机密性、完整性、可认证性、不可否认性、可用性等，以及构成网络空间基础设施、网络信息系统的安全和可信等. 维护网络空间安全，不仅需要科学研究创新，更需要高层次人才的支撑. 2015 年，国家增设网络空间安全一级学科. 经过八年多的发展，网络空间安全学科建设日臻完善，为网络空间安全高层次人才培养发挥了重要作用.

当今时代，信息技术突飞猛进，科技成果日新月异，网络空间安全学科越来越呈现出多学科深度交叉融合、知识内容更迭快、课程实践要求高的特点，对教材的需求也不断变化，有必要制定精品化策略，打造符合时代要求的高品质教材.

为助力学科发展和人才培养，山东大学组织邀请了清华大学等国内一流高校及阿里巴巴集团等行业知名企业的教师和杰出学者编写本丛书. 编写团队长期工作在教学和科研一线，在网络空间安全领域内有着丰富的研究基础和高水平的积淀. 他们根据自己的教学科研经验，结合国内外学术前沿和产业需求，融入原创科研成果、自主可控技术、典型解决方案等，精心组织材料，认真编写教材，使学生在掌握扎实理论基础的同时，培养科学的研究思维，提高实际应用的能力.

希望本丛书能成为精品教材，为网络空间安全相关专业的师生和技术人员提供有益的帮助和指导.

2023 年 12 月 1 日

# 序　言

　　基于密码学的隐私增强技术是实现数据共享，打通数据流通壁垒，释放数据价值的核心技术和基础支撑. 近年来，随着《中华人民共和国密码法》、《中华人民共和国数据安全法》和《中华人民共和国个人信息保护法》等法律的出台，隐私保护技术对数据安全保护、个人信息保护的支撑作用更加凸现. 为贯彻落实《中华人民共和国数据安全法》，工业和信息化部等十六部门在 2023 年 1 月发布《关于促进数据安全产业发展的指导意见》，指出加强隐私计算等核心技术攻关，构建数据安全产品体系，加快隐私计算等产品研发. 因此，隐私增强技术有助于催生新质生产力，促进创新和可持续发展，赋能数字经济高质量发展.

　　鉴于此，山东大学网络空间安全学院联合阿里巴巴集团等单位共同编写了《密码学隐私增强技术导论》一书. 该书不仅涵盖了同态加密、安全多方计算、门限签名、零知识证明等基于密码学的主流隐私增强技术，而且还包含了被数据市场接受的一般通用性技术——差分隐私. 通过对这些隐私保护技术与方法的数学原理、协议设计、核心代码的阐述以及应用案例的介绍，帮助读者深入理解相关技术的完备知识体系及其在实际场景中的应用.

　　《密码学隐私增强技术导论》一书的编写团队主要来自山东大学等高校网络空间安全学院的骨干教师以及产业界的专业人士，跨领域的写作团队为该书的写作注入了多样化的视角和可产业化的知识拓展，展现了学术研究与实际应用的融合创新，有助于读者在密码学与数据安全领域开展更为深入的研究与应用实践.

　　随着数据要素市场的不断扩大，隐私增强技术作为密码学应用的前沿领域，需求大、安全要求高，是国家关注的重点领域和新兴领域. 虽然该书难以穷尽所有技术细节及应用场景，但希望其能够成为网络空间安全领域广大师生、从业者初步了解隐私增强技术的起点，助力大家共同守护网络空间的安全与发展，构建更加安全繁荣的数字中国.

王小云<br>
2024 年 9 月

# 前　言

随着数字经济产业蓬勃发展，数据要素的泛在流通为新质生产力高质量发展提供了基础性战略资源．在数据价值激增的同时，相关的安全风险也随之增加，数据隐私保护问题已成为社会关注的焦点．我国在 2021 年相继通过了《中华人民共和国数据安全法》和《中华人民共和国个人信息保护法》．2023 年国家数据局的组建成立，标志着数字经济时代下我国的数据安全治理体系迈入了新征程．隐私增强技术通过一系列技术、方法和工具的综合运用，在数据处理和分析的同时，为数据的机密性、完整性和可用性提供保障．推动隐私增强技术的发展，推进其大规模商业化落地，促进数据要素的安全流通与综合利用，已经成为当前数字经济健康发展的核心任务之一．

近年来，隐私增强技术在基础理论、算法协议、计算架构等方面取得了显著进展，成为学术界和工业界共同关注的热点问题之一．本书专注于探讨基于密码学的隐私增强技术，包括工作原理、实现方案，以及在人工智能、大数据分析等场景下的应用案例．书中涵盖了差分隐私、同态加密、安全多方计算、门限签名、零知识证明等密码学隐私计算领域的主流技术，从技术原理、算法分析、应用案例等多个维度进行了深入阐述，并针对部分算法提供了小规模的核心代码片段供读者参考．作为一本面向高年级本科生及研究生的导论教材，本书旨在为已具备一定密码学基础并希望深入了解隐私增强技术的读者提供理论与实践相结合的全面指导．

本书共六章．第 1 章介绍隐私增强技术的基本概念、技术分类与概览，以及相关技术的标准化工作进展．第 2—6 章分别介绍一项主流的隐私增强技术的概念、原理、分析及应用．第 2 章在讨论传统去标识技术及其局限性的基础上，引出从数学角度可证明安全的差分隐私技术的相关内容；第 3 章结合开源代码示例，对同态加密技术的数学基础、方案构造和实际应用展开讨论；第 4 章介绍安全多方计算的安全模型、主流协议设计及其在隐私保护机器学习等场景中的实现；第 5 章及第 6 章分别介绍门限签名和零知识证明的技术原理及协议构造，并简要讨论相关技术在区块链等场景中的应用案例．

在王小云院士的指导下，山东大学网络空间安全学院联合阿里巴巴集团、中国科学技术大学等单位，组织一线的教师和产业专家共同编写了本书．同时，我们还邀请了相关领域的专家进行审定．感谢各位作者的辛勤付出，以及山东大学网络空间安全学院领导和老师在本书编写及出版过程中的支持与具体指导, 特别感谢王小云院士为本书作序. 感谢王美琴教授、魏普文教授、陈宇教授、王薇副教授、王梅副教授为本书提供的宝贵建议和指导. 感谢阿里巴巴集团达摩院王宇飞, 蚂蚁集团周启贤, 从事隐私增强技术研究的研究生诸怡兰、游泓慧、张可臻、张芷源、陈泽豪、蒋淼淼、宋元铭、殷祥凯、朱豪、李蔚、耿春秋、王思旸等认真地对本书进行整理和校对工作. 本书的部分内容曾多次作为授课内容, 为山东大学网络空间安全学院的本科生和研究生讲授, 感谢授课过程中学生们提出的意见. 感谢科学出版社对本书的大力支持.

本书的编写和出版得到国家自然科学基金项目 "面向全同态加密的跨硬件平台编译框架研究"(编号: 62372272)、国家自然科学基金项目 "具有鲁棒性的自适应安全门限签名构造方法研究"(编号: 62472255)、国家自然科学基金项目 "满足个性化差分隐私的多方数据发布技术研究"(编号: 62002203)、国家社科基金重大项目 "企业数据安全治理的关键机制研究"(编号: 22&ZD147)、山东省科技厅山东省实验室项目 "关键信息基础设施安全防护基础理论、关键技术与试验示范"(编号: SYS202201), 以及泉城实验室重点项目 "大数据隐私计算及其密码关键技术研究"(编号: QCLZD202302) 的资助, 特此感谢.

限于编者的水平, 书中难免有不妥之处, 恳请读者批评指正!

作 者

2024 年 8 月

# 目 录

丛书序
序言
前言
第 1 章 隐私增强技术概述 ························1
  1.1 隐私增强技术的定义 ························2
    1.1.1 隐私增强技术概念的提出 ···············2
    1.1.2 隐私增强技术的传统定义 ···············2
    1.1.3 隐私保护计算技术的诞生 ···············4
    1.1.4 隐私增强技术的扩展定义 ···············7
  1.2 隐私增强技术的分类 ························9
    1.2.1 广义隐私增强技术 ·····················9
    1.2.2 狭义隐私增强技术 ····················10
  1.3 密码学隐私增强技术概览 ····················11
    1.3.1 差分隐私 ···························12
    1.3.2 同态加密 ···························15
    1.3.3 安全多方计算 ·······················18
    1.3.4 门限签名 ···························21
    1.3.5 零知识证明 ·························22
  1.4 密码学隐私增强技术标准化工作 ···············24
第 2 章 数据模糊技术 ···························27
  2.1 典型去标识技术 ···························28
    2.1.1 直接标识符处理方法 ··················29
    2.1.2 间接标识符处理方法 ··················31
    2.1.3 去标识效果量化指标 ··················34
  2.2 去标识技术失败案例 ·······················40
    2.2.1 假名失败案例 ·······················41
    2.2.2 $k$-匿名性失败案例 ··················46
    2.2.3 聚合失败案例 ·······················53
    2.2.4 小结 ······························58

2.3 中心差分隐私 · · · · · · · · · · · · · · · · · · · · · · · · · · · · · · · · · · · · · · · · · · · · · · · · · · · · · · · · · · · 59
   2.3.1 差分隐私的核心思想 · · · · · · · · · · · · · · · · · · · · · · · · · · · · · · · · · · · · · · · 60
   2.3.2 差分隐私的定义 · · · · · · · · · · · · · · · · · · · · · · · · · · · · · · · · · · · · · · · · · · · · 63
   2.3.3 差分隐私的性质 · · · · · · · · · · · · · · · · · · · · · · · · · · · · · · · · · · · · · · · · · · · · 67
   2.3.4 差分隐私的基础机制 · · · · · · · · · · · · · · · · · · · · · · · · · · · · · · · · · · · · · · · 69
   2.3.5 高斯机制与高级组合性定理 · · · · · · · · · · · · · · · · · · · · · · · · · · · · · · · 76
2.4 本地差分隐私 · · · · · · · · · · · · · · · · · · · · · · · · · · · · · · · · · · · · · · · · · · · · · · · · · · · · · · · · · · · 81
   2.4.1 本地差分隐私概念 · · · · · · · · · · · · · · · · · · · · · · · · · · · · · · · · · · · · · · · · · · 81
   2.4.2 本地差分隐私机制 · · · · · · · · · · · · · · · · · · · · · · · · · · · · · · · · · · · · · · · · · · 83
   2.4.3 谷歌 RAPPOR 系统 · · · · · · · · · · · · · · · · · · · · · · · · · · · · · · · · · · · · · · · · 88
2.5 如何选择隐私参数 · · · · · · · · · · · · · · · · · · · · · · · · · · · · · · · · · · · · · · · · · · · · · · · · · · · · 92
2.6 习题 · · · · · · · · · · · · · · · · · · · · · · · · · · · · · · · · · · · · · · · · · · · · · · · · · · · · · · · · · · · · · · · · · · · · · · 94

# 第 3 章 全同态加密 95
3.1 全同态加密演进历史 · · · · · · · · · · · · · · · · · · · · · · · · · · · · · · · · · · · · · · · · · · · · · · · · · 95
3.2 多项式环及其运算 · · · · · · · · · · · · · · · · · · · · · · · · · · · · · · · · · · · · · · · · · · · · · · · · · · · · 98
   3.2.1 多项式环 · · · · · · · · · · · · · · · · · · · · · · · · · · · · · · · · · · · · · · · · · · · · · · · · · · · · · · 98
   3.2.2 利用快速傅里叶变换实现多项式乘法 · · · · · · · · · · · · · · · · · · · · · · · 100
   3.2.3 系数模数下的多项式乘法 · · · · · · · · · · · · · · · · · · · · · · · · · · · · · · · · · · · 106
   3.2.4 全同态加密中的负循环多项式乘法 · · · · · · · · · · · · · · · · · · · · · · · · · 108
   3.2.5 通过细节优化提升性能 · · · · · · · · · · · · · · · · · · · · · · · · · · · · · · · · · · · · · · 112
3.3 教科书 BFV 方案 · · · · · · · · · · · · · · · · · · · · · · · · · · · · · · · · · · · · · · · · · · · · · · · · · · · · 114
   3.3.1 明文密文与私钥公钥 · · · · · · · · · · · · · · · · · · · · · · · · · · · · · · · · · · · · · · · · 114
   3.3.2 加密与解密 · · · · · · · · · · · · · · · · · · · · · · · · · · · · · · · · · · · · · · · · · · · · · · · · · · 116
   3.3.3 同态运算 · · · · · · · · · · · · · · · · · · · · · · · · · · · · · · · · · · · · · · · · · · · · · · · · · · · · · 120
   3.3.4 密钥切换与重线性化 · · · · · · · · · · · · · · · · · · · · · · · · · · · · · · · · · · · · · · · · 123
   3.3.5 教科书 BFV 方案描述 · · · · · · · · · · · · · · · · · · · · · · · · · · · · · · · · · · · · · · 129
3.4 剩余数系统 BFV 方案 · · · · · · · · · · · · · · · · · · · · · · · · · · · · · · · · · · · · · · · · · · · · · · · 131
   3.4.1 安全的 BFV 方案参数 · · · · · · · · · · · · · · · · · · · · · · · · · · · · · · · · · · · · · · 132
   3.4.2 剩余数系统 · · · · · · · · · · · · · · · · · · · · · · · · · · · · · · · · · · · · · · · · · · · · · · · · · · 133
   3.4.3 剩余数系统下的解密算法 · · · · · · · · · · · · · · · · · · · · · · · · · · · · · · · · · · · 138
   3.4.4 剩余数系统下的同态乘法 · · · · · · · · · · · · · · · · · · · · · · · · · · · · · · · · · · · 143
3.5 浮点数全同态加密算法: CKKS · · · · · · · · · · · · · · · · · · · · · · · · · · · · · · · · · · · · 147
   3.5.1 CKKS 方案的构造思想 · · · · · · · · · · · · · · · · · · · · · · · · · · · · · · · · · · · · · 148
   3.5.2 CKKS 编、解码方案 · · · · · · · · · · · · · · · · · · · · · · · · · · · · · · · · · · · · · · · · 150
   3.5.3 CKKS 方案的形式化描述 · · · · · · · · · · · · · · · · · · · · · · · · · · · · · · · · · · · 154

## 目 录

- 3.5.4 RNS-CKKS ........................................ 156
- 3.6 同态加密方案的应用 ........................................ 159
  - 3.6.1 PIR 定义 ........................................ 159
  - 3.6.2 基于同态加密方案的 PIR 方案 ........................................ 160
  - 3.6.3 PIR 方案拓展 ........................................ 161
  - 3.6.4 基于同态加密的神经网络推理 ........................................ 163
- 3.7 习题 ........................................ 168

### 第 4 章 安全多方计算 ........................................ 169
- 4.1 安全多方计算的定义与模型 ........................................ 169
  - 4.1.1 安全性定义 ........................................ 170
  - 4.1.2 网络与安全模型及攻击者能力 ........................................ 171
  - 4.1.3 协议的独立性与通用组合性 ........................................ 173
  - 4.1.4 形式化定义 ........................................ 175
- 4.2 不经意传输 ........................................ 180
  - 4.2.1 基于陷门置换的 OT 协议 ........................................ 180
  - 4.2.2 Base OT 协议 ........................................ 182
  - 4.2.3 $\binom{2}{1}$-OT 扩展协议 ........................................ 182
  - 4.2.4 $\binom{n}{1}$-OT 扩展协议 ........................................ 183
- 4.3 秘密分享 ........................................ 185
  - 4.3.1 Shamir 秘密分享 ........................................ 185
  - 4.3.2 可验证秘密分享 ........................................ 188
  - 4.3.3 打包秘密分享 ........................................ 189
  - 4.3.4 复制秘密分享 ........................................ 190
- 4.4 基础安全多方计算 ........................................ 191
  - 4.4.1 混淆电路与 Yao 协议 ........................................ 191
  - 4.4.2 GMW 协议 ........................................ 193
  - 4.4.3 BGW 协议 ........................................ 194
  - 4.4.4 BMR 协议 ........................................ 196
- 4.5 安全多方计算范式 ........................................ 198
  - 4.5.1 预计算乘法三元组 ........................................ 198
  - 4.5.2 ABY 框架 ........................................ 200
  - 4.5.3 SPDZ 框架 ........................................ 204
- 4.6 应用案例 ........................................ 207

|     |       | 4.6.1 百万富翁问题 · · · · · · · · · · · · · · · · · · · · · · · · · · · · · · · · · · · · · · · · · · · · 207 |
| --- | --- | --- |
|     |       | 4.6.2 相等性检测 · · · · · · · · · · · · · · · · · · · · · · · · · · · · · · · · · · · · · · · · · · · · · · 210 |
|     |       | 4.6.3 隐私集合求交协议 · · · · · · · · · · · · · · · · · · · · · · · · · · · · · · · · · · · · · · · · 214 |
|     |       | 4.6.4 隐私保护机器学习 · · · · · · · · · · · · · · · · · · · · · · · · · · · · · · · · · · · · · · · · 217 |
| 4.7 | 习题 · · · · · · · · · · · · · · · · · · · · · · · · · · · · · · · · · · · · · · · · · · · · · · · · · · · · · · · · · · · · · · · 220 |
| 第 5 章 | 门限签名 · · · · · · · · · · · · · · · · · · · · · · · · · · · · · · · · · · · · · · · · · · · · · · · · · · · · · 222 |
| 5.1 | 门限签名概述 · · · · · · · · · · · · · · · · · · · · · · · · · · · · · · · · · · · · · · · · · · · · · · · · · · 222 |
|     | 5.1.1 数字签名与门限签名 · · · · · · · · · · · · · · · · · · · · · · · · · · · · · · · · · · · · · 222 |
|     | 5.1.2 门限签名方案的基本概念 · · · · · · · · · · · · · · · · · · · · · · · · · · · · · · · · · 223 |
|     | 5.1.3 门限签名方案的发展 · · · · · · · · · · · · · · · · · · · · · · · · · · · · · · · · · · · · · 224 |
| 5.2 | 预备知识 · · · · · · · · · · · · · · · · · · · · · · · · · · · · · · · · · · · · · · · · · · · · · · · · · · · · · · · · · 225 |
|     | 5.2.1 秘密分享 · · · · · · · · · · · · · · · · · · · · · · · · · · · · · · · · · · · · · · · · · · · · · · · · · 225 |
|     | 5.2.2 乘法加法转换器 · · · · · · · · · · · · · · · · · · · · · · · · · · · · · · · · · · · · · · · · · · 227 |
|     | 5.2.3 利用 Beaver 三元组乘法求逆元 · · · · · · · · · · · · · · · · · · · · · · · · · · · 230 |
| 5.3 | RSA 签名算法的门限计算方案 · · · · · · · · · · · · · · · · · · · · · · · · · · · · · · · · · · · · 231 |
|     | 5.3.1 加法拆分私钥 · · · · · · · · · · · · · · · · · · · · · · · · · · · · · · · · · · · · · · · · · · · · 232 |
|     | 5.3.2 基于 Shamir 秘密分享拆分私钥 · · · · · · · · · · · · · · · · · · · · · · · · · · · · 234 |
| 5.4 | Schnorr 签名算法的门限计算方案 · · · · · · · · · · · · · · · · · · · · · · · · · · · · · · · · · 236 |
|     | 5.4.1 加法拆分私钥 · · · · · · · · · · · · · · · · · · · · · · · · · · · · · · · · · · · · · · · · · · · · 236 |
|     | 5.4.2 乘法拆分私钥 · · · · · · · · · · · · · · · · · · · · · · · · · · · · · · · · · · · · · · · · · · · · 237 |
| 5.5 | ECDSA 签名算法的门限计算方案 · · · · · · · · · · · · · · · · · · · · · · · · · · · · · · · · · 239 |
|     | 5.5.1 基于不经意传输的门限计算方案 · · · · · · · · · · · · · · · · · · · · · · · · · · · 239 |
|     | 5.5.2 基于多方安全计算的门限计算方案 · · · · · · · · · · · · · · · · · · · · · · · · · 245 |
| 5.6 | SM2 签名算法的门限计算方案 · · · · · · · · · · · · · · · · · · · · · · · · · · · · · · · · · · · · · · 246 |
|     | 5.6.1 SM2 两方门限计算方案 · · · · · · · · · · · · · · · · · · · · · · · · · · · · · · · · · · · · · 248 |
|     | 5.6.2 SM2 两方门限盲协同计算方案 · · · · · · · · · · · · · · · · · · · · · · · · · · · · · 252 |
| 5.7 | 门限签名方案的应用 · · · · · · · · · · · · · · · · · · · · · · · · · · · · · · · · · · · · · · · · · · · · · · · 256 |
| 5.8 | 习题 · · · · · · · · · · · · · · · · · · · · · · · · · · · · · · · · · · · · · · · · · · · · · · · · · · · · · · · · · · · · · · · 257 |
| 第 6 章 | 零知识证明 · · · · · · · · · · · · · · · · · · · · · · · · · · · · · · · · · · · · · · · · · · · · · · · · · · · · 258 |
| 6.1 | 交互式证明系统 · · · · · · · · · · · · · · · · · · · · · · · · · · · · · · · · · · · · · · · · · · · · · · · · · · 258 |
|     | 6.1.1 交互式论证系统 · · · · · · · · · · · · · · · · · · · · · · · · · · · · · · · · · · · · · · · · · · 261 |
|     | 6.1.2 公开抛币的证明系统 · · · · · · · · · · · · · · · · · · · · · · · · · · · · · · · · · · · · · · 262 |
| 6.2 | Sum-Check 协议 · · · · · · · · · · · · · · · · · · · · · · · · · · · · · · · · · · · · · · · · · · · · · · · · · · · 262 |
| 6.3 | 零知识证明系统 · · · · · · · · · · · · · · · · · · · · · · · · · · · · · · · · · · · · · · · · · · · · · · · · · · 266 |
| 6.4 | Σ 协议 · · · · · · · · · · · · · · · · · · · · · · · · · · · · · · · · · · · · · · · · · · · · · · · · · · · · · · · · · · · · 272 |

      6.4.1   Σ 协议的性质 ························································· 275

      6.4.2   知识的证明 ························································· 276

6.5   从 Σ 协议构造高效的零知识证明 ······································· 277

      6.5.1   基本的零知识协议构造 ············································ 277

      6.5.2   满足零知识的知识证明方案 ······································· 279

6.6   非交互式零知识证明系统 ·················································· 281

      6.6.1   Fiat-Shamir 变换 ·················································· 282

      6.6.2   随机谕言机模型 ···················································· 283

      6.6.3   一个例子: Schnorr 签名方案 ···································· 284

6.7   简洁的非交互式知识论证系统 ············································ 284

6.8   基于 QAP/SSP 的 (zk)SNARK 构造 ·································· 286

      6.8.1   电路以及电路可满足性问题 ······································· 286

      6.8.2   二次算术张成方案 (QAP) 和平方张成方案 (SSP) ············ 288

      6.8.3   基于 QAP/SSP 的证明框架 ····································· 291

      6.8.4   编码方案 ····························································· 292

      6.8.5   基于 QAP 的构造 ················································· 293

      6.8.6   基于 SSP 的 (zk)SNARK 构造 ································· 298

6.9   基于 PIOP 的 (zk)SNARK 构造 ······································· 298

      6.9.1   电路的 $\mathcal{NP}$ 化或算术化 ··········································· 299

      6.9.2   多项式交互式谕言机证明 ········································· 300

      6.9.3   密码编译器——多项式承诺方案 ································ 300

      6.9.4   基于 PIOP 和多项式承诺方案构造 (zk)SNARK 的一般框架 ······ 302

6.10   零知识证明的应用 ························································· 303

      6.10.1   范围证明 ··························································· 303

      6.10.2   去中心化的可验证身份 ·········································· 308

      6.10.3   匿名可验证投票 ··················································· 309

6.11   习题 ··············································································· 309

**参考文献** ·························································································· 312

# 第 1 章

## 隐私增强技术概述

我们已经迈入了一个高度数字化的社会. 一方面, 互联网的不断发展和移动设备的广泛普及深刻改变了人们的生活方式, 为每个人的日常生活带来了极大的便利. 现在, 只需要动动手指, 就可以通过手机获取资讯、购买商品、参加会议、预订行程等. 另一方面, 云计算和人工智能的高速发展为企业甚至社会的运转效率带来了大幅的提升. 越来越多的企业利用云计算技术来存储和处理海量的数据, 并挖掘数据中蕴含的规律, 以发现新的机会.

数字化社会为个人、企业、社会带来深刻变革的同时, 也引发了不容忽视的数据安全和隐私保护问题. 数字时代将社会的方方面面都进行了数字化处理. 人们离家后所经历的每一个事件都可能通过数字化技术参与信息共享. 无论是浏览互联网、在线购物、驾驶车辆、外出旅游, 还是享受美食、锻炼身体、安心睡觉, 我们都可能会共享数据. 这些数据的采集和共享虽然方便了每个人的生活, 但也可能引发严重的数据安全和隐私问题, 给人们的生活造成困扰.

在数字化的浪潮中, 普通用户为了在各大应用中获取相应的服务, 似乎必须采集和使用数据, 这使得数字时代和隐私保护看起来像是一个不可调和的矛盾[1]. 脸书的马克·扎克伯格在 2010 年曾说过 "隐私时代已经结束". 2014 年, 托马斯·弗里德曼在《纽约时报》上也写道, "隐私已经结束".

真的如此吗? 如果我们不加限制地采集、使用、共享数据, 安全和隐私确实可能荡然无存. 然而, 如果我们通过法律和技术手段对数据的采集、使用和共享进行合理控制, 或许我们既能享受到数字化社会所带来的便利, 又能有效地保护我们的数据和隐私. 为此, 法律法规和安全技术领域都在积极寻求解决方案. 在法律法规方面, 以《通用数据保护条例》(General Data Protection Regulation, GDPR)[2] 为代表的数据安全法律法规相继推出, 通过多种合规手段来保护数据的安全. 在安全技术方面, 隐私增强技术 (privacy enhancing technologies, PETs) 围绕数字化时代的特点, 引入以密码学为代表的数据安全技术来保护数据. 隐私增强技术的不断发展也使密码学这一神秘的学科从幕后走到了台前, 密码学得到了越来越多的关注、研究和应用, 以确保数据安全和隐私保护能够得到有效实施.

## 1.1 隐私增强技术的定义

### 1.1.1 隐私增强技术概念的提出

1997 年, 加州大学伯克利分校的 Goldberg、Wagner 和 Brewer 撰写了一篇名为《面向互联网的隐私增强技术》的报告[3]. 这篇报告指出, 隐私增强技术的概念最早可以追溯到 20 世纪 80 年代. 1995 年, 荷兰数据保护局与加拿大安大略省信息与隐私专员办公室联合发布了《隐私增强技术: 匿名之路》[4] 的研究报告. 这是目前为止可以追溯到的最早提出隐私增强技术这一术语的出版物. 这份报告研究了信息系统所涉及的实体与数据处理过程, 讨论了信息系统中的用户身份保护问题. 这份报告指出, 可以通过技术手段减少对个人信息的处理, 以防止个人信息的滥用. 报告同时指出, 可以应用隐私增强技术将传统信息系统转变为隐私信息系统.

一方面, 电子邮件已经成为那个时代互联网领域最重要的应用. 密码学家 Chaum 于 1981 年发表论文《不可追踪的电子邮件、返回地址和数字化假名》[5], 指出了电子邮件地址的隐私保护问题, 并提出了一个匿名的、不可被察觉的电子消息传递方法, 此方法被命名为 Mix. 值得注意的是, 2004 年的 MixMaster 匿名电子邮件系统[6] 实现了这一方法, 此系统也被认为是第一个实际可用的隐私增强技术系统. 另一方面, 互联网在那个时代的快速发展也使得人们开始思考数字化商业解决方案, 数字货币 (digital cash) 的概念也随之诞生. Chaum 于 1983 年发表的论文《不可追踪支付的盲签名》[7] 指出了电子货币的隐私保护问题并给出了基于盲签名的解决方案. Goldberg 等的报告认为, 这两项研究成果是隐私增强技术的发源地[3].

### 1.1.2 隐私增强技术的传统定义

《隐私增强技术: 匿名之路》和《面向互联网的隐私增强技术》这两份报告虽然提出了隐私增强技术这一术语, 但没有为此术语给出相应的定义. 在 1998 年出版的《技术与隐私: 新的着陆点》[8] 一书中, Burkert 等在其撰写的第 4 章《隐私增强技术: 分类、批判与未来》[9] 中给出了一个隐私增强技术的描述性定义.

> 隐私增强技术这一术语是指以保护个人身份为目的的技术和组织概念.

2002 年, 经济合作与发展组织 (Organizatio for Economic Co-operation and Development, OECD) 关于《隐私增强技术清单》的报告[10] 给出了隐私增强技术的广义定义.

> 隐私增强技术通常是指有助于保护个人隐私的一大类技术. 隐私增强技术的使用可帮助用户在隐私保护方面做出合理的选择.

## 1.1 隐私增强技术的定义

2003 年, Blarkom、Borking 和 Olk 等发布了技术手册《隐私与隐私增强技术手册: 以智能软件代理为例》[11]. 他们从数据保护的视角出发, 对当时的信息与通信技术进行了全面的分析, 并在手册中提出了一个新的隐私增强技术的定义.

> 隐私增强技术是通信与信息系统中保护信息隐私的系统, 此系统在不丢失信息系统功能的条件下, 通过消除或最小化个人信息来防止不必要或有害的个人信息处理过程.

此手册指出, 隐私增强技术最早源自于假名身份 (pseudo-identity) 的概念, 即通过假名代替用户的真实身份, 以保护用户的隐私. 此手册随后指出, 隐私增强技术得到了进一步演进和发展, 形成了限制个人数据采集、身份/认证/授权、隐私保护标准技术、假名身份、加密、生物识别、审计能力这七项目标和原则, 其中隐私保护标准技术指的是对数据做脱敏处理, 而加密指的是在数据存储、授权、访问与披露、传输过程中应用密码学技术①.

2007 年, Fritsch 发布了一份名为《前沿隐私增强技术》的报告[12]. 这份报告全面总结了隐私增强技术概念的诞生和演进之路, 并将隐私增强技术的历史划分为四个阶段, 如图 1.1 所示.

• 第一阶段 (20 世纪 70 年代到 20 世纪 80 年代): 争论计算机中的数据保护问题.

• 第二阶段 (20 世纪 80 年代到 20 世纪 90 年代): 发明 Mix 方法; 信息隐藏; 隐写术.

• 第三阶段 (20 世纪 90 年代到 21 世纪 00 年代): 实现 MixMaster, 研究 IP、ISD、GSM 等 Mix 方法; IP 的 Mix 原型系统; 提出凭证系统; 启动商业化.

• 第四阶段 (21 世纪 00 年代之后): 更多监管要求; 国际化; 合规; 大型研究项目; 聚焦应用.

图 1.1 Fritsch 给出的隐私增强技术的演进之路

---

① 原文中隐私保护标准技术是指匿名化数据 (anonymized data), 但当时对匿名化的定义和描述还不够清晰, 此部分的本意是对原始数据进行去标识化等脱敏处理.

这份报告将隐私增强技术分为隐私保护和隐私管理两大类别,并对已有的隐私增强技术进行了归类和整理,如表 1.1 所示. 2008 年, Fritsch 和 Abie 将这份报告总结成论文《信息系统隐私风险管理研究路线图》[13],并在德语会议 SICHERHEIT 2008 上正式发表.

表 1.1 2007 年《前沿隐私增强技术》对已有隐私增强技术的分类

| 类别 | 子类别 | 描述 |
| --- | --- | --- |
| 隐私保护 | 假名化工具 | 在不需要隐私信息的条件下实现电子商务交易 |
| | 匿名化产品和服务 | 在不泄露用户地址和身份的条件下提供网页浏览和电子邮件收发的能力 |
| | 加密工具 | 保护电子邮件、文档和交易,使其不能被其他参与方阅读 |
| | 过滤器和阻断器 | 阻止有害的电子邮件和网页内容到达用户侧 |
| | 追踪和证据消除器 | 移除用户活动的电子痕迹 |
| 隐私管理 | 信息工具 | 创建和检查隐私政策 |
| | 管理工具 | 管理用户身份和权限 |

### 1.1.3 隐私保护计算技术的诞生

回顾 2008 年之前的历史后,我们不难发现,隐私增强技术的诞生和演进与密码学的发展密不可分. 1976 年, Diffie 和 Hellman 在论文《密码学的新方向》[14]中首次提出了公钥密码学的概念. 1978 年, Rivest、Shamir 和 Adleman 在论文《一种获得数字签名和公钥密码学系统的方法》[15] 中提出了第一个实际可用的公钥加密和数字签名方案, 此方案所对应的密码学系统也被称为 RSA 公钥密码学系统. 正是公钥密码学系统的诞生,才有了 1981 年 Chaum 的两项隐私增强技术开创性工作. 实际上, Chaum 提出的匿名电子邮件系统 Mix 本质上就是应用公钥密码学隐藏发送方和接收方的消息. 另外, Chaum 提出的电子货币系统是基于盲签名方案的,而此方案就是基于 RSA 数字签名方案所构造的.

直至 2008 年,隐私增强技术主要应用于信息系统中的数据存储、数据传输、身份识别等环节,尚未应用在数据计算的过程中. 这是因为密码学领域当时尚未提出适用于数据计算过程且在实际中可应用的解决方案. 实际上,在公钥密码学提出后的 20 年中,密码学家们已经开始设想密码学在数据计算过程中的应用方法. 在那个年代,密码学家们提出了很多新奇的概念和思想. 虽然当时的方案构造或略显粗糙, 或不够完备, 或性能受限, 但这些思想为后续密码学领域的突破埋下了种子, 也为隐私增强技术的发展提供了新的方向.

- 1978 年, Rivest、Adleman 和 Dertouzos 在论文《论数据银行与隐私同态》[16] 中提出了全同态加密 (fully homomorphic encryption, FHE) 的设想: 可以在不解密密文的条件下,在密文上直接完成计算过程.
- 1982 年, 姚期智在论文《实现安全计算的协议》[17] 中提出了安全多方计算 (secure multi-party computation, SMPC) 的通用概念: 多个参与方可以安全地联合计算. 经过几年的一系列讨论, 姚期智提出了混淆电路 (garbled circuit, GC) 协

## 1.1 隐私增强技术的定义

议.

- 1989 年, Goldwasser、Micali 和 Rackoff 在论文《交互式证明系统的知识复杂性》[18] 中提出了零知识证明 (zero-knowledge proof, ZKP) 的概念: 证明者可以通过与验证者执行密码学协议, 向验证者证明某个陈述的正确性, 且不泄露除正确性以外的任何信息.

此外, Samarati 和 Sweeney 在 1998 年发表的技术报告《在披露信息时保护隐私: $k$-匿名性并通过泛化和抑制满足 $k$-匿名性》[19] 中指出, 即使在数据中移除了用户的真实身份信息, 也可以通过关联攻击实现用户身份的重标识, 从而破坏隐私性. 这一工作使隐私保护学者们意识到脱敏、去标识等隐私保护方法存在缺陷, 并将视线转向密码学领域, 开始追求更严谨的隐私保护定义和实施方法.

21 世纪 10 年代, 密码学领域迎来了新的爆发期. 密码学家们在上述领域完成了理论、性能等方面的突破, 这使密码学终于可以在数据计算过程中得到应用.

- **差分隐私** 2006 年, Dwork、McSherry、Nissim 和 Smith 在论文《在隐私数据分析中面向敏感度校准噪声》[20] 中提出了一种根据数据分析过程的敏感度在真实结果上增加噪声来实现隐私保护的方法. Dwork 在后续的论文《差分隐私》[21] 中将这一方法命名为差分隐私. 2009 年, 微软发表论文《隐私集成查询: 一种可扩展的隐私保护数据分析平台》[22], 实现了第一个基于差分隐私的隐私保护数据分析系统, 并将其命名为隐私集成查询 (privacy integrated queries, PINQ). 2014 年, 谷歌在谷歌浏览器中引入差分隐私, 实现隐私保护数据采集和分析功能, 并将结果总结成论文《RAPPOR: 随机化可聚合隐私保护序数响应》[23]. 随后, 苹果也发布了《差分隐私技术手册》[24], 描述了其使用差分隐私保护个体数据的方法.

- **全同态加密** 2009 年, Gentry 发表了跨时代的论文《使用理想格的全同态加密》[25]. 在这篇论文中, 他使用理想格构造了世界上第一个可实际实现的全同态加密方案. 至此, 全同态加密终于从理论构想变成了现实. Gentry 的方案也被称为第一代全同态加密. 随后, 密码学家们又分别于 2011 年至 2012 年提出了第二代全同态加密 (BGV 方案、BFV 方案); 于 2013 年至 2016 年提出了第三代全同态加密 (GSW 方案、FHEW 方案); 于 2016 年提出了第四代全同态加密 (CKKS 方案、TFHE 方案). IBM 开发的同态加密库 HElib①和微软开发的同态加密库 SEAL②极大地推动了全同态加密相关领域的研究、应用和落地.

- **安全多方计算** 20 世纪 80 年代, 密码学家们就已经提出了混淆电路、秘密分享等通用安全多方计算协议的理论构造. 但直到 2004 年, Malkhi、Nisan、Pinkas 和 Sella 才在论文《公平参与: 一个安全的两方计算系统》[26] 中首次描

---

① https://github.com/homenc/HElib, 引用日期: 2024-08-03.
② https://github.com/Microsoft/SEAL, 引用日期: 2024-08-03.

述了通用安全多方计算协议的实现方法. 他们在论文中描述了如何把用高级语言描述的隐私保护程序编译成可执行程序, 并使用安全多方计算协议执行此程序. 2008 年, 爱沙尼亚信息技术与电信协会应用安全多方计算, 结合教育部和税务局的数据研究学生在学业期间参加工作是否会导致学生不按时毕业. 他们使用的安全多方计算系统叫做 "共享智慧"(sharemind), 相关细节总结成论文《共享智慧: 一种高性能隐私保护计算系统》[27]. 2014 年, Pinkas、Schneider 和 Zohner 发表论文《基于不经意传输扩展的高性能隐私集合求交》[28], 创新性地应用不经意传输扩展协议实现了隐私集合求交 (private set intersection, PSI) 协议, 大幅度提高了这一专用安全多方计算协议的性能. 至此, 密码学家们构造出了一系列隐私集合求交协议, 使此类协议成了目前应用最为广泛的安全多方计算协议.

- **零知识证明**　零知识证明因证明过程需要交互、证明大小过长而无法在实际中得到广泛应用. 2013 年, Gennaro、Gentry、Parno 和 Raykova 在论文《二次算术张成方案和无须概率可验证证明的简洁非交互零知识证明》[29] 中描述了证明长度短、证明过程不需要交互的高性能零知识证明方案. 至此, 零知识证明才得以落地实现, 并在密码货币、区块链系统扩容等实际隐私保护应用中大放异彩.

除了密码学技术外, 芯片制造厂商也在尝试构建基于硬件的数据安全和隐私保护方法, 此类方法被称为可信执行环境 (trusted execution environment, TEE). 2013 年, 英特尔正式提出了软件防护扩展 (software guard extensions, SGX) 技术. 软件防护扩展在内存中划定了名为安全区 (enclave, 也称飞地) 的隔离区域, 用来存放代码和数据. 安全区是系统物理内存中保留的不可寻址分页内存, 存储到这部分内存中的数据均经过加密处理. 这样一来, 应用程序就可以在安全区内处理数据, 而不必担心数据泄露问题. 目前, 微软提供的云计算服务 Azure 和亚马逊提供的云计算服务 AWS 均提供了成熟的可信执行环境商业化解决方案, 分别为微软 Azure 机密计算服务[①]和亚马逊 AWS Nitro 安全区服务[②].

值得注意的是, 微软将它们提供的可信执行环境服务称为机密计算 (confidential computing), 微软在文章《什么是机密计算?》[③]中介绍了 "机密计算" 一词的定义和来源.

> 机密计算是由机密计算联盟 (Confidential Computing Consortium, CCC) 定义的一个行业术语, 该联盟是 Linux 基金会的一部分, 致力于定义和加速机密计算的应用. CCC 定义的机密计算为: 通过在基于硬件、经证明的受信任执行环境中执行计算来保护正在使用的数据.

---

① https://azure.microsoft.com/en-us/solutions/confidential-compute/, 引用日期: 2024-08-03.
② https://aws.amazon.com/cn/ec2/nitro/nitro-enclaves/, 引用日期: 2024-08-03.
③ https://learn.microsoft.com/zh-cn/azure/confidential-computing/overview, 引用日期: 2024-08-03.

## 1.1 隐私增强技术的定义

与之相对，亚马逊不仅在 AWS 上提供可信执行环境，还提供了基于密码学的数据计算服务。亚马逊将基于密码学的数据计算服务命名为加密计算 (cryptographic computing, 也称密态计算)。亚马逊在网页"加密计算：对加密保护的数据执行计算"[①]给出了加密计算的定义.

> ……传统上，数据必须先解密，然后才能用于计算。加密计算可以直接对受密码保护的数据进行操作，使得敏感数据永远不会暴露。
>
> 加密计算涵盖广泛的隐私保护技术，包括安全多方计算、同态加密、隐私保护联邦学习和可搜索加密等。AWS 正在开发加密计算工具和服务，以帮助您实现安全性与合规性目标，并让您享受 AWS 提供的灵活性、可扩展性、性能和易用性.

传统隐私增强技术聚焦于数据存储和通信过程中的保护，而这些新技术重点考虑数据计算过程中的保护。联合国全球工作组隐私保护技术任务团队于 2019 年发布《联合国隐私保护计算技术手册》[30]，并在手册中提出隐私保护计算技术 (privacy-preserving computation techniques) 的概念.

> 保护闲时数据和传输数据的机制是已被充分研究的问题，因此，我们将本手册的范围限制在计算中和计算后保护数据隐私的技术。我们称此类技术为隐私保护计算技术.

手册将隐私保护计算技术定义为面向统计的隐私增强技术.

> 我们将在本手册介绍面向统计的隐私增强技术。我们描述每一个技术所支持的隐私目标是什么，以及通过什么方法来支持这些隐私目标。我们考虑以下技术：①安全多方计算；②(全) 同态加密；③可信执行环境；④差分隐私；⑤零知识证明.

传统隐私增强技术的定义已经无法涵盖隐私保护计算技术，将这些新的技术纳入到隐私增强技术的范畴变得迫在眉睫.

### 1.1.4 隐私增强技术的扩展定义

隐私保护计算技术的出现和应用推动了人们重新审视隐私增强技术的定义与分类，人们并将此类新技术纳入到隐私增强技术的定义中。欧盟网络安全局 (European Union Agency for Network and Information Security, ENISA) 在 2015 年

---

① https://aws.amazon.com/cn/security/cryptographic-computing/，引用日期：2024-08-03.

的报告《隐私增强技术应用与演进的准备情况分析》[31] 中将隐私增强技术的广义定义进一步扩展为

> ……实现特定的隐私或数据保护功能, 或向个人或群体提供隐私风险防护的软件和硬件解决方案, 包括技术流程、方法或知识的系统等.

此报告进一步指出, 根据上述定义, 隐私增强技术包含支持隐私或数据保护功能的所有技术. 例如, "隐私纳入设计"（privacy by design）和 "隐私纳入默认"（privacy by default）中使用的所有技术都应纳入隐私增强技术的范畴.

新加坡资讯通信媒体发展局 (Infocomm Media Development Authority, IMDA) 在其发布的《隐私增强技术沙箱会议邀请函》[32] 中将隐私增强技术介绍为

> (隐私增强技术) 基于密码学技术 (如差分隐私或同态加密等技术), 让数据提供方可以披露数据用于分析但不泄露原始数据; 或者允许从未公开的数据中提取信息用于数据洞察 (如联邦学习或安全多方计算等技术).

美国白宫在 2022 年发布的《高级隐私增强技术信息请求》[33] 中认为

> 隐私增强技术指的是一系列用于保护隐私的技术……我们特别对隐私保护的数据共享和分析技术感兴趣, 即可以使参与方之间进行数据共享和分析的同时, 保持不可关联性和机密性的一系列技术和方法. 此类技术包括但不限于: 安全多方计算、同态加密、零知识证明、联邦学习、可信执行环境、差分隐私和合成数据生成工具.

英国信息专员办公室 (Information Commissioner's Office, ICO) 在 2022 年发布了《匿名化、假名化和隐私增强技术指南》系列的《第 5 章: 隐私增强技术》[34]. 在这份指南中, 英国信息专员办公室引用了欧盟网络安全局在 2016 年给出的隐私增强技术定义, 并将隐私增强技术描述为

> 隐私增强技术是通过最大限度地减少个人数据使用、最大限度地提高数据安全性和/或赋予个人其数据的自主决策权来体现基本数据保护原则的技术. 数据保护法律并未定义隐私增强技术. 此概念涵盖了许多不同的技术和方法.

2023 年, 联合国发布的《隐私增强技术指南》[35] 在 2019 年《联合国隐私保护计算技术手册》[30] 的基础上, 进一步在安全多方计算、同态加密、差分隐私、

零知识证明、可信执行环境的基础上引入了合成数据 (synthetic data) 和分布式学习 (distributed learning) 这两个概念, 将这些技术统一纳入隐私增强技术范畴.

2023 年, 经济合作与发展组织发布的报告《新兴隐私增强技术: 当前监管和政策方法》[36] 全面总结了已有的隐私增强技术定义, 并提出了更全面、更准确的隐私增强技术定义. 报告指出

> 隐私增强技术是数字技术、方法和工具的集合, 这些技术、方法和工具允许在对数据进行处理和分析的同时, 保护数据的机密性, 并且在某些情况下还可以保护数据的完整性和可用性, 从而保护数据主体的隐私和数据控制者的商业利益.
>
> 隐私增强技术通常不是独立的工具, 它们可以与其他的组织管理工具和合规工具一起使用, 以达到数据治理的目标. 隐私增强技术可以相互依赖来发挥作用. 就像厨师使用多种食材和佐料来制作一道菜的食谱一样, 隐私增强技术之间可以相互组合, 以达到特定的隐私和数据保护目标.

## 1.2 隐私增强技术的分类

根据 2023 年经济合作与发展组织给出的最新定义, 隐私增强技术是包括数据处理和分析过程中保护数据机密性、完整性、可用性、数据主体隐私性、数据控制者商业利益的全部技术、方法和工具的集合. 本书将此类定义看作**广义隐私增强技术**.

与之相对, 联合国全球工作组隐私保护技术任务团队、英国信息专员办公室聚焦在差分隐私、合成数据、同态加密、零知识证明、可信执行环境、安全多方计算、联邦学习等以隐私保护计算技术为代表的隐私增强技术上. 本书将此类定义看作**狭义隐私增强技术**.

密码学在隐私增强技术中无处不在. 可信执行环境、联邦学习等技术, 乃至广义隐私增强技术中的各项技术也会或多或少地使用到密码学. 与这些技术相比, 差分隐私、同态加密、安全多方计算、零知识证明这四项技术通过密码学可证明安全性, 在数学层面提供严格的安全性保证. 本书将这四项技术称为**密码学隐私增强技术**.

### 1.2.1 广义隐私增强技术

广义隐私增强技术既包括技术方法, 也包括管理手段. 如何系统化地对广义隐私增强技术下的各种方法和手段进行分类是一个很有挑战性的问题.

2017 年, 加拿大隐私专员办公室 (Office of the Privacy Commissioner, OPC) 发布了一份名为《隐私增强技术: 工具和技术回顾》[37] 的报告. 此报告以 "向

终端用户提供的功能/能力"为标准提出了九种不同类型的隐私增强技术,包括:
①知情同意;②数据最小化;③数据跟踪;④匿名;⑤控制;⑥谈判条款和条件;
⑦技术执行;⑧远程审计执行;⑨合法权利的使用.

位于旧金山的美国联邦储备银行 (US federal reserve bank) 在 2021 年发布了一份名为《隐私增强技术:分类、用例和思考》[38] 的报告. 该报告根据功能把隐私增强技术分为三大类:①数据变更,包括匿名、假名、差分隐私和合成数据;②数据屏蔽,包括加密、同态加密、隐私增强硬件;③系统和架构,包括安全多方计算、数据分散、管理接口和数字身份.

2023 年的《新兴隐私增强技术:当前监管和政策方法》[36] 回顾了已有的隐私增强技术分类方法,并根据麻省理工学院等学术机构在隐私领域的研究和研发情况,确定了 14 种不同类型的隐私增强技术,并将这 14 种隐私增强技术分为四个大类:①数据混淆;②加密数据处理;③联邦与分布式分析;④数据审控工具. 这份报告还分析了这些隐私增强技术当前与潜在的应用、挑战与限制等. 具体分类结果如表 1.2 所示.

表 1.2　2023 年《新兴隐私增强技术:当前监管和政策方法》对已有隐私增强技术的分类

| 隐私增强技术类型 | 关键技术 | 当前与潜在应用 |
| --- | --- | --- |
| 数据混淆工具 | 匿名/假名 | 安全存储 |
|  | 合成数据 | 隐私保护机器学习 |
|  | 差分隐私 | 广阔的研究空间 |
|  | 零知识证明 | 在不披露数据的情况下验证信息 (例如年龄验证) |
| 加密数据处理工具 | 同态加密 | 对同一组织的加密数据进行计算 |
|  | 安全多方计算<br>(包括隐私集合求交) | 对无法公开的隐私数据进行计算<br>接触者追踪/发现 |
| 联邦与分布式分析 | 联邦学习 | 隐私保护机器学习 |
|  | 分布式分析 |  |
| 数据审控工具 | 审控系统 | 设置和执行访问数据的规则;数据控制者对数据访问的可信溯源 |
|  | 门限秘密分享<br>(包括门限签名) |  |
|  | 个人数据存储<br>/个人信息管理系统 | 使数据主体能够控制自己的数据 |

### 1.2.2　狭义隐私增强技术

2019 年,联合国全球工作组隐私保护技术任务团队推出的《联合国隐私保护计算技术手册》[30] 提出隐私保护计算技术这一概念以来,还有新的隐私保护计算技术被纳入隐私增强技术之中. 英国信息专员办公室自 2021 年 5 月开始推出了《匿名化、假名化和隐私增强技术指南》系列报告,全面阐述了围绕个人信息保护的技术解决方案. 他们在 2022 年 9 月发布了该系列报告的《第 5 章:隐私增强技术》[34],重点介绍了以隐私保护计算技术为基础的隐私增强技术,并明确这些隐私增强技术可以帮助实现数据保护合规性，满足"数据保护纳入设计"(data protection by design) 的义务. 该报告将隐私增强技术分为下述三种类型.

**派生或生成可降低或消除个体标识性数据的隐私增强技术**　此类隐私增强技术旨在削弱或破坏原始数据和派生数据之间的关联性，降低数据所涉及的个体标识性，以实现数据最小化原则. 此类隐私增强技术的典型代表有

• 差分隐私：引入密码学可证明安全的思想，通过数学方法量化计算输出会泄露多少个人信息，并在数据上增加随机"噪声"来满足量化标准，从而保护个人隐私.

• 合成数据：根据真实数据的分布规律和统计属性，用数据合成算法生成"人造"数据.

**侧重隐藏和屏蔽数据的隐私增强技术**　此类隐私增强技术旨在保护数据的机密性，同时不影响数据的可用性和准确性，以实现安全性原则. 此类隐私增强技术的典型代表有

• 同态加密：一种密码学加密方法，允许在无须解密的前提下对加密的数据执行计算，解密结果与原始明文数据执行计算时输出的结果相同.

• 零知识证明：一种密码学证明方法，允许一个参与方向另一个参与方证明某个陈述是真的，但不透露陈述本身或其他任何信息.

**侧重拆分或控制个人数据访问权限的隐私增强技术**　此类隐私增强技术通过拆分数据来降低数据间的关联性，最大限度地减少共享的数据数量，保证数据的机密性和完整性，同时不影响数据的可用性和准确性，以同时实现数据最小化原则和安全性原则. 此类隐私增强技术的典型代表有

• 可信执行环境：在计算设备中央处理器开辟一个安全区域，此区域通过与系统其余部分隔离的方式来运行代码和访问数据.

• 安全多方计算：一种密码学协议，允许两个或多个参与方在互不信任，且不信任任何第三方的条件下，以各自的秘密数据为输入联合完成某个函数的计算.

• 联邦学习：允许多个参与方以自身数据为输入，在彼此不共享原始训练数据的条件下，通过传递数据中提取出的规律 (如"梯度") 来组合成一个效果更好的模型.

无独有偶，联合国全球工作组隐私保护技术任务团队在 2023 年推出的《隐私增强技术指南》[35] 中，也着重介绍了安全多方计算、同态加密、差分隐私、合成数据、联邦学习、零知识证明、可信执行环境这七项隐私增强技术.

## 1.3　密码学隐私增强技术概览

与其他狭义隐私增强技术相比，差分隐私、同态加密、安全多方计算、门限签名、零知识证明这几类技术基于密码学方法，应用可证明安全性从数学角度对相

关技术的安全性进行了严格的论述. 本书将着重介绍这几类隐私增强技术. 本节, 我们先直观了解这些技术的基本概念和典型案例.

### 1.3.1 差分隐私

**基本概念** 差分隐私 (differential privacy, DP) 是一种衡量计算输出泄露多少个人信息的方法. 差分隐私的目标是考虑在数据集上进行计算时, 任意个体数据的信息泄露量是多少. 无论攻击者知道哪些背景信息, 采取何种攻击手段, 只要能保证任意个体数据的信息泄露量都在可控的范围内, 那么个人信息就得到了保护.

直观上看, 只要计算结果有点用处, 那计算结果一定与数据集上的数据存在一定的关联性, 这显然会泄露个体数据的信息. 我们来举个例子, 某医学研究机构从医疗数据集上得出结论 "吸烟可能会导致肺部疾病", 并把这个结论告诉了保险公司. 保险公司根据这一结论, 对吸烟的人提高保险费用. 从个体角度看, 这是否属于信息泄露? 一方面, 因为医学研究机构是从医疗数据集中得出了 "吸烟可能会导致肺部疾病" 这个结论, 这就意味着医疗数据集中的个体只要吸烟, 就有更高的概率患肺部疾病. 这似乎泄露了医疗数据集中个体的隐私信息. 另一方面, 有了 "吸烟可能会导致肺部疾病" 这个结论后, 只要保险公司通过任何一个渠道获知某位个体吸烟, 保险公司就可能会提高此个体的保险费用. 这甚至会对不在医疗数据集中的个体造成负面影响, 似乎进一步泄露了不在医疗数据集中个体的隐私信息.

差分隐私解决了 "获取群体信息" 和 "保护个人信息" 之间的悖论. 差分隐私认为, "吸烟可能会导致肺部疾病" 不属于泄露个人信息, 因为无论吸烟者是否参与研究, "吸烟可能会导致肺部疾病" 这个结论对所有吸烟者的影响都是相同的.

差分隐私保证的是: 无论任何个体选择加入或退出数据集, 得出的分析结论 (如 "吸烟可能会导致肺部疾病") 都是 "大致" 相同的. 实际中, 一般通过随机增加 "噪声" 来做到 "大致" 相同. 噪声的引入会导致数据发生随机变化, 从而降低个人信息的泄露量. "大致" 相同的程度由一个量化参数 $\varepsilon$ 来衡量, 一般将 $\varepsilon$ 称为隐私预算或隐私参数. 较小的 $\varepsilon$ 意味着需要加入更大的噪声, 从而满足更好的隐私性, 但也意味着更差的准确性.

我们用一个实际生活中的例子来演示差分隐私的具体应用过程. 假设一家智能手机供应商想要知道所有用户在一个月内使用手机的平均分钟数. 为此, 每个用户在自己一个月内实际使用手机平均分钟数的基础上都增加一个 $-50$ 到 $+50$ 范围内的噪声值, 并将带噪声结果提供给智能手机供应商. 这样一来, 智能手机供应商既可以通过带噪声结果分析得到一个 "大致" 准确的平均使用时长, 又无法准确获得每个用户的真实使用时长, 做到了一举两得.

根据增加噪声位置的不同, 一般将差分隐私分为如下两类.

## 1.3 密码学隐私增强技术概览

- 中心差分隐私 (central DP): 在统计分析的中间结果或输出结果上增加噪声. 中心差分隐私也被称为全局差分隐私 (global DP).
- 本地差分隐私 (local DP): 在统计分析开始前, 每个用户在自己的单条记录上增加噪声.

中心差分隐私的系统架构图如图 1.2 所示. 中心差分隐私假定存在一个可信管理方 (trusted curator). 可信管理方有权访问真实数据. 每个用户向可信管理方发送的数据都是没有增加任何噪声的原始数据. 可信管理方在对外提供统计分析服务时, 通过在输出中添加噪声来满足差分隐私. 这种方法的主要优点是: 只需要增加少量噪声即可满足差分隐私. 这种方法的主要缺点是: 可信管理方需要访问真实数据, 所有用户都必须相信可信管理方会采取适当的措施保护个人隐私.

图 1.2 中心差分隐私

本地差分隐私的系统架构图如图 1.3 所示. 本地差分隐私假定每个用户都不信任管理方. 为此, 每个用户在向管理方发送任何数据之前, 都在数据上增加噪声. 这意味着管理方收到的是"噪声"数据. 这样一来, 用户不会与管理方共享真实数据, 解决了全局差分隐私的信任风险. 然而, 由于每个用户都必须在自己的数据中增加噪声, 因此总噪声要比中心差分隐私的噪声大得多. 智能手机供应商分析手机平均使用时长的例子就属于本地差分隐私.

图 1.3 本地差分隐私

**技术简史**　差分隐私的历史最早可以追溯到数据库领域的隐私保护数据发布问题. 传统隐私保护数据发布方法是对数据做简单的脱敏处理或只发布统计结果, 这似乎就可以保护个人隐私. 然而, 20 世纪 90 年代, 学者们提出了一系列的攻击方法, 说明这种简单的脱敏处理在一些情况下无法实现隐私保护. 最著名的例子是 Sweeney 在获得了美国马萨诸塞州经过简单脱敏处理的个人医疗数据集后, 通过将此数据集与公开的选民登记名单相关联, 成功知道了大多数医疗数据所对应的个体是谁. 这种攻击也被学者们称为关联攻击 (linkage attack). Samarati 和 Sweeney 进一步提出了 $k$-匿名性及其实现机制以抵御此类攻击[19]. 不幸的是, 在部分场景下满足 $k$-匿名性仍然不够. 2003 年, Dinur 和 Nissim 在论文《隐私保护信息披露》[39]中提出了一种重构攻击. 只要查询结果足够多, 哪怕查询结果带有噪声, 攻击者也能根据这些带噪声的查询结果重建出数据集. 这一看似悲观的结果揭示了隐私保护数据发布的本质, 也为差分隐私的提出铺平了道路.

2006 年, Dwork 在论文《在隐私数据分析中面向敏感度校准噪声》[20] 中提出了差分隐私的思想. Dwork 在后续论文《差分隐私》[21] 中正式将这一技术命名为差分隐私. 自此, 差分隐私得到了广泛的研究. 学者们提出并实现了一系列差分隐私机制, 给出了多种差分隐私机制的开源实现. 不过, 这些开源实现多用于学术研究和实验测试. 随后, IBM(diffprivlib①)、Uber(SQL differential privacy②)、谷歌 (Google DP③和 TensorFlow privacy④)、脸书 (PyTorch Opacus⑤) 等各大公司围绕数据分析、机器学习等数据库计算任务, 构造了多种应用层面的开源差分隐私算法库. 这些算法库进一步推动了差分隐私在实际中的应用和部署.

**应用实例** 差分隐私虽然在 2023 年才刚过了 18 岁的生日, 但此技术已经在数据分析、统计和机器学习等越来越多的场景中得到了实际应用. 近年来, 人们对隐私问题变得愈加重视, 依托于数学原理的差分隐私也获得了持续的关注. 一些通用的差分隐私系统已经开源或在实际中得到了商业化应用.

谷歌浏览器和苹果操作系统已应用差分隐私来收集用户的数据并进行统计分析. 这也是差分隐私最著名的两个应用. 谷歌浏览器使用差分隐私获知用户访问最频繁的页面, 以改进浏览器的缓存功能. 谷歌在论文《RAPPOR: 随机化可聚合隐私保护序数响应》[23] 中描述了具体的方法. 苹果操作系统使用差分隐私获知用户最频繁使用的单词和表情符号, 以改进辅助输入功能. 苹果在《差分隐私技术手册》[24] 中描述了具体的方法. 这两个应用都属于本地差分隐私, 即每个用户在将数据发送到中心化服务器进行分析之前就对自己的数据进行了差分隐私处理. 此外, 微软也宣布他们的操作系统使用本地差分隐私来收集设备的遥测数据[40].

中心差分隐私最著名的应用来自于美国人口普查局, 他们在发布 2020 年人口普查结果时使用了差分隐私机制⑥. 如果不使用差分隐私, 那就有可能根据不同条件下的人口普查汇总数据恢复出某些个人的准确信息, 从而引发隐私泄露风险. 联合国发布的《隐私增强技术指南》[35] 的案例 17 记录了此应用实例, 如图 1.4 所示.

---

① https://github.com/IBM/differential-privacy-library, 引用日期: 2024-08-03.
② https://github.com/uber-archive/sql-differential-privacy, 引用日期: 2024-08-03.
③ https://github.com/google/differential-privacy, 引用日期: 2024-08-03.
④ https://tensorflow.google.cn/responsible_ai/privacy/guide?hl=en, 引用日期: 2024-08-03.
⑤ https://github.com/pytorch/opacus, 引用日期: 2024-08-03.
⑥ https://www.ncsl.org/technology-and-communication/differential-privacy-for-census-data-explained, 引用日期: 2024-08-03.

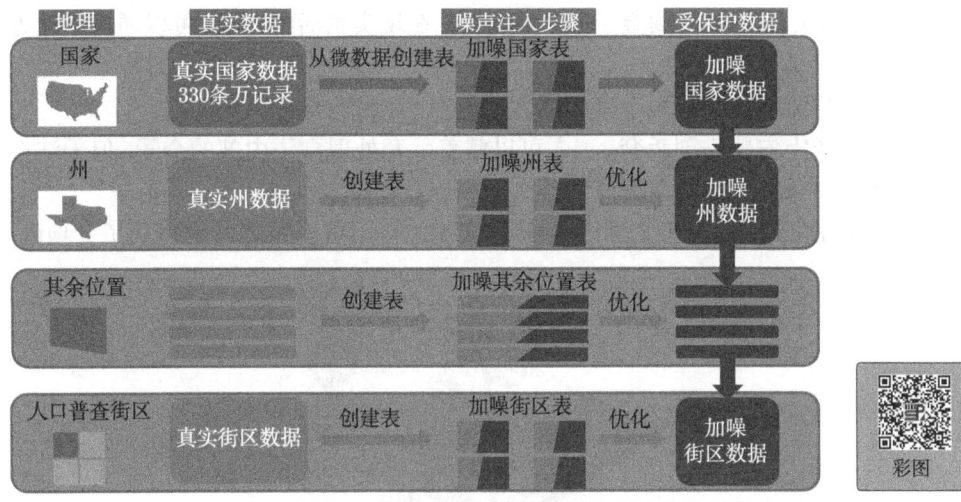

图 1.4 美国人口普查局应用差分隐私机制实现数据汇总

## 1.3.2 同态加密

**基本概念** 同态加密 (homomorphic encryption, HE) 是一种密码学技术, 允许在无须解密的前提下直接在加密数据上执行计算, 且得到的计算结果仍然是加密数据. 对计算结果解密后, 所得到的明文数据与原始明文数据执行相同计算时输出的结果也相同.

根据可以支持运算的类型、支持运算的次数等, 同态加密可以分为三类.

- 半同态加密 (partially homomorphic encryption, PHE): 只支持一种运算 (加法或乘法) 的同态加密.
- 部分同态加密 (somewhat homomorphic encryption, SWHE): 同时支持加法和乘法的同态加密, 但需提前确定好所需支持的运算次数.
- 全同态加密 (fully homomorphic encryption, FHE): 同时支持加法和乘法的同态加密, 且运算次数没有任何限制.

密码学家很早就构造出了半同态加密方案. 例如, ElGamal 加密方案[41] 是一个乘法半同态加密方案, 而 Paillier 加密方案[42] 是一个加法半同态加密方案. 然而, 只支持一种运算的特点使得这些方案的应用场景非常受限. 全同态加密允许在加密数据上支持图灵完备的运算, 从而提供了一种在不访问数据的条件下灵活处理数据的能力.

构造出第一个全同态加密方案的 Gentry 用实际生活中的一个例子演示了全同态加密的威力. 如图 1.5 所示, 假设某个客户买到了一大块金子 (数据), 他想让工人把这块金子打造成一个金项链 (数据分析结果). 然而, 工人在打造项链的过程中有可能会偷金子 (数据泄露). 我们希望找到一种方法, 让工人既可以加工金

块 (处理数据), 又不能得到金子 (访问数据). 在现实生活中, 我们可以通过下述方法做到这一点.

(1) 客户将金子锁在一个密闭的盒子里面 (加密数据).

(2) 盒子上安装一副手套, 工人可以戴着手套处理盒子内部的金子, 但无法把金块从盒子中拿出来 (同态运算).

(3) 加工完成后, 客户拿回这个盒子, 把锁打开 (解密数据), 就得到了金项链.

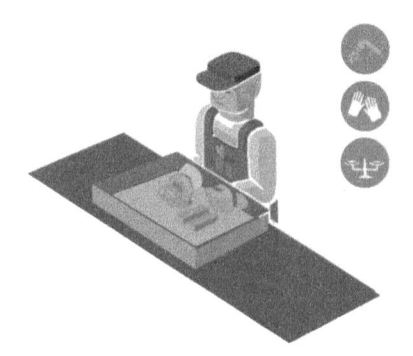

图 1.5 Gentry 的全同态加密生活实例

使用同态加密会引入大量的计算开销. 一般来说, 同态加密的数据处理速度要比明文的数据处理速度慢几千倍. 同态加密在某些特定类型的数据处理任务中表现良好, 在特定场景下已经得到了应用. 随着技术的不断进步, 同态加密的计算效率已经有了大幅提高. 同态加密有望在未来适用于更丰富的数据处理任务.

**技术简史** 1978 年, Rivest、Adleman 和 Dertouzos 在论文《论数据银行与隐私同态》[16] 中就提出了同态加密的概念. 密码学领域最经典的 RSA 和 ElGamal 加密方案都属于半同态加密, 支持在加密数据上执行一种运算. 然而, 如何构建出全同态加密方案困扰了密码学家 30 多年, 以至于著名密码学家 Boneh 曾说: "全同态加密是一个有趣的问题, 我保证向任何能解决这个问题的人立刻颁发学位证书." 这句话被记录在 Boneh 的学生 Gentry 的博士学位论文《一个全同态加密方案》[43] 的致谢部分. 正是 Gentry 在 2009 年解决了全同态加密的构造问题. 他在 2009 年的论文《使用理想格的全同态加密》[25] 中提出了第一个全同态加密方案, 允许在加密数据上同时支持加法和乘法运算, 摘下了密码学领域的这颗明珠.

Gentry 的方案突破了 0 到 1 的问题, 但他的方案性能远远无法达到实际可用. 在接下来几年内, 学者们提出了大量的高性能同态加密方案. 目前最常用的 (全) 同态加密方案有两种. 一种是 Brakerski、Gentry 和 Vaikuntanathan 在论文《无自举的 (层次) 全同态加密》[44] 中提出的 BGV 方案. 另一种方案涉及两篇论文. 2012 年, Brakerski 在论文《基于经典 GapSVP 问题的无模数转换全同态加密》[45] 中介绍了一个全同态加密方案的构造方法. 随后, Fan 和 Vercauteren 在论文《实用部分全同态加密》[46] 中于此方案的基础上进行了改进. 因此, 人们把此方案统一称为 BFV 方案. 这两个方案都支持有限域上向量的加法和乘法同态运算, 性能上也各有千秋. 相对来说, BGV 方案比 BFV 方案更复杂, 学习曲线也更陡峭一些. 结合这些研究成果, IBM 研究院和微软分别推出了著名的全同态加密算法库 HElib 和 SEAL.

学者们也提出了功能更丰富的全同态加密方案. 2017 年, Cheon 等在论文《支持近似算术运算的同态加密》[47] 中提出了一个支持实数加密计算的 CKKS 全同态方案. IBM 研究院的 HElib 和微软的 SEAL 均支持 CKKS 方案. 这是一个非常有前景的全同态加密研究方向. 然而, Li 和 Micciancio 在 2021 年的论文《论近似算术运算同态加密的安全性》[48] 中提出了针对 CKKS 方案的潜在攻击方法. 2020 年, Chillotti 等在论文《TFHE: 环面上的快速全同态加密》[49] 中提出了新一代全同态加密方案 TFHE, 适合在不同的场景下应用. Inpher 公司的 TFHE[①]、Zama.ai 公司的 Concrete[②]、全同态加密社区的 OpenFHE[③]等全同态加密算法库均实现了 TFHE 全同态加密方案.

**应用实例**　同态加密在医疗领域的应用比较丰富. 医疗领域的法律法规强制要求执行严格的数据安全与隐私保护措施, 但医疗机构仍然希望在不直接共享医疗数据的前提下允许第三方服务提供商对数据进行分析和计算. 例如, 某个服务提供商可能可以提供磁共振图像肿瘤检测的分析服务. 在这个场景下, 可以直接在同态加密的图像上直接执行检测算法, 避免直接将医疗数据披露给服务提供商.

对于数据存储服务提供商, 同态加密的一个潜在应用是在加密的客户数据上进行数据分析. 例如, 客户可能希望使用云存储服务来存储一个大型加密数据库. 客户可能不希望为了执行简单的数据分析任务就下载整个数据. 在这种场景下, 云服务商可以在加密的客户数据上直接执行简单的数据分析任务, 仅将加密的分析结果返回给用户.

联合国发布的《隐私增强技术指南》[35] 的案例 9 记录了来自加拿大统计局的同态加密应用实例. 加拿大统计局尝试使用同态加密来训练神经网络模型, 以根据扫描仪产品描述对产品进行分类[④]. 扫描仪产品的描述由零售商提供, 但零售商认为品牌名称、产品价格等信息都是敏感信息. 在此场景下应用同态加密可以对数据提供更高等级的安全保护. 如图 1.6 所示, 零售商仅需提供加密的扫描仪产品描述信息, 加拿大统计局仍然可以根据描述信息对扫描仪产品进行分类.

---

① https://inpher.io/tfhe-library/, 引用日期: 2024-08-03.
② https://docs.zama.ai/concrete/, 引用日期: 2024-08-03.
③ https://www.openfhe.org/, 引用日期: 2024-08-03.
④ https://statswiki.unece.org/display/ ML/Machine+Learning+Group+2021?preview=/293535864/330369646/Kostat21-slides.pdf, 引用日期: 2024-08-03.

图 1.6　加拿大统计局与扫描仪零售商应用全同态加密实现扫描仪安全分类

## 1.3.3　安全多方计算

**基本概念**　安全多方计算是一种密码学协议, 允许两个或多个互不信任的参与方根据各自提供的输入数据计算出某个约定好函数的输出结果, 但又不向其他参与方公开自己的输入数据. 虽然很多安全多方计算协议都支持多个参与方, 但只涉及两个参与方的安全计算协议通常有特殊的设计技巧. 我们将只涉及两个参与方的安全计算协议称为计算（secure two-party computation, S2PC）.

根据支持函数种类的不同, 可以将安全多方计算协议分为如下两类.

- 通用协议: 支持任意离散函数求值的协议. 换句话说, 只要待计算的函数是一个离散函数, 且此函数可以用固定大小的电路描述, 就可以支持此函数求值.
- 专用协议: 支持某个或某些专用离散函数求值的协议. 换句话说, 待计算的函数是专门用于某种计算任务的函数, 如计算两个输入集合的交集、计算两个输入向量的内积等.

可以基于不同的密码学技术构造通用协议. 最常见的两种技术是混淆电路和秘密分享. 这两种技术都要求参与方先约定一个待计算的函数, 并将该函数描述为一个电路. 混淆电路支持布尔电路, 即最基础的计算单元是与门 (AND gate) 和异或门 (XOR gate). 秘密分享可以支持布尔电路, 也可以支持算术电路, 在算术电路下, 最基础的计算单元是加法门 (addition gate) 和乘法门 (multiplication gate). 得到对应的电路后, 参与方用相应的密码学技术依次计算电路中每一个门的输出结果, 最终得到函数的输出结果. 我们在安全两方计算的场景下简要描述混淆电路协议和秘密分享协议的基本思想.

在混淆电路协议中, 当两方约定好待计算的函数后, 一个参与方承担混淆方 (garbler) 的角色, 另一个参与方承担求值方 (evaluator) 的角色. 首先, 双方将待计算函数用布尔电路描述. 随后, 混淆方把电路中所有的 0 和 1 都替换为随机数, 用门把这些随机数串联起来, 使得用正确的输入随机数才能解密出正确的输出随机数. 混淆方将此混淆电路, 以及自己输入对应的随机数发送给求值方. 与此同时, 混淆方和求值方要执行一个特殊的协议, 使混淆方在无法得知求值方输入的条件下,向求值方发送求值方输入对应的随机数.最后,求值方利用这些信息对加密电路求值,并将得到的输出随机数返回给混淆方,恢复出正确的输出结果.

秘密分享协议将两个参与方的每个输入分割成两个秘密份额.秘密份额本身是随机的,但把两个秘密份额合并,就能恢复出原始数据.布尔电路用异或运算合并秘密份额,算术电路用加法运算合并秘密份额.随后,双方根据电路描述依次执行基础计算单元对应的密码学协议,并分别得到真实输出结果的秘密份额.完成所有计算过程后,一个参与方将最后得到的秘密分割发送给另一个参与方,另一个参与方合并秘密份额,恢复出正确的输出结果.

通用协议与同态加密看起来非常相似.两个技术都能在无法得到原始数据的条件下完成任意计算任务.同态加密在计算过程中不需要通信,所有计算过程均由一个参与方完成.因此,同态加密的主要开销来自于计算开销.与之相对,通用协议的计算开销较低,但计算过程需要双方频繁地通信.因此,通用协议的主要开销来自于通信开销.

如果将函数限制在某类专门的计算任务上,可能可以设计出比通用协议更高效的专用协议.最典型的专用安全多方计算协议就是隐私集合求交.隐私集合求交的目标是允许两个参与方在知道双方集合大小的条件下,联合计算各自输入集合的交集,但不泄露交集之外的任何额外信息.尽管利用通用协议可以构造隐私集合求交协议,但利用求交这一问题的特殊结构能够实现更高效的专用协议.隐私集合求交也是目前应用最广泛的安全多方计算协议.

**技术简史** 1982 年,姚期智在论文《实现安全计算的协议》[17] 中描述了一个问题:两个富翁如何在不告知对方具体资产的条件下比较出谁更富有.该问题就是历史上著名的"百万富翁问题"(millionaires' problem).姚期智在此论文中提出了安全多方计算的基本思想.经过历时几年的讨论,姚期智提出了混淆电路协议.Goldreich、Micali 和 Wigderson 于 1987 年在论文《如何玩一个思想游戏》[50] 中提出了秘密分享协议.

在安全多方计算这一思想提出之后的 20 年内,由于计算机网络带宽受限、延迟极高,安全多方计算只在理论层面得到了一定程度的关注.直到 21 世纪,随着协议的不断改进和优化,人们认识到安全多方计算确实可以在实际场景中得到应用.2004 年,Malkhi 等发表了论文《公平参与:一个安全的两方计算系统》[26],介绍了他们真正实现的一个基于混淆电路的安全多方计算系统.此系统使安全多方计算协议从理论走向了现实.2008 年 1 月,丹麦研究人员、丹麦政府以及利益相关方合作,为甜菜生产合同签署的相关参与方构建了一个基于安全多方计算的甜菜拍卖平台.2009 年的报告《安全多方计算走向现实》[51] 详细记录了此平台的原理、架构和效果.在此平台中,农民可以在不披露出价金额的条件下出价,而丹麦甜菜加工公司在完成交易的同时无法得知竞标失败农民的出价.此平台也被认为是安全多方计算的第一个商业应用.

安全多方计算技术的兴起和流行伴随着大量开源框架的出现. 微软的 EzPC[①]、脸书的 CrypTen[②]等是商业公司推出的安全多方计算开源框架. 目前, 越来越多的公司正在开发和部署安全多方计算协议和系统, 实现安全数据分析、密钥管理、疫情接触者追踪等功能.

**应用实例** 安全多方计算已经在多种场景下得到应用. 2018 年的报告《从密钥到数据库: 安全多方计算的现实应用》[52]总结了相当多的实际应用场景. 2019 年, 美国两党政策中心 (Bipartisan Policy Center) 发布报告《面向政策制定的隐私保护数据分享》[53]. 此报告描述了几个政府机构之间应用安全多方计算实现隐私保护统计分析, 并根据分析结果制定政策的应用示例. 在此场景中, 各个政府机构提供个体社会保险号、心理健康访问记录、犯罪记录等个人数据. 政府机构通过安全多方计算查询如 "某一时期内被监禁的人中有多少人曾使用过公共心理健康咨询服务？" 等问题, 在严格保密各方数据的条件下获得查询结果.

另一个应用实例记录在联合国发布的《隐私增强技术指南》[35]的案例 5 中. 意大利国家统计局 (Italian National Institute of Statistics, ISTAT) 和意大利银行通过执行隐私集合求交与分析协议, 使用来自两个机构的信息 (如年龄、意大利国家统计局统计的儿童数量、意大利银行的抵押信息), 在不直接共享这些敏感数据的条件下获得统计分析结果 R. 数据的完整分析过程如图 1.7 所示.

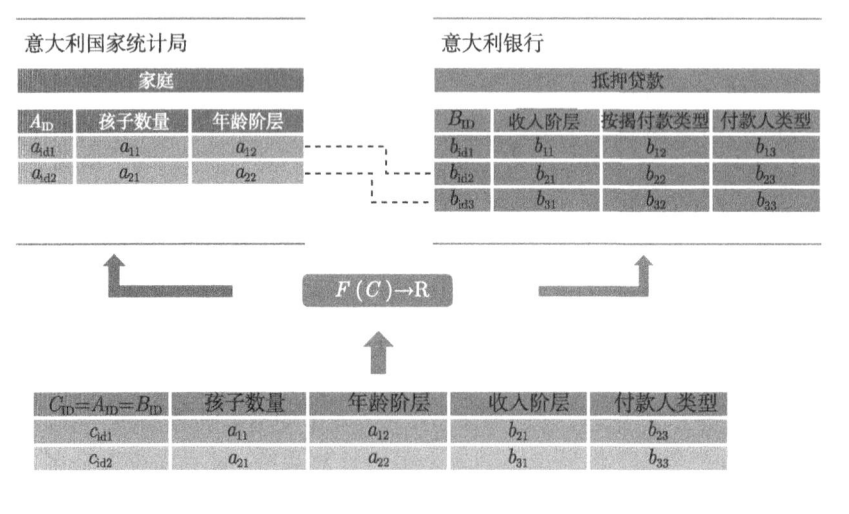

图 1.7 意大利国家统计局与意大利银行应用安全多方计算实现统计分析

---

[①] https://github.com/mpc-msri/EzPC, 引用日期: 2024-08-03.
[②] https://crypten.ai/, 引用日期: 2024-08-03.

### 1.3.4 门限签名

**基本概念** 门限签名 (threshold signature scheme, TSS) 是一种密码协议, 旨在通过分布数字签名的能力来避免因私钥泄露等导致的单点失败 (single point of failure) 问题. 该协议一般分为密钥生成阶段和签名阶段. 多个签名用户 (比如 $n$ 个用户) 在密钥生成阶段获得签名私钥的秘密分享. 在签名阶段, 协议要求至少超过一定数量的用户 (比如 $t \leqslant n$ 个用户) 的共同参与才能产生合法的数字签名. 这里的数量要求 $t$ 就是门限（threshold）. 有时为了体现具体门限要求, 我们会将 $n$ 个用户参与、门限为 $t$ 的门限签名明确写为 $t$-out-of-$n$ 的门限签名.

事实上, 门限签名可以看作安全多方计算的一个特例. 每个用户的私有输入数据就是秘密分享的私钥, 签名阶段所计算的特殊函数就是具体的签名算法. 根据签名算法的不同, 门限签名的算法设计也会有很大不同, 比如 ECDSA 签名[54]、Schnorr 签名[55] 分别有对应的门限 ECDSA 签名和门限 Schnorr 签名.

和大部分密码算法一样, 数字签名的安全性也完全依赖于私钥的安全性. 因此如果私钥泄露, 签名则不再安全. 这就是公认的单点失败问题. 门限签名的初衷是解决单点失败问题, 增强签名的安全保障. 同时, 门限签名也增强了签名的健壮性 (robustness). 例如, 在 $t$-out-of-$n$ 的门限签名中, 即使其中一些用户因疏忽等因素丢失所分享的私钥, 只要剩余用户数量达到 $t$ 的阈值, 仍然可以产生合法的数字签名.

值得指出的是, 有人认为在门限签名中, 第一步是根据私钥的秘密分享在某个特定地方 (或者由单个用户) 恢复出完整的私钥, 再使用该完整私钥计算出最终的签名. 这是不正确的看法. 门限签名是想通过签名能力的安全分享来解决单点失败问题的, 因此私钥从来不会在任何单独的地方 (或者由单个用户) 完全恢复出来.

**技术简史** 1987 年, Desmedt 在论文《社会和群体导向的密码学: 一个新概念》[56] 中提到了门限密码的初步思考. 1989 年, Desmedt 和 Frankel 在论文《门限密码系统》[57] 中正式提出了门限密码的概念. 其中门限签名是一类重要的例子.

在门限签名的概念提出之后, 后续工作关注具体门限签名的设计与构造, 比如门限 RSA 签名、门限 ECDSA 签名等. 其中, Shoup 的门限 RSA 签名[58] 比较接近实用化, 但是门限 ECDSA 签名的构造离实用化还比较远, 例如 Gennaro 等的工作 [59]. 在随后的 20 年, 门限 ECDSA 签名的实用化设计非常少. 近些年, 数字签名在区块链应用 (特别是基于区块链的数字货币) 中有广泛的部署, 比如 ECDSA 和 Schnorr 签名. 由于 ECDSA 签名和 Schnorr 签名的私钥的安全性直接关系到数字资产的安全性, 因此越来越多的研究者和产业界关注到门限 ECDSA 签名和门限 Schnorr 签名的实用化设计以及在区块链中的部署.

2017 年, Lindell 给出了基于 Paillier 加密的第一个实用化的两方门限 ECDSA

签名. 随后有一系列实用化的门限 ECDSA 签名的设计工作[60-64], 其中 Doerner 等的《三轮门限 ECDSA 签名》[64] 在效率和轮数上都比较有优势.

相对 ECDSA 来说, 门限 Schnorr 签名的设计更容易一些. 2020 年, Komlo 和 Goldberg 在论文《FROST: 灵活的优化轮数门限 Schnorr 签名》中提出了一个两轮门限 Schnorr 签名方案. 但是该方案基于非标准的假设. 2022 年, Lindell 在论文《具有完全可模拟性的简单三轮门限 Schnorr 签名》中给出了一个不需要依赖非标准假设并提供可模拟安全性的三轮门限 Schnorr 签名方案.

**应用实例** 门限签名可以部署到数字钱包中, 用于提升密码数字货币的安全性. 目前, Coinbase 公司[①]、Zengo 公司[②]等都在尝试将门限 ECDSA 签名和门限 Schnorr 签名部署到其提供的数字钱包服务中.

### 1.3.5 零知识证明

**基本概念** 零知识证明 (zero-knowledge proof, ZKP) 是一种密码学技术, 允许拥有某个秘密信息的参与方 (证明方) 说服另一个参与方 (验证方) 某个有关秘密信息的陈述是正确的, 同时又不将此秘密信息泄露给验证方.

最经典的零知识证明的例子是从童话故事《阿里巴巴与四十大盗》中延伸出来的. 有一个环形洞穴, 魔法门挡住了环形洞穴内部的门. 阿里巴巴声称他知道打开魔法门的秘密口令. 四十大盗抓住他, 让他说出口令. 如果阿里巴巴说出了口令, 他就没有利用价值了, 四十大盗会杀死他. 如果阿里巴巴坚持不说, 四十大盗不相信他真的掌握口令, 也会杀死他.

这是一个典型的零知识证明问题. 阿里巴巴作为证明方, 要向作为验证方的四十大盗证明他知道口令 (某个有关秘密信息的陈述是正确的), 但又不能告诉四十大盗具体的口令 (不将秘密信息泄露给验证方). 双方可以如图 1.8 完成证明. 阿里巴巴随机选择路径 A 或者路径 B 进入到环形洞穴内部, 四十大盗不知道阿里巴巴选择的是哪条路径. 之后, 四十大盗进入洞穴, 随机选择一条路径, 要求阿里巴巴从这条路径出来. 如果阿里巴巴知道口令, 则无论四十大盗指定哪条路径, 阿里巴巴都能按要求走出来. 反之, 如果阿里巴巴不知道口令, 则只有当四十大盗指定的路径刚好等于阿里巴巴进入的路径, 他才能按照要求走出来, 概率只有 50%. 双方可以多次重复这一步骤, 直到四十大盗相信阿里巴巴知道口令.

现实中的一个典型零知识证明问题就是数字签名. 数字签名可以描述为, 证明方向验证方证明的陈述是 "我拥有此消息签名所对应的私钥". 零知识证明还可以支持更复杂的陈述, 例如 "某个人的确持有此数字货币". 或者更复杂一些, "我们用公司的历史投资策略和效果数据构建了一个机器学习预测模型, 验证方得到

---

① https://github.com/coinbase/kryptology, 引用日期: 2024-08-03.
② https://github.com/ZenGo-X/multi-party-ecdsa, 引用日期: 2024-08-03.

## 1.3 密码学隐私增强技术概览 · 23 ·

的就是某个投资策略在此模型下的输出结果". 零知识证明要求验证过程要高效, 但生成证明的过程可能会涉及大量的计算. 零知识证明需要满足如下三个重要性质.

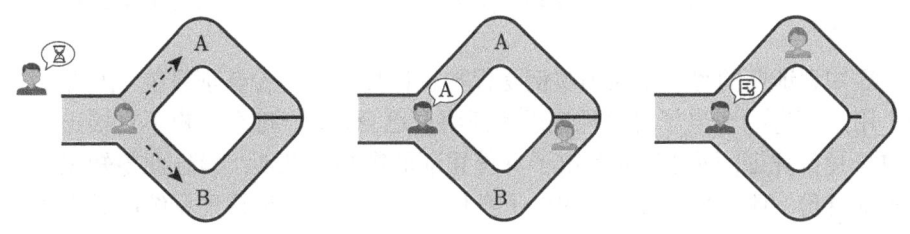

图 1.8 阿里巴巴应用零知识证明向四十大盗证明其知道口令

- 完备性 (completeness): 如果陈述是正确的, 且证明方和验证方都遵循证明过程, 则验证方将接受证明方提供的证明.
- 可靠性 (soundness): 如果陈述是错误的, 且验证方遵循证明过程, 则验证方不会被证明方所说服.
- 零知识性 (zero-knowledge): 如果陈述是正确的, 且证明方遵循证明过程, 则验证方除了知道陈述是正确的以外, 无法在证明过程中得到任何机密信息.

零知识证明并非要在隐私保护的条件下完成某个计算任务, 而是要证明某个陈述是正确的. 尽管如此, 零知识证明仍然可以提供一定程度的隐私保护. 举例来说, 某个公司可以在不透露某个员工具体薪酬的情况下, 向验证方证明此员工薪酬超过了月供金额. 在这个场景下, 公司无须向验证方透露真实薪酬, 即可证明某个员工具备财务偿付能力.

**技术简史** 1989 年, Goldwasser、Micali 和 Rackoff 在论文《交互式证明系统的知识复杂性》[18] 中正式提出了零知识证明的概念. 他们在论文中指出, 如果可以进行交互, 则可以零知识证明任何陈述的正确性. 1988 年, Blum、Feldman 和 Macali 在论文《非交互式零知识及其应用》[65] 中指出, 如果证明方和验证方都知道一个公共参考字符串 (common reference string, CRS), 则可以把交互式证明转化为非交互式证明, 即证明过程不再需要交互. Fiat 和 Shamir 在论文《如何证明你自己: 身份和签名问题的实际解决方案》[66] 中给出了用哈希函数生成验证者挑战从而避免同验证者交互的例子. 随后, Schnorr 在论文《智能卡生成的高效签名》[55] 中用此方法构造出了一个零知识认证方案.

如何支持更复杂陈述的证明一直是一个公开问题. 2013 年, Gennaro 等在论文《二次算术张成方案和无须概率可验证证明的简洁非交互零知识证明》[29] 中描述了证明长度短、证明过程不需要交互的高性能零知识证明方案. 此类零知识证明在密码货币、区块链等领域得到了广泛的应用. 为了解决预处理时间长、证明开销大等问题，学者们又提出了多种新的零知识证明协议.

**应用实例** 零知识证明的广泛应用依赖于密码货币的驱动. 密码货币将加密交易添加到账本中，并通过零知识证明来证明交易信息的有效性. Zerocash[①]是首批应用零知识证明的密码货币系统，在密码货币和零知识证明的历史上留下了浓重的一笔.

零知识证明的另一个应用实例是保护认证凭证的身份认证系统. 在此系统中，每个用户都有一个电子身份凭证. 在证明自己身份时，每个用户不直接出示自己的电子身份凭证，而是生成此电子身份凭证的零知识证明. 验证此零知识证明即可验证身份，但又不泄露用户的电子身份凭证. 此类身份认证系统叫做直接匿名证明 (direct anonymous attestation). 零知识证明也可用于证明身份凭证中的某个属性是否满足要求. 举例来说，身份凭证里面包含一个由公安部门签名的年龄属性. 此时，用户就可以通过零知识证明向别人证明"我的年龄由公安部门认证过，且这个年龄超过了 18 周岁".

## 1.4 密码学隐私增强技术标准化工作

实际中，往往需要大量专业知识才能正确设置、部署和使用密码学隐私增强技术. 专业知识不足会导致在实现中出现错误，对相关技术了解不足会影响安全性与可用性的平衡. 为了解决上述问题，国际标准化组织 (International Organization for Standardization, ISO)、国际电工委员会 (International Electrotechnical Commission, IEC)、电气和电子工程师协会 (Institute of Electrical and Electronics Engineers, IEEE) 等国际组织正在紧锣密鼓地研究和制定密码学隐私增强技术的相关标准. 学术和工业领域的一些组织和联盟也在发布和完善相应的实施标准.

**差分隐私标准** 国际上暂无已发布的差分隐私相关标准. 2023 年，IEEE 正式立项国际标准《基于差分隐私的个人信息保护要求》[②]，编号 3417. 此标准计划规范差分隐私的技术衡量指标，对差分隐私技术进行分类，并提出具体的评估方法.

**同态加密标准** ISO 和 IEC 推出的《ISO/IEC 18033-1: 2015 信息安全–加密算法–第 1 部分：总则》[③]系列标准涵盖多种基础密码学算法，共包括 7 个部分：概述、加密系统、分组密码、流密码、基于身份加密机制、同态加密、可调块密码. 此系列标准于 2019 年增加了《ISO/IEC 18033-6: 2019 IT 安全技术–加密算法–第 6 部分：同态加密》[④]的部分. 该部分描述了 ElGamal 和 Paillier 这两种半同态加

---

[①] http://zerocash-project.org/，引用日期：2024-08-03.
[②] https://standards.ieee.org/ieee/3417/11383/，引用日期：2024-08-03.
[③] https://www.iso.org/standard/54530.html，引用日期：2024-08-03.
[④] https://www.iso.org/standard/67740.html，引用日期：2024-08-03.

密方案, 并定义了参数生成、密钥生成、加密、解密以及同态运算的过程.

除了正式推出的标准之外, 同态加密标准化 (homomorphic encryption standardization) 社区[1]还对行业、政府和学术领域开放, 推动部分同态加密和全同态加密的标准化工作. 此社区于 2018 年推出了《同态加密标准》(Homomorphic Encryption Standard)[2], 描述了 BGV 方案、BFV 方案的原理和参数选择标准. 2023 年 8 月, ISO 和 IEC 已经正式立项《ISO/IEC 28033-1 信息安全–全同态加密–第 1 部分: 总则》[3]系列标准. 此标准计划规范 BGV/BFV、CKKS, 以及 TFHE 等全同态加密方案.

**安全多方计算标准**　ISO 和 IEC 推出的《ISO/IEC 19592-1 信息技术–安全技术–秘密分享–第 1 部分: 总则》[4]介绍了安全多方计算中使用的秘密分享技术. 系列标准包括两个部分. 第 1 部分 (ISO/IEC 19592-1) 重点关注秘密分享的概念和相关术语. 第 2 部分 (ISO/IEC 19592-2) 描述了特定的秘密分享方案. 遗憾的是, 此系列标准尚未涉猎安全多方计算部分的内容.

2019 年, ISO 和 IEC 正式立项《ISO/IEC 4922-信息安全–安全多方计算》系列国际标准. 该标准分为三个部分. 《第 1 部分: 总则》(ISO/IEC 4922-1)[5]于 2023 年 7 月正式发布, 从角色划分、参数选择、攻击模型、基本要求和可选要求、性能参数等方面给出了安全多方计算的基本轮廓.《第 2 部分: 基于秘密分享的机制》(ISO/IEC 4922-2)[6] 于 2024 年 3 月发布, 给出了秘密分享的具体实现.《第 3 部分: 基于混淆电路的机制》(ISO/IEC 4922-3) 计划给出混淆电路的具体实现, 此部分尚未正式发布.

2019 年, IEEE 立项国际标准《安全多方计算推荐实践》, 编号 2842. 此标准于 2021 年正式发布, 命名为《IEEE 2842-2021-IEEE 安全多方计算推荐实践》[7]. 此标准给出了安全多方计算的定义, 并描述了基本要求、可选要求、安全模型、系统角色、工作流程、部署模式等.

**门限密码标准**　2019 年, 美国国家标准与技术研究院 (NIST) 公布了 NISTIR 8214 文件《密码学原语的门限方案》[8], 随后建立了旨在标准化门限密码方案的项

---

[1] https://homomorphicencryption.org/, 引用日期: 2024-08-03.

[2] https://homomorphicencryption.org/wp-content/uploads/2018/11/HomomorphicEncryptionStandardv1.1.pdf, 引用日期: 2024-08-03.

[3] https://standardsdevelopment.bsigroup.com/projects/9023-09118#/section, 引用日期: 2024-08-03.

[4] https://www.iso.org/standard/65422.html, 引用日期: 2024-08-03.

[5] https://www.iso.org/standard/80508.html, 引用日期: 2024-08-15.

[6] https://www.iso.org/standard/80514.html, 引用日期: 2024-08-15.

[7] https://standards.ieee.org/ieee/2842/7675/, 引用日期: 2024-08-15.

[8] https://csrc.nist.gov/News/2019/ threshold-schemes-for-crypto-primitives-nistir8214, 引用日期: 2024-08-03.

目《多方门限密码》[①]. 按照其项目规划, 2024 年 NIST 将针对门限密码方案进行标准的公开征集.

**零知识证明标准**　ISO 和 IEC 推出的《ISO/IEC 27565.2-基于零知识证明的隐私保护指南》[②]尚处于草案阶段. 该指南指出, 应用零知识证明可以减少个人信息的分享或传输, 从而降低相关风险. 指南将描述几个零知识证明的实际应用场景, 并阐述如何应用零知识证明满足这些应用场景的安全要求.

除了正式推出的标准之外, 零知识证明标准化 (ZKProof Standards)[③]社区正在推动前沿零知识证明系统的标准化工作. 此社区的标准委员会成立于 2023 年, 旨在确立广泛接受的标准化框架. 此社区对外宣布期望 2024 年可以在其官方网站上提供更多的标准化相关信息.

---

[①] https://csrc.nist.gov/projects/ threshold-cryptography, 引用日期: 2024-08-03.
[②] https://www.iso.org/standard/80398.html, 引用日期: 2024-08-03.
[③] https://zkproof.org/, 引用日期: 2024-08-03.

# 第 2 章

# 数据模糊技术

想象某位**数据管理者** (data curator) 手中有一个数据集. 此数据集可能来自某个医疗机构, 里面存储着与患者疾病相关的医疗信息; 也可能是来自某所高中, 里面存储着未成年学生的个人信息; 还可能来自某家银行, 里面存储着金融客户的财产信息. 总之, 此数据集包含了许多个人敏感信息. 现在, 某位来自第三方的**数据分析者** (data analyst) 出于某种原因, 希望能对此敏感数据集进行分析. 例如, 医疗研究机构希望围绕某个特定疾病开展研究, 期望找到治疗手段; 心理研究机构希望分析未成年学生的心理健康情况; 金融研究机构希望研究当前宏观经济的发展情况. 为此, 数据管理者需要向数据分析者披露此数据集的信息, 同时又不希望侵犯个人隐私.

为了消除隐私风险, 一个很直观的想法是让数据管理者对数据集进行一些脱敏处理, 使数据分析者无法把数据与个体关联起来. 这个目标看起来非常明确, 如果数据分析者无法知道数据属于哪个个体, 那直观上个体的隐私就得到了有力的保护. 历史上, 人们把这个处理过程称为**匿名化** (anonymization). 此处理过程的目标是降低从数据集中标识出个体的可能, 后续人们更准确地将此处理过程称为**去标识** (de-identification). 这个目标实现起来似乎也非常简单. 首先, 数据管理者从数据中筛选出能直接关联到个人的信息, 如身份证号、护照号、手机号、姓名等. 人们把这些信息称为**个人标识信息** (personal identifier information, PII), 意思是能用这些信息直接标识出个体. 这些信息看起来非常敏感, 数据管理者要把这些信息从数据集中删除. 随后, 数据管理者从剩下的数据中再筛选出可能能关联到个人的信息. 其中, 学生的学号、银行账户等信息虽然无法直接关联到个人, 但特定情况下也能通过这些信息标识出个体. 为此, 数据管理者对这些信息做模糊或脱敏处理, 例如把学生学号、银行账户的中间几个数字替换成 "xxxx". 处理完毕后, 数据看起来就变得很安全了. 数据分析者仍然能够分析数据, 但无法知道这些数据是谁的. 去标识化似乎保护了每个个体的隐私.

不幸的是, 这个结论有些过于乐观. 即使对数据集进行必要的删除、模糊、脱敏处理, 数据分析者仍然可以通过各种方法把数据和个体关联起来, 进而重新标识出个体. 我们把这一攻击过程称为**重标识** (re-identification). 这可不是危言耸听, 历史上发生过多次因重标识导致隐私泄露的事件, 这些事件给个体带来了极大的困扰. 为此, 人们提出了各种各样抵御重标识攻击的技术. 然而, 攻击者总是能够找到这些技术的软肋, 再次成功实施重标识攻击.

这一无穷无尽的循环促使学者们重新审视隐私这个概念: 能否从数学角度准确定义隐私? 隐私保护是否本身就是一个无法实现的目标? 能否提出可证明安全的隐私保护方法? 2006 年诞生的差分隐私技术是从数学角度可证明安全的隐私保护方法, 已成为隐私保护的事实标准.

本章, 我们将介绍隐私保护所面临的挑战, 以及为解决这些挑战所提出的隐私保护技术. 首先, 我们将介绍一些常用的去标识技术, 并通过几个著名的隐私泄露事件展示去标识技术的局限性. 随后, 我们将介绍以 k-匿名性为代表的去标识效果量化指标. 满足这些量化指标的去标识数据集虽然可以抵御简单的重标识攻击, 但对复杂的重标识攻击束手无策. 最后, 我们正式引入差分隐私, 通过介绍差分隐私的原理、定义、性质, 以及差分隐私的实现方法, 展示差分隐私如何从数学和技术角度提供隐私保护的能力.

## 2.1 典型去标识技术

如何对数据进行去标识处理? 人们一直相信, 只需要对数据进行微小的修改就能实现数据的去标识处理. 本节, 我们首先来学习一些典型去标识技术. 英特尔公司于 2012 年发布的《应用数据匿名化增强云安全》[67] 就对典型去标识技术进行了总结. 2022 年, 新加坡个人数据保护委员会 (Personal Data Protection Commission, PDPC) 发布的《基础匿名化指南》[68] 中的附录 A 中也详细介绍了这些去标识技术. 虽然从现在的视角看, 一些去标识技术并不像直观上想象的那么安全, 但不可否认的是, 这些去标识技术的应用方法比较简单, 实操性很强, 可以在一定程度上控制隐私风险. 本章后续将介绍的差分隐私从某种程度上看也是建立在典型去标识技术上的.

我们需要找一个样例数据集来介绍去标识技术. 为此, 我们使用论文《简单的人口统计数据往往能唯一标识出个人》[69] 中提供的样例数据集, 尝试用去标识技术对此数据集进行去标识处理. 样例数据集如表 2.1 所示. 有趣的是, 这篇论文本身的目的就是说明去标识技术不够安全, 存在切实可行的攻击方法. 为了演示这一点, 论文中给出的数据集中移除了姓名列这一个人标识信息, 并介绍了一些恢复出姓名列的重标识攻击方法. 来自法律领域的论文《违反隐私承诺: 回应令人惊讶的匿名化失效问题》[70] 应用这些攻击方法恢复出了姓名列, 实现了数据重标识, 这才得到了样例数据集.

这是一个记录患者门诊就医信息的医疗数据集。可以很明显地看出，这个数据集就是一张结构非常简单的数据表。数据库领域将已经整理成数据表形式的数据称为结构化数据。数据表的每一行称为一条**记录** (record)，每一列称为一个**字段** (field)。每个字段都有一个对应的名字，称为**字段名** (field name)。每条记录在每个字段下都有一个特定的值，称为**数据项** (entry)。

表 2.1 样例数据集

| 直接标识符 | 间接标识符 | | | | 敏感属性 |
|---|---|---|---|---|---|
| 姓名 | 种族 | 出生日期 | 性别 | 邮政编码 | 症状 |
| Sean | 黑色人种 | 1965.09.20 | 男 | 02141 | 呼吸急促 |
| Daniel | 黑色人种 | 1965.02.14 | 男 | 02141 | 胸口疼痛 |
| Kate | 黑色人种 | 1965.10.23 | 女 | 02138 | 高血压 |
| Marion | 黑色人种 | 1965.08.24 | 女 | 02138 | 高血压 |
| Helen | 黑色人种 | 1964.11.07 | 女 | 02138 | 过度肥胖 |
| Reese | 黑色人种 | 1964.12.01 | 女 | 02138 | 胸口疼痛 |
| Forest | 白色人种 | 1964.10.23 | 男 | 02139 | 胸口疼痛 |
| Philip | 白色人种 | 1964.08.13 | 男 | 02139 | 过度肥胖 |
| Jamie | 白色人种 | 1964.05.05 | 男 | 02139 | 呼吸急促 |
| Sean | 白色人种 | 1967.02.13 | 男 | 02138 | 背部疼痛 |
| Adrien | 白色人种 | 1967.03.21 | 男 | 02138 | 背部疼痛 |

医疗数据集听起来就是个很敏感的数据集，包含了很多个体的敏感数据。为了保护个体隐私，医院数据库管理者在向医疗研究机构发布此数据集之前，希望用去标识技术对数据进行去标识处理。直观上，可以将上述数据集中的字段分成三类：如"姓名"等是可以直接标识个体的字段；"出生日期""邮政编码"等是需要组合使用才可能标识个体的字段；"症状"等是看起来很敏感但因分析需要而必须保留下来的字段。我们分别将这三种类型的字段命名为**直接标识符** (direct identifier, DID)、**间接标识符** (quasi identifier, QID)、**敏感属性** (sensitive attribute)，并把不属于上述三种类型的字段命名为**非敏感属性** (non-sensitive attribute)。因为医疗机构分析需要，敏感属性似乎需要保持不变，所以我们不对敏感属性进行任何处理。由于我们假设非敏感属性既无法用于标识个体，又不属于很敏感的字段，因此也不对非敏感属性进行任何处理。反之，攻击者似乎能通过直接标识符和间接标识符获知某一条记录与哪个个体关联。因此，去标识技术的目标就是要对直接标识符和间接标识符进行相应的处理，降低标识到个体的可能性，控制重标识风险。

### 2.1.1 直接标识符处理方法

"身份证号""手机号""姓名"等字段都属于直接可以标识到个体的直接标识符，隐私风险极大。一般通过抑制或假名这两种方法处理直接标识符。

**抑制** 最直接的处理方法就是删除直接标识符,或者使用"0"或"NULL"等替代直接标识符. 这种处理方法称为**抑制** (supression) 或**隐藏** (hiding). 我们将上述数据集中"姓名"字段的所有数据项替换为表示空的字符串"NULL",就对直接标识符进行了抑制处理,结果如表 2.2 所示.

表 2.2 直接标识符经过抑制处理后的数据集

| 直接标识符 | 间接标识符 | | | | 敏感属性 |
|---|---|---|---|---|---|
| 姓名 | 种族 | 出生日期 | 性别 | 邮政编码 | 症状 |
| "NULL" | 黑色人种 | 1965.09.20 | 男 | 02141 | 呼吸急促 |
| "NULL" | 黑色人种 | 1965.02.14 | 男 | 02141 | 胸口疼痛 |
| "NULL" | 黑色人种 | 1965.10.23 | 女 | 02138 | 高血压 |
| "NULL" | 黑色人种 | 1965.08.24 | 女 | 02138 | 高血压 |
| "NULL" | 黑色人种 | 1964.11.07 | 女 | 02138 | 过度肥胖 |
| "NULL" | 黑色人种 | 1964.12.01 | 女 | 02138 | 胸口疼痛 |
| "NULL" | 白色人种 | 1964.10.23 | 男 | 02139 | 胸口疼痛 |
| "NULL" | 白色人种 | 1964.08.13 | 男 | 02139 | 过度肥胖 |
| "NULL" | 白色人种 | 1964.05.05 | 男 | 02139 | 呼吸急促 |
| "NULL" | 白色人种 | 1967.02.13 | 男 | 02138 | 背部疼痛 |
| "NULL" | 白色人种 | 1967.03.21 | 男 | 02138 | 背部疼痛 |

值得注意的是,当把直接标识符替换为相同的数据项时,可能会要求数据的存储格式保持不变,以避免在后续处理数据集时产生不必要的错误. 在上例中,我们没有直接使用 NULL,而是使用"NULL"这个字符串来替换"姓名"字段的数据项. 这样做的目的就是保证"姓名"字段的数据项仍然为字符串.

可以根据不同的情况使用多种不同的方法实施抑制操作. 例如,记录抑制要求删除整条记录,值抑制要求把某个字段值从数据集中完全删除,字段抑制要求删除整个字段.

**假名** 抑制方法会彻底删除直接标识符. 如果数据分析者在后续使用数据时希望能通过**匹配** (map)、**关联** (join) 等操作将多个数据集中相同个体的信息串接起来,那就不能使用抑制方法了. **假名** (pseudonymization) 为数据集中的每个个体分配一个互不相同的"假名",用"假名"替换直接标识符. 攻击者仍然可以利用"假名"进行匹配和关联,但无法通过"假名"反推出原始的直接标识符.

获取"假名"最常见的方法是使用密码学哈希函数 $H$,把直接标识符的哈希值作为假名. 哈希函数可以把任意长度的输入值映射为固定长度的输出值,且一般要求

- 对于相同的输入,哈希函数的输出相同,即如果 $m_0 = m_1$,则 $H(m_0) = H(m_1)$.
- 对于不同的输入,哈希函数的输出有很大的概率不同,即如果 $m_0 \neq m_1$,

则 $\Pr[H(m_0) \neq H(m_1)] \approx 1$.

当使用哈希值作为假名时,密码学哈希函数的这两个性质将保证相同直接标识符的假名一定相同,不同直接标识符的假名有非常大的概率不同. 如果使用的是安全的密码学哈希函数,一般无法根据哈希值反推出输入数据. 从这个角度看,使用密码学哈希函数处理直接标识符可以提供一定程度的隐私保护. 在上述数据集中,如果我们对 "姓名" 字段的所有数据项用 UTF-8 编码,再用 SHA256 计算编码结果的 256 比特长哈希值,并将哈希值的 64 比特用十六进制编码转换成 0 到 F 的字符串,把转换结果作为假名,则处理结果如表 2.3 所示.

表 2.3 直接标识符经过假名处理后的数据集

| 直接标识符 | 间接标识符 |  |  |  | 敏感属性 |
|---|---|---|---|---|---|
| 姓名 | 种族 | 出生日期 | 性别 | 邮政编码 | 症状 |
| 5FBF8B76ACCFD8C5 | 黑色人种 | 1965.09.20 | 男 | 02141 | 呼吸急促 |
| 7297DB81C2F7916E | 黑色人种 | 1965.02.14 | 男 | 02141 | 胸口疼痛 |
| 1A5D06A170DDE413 | 黑色人种 | 1965.10.23 | 女 | 02138 | 高血压 |
| 3417CFDF67C51B20 | 黑色人种 | 1965.08.24 | 女 | 02138 | 高血压 |
| 9709CE778B113727 | 黑色人种 | 1964.11.07 | 女 | 02138 | 过度肥胖 |
| 94721B86CE7F5443 | 黑色人种 | 1964.12.01 | 女 | 02138 | 胸口疼痛 |
| EED88B3AFE90B755 | 白色人种 | 1964.10.23 | 男 | 02139 | 胸口疼痛 |
| 3CDFBB71D5458BEB | 白色人种 | 1964.08.13 | 男 | 02139 | 过度肥胖 |
| EAEA2AB37288945D | 白色人种 | 1964.05.05 | 男 | 02139 | 呼吸急促 |
| 5FBF8B76ACCFD8C5 | 白色人种 | 1967.02.13 | 男 | 02138 | 背部疼痛 |
| 61D317B4DACE195B | 白色人种 | 1967.03.21 | 男 | 02138 | 背部疼痛 |

直接使用哈希值作为假名仍然存在一定的风险. 最直接的风险是处理结果容易遭到彩虹表攻击. 彩虹表攻击是指暴力计算所有可能输入值对应的哈希值,把结果存储在一张查找表中. 当得到哈希值后,从存储的查找表中暴力检索出原始输入值. 举例来说,假设直接标识符是我国的手机号码 (不包括香港、澳门、台湾地区). 我国的手机号码由 11 位数字组成,首位为 1, 后面跟着 10 个数字. 这意味着我国手机号码所有可能的取值数量不会超过 $10^{10}$,即不会超过 100 亿. 攻击者只需花费一定的时间,计算并存储所有手机号码的哈希值,就可以通过暴力查表的方法找到哈希值所对应的原始输入值. 为了抵御此类攻击,我们可以在生成假名时选择一个密钥,使用带密钥哈希函数 (keyed hash function) 计算哈希值. 在不知道密钥的条件下,攻击者无法再暴力构建查找表,从而无法实施彩虹表攻击.

### 2.1.2 间接标识符处理方法

我们接下来处理间接标识符. "种族""出生日期""性别""邮政编码" 这几个字段单独看上去并没有那么敏感,但把这几个字段组合起来使用就变得很敏感了. 想象一下,在相同邮政编码所在地区内,有多少个同年同月同日出生、性别也相同的人? 想必人数应该很少. 换句话说, 组合使用 "邮政编码""出生日期""性别" 这三个字段也很可能 "间接" 定位到个人. 然而, 我们无法再像处理直接标识符那样处理间接标识符了. 如果直接抑制间接标识符, 虽然可以为数据集提供更强的隐私保护, 但数据集的可用性也会大幅降低. 如果使用假名方法, 直接用哈希值替换间接标识符, 这虽然能对间接标识符的语义提供一定的保护, 但由于哈希函数的输入相同时, 哈希值也相同, 因此假名方法并不能从本质上降低间接定位到个人的风险. 举例来说, 如果用哈希值分别替换 "邮政编码"、"出生日期" 和 "性别" 字段, 攻击者虽然无法根据哈希值直接反推出原始的邮政编码、出生日期和性别是什么, 但相同字段取值的哈希值仍然相同, 组合使用邮政编码、出生日期、性别的哈希值仍然可能间接定位到个人. 我们需要引入其他方法来处理间接标识符, 以平衡数据的可用性与隐私性.

**泛化** 泛化 (generalization) 是最常用的间接标识符处理方法. 泛化的核心思想是刻意降低数据的精度. 例如, 可以**遮掩** (mask) 邮政编码的后几位; 可以**截断** (truncation) 出生日期, 只保留出生年份; 可以对年龄**取整** (rounding) 并**前缀保留** (prefix-preserving), 将年龄处理为 10 的整数倍等. 如果我们在已抑制直接标识符数据集的基础上, 进一步将出生日期泛化为只包含出生年份, 将邮政编码泛化为只保留前 4 位数字, 则处理结果如表 2.4 所示.

表 2.4 间接标识符经过泛化处理后的数据集

| 间接标识符 ||||敏感属性|
|---|---|---|---|---|
| 种族 | 出生年份 | 性别 | 邮政编码 | 症状 |
| 黑色人种 | 1965 | 男 | 0214* | 呼吸急促 |
| 黑色人种 | 1965 | 男 | 0214* | 胸口疼痛 |
| 黑色人种 | 1965 | 女 | 0213* | 高血压 |
| 黑色人种 | 1965 | 女 | 0213* | 高血压 |
| 黑色人种 | 1964 | 女 | 0213* | 过度肥胖 |
| 黑色人种 | 1964 | 女 | 0213* | 胸口疼痛 |
| 白色人种 | 1964 | 男 | 0213* | 胸口疼痛 |
| 白色人种 | 1964 | 男 | 0213* | 过度肥胖 |
| 白色人种 | 1964 | 男 | 0213* | 呼吸急促 |
| 白色人种 | 1967 | 男 | 0213* | 背部疼痛 |
| 白色人种 | 1967 | 男 | 0213* | 背部疼痛 |

数据集现在 "看起来" 安全多了, 个人的隐私 "似乎" 得到了有效的保护. 举例来说, 即使知道公民 "Forest" 的种族为白色人种、出生日期为 1964 年 10 月 23 日、性别为男、邮政编码是 02139, 攻击者也很难知道 "Forest" 的症状, 这是因为泛化数据集中有 3 个人的种族、出生日期、性别、邮政编码与 "Forest" 的信息相匹配, 但这 3 个人的症状分别是 "胸口疼痛"、"过度肥胖" 和 "呼吸急促". 我们无

## 2.1 典型去标识技术

法通过此数据集标识出"Forest",无法对"Forest"实施重标识攻击.与此同时,数据分析者仍然可以对此数据集进行分析,得到一些有用的分析结果.看起来,我们做到了一举两得.

**置乱** 我们还可以进一步打乱数据集中数据的顺序.这种处理方法称为**置乱** (swapping),也被称为**混洗** (shuffling) 或**置换** (permutation).我们可以以每一行数据为单位按行置乱数据,也可以以列为单位置乱某列数据.举个例子,我们可以置乱上表的"性别"字段,处理结果如表 2.5 所示.

表 2.5 间接标识符经过置乱处理后的数据集

| 间接标识符 | | | | 敏感属性 |
|---|---|---|---|---|
| 种族 | 出生年份 | 性别 | 邮政编码 | 症状 |
| 黑色人种 | 1965 | 女 | 0214* | 呼吸急促 |
| 黑色人种 | 1965 | 女 | 0214* | 胸口疼痛 |
| 黑色人种 | 1965 | 男 | 0213* | 高血压 |
| 黑色人种 | 1965 | 男 | 0213* | 高血压 |
| 黑色人种 | 1964 | 男 | 0213* | 过度肥胖 |
| 黑色人种 | 1964 | 女 | 0213* | 胸口疼痛 |
| 白色人种 | 1964 | 男 | 0213* | 胸口疼痛 |
| 白色人种 | 1964 | 男 | 0213* | 过度肥胖 |
| 白色人种 | 1964 | 女 | 0213* | 呼吸急促 |
| 白色人种 | 1967 | 男 | 0213* | 背部疼痛 |
| 白色人种 | 1967 | 男 | 0213* | 背部疼痛 |

需要注意的是,以列为单位置乱数据会破坏数据集的关联关系,对数据集的可用性造成较大的影响.举个例子,对"性别"字段置乱后,虽然"性别"字段本身的分布(即"男"与"女"的占比)保持不变,但"性别"与其他字段的联合分布发生了较大的变化.举例来说,原数据集和置乱数据集的男女比例均为 7:4.然而,原数据集中"黑色人种"的男女比例为 2:4,但置乱数据集中"黑色人种"的男女比例变为了 3:3.在有些分析场景下,联合分布发生较大变化可能会严重影响数据分析结果.

**扰动** 我们还可以在数据上增加一些噪声,对数据做一些微小的**扰动** (perturbation).例如,可以对上表的"出生年份"字段的每个取值上增加取值范围是 $[-2,2]$ 的均匀随机噪声,从而略微扰动每个个体的出生年份.处理结果如表 2.6所示.

直观来看,增加的噪声越大,隐私保护程度越高,数据可用性越低.例如,如果在"出生年份"字段增加取值范围是 $[-100,100]$ 的均匀随机噪声,虽然每个个体的出生年份都会被保护得非常好,但数据也可能会变得极不合理.例如,设当前时间为 2024 年,某个个体增加噪声后的出生年份可能会变成 1860 年,以超过 160 岁的年龄前往医院看病;而某个个体增加噪声后的出生年份可能会变成 2050 年,坐着时光机回到当今世界找某位医生看病. 因此, 一般都需要结合数据分析者的具体分析任务来考虑增加的噪声量级.

表 2.6  间接标识符经过扰动处理后的数据集

| 间接标识符 ||||  敏感属性 |
|---|---|---|---|---|
| 种族 | 出生年份 | 性别 | 邮政编码 | 症状 |
| 黑色人种 | 1966 | 男 | 0214* | 呼吸急促 |
| 黑色人种 | 1967 | 男 | 0214* | 胸口疼痛 |
| 黑色人种 | 1965 | 女 | 0213* | 高血压 |
| 黑色人种 | 1964 | 女 | 0213* | 高血压 |
| 黑色人种 | 1965 | 女 | 0213* | 过度肥胖 |
| 黑色人种 | 1964 | 女 | 0213* | 胸口疼痛 |
| 白色人种 | 1965 | 男 | 0213* | 胸口疼痛 |
| 白色人种 | 1964 | 男 | 0213* | 过度肥胖 |
| 白色人种 | 1962 | 男 | 0213* | 呼吸急促 |
| 白色人种 | 1966 | 男 | 0213* | 背部疼痛 |
| 白色人种 | 1968 | 男 | 0213* | 背部疼痛 |

**聚合**　既然需要根据数据分析者的具体分析任务来增加噪声, 那么我们能否不直接向数据分析者提供去标识数据集, 而是根据数据分析者的具体分析任务提供其所需的统计信息呢? 答案是肯定的. 很多情况下, 数据分析者并不需要获得数据集本身, 只需要获得汇总统计数据. 此时, 数据管理者可以自己对数据进行**聚合** (aggregation), 仅分享统计结果. 例如, 如果数据分析者只需要知道有多少人的 "症状" 是 "呼吸急促", 则数据管理者不需要处理直接和间接标识符, 而是直接发布如表 2.7 所示的数据.

表 2.7  间接标识符经过聚合处理后的数据集

| "呼吸急促" 症状的人数 |
|---|
| 2 |

数据管理者还可以在聚合数据上应用扰动机制, 在结果上增加一些噪声, 以进一步提高隐私保护程度. 实际上, 本章后面介绍的差分隐私就是在数据上增加噪声, 并通过数学方法量化噪声大小与隐私保护程度之间的关系.

### 2.1.3　去标识效果量化指标

在介绍去标识效果量化指标前, 我们先来通过一个例子了解隐藏在间接标识符中的重标识风险. 在上述例子中, "邮政编码" "出生日期" "性别" 这三个间接标识符虽不能单独标识到个体, 但组合使用却暴露了极大的重标识风险.

## 2.1 典型去标识技术

计算机科学家 Sweeney 很早就开始研究如何通过间接标识符实施重标识攻击. 她通过一个很直接的例子就让人们体会到了重标识攻击的威力. 在美国马萨诸塞州, 一个叫做团体保险委员会 (Group Insurance Commission, GIC) 的政府代理机构会为州政府雇员购买保险. 在 20 世纪 90 年代中期, GIC 决定, 为推动相关研究, 只要提出申请, 就可以向研究人员公布每位政府雇员的医院就诊记录. 为了保护隐私性, GIC 利用抑制机制对就诊记录中的 "姓名" "地址" "美国社会安全号码" 和其他直接标识符进行了去标识处理. 虽然公布的数据中仍然包含 "邮政编码" "出生日期" "性别" 等在内的近 100 个字段, 但 GIC 认为抑制直接标识符已经保护了患者的隐私.

在 GIC 公布去标识数据集时, 时任马萨诸塞州州长的 Weld 向公众保证, GIC 通过抑制直接标识符保护了患者的隐私. 当时还是博士研究生的 Sweeney 尝试在 GIC 的去标识数据集中定位州长 Weld 的数据. 她知道州长 Weld 居住在马萨诸塞州拥有 5.4 万位居民的剑桥市. Sweeney 花了 20 美元, 从剑桥市购买了完整的选民名册, 里面包含了每个选民的 "姓名"、"地址"、"邮政编码"、"出生日期" 和 "性别" 字段. 通过关联选民手册与 GIC 公布的数据, Sweeney 发现剑桥市只有 6 位公民与州长出生日期相同. 这 6 位公民中只有 3 位是男性, 这 3 位男性公民中只有 1 位公民居住在州长所在的邮政编码地区. 因此, Sweeney 从 GIC 去标识数据集中轻松定位到了州长 Weld 的数据. Sweeney 在她 2002 年的论文《$k$-匿名性: 一个保护隐私的模型》[71] 中用图 2.1 形象描绘了她所实施的关联攻击.

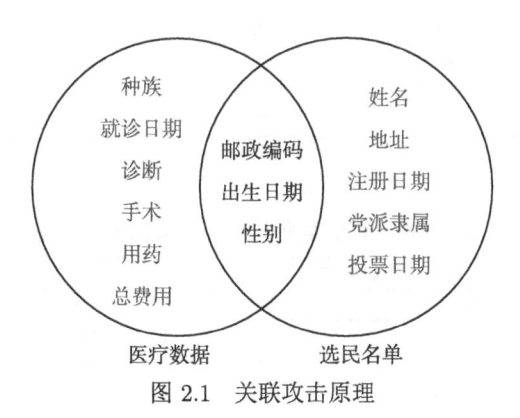

图 2.1 关联攻击原理

颇具讽刺意味的是, Sweeney 把州长的健康记录送到了州长本人的办公室. 这一事件也被忠实地记录在 2007 年的报告《大规模基因组生物数据库令人不安的伦理和法律基础》[72] 中.

**$k$-匿名性** 上述重标识攻击之所以能够成功, 关键在于组合使用 GIC 去标识数据集中的间接标识符只能关联到一个个体. 我们将拥有相同间接标识符的数据项分为一组,称其为此间接标识符的一个**等价类** (equivalence class). 例如, 对于仅抑制"姓名"字段的数据集来说, 种族、出生日期、性别、邮政编码的每一个字段取值的组合都构成了一个等价类.

如果一个等价类中包含的记录过少, 攻击者实施重标识攻击的可能性就会大大增加. 特别地, 如果一个等价类中只包含 1 条记录, 则只要知道此个体的间接标识符, 攻击者就能标识出个人, 成功实施重标识攻击. 举例来说, 如表 2.8 所示的数据集中, 每个等价类都只包含 1 条记录, 很容易遭受重标识攻击. 相反, 将出生日期泛化为只包含出生年份, 将邮政编码泛化为只保留前 4 位数字后, 可以得到如表 2.9 所示的数据. 此数据中的每个等价类都至少包含 2 条记录, 有一个等价类 (白色人种、1964、男、0213*) 甚至包含了 3 条记录. 此时, 无论知道哪一个个体的间接标识符, 攻击者都能关联到至少 2 个人, 重标识风险有所降低.

表 2.8 每个等价类仅包含 1 条记录的数据集

| 间接标识符 ||||敏感属性|
|---|---|---|---|---|
| 种族 | 出生日期 | 性别 | 邮政编码 | 症状 |
| 黑色人种 | 1965.09.20 | 男 | 02141 | 呼吸急促 |
| 黑色人种 | 1965.02.14 | 男 | 02141 | 胸口疼痛 |
| 黑色人种 | 1965.10.23 | 女 | 02138 | 高血压 |
| 黑色人种 | 1965.08.24 | 女 | 02138 | 高血压 |
| 黑色人种 | 1964.11.07 | 女 | 02138 | 过度肥胖 |
| 黑色人种 | 1964.12.01 | 女 | 02138 | 胸口疼痛 |
| 白色人种 | 1964.10.23 | 男 | 02139 | 胸口疼痛 |
| 白色人种 | 1964.08.13 | 男 | 02139 | 过度肥胖 |
| 白色人种 | 1964.05.05 | 男 | 02139 | 呼吸急促 |
| 白色人种 | 1967.02.13 | 男 | 02138 | 背部疼痛 |
| 白色人种 | 1967.03.21 | 男 | 02138 | 背部疼痛 |

表 2.9 每个等价类至少包含 2 条记录的数据集

| 间接标识符 ||||敏感属性|
|---|---|---|---|---|
| 种族 | 出生年份 | 性别 | 邮政编码 | 症状 |
| 黑色人种 | 1965 | 男 | 0214* | 呼吸急促 |
| 黑色人种 | 1965 | 男 | 0214* | 胸口疼痛 |
| 黑色人种 | 1965 | 女 | 0213* | 高血压 |
| 黑色人种 | 1965 | 女 | 0213* | 高血压 |
| 黑色人种 | 1964 | 女 | 0213* | 过度肥胖 |
| 黑色人种 | 1964 | 女 | 0213* | 胸口疼痛 |
| 白色人种 | 1964 | 男 | 0213* | 胸口疼痛 |
| 白色人种 | 1964 | 男 | 0213* | 过度肥胖 |
| 白色人种 | 1964 | 男 | 0213* | 呼吸急促 |
| 白色人种 | 1967 | 男 | 0213* | 背部疼痛 |
| 白色人种 | 1967 | 男 | 0213* | 背部疼痛 |

围绕这一观察结论, Samarati 和 Sweeney 于 1998 年在报告《在披露信息时保护隐私: $k$-匿名性并通过泛化和抑制满足 $k$-匿名性》[19] 中提出了 $k$-匿名性: 如果数据集中的 1 条记录拥有某组间接标识符, 则数据集中至少还有其他 $k-1$ 条记录也拥有该组间接标识符. 换句话说, 每组等价类包含的记录数量都至少为 $k$. 当满足此性质时, 我们称此数据集满足 $k$-匿名性. 可见, 经过泛化处理后, 表 2.9 所示的数据满足 $k=2$ 的 $k$-匿名性.

为了更好地平衡数据的隐私性与可用性, 除了遮掩、截断、保留前缀外, 学者们还提出了多种泛化机制. 例如, 可以为待泛化的间接标识符定义一棵分类树 (taxonomy tree), 树的叶子节点表示原始的字段取值, 所有子节点到父节点的连线表示泛化规则. 图 2.2 给出了一棵典型的分类树.

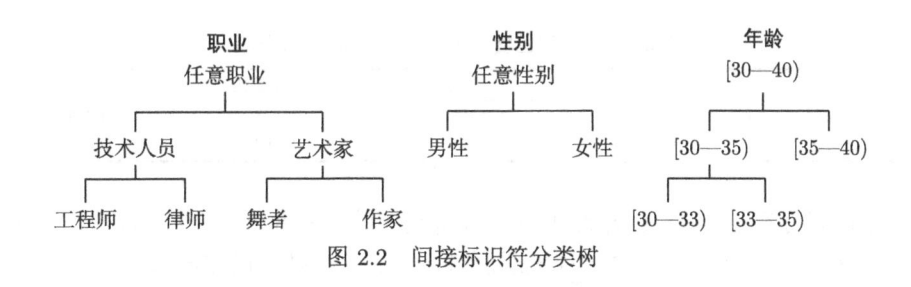

图 2.2 间接标识符分类树

有了这样一棵分类树, 我们就可以更好地决定如何进行泛化处理了. 例如, 我们可以将 "工程师"(engineer) 泛化为 "技术人员"(professional), 或进一步将 "技术人员"(professional) 泛化为 "任意职业"(any professional). 我们可以依靠分类树的泛化规则不断地对数据集进行泛化处理, 减少数据集中的间接标识符的组合情况, 使数据集满足所要求的 $k$-匿名性. 请注意, 将所有 "职业" 的字段取值都泛化为 "任意职业", 也就相当于对 "职业" 字段进行了抑制处理. 如果将所有字段都泛化到分类树的根节点值, 那包含 $n$ 条记录的数据集也就满足了 $k=n$ 的 $k$-匿名性, 只不过这个数据集几乎完全丧失可用性, 只能用于分析敏感属性的分布情况.

**$\ell$-多样性** $k$-匿名性看似降低了重标识风险, 但满足 $k$-匿名性并不意味着我们可以高枕无忧、无所顾虑地发布数据集了. 我们以前面满足 $k=2$ 的 $k$-匿名性数据集为例, 介绍下面的两个攻击实例.

如果知道公民 "Kate" 的种族为黑色人种、出生日期为 1965 年 10 月 23 日、性别为女、邮政编码为 02138, 则攻击者可以认为 "Kate" 就包含在表 2.10 所示的数据集中. 虽然攻击者不知道哪条记录是 "Kate" 的, 但攻击者知道 "Kate" 的症状一定是 "高血压". 这一攻击被称为同质攻击 (homogeneity attack).

表 2.10  一定包含 "Kate" 记录的数据集

| 种族 | 出生年份 | 性别 | 邮政编码 | 症状 |
|---|---|---|---|---|
| 黑色人种 | 1965 | 女 | 0213* | 高血压 |
| 黑色人种 | 1965 | 女 | 0213* | 高血压 |

如果知道公民 "Jamie" 的种族为白色人种、出生日期为 1964 年 5 月 5 日、性别为男、邮政编码是 02139, 则攻击者可以认为 "Jamie" 就包含在如表 2.11 所示的数据集中. 不幸的是, 攻击者还知道另一个背景知识: "Jamie" 非常自律, 身材管理很好. 攻击者由这两个信息可以推断出 "Jamie" 的症状不可能是 "过度肥胖", 因此一定是 "胸口疼痛". 这一攻击被称为**背景知识攻击** (background knowledge attack).

表 2.11  一定包含 "Jamie" 记录的数据集

| 种族 | 出生年份 | 性别 | 邮政编码 | 症状 |
|---|---|---|---|---|
| 白色人种 | 1964 | 男 | 0213* | 过度肥胖 |
| 白色人种 | 1964 | 男 | 0213* | 胸口疼痛 |

之所以存在这样的攻击, 原因在于等价类中的 "敏感属性" 出了问题. 第一个攻击实例的等价类中只包含一种敏感属性, 攻击者可以直接完成推断. 第二个攻击实例的等价类只包含两种敏感属性, 但只要攻击者能利用背景知识排除其中一种敏感属性, 就可以推断出攻击目标的敏感属性是另外一种.

为克服 $k$-匿名性无法抵御此类攻击的缺陷, Machanavajjhala 等在 $k$-匿名性的基础之上提出了一种更强的性质: $l$-多样性[73]. $l$-多样性要求满足 $k$-匿名性数据集的每个等价类中都至少包含 $l$ 个 "具有良好代表性" 的敏感属性值. 换句话说, 每个等价类中的敏感属性要足够丰富. 这样一来, 即使知道攻击目标属于哪个等价类, 攻击者也无法推断出攻击目标所拥有的敏感属性是什么.

如何定义敏感属性 "具有良好代表性"? 最简单的方法是要求每个等价类都至少包含 $l$ 个不同的敏感属性. 还可以定义概率 $l$-多样性, 即每个等价类中出现频率最高的敏感属性的频率不大于 $1/l$.

还有一种常见的 $l$-多样性定义, 称为熵 $l$-多样性. 熵 $l$-多样性要求每个等价类中敏感属性熵大于 $\ln l$, 即对于任意等价类 eq, 任意敏感属性 $s \in S$, 令 $\Pr(\text{eq}, s)$ 表示敏感属性 $s \in S$ 在等价类 eq 中的出现频率, 熵 $l$-多样性要求所有 eq 都满足 $-\sum_{s \in S} \Pr(\text{eq}, s) \ln(\Pr(\text{eq}, s)) \geqslant \ln(l)$. 敏感属性分布越均匀, 敏感属性熵越大, 推断出某个个体敏感属性的可能性也就越低. 例如, 给定表 2.12 所示的数据集, 我们可以分别计算两个等价类 (64 岁、男、02138)、(62 岁、女、02139) 的敏感属性熵.

## 2.1 典型去标识技术

- (64 岁、男、02138)：$-\frac{2}{3}\ln\frac{2}{3} - \frac{1}{3}\ln\frac{1}{3} \approx \ln(1.9)$.
- (62 岁、女、02139)：$-\frac{3}{4}\ln\frac{3}{4} - \frac{1}{4}\ln\frac{1}{4} \approx \ln(1.8)$.

因此，这个数据集满足熵 $\ell$-多样性，其中 $\ell \leqslant 1.8$.

表 2.12　熵 $\ell$-多样性样例数据集

| 间接标识符 | | | 敏感属性 |
|---|---|---|---|
| 年龄 | 性别 | 邮政编码 | 症状 |
| 64 | 男 | 02138 | 呼吸急促 |
| 64 | 男 | 02138 | 呼吸急促 |
| 64 | 男 | 02138 | 眼睛疼痛 |
| 62 | 女 | 02139 | 哮喘 |
| 62 | 女 | 02139 | 眼睛疼痛 |
| 62 | 女 | 02139 | 眼睛疼痛 |
| 62 | 女 | 02139 | 眼睛疼痛 |

**$t$-临近性**　当数据集满足 $\ell$-多样性时，其遭受同质性攻击和背景知识攻击的风险会进一步降低. 然而，$\ell$-多样性隐含假设敏感数据的分布相对均匀，这使得 $\ell$-多样性不能抵御**偏斜攻击** (skewness attack). 举个例子，假设某个数据集中的敏感属性为 HIV 阳性或 HIV 阴性，且整个数据集中 HIV 阴性的个体占 99%，HIV 阳性的个体仅占 1%. 现在，假设数据集中有两个等价类表示为

- 等价类 1: 1% 的个体为 HIV 阳性, 99% 的个体为 HIV 阴性.
- 等价类 2: 99% 的个体为 HIV 阳性, 1% 的个体为 HIV 阴性.

虽然两个等价类均满足 $\ell = 2$ 的 $\ell$-多样性，但等价类 2 中的个体包含很大的隐私风险，因为我们可以推断出该等价类中的任何一个个体 HIV 阳性的概率为 99%, 远高于数据集中其他个体 HIV 阳性的概率. 造成这一问题的根本原因是 $\ell$-多样性只考虑敏感属性本身的丰富程度，没有考虑每个等价类中的敏感属性分布与总体分布的差异.

为了抵御偏斜攻击，Li 等[74] 提出了 $t$-临近性. $t$-临近性要求每个等价类中的敏感属性分布都与敏感属性在整个数据集中的分布接近. 具体来说，$t$-临近性使用**地球搬运距离** (earth mover distance, EMD) 来量化敏感属性分布的临近程度，要求此量化指标小于 $t$. $t$-临近性仍然存在一些限制和弱点. 首先，$t$-临近性未考虑敏感属性本身的敏感程度. 例如，敏感属性为 "HIV 阳性" 听起来要比敏感属性为 "感冒患者" 要敏感得多. 从这个角度看，"感冒患者" 的 $t$-临近性要求应该较低，而 "HIV 阳性" 的 $t$-临近性要求应该较高，但由于 "感冒患者" 和 "HIV 阳性" 都属于敏感属性，$t$-临近性会平等地看待它们，无法分别指定相应的保护级别. 其次，$t$-临近性对数据集的分布要求较为苛刻，强制要求数据集满足 $t$-临近性会极大

降低数据可用性. 虽然可以通过调整 $t$ 的阈值来放宽隐私保护要求以减少可用性损失, 但这反过来也会降低对偏斜攻击的抵御能力.

**其他量化指标** 学者们针对各种不同的攻击方法提出了更多的去标识效果量化指标. Wang 等[75] 提出了 $(X,Y)$-匿名性, 要求 $X$ 中的每个字段取值都与 $Y$ 上的至少 $k$ 个不同的字段取值相同. 如果把间接标识符看作 $X$, 把直接标识符看作 $Y$, 则 $k$-匿名性就是 $(X,Y)$-匿名性的一种特殊情况. Wong 等[76] 提出了一个类似的隐私概念, 称为 $(\alpha,k)$-匿名性, 要求数据集中每个等价类所包含的数据项数量不少于 $k$, 且对于任何敏感属性 $s$, 每个等价类中 $s$ 出现的概率不大于 $\alpha$. 还有多关系 $k$-匿名性[77]、$\delta$-存在性[78]、$(c,t)$-隔离性[79] 等其他去标识效果量化指标. 在实际中, 人们必须根据场景的特点和需求, 仔细选择合适的量化指标, 这给去标识技术的实际应用带来了困难和挑战. 量化指标考虑得越周全, 也就意味着量化指标对数据集的要求越苛刻, 数据可用性也就相对越低. 然而, 如果不使用复杂的量化指标, 又存在可能的隐私泄露风险.

## 2.2 去标识技术失败案例

我们在 2.1 节讨论了典型去标识技术, 并介绍了多种去标识效果的量化指标. 这些量化指标都是围绕不同的攻击方法定义的. 然而, 攻击方法似乎无穷无尽, 相应的量化指标也变得越来越复杂, 为满足量化指标的要求而设计出的方案也使数据可用性变得越来越低. 这很容易让我们产生一个疑问: 去标识技术 (至少从数学角度看) 究竟是不是隐私保护的正确路线?

本节, 我们将介绍去标识技术的失败案例. 这些案例均使用去标识技术对数据进行过去标识处理. 但后续攻击方法显示出, 去标识数据仍然面临较大的隐私泄露风险. 攻击者可以通过各种手段实施重标识攻击, 有些攻击甚至可以准确地完整重建出原始数据集. 这些案例告诉我们, 去标识技术并不像直观上想象的那么安全, 数据中所隐藏的信息远比我们想象的丰富, 隐私保护数据发布问题比想象的更复杂.

我们在上一节已经介绍了美国马萨诸塞州医疗记录重标识攻击案例. 本节, 我们还将介绍另外两个假名失败案例. 这三个案例不仅在隐私保护领域引发了强烈的震动, 甚至也触动到了法律领域. 法律论文《违反隐私承诺: 回应令人惊讶的匿名化失效问题》[70] 就详细介绍了这三个案例, 并以此得出结论: 即使应用假名也可能会违反隐私承诺. 我们还将介绍一个有趣案例: 纽约出租车数据泄露事件. 一位网友根据美国《信息自由法》(Freedom of Information Law, FOIL) 的要求从纽约出租车与豪华车委员会获取了 2013 年的纽约出租车行驶数据, 并把数据公开给全网下载. 另一位网友通过大胆的猜测, 发现了假名的规律, 从而成功发现了出租车行程和出租车司机的关联关系.

在介绍去标识效果量化指标时我们已经知道, 即使数据集满足 $k$-匿名性, 隐私泄露风险仍然存在. 然而, 这些似乎只是理论层面上的隐私泄露风险, 实际中这样的风险是否真的存在? 我们将介绍 2022 年芝加哥大学的一项研究成果. 他们证明 $k$-匿名性在理论层面无法为数据提供合理的隐私保护. 他们选取了经过去标识领域专家严格把控的、满足 $k$-匿名性的 edX 慕课平台数据集, 成功对此数据集实施了重标识攻击.

聚合也属于去标识技术. 如果仅发布聚合数据, 是否就能有效保护隐私? 我们将介绍一种专门针对聚合数据的攻击方法, 称为线性重建攻击. 乍一看, 线性重建攻击似乎也只是一个理论层面的攻击方法. 然而, 两位学者在 2020 年的一项比赛中使用线性重建攻击成功恢复出了一个商业数据查询系统管理的原始数据.

这些失败案例推动学者们反思去标识技术和去标识效果量化指标的合理性. 有趣的是, 线性重建攻击虽然在某种程度上对聚合宣判了死刑, 但却引发了差分隐私这一新隐私定义的诞生. 每当上帝关闭了一扇门时, 上帝也总能为我们打开一扇窗.

### 2.2.1 假名失败案例

上一节, 我们介绍了计算机科学家 Sweeney 针对美国马萨诸塞州医疗数据集的重标识攻击. 此重标识攻击引发了数据安全领域和法律领域的广泛讨论, 并促使了 $k$-匿名性的诞生. 除了这个案例以外, 还有另外三个著名的重标识攻击案例: 美国在线搜索记录案例、奈飞奖电影评分案例以及纽约出租车数据案例.

**美国在线搜索记录案例** 2006 年 3 月, 美国在线 (American Online, AOL) 宣布了一项名为 "AOL 研究" 的新计划. 为了 "拥抱开放研究社区的愿景", AOL 研究计划在网站上公开发布了 65 万名用户在 3 个月内向 AOL 搜索引擎提交的 2000 万条搜索记录. 搜索记录一般都被互联网公司视为高度机密的信息. AOL 发布这样的数据让专攻互联网用户行为的研究人员欣喜若狂. 然而, 没过多久, 人们就发现 AOL 发布的搜索记录中隐藏了大量的隐私信息. AOL 打开了一扇通往深渊的大门.

在向公众发布这些搜索记录之前, AOL 试图应用去标识技术来保护用户隐私. AOL 意识到数据中的 AOL 用户名、IP 地址等可以直接定位到个人, 这些显然属于直接标识符. 为了保护用户隐私, AOL 采用了假名方法, 使用随机生成的 ID 来代替直接标识符, 这样, 研究人员可以利用这些 ID 把相同用户的搜索记录关联起来, 同时保护用户的隐私.

在数据向公众发布后的几天里, 很多网络博主就开始仔细研究这些数据. 一些博主尝试把搜索记录和现实中的个体关联起来, 另一些博主尝试从中寻找一些有趣或惊悚的搜索记录. 初步分析结果表明, AOL 搜索记录中的确包含很多隐私信息, 很多 ID 背后都隐藏着悲伤、可怜, 甚至恐怖的故事. 用户 7268042 搜索过"抑郁症和病假". 用户 17556639 搜索过"如何杀死你的妻子", 并在之后搜索过"死者照片""车祸照片"等恐怖的关键词. 这一发现引发了新闻媒体的争相报道.

虽然大多数博主因隐私问题而全面谴责 AOL 的数据发布行为, 但还有一部分博主认为, 虽然数据集包含了很多触目惊心的搜索记录, 但因为数据集已经经过去标识处理, 无法将 ID 与现实个体关联起来, 因此 AOL 的这一行为并没有侵犯隐私. 这一观点很快就被《纽约时报》的记者 Barbaro 和 Zeller 否定了. 这两位记者发现, 用户 4417749 搜索过姓 "Arnold" 的人、"佐治亚州利尔本的园林设计师"、"佐治亚州格威内特县影子湖小区出售的房屋". 根据这些线索, 他们很快就把目标定位到了佐治亚州利尔本的一位 62 岁的寡妇 Thelma Arnold. Thelma Arnold 承认自己就是搜索过这些关键词的人. 可怕的是, 从搜索记录中还能找到上百条 Thelma Arnold 的搜索记录. 有些搜索记录一看就觉得尴尬不已, 如 "麻木的手指""60 岁的单身男人""到处撒尿的狗". 他们于 2006 年 8 月在《纽约时报》的文章《AOL 编号 4417749 用户的面容已被曝光》[80] 中总结了他们的发现.

AOL 最终解雇了发布数据的研究人员和他的主管. AOL 首席技术官 Govern 引咎辞职. 刚刚起步的 "AOL 研究" 计划也被无限期搁置.

**奈飞奖电影评分案例** 2006 年 10 月 2 日, 在《纽约时报》刊登 AOL 搜索记录攻击结果的大约两个月后, 当时世界上最大的在线电影租赁服务公司奈飞 (Netflix) 公开发布了一个包含 1 亿条记录的数据集, 披露了从 1999 年 12 月到 2005 年 12 月期间大约 50 万用户的电影评分记录. 每条记录包含了用户给出的电影评级 (从 1 颗星到 5 颗星) 和评级日期. 奈飞在披露数据前同样使用了假名. 与 AOL 搜索记录的处理方式类似, 奈飞也为每一位用户分配了一个唯一的用户 ID, 以方便研究人员知道哪些评分是由同一位用户给出的. 例如, 研究人员可以得知 ID 为 1337 的用户于 2003 年 3 月 3 日给《千钧一发》("Gattaca") 打了 4 颗星, 此用户也于 2003 年 11 月 10 日给《少数派报告》("Minority Report") 打了 5 颗星.

奈飞的蓬勃发展得益于奈飞能够通过推荐算法为用户精准推荐他们喜欢看的电影. 我们这里用一个简单的例子来描述推荐算法的基本原理: 如果奈飞知道租赁过《千钧一发》的用户大概率也会租赁《窃听风暴》("The Lives of Others"), 则奈飞可以为其他正在租赁《千钧一发》的用户推荐《窃听风暴》. 如何在海量电影中更高效、更准确地找出各个电影之间的关联关系, 这就需要研究人员的帮助了. 奈飞发布用户电影评分记录的根本目的就是希望研究人员可以为奈飞提出更好的电影推荐算法, 以提高公司的盈利能力. 奈飞利用发布的电影评分数据发起了所谓的 "奈飞奖" 竞赛. 如果某个团队能使用这些电影评分记录显著改进奈飞的推荐算法，则此团队将赢得 100 万美元的奖金. 很多推荐算法研究人员称赞奈飞奖电影评分数据的发布是推荐算法研究领域的一大福音. 研究人员可以通过此竞赛完善或发展重要的推荐算法理论.

奈飞奖电影评分数据发布两周后，得克萨斯大学的研究人员 Narayanan 和 Shmatikov 宣布："攻击者即使对某些用户了解甚微，它也很容易对电影评分数据实施重标识攻击，或者至少能知道部分电影评分是由哪些用户给出的."换句话说，即使对数据集中用户的电影喜爱偏好只有一点点的了解，攻击者也很容易重标识出部分电影评分数据所对应的用户. 两位研究人员于 2008 年在论文《大规模数据集的稳健去匿名化方法》[81] 中详细阐述了重标识攻击的原理和方法. 论文中给出了很多令人感到震惊的结果. 举例来说，如果攻击者只知道数据集中某位用户对 6 部小众电影的精确评分，它就将能够以 84% 的概率重标识出这位用户. 换句话说，如果有人在聚会闲聊时让你列出你最喜欢的 6 部冷门电影，你最好拒绝回答，否则这个人就有大约 84% 的概率根据你的列举结果知道你在奈飞上都对哪些电影评过分. 此外，如果攻击者知道某个用户大约在何时 (与真实评分时间相差不超过 2 周) 对 6 部电影给出了评分，哪怕这些电影都不是冷门电影，它都能够以 99% 的概率重标识出这位用户. 事实证明，知道评分的具体时间会极大地提高重标识攻击的效果. 哪怕只知道某位用户在大约 3 天时间内看过的 2 部电影的精确评级，攻击者都有约 68% 的概率重标识出这位用户.

Narayanan 和 Shmatikov 还给出了一个很容易具体实施的重标识攻击方法. 互联网电影数据库 (Internet Movie Database, IMDb) 也是一个电影评分网站，用户也可以在 IMDb 上为电影评分. 不过, IMDb 会像亚马逊、豆瓣等平台一样公开发布用户的电影评分结果. 我们可以做出一个非常合理的假设: 同一位用户大概率会在相近的日期内同时在奈飞和 IMDb 这两个平台上为同一部电影给出相似的评分. 基于此假设，两位研究人员公开获取了 50 位 IMDb 用户的电影评分结果，并在奈飞奖电影评分数据中寻找相似的电影评分结果. 最终，他们找到了 2 条电影评分记录，这 2 条记录与 2 位 IMDb 用户的电影评分结果几乎完全一致. 这也就意味着重标识攻击成功. 这 2 位 IMDb 用户在奈飞平台的电影评分记录显示出了一些他们可能不想在公开平台对外透露的信息，而重标识攻击使得他们的隐私数据被暴露.

在第一届"奈飞奖"竞赛结束之后不久，奈飞又宣布将举办第二届竞赛，相关数据既包括用户的年龄、性别、邮政编码等人口统计信息，也包括电影类型评级等用户行为信息. 2009 年末，一些奈飞用户对奈飞提起集体诉讼，指控其发布的数据侵犯了隐私，涉嫌违反各州和联邦隐私法. 随着美国联邦贸易委员会 (Federal Trade Commission, FTC) 的介入，奈飞在几个月后宣布已解决诉讼并停办第二届竞赛.

**纽约出租车数据案例**　早在 2014 年,美国纽约市出租车和豪华轿车委员会就在推特上分享了许多关于出租车使用情况的统计数据,并将这些数据以可视化图例的方式呈现. 这很快引起了一些网友的注意. 一些网友通过推特的回复功能询问这些数据的来源. 出租车和豪华轿车委员会回复说,只要按照《信息自由法》的要求提交数据请求,就可以使用这些数据了. 美国的《信息自由法》允许公民向某些政府组织索取数据. 加拿大安大略省也有相似的法律,即《信息自由和隐私保护法》(Freedom of Information and Protection of Privacy Act, FIPPA) 和《市政信息自由和隐私保护法》(Municipal Freedom of Information and Protection of Privacy Act, MFIPPA).

网友 Whong 在知道获取数据的方法后,就按照《信息自由法》的要求撰写了一封如图 2.3 所示的邮件,以向纽约市出租车和豪华轿车委员会提交请求. Whong 成功通过此方法获取到了数据集. 这份数据集的大小有 19GB,包含了 2013 年纽约市的所有出租车的费用和行程信息. 这些信息乍一看并不敏感,但要注意的是,可以通过费用信息推断出每位出租车司机的收入,可以通过行程信息推断出每辆出租车在某一时刻所在的位置. 这些可以推断出的信息看起来就比较敏感了. 不过,这份数据集中出租车司机的牌照和执照号码经过某种方式进行了假名处理,因此似乎无法简单地对数据集中的司机实施重标识攻击.

图 2.3　Whong 的请求被通过并获得了数据

## 2.2 去标识技术失败案例

2014年6月16日，Whong 慷慨地将数据上传到他的个人博客[①]上供大家下载，这引发了广大网友的好奇心．很多网友下载了此数据集，并尝试进行数据分析．几天后，Hall 在社交新闻论坛 Reddit 上发帖称，他发现标识符为"CFCD208495D565EF66E7DFF9F98764DA"的出租车司机收入颇丰，远远超出了出租车司机收入的平均值．用户 Pandurangan 在回帖中指出，"CFCD208495D565EF66E7DFF9F98764DA"就是字符串"0"经 MD5 后的哈希值．如果你使用的是 MacOS 操作系统，就可以使用 `md5sha1sum` 工具，通过执行命令 `echo -n 0 | md5sum` 来计算"0"的 MD5 哈希值，如图 2.4 所示．

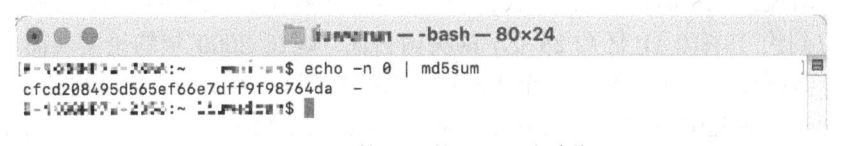

图 2.4 计算"0"的 MD5 哈希值

Pandurangan 由此猜测，字符串"0"对应的是某个车牌号码"未知"，或许所有车牌号码和驾照号码的假名方法都是用 MD5 的哈希值代替真实值．由于车牌号码和驾照号码都不太长，Pandurangan 尝试实施彩虹表攻击，即计算出所有车牌号码和驾照号码的 MD5 哈希值，并将结果与数据集中的假名一一比对．再结合使用其他外部辅助信息，Pandurangan 成功将数据集中的记录与司机姓名关联了起来，进而得到了每位出租车司机的身份、收入和位置信息．这显然侵犯了出租车司机的隐私．

上述重标识攻击能成功的关键原因是数据集直接使用 MD5 哈希值来代替原始值．似乎只要使用随机选取的 ID 代替车牌号码和驾照号码，就可以阻止上述彩虹表攻击了．不幸的是，即便这样处理直接标识符，去标识数据集仍然存在隐私泄露风险．假设某位攻击者乘坐了某辆出租车，并记录下此次的行程信息．后续，此攻击者就可以通过查阅数据集找到此次行程信息，从而得到这位出租车司机的 ID，并进一步获得他的收入和位置信息．

不仅可以利用此数据集重标识出租车司机，还可以利用此数据集针对乘客发起攻击．如果将八卦网站上公布的名人乘坐出租车的照片与数据集中的记录进行匹配，就有可能得到名人乘坐出租车的行程信息．网友 Trotter 在自己的高客网（Gawker）博客上发布了多位名人的出租车行程匹配结果．例如，2013年7月8日上午10点20分，美籍华裔演员奥立薇娅·玛恩（Olivia Munn）在曼哈顿西村的瓦里克街叫了一辆出租车．出租车于11分钟后到达鲍厄里酒店，她支付了6.5美元的车费．当天晚间19点34分，美国演员布莱德利·库珀（Bradley Cooper）在

---

[①] https://chriswhong.com/open-data/foil_nyc_taxi/，引用日期：2024-08-03.

特里贝卡的格林威治旅馆外叫了一辆出租车. 出租车于 10 分钟后到达银行街, 他支付了 9 美元的车费.

### 2.2.2 $k$-匿名性失败案例

还记得 2.1 节介绍的美国马萨诸塞州医疗数据集重标识攻击吗？成功实施攻击的 Sweeney 对 1990 年的美国人口普查数据进行分析后发现, 可以通过邮政编码、出生日期、性别的组合唯一定位到约 87%(2.16 亿/2.48 亿) 的美国公民. 即使信息不够翔实, 仅通过居住地、出生日期、性别的组合也可以唯一定位到约 53%(1.31 亿/2.48 亿) 的美国公民, 仅通过居住地所在县、出生日期、性别可以唯一定位到约 18%(0.41 亿/2.28 亿) 的美国公民. 她在 2000 年的论文《简单的人口统计数据往往能唯一标识出个人》[69] 中总结了这个结论. 值得一提的是, 美国帕洛阿尔托研究中心 (Palo Alto Research Center, PARC) 的 Golle 根据 2000 年的美国人口普查数据重新计算了上述比例. 他指出, 虽然无法复现出 87% 的结论, 但唯一定位到个人的比例仍然很高. 如果使用邮政编码、出生日期、性别的组合, 可以在 1990 年的人口普查数据中唯一定位约 61% 的美国公民, 在 2000 年的人口普查数据中唯一定位约 63% 的美国公民. Golle 把相关结果总结到 2006 年的论文《重新审视美国人口统计信息的唯一性》[82] 中.

不难看出, Sweeney 能实施重标识攻击的根本原因来自于外部的辅助信息. 借助外部辅助信息, Sweeney 有机会把看似已去标识的记录与特定个体关联起来. 由于外部辅助信息的获取渠道无穷无尽, 我们不应该不切实际地假设攻击者无法从外部获得任何辅助信息. 反之, 我们需要考虑攻击者能否借助外部辅助信息的帮助实施重标识攻击.

2.1 节介绍的 $k$-匿名性等去标识效果量化指标就适当考虑了外部辅助信息的作用. 如果数据集满足 $k$-匿名性, 即使将数据集与外部辅助信息关联, 攻击者能获取到的信息也将十分受限. 然而, 正如 2.1 节所述, $k$-匿名性及其衍生出的 $\ell$-多样性、$t$-临近性等量化指标似乎仍然有这样或那样的局限性. 这引发了去标识技术有效性的广泛讨论. 反对者认为, $k$-匿名性等量化指标将字段划分为间接标识符和非间接标识符, 这种划分方式本身就是站不住脚的. 很多情况下, 所有字段都应该属于间接标识符, 但这样做会大大提高数据集满足 $k$-匿名性的难度. 支持者认为, 重标识攻击的根本原因在于没有充分考虑外部攻击者可能获得的外部辅助信息. 一方面, 应该让去标识领域的专家来根据实际情况选择出正确的间接标识符. 另一方面, 如果把所有属性都视为间接标识符, 则满足相应量化指标的数据集就在一定程度上保护了数据的隐私性, 履行了数据保护的责任.

遗憾的是, 芝加哥大学的 Cohen 在信息安全四大顶级会议之一的 USENIX Security 2022 上发表论文《针对去标识防御技术的攻击》[83]. 此论文给出了一

## 2.2 去标识技术失败案例

项关键研究成果，充分否定了支持者的观点。理论层面，Cohen 提出了一种被称为次编码攻击 (downcoding attack) 的重标识攻击方法。即使把所有属性都视为间接标识符，理论上也可以通过次编码攻击实现数据的重标识。这意味着 $k$-匿名性等量化指标在理论层面也无法为数据提供合理的隐私保护。实践层面，Cohen 选取了经过去标识领域专家严格把控的、满足 $k$-匿名性的 edX 慕课数据集，成功在此数据集上实施了重标识攻击。这意味着即使经过去标识领域专家的严格审查，也可以在满足 $k$-匿名性的真实数据上成功实施重标识攻击。此项工作也获得了 USENIX Security 2022 的最佳论文奖。

**次编码攻击** 次编码攻击利用 $k$-匿名性实施过程需满足的层次性和最小性来实施攻击。层次性是指 $k$-匿名性的实施过程需要层次泛化数据。例如，对于地理位置信息，需要按照城市、国家、洲这样从低到高的层次方式泛化。最小性是指在泛化数据的过程中要满足最小化原则，即要尽可能少地泛化数据。$k$-匿名性在实际操作过程中一般都会满足这两个性质。层次泛化本身就是使数据满足 $k$-匿名性的常见方法。为尽可能提高结果数据的可用性，一般也会尽可能少地泛化数据。次编码攻击利用的一个核心观察结论是：最小性会泄露信息。

Cohen 在 USENIX Security 2022 会议现场的论文演讲中给出了次编码攻击的一个简单实例。攻击原理如图 2.5 所示。左侧数据集包含了两个属性。左列为"是否老龄"，右列为"是否退休"。这两列属性均只有两种可能的取值，1 表示"是"，0 表示"否"。中间数据集是左侧数据集经过满足层次性和最小性的实施过程 $M$ 后得到的满足 $k$-匿名性的数据集，其中 $k=3$。数据看似已经得到了妥善的处理，但最小性却能告诉我们更多的信息。针对中间数据集，我们考虑这样一个问题：为什么所有数据都需要被泛化处理？举例来说，如果 $\star_1=\star_2=\star_3$，则即使不泛化真实值，数据集也能满足 $k$-匿名性。因此，我们可以推测出，$\star_1,\star_2,\star_3$ 至少包含一个 0 和一个 1。类似地，$\star_4,\star_5,\star_6$ 也至少包含一个 0 和一个 1。根据生活经验，年龄越大的人越有可能退休。因此，我们可以合理猜测中间数据集有较大的概率包含一个老龄且退休的人，同时包含一个非老龄且未退休的人。Cohen 在论文中证明，如果数据分布满足特定性质，则只要 $k$-匿名性的实施过程满足最小性和层次性，就可以在结果数据集上应用次编码攻击来反推数据。Cohen 进一步证明，满足混合高斯分布的数据集满足攻击要求。针对混合高斯分布的数据集应用次编码攻击后，可以有 99% 的概率反推出 37.5% 的列数据；当 $k \leqslant 15$ 时，可以反推出大于 3% 的行数据。

**edX 慕课平台数据集概览与去标识过程** Cohen 选取了经过去标识领域专家严格把控的、满足 $k$-匿名性的 edX 慕课数据集，成功在此数据集上实施了重标识攻击。为了更好地理解 Cohen 的攻击方法，我们先来了解一下 edX 慕课数据集的发布历史及其使用的去标识技术。

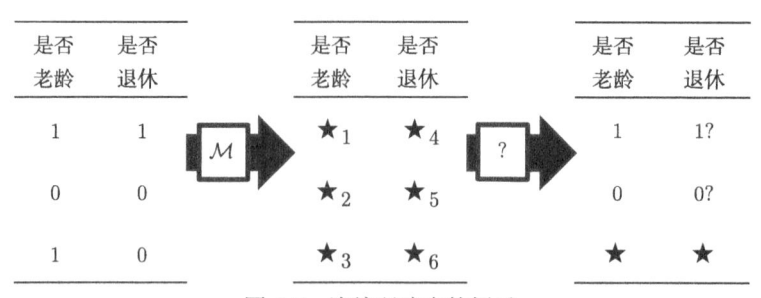

| 是否老龄 | 是否退休 |  | 是否老龄 | 是否退休 |  | 是否老龄 | 是否退休 |
|---|---|---|---|---|---|---|---|
| 1 | 1 | $\mathcal{M}$ | ★1 | ★4 | ? | 1 | 1? |
| 0 | 0 |  | ★2 | ★5 |  | 0 | 0? |
| 1 | 0 |  | ★3 | ★6 |  | ★ | ★ |

图 2.5 次编码攻击的例子

哈佛大学和麻省理工学院于 2013 年起在著名的慕课平台 edX 上开设在线课程, 并收集到了多个在线课程的相关数据. 考虑到这些数据可能会为大量学者的研究提供支撑, 哈佛大学和麻省理工学院都期望对外公开在线课程数据. 然而, 由于这些数据包含了学生的直接标识符, 哈佛大学和麻省理工学院认为这些数据受《家庭教育权利和隐私法案》(Family Educational Rights and Privacy Act, FERPA) 的保护. 为了合法公开这些数据, 哈佛大学和麻省理工学院通过使用最佳实践和专家审查方法对数据集应用了去标识技术, 期望在保护学生隐私的条件下, 使结果数据集仍然具有相当高的可用性和可探索性. 最终, 哈佛大学和麻省理工学院在哈佛大学研究数据库网站[1]上发布了 2013 学年的去标识数据集, 并对外发布《哈佛-麻省理工在线个人课程 2013 学年去标识数据集》(HarvardX Preson-Course Academic Year 2013 De-Identified dataset)[2]. 数据集中的文件《个人课程文档》(Person Course Documentation) 和《个人课程去标识过程》(Person-Course De-identification Process) 分别描述了数据集的格式和应用去标识技术处理数据的详细过程.

该数据集包含了 2013 学年共 13 门课程的数据, 如表 2.13 所示.

数据集提供的字段分为两类: "系统提供" 表示该字段来自 edX 慕课平台本身或是由研究团队计算得到的; "用户提供" 表示该字段来自学生在 edX 慕课平台上注册账号时所填写的信息. 如果字段名称的末尾包含 "_DI", 则表示该字段取值在去标识过程中进行了修改. 数据集中的下述字段与学生的个人信息相关.

• course_id(课程 ID): 系统提供. 课程 ID 是由机构标识符、课程名称、学期所组成的字符串. 示例: "HarvardX/CB22x/2013_Spring".

• userid_DI(用户 ID): 系统提供. 用户 ID 是由固定的前缀标识符 MHxPC13 和学生的随机 ID 号所组成的字符串, 其中 MHxPC13 的含义是 "哈佛-麻省理工在线个人课程 2013 学年". 示例: "MHxPC130442623".

---

[1] https://data.harvard.edu/dataverse, 引用日期: 2024-08-03.

[2] https://dataverse.harvard.edu/dataset.xhtml?persistentId=doi:10.7910/DVN/26147, 引用日期: 2024-08-03.

## 2.2 去标识技术失败案例

表 2.13　在线课程列表

| 机构 | 课程代码 | 课程短名 | 学期 |
| --- | --- | --- | --- |
| 哈佛在线 | CB22x | HeroesX | 2013 春季 — 2013 夏季 |
| 哈佛在线 | CS50x | — | 2012 秋季 — 2013 春季 |
| 哈佛在线 | ER22x | JusticeX | 2013 春季 — 2013 夏季 |
| 哈佛在线 | PH207x | HealthStat | 2012 秋季 |
| 哈佛在线 | PH278x | HealthEnv | 2013 夏季 |
| 麻省理工在线 | 14.73x | Poverty | 2013 春季 |
| 麻省理工在线 | 2.01x | Structures | 2013 春季 — 2013 夏季 |
| 麻省理工在线 | 3.091x | SSChem | 2012 秋季—2013 春季 |
| 麻省理工在线 | 6.002x | Circuits | 2012 秋季—2013 春季 |
| 麻省理工在线 | 6.00x | CS | 2012 秋季—2013 春季 |
| 麻省理工在线 | 7.00x | Biology | 2013 春季 |
| 麻省理工在线 | 8.02x | E&M | 2013 春季 |
| 麻省理工在线 | 8.MReV | MechRev | 2013 夏季 |

- registered(是否注册): 系统提供. 取值范围是 0/1, 表示此学生是否注册了此课程, 此数据集中该字段的取值均为 1.
- viewed(是否浏览): 系统提供. 表示此学生是否访问过该课程 edX 慕课平台内的 "课件" 选项卡, 取值范围是 0/1.
- explored(是否参与): 系统提供. 表示此学生是否访问过该课程至少一半章节的内容, 取值范围是 0/1.
- certified(是否获得证书): 系统提供. 表示此学生是否获得了该课程的证书, 取值范围是 0/1.
- final_cc_cname_DI(最终国家名): 既包含系统提供 (由 IP 地址确定), 也包含用户提供 (如果无法通过 IP 地址确定, 则根据学生注册账号时填写的信息确定).
- LoE(教育水平): 用户提供. 可能的取值: "小于中学""中学""学士""硕士""博士".
- YoB(出生年份): 用户提供. 示例: "1980".
- gender(性别): 用户提供. 可能的取值: "男性""女性""其他".
- grade(成绩): 系统提供. 取值范围是 [0, 1]. 示例: "0.87".
- start_time_DI(开始时间): 系统提供. 表示此学生注册该课程的日期. 示例: "12/19/12".
- last_event_DI(最后活动时间): 系统提供. 表示此学生最后一次与课程互动的日期. 示例: "11/17/13".
- nevents(活动次数): 系统提供. 表示此学生与课程的互动次数. 示例: "502".
- ndays_act(活动天数): 系统提供. 表示此学生与课程的互动天数. 示例:

- nplay_video(视频播放次数): 系统提供. 表示此学生播放该课程视频的次数. 示例: "52".
- nchapters(章节数量): 系统提供. 表示此学生学生与课程互动的章节数量. 示例: "12".
- nforum_posts(发帖数量): 系统提供. 表示此学生在论坛的发帖数量. 示例: "8".

图 2.6 给出了 edX 慕课平台数据集的样例记录.

图 2.6  edX 慕课平台数据集的样例记录

哈佛大学和麻省理工学院使用 $k$-匿名性和 $\ell$-多样性作为数据集的去标识效果量化指标. 很明显, 数据集已经应用假名对用户 ID 进行了去标识处理. 此外, 还需要确定要把哪些字段看作间接标识符, 哪些字段看作敏感属性, 并确定 $k$ 和 $\ell$ 的取值. 麻省理工学院机构研究小组在先前发布其他数据集时提出过 "不公布少于 5 名受访者的调查结果", 因此哈佛大学和麻省理工学院决定令 $k = 5$.

哈佛大学和麻省理工学院将课程 ID、性别、出生年份、国家、论坛发帖数作为间接标识符, 并给出了他们的理由: 在个人课程数据集中, nplay_video(视频播放次数) 的值在数据集中可能是唯一的, 但我们有理由假设无法从其他来源获得 nplay_video, 因此认为 nplay_video 不是间接标识符. 我们认为准标识符包括: course_id(课程 ID)、gender(性别)、YoB(出生年份)、final_cc_cname_DI(最终国家名)、nforum_posts(发帖数量). 之所以把发帖数量也选为间接标识符, 原因是 edX 慕课平台论坛在某种程度上是可以被公开访问的, 尝试对数据集实施重标识攻击的人可能可以通过一些努力统计出每个用户的发帖数量.

换句话说, 哈佛大学和麻省理工学院认为攻击者很难从其他数据源获得除 nforum_posts 以外的所有系统提供字段, 因此不需要将这些字段看作间接标识符. 反之, 有可能从其他数据源获得用户提供字段, 因此他们将大多数用户提供字段看作间接标识符. 不过, 他们没有将 LoE(教育水平) 看作间接标识符. 他们给出的原因是, 学生在 edX 慕课平台上很少披露自己的教育水平. 与此同时, 把 LoE 纳入间接标识符也不会显著增加抑制记录的数量. 除了将部分字段看作间接标识符外, 哈佛大学和麻省理工学院还识别出了另一个潜在的风险: 有些学生在 edX 慕课平台上学习的课程组合可能是唯一的. 为此, 他们将课程单独看作一组间接

## 2.2 去标识技术失败案例

标识符,通过抑制方法使课程组合满足 $k$-匿名性.

哈佛大学和麻省理工学院认为 grade(成绩) 是数据集中唯一的敏感属性,并进一步要求去标识数据集满足 $\ell$-多样性. 为此,他们查看每个满足 $k$-匿名性的等价类所包含的 grade 是否相同. 如果相同,他们就对 grade 取值进行修改,以确保敏感属性的多样性. 哈佛大学和麻省理工学院指出, certified(是否获得证书) 也应被认为是一个敏感属性,但由于只有很少 (平均只有 $<10\%$) 的学生能获得证书,如使每个等价类中的 certified 满足 $\ell$-多样性, 就需要大量修改 certified 的取值. 为了保证数据的可用性,他们最终没有将 certified 看作敏感属性.

**edX 慕课平台数据集的重标识攻击**　如果按照 2.2.2 节的方法设置间接标识符, edX 慕课平台数据集的确满足 $k=5$ 的 $k$-匿名性. 但请注意,外部辅助信息的获取渠道无穷无尽,不同类型的攻击者也可能会获取到不同的外部辅助信息. Cohen 发现,有些辅助信息会导致 certified(是否获得证书)、registered(是否注册) 等不应是间接标识符的字段变成了间接标识符. 有些辅助信息会使同一名学生在不同课程中 nforum_posts(发帖数量) 的组合变成了间接标识符. Cohen 以此为基础考虑了三种实际中可能发生的攻击场景. 三位具备不同外部辅助信息的攻击者都可能对学生实施重标识攻击. 这三位攻击者分别是: 未来的雇主、偶然的熟人、edX 同学.

- **未来的雇主**　假设有一位潜在的雇主对求职者是否未通过某个 edX 慕课课程很感兴趣. 其中,求职者可能会在他的简历上列举出他获得的 edX 证书. 至少获得一个结业证书的学生人数为 16224 名. 雇主可能知道外部数据集 $Q_{\text{resume}}=$ {性别, 出生年份, 地点, 教育水平, 在第 1—16 门课程中获得的证书}. $Q_{\text{resume}}$ 只包括学生实际获得的证书,不包括学生注册但未获得证书的课程. 对于 edX 慕课平台数据集中至少获得一个结业证书的 16224 名学生来说,能够被潜在的雇主利用 $Q_{\text{resume}}$ 唯一关联的学生为 732 名. 在这 732 名学生中, 有 333 名学生至少未通过一门课程.

因此, edX 慕课平台数据集中获得结业证书的学生 (16224 名) 中有 2.1% 的学生 (333 名) 至少未通过一门课程, 并且被潜在的雇主利用 $Q_{\text{resume}}$ 唯一关联.

- **偶然的熟人**　偶然的熟人可能会在平常的交流中讨论他们在 edX 慕课平台上的经历. 他们可能会互相讨论自己上过哪些课程,并且很自然地知道彼此的年龄、性别和位置. 因此,偶然的熟人可能可以知道 $Q_{\text{acq}}=$ {性别, 出生年份, 位置, 是否注册过第 1—16 门课程}. 对于 edX 慕课平台数据集来说, 利用 $Q_{\text{acq}}$ 可以唯一关联到 6.7% 的学生. 此外,熟人通常也知道彼此的教育水平, 但 edX 慕课平台数据集未把 LoE(教育水平) 看作间接标识符. 如果在 $Q_{\text{acq}}$ 的基础上增加 LoE, 则可以唯一关联到 8.7% 的学生, 情况会变得更糟糕.

- **edX 同学**　论坛帖子对于所有注册相应课程的学生来说都是公开可访问

的, 因此任何学生的 nforum_posts(发帖数量) 都可以被视为是公开可用的信息. 虽然 edX 慕课平台数据集将 nforum_posts 看作间接标识符, 但此数据集未考虑学生跨课程发表的帖子数量, 即未考虑组合情况. 考虑一个知道 $Q_{posts}$ = {在第 1—16 门课程论坛中发表帖子的数量} 的攻击者. 利用 $Q_{posts}$ 可以唯一关联到 120 名学生. Cohen 进一步分析了 edX 慕课平台数据集, 并发现共有 20 名学生注册了所有 16 门课程. 这意味着这 20 名学生可以得到所有其他 edX 慕课课程学生在所有论坛的发帖数量. 因此, 这 20 名学生都可以针对利用 $Q_{posts}$ 唯一关联到的 120 名学生实施重标识攻击, 获得他们的年龄、性别、教育水平、位置, 以及他们在课程中获得的成绩.

不仅如此, Cohen 还利用领英 (LinkedIn) 对 edX 慕课平台数据集实施重标识攻击. 领英上的用户会对外展示他们完成的课程. 他们也可能无意中透露出自己放弃了哪些课程. 因此, 可以把领英作为外部数据源, 对 333 名可利用 $Q_{resume}$ 唯一关联到, 并至少未通过一门课程的学生实施重标识攻击.

具体来说, Cohen 花费 119.95 美元订阅了一个月的精简版领英招聘账户. 领英为精简版招聘账户提供了受限的搜索工具、浏览用户 "扩展网络"(某个用户的 3 度人脉), 以及查看扩展网络用户个人资料的功能. Cohen 通过手动搜索课程编号的方法 (例如搜索 "HarvardX/CS50x/2012") 找出领英列举获得此课程证书的用户, 并访问其领英个人简介主页. 此外, 他也应用谷歌搜索课程信息, 尝试直接访问领英用户的个人简介主页. 如果能打开个人简介主页, 他就查看领英用户列出的证书与 edX 慕课平台数据集中学生获得的证书情况是否完全匹配, 以及领英上个人信息与 edX 慕课平台数据集中学生的个人信息是否一致. 如果所有信息都能匹配上, 就认为成功实施了重标识攻击.

利用这一方法, Cohen 重标识出了 3 名学生. 这 3 名学生都出现过注册但未完成某门课程的情况.

(1) 学生 1 的 edX 数据指出此学生在国家 $\ell_1$, 出生年份是 $y_1$. 与之匹配的领英用户于 $y_1 + 20$ 年开始攻读学士学位, 并于 2013 年在国家 $\ell_1$ 就业.

(2) 学生 2 的 edX 数据指出此学生在国家 $\ell_2$, 出生年份是 $y_2$. 与之匹配的领英用户于 $y_2 + 18$ 年开始攻读学士学位, 2013 年有一段时间在国家 $\ell_2$.

(3) 学生 3 的 edX 数据指出此学生在国家 $\ell_3$, 出生年份是 $y_3$. 与之匹配的领英用户于 $y_3 + 19$ 年高中毕业, 并加入到国家 $\ell_3$ 的某个高中. 在 2013 年, 该领英用户受雇于一家国际公司, 该公司在国家 $\ell_3$ 和其他国家设有办事处.

edX 慕课平台数据集的去标识过程满足了所有必要的条件: ①去标识由 "具有适当知识和经验的专家" 完成; ②专家需要确定重标识的风险 "非常小"; ③专家需要将 "处理方法和确定重标识风险的结论文档化". edX 慕课平台数据集的创建过程是在哈佛大学计算机科学与统计学教授的监督下完成的, 他们在隐私和推断方面拥有专业知识. 他们发现 "数据集被重标识的概率很低", 也通过文档完整地记录了处理方法和重标识风险分析过程. 即便如此, edX 慕课平台数据集仍然无法抵御重标识攻击.

### 2.2.3 聚合失败案例

既然直接发布去标识数据集有如此高的隐私泄露风险, 如果我们只发布聚合数据, 是否就能有效保护隐私? 答案仍然是否定的. 本节, 我们将介绍 Dinur 和 Nissim 在 2003 年的一篇开创性论文《保护隐私的同时披露信息》[39] 中提出的重建攻击 (reconstruction attack). 此攻击告诉我们, 即使只获得一定数量的加噪聚合统计结果, 攻击者也可以获取用户的秘密信息, 甚至可以重建出整个原始数据集. 虽然 Dinur 和 Nissim 给出的是一个理论攻击, 但在实际中的确可以应用此攻击方法. Garfinkel、Abowd 和 Martindale 在 2019 年的论文《理解公开数据上的数据集重建攻击》[84] 中分析了在 2010 年美国人口普查数据上应用重建攻击的可能性. Cohen 和 Nissim 于 2018 年应用重建攻击对一个商业化的统计查询系统成功实施了攻击[85].

重建攻击告诉我们, 聚合数据也无法有效保护隐私, 这似乎为去标识技术宣判了死刑. 不过, 重建攻击也点燃了差分隐私的 "星星之火". 实际上, 论文《保护隐私的同时披露信息》[39] 的第 4 节提出了最原始版本的差分隐私技术. 有趣的是, 论文的两位作者在论文致谢部分称, 第 4 节的工作是他们与 Dwork 共同完成的. 最终, 是 Dwork 在 2006 年正式提出了差分隐私的概念.

**重建攻击的基本思想**　我们先考虑聚合结果不包含噪声的条件下如何实现重建攻击. 为此, 我们沿着 Garfinkel、Abowd 和 Martindale 论文《理解公开数据上的数据集重建攻击》[84] 的内容, 简要介绍通过聚合统计结果重建人口普查数据集的基本思想.

人口普查数据集包含了每位公民的年龄、性别、种族等人口统计数据. 我们再把问题简化一下, 只考虑种族 (黑色人种和白色人种)、性别 (男性和女性) 这两类数据. 假设为了保护隐私, 我们仅得到了单个街区的聚合统计数据, 如图 2.7 所示.

为了进一步保护隐私, 有些记录会因涉及的个体数量比较少而被删除. 我们用 (D) 来标记被删除的数据. 举例来说, 从聚合统计数据中可以看出, 此街区有 4 位黑色人种和 3 位黑色人种女性, 因此我们可以推断出此街区只有 1 位黑色人种男性. 如果聚合统计数据中进一步公布了黑色人种男性年龄的中位数或平均值, 这就等同于公布了这位黑色人种男性的实际年龄. 这显然应该属于隐私泄露.

我们再来看看第 2B 行. 第 2B 行告诉我们, 此街区有 3 位男性, 年龄中位数是 30 岁, 年龄平均值是 44 岁. 假设这 3 位男性的年龄都是整数, 分别为 A、B 和

C. 不失一般性, 我们假定这 3 位男性的年龄按递增顺序排列. 因为已知人类的最大年龄为 122 岁, 我们可以进一步假设 0 ⩽ A, B, C ⩽ 125. 仅使用这两个假设, 我们就能得到超过 30 万种可能的年龄组合. 别忘了, 我们还知道这 3 位男性年龄的平均数和中位数. 我们可以根据中位数 30 得出 B = 30. 平均数提供的约束条件是 (A + B + C) / 3 = 44. 不难列举出满足此约束条件的全部 31 种可能性, 图 2.8 列出了排除 A = 0、B = 30、C = 102 的 30 种可能性. 如图 2.8 所示.

| 统计编号 | 组别 | 年龄 计数 | 中位数 | 平均值 |
| --- | --- | --- | --- | --- |
| 1A | 总人口 | 7 | 30 | 38 |
| 2A | 女性 | 4 | 30 | 33.5 |
| 2B | 男性 | 3 | 30 | 44 |
| 2C | 黑人或非裔美人 | 4 | 51 | 48.5 |
| 2D | 白人 | 3 | 24 | 24 |
| 3A | 单身成年人 | (D) | (D) | (D) |
| 3B | 已婚成年人 | 4 | 51 | 54 |
| 4A | 非裔美国女性 | 3 | 36 | 36.7 |
| 4B | 非裔美国男性 | (D) | (D) | (D) |
| 4C | 白人男性 | (D) | (D) | (D) |
| 4D | 白人女性 | (D) | (D) | (D) |
| 5A | 5岁以下儿童 | (D) | (D) | (D) |
| 5B | 岁以下青年者 | (D) | (D) | (D) |
| 5C | 64岁以上老年人 | (D) | (D) | (D) |

注: 已婚人士必须年满15岁以上

图 2.7 单个街区的聚合统计数据

| A | B | C | A | B | C | A | B | C |
| --- | --- | --- | --- | --- | --- | --- | --- | --- |
| 1 | 30 | 101 | 11 | 30 | 91 | 21 | 30 | 81 |
| 2 | 30 | 100 | 12 | 30 | 90 | 22 | 30 | 80 |
| 3 | 30 | 99 | 13 | 30 | 89 | 23 | 30 | 79 |
| 4 | 30 | 98 | 14 | 30 | 88 | 24 | 30 | 78 |
| 5 | 30 | 97 | 15 | 30 | 87 | 25 | 30 | 77 |
| 6 | 30 | 96 | 16 | 30 | 86 | 26 | 30 | 76 |
| 7 | 30 | 95 | 17 | 30 | 85 | 27 | 30 | 75 |
| 8 | 30 | 94 | 18 | 30 | 84 | 28 | 30 | 74 |
| 9 | 30 | 93 | 19 | 30 | 83 | 29 | 30 | 73 |
| 10 | 30 | 92 | 20 | 30 | 82 | 30 | 30 | 72 |

图 2.8 满足约束的所有可能

## 2.2 去标识技术失败案例

我们只用了一行统计数据就得到了这 3 位男性年龄相关的很多信息. 更一般地, 聚合统计数据通常会包含不同维度下的统计结果, 这些统计结果互相之间会满足一系列的约束条件. 给定足够多的约束条件, 我们就能联立方程组, 通过求解方程组来重建原始数据集. 这就是重建攻击的基本思想: 汇总统计结果给出的所有约束条件, 并找到同时满足所有约束条件的数据组合.

上述例子看起来人畜无害, 但实际上可以利用相同的方法围绕 2010 年的美国人口普查数据实施攻击. 康奈尔大学统计学家 Abowd 曾发表了一篇名为《基于重建的重标识攻击和其他漏洞》的推文, 推文中描述了内部曾实施的一次重建攻击. 推文指出, 他们可以根据汇总的统计数据准确重建出占总人口 46% 的记录, 且占总人口 71% 的记录的年龄重建结果与真实值误差小于 1 岁. 将重建数据集与商业数据集关联后, 他们可以正确重标识出超过 5000 万人的名字. 如此大规模的重建攻击为人口普查数据的隐私性敲响了警钟, 促使 2020 年美国人口普查采用差分隐私来实现隐私保护.

**理论层面的重建攻击** 我们现在将站在理论层面用数学语言描述重建攻击. 重建攻击使用了一个极为简化的安全模型. 假设数据管理者持有某个由 $n$ 行记录组成的数据集. 与 $k$-匿名性等去标识效果量化指标的定义类似, 我们同样将数据集所包含的字段分为两类: 一类是 "姓名""邮政编码""出生日期""性别" 等直接或间接标识符; 另一类是需要提供隐私保护的敏感属性, 如 "是否患病" 字段. 为了简单起见, 我们假定每行记录的敏感属性都是单比特信息, 取值范围只可能是 0 或者 1. 因此, 我们可以令 $d \in \{0,1\}^n$ 为所有个体敏感属性所构成的比特向量. 表 2.14 给出了一个数据集的实例.

表 2.14 单比特敏感属性的案例

| 直接/间接标识符 ||||敏感属性|
|---|---|---|---|---|
| 姓名 | 邮政编码 | 出生日期 | 性别 | 是否患病？|
| Alice | K8V7R6 | 1984.05.02 | 女 (F) | 1 |
| Bob | V5K5J9 | 2001.02.08 | 男 (M) | 0 |
| Charlie | V1C7J | 1954.10.10 | 男 (M) | 1 |
| David | R4K5T1 | 1944.04.04 | 男 (M) | 0 |
| Eve | G7N8Y3 | 1980.01.01 | 女 (F) | 1 |

与 $k$-匿名性等去标识效果量化指标不同的地方在于, 我们现在假设攻击者已知数据集中所有的直接或间接标识符, 攻击者的目标是得到数据集中的敏感属性. 为此, 我们允许攻击者向数据管理者提交满足特定格式的统计查询, 具体格式为 "满足特定标识符筛选条件的记录中, 有多少条记录满足 '是否患病 =1'". 特定标识符筛选条件可以是 "'姓名 = Alice' 或 '姓名 = Charlie' 或 '姓名 = David'". 在

样例数据集中,此查询的真实答案是 2. 仔细想想就可以发现,如果攻击者以直接标识符作为筛选条件,那么攻击者可以得到任意属于 $[n]$ 子集的统计查询. 因此, 我们总可以把此类统计查询抽象为一个 $S \in \{0,1\}^n$ 的查询向量, 其中 1 表示某个个体包含在子集中, 0 表示某个个体不包含在子集中. 此类查询就叫子集查询. 查询 $S$ 的正确答案是 $A(S) = d \cdot S$, 即 $d$ 与 $S$ 的点积.

数据管理者收到查询 $S$ 后, 回复查询结果 $r(S)$. 很显然, 如果数据管理者只是简单地返回 $r(S) = A(S)$, 则很容易造成隐私泄露. 攻击者只需提交一个查询 $S = \{i\}$, 就可以得到个体 $i$ 的敏感属性了. 为了保护敏感属性, 数据管理者应用某个算法对 $r(S)$ 进行加工, 从而输出一个带噪声的 $A(S)$. 具体来说, 数据管理者输出的 $r(S)$ 满足 $|r(S) - A(S)| \leqslant E$, 其中 $E$ 为某个上界. 请注意, 我们并不要求 $r(S) - A(S)$ 满足某个特定的随机分布. 数据管理者可以输出与 $A(S)$ 的距离不大于 $E$ 的任意一个 $r(S)$.

最后, 我们定义隐私泄露的情形. 简单来说, 如果攻击者可以根据数据管理者返回的一系列带噪声 $A(S)$ 恢复出较多记录的敏感属性, 我们就认为生成带噪声 $A(S)$ 的算法无法保护隐私, 具体描述见定义 2.1.

**定义 2.1** 如果攻击者可以根据某个算法的一系列回复结果构造出一个敏感属性向量 $c \in \{0,1\}^n$, 使得此向量与真实敏感属性向量 $d$ 只有 $O(n)$ 条记录不匹配, 则称这个算法明显不能保护隐私.

Dinur 和 Nissim 在论文《保护隐私的同时披露信息》[39] 中证明, 只要攻击者可以得到足够数量查询所对应的查询结果, 则绝大多数算法就不能保护隐私.

**定理 2.1** 如果允许数据分析者询问 $2^n$ 个子集查询, 且数据管理者应用的算法所增加的噪声量存在上界 $E$, 则攻击者可以根据查询结果构造出只有 $4E$ 个位置上的数据项不相同的敏感属性向量.

特别地, 如果 $E = n/401$, 则攻击者构造出的敏感属性向量与真实敏感属性向量相比有 99% 个数据项都相同. 进一步, 如果 $E = O(n)$, 则此算法明显不能保护隐私.

**证明** 攻击者把 $[n]$ 的所有 $2^n$ 个子集都提交给数据管理者, 并根据回复结果构造出一个可满足所有输出答案约束条件的敏感属性向量. 具体来说, 对于每一个候选敏感属性向量 $c \in \{0,1\}^n$, 如果存在一个查询集合 $S$ 使得 $|\sum_{i \in S} c_i - r(S)| > E$, 就把 $c$ 排除. 如果存在一个不会被排除的候选敏感属性向量 $c$, 则输出 $c$. 请注意, 真实敏感属性向量 $d$ 也满足所有回复结果, 因此真实敏感属性向量肯定不会被排除, 这意味着攻击者一定能输出某个敏感属性向量.

令 $I_0$ 为真实敏感属性向量里敏感比特值为 0 的索引值集合, 即 $I_0 = \{i | d_i = 0\}$. 我们对称地定义 $I_1 = \{i | d_i = 1\}$. 因此有 $I_0 \cup I_1 = [n]$. 考虑输出的敏感属性向量 $c$. 根据攻击者的攻击策略, $|\sum_{i \in I_0} c_i - r(I_0)| \leqslant E$. 与此同时, 数据管理者的

回复策略保证 $\left|\sum_{i \in I_0} d_i - r(I_0)\right| \leqslant E$. 根据三角不等式, 对于子集 $I_0$ 来说, **c** 和 **d** 最多相差 $2E$ 个数据项. 把此证明过程对称地应用在子集 $I_1$ 上, **c** 和 **d** 最多也相差 $2E$ 个数据项. 因此, **c** 和 **d** 在 $I_0 \cup I_1 = [n]$ 上最多相差 $4E$ 个数据项. □

虽然我们证明出了一个很强的 "明显不能保护隐私" 的结论, 但上述攻击要求攻击者可以提交指数级数量 $2^n$ 的查询. 因此, 实际中似乎无法使用此攻击. 然而, Dinur 和 Nissim 还给出了一个依赖线性数量个数查询结果, 且重建计算效率很高的攻击方法. 定理 2.2 的证明本身比较复杂, 我们不在这里给出详细的证明. 感兴趣的读者可以参阅 Dinur 和 Nissim 的原始论文.

**定理 2.2** 如果攻击者可以提交 $O(n)$ 个随机的子集查询, 且数据管理者在回复中增加的噪声量上界为 $E = O(\alpha\sqrt{n})$, 则根据回复结果, 攻击者可以高效重建出一个只有 $O(\alpha^2)$ 个位置的数据项不相同的数据集.

至此, 我们回顾一下我们已经知道的结论. Dinur 和 Nissim 给出的第一个攻击需要通过 $2^n$ 个查询来消除 $O(n)$ 量级的噪声, 第二个攻击需要通过 $\Omega(n)$ 个随机查询来消除 $O(\sqrt{n})$ 量级的噪声. 实际上, 我们可以进一步增强此攻击的攻击能力. Dwork、McSherry 和 Talwar 在论文《隐私的价值和线性规划解码的限制》[86] 中证明了, 哪怕数据管理者在查询响应上增加任意大小的噪声, 只要噪声量级不超过某个比例, 此攻击仍然成立.

**实际中的重建攻击** 在实际中该如何实施重建攻击呢? 我们来看看 Aircloak 挑战. 2017 年, 一家名为 Aircloak 的公司发布了一个叫 Diffix 的数据库查询系统. Diffix 的目标是允许数据分析者在敏感数据集上执行无限次查询, 但要在引入较少噪声的同时保护用户隐私. 为了验证 Diffix 系统的隐私性, Aircloak 提出了 "数据重标识赏金计划": 如果有人能利用 Diffix 实施有效的重建攻击, Aircloak 公司将提供高达 5000 美元的现金奖励.

此场景与重建攻击的安全模型非常相似. 攻击者同样可以向 Diffix 提交子集查询. 不过, Aircloak 公司对隐私保护统计查询有着深入的研究. 他们也深刻理解重建攻击的原理, 并给出了多种限制攻击者实施重建攻击的方法. 具体来说, Diffix 也会为每个查询的回复结果增加均值为 0 的高斯分布噪声. 进一步, 为了阻止攻击者提交任意子集查询, Diffix 在每个回复结果中增加的噪声量与筛选条件的数量成平方根关系. 举例来说, 如果筛选条件为 "'姓名 = Alice'或'姓名 = Charlie'或'姓名 = David'", 因为此查询包含 3 个筛选条件, 所以回复结果中增加的噪声量就变为约 $\sqrt{3}$. 此外, 为避免攻击者提交内容不同但含义相同的查询条件, 通过取平均值来降低噪声. Diffix 禁止攻击者使用包括 "或" 在内的很多操作符, 这意味着攻击者甚至无法成功提交筛选条件为 "'姓名 = Alice'或'姓名 = Charlie'或'姓名 = David'" 的查询. Diffix 还引入了很多其他的防御方法, 包括拒绝返回小计数值、修改极值等.

回忆一下，如果想利用 Dinur 和 Nissim 给出的第二个方法实施重建攻击，攻击者就需要提交一系列随机的子集查询. 生成随机子集查询的最简单方法是先随机选择一个子集，再找到某个能得到此子集的查询条件. 即使忽略 "或" 操作符的限制，如果想得到包含 $k$ 个个体的子集查询，此查询一般也需要包含 $k$ 个查询条件.

Cohen 和 Nissim 在论文《实践中的线性重建攻击》[85] 中给出了一个构造随机子集查询的巧妙方法，从而成功对 Diffix 实施了重建攻击. 他们观察到，数据集中的每个用户都有一个唯一的客户 ID，我们把这个 ID 叫 clientId. 他们设计出了一个以 clientId 为输入的函数，此函数能 "足够随机地" 决定是否将此客户 ID 纳入到查询集合中. 具体来说，他们设计了一个包含 mult、exp、d 和 pred 这 4 个变量的函数. 前三个变量是数字，第四个变量是一个以数字为输入、输出 "是" 或 "否" 的判断语句. 筛选条件为: (mult * clientId) ^ exp 的第 d 个数字是否满足 pred? 如果满足此条件，则某行数据会被纳入到查询子集. 举个例子，假设 mult 是 17、clientId 是 1、exp 是 0.5、d 是 3、pred 是 "数字是否为偶数". 根据函数的定义，我们要计算 $(17 \cdot 1)^{0.5} = 4 : 1231 \cdots$. 观察到第 3 个数字是 2，这是一个偶数，因此 ID 为 1 的客户将被纳入到查询集合中.

将上面的思想转换成 SQL 代码后，Cohen 和 Nissim 提出了下述形式的子集查询.

```
SELECT count(clientId)
FROM loans
WHERE floor(100 * ((clientId * 2)^0.7) + 0.5) = floor(100 *
    ((clientId * 2)^0.7))
AND clientId BETWEEN 2000 and 3000
AND loanStatus = 'C'
```

最后一个有关的筛选条件就是他们要攻击的敏感属性. 此查询只包含 3 个筛选条件，因此每个查询只引入了常数量级的噪声，远远低于重建攻击所要求的 $O(\sqrt{n})$ 量级. 最终，他们完美重建出整个数据集，拿走了 5000 美元.

### 2.2.4 小结

去标识技术的失败案例引人深思，它似乎在揭示一个事实: 只要数据具有分析的价值，那么个体数据泄露的风险就会一直存在. 每当提出一个新的去标识技术或量化方法，总会出现将其攻破的新攻击方法. "盾" 越来越厚，但 "矛" 也越来越尖. 出现这一现象的根本原因在于，去标识技术和量化方法或是对攻击者的攻击能力提出了一定的假设，或是在追求不切实际的 "完全消除风险". 然而，随着时间的推移和数据量的不断增长，攻击者的能力也在不断增强，我们似乎也很难对攻击者能力精确建模. 既然风险难以消除, 且攻击者的能力难以刻画, 我们是否可以寻求一种在最坏情况下也可以量化风险的方法呢? 为此, 人们对理想的隐私技术提出以下几个期待.

(1) 提供数学上保证的、可量化的隐私性, 不依赖于主观直觉;
(2) 不需要对数据中的隐私信息做任何假设;
(3) 应该能够抵抗基于背景知识的攻击——无论攻击者提前知道多少信息, 都不应该影响保护强度;
(4) 不仅能防止已知的攻击, 并且能防止未来可能发生的攻击.

带着这些期待, 学者们继续进行孜孜不倦的研究. 他们发现, Dinur 和 Nissim 的结论并非简单地宣判了聚合的死刑, 而是给出了噪声增加量的下界. 换句话说, 我们可以通过引入量级为 $O(\sqrt{n})$ 的噪声响应 $O(n)$ 个查询. 当查询数量 $m$ 远小于 $n$ 时, 则数据管理者只需要增加量级为 $O(\sqrt{m})$ 的噪声. 而这正是差分隐私的基本思想. 2006 年, 差分隐私这一 "事实上的标准" 终于浮出水面.

## 2.3 中心差分隐私

本节, 我们终于迎来了差分隐私这一隐私保护新范式. Dwork、McSherry、Nissim 和 Smith 在 2006 年的论文《在隐私数据分析中面向敏感度校准噪声》[20] 中正式提出了差分隐私的基本思想. 不过, 这篇论文并没有把此技术命名为差分隐私. Dwork 在同年发表的论文《差分隐私》[21] 才正式把 "差分隐私" 作为这个技术的名字.

差分隐私的核心并不是希望完全消除隐私风险, 而是用参数来控制风险. 差分隐私满足人们对于理想隐私保护技术的期待, 可为各种潜在攻击 (包括当前不可预见的攻击类型) 提供严谨的、可证明安全的隐私保护. 重要的是, 差分隐私不仅是一种工具技术, 还是量化和管理隐私风险的定义或标准. 差分隐私已经在很多组织中得到了应用. 包括苹果①、谷歌[23]、微软[87]、美国人口普查局[88] 等在内的多个场景中都使用了差分隐私.

本节, 我们将介绍差分隐私的核心思想, 并介绍中心差分隐私 (central differential privacy, CDP) 这种经典的差分隐私定义和实现中心差分隐私的基础算法. 我们将在 2.4 节介绍另一种安全假设更强的本地差分隐私 (local differential privacy, LDP) 和实现本地差分隐私的相关算法. 实际中, 需要根据不同的场景选择最适合的差分隐私定义. 例如, 美国人口普查局使用的是中心差分隐私, 而苹果、谷歌等使用的是本地差分隐私. 如未特别说明, 当提到差分隐私时, 我们默认讨论

---

① https://docs-assets.developer.apple.com/ml-research/papers/learning-with-privacy-at-scale.pdf, 引用日期: 2024-08-03.

的是中心差分隐私. 值得一提的是, 差分隐私领域会把满足差分隐私的算法称为一个 "机制"(mechanism), 我们也遵循这一用词习惯.

### 2.3.1 差分隐私的核心思想

假设数据分析者希望从数据管理者处获得数据的统计分析结果. 统计分析过程可以是任意统计聚合类的分析, 如计数、求和等, 也可以是更复杂的聚合过程, 如机器学习的模型训练. 直观地说, 如果统计分析的输出结果不泄露任意个体的任何信息, 则我们就实现了个体数据的隐私保护. 然而, 我们无法构造出满足这一要求的隐私保护机制. 举个例子, 假定医疗机构通过数据分析发现 "吸烟有更高的概率患肺部疾病", 则只要攻击者知道 "某人是位烟民", 攻击者就一定能利用数据分析结果推断出 "某人有更高的概率患肺部疾病". 更一般地讲, 无论通过数据分析得到何种结果, 攻击者都可以结合特定个体的背景信息, 利用这一结果推断出某个个体额外的信息.

我们换个角度来考虑这个问题. "吸烟有更高的概率患肺部疾病" 这一结论更像是一个通过大量数据分析得到的知识, 这个知识本身没有包含某位个体特有的信息. 换句话说, 无论某位烟民的个体数据是否参与到此项研究中, 医疗机构都能得到相似的结论. 这就是差分隐私的思考方式: 保证数据分析结果不会泄露某位个体所独有的信息.

基于此基本思想, 我们来定义差分隐私的安全模型. 仍然假设医疗机构希望通过分析某个数据集获知 "吸烟是否会有更高的概率患肺部疾病". 数据集中的其中一位烟民意识到, 如果吸烟的确会有更高的概率患肺部疾病, 则此结论会让此烟民在未来购买肺部疾病保险时支付更高的费用. 因此, 这位烟民不希望医疗机构得到 "吸烟有更高的概率患肺部疾病" 这个结论, 为了达到这一目的, 他决定不让自己的数据参与到分析中.

我们把此烟民的数据未参与分析的情况称为 "理想世界". 在理想世界中, 此烟民的数据没有参与分析过程, 因此分析结果一定与此烟民的数据无关. 我们可以认为在理想世界中, 此烟民的隐私得到了完全的保护. 与 "理想世界" 对应的是 "现实世界". 在现实世界中, 此烟民的数据参与了分析过程, 因此分析结果容易会与此烟民的数据相关, 容易导致此烟民的隐私遭到泄露.

差分隐私的核心思想可以通过图 2.9 来描述. 差分隐私要保证的是, 攻击者无论知道何种背景信息, 他都不能显著区分使用此烟民数据的 "现实世界" 和不使用此烟民数据的 "理想世界". 换句话说, 差分隐私将 "现实世界" 中的隐私泄露风险控制到与 "理想世界" 几乎一致. 这样一来, 从 "现实世界" 中得到的信息不会远大于从 "理想世界" 中得到的信息. 由于两个世界分析结果的差异仅与此烟民的数据相关, 这就意味着差分隐私保护了此烟民的信息.

## 2.3 中心差分隐私

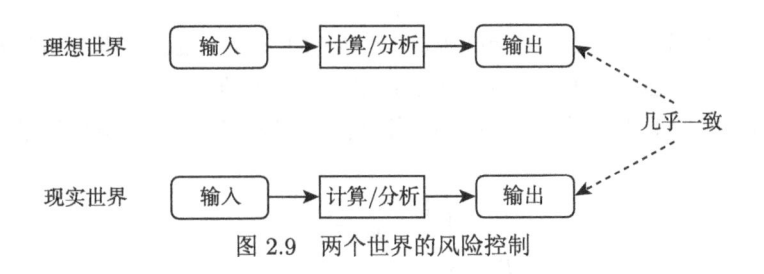

图 2.9 两个世界的风险控制

需要注意的是，差分隐私对存在于"理想世界"的数据泄露风险无能为力。无论此烟民的数据是否参与到数据分析过程，医疗机构都能得到"吸烟有更高的概率患肺部疾病"的这一结论，这是一个属于"理想世界"的结论。"理想世界"中存在的隐私风险来源是"群体特征或规律"，无论某个个体的数据是否参与分析，此"群体特征或规律"都会无差别地作用于所有人。

**随机响应** 是否真的有方法能满足差分隐私的这一基本思想？为此，我们介绍 Warner 在 1965 年的论文《随机响应：一种消除回避性答案偏差的调查技术》[89] 中提出的随机响应 (random response, RR) 机制。我们会在之后证明此机制满足差分隐私的定义。这应该也是人类历史上提出的第一个差分隐私机制。

我们考虑一个非常简单的场景。假设我是一个班级的老师，这个班将有一场重要的考试。我怀疑班上有许多学生作弊了。但很显然，作弊的学生肯定不会诚实地承认他们作弊。我们如何设计一种机制，学生既可以不明确承认自己是否作弊，我们又能大概知道有多少比例的学生作弊呢？

我们把问题描述得更严谨一些：一共有 $n$ 个个体，每个个体 $i \in [1, n]$ 都有一个敏感比特值 $x_i \in \{0, 1\}$，这 $n$ 个比特值的取值相互独立，即所有学生是否作弊只与他自己相关，与其他学生的行为无关。他们希望保证除他以外的其他人都不能知道自己 $x_i$ 的值。每个个体都向数据分析者发送一个消息 $y_i$，消息 $y_i$ 有可能是根据 $x_i$ 和个体生成的某些随机数来生成的。基于这些 $y_i$，分析者希望得到 $p = \frac{1}{n} \sum_{i=1}^{n} x_i$ 的准确估计值。

我们先考虑一个统计结果完全准确，但最不隐私的"诚实响应"机制：每个个体 $i$ 发送的 $y_i$ 都等于敏感比特值 $x_i$。为了与后面的表述方法保持一致，我们用下面这种方式来描述此机制。

$$p = \begin{cases} 1, & y_i = x_i \\ 0, & y_i = 1 - x_i \end{cases}$$

显然，数据分析者很容易就能得到 $\tilde{p} = \frac{1}{n} \sum_{i=1}^{n} y_i$，且 $\tilde{p} = p$ 严格成立。换句

话说, 分析者得到的结果是完全准确的. 然而, 由于 $y_i = x_i$, 数据分析者准确知道了每个个体的敏感比特值. 此机制无法提供任何隐私性.

我们考虑如下所示的另一种完全不准确, 但最隐私的 "均匀响应" 机制.

$$p = \begin{cases} \dfrac{1}{2}, & y_i = x_i \\ \dfrac{1}{2}, & y_i = 1 - x_i \end{cases}$$

在这种情况下, $y_i$ 提供了完全的隐私保护. 实际上, $y_i$ 是一个均匀随机的比特值, $y_i$ 与 $x_i$ 完全无关. 因此, 数据分析者无法通过 $y_i$ 得到与 $x_i$ 相关的任何信息. 然而, 这种方法无法提供任何准确性, $\tilde{p} = \dfrac{1}{n}\sum_{i=1}^n y_i$ 是一个与 $p$ 完全独立的统计量.

我们已经得到了两个机制: 第一个机制完全准确但没有任何隐私性可言, 第二个机制完全保护了隐私但统计结果毫无意义. 现在, 我们要把这两个机制折中一下: 让 $y_i$ 有超过 $\dfrac{1}{2}$ 的概率等于 $x_i$, 有小于 $\dfrac{1}{2}$ 的概率等于 $1 - x_i$. 具体来说, 我们为这个机制设定一个随机参数 $\gamma \in \left[0, \dfrac{1}{2}\right]$, 并令

$$p = \begin{cases} \dfrac{1}{2} + \gamma, & y_i = x_i \\ \dfrac{1}{2} - \gamma, & y_i = 1 - x_i \end{cases}$$

当 $\gamma = \dfrac{1}{2}$ 时, 此机制就变成了第一种 "诚实响应" 机制. 当 $\gamma = 0$ 时, 此机制就变成了第二种 "均匀响应" 机制. 如果我们令 $\gamma$ 取一个中间值, 如 $\gamma = \dfrac{1}{4}$, 则每个个体既能有一定的概率用真实值 "诚实响应", 又能有一定的概率 "拒绝响应" 真实值. 此时, 我们得到的就是随机响应机制.

我们来看看随机响应机制的估计结果有多准确. 观察到

$$\mathbf{E}[y_i] = 2\gamma x_i + \dfrac{1}{2} - \gamma$$

因此

$$\mathbf{E}\left[\dfrac{1}{2\gamma}\left(y_i - \dfrac{1}{2} + \gamma\right)\right] = x_i$$

## 2.3 中心差分隐私

这使我们得到了如下的估计公式

$$\tilde{p} = \frac{1}{n}\sum_{i=1}^{n}\left[\frac{1}{2\gamma}\left(y_i - \frac{1}{2} + \gamma\right)\right]$$

用上式计算得到的 $\tilde{p}$ 满足 $\mathbf{E}[\tilde{p}] = p$. 接下来, 我们分析 $\tilde{p}$ 的方差

$$\mathbf{Var}[\tilde{p}] = \mathbf{Var}\left[\frac{1}{n}\sum_{i=1}^{n}\left[\frac{1}{2\gamma}\left(y_i - \frac{1}{2} + \gamma\right)\right]\right] = \frac{1}{4\gamma^2 n^2}\sum_{i=1}^{n}\mathbf{Var}[y_i] \leqslant \frac{1}{16\gamma^2 n}$$

最后一个不等式成立的原因是伯努利随机变量方差的上界为 $\frac{1}{4}$. 此时, 我们可以应用切比雪夫不等式得到

$$|\tilde{p} - p| \leqslant O\left(\frac{1}{\gamma\sqrt{n}}\right)$$

利用切尔诺夫界, 我们也能得到上式有很高的概率成立. 当 $n \to \infty$ 时, 误差趋近 0. 上式的另一种理解方式是: 如果数据分析者希望分析结果与真实结果的即绝对误差不超过 $\alpha$, 则数据分析者需要获得 $n = O\left(\frac{1}{\alpha^2\gamma^2}\right)$ 个样本. 请注意, $\gamma$ 越接近 0 意味着隐私性越强, 但绝对误差也会越大, 或者说得到相同准确性所需的样本数量越大. 这是一个很合理的结果: 我们想要的隐私保护程度越强, 也就需要越多的数据才能达到相同的准确性.

### 2.3.2 差分隐私的定义

我们现在来定义差分隐私的安全模型. 有时也会把这个安全模型叫做可信管理者 (trusted curator) 模型. 我们想象有 $n$ 个个体, 每个个体的数据为 $x_i$. 他们都相信某位可信管理者可以合理有效地保护他们的数据. 因此, 他们都把自己的数据发送给这位可信管理者. 在得到这些数据后, 可信管理者把所有个体数据所构成的数据集看作 $X$, 在 $X$ 下运行某个统计分析机制 $\mathcal{M}$ 并公布分析结果 $\mathcal{M}(X)$. 差分隐私要求任何个体的数据都不会对机制 $\mathcal{M}$ 的输出结果造成太大的影响.

既然差分隐私提出了这样的要求, 我们就要从数学角度考虑任何一个个体的数据对机制 $\mathcal{M}$ 的输出结果到底能造成多大的影响. 为此, 我们需要考虑某个个体参与和不参与统计分析这两种情况. 这就引入了介绍相邻数据集的概念.

**定义 2.2** (相邻数据集)   对于任意两个数据集 $X, X'$, 若 $X$ 通过添加或删除一条数据可以得到 $X'$, 那么称 $X, X'$ 为相邻数据集, 记作 $X \simeq X'$.

值得一提的是, 在该定义下得到的差分隐私称为无界 (unbounded) 差分隐私. 还有一种相邻数据集的定义方法, 即通过替换 $X$ 中的一个数据得到 $X'$. 在此定

义下得到的差分隐私称为有界 (bounded) 差分隐私. 无界差分隐私的应用更加广泛一些, 因此后续我们主要考虑无界差分隐私的定义.

定义了相邻数据集后, 我们就可以定义差分隐私了.

**定义 2.3** ($\varepsilon$-差分隐私)　给定某一机制 $\mathcal{M}$, 令 Range($\mathcal{M}$) 为 $\mathcal{M}$ 所有可能的输出结果所构成的集合. 对于任意两个相邻数据集 $X, X'$, 以及对于任意 $S \subseteq$ Range($\mathcal{M}$), 如果满足

$$\Pr[\mathcal{M}(X) \in S] \leqslant e^\varepsilon \Pr[\mathcal{M}(X') \in S]$$

则称机制 $\mathcal{M}$ 满足 $\varepsilon$-差分隐私.

换句话说, 当数据集中有一条数据发生变化时, 差分隐私要求 $\mathcal{M}$ 输出结果的概率分布比值不超过 $e^\varepsilon$. $\varepsilon$ 越小, $e^\varepsilon$ 越接近 1, 意味着两个概率分布越相似. 反之, $\varepsilon$ 越大, $e^\varepsilon$ 越大, 意味着两个概率分布的差距越大. 因此, $\varepsilon$ 用于量化结果中信息泄露的程度, 一般称 $\varepsilon$ 为隐私预算参数. 通常, 我们会把 $\varepsilon$ 设置成一个较小的常数, 例如令 $\varepsilon = 0.1$.

为何不把差分隐私定义为 "单点约束", 即对于任意 $s \in$ Range($\mathcal{M}$), 有 $\Pr[\mathcal{M}(X) = s] \leqslant e^\varepsilon \cdot \Pr[\mathcal{M}(X') = s]$, 而是非要定义为 "集合约束", 即对于任意 $S \subseteq$ Range($\mathcal{M}$), 有 $\Pr[\mathcal{M}(D) \in S] \leqslant e^\varepsilon \Pr[\mathcal{M}(D') \in S]$ 呢? 原因是 $\mathcal{M}$ 的输出满足的可能是某个连续分布, 此时对于任意 $s \in$ Range($\mathcal{M}$) 都有 $\Pr[\mathcal{M}(D) = s] = 0$, 这就导致定义不够严谨了. 举例来说, 假设 $\mathcal{M}$ 的输出满足 [0, 1] 的均匀随机分布, 即 $\mathcal{M}$ 的输出可能为 [0, 1] 中的任意一个实数. 从数学角度看, $\Pr[\mathcal{M}(D) = s] = 0$, 即 $s$ 等于 [0, 1] 中任意一个实数的概率均为 0, $\Pr[\mathcal{M}(X) = s] = e^\varepsilon \cdot \Pr[\mathcal{M}(X') = s]$ 恒成立[1]. 反之, 如果我们令 $S \subseteq$ Range($\mathcal{M}$), 则 $\Pr[\mathcal{M}(D) \in S]$ 就不会严格等于 0 了. 当 Range($\mathcal{M}$) 为离散分布时, 我们就可以把差分隐私的定义写为 "单点约束" 的形式了.

$\varepsilon$-差分隐私定义又称为纯粹差分隐私 (pure DP). 有的机制 $\mathcal{M}$ 并不能在所有情况都满足 $\varepsilon$-差分隐私, 而是存在一个较小的失败概率 $\delta$, 即 $\mathcal{M}$ 有 $1 - \delta$ 的概率满足 $\varepsilon$-差分隐私, 有 $\delta$ 的概率不满足 $\varepsilon$-差分隐私. 为此, Dwork、Kenthapadi、McSherry、Mironov 和 Naor 在论文《我们的数据由我们自己决定: 通过分布式噪声生成保护隐私》[91] 中提出了 $(\varepsilon, \delta)$-差分隐私的定义. 此定义也称为近似差分隐私 (approximate DP).

**定义 2.4** ($(\varepsilon, \delta)$-差分隐私)　给定某一机制 $\mathcal{M}$, 令 Range($\mathcal{M}$) 为 $\mathcal{M}$ 所有可能的输出结果构成的集合. 对于任意两个相邻数据集 $X, X'$, 以及对于任意 $S \subseteq$

---

[1] 另有教材《密码学基础教程》在 "差分隐私的复杂性" 章节[90] 中指出两者定义可以等价, 这是因为若将连续型变量的概率函数替换为概率密度函数, 则约束关系同样适用.

## 2.3 中心差分隐私

Range($\mathcal{M}$), 如果满足

$$\Pr[\mathcal{M}(X) \in S] \leqslant e^{\varepsilon} \cdot \Pr[\mathcal{M}(X') \in S] + \delta$$

则称机制 $\mathcal{M}$ 满足 $(\varepsilon, \delta)$-差分隐私.

与 $\varepsilon$-差分隐私的定义不同, 即便当 Range($\mathcal{M}$) 为离散分布时, 我们也不能将 $(\varepsilon, \delta)$-差分隐私的定义写成 "单点约束" 的形式, 即不能写成对于任意点 $s \in$ Range($\mathcal{M}$), $\Pr[\mathcal{M}(X) = s] \leqslant e^{\varepsilon} \cdot \Pr[\mathcal{M}(X') = s] + \delta$. 这是因为该不等式包含常数项 $\delta$, 由单点处的约束关系拓展到集合约束关系可能会导致 $\delta$ 项的线性叠加, 从而不满足原始定义中的 "集合约束" 关系. 教材《密码学基础教程》中的 "差分隐私的复杂性" 章节[90] 给出了一个例子来展示这种差异. 假设我们将机制 $\mathcal{M}$ 定义为输出整个数据集 $X$ 并附加一个均匀随机数 $a \in \{1, \cdots, \lceil 1/\delta \rceil\}$. 显然, 任意 $s \in$ Range($\mathcal{M}$) 输出的概率都不会超过 $\delta$. 那么, 对于任意 $s \in$ Range($\mathcal{M}$), 有 $\Pr[\mathcal{M}(X) = s] \leqslant \delta \leqslant e^{\varepsilon} \cdot \Pr[\mathcal{M}(X') = s] + \delta$ 成立. 但是若我们任意取包含两个点的集合 $S = \{s, s' | s, s' \in$ Range($\mathcal{M}(X)$)$\}$, 那么该集合中的失败概率会线性叠加, 只能被约束到 $2\delta$, 即 $\Pr[\mathcal{M}(X) \in S] \leqslant e^{\varepsilon} \cdot \Pr[\mathcal{M}(X') \in S] + 2\delta$. 故 $\mathcal{M}$ 不满足 $(\varepsilon, \delta)$-差分隐私.

我们现在来构造一个满足 $(\varepsilon, \delta)$-差分隐私的例子. 假设数据管理者拥有一个包含 $|X|$ 条数据的数据集 $X$. 数据分析者希望通过查询知道数据集 $X$ 的 $|X|$ 是多少, 即数据分析方提交的查询为

```
SELECT COUNT(*) FROM X
```

为了保护隐私数据, 数据管理者不直接返回此查询的结果, 而是要在真实查询结果上加入一个噪声. 具体来说, 数据管理者定义输出机制 $\mathcal{M}$ 为

```
SELECT COUNT(*) + FLOOR(RAND() * 21 - 10) FROM X
```

其中返回范围为 $[0, 1)$ 内的均匀随机数. 换句话说, $\mathcal{M}$ 要在真实查询结果上增加范围为 $[-10, 10]$ 的离散均匀随机噪声. 我们来看看此机制是否满足差分隐私.

假设把数据集 $X$ 的相邻数据集 $X'$ 定义为从 $X$ 中移除个体 Dong 的数据. 给定数据集 $X$ 及其相邻数据集 $X'$, 机制 $\mathcal{M}$ 的输出所满足的概率分布如图 2.10 所示. 可以看出, 机制 $\mathcal{M}$ 的输出仍然服从离散均匀随机分布. 具体来说, $\mathcal{M}(X)$ 满足范围为 $[|X| - 10, |X| + 10]$ 的离散均匀随机分布, 而 $\mathcal{M}(X')$ 满足范围为 $[|X| - 11, |X| + 9]$ 的离散均匀随机分布. 我们可以枚举所有 $s \in$ Range($\mathcal{M}$) 的输出概率分布, 如表 2.15 所示.

图 2.10 差分隐私的案例

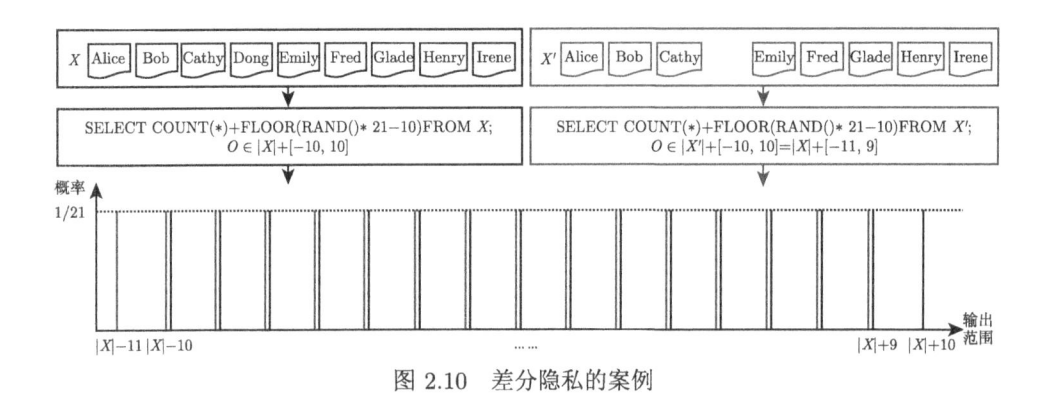

表 2.15 所有输出的概率分布

| $s$ | $\Pr[\mathcal{M}(X)=s]$ | $\Pr[\mathcal{M}(X')=s]$ |
| --- | --- | --- |
| $s=\|X\|-11$ | $\Pr[\mathcal{M}(X)=\|X\|-11]=0$ | $\Pr[\mathcal{M}(X')=\|X\|-11]=\dfrac{1}{21}$ |
| $s=\|X\|-10$ | $\Pr[\mathcal{M}(X)=\|X\|-10]=\dfrac{1}{21}$ | $\Pr[\mathcal{M}(X')=\|X\|-10]=\dfrac{1}{21}$ |
| $\vdots$ | $\vdots$ | $\vdots$ |
| $s=\|X\|+9$ | $\Pr[\mathcal{M}(X)=\|X\|+9]=\dfrac{1}{21}$ | $\Pr[\mathcal{M}(X')=\|X\|+9]=\dfrac{1}{21}$ |
| $s=\|X\|+10$ | $\Pr[\mathcal{M}(X)=\|X\|+10]=\dfrac{1}{21}$ | $\Pr[\mathcal{M}(X')=\|X\|+10]=0$ |

可以观察到，$\mathcal{M}(X)$ 和 $\mathcal{M}(X')$ 在其他所有输出情况下的概率完全相同，仅在 $s=|X|-11$ 和 $s=|X|+10$ 时输出概率存在差异. 如果令 $\delta=\dfrac{1}{21}$，就可以让所有 $S\subseteq\operatorname{Range}(\mathcal{M})$ 都满足

$$\Pr[\mathcal{M}(X)\in S]\leqslant e^0\cdot\Pr[\mathcal{M}(X')\in S]+\frac{1}{21}$$

反之，假设把数据集 $D$ 的相邻数据集 $X'$ 定义为从 $X$ 中增加一个个体的数据，则所有 $S\subseteq\operatorname{Range}(\mathcal{M})$ 仍然满足

$$\Pr[\mathcal{M}(X)\in S]\leqslant e^0\cdot\Pr[\mathcal{M}(X')\in S]+\frac{1}{21}$$

根据 $(\varepsilon,\delta)$-差分隐私定义，机制 $\mathcal{M}$ 满足 $\left(0,\dfrac{1}{21}\right)$-差分隐私.

从上述例子中可以看出，当机制 $\mathcal{M}$ 满足 $(\varepsilon,\delta)$-差分隐私时，$\mathcal{M}$ 会有 $\delta$ 的概率不满足 $\varepsilon$-差分隐私. 不满足 $\varepsilon$-差分隐私听起来有些危险，因此我们总是希望 $\delta$

可以小到几乎不会发生. 一般来说, 我们要求 $\delta$ 的取值小于等于 $\frac{1}{n^2}$, 其中 $n$ 表示数据集的总大小. 不过, $(\varepsilon, \delta)$-差分隐私的定义并没有指出当算法不满足 $\varepsilon$-差分隐私时会发生什么. 理论上, 我们可以设计出一种满足 $(\varepsilon, \delta)$-差分隐私的机制, 使其有 $\delta$ 的概率泄露整个数据集. 这听起来就有点可怕. 幸运的是, 实际中使用的 $(\varepsilon, \delta)$-差分隐私机制并不会产生这种灾难性后果, 而是 "逐渐地" 越来越不满足 $\varepsilon$-差分隐私.

有了差分隐私的定义, 我们现在回看随机响应机制, 证明此机制满足 $\varepsilon$-差分隐私. 回忆一下, 随机响应机制 $\mathcal{M}$ 会将数据 $x_i$ 按照概率输出为 $y_i$. 我们需要证明 $\mathcal{M}$ 的输出 $\mathcal{M}(x_1, \cdots, x_n) = (y_1, \cdots, y_n)$ 满足差分隐私的定义. 现在, 我们考虑 $(y_1, \cdots, y_n)$ 的任意一个特定的输出结果 $a \in \{0,1\}^n$. 由于我们已经假设 $x_1, \cdots, x_n$ 相互独立, 且从 $x_i$ 得到 $y_i$ 的处理过程也相互独立, 因此有

$$\Pr[\mathcal{M}(X) = a] = \prod_{i=1}^{n} \Pr[y_i = a_i]$$

假设 $X$ 和 $X'$ 只有第 $j$ 个位置的比特值不相同, 我们有

$$\frac{\Pr[\mathcal{M}(X) = a]}{\Pr[\mathcal{M}(X') = a]} = \frac{\prod_{i=1}^{n} \Pr[y_i = a_i]}{\prod_{i=1}^{n} \Pr[y_i' = a_i]} = \frac{\Pr[y_j = a_j]}{\Pr[y_j' = a_j]} \leqslant \frac{\frac{1}{2} + \gamma}{\frac{1}{2} - \gamma} \leqslant e^{O(\gamma)}$$

当 $\gamma$ 小于某个值 $\left(\text{如} \frac{1}{4}\right)$ 时, 最后一个不等式成立. 因此, 我们得到随机响应机制满足 $O(\gamma)$-差分隐私.

实际上, 在随机响应机制中, 每个个体并不完全相信数据管理者, 他们都先用机制 $\mathcal{M}$ 处理了自己的数据, 再上传给数据管理者. 因此, 随机响应机制可以提供比 (中心) 差分隐私更强的隐私性保证, 这就是本地差分隐私. 我们将在 2.4 节单独讨论本地差分隐私.

### 2.3.3 差分隐私的性质

$\varepsilon$-差分隐私和 $(\varepsilon, \delta)$-差分隐私均满足一些重要的性质. 当组合使用多个差分隐私机制时, 这些性质可以帮助我们度量整体机制的隐私参数. 我们在 $\varepsilon$-差分隐私下介绍这些性质, $(\varepsilon, \delta)$-差分隐私下的证明过程请参考教材《密码学基础教程》中的 "差分隐私的复杂性" 章节[90].

**基础组合性** 基础组合性告诉我们, 当在同一数据集上应用多个差分隐私机制时, 整体机制的隐私参数等于所有单个机制隐私参数的和. 例如, 如果对同一数

据集 $X$ 执行两次计数查询, 这两次技术查询分别满足 $\varepsilon_1$-差分隐私和 $\varepsilon_2$-差分隐私, 则这两次查询所构成的整体机制满足 $(\varepsilon_1+\varepsilon_2)$-差分隐私.

**定理 2.3** (基础组合性)  假设 $\mathcal{M}=(\mathcal{M}_1,\cdots,\mathcal{M}_k)$ 是 $k$ 个满足 $\varepsilon$-差分隐私的机制 $\mathcal{M}_i$ 所构成的序列, 则机制 $\mathcal{M}$ 满足 $k\varepsilon$-差分隐私.

**证明**  固定两个相邻数据集 $X$ 和 $X'$, 考虑机制 $\mathcal{M}$ 的任意一个输出范围 $S=(S_1,\cdots,S_k)$. 我们有

$$\frac{\Pr[\mathcal{M}(X)\in S]}{\Pr[\mathcal{M}(X')\in S]}$$
$$=\prod_{i=1}^{k}\left\{\frac{\Pr[\mathcal{M}_i(X)\in S_i|(\mathcal{M}_1(X),\cdots,\mathcal{M}_{i-1}(X))\in(S_1,\cdots,S_{i-1})]}{\Pr[\mathcal{M}_i(X')\in S_i|(\mathcal{M}_1(X'),\cdots,\mathcal{M}_{i-1}(X'))\in(S_1,\cdots,S_{i-1})]}\right\}$$
$$\leqslant \prod_{i=1}^{k}e^{\varepsilon}$$
$$=e^{k\varepsilon} \qquad \square$$

**后处理性**  这可能是差分隐私所满足的一个最重要的性质: 一旦对某个原始数据实施了差分隐私保护, 那么只要后续处理过程不再使用原始数据, 经过差分隐私保护处理的数据将永远满足差分隐私. 实际中, 为了确保加噪完的结果是有意义的 (例如, 确保计数值是非负数), 有时需要进行截断操作以将噪声或结果限定在预设的范围. 由于截断操作发生在差分隐私加噪之后, 根据后处理性, 整个过程仍然满足差分隐私.

**定理 2.4** (后处理性)  假设机制 $\mathcal{M}$ 满足 $\varepsilon$-差分隐私, 且令 $F:\text{Range}(\mathcal{M})\to\mathcal{Z}$ 为任意一个随机性映射函数, 则 $F\circ\mathcal{M}$ 满足 $\varepsilon$-差分隐私.

**证明**  由于 $F$ 是一个随机性函数, 我们可以认为在执行过程中, 从 $F$ 中采样出了一个确定性函数 $f$. 对于任意相邻数据集 $X,X'$ 和 $S\subseteq\text{Range}(\mathcal{M})$, 我们有

$$\Pr[F(\mathcal{M}(X))\in S]=\mathbf{E}_{f\sim F}[\Pr[\mathcal{M}(X)\in f^{-1}(S)]]$$
$$\leqslant \mathbf{E}_{f\sim F}[e^{\varepsilon}\cdot\Pr[\mathcal{M}(X')\in f^{-1}(S)]]$$
$$=e^{\varepsilon}\cdot\Pr[F(\mathcal{M}(X'))\in S] \qquad \square$$

**群体隐私性**  到目前为止, 我们都是在相邻数据集下讨论的差分隐私, 即数据集 $X$ 和 $X'$ 只有一条数据不相同. 如果 $X$ 和 $X'$ 有多条数据不相同呢? 差分隐私定义允许隐私保护程度随数据集之间距离的增加而逐渐降低.

**定理 2.5** (群体隐私性)  假设机制 $\mathcal{M}$ 满足 $\varepsilon$-差分隐私, 且数据集 $X$ 和 $X'$

刚好有 $k$ 条数据不相同. 则对于所有 $S \subseteq \text{Range}(\mathcal{M})$, 我们有

$$\Pr[\mathcal{M}(X) \in S] \leqslant e^{k\varepsilon} \cdot \Pr[\mathcal{M}(X') \in S]$$

**证明** 令 $X^{(0)} = X$, $X^{(k)} = X'$. 由于两个数据集中有 $k$ 个数据项不相同, 因此存在一个从 $X^{(0)}$ 到 $X^{(k)}$ 的序列, 使得每对连续的数据集都是相邻数据集. 则对于所有 $S \subseteq \text{Range}(\mathcal{M})$, 我们有

$$\Pr[\mathcal{M}(X^{(0)}) \in S] \leqslant e^{\varepsilon} \cdot \Pr[\mathcal{M}(X^{(1)}) \in S]$$
$$\leqslant e^{2\varepsilon} \cdot \Pr[\mathcal{M}(X^{(2)}) \in S]$$
$$\cdots$$
$$\leqslant e^{k\varepsilon} \cdot \Pr[\mathcal{M}(X^{(k)}) \in S] \qquad \square$$

### 2.3.4 差分隐私的基础机制

我们在 2.3.2 节证明了随机响应机制满足 $\varepsilon$-本地差分隐私, 并证明了增加均匀随机噪声的机制可以满足 $(\varepsilon, \delta)$-差分隐私. 本节, 我们将介绍满足 $\varepsilon$-差分隐私的两个重要机制: 拉普拉斯机制和指数机制.

回忆一下, 差分隐私考虑的是相邻数据集对机制 $\mathcal{M}$ 的输出所造成的影响. 这就引入了一个重要的概念: 敏感度. 对于数据集 $X$, $f(X)$ 为作用于 $X$ 的一个查询, $f$ 将输出一系列可以用实数表示的查询结果. 现在, 要为 $f$ 构造一个满足差分隐私的机制 $\mathcal{M}$. 为此, 我们要考虑相邻数据集对 $f$ 输出造成的最大影响, 这就是下面定义的 $\ell_1$ 敏感度.

**定义 2.5** ($\ell_1$ 敏感度) 定义函数 $f: \mathcal{X} \to \mathbb{R}^k$, 其中 $\mathcal{X}$ 为数据集 $X$ 的定义域. 则 $f$ 的 $\ell_1$ 敏感度 $\Delta_1^{(f)}$ 为

$$\Delta_1^{(f)} = \max_{X \simeq X'} \|f(X) - f(X')\|_1$$

其中 $\|\cdot\|_1$ 为 $\ell_1$ 距离 (也称曼哈顿距离), 即给定 $(r_1, \cdots, r_k)$, $\|(r_1, \cdots, r_k)\|_1 = |r_1| + \cdots + |r_k|$.

当上下文讨论的都是同一个函数 $f$ 时, 我们将 $\Delta_1^{(f)}$ 中的 $f$ 省略掉, 直接用 $\Delta_1$ 表示 $f$ 的 $\ell_1$ 敏感度.

我们举个简单的例子. 假设在随机响应机制的场景中, 我们要统计作弊学生的数量, 即查询函数为 $f(X) = \sum_{i=1}^{n} x_i$, 其中 $x_i \in \{0, 1\}$. 不难验证, 增加或删除任何一个学生的数据最多会导致 $f$ 变化 1, 因此 $f$ 的 $\ell_1$ 敏感度为 $\Delta_1 = 1$.

敏感度是差分隐私的一个相当重要的定义. 差分隐私试图掩盖任何一个个体对 $f$ 输出结果所造成的影响, 因此我们很自然地要考虑修改单条数据会导致 $f$ 的

输出结果"发生多少变化",并确定发生变化的上界是多少,这样就可以利用此上界来构造对应的机制了. 这里把"发生多少变化"放在了引号里,因为我们现在使用了 $\ell_1$ 敏感度来定义"发生多少变化",没有使用 $\ell_2$ 敏感度或其他定义. 有些情况下 (例如 2.3.5 节将介绍的高斯机制) 选择 $\ell_2$ 敏感度才是对的. 注意, 在单变量场景 (即 $k=1$) 下 $\ell_2$ 敏感度与 $\ell_1$ 敏感度相同. 但在多变量场景下, 两种敏感度的定义会有所不同 (最大相差 $\sqrt{k}$ 倍).

**拉普拉斯机制** 拉普拉斯机制指的就是在结果上增加满足拉普拉斯分布的噪声. 我们令 Laplace($\sigma$) 表示位置参数为 $\mu = 0$、尺度参数为 $\sigma$ 的拉普拉斯分布, 其概率密度函数为

$$p(x|\sigma) = \frac{1}{2\sigma} e^{-\frac{|x|}{\sigma}}$$

拉普拉斯分布的方差为 $2\sigma^2$. 图 2.11 给出了不同尺度参数 $\sigma$ 的拉普拉斯分布概率密度函数图. 拉普拉斯分布可以看作对称版本的指数分布. 指数分布只支持 $x \in [0, \infty)$, 其概率密度函数与 $e^{-x}$ 成正比, 而拉普拉斯分布支持 $x \in \mathbb{R}$, 且概率密度函数与 $e^{-|x|}$ 成正比. 我们在 2.3.5 节还会用到高斯分布. 高斯分布同样支持 $x \in \mathbb{R}$, 且概率密度函数与 $e^{-x^2}$ 成正比.

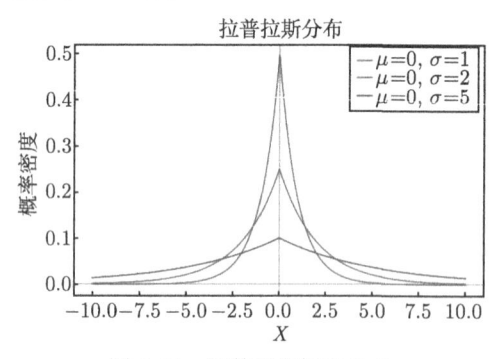

图 2.11 拉普拉斯概率分布

在统计结果上增加满足拉普拉斯分布的噪声, 且噪声量级与敏感度成正比, 这样的机制就是拉普拉斯机制.

**定义 2.6** (拉普拉斯机制) 对于数据集 $X$ 和函数 $f: \mathcal{X} \to \mathbb{R}^k$, 定义 $f(X)$ 的 $\ell_1$ 敏感度为 $\Delta_1$. 拉普拉斯机制定义为 $\mathcal{M}(X) = f(X) + (y_1, \cdots, y_k)$, 其中 $y_i \sim \text{Laplace}\left(\frac{\Delta_1}{\varepsilon}\right)$ 是服从尺度参数为 $\frac{\Delta_1}{\varepsilon}$ 的拉普拉斯分布采样结果.

我们将拉普拉斯机制应用到前面 $f(X) = \frac{1}{n}\sum_{i=1}^{n} x_i$ 的例子中. 如前所述, $\Delta_1 = \frac{1}{n}$. 因此, 在数据集 $X$ 上运行的拉普拉斯机制为 $\mathcal{M}(X) = f(X) + y$, 其中 $y \sim \text{Laplace}\left(\frac{1}{\varepsilon n}\right)$. 我们来看看 $\mathcal{M}(X)$ 的准确性, 即考虑 $\mathcal{M}(X)$ 的期望和方

## 2.3 中心差分隐私

差. 由于期望满足线性关系, 且 $\mathbf{E}[y] = 0$, 因此 $\mathbf{E}[\mathcal{M}(X)] = \mathbf{E}[f(X) + y] = f(X)$, $\mathcal{M}(X)$ 是无偏的, $\mathbf{Var}[\mathcal{M}(X)] = \mathbf{Var}[y] = 2\left(\dfrac{\Delta_1}{\varepsilon}\right)^2$.

下面我们证明拉普拉斯机制满足 $\varepsilon$-差分隐私.

**定理 2.6** 拉普拉斯机制满足 $\varepsilon$-差分隐私.

**证明** 令 $X$ 和 $X'$ 是任意邻近数据集, 只有一个数据项不相同. 我们令 $p_X(z)$ 和 $p_{X'}(z)$ 分别为 $\mathcal{M}(X)$ 和 $\mathcal{M}(X')$ 求值结果等于 $z \in \mathbb{R}^k$ 的概率密度函数. 为了证明差分隐私, 我们需要证明对于任意选择的 $z$ 和任意邻近数据集 $X$ 和 $X'$, 上述两个概率密度函数的比值不超过 $e^\varepsilon$.

$$\frac{p_X(z)}{p_{X'}(z)} = \frac{\prod_{i=1}^{k} \exp\left(-\dfrac{\varepsilon|f(X)_i - z_i|}{\Delta_1}\right)}{\prod_{i=1}^{k} \exp\left(-\dfrac{\varepsilon|f(X')_i - z_i|}{\Delta_1}\right)}$$

$$= \prod_{i=1}^{k} \exp\left(-\frac{\varepsilon(|f(X)_i - z_i| - |f(X')_i - z_i|)}{\Delta_1}\right)$$

$$\leqslant \exp(\varepsilon)$$

其中 $\exp(\varepsilon) = e^\varepsilon$ 使用三角不等式即可得到上述不等式, 从而证明 $\mathcal{M}$ 满足 $\varepsilon$-差分隐私. □

拉普拉斯机制简单易行, 是实现 $\varepsilon$-差分隐私最常用的机制. 我们来举一个例子. 我们在中心差分隐私模型下, 用拉普拉斯机制使随机响应机制中统计作弊学生比例的函数 $f(X) = \dfrac{1}{n}\sum_{i=1}^{n} x_i$ 满足 $\varepsilon$-差分隐私. 具体来说, 假设每个学生都将自己是否作弊的原始比特值发送给某个可信的数据管理者, 这些原始比特值构成数据集 $X = \{x_i\}_{i=1,\cdots,n}$, $x_i \in \{0,1\}$. 作为老师, 我们希望知道有多少比例的学生考试作弊, 即得到 $f(X) = \dfrac{1}{n}\sum_{i=1}^{n} x_i$. 如前所述, 无论将哪一位学生的数据从数据集中移除, 或者将哪一位新学生的数据增加至数据集中, 都最多使 $f(X)$ 变化 $\dfrac{1}{n}$, 因此 $f(X)$ 的 $\ell_1$ 敏感度为 $\Delta_1 = \dfrac{1}{n}$. 根据拉普拉斯机制的定义, $\mathcal{M}(X) = f(X) + y = \dfrac{1}{n}\sum_{i=1}^{n} x_i + \mathsf{Laplace}\left(\dfrac{1}{n\varepsilon}\right)$, 并将结果返回给数据分析方, 整个过程满足 $\varepsilon$-差分隐私.

**拉普拉斯分布的采样方法** 使用拉普拉斯机制时还有一个尚未解决的问题, 就是该如何依拉普拉斯分布采样. 最常见的拉普拉斯分布采样方法是逆变换采样 (inverse transform sampling). 逆变换采样利用累积分布函数 (cumulative distribution function, CDF) 和均匀分布之间的关系, 先得到概率密度函数 $p(x)$ 的累积分布函数 $P(x) = \int_{-\infty}^{x} p(t)\,dt$, 再使用 $P(x)$ 对应的逆累积分布函数 $P^{-1}(u)$ 来完成采样. 具体来说, 对于一个概率密度函数为 $p(x)$ 的连续随机变量 $X$, 其累积分布函数 $P(x)$ 是从随机变量的可能值域映射到 $[0, 1]$ 的单调递增函数. 如果我们可以依标准均匀分布 $U(0, 1)$ 中采样一个随机数 $u$, 并找到一个使得 $P(x) = u$ 的值 $x$, 那么这个 $x$ 就是随机变量 $X$ 的一个随机样本. 以上最关键的步骤是由 $u$ 计算 $x$ 时, 需要计算 $P(x)$ 的逆函数 $P^{-1}(u)$.

拉普拉斯分布的概率密度函数为

$$p_\sigma(x) = \frac{1}{2\sigma} e^{-\frac{|x|}{\sigma}}$$

逆累积分布函数 $P^{-1}(u)$ 为

$$P_\sigma^{-1}(u) = \text{sign}(r) \cdot \sigma \ln(1 - 2|r|)$$

其中 $r = 1 - u$, $\sigma$ 为尺度参数. 也可以把拉普拉斯分布的逆累积分布函数 $P^{-1}(u)$ 写为

$$P_\sigma^{-1}(u) = \begin{cases} \sigma \ln(2u), & 0 < u < \dfrac{1}{2} \\ \sigma \ln(2(1-u)), & \dfrac{1}{2} \leqslant u < 1 \end{cases}$$

借助 $P_\sigma^{-1}(x)$, 可以按以下方法实现拉普拉斯分布采样: 先依标准均匀分布 $U(0, 1)$ 采样一个随机数 $u$, 再将 $u$ 代入 $P_\sigma^{-1}(u)$, 得到采样结果 $x$. 很多算法库都使用此方法实现拉普拉斯分布采样. Apache Common 的 Common Math[①]库的 Java 实现代码如下.

```
public double inverseCumulativeProbability(double p) throws
    OutOfRangeException {
    if (p < 0.0 || p > 1.0) {
        throw new OutOfRangeException(p, 0.0, 1.0);
    } else if (p == 0) {
        return Double.NEGATIVE_INFINITY;
    } else if (p == 1) {
        return Double.POSITIVE_INFINITY;
    }
    // 由拉普拉斯分布的逆累积分布进行采样
```

---

[①] https://github.com/apache/commons-math/blob/3.6.1-release/src/main/java/org/apache/commons/math3/distribution/LaplaceDistribution.java, 引用日期: 2024-08-03.

## 2.3 中心差分隐私

```
double x = (p > 0.5)?-Math.log(2.0-2.0*p):Math.log(2.0 * p);
return mu + beta * x;
```

逆变换采样易于理解，只需要使用标准均匀分布 $U(0,1)$ 和一些代数运算即可完成采样，采样效率也很高. 不过，对于差分隐私这样一个基于严格数学证明的技术来说，逆变换采样的安全性还不太够. Mironov 在 2012 年发表的论文《差分隐私中最低有效位的重要性》[92] 中指出，由于计算机中的浮点数计算精度有限，应用逆变换采样方法得到的采样结果不严格满足拉普拉斯分布，这使得对应的机制不严格满足 $\varepsilon$-差分隐私. Mironov 进一步指出，在特定情况下，攻击者甚至可以利用这一点，利用少量查询结果恢复出整个数据集. 他们在论文中演示了如何利用此性质通过 1000 个查询结果恢复出 1.8 万条数据.

为了理解此攻击的原理，我们需要先简单介绍一下计算机表示浮点数的方法. 根据 IEEE 754 标准[①]，双精度浮点数的长度为 64 比特，其中包括 1 比特符号位 $s$，11 比特阶码 $e$ 和 52 比特尾数 $d$. 符号位 $s$ 决定该浮点数是正数还是负数. 阶码 $e$ 控制小数点的"浮动距离"，取值范围是 $[0, 2048)$，所能表示的最小指数项为 $2^{-1022}$，最大指数项为 $2^{1023}$，$e=0$ 和 $e=2047$ 有特殊的含义. 尾数 $d$ 表示该浮点数的有效数值位. 总的来说，这 64 比特长的比特串表示的浮点数是 $(-1)^s(1.d_1\cdots d_{52})\times 2^{e-1023}$.

数学层面一般假设浮点数的计算结果没有任何误差，但实际中的浮点数计算精度总是有限的. IEEE 754 规定，超出精度的计算结果需要舍入到最接近的浮点数值. 此规定引入的舍入误差会造成计算结果的分布不再均匀. 例如，两个不同数 $a, b$ 取对数后可能结果被舍入为同一个浮点数，使得此浮点数被取到的概率变高. 这一细微差别给攻击者留下了可乘之机.

为了缓解拉普拉斯分布的采样精度问题，Mironov 在论文中提出了一种改进的拉普拉斯分布采样机制，其基本思想是将采样结果限制成与拉普拉斯分布尺度参数最接近的整数倍范围内. 举例来说，给定隐私参数 $\varepsilon = 2^{-5}$，则此机制输出的噪声一定是 $2^5 = 32$ 的整数倍. 显然，此机制限制了可能输出的采样值范围. 此外，此机制实现起来也比较麻烦，需要使用定制化方法从单位间隔中采样，并涉及裁剪和舍入等操作. 针对此问题，谷歌差分隐私团队在论文《安全噪声生成》[②] 中指出，可以应用离散分布采样方法实现离散拉普拉斯分布采样，以代替连续拉普拉斯分布采样，从而抵御 Mironov 提出的攻击. Holohan 和 Braghin 于 2021 年的论文《差分隐私中的安全随机采样》[93] 中进一步指出，可以借助拉普拉斯分布的无限可分性质实现安全采样. 具体来说，给定 4 个满足均匀随机分布 $U(0,1)$ 的随机

---

[①] https://ieeexplore.ieee.org/document/8766229, 引用日期：2024-08-03.

[②] https://github.com/google/differential-privacy/blob/main/common_docs/Secure_Noise_Generation.pdf, 引用日期：2024-08-03.

变量 $U_1, U_2, U_3, U_4$，$\ln(1-U_1)\cos(\pi U_2) + \ln(1-U_3)\cos(\pi U_4)$ 满足 **Laplace**(1). 此种采样方法大大增强了安全性，可以抵御 Mironov 提出的攻击. 该方法也被 IBM 差分隐私开源库[①]采用，对应的 Python 代码如下.

```
@staticmethod
def _laplace_sampler(unif1, unif2, unif3, unif4):
    return np.log(1 - unif1) * np.cos(np.pi * unif2) +
           np.log(1 - unif3) * np.cos(np.pi * unif4)
```

**指数机制**　拉普拉斯机制要求 $f(X)$ 的输出均为实数. 某些情况下，我们希望 $f(X)$ 的输出是一个枚举值. 举个例子，给定一个数据集 $X = \{x_i\}_{i\in[1,n]}$，数据集中的每个 $x_i$ 是一个字符串. 数据分析者希望得到 $X$ 中的众数. 此时，$x_i$ 不是一个数字，我们就无法简单地直接使用拉普拉斯机制了.

在另外一些情况下，虽然 $f(X)$ 的输出是一个实数，但我们仍然无法直接使用拉普拉斯机制. 举个例子，假设某位卖家拥有某个可以随意拷贝的数字商品，如电子书、电影、电子游戏等. 有 $n$ 个个体希望购买此数字商品，且个体 $i \in [1, n]$ 最多愿意支付的价格是 $v_i$. 我们的问题是，卖家应该如何给此数字商品定价. 卖家可以简单地查看每位买家的出价，并选择一个价格 $p$，使其收入 $\sum_{i:p\leqslant v_i} p$ 最大化，但这样做无法为价格提供隐私保护. 实际上，如果某个人非常富有或对数字商品的出价非常高，卖家的最优策略是把 $p$ 选为最高出价，但这就对外泄露了买家中存在一位很富有或出价非常高的买家了.

我们很自然地就会考虑使用差分隐私为此场景提供隐私保护能力. 但是，收益函数可能会随价格的变化而剧烈变化. 具体来说，假设一位卖家正在销售一款电子游戏. 一共有 $n = 3$ 位买家，他们为此游戏的出价分别是 1 元、1 元、3.01 元. 如果卖家的定价 $p$ 是 1 元，卖家的收益就是 3 元. 但如果卖家的定价小幅增加到 1.01 元，则卖家的收益就会立即降低到 1.01 元. 当卖家的定价为 3.01 元时，卖家的收益将超过定价为 1 元的收益，达到 3.01 元. 但如果定价进一步增加到 3.02 元，则卖家的收益会降低到 0 元. 这一现象告诉我们，简单地直接在价格上添加噪声似乎是不可行的. 为了避免价格波动导致收益大幅波动，我们可以把定价视为离散的"枚举值"而非连续的"价格值". 定价为 1 元或 3.01 元是"高质量枚举值"，可以带来很大的收益，而定价为 1.01 元或 3.02 元就属于"低质量枚举值".

为了在这些场景下实现差分隐私保护，McSherry 和 Talwar 于 2007 年在论文《差分隐私机制设计》[94] 中提出了指数机制. 可以应用指数机制对数值型或枚举型的输出提供差分隐私保护.

---

[①] https://github.com/IBM/differential-privacy-library/blob/main/diffprivlib/mechanisms/laplace.py，引用日期: 2024-08-03.

## 2.3 中心差分隐私

指数机制的基本思想是定义一个评分函数. 评分函数以数据集 $X \in \mathbb{D}$ 和一个枚举值 $o \in \mathcal{O}$ 为输入, 输出 $X$ 下 $o$ 有多 "好". 以上面的例子为例, 数据集就是每个买家的出价, 枚举值集合是所有可能的价格, 评分函数是在给定价格下从买家获得的总收入. 设查询函数 $f$ 的输出域为 $\mathcal{O}$, $o \in \mathcal{O}$ 为备选的输出值. 在指数机制中, 为了评估每个 $o$ 输出的概率大小, 需要定义评分函数 $q : (\mathbb{D} \times \mathcal{O}) \to \mathbb{R}$. 评分结果 $q$ 越高, 代表 $o$ 拥有越高的输出优先级.

我们假设枚举值集合与评分函数是公开的, 不需要保护这两个信息的隐私. 唯一的隐私信息是数据集 $X$. 在这种情况下, 我们只需要定义评分函数在数据集下的敏感度. 评分函数的敏感度为相邻数据集下任意枚举值 $o$ 所对应评分结果的最大差值

$$\Delta_q = \max_{\forall o, X \simeq X'} |q(X, o) - q(X', o)|$$

有了评分函数和敏感度的定义, 我们就可以正式描述指数机制了.

**定义 2.7** (指数机制) 对于评分函数 $q : (\mathcal{X} \times \mathcal{O}) \to \mathbb{R}$ 和隐私参数 $\varepsilon$, 指数机制 $\mathcal{M}_q(X)$ 以正比于 $\exp\left(\dfrac{\varepsilon \cdot q(X, o)}{2\Delta_q}\right)$ 的概率输出 $o \in \mathcal{O}$.

根据定义, 指数机制 $\mathcal{M}_q(X)$ 输出 $o$ 的概率可以定义为

$$\Pr[\mathcal{M}_q(X) = o] = \frac{\exp\left(\dfrac{\varepsilon q(X, o)}{2\Delta_q}\right)}{\sum_{o' \in \mathcal{O}} \exp\left(\dfrac{\varepsilon q(X, o')}{2\Delta_q}\right)}$$

由定义可知, 指数机制总是会输出集合 $\mathcal{O}$ 中的元素, 评分结果高的 $o$ 所对应的输出概率也越高. 但随着隐私参数 $\varepsilon$ 的降低, 每个 $o$ 输出的概率也变得越来越接近.

**定理 2.7** 指数机制 $\mathcal{M}_q(X)$ 满足 $\varepsilon$-差分隐私.

**证明** 设 $X, X'$ 是任意的两个相邻数据集, 对于任意 $o \in \mathcal{O}$, 有

$$\frac{\exp\left(\dfrac{\varepsilon q(X, o)}{2\Delta_q}\right)}{\exp\left(\dfrac{\varepsilon q(X', o)}{2\Delta_q}\right)} = \exp\left(\frac{\varepsilon(q(X, o) - q(X', o))}{2\Delta_q}\right) \leqslant \exp\left(\frac{\varepsilon}{2}\right)$$

由于对称性, 对于任意 $o' \in \mathcal{O}$, 有

$$\frac{\exp\left(\dfrac{\varepsilon q(X, o')}{2\Delta_q}\right)}{\exp\left(\dfrac{\varepsilon q(X', o')}{2\Delta_q}\right)} = \exp\left(\frac{\varepsilon(q(X, o') - q(X', o'))}{2\Delta_q}\right) \leqslant \exp\left(\frac{\varepsilon}{2}\right)$$

因此, 对于任意 $o \in \mathcal{O}$, 有

$$\frac{\Pr[\mathcal{M}_q(X) = o]}{\Pr[\mathcal{M}_q(X') = o]} = \frac{\dfrac{\exp\left(\dfrac{\varepsilon q(X,o)}{2\Delta_q}\right)}{\sum_{o' \in \mathcal{O}} \exp\left(\dfrac{\varepsilon q(X,o')}{2\Delta_q}\right)}}{\dfrac{\exp\left(\dfrac{\varepsilon q(X',o)}{2\Delta_q}\right)}{\sum_{o' \in \mathcal{O}} \exp\left(\dfrac{\varepsilon q(X',o')}{2\Delta_q}\right)}}$$

$$\leqslant \exp(\varepsilon) \qquad \square$$

**应用指数机制计算众数** 回忆一下, 众数计算问题指的是给定一个数据集 $X = \{x_i\}_{i \in [1,n]}$, 其中每个 $x_i$ 是一个字符串, 数据分析者要得到 $X$ 中的众数. 为此, 我们将 $X$ 的元素所构成的集合看作 $\mathcal{O}$, 把 $\mathcal{O}$ 中的每个元素 $o$ 对应的评分设置为 $o$ 在 $X$ 中出现的次数 $n_o$, 从而将评分函数定义为 $q(X,o) = n_o$. 当增加或删除任意一个数据时, 评分函数的变化量至多为 1, 故 $q(X,o)$ 敏感度为 $\Delta_q = 1$. 因此, 指数机制输出 $o$ 的概率为

$$\Pr[\mathcal{M}_q(X) = o] = \frac{\exp(\varepsilon \cdot n_o)}{\sum_{o' \in \mathcal{O}} \exp(\varepsilon n_{o'})}$$

此机制满足 $\varepsilon$-差分隐私.

### 2.3.5　高斯机制与高级组合性定理

2.3.4 节介绍的所有机制均满足 $\varepsilon$-差分隐私. 然而, 我们在 2.3.2 节已经提到, 可以通过引入一个很小的失败概率 $\delta$, 将 $\varepsilon$-差分隐私弱化为 $(\varepsilon, \delta)$-差分隐私. 此时, 我们需要保证

$$\Pr[\mathcal{M}(X) \in S] \leqslant e^\varepsilon \Pr[\mathcal{M}(X') \in S] + \delta$$

对于任意两个相邻数据集 $X$ 和 $X'$ 与任意输出集合 $S \subseteq \text{Range}(\mathcal{M})$ 都成立. 本节, 我们将介绍一个不满足 $\varepsilon$-差分隐私, 但满足 $(\varepsilon, \delta)$-差分隐私的机制: 高斯机制.

**高斯机制** 顾名思义, 高斯机制通过增加高斯噪声来实现隐私保护. 与拉普拉斯机制的不同之处在于, 高斯机制使用的是 $\ell_2$ 敏感度.

**定义 2.8** ($\ell_2$ 敏感度)　定义函数 $f : \mathcal{X} \to \mathbb{R}^k$. $f$ 的 $\ell_2$ 敏感度定义为

$$\Delta_2^{(f)} = \max_{X \sim X'} \|f(D) - f(D')\|_2$$

## 2.3 中心差分隐私

其中 $\|\cdot\|_2$ 为 $\ell_2$ 距离 (也称欧几里得距离), 即给定 $(r_1, \cdots, r_k)$, $\|(r_1, \cdots, r_k)\|_2 = \sqrt{r_1^2 + \cdots + r_k^2}$.

当上下文讨论的都是同一个函数 $f$ 时, 我们将 $\Delta_2^{(f)}$ 中的 $f$ 省略掉, 直接用 $\Delta_2$ 表示 $f$ 的 $\ell_2$ 敏感度.

我们再来回顾一下高斯分布.

**定义 2.9** (高斯分布)  均值和方差分别为 $\mu$ 和 $\sigma^2$ 的一元高斯分布 $N(\mu, \sigma^2)$ 的概率密度函数为

$$p(x) = \frac{1}{\sqrt{2\pi\sigma^2}} \exp\left(-\frac{(x-\mu)^2}{2\sigma^2}\right)$$

图 2.12 给出了高斯分布的概率密度函数图像. 在统计结果上增加满足高斯分布的噪声, 这样的机制就是高斯机制.

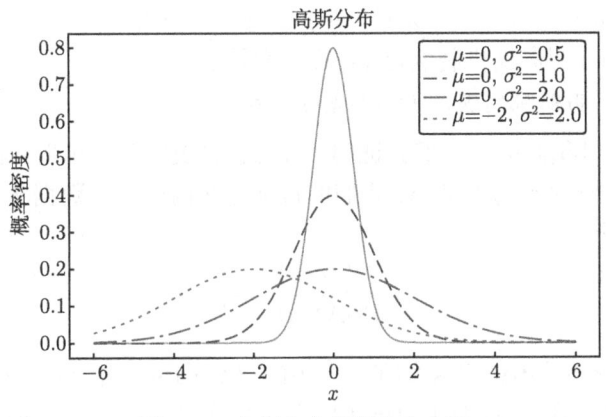

图 2.12 高斯分布的概率分布图

**定义 2.10** (高斯机制)  对于数据集 $X$ 和函数 $f: \mathcal{X} \to \mathbb{R}^k$, 定义 $f(X)$ 的 $\ell_2$ 敏感度为 $\Delta_2$. 高斯机制为

$$\mathcal{M}(X) = f(X) + (y_1, \cdots, y_k)$$

其中 $y_i \sim N(0, 2\ln(1.25/\delta)\Delta_2^2/\varepsilon^2)$ 是依方差为 $2\ln(1.25/\delta)\Delta_2^2/\varepsilon^2$ 的高斯分布采样结果.

我们通过一个例子来对比一下拉普拉斯机制和高斯机制, 从而理解设计高斯机制的初衷. 我们考虑这样一个问题: 估计多元数据集的均值. 假设数据集为 $X \in \{0,1\}^{n \times d}$, 我们希望在差分隐私保护下估计 $f(X) = \frac{1}{n}\sum_{i=1}^{n} X_i$. 此统计量在两个相邻数据集之间的最大差异是 $\frac{1}{n} \cdot \underbrace{(1, \cdots, 1)}_{d\text{个}1}$. 这是一个 $\ell_1$ 距离为 $\frac{d}{n}$, $\ell_2$ 距

离为 $\frac{\sqrt{d}}{n}$ 的向量,这两个向量分别对应 $\ell_1$ 和 $\ell_2$ 敏感度. 如果使用拉普拉斯机制,我们要在每个坐标上增加尺度参数为 $\frac{d}{n\varepsilon}$ 的拉普拉斯噪声,这使得估计值的误差量级为 $O\left(\frac{d^{3/2}}{n\varepsilon}\right)$. 反之,如果使用高斯机制,我们要在每个坐标上增加标准差为 $O\left(\frac{\sqrt{d\ln(1/\delta)}}{n\varepsilon}\right)$ 的高斯噪声,这使得估计值的误差量级为 $O\left(\frac{d}{n\varepsilon}\right)$. 由此可见,高斯机制引入的误差大约要比拉普拉斯机制引入的误差小 $O(\sqrt{d})$ 倍,代价是高斯机制只能提供 $(\varepsilon,\delta)$-差分隐私,要比拉普拉斯机制提供的 $\varepsilon$ 差分隐私稍弱. 换句话说,多元数据集更适合使用高斯机制.

**事实 2.1** (线性组合性) 如果随机变量 $X$ 和 $Y$ 相互独立,且均满足高斯分布 $N(0,1)$,则 $aX + bY \sim N(0, a^2 + b^2)$,其中 $a,b$ 为常数.

下面,我们证明高斯机制满足 $(\varepsilon,\delta)$-差分隐私.

**定理 2.8** 高斯机制满足 $(\varepsilon,\delta)$-差分隐私.

**证明** 这里我们给出一部分证明. 若想了解更完整的证明,请参考教材《差分隐私算法基础》[95] 的附录 A. 我们的目标是在两个相邻数据集下,得到两个随机变量比值的上界

$$\frac{\Pr[\mathcal{M}(x) = s]}{\Pr[\mathcal{M}(y) = s]}$$

其中 $\mathcal{M}$ 的值域和输出结果 $s$ 均是 $\mathbb{R}^d$ 中的 $d$ 维向量. 由于要处理的是一个指数概率,因此只需要在 $Z \sim N(0, 2\ln(1.25/\delta))$ 的条件下,让上述随机变量比值的指数部分有至少 $1-\delta$ 的概率低于上界 $\varepsilon$. 为此,我们只需要证明下述公式有 $1-\delta$ 的概率小于 $\varepsilon$,即可证明高斯机制满足 $(\varepsilon,\delta)$-差分隐私

$$\ln\left(\frac{\Pr[\mathcal{M}(X) = f(X) + Z]}{\Pr[\mathcal{M}(X') = f(X') + Z]}\right) = \ln\left(\frac{\exp(-\|Z\|_2^2/2\sigma^2)}{\exp(-\|f(X') - f(X) + Z\|_2^2/2\sigma^2)}\right)$$

$$= \frac{1}{2\sigma^2}(-\|Z\|_2^2 + \|Z + v\|_2^2)$$

$$= \frac{1}{2\sigma^2}(-\|Z\|_2^2 + \|Z\|_2^2 + \|v\|^2 + 2Z^\top v)$$

$$= \frac{1}{2\sigma^2}(\|v\|^2 + 2Z^\top v)$$

其中 $v \triangleq f(X) - f(X')$. 我们先考虑一维情况. 一维情况下,上述公式的绝对值存在上界

$$\left|\frac{1}{2\sigma^2}(\|v\|^2+2Z^\top v)\right|=\frac{1}{2\sigma^2}(v^2+2|v||Z|)$$
$$=\frac{1}{2\sigma^2}(\Delta_2^2+2\Delta_2|Z|)$$

首先, 我们注意到在满足下述条件时, 上式总是小于 $\varepsilon$.

$$|Z|\leqslant \sigma^2\varepsilon/\Delta_2-\Delta_2/2$$

剩下的就是证明最多有 $\delta$ 的概率不满足 $|Z|\leqslant \sigma^2\varepsilon/\Delta_2-\Delta_2/2$. 我们给出一维情况下的证明方法. 根据标准的高斯分布长尾上界, 有

$$\Pr[|Z|>t]\leqslant \frac{\sqrt{2}\sigma}{\sqrt{\pi}}\exp(-t^2/2\sigma^2)$$

我们希望让 $\delta\triangleq\frac{\sqrt{2}\sigma}{\sqrt{\pi}}\exp(-t^2/2\sigma^2)$, 则通过整理公式, 可以令

$$t\sim \sigma\sqrt{\ln(\sigma/\delta)}$$

只需令 $\sigma\sim\frac{\Delta_2}{\varepsilon}\sqrt{\ln(1/\delta)}$, 就可以得到

$$t\sim\frac{\Delta_2}{\varepsilon}\ln(1/\delta)$$

如果我们忽略 $\Delta_2/2$ 这一项, 则这大体上和我们想要的 $|Z|$ 下界相匹配

$$\frac{\sigma^2\varepsilon}{\Delta_2}\sim\frac{\Delta_2}{\varepsilon}\ln(1/\delta)$$

这里需要注意的是, 从总体上看, 忽略 $\Delta_2/2$ 这一项是合理的, 因为在 $\varepsilon$ 很小的情况下, $\Delta_2/2$ 要比 $\Delta_2/\varepsilon$ 小很多. 如果想得到更严格的证明, 我们就不能忽略 $\Delta_2/2$, 此时 $t$ 会包含一个与 $\ln(\Delta_2/\varepsilon)$ 相关的项, 这会导致 $|Z|$ 的上界比这里的上界要更大一点.

现在, 我们很容易就能把 $d$ 维情况约简到一维情况. 特别地, 一维情况下我们希望得到下述公式的上界

$$\frac{1}{2\sigma^2}(v^2+2vZ)$$

这刚好符合均值为 $\frac{v^2}{2\sigma^2}$、方差为 $\frac{4v^2}{4\sigma^4}\sigma^2\triangleq\frac{v^2}{\sigma^2}$ 的高斯分布 (因为 $a+bZ$ 也服从高斯分布, 并且 $\mathbf{E}[Z]=a+b\mathbf{E}[Z]=a$, $\mathbf{Var}[Z]=b^2\cdot\mathbf{Var}[Z]$). 在高维情况下, 需要考虑

$$\frac{1}{2\sigma^2}(\|v\|^2+2Z^\top v)$$

但请注意, $Z^\top v = \sum_i v_i Z_i$ 是一个独立高斯分布随机变量的加权求和, 所以它也服从高斯分布. 特别地, 此高斯分布的均值为 0, 方差为

$$4\sum_{i=1}^{d} v_i^2 = \|v\|^2$$

因此, 我们可以将 $Z^\top v$ 重写为 $\|v\|Z'$, 其中 $Z' \sim N(0,1)$, 我们只需要求下述公式的上界

$$\left|\frac{1}{2\sigma^2}(\|v\|^2 + 2\|v\|_2 Z')\right| \leqslant \frac{1}{2\sigma^2}(\Delta_2^2 + 2\Delta_2|Z'|)$$

这刚好就是一维情况. □

与 $\varepsilon$-差分隐私相似, $(\varepsilon, \delta)$-差分隐私也满足如组合性、后处理性等性质, 详细描述和证明请参考教材《密码学基础教程》中的 "差分隐私的复杂性" 章节 [90].

**高级组合性** 令 $\Delta f = \Delta_1^{(f)}$ 是查询 $f$ 的 $\ell_1$ 敏感度, 且令 $g = (f, \cdots, f)$, 则 $g$ 的 $\ell_2$ 敏感度是

$$\Delta g = \Delta_2^{(g)} = \max_{X \simeq Y} \sqrt{\sum_{i=1}^{d} |f(X) - f(Y)|^2} = \max_{X \simeq Y} \sqrt{d} \cdot |f(X) - f(Y)| \leqslant \sqrt{d} \cdot \Delta_1^{(f)}$$

现在让我们在 $(f(x), \cdots, f(x))$ 上应用高斯机制, 输出 $(f(X)+z_1, \cdots, f(X)+z_d)$, 其中

$$z_i \sim N\left(0, \ln(1/\delta) \cdot \frac{(\Delta g)^2}{\varepsilon^2} = d\ln(1/\delta) \cdot \frac{(\Delta f)^2}{\varepsilon^2}\right)$$

这等价于以参数 $\varepsilon' = \varepsilon/\sqrt{d}$ 执行 $d$ 次指数机制. 为此, 我们需要令

$$\sigma' \sim \ln(1/\delta)\frac{(\Delta f)^2}{(\varepsilon')^2} = d\ln(1/\delta)\frac{(\Delta f)^2}{\varepsilon^2}$$

从而满足 $(\varepsilon, \delta)$-差分隐私, 这等价于组合使用 $d$ 个参数为 $\varepsilon'$ 的高斯机制.

如果我们在这里直接使用串行组合性, 则所得到的隐私参数应为 $d\varepsilon' = \sqrt{d}\varepsilon$. 这意味着串行组合性得到的隐私性保证要比实际的隐私性保证大 $\sqrt{d}$ 倍. 这说明在 $(\varepsilon, \delta)$-差分隐私下, 串行组合性得到的隐私参数可能不够紧致. 组合使用 $d$ 个隐私参数为 $\varepsilon' = \varepsilon/\sqrt{d}$ 的差分隐私机制得到的隐私参数不应该是 $\sqrt{d}\varepsilon$, 而应该是 $\varepsilon$. 这正是高级组合性所给出的结果.

**定理 2.9** (高级组合性)  对于所有的 $\varepsilon, \delta, \delta' \geqslant 0$, 组合使用 $k$ 个满足 $(\varepsilon, \delta)$-差分隐私的机制满足 $(\varepsilon', k\delta + \delta')$-差分隐私, 其中

$$\varepsilon' = \sqrt{2k\ln(1/\delta')}\varepsilon + k\varepsilon(e^\varepsilon - 1)$$

定理的证明参考教材《差分隐私算法基础》[95] 的 3.5 节.

由高级组合性可知, 并非只有高斯机制才能在组合使用时消除隐私参数中的因子 $\sqrt{d}$, 这是 $(\varepsilon, \delta)$-差分隐私定义所带来的性质. 当查询函数 $f(X)$ 比较复杂, 包含循环或递归运算时, 如果使用基础组合性, 则组合使用 $k$ 次差分隐私机制的总隐私参数为 $k\varepsilon$. 使用高级组合性可以得到更紧致的隐私参数. 在机器学习训练的多轮迭代算法中, 高级组合性常常可以帮助我们获得更紧致的隐私参数. 这使得高级组合性被广泛应用于多种复杂的差分隐私机制中.

值得注意的是, IBM 差分隐私算法库使用了更通用的高级组合性. 通用高级组合性由 Kairouz、Oh 和 Viswanath 在 2015 年的论文《差分隐私的组合定理》[96] 中提出.

**定理 2.10** (通用高级组合性)  对于任意 $\varepsilon_i > 0, \delta_i \in [0, 1]$, 以及 $\tilde{\delta} \in [0, 1]$, 组合使用 $k$ 个满足 $(\varepsilon_i, \delta_i)$-差分隐私的机制满足 $\left(\tilde{\varepsilon}_{\tilde{\delta}}, (1 - \tilde{\delta})\prod_{i=1}^{k}(1 - \delta_i)\right)$-差分隐私, 其中 $\tilde{\varepsilon}_{\tilde{\delta}} = \min\{\tilde{\varepsilon}_1, \tilde{\varepsilon}_2, \tilde{\varepsilon}_3\}$, 且

$$\tilde{\varepsilon}_1 = \sum_{i=1}^{k} \varepsilon_i$$

$$\tilde{\varepsilon}_2 = \sum_{i=1}^{k} \frac{(e^{\varepsilon_i} - 1)\varepsilon_i}{e^{\varepsilon_i} + 1} + \sqrt{\sum_{i=1}^{k} 2\varepsilon_i^2 \ln\left(e + \frac{\sqrt{\sum_{i=1}^{k}\varepsilon_i^2}}{\tilde{\delta}}\right)}$$

$$\tilde{\varepsilon}_3 = \sum_{i=1}^{k} \frac{(e^{\varepsilon_i} - 1)\varepsilon_i}{e^{\varepsilon_i} + 1} + \sqrt{\sum_{i=1}^{k} 2\varepsilon_i^2 \ln\left(\frac{1}{\tilde{\delta}}\right)}$$

## 2.4 本地差分隐私

### 2.4.1 本地差分隐私概念

中心差分隐私的安全模型假设存在一个可信的数据管理者, 用户将原始数据发送给此数据管理者, 并充分相信此数据管理者可以合理有效地保护他们的数据. 然而, 在许多实际场景中可能不存在这样的可信数据管理者. 例如, 在统计考试作

弊学生比例的例子中，学生并不相信老师，因此不会直接将自己是否作弊的真实情况告诉老师. Kasiviswanathan 等在 2011 年的论文《我们可以在隐私保护下学到什么？》[97] 中正式定义了本地差分隐私 (local differential privacy, LDP)，其允许用户在本地对自己的数据实施差分隐私保护，仅将保护后的数据上传给 (不可信的) 数据管理者. 图 2.13 对比了中心差分隐私和本地差分隐私的安全模型.

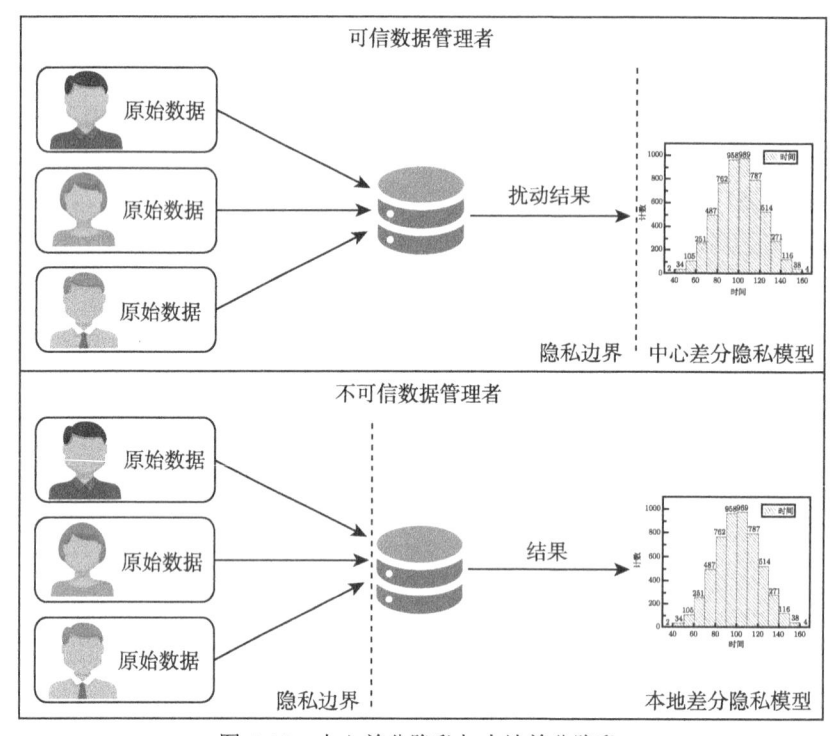

图 2.13 中心差分隐私与本地差分隐私

**定义 2.11** (本地差分隐私)　给定某个机制 $\mathcal{M}$，$t$ 为 $\mathcal{M}$ 的任意一个输出结果. 对于任意两条记录 $m, m'$，如果

$$\Pr[\mathcal{M}(m) = t] \leqslant e^{\varepsilon} \Pr[\mathcal{M}(m') = t] + \delta$$

则称机制 $\mathcal{M}$ 满足 $(\varepsilon, \delta)$-本地差分隐私.

与中心差分隐私类似，这里的 $\varepsilon$ 同样为隐私参数，$\delta$ 指机制 $\mathcal{M}$ 有 $\delta$ 的概率不满足 $\varepsilon$-本地差分隐私. 本地差分隐私没有 "相邻数据集" 的概念，而是直接考虑 $\mathcal{M}$ 以两条不同的记录为输入，输出相同结果的概率.

### 2.4.2 本地差分隐私机制

本地差分隐私常用于实现频率估计 (frequency estimation), 也称频率谕言机 (frequency oracle). 具体来说, 每个用户都需要向数据管理者提交一个属于集合 $D$ 的枚举值 $v \in D$, 其中 $|D| = d$, 数据管理者要统计每个枚举值的频率 (或数量). 2.3 节介绍的随机响应就是一种特殊的频率估计. 统计学生作弊比例的场景中只涉及唯一的一个枚举值 $v$(即 $|D| = 1$), 表示某位学生是否考试作弊. 如果学生考试作弊, 则称学生拥有枚举值 $v$, 否则称学生没有枚举值 $v$. 因此, 每位学生 $i \in [1, n]$ 只需要向数据管理者提交一个表示此学生是否拥有枚举值 $v$ 的布尔值 $x_i \in \{0, 1\}$. 数据管理者获得的统计值 $f(v) = \frac{1}{n}\sum_{i=1}^{n} x_i$ 就表示有多少比例的学生拥有枚举值 $v$.

更通用的频率估计要统计多个可能的枚举值 $v \in D$ 的频率 (即 $|D| > 1$). 例如, 2.4.3 节要介绍的谷歌 RAPPOR 机制中, $D$ 为所有可能的网站主页, 谷歌要统计的是用户访问各个网站的频率. 苹果的本地差分隐私机制中, $D$ 为所有可能的表情符号, 苹果要统计的是用户使用各个表情符号的频率. 由于随机响应仅支持统计一个枚举值 $v$ 的频率, 只允许用户回答 "是" 或 "否", 因此我们无法在通用的频率估计场景下直接使用随机响应机制.

Wang 等在 2017 年的论文《针对频率估计的本地差分隐私协议》[98] 中提出了应用本地差分隐私实现频率估计的通用框架. 该框架将本地差分隐私频率估计分为三个步骤: 编码 (encode)、扰动 (perturb) 和聚合 (aggregate). 每位用户端以枚举值 $v \in D$ 为输入, 执行编码步骤 $x \leftarrow \mathsf{Encode}(v)$, 将枚举值 $v$ 编码为 $x$. 随后, 用户端以 $x$ 为输入, 执行扰动步骤 $y \leftarrow \mathsf{Perturb}(x)$, 得到编码值 $x$ 的扰动数据 $y$. 服务端收集所有用户 $i \in [1, n]$ 上传的扰动数据 $y_i$ 后, 执行聚合步骤 $\tilde{f}(v) \leftarrow \mathsf{Aggregate}(v, y_1, \cdots, y_n)$, 得到拥有枚举值 $v$ 的用户数量 $\tilde{f}(v)$.

Wang 等进一步定义了 "纯粹" 机制的概念. 在 "纯粹" 机制中, 每个扰动结果 $y$ 都可以 "支持" $D$ 中一部分枚举值. 我们把 $y$ 所支持的枚举值集合 $S_y$ 定义为 $\mathsf{supp}(y)$. 纯粹机制包含两个概率值 $p^*$ 和 $q^*$.

$\Pr[\mathsf{Perturb}(\mathsf{Encode}(v)) \in \{y : v \in \mathsf{supp}(y)\}] = p^*$, 表示将枚举值 $v$ 映射成支持 $v$ 的概率. $\Pr[\mathsf{Perturb}(\mathsf{Encode}(v')) \in \{y : v \in \mathsf{supp}(y)\}] = q^*$, 表示将所有 $v' \neq v$ 映射成支持 $v$ 的概率. 所有纯粹机制的聚合步骤均为

$$\tilde{f}(v) = \frac{\mathcal{I}_{v \in \mathsf{supp}(y_i)} - nq^*}{p^* - q^*}$$

其中 $\mathcal{I}_P$ 是一个函数, 当 $P$ 为真时返回 1, 当 $P$ 为假时返回 0. 可以验证纯粹机制的概率估计是一个无偏估计

$$\mathbf{E}[\tilde{f}(v)] = \frac{\mathbf{E}[\mathcal{I}_{v \in \mathsf{supp}(y_i)}] - nq^*}{p^* - q^*}$$

$$= \frac{nf(v)p^* + n(1-f(v))q^* - nq^*}{p^* - q^*}$$

$$= n \cdot \frac{f(v)p^* + q^* - f(v)q^* - q^*}{p^* - q^*}$$

$$= nf(v)$$

纯粹机制的概率估计方差为

$$\mathbf{Var}[\tilde{f}(v)] = \frac{nq^*(1-q^*)}{(p^* - q^*)^2}$$

随机响应机制就是定义在 $D = \{v\}$ 下的纯粹机制, 其中

- 编码步骤 $x \leftarrow \mathsf{Encode}_{RR}(v)$: $\mathsf{Encode}_{RR}(v) = \begin{cases} 1, & \text{如果 } v \in D, \text{即拥有 } v, \\ 0, & \text{如果 } v \notin D, \text{即没有 } v. \end{cases}$

- 扰动步骤 $y \leftarrow \mathsf{Perturb}_{RR}(x)$: $y = \begin{cases} x, & \text{概率为 } p^* = \frac{1}{2} + \gamma, \\ 1-x, & \text{概率为 } q^* = \frac{1}{2} - \gamma. \end{cases}$

- 支持函数 $S_y \leftarrow \mathsf{supp}_{RR}(y)$: $S_y = \begin{cases} \{v\}, & y = 1, \\ \varnothing, & y = 0. \end{cases}$

设计不同的编码、扰动步骤, 并定义与之匹配的支持函数, 就可以得到不同的纯粹机制. Wang 等在论文中给出了 3 种不同的机制: 直接编码 (direct encoding, DE)、一元编码 (unary encoding, UE) 和局部哈希 (local hashing, LH). 论文中还提出了一个利用拉普拉斯机制实现本地差分隐私的直方图编码 (histogram encoding, HE) 机制. 只不过直方图编码无法定义支持函数 $\mathsf{supp}(y)$, 因此不属于纯粹机制. 2021 年, Cormode、Maddock 和 Maple 在论文《本地差分隐私频率估计》[99] 中提供了所有纯粹机制的 Python 开源实现 "pure-LDP[①]", 通过实验比较了不同机制的频率估计准确性.

**直接编码** 直接编码本质上是将随机响应机制推广至统计多个枚举值的频率. 因此, 一般也把直接编码机制称为通用随机响应 (generalized random response, GRR) 机制. "pure-LDP" 算法库中的 de_server.py[②] 和 de_client.py[③] 实现的就是直接编码. 直接编码机制的描述如下.

---

[①] https://github.com/Samuel-Maddock/pure-LDP, 引用日期: 2024-08-03.

[②] https://github.com/Samuel-Maddock/pure-LDP/blob/master/pure_ldp/frequency_oracles/direct_encoding/de_server.py, 引用日期: 2024-08-03.

[③] https://github.com/Samuel-Maddock/pure-LDP/blob/master/pure_ldp/frequency_oracles/direct_encoding/de_client.py, 引用日期: 2024-08-03.

## 2.4 本地差分隐私

- 编码步骤 $x \leftarrow \text{Encode}_{DE}(v)$: $x = v$, 即编码值等于枚举值.
- 扰动步骤 $y \leftarrow \text{Perturb}_{DE}(x)$:

$$\Pr[y = x'] = \begin{cases} p = \dfrac{e^\varepsilon}{e^\varepsilon + d - 1}, & x' = x \\ q = \dfrac{1-p}{d-1} = \dfrac{1}{e^\varepsilon + d - 1}, & x' \neq x \end{cases}$$

换句话说, $y$ 有 $p = \dfrac{e^\varepsilon}{e^\varepsilon + d - 1}$ 的概率等于编码值 $x$, 有 $q = \dfrac{1}{e^\varepsilon + d - 1}$ 的概率被随机化成其他编码值 $x' \neq x$.

- 支持函数 $S_y \leftarrow \text{supp}_{DE}(y)$: $S_y = \{y\}$. 注意, 根据编码步骤和扰动步骤的定义, 我们有 $y \in D$, 即 $y$ 就是一个枚举值.

直接编码的优点是易于理解和实现简单. 直接编码的缺点也显而易见. 直观上看, 随着 $d = |D|$ 的增大, 扰动步骤中的 $\Pr[y = x'] = \dfrac{e^\varepsilon}{e^\varepsilon + d - 1}$ 会显著降低, 导致频率估计结果的准确性降低. 从数学角度看, 直接编码的概率估计方差为

$$\mathbf{Var}(\tilde{f}_{DE}(v)) = n \cdot \frac{d - 2 + e^\varepsilon}{(e^\varepsilon - 1)^2}$$

随着 $d$ 的增大, $\mathbf{Var}(\tilde{f}_{DE}(v))$ 也随之增大. 这与我们的直观理解结果是一致的.

**一元编码** 一元编码是 2.4.3 节要介绍的谷歌 RAPPOR 机制的基础. 一元编码首先把各个枚举值 $v$ 看成 $[1, d]$ 的索引值. 随后, 一元编码构建 $v$ 的独热编码 (one-hot encoding), 即 $\mathbf{x} = [\underbrace{0, 0, \cdots, 1, \cdots, 0}_{d 个}]$, 只有 $\mathbf{x}[v] = 1$, 其他布尔值均为 0. 最后, 一元编码利用随机响应概率翻转各个布尔值. 一元编码机制的描述如下.

- 编码步骤 $\mathbf{x} \leftarrow \text{Encode}_{UE}(v)$: 编码结果为一个长度为 $d = |D|$ 的布尔向量 $\mathbf{x} = [\underbrace{0, 0, \cdots, 1, \cdots, 0}_{d 个}]$, 只有 $\mathbf{x}[v] = 1$, 其他布尔值均为 0.
- 扰动步骤 $\mathbf{y} \leftarrow \text{Perturb}_{UE}(\mathbf{x})$: 给定概率值 $p^*, q^*$, 按下述方式根据 $\mathbf{x}$ 构造一个长度为 $d = |D|$ 的布尔向量 $\mathbf{y}$,

$$\Pr[\mathbf{y}[i] = 1] = \begin{cases} p^*, & \mathbf{x}[i] = 1 \\ q^*, & \mathbf{x}[i] = 0 \end{cases}$$

- 支持函数 $S_\mathbf{y} \leftarrow \text{supp}_{UE}(\mathbf{y})$: $S_\mathbf{y} = \{v : \mathbf{x}[v] = 1\}$.

如果 $p^*+q^*=1$,则称得到的一元编码为对称一元编码 (symmetric UE, SUE). 根据本地差分隐私的定义和 $p^*,q^*$ 的约束关系,我们可以根据 $\varepsilon$ 直接计算出

$$p=\frac{e^{\varepsilon/2}}{e^{\varepsilon/2}+1},\quad q=\frac{1}{e^{\varepsilon/2}+1}$$

因此,对称一元编码的概率估计方差为

$$\mathbf{Var}(\tilde{f}_{SUE}(v))=n\cdot\frac{e^{\varepsilon/2}}{(e^{\varepsilon/2}-1)^2}$$

Wang 等在论文中指出,不一定要求 $p^*+q^*=1$. 如果我们要求 $\mathbf{Var}(\tilde{f}_{UE}(v))$ 取得最小值,则应该要求 $p^*=\dfrac{1}{2}$ 和 $q^*=\dfrac{1}{e^{\varepsilon}+1}$,此时我们得到的机制称为最优一元编码 (optimal unary encoding, OUE),对应的方差为

$$\mathbf{Var}(\tilde{f}_{OUE}(v))=n\cdot\frac{4e^{\varepsilon}}{(e^{\varepsilon}-1)^2}$$

这个要求直观上看起来很奇怪. 仔细观察一下就会发现,最优一元编码要求真实值有 $p^*=\dfrac{1}{2}$ 的概率被翻转. 但实际上,只要 $d>1$,那么一元编码中 0 的数量就会大于 1 的数量,因此我们应该让 $q^*$ 的取值尽可能大,从而尽量让布尔值 0 不翻转. 此策略的代价是让 $p^*$ 的取值尽可能小,因此最优策略是让 $p^*$ 取得最小值 $\dfrac{1}{2}$. 谷歌 RAPPOR 系统进一步改进了一元编码,使机制支持更大的 $D$. 我们将在 2.4.3 节详细讨论谷歌 RAPPOR 系统.

"pure-LDP" 算法库中的 ue_server.py[①]和 ue_client.py[②]实现的就是一元编码,可以通过布尔参数指定使用对称一元编码还是最优一元编码.

与直接编码相比,一元编码的统计估计方差不随 $d$ 的增加而增大. 一元编码的缺点是每位用户都需要提交一个长度为 $d$ 的布尔向量,通信量较大. 下面介绍的局部哈希机制可以将用户提交的数据量降低到与 $d$ 无关的常数.

**局部哈希** 局部哈希使用哈希函数对数据进行压缩,在压缩数据的基础上执行扰动操作. 有两种实现局部哈希的方法:布尔局部哈希 (binary local hash, BLH) 和最优局部哈希 (optimal local hash, OLH). 前者要求哈希函数输出布尔值,后者要求哈希函数输出某个范围的整数值.

---

[①] https://github.com/Samuel-Maddock/pure-LDP/blob/master/pure_ldp/frequency_oracles/unary_encoding/ue_server.py,引用日期:2024-08-03.

[②] https://github.com/Samuel-Maddock/pure-LDP/blob/master/pure_ldp/frequency_oracles/unary_encoding/ue_client.py,引用日期:2024-08-03.

布尔局部哈希要定义一个广义哈希函数族 $\mathbb{H}$. 广义哈希函数族中的每一个哈希函数 $H \in \mathbb{H}$ 都可以将枚举值 $v$ 映射成一个布尔值 $x \in \{0,1\}$, 且每一个哈希函数都满足广义性, 即

$$\forall v, v' \in D, v \neq v' : \Pr[H(x) = H(y)] \leqslant \frac{1}{2}$$

布尔局部哈希机制的描述如下.

- 编码步骤 $x \leftarrow \mathsf{Encode}_{BLH}(v)$: 从广义哈希函数族 $\mathbb{H}$ 中随机选择一个哈希函数 $H \in \mathbb{H}$, 计算 $b \leftarrow H(v)$, 输出 $(b, H)$. 值得注意的是, 编码结果不仅包含布尔值 $b$, 还包含哈希函数 $H$ 的描述. 在实现过程中, 一般会使用相同的哈希函数, 但通过代入不同的种子 (seed) 来得到相同输入的不同哈希值. 理论上, 我们一共有 $n$ 个用户, 因此只需要选择长度为 $\ln(n)$ 的种子就够用了. 实际实现中, 我们一般选择一个固定长度 (如 64 比特长) 的种子.

- 扰动步骤 $y \leftarrow \mathsf{Perturb}_{BLH}(x)$: 给定编码结果 $(b, H)$, 按下述方式得到布尔值 $b$ 的扰动值 $b'$, 并输出 $y = (b', H)$,

$$\Pr[b' = 1] = \begin{cases} p = \dfrac{e^\varepsilon}{e^\varepsilon + 1}, & \text{如果 } b = 1 \\ q = \dfrac{1}{e^\varepsilon + 1}, & \text{如果 } b = 0 \end{cases}$$

- 支持函数 $S_y \leftarrow \mathsf{supp}_{BLH}(y)$: $\mathsf{supp}_{BLH}(y) = \{v : H(v) = b'\}$. 换句话说, $(b', H)$ 支持所有能在 $H$ 下得到 $b'$ 的枚举值 $v$, 这使得 $p^* = p$, 且 $q^* = \frac{1}{2}p + \frac{1}{2}q = \frac{1}{2}$.

布尔局部哈希的频率估计方差为

$$\mathbf{Var}(\tilde{f}_{BLH}(v)) = n \cdot \frac{(e^\varepsilon + 1)^2}{(e^\varepsilon - 1)^2}$$

该方差同样与 $d$ 无关. 此外, 如果使用布尔局部哈希, 每一位用户只需要上传 1 个布尔值, 这大大降低了通信量. 布尔局部哈希的缺点是, 数据管理方在执行聚合步骤时需要计算所有枚举值 $v \in D$ 在用户使用的所有哈希函数 $H$ 下的哈希结果, 这使得聚合步骤的数据管理方计算开销达到 $O(d \cdot n)$.

布尔局部哈希的扰动结果只有 1 个比特, 会丢失较多的信息. Wang 等在论文中还提出最优局部哈希 (optimal local hashing, OLH) 要求哈希函数将枚举值映射到 $[1, g]$ 的范围内, 其中整数 $g \geqslant 2$, 这样就可以让扰动结果包含更多的信息. 当 $g = e^\varepsilon + 1$ 时, 最优局部哈希的频率估计方差可以达到最小值.

$$\mathbf{Var}[\tilde{f}_{OLH}(v)] = n \cdot \frac{4e^\varepsilon}{(e^\varepsilon - 1)^2}$$

"pure-LDP" 算法库中的 lh_server.py[1]和 lh_client.py[2]实现的就是局部哈希，可以通过布尔参数指定使用布尔局部哈希还是最优局部哈希.

**选择适当的机制** 根据不同机制的方差，我们也可以得到机制的选择方法. 在实际应用过程中，应该根据 $d = |D|$ 和 $\varepsilon$ 的关系，以及实际场景对通信量的要求来决定采用何种机制. 当 $d < 3e^\varepsilon + 2$ 时，建议采用直接编码. 当 $d > 3e^\varepsilon + 2$ 时，建议采用一元编码或局部哈希. 在准确率相当的情况下，考虑到节约通信成本，局部哈希可能是更优的选择.

### 2.4.3 谷歌 RAPPOR 系统

包括谷歌在内的许多公司常常希望收集用户在终端的使用数据，以了解用户的行为习惯，从而为用户提供更好的支持和服务. 然而，出于隐私的顾虑，用户一般不希望将个人的使用数据直接上传给这些公司. 这与本地差分隐私的安全模型不谋而合.

早在 2014 年，谷歌公司就开发了名为 RAPPOR 的隐私保护数据采集系统，并将其部署在谷歌浏览器中. RAPPOR 设计了基于随机响应的本地差分隐私数据收集机制，从而打消了用户的隐私顾虑，使得更多用户同意上传自己的浏览数据. RAPPOR 在谷歌浏览器中的成功应用激发了行业对差分隐私大规模应用的后续探索. 随后，苹果在 2016 年宣布将差分隐私应用于苹果手机操作系统.

谷歌公开了 RAPPOR 的开源实现[3]. 然而，由于 RAPPOR 要支持跨平台部署，因此谷歌综合使用 R、Java、Python、C++ 等多门语言实现了 RAPPOR，其相关代码较为复杂. 本节，我们结合 "pure-LDP" 给出的 Python 开源实现 rappor_server.py[4] 和 rappor_client.py[5] 来详细了解 RAPPOR 的技术原理.

作为本地差分隐私的大规模应用，RAPPOR 需要解决实际部署中面临的特殊难题. 2.4.2 节介绍的所有纯粹机制都需要预先确定枚举值的取值范围 $D$. 然而，RAPPOR 设计的目标是得到不同网站主页的用户访问频率估计，但我们很难预先确定网站主页的取值范围. 如何在不预先确定 $D$ 的条件下支持本地差分隐私频率估计，这是 RAPPOR 要解决的落地难题.

RAPPOR 结合使用布隆过滤器 (Bloom filter) 和一元编码来解决此难题. 布

---

[1] https://github.com/Samuel-Maddock/pure-LDP/blob/master/pure_ldp/frequency_oracles/local_hashing/lh_server.py, 引用日期: 2024-08-03.

[2] https://github.com/Samuel-Maddock/pure-LDP/blob/master/pure_ldp/frequency_oracles/local_hashing/lh_client.py, 引用日期: 2024-08-03.

[3] https://github.com/google/rappor/, 引用日期: 2024-08-03.

[4] https://github.com/Samuel-Maddock/pure-LDP/blob/master/pure_ldp/frequency_oracles/rappor/rappor_server.py, 引用日期: 2024-08-03.

[5] https://github.com/Samuel-Maddock/pure-LDP/blob/master/pure_ldp/frequency_oracles/rappor/rappor_client.py, 引用日期: 2024-08-03.

## 2.4 本地差分隐私

隆过滤器是一种紧凑的数据结构, 通过使用 $k$ 个哈希函数把任意字符串映射成总长度固定, 最多有 $k$ 个位置为 1 的布尔串 $B$. 图 2.14 给出了一个 $k=3$ 的布隆过滤器. 布隆过滤器通过应用 3 个哈希函数将枚举值 "Data" 编码为布尔串 $B = 0100100010$. 这样一来, RAPPOR 就可以把未知的网站主页编码为紧凑的比特串 $B$ 了. 这样做的代价是不同枚举值的布尔串有一定概率相同, 从而引入误差. 只要把布隆过滤器长度设为适当的值, 就可以大幅降低误差率. RAPPOR 在实现中引入了多组不同的布隆过滤器, 以进一步降低误差率.

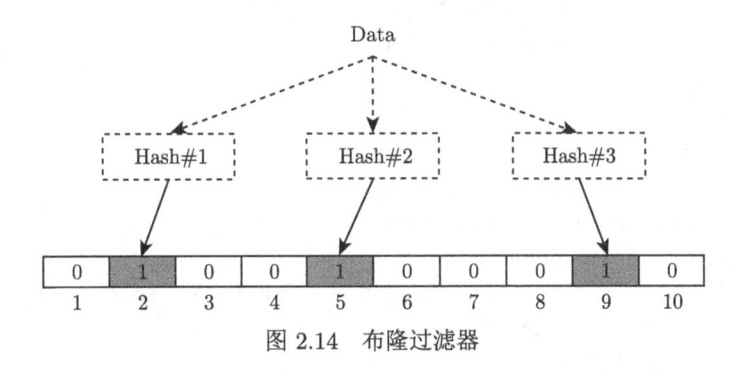

图 2.14 布隆过滤器

由于布隆过滤器是一个布尔串, 我们可以借助一元编码的思想对布隆过滤器的每一个布尔值执行概率翻转操作, 从而使扰动后的布隆过滤器满足 $\varepsilon$-本地差分隐私. rappor_client.py 中包含了布隆过滤器的编码和扰动操作的实现.

```
def privatise(self, data):
    """
    Privatises a user's data using RAPPOR

    Args:
        data: The data to be privatised

    Returns:
        A perturbed bloom filter and the user's cohort number
    """
    index = self.index_mapper(data)
    # cohort_num表示使用哪组布隆过滤器
    cohort_num = random.randint(0, self.num_of_cohorts - 1)
    b = [0] * self.m
    hash_funcs = self.hash_family[cohort_num]
    # 布隆过滤器编码
    for func in hash_funcs:
        hash_index = func(str(index))
```

```
        b[hash_index] = 1
    # 扰动操作
    return self._perturb(b), cohort_num

def _perturb(self, data):
    """
    Used internally to perturb data using RAPPOR

    Args:
        data: Bloom filter to perturb

    Returns:
        perturbed data (bloom filter)
    """
    for i, bit in enumerate(data):
        u = random.random()
        if (bit == 1 and u < (1 - 0.5 * self.f)) or (bit == 0 and u
            < 0.5 * self.f):
                data[i] = 1

    return data
```

服务端收到用户上传的数据后,查看布隆过滤器中有哪些布尔值为 1,并将对应布隆过滤器位置的计数结果加 1。rappor_server.py 中实现的就是聚合操作。

```
def aggregate(self, data):
"""
    Aggregates privatised data from LHClient to be used to calculate
        frequency estimates.

    Args:
        data: Privatised data of the form returned from UEClient.
            privatise
"""
    bloom_filter = data[0]
    cohort_num = data[1]
    self.cohort_count[cohort_num] += 1
    self.bloom_filters[cohort_num] += bloom_filter
    self.n += 1
```

如果想得到某个枚举值 $v$ 的频率估计,数据管理方需要根据各个布隆过滤器位置的计数结果找到一个最"匹配"的估计值 $\tilde{f}(v)$。这一过程通过线性回归来完

## 2.4 本地差分隐私

成. 在 rappor_server.py 中实现了频率估计的具体过程.

```python
def _update_estimates(self):
    y = self._create_y()
    X = self._create_X()

    if self.reg_const == 0:
        model = LinearRegression(positive=True, fit_intercept=False)
    else:
        model = ElasticNet(positive=True, alpha=self.reg_const,
            l1_ratio=0, fit_intercept=False,max_iter=10000) # non-
            negative least-squares with L2 regularisation to prevent
            overfitting

    if self.d > 1000 or self.lasso:  # If d is large, we perform
        feature selection to reduce computation time
        # print("d is large, fitting LASSO to reduce d")
        lasso_model = Lasso(alpha=0.8, positive=True)
        lasso_model.fit(X, y)
        indexes = np.nonzero(lasso_model.coef_)[0]
        # print("LASSO fit,",str(len(indexes)),"features selected")
        X_red = X[:, indexes]
        model.fit(X_red, y)
        self.estimated_data[indexes] = model.coef_ * self.
            num_of_cohorts
    else:
        model.fit(X, y)
        self.estimated_data = model.coef_ * self.num_of_cohorts

def _create_X(self):
    X = np.empty((self.m * self.num_of_cohorts, self.d))

    for i in range(0, self.d):
        col = np.zeros((self.num_of_cohorts, self.m))
        for index, funcs in enumerate(self.hash_family):
            for hash in funcs:
                col[index][hash(str(i))] = 1

        X[:, i] = col.flatten()
    return X
```

```
def _create_y(self):
    y = np.array([])

    for i, bloom_filter in enumerate(self.bloom_filters):
        scaled_bloom = (bloom_filter - (0.5 * self.f) * self.
            cohort_count[i]) / (1 - self.f)
        y = np.concatenate((y, scaled_bloom))

    return y
```

## 2.5 如何选择隐私参数

差分隐私的隐私参数 $\varepsilon$ 是一个用于度量隐私损失的指标. $\varepsilon$ 越小, 隐私损失量越低, 隐私保护程度越强. 当 $\varepsilon = 0$ 时, 意味着相邻数据集下机制 $\mathcal{M}$ 的输出概率分布完全相同, 可以提供完美的隐私保护, 但这也意味着输出结果无任何意义. 随着 $\varepsilon$ 的增加, 机制的输出与个体数据的关联性越高, 个体的隐私风险增加, 但输出结果的可用性也随之提高. 实际中通常将 $\varepsilon$ 设置为一个非零的正数, 在允许一定程度隐私损失的条件下保证数据分析结果的可用性.

差分隐私参数 $\varepsilon$ 为差分隐私的实际应用提供了一定的灵活性. 这种灵活性是一种优势, 但也是一种风险. 如果设置不当, 使 $\varepsilon$ 远超合理的范围, 则差分隐私所能提供的隐私保护会变得非常有限. 形同虚设的保护会带来巨大的风险, 因为误判风险往往比风险本身更可怕.

如何设置 $\varepsilon$ 是差分隐私在实际应用中的一个很有挑战性的问题. 差分隐私的提出者 Dwork 于 2019 年深入研究了这个问题, 他们在论文《实践中的差分隐私: 披露你的 $\varepsilon$!》[100] 中指出难以设置 $\varepsilon$ 的主要原因.

• 对于最优组合的不确定性. 设置 $\varepsilon$ 时需要考虑多种因素, 对于实际应用来说, 很难得到这些因素的最优组合. 首先, 对于给定的分析任务或分析数据, 如果缺少量化可用性和隐私性需求的具体方法, 就很难从理论上确定最佳的权衡方式. 换句话说, 如果我们无法知道应该获得相应的信息付出多少隐私代价, 就很难利用 $\varepsilon$ 度量隐私.

• 对于 $\varepsilon$ 增长趋势的不确定性. 当 $\varepsilon$ 较小时, 差分隐私提供的保护效果基本接近, 个体数据可以被很好地隐藏在群体结果中. 然而, 当 $\varepsilon$ 较大时, 不同的机制下隐私保护效果差异较大, 很难得到合理的解释.

本节, 我们总结各大企业的参数选择, 以作为实际应用的参考.

**谷歌使用的差分隐私参数** 谷歌在 RAPPOR 论文中指出, 谷歌浏览器中部署的 RAPPOR 所使用的隐私参数为 $\varepsilon = 0.5343$. 谷歌在其他应用中也使用了差

## 2.5 如何选择隐私参数

分隐私. 谷歌于 2020 年发布论文《谷歌新型冠状病毒感染社区移动报告: 匿名处理描述》[101], 应用谷歌地图采集的数据量化了新型冠状病毒感染大流行期间人们的出行模式, 即有多少人会前往工作场所或特定类型的公共场所, 人们会在家待多长时间. 谷歌地图中的用户数据上传格式为 "< 类型, 地点 >", 每次数据上传设定的隐私参数为 $\varepsilon = 0.44$, 每位用户每天最多上传 4 次数据. 根据基础组合性定理, 每位用户每日的隐私参数最大为 $\varepsilon = 1.76$.

**苹果使用的差分隐私参数** 在 2016 年苹果全球开发者大会上, 苹果公司宣布已在其终端产品中使用本地差分隐私收集用户数据. 苹果公司根据不同应用的特点设定了不同的隐私参数 $\varepsilon$. 此外, 苹果公司对用户每日的数据上传次数也做了严格的限制. 苹果公司发布的《差分隐私概览》报告给出了不同应用所使用的隐私参数 $\varepsilon$ 和每日上传次数限制, 具体如表 2.16 所示.

表 2.16 不同应用的隐私参数上传限制

| 应用 | $\varepsilon$ | 每日上传次数限制 |
| --- | --- | --- |
| 查询提示 (Lookup Hints) | 4 | 2 次 |
| 表情包 (Emoji) | 4 | 1 次 |
| 键盘提示类型数据 (QuickType) | 8 | 2 次 |
| 健康类型数据 (HealthType) | 2 | 1 次 |
| Safari 高电量消耗网站报告 | 4 | 2 次 |
| Safari 自动播放检测报告 | 8 | 2 次 |

从上表可以看出, 苹果公司将隐私参数设置为 2 至 8 之间, 将每日上传次数限制设置为 1 至 2 次. 应用类型越敏感, 对应的隐私参数越小、每日上传次数越低. 例如, 健康类型数据与个人隐私高度相关, 因此其隐私参数设置为取值范围内的最低值 $\varepsilon = 2$, 上传次数限制设置为取值范围内的最低值 1.

**脸书使用的差分隐私参数** 2020 年 4 月 6 日, 脸书发布了与谷歌类似的新型冠状病毒感染时期用户移动报告, 以帮助健康研究人员和非政府组织应对新型冠状病毒感染危机. 该数据包含两个指标: 每天有多少用户外出, 每天有多少用户会选择待在家里. 脸书在博客《为新型冠状病毒感染期间脸书移动数据提供隐私保护》中指出, 他们采用拉普拉斯机制实现差分隐私, 每个指标的隐私参数为 $\varepsilon = 1$.

2023 年, 脸书在哈佛大学开放数据网站上公开了 "脸书隐私保护全链接数据集"①, 以支持研究人员针对用户在脸书上共享网页链接的交互行为开展研究. 脸书使用差分隐私来为用户数据提供隐私保护. 隐私保护的最小单元是用户的某次网页链接共享或查看操作, 例如 "Alice 共享 foo.com", "Bob 查看了 bar.org 上的

---

① https://dataverse.harvard.edu/file.xhtml?persistentId=doi:10.7910/DVN/TDOAPG/DGSAMS&version=6.2, 引用日期: 2024-08-03.

帖子". 脸书在同名报告《脸书隐私保护全链接数据集》[①] 中指出, 99% 的用户数据满足 $(0.45, 10^{-5})$-差分隐私, 96.6% 的用户数据满足 $(1.453, 10^{-5})$-差分隐私.

**领英使用的差分隐私参数** 领英开发的听众参与应用程序接口 (audience engagements API) 是一个应用差分隐私实现隐私保护的交互式查询系统. 营销人员可以通过此系统获知领英用户浏览其发布内容的统计数据. 领英在论文《领英听众参与用户接口: 一个隐私保护数据分析系统》[102] 中详细阐述了系统架构和所使用的差分隐私机制. 具体来说, 每个查询均满足 $(\varepsilon, \delta)$-差分隐私, 其中 $\varepsilon = 0.15$ 和 $\delta = 10^{-10}$. 每个账户可以提交多次查询, 但领英会根据查询类型动态调整每月允许的查询数量, 使此系统每个月的隐私参数满足 $\varepsilon = 34.9, \delta = 7 \cdot 10^{-9}$.

## 2.6 习题

**练习 2.1** 请列举三种常见的去标识技术, 并比较它们的优缺点.

**练习 2.2** 请解释去标识技术中的 $k$-去标识概念, 并说明其如何保护个体隐私.

**练习 2.3** 请讨论去标识技术在实际应用中可能面临的挑战, 并提出相应的解决方案.

**练习 2.4** 请比较差分隐私和去标识技术这两种隐私保护方法的优缺点, 并讨论它们在不同场景中的适用性.

**练习 2.5** 请解释不可区分性在差分隐私中的重要性, 并说明如何通过敌手模型来评估隐私泄露的风险.

**练习 2.6** 请简要解释数据加噪的概念, 并说明它与差分隐私之间的关系.

**练习 2.7** 请解释一下隐私预算的概念, 并说明它在差分隐私中的作用.

**练习 2.8** 请解释一下拉普拉斯机制是如何为查询结果添加噪声的, 并基于计数查询算法实现拉普拉斯机制.

**练习 2.9** 请讨论差分隐私技术在实际应用中可能面临的挑战和限制.

**练习 2.10** 请比较本地差分隐私与中心差分隐私. 它们各自适用于哪些场景?

**练习 2.11** 请讨论差分隐私技术在机器学习中的应用, 并探讨隐私保护和模型准确性之间的权衡.

---

[①] https://dataverse.harvard.edu/dataset.xhtml?persistentId=doi:10.7910/DVN/TDOAPG, 引用日期: 2024-08-03.

# 第 3 章

# 全同态加密

## 3.1 全同态加密演进历史

本章将深入探讨全同态加密的数学基础、方案构造和实际应用. 首先, 我们将追溯全同态加密的历史, 并介绍密码学家在其构建过程中的贡献. 接着, 我们将解释多项式环的基本概念和运算方法, 这是多种全同态加密方案的数学基础. 然后, 我们会详细介绍 BFV 全同态加密方案, 并通过 4.0.0 版本的全同态加密算法库 SEAL (simple encrypted arithmetic library)[1]源代码讲解其实现原理. 此外, 我们还将给出 CKKS 全同态加密方案的简单介绍. 最后, 我们将介绍全同态加密的重要应用场景: 隐匿信息查询 (private information retrieval, PIR) 和隐私保护的神经网络推理.

需要指出的是, 支持有限次同态乘法和加法的同态方案被称为部分同态加密 (somewhat homomorphic encryption), 自举操作 (bootstrapping) 将部分同态加密方案转化为全同态加密方案 (不引起歧义时简称为同态加密方案).

**同态加密演进历史** 著名密码学家, Paillier 半同态加密算法的提出者 Paillier 在 2020 年的公开演讲《同态加密导论》[2]中介绍了同态加密的演进历史, 并给出了图 3.1 所示的历史脉络图. 以 2009 年 Gentry 的工作为分水岭, 可以将同态加密的演进历史分为 5 个阶段: 史前阶段、第一代同态加密、第二代同态加密、第三代同态加密和第四代同态加密.

**史前阶段** 20 世纪 80 年代, 密码学家就想到了同态加密的基本概念. Rivest、Adleman 和 Dertouzos 在论文《论数据银行与隐私同态》[16] 中定义了一类满足隐匿同态性的加密方案. 此类方案允许直接在密文上执行某种加法 ($\oplus$) 和乘法 ($\otimes$) 运算, 使运算 "穿透" 密文, 在对应明文上执行传统的加法 ($+$) 和乘法 ($\times$) 运算.

同年, Rivest、Shamir、Adleman 在论文《一种获得数字签名和公钥密码的方法》[15] 中提出了基于大整数分解问题困难性的 RSA 密码学系统, 开创了公钥密

---

[1] https://github.com/microsoft/SEAL, 引用日期: 2024-08-03.
[2] https://www.youtube.com/watch?v=umqz7kKWxyw, 引用日期: 2024-08-03.

码学的先河. RSA 加密算法允许直接在密文上执行乘法运算, 即支持密文同态乘法. 基础 RSA 加密方案的密文形式为 $\text{ct} = m^e \bmod N$, 其中 $(e, N)$ 为公钥, $m$ 为明文, 所有运算都在模数 $N$ 下的有限域 $\mathbb{Z}_N^*$ 中进行. 使用相同公钥 $(e, N)$ 加密得到两个密文 $\text{ct}^{(1)} = m_1^e \bmod N$ 和 $\text{ct}^{(2)} = m_2^e \bmod N$, 然后将两个密文相乘, 有 $\text{ct}^{(\times)} = \text{ct}^{(1)} \cdot \text{ct}^{(2)} = m_1^e \cdot m_2^e \bmod N = (m_1 \cdot m_2)^e \bmod N$, 易知结果就是明文 $m_1 \cdot m_2$ 所对应的密文.

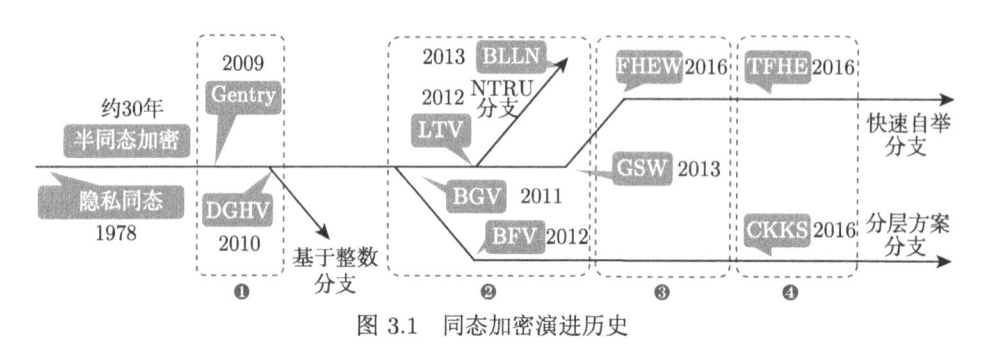

图 3.1　同态加密演进历史

在接下来的 30 年里, 密码学家一直在尝试利用不同的数学结构设计支持某种同态运算的加密方案. Paillier 在 1999 年发表论文《基于合数阶剩余类的公钥密码学系统》[42], 提出了支持同态加法和同态标量乘法的半同态加密方案. 然而, 密码学家花费了 30 年的时间都未能构造出同时支持加法和乘法的同态加密方案. 这使得他们几乎放弃了这个研究方向, 并开始质疑是否真的存在这样的加密方案.

**第一代同态加密**　2009 年, 斯坦福大学博士研究生 Gentry 发表论文《使用理想格构造全同态加密》[25], 构造出了同时支持两种运算的同态加密方案, 摘下了密码学领域的这颗明珠, 为密码学开辟了新的研究方向. 但遗憾的是, 此同态加密方案性能较差. 随后, Dijk 等在 Gentry 方案的基础上提出了整数方案 DGHV[103]. 之后, Coron 等在论文《整数上的短公钥全同态加密》中对 DGHV 方案进行了改进. 尽管改进后的方案使用大位宽整数以保证安全性, 但性能仍然不具备实用性.

**第二代同态加密**　我们先介绍一个全同态加密的关键概念: 噪声. 加密过程中, 加密算法在密文中引入随机噪声以保证安全性. 这些噪声受到噪声预算的限制, 超出阈值则导致解密错误. 随着同态运算次数增加, 密文中的噪声也会增多, 因此为了支持无限次同态运算, Gentry 提出了自举方法. 图 3.2 展示了自举的核心思想. 每个密文右侧有一个温度计表示噪声量, 超过阈值会导致解密出错. 使用特定密钥同态来执行解密流程, 能够消除部分密文噪声. 尽管同态解密操作也会引入噪声, 但只要最终结果的噪声比原始密文的小, 就能实现降噪.

Gentry 方案性能较差的主要原因在于自举过程缓慢, 且每次同态运算后都需要执行一次自举. 2012 年前后, 密码学家提出了第二代全同态加密, 其中包含两个著名的方案. Brakerski 在论文《基于经典 GapSVP 问题的无模数转换全同态加密》[45] 中提出了第一个方案, 然后 Fan 和 Vercauteren 在论文《实用部分全同态加密》[46] 中对其进行了改进. 因此, 目前一般用 Brakerski、Fan 和 Vercauteren 这三位作者的首字母将这个方案命名为 BFV 方案. 第二个方案由 Brakerski、Gentry 和 Vaikuntanathan 在论文《无自举的 (层次) 全同态加密》[44] 中提出, 通常简记为 BGV 方案. 除此之外, 第二代全同态加密还包括基于 NTRU 密码体制的方案, 如 LTV 方案和 BLLN 方案等, 本书不对这些方案进行详细讨论.

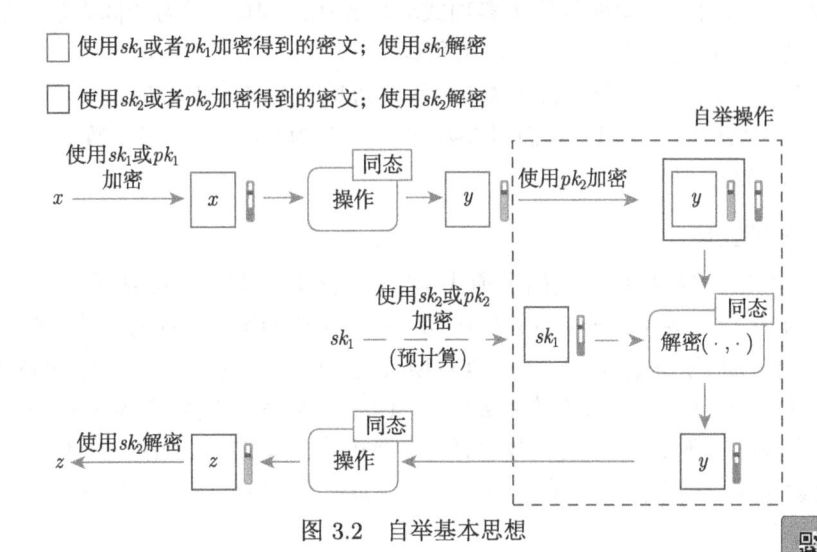

图 3.2 自举基本思想

第二代全同态加密方案有三个重要的特性. 首先, 通过给密文分配足够大的噪声空间来避免使用自举. 其次, 引入批处理的概念, 提高了同态运算的均摊性能. 最后, 支持整数同态算术运算, 为支持更多上层应用提供基础.

**第三代同态加密** 第三代同态加密的起点是 Gentry、Sahai 和 Waters 于 2013 年在论文《基于噪声学习问题构建同态加密: 概念简化、渐进更快、基于属性》[104] 中提出的方案, 通常简记为 GSW 方案. GSW 方案基于矩阵、特征值和特征向量构造实现. 2015 年, Ducas 和 Micciancio 在论文《FHEW: 自举时间小于 1 秒的同态加密》[105] 中提出了 FHEW 方案. 从论文题目可以看出, FHEW 方案中的自举时间小于 1 秒, 这相比于 Gentry 最初方案中约 30 分钟的自举时间有了极大的改进. 一般来说, 将 GSW 方案和 FHEW 方案归类到快速自举分支下.

**第四代同态加密** 2017 年, 分层方案分支和快速自举分支分别衍生出了两个新方案: CKKS 方案和 TFHE 方案. 分层方案分支上的 CKKS 方案是 Cheon 等在论文《支持近似算术运算的同态加密》[47] 中提出的. 这个方案最大的特点在于支持浮点数计算, 使得此同态加密方案非常适合密文机器学习模型预测. Chillotti

等在论文《TFHE: 环面上的快速全同态加密》中提出了快速自举分支上的 TFHE 方案. 此方案最大的特点是自举速度进一步加速到只需要几十毫秒.

## 3.2 多项式环及其运算

主流全同态加密方案通常基于多项式环构建. 本节将首先给出多项式环的定义、性质和运算, 并简要介绍环上多项式乘法运算的高效实现. 包括 BFV 方案的大多数全同态加密方案都是基于多项式环构建的. 因此, 学习全同态加密的必经之路就是理解多项式环的定义、性质和运算原理.

本节介绍的内容部分源自于《应用快速傅里叶变换实现多项式乘法》[①]和《负循环多项式乘法》[②]. 以下, 我们用 $\log_b$ 表示以 $b$ 为底的对数, 当底数 $b = 2$ 时, 我们把 $\log_2$ 简写为 $\log$.

### 3.2.1 多项式环

定义系数为环 $R$ 中元素的多项式全体构成**多项式环**, 记为 $R[x]$. 多项式环中的元素为 $f(x) = f_0 + f_1 x + \cdots + f_n x^n$, 其中 $f_i \in R$ 为第 $i$ 次项的系数. 若 $f_n \neq 0$, 则称 $f(x)$ 的**阶**为 $\deg(f(x)) = n$. 以多项式 $f(x) = 4x^2 + 2x$ 为例, 它的系数属于整数环 $R = \mathbb{Z}$, 最高次项 $x^2$ 的系数 $f_2 = 4$ 满足 $f_2 \neq 0$, 因此阶 $\deg(f)$ 为 2.

定义多项式环 $R[x]$ 上的代数运算为多项式乘法与多项式加法. 具体来说, 给定环中元素 $f(x) = \sum_{i=0}^{n} f_i x^i$ 和 $g(x) = \sum_{i=0}^{n} g_i x^i$, 则多项式环的加法运算定义为

$$f(x) + g(x) = \sum_{i=0}^{n}(f_i + g_i)x^i$$

多项式乘法运算定义为

$$h(x) = f(x) \cdot g(x) = \sum_{i=0}^{2n} h_i x^i, \quad \text{其中 } h_i = \sum_{j=0}^{i} f_j g_{i-j}$$

进一步, 我们考察多项式环 $R[x]$ 模除**多项式模数** $p(x)$ 后所构成的多项式环 $R[x]/p(x)$, 称 $R[x]/p(x)$ 为**多项式商环** (polynomial quotient ring). 模除多项式与模除整数非常相似. 假设多项式模数 $p(x) = 1 + x^2$, 多项式 $f(x) = 1 + 2x + 4x^2$. 易知 $f(x) = 1 + 2x + 4x^2 = (-3 + 2x) + 4(x^2 + 1)$, 那么 $f(x)$ 除以 $p(x)$ 的商为 4, 余数为 $-3 + 2x$. 可以观察到, 当 $p(x)$ 的阶为 $\deg(p(x)) = N$ 时, 任意一个多项式模除 $p(x)$ 后只剩下从 $x^0$ 到 $x^{N-1}$ 的幂次项, 所有更高的幂次项都会被约去.

---

[①] https://jeremykun.com/2022/11/16/polynomial-multiplication-using-the-fft/, 引用日期: 2024-08-03.

[②] https://jeremykun.com/2022/12/09/negacyclic-polynomial-multiplication/, 引用日期: 2024-08-03.

## 3.2 多项式环及其运算

我们用 $[x]_q$ 表示对整数 $x$ 模约简到 $\left[-\dfrac{q}{2}, \dfrac{q}{2}\right)$ 的范围内. 那么, 取 $R = \mathbb{Z}$, 用 $\mathbb{Z}_q[x]$ 表示对环中多项式每一项的系数进行模 $q$ 运算①.

全同态加密方案通常操作 $\mathbb{Z}_q[x]/(x^N+1)$ 上的多项式. $\mathbb{Z}_q[x]/(x^N+1)$ 上元素由 $\mathbb{Z}[x]/(x^N+1)$ 中每个多项式的系数进行模 $q$ 操作得到. 环 $\mathbb{Z}_q[x]/(x^N+1)$ 上加法运算定义为系数模除 $q$ 的多项式加法运算. 乘法运算定义为系数模除 $q$, 且多项式模除 $(x^N+1)$ 的多项式乘法运算. 多项式商环 $\mathbb{Z}_q[x]/(x^N+1)$ 中的所有多项式都满足下述形式:

$$f(x) = f_0 + f_1 x + f_2 x^2 + \cdots + f_{N-2} x^{N-2} + f_{N-1} x^{N-1}$$

其中, $f_i$ 是 $\left[-\dfrac{q}{2}, \dfrac{q}{2}\right)$ 中的整数. 举例来说, 令 $q=16$, $k=4$, 则有 $N=2^k=16$, 即多项式模数为 $p(x)=(x^{16}+1)$. $\mathbb{Z}_{16}[x]/(x^{16}+1)$ 中的所有多项式都可表示为

$$f(x) = f_0 + f_1 x + f_2 x^2 + f_3 x^3 + f_4 x^4 + f_5 x^5 + f_6 x^6 + f_7 x^7 + f_8 x^8$$
$$+ f_9 x^9 + f_{10} x^{10} + f_{11} x^{11} + f_{12} x^{12} + f_{13} x^{13} + f_{14} x^{14} + f_{15} x^{15}$$

其中, 每个系数 $f_i$ 的取值范围均为 $[-8,8)$. 图 3.3 所示的系数环面直观地表示了这些多项式. 每个环面表示多项式中某个幂次项对应系数的全部 16 个可能的取值. 绿点表示系数中 0 所在的位置.

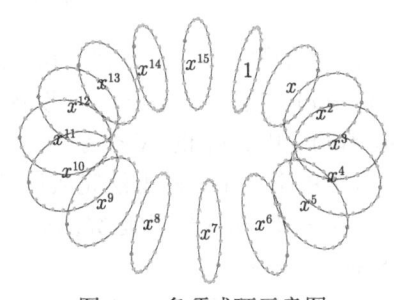

图 3.3 多项式环示意图

一般地, 我们称环 $\mathbb{Z}[x]/(x^N-1)$ 上多项式为**循环多项式** (cyclic polynomial). 因为环 $\mathbb{Z}[x]/(x^N-1)$ 上有 $x^N \equiv 1 (\bmod\ (x^N-1))$. 即, 在模除多项式 $(x^N-1)$ 的过程中, 仅需把 $x^{kN+i}$ 项的系数 "循环" 加回到 $x^i$ 项上即可 ($k$ 为正整数). 同理, 有 $x^N \equiv -1 (\bmod\ (x^N+1))$, 此时 "循环" 加回的还需要取负, 所以 $\mathbb{Z}[x]/(x^N+1)$

---

① 本章中规定模除的结果皆属于范围 $\left[-\dfrac{q}{2}, \dfrac{q}{2}\right)$.

上多项式称为**负循环多项式** (negacyclic polynomial). 由于循环多项式不利于构造安全的同态加密方案, 所以本章主要讨论负循环多项式.

以 $\mathbb{Z}[x]/(x^2+1)$ 上的两个多项式乘积为例. 给定 $f(x) = 1+2x$ 和 $g(x) = 2+2x$, 有乘积 $f(x) \cdot g(x) = 2 + 6x + 4x^2 \in \mathbb{Z}[x]$, 又 $4x^2 \equiv -4 \bmod (x^2+1)$, 所以有 $h(x) = (-2+6x) \equiv (2+6x+4x^2) \bmod (x^2+1)$.

计算多项式乘法过程中, 实现循环多项式和负循环多项式的 "循环" 和 "取负" 操作是容易的. 瓶颈仍然在于计算 $h(x) = f(x) \cdot g(x) = \sum_{i=0}^{2n} h_i x^i$ 的 $h_i = \sum_{j=0}^{i} f_j g_{i-j}$ 中. 我们可以通过快速傅里叶算法、快速数论变化算法等技术进一步提升多项式乘法的计算效率.

### 3.2.2 利用快速傅里叶变换实现多项式乘法

**快速傅里叶变换** (fast Fourier transform, FFT) 是一个非常著名的算法, 在信号处理、语音识别和数据压缩等领域有着大量的应用. 现在, 我们让多项式的系数变回实数 $\mathbb{R}$ 上, 也不考虑模除模数多项式. 我们要在普通多项式下引入快速傅里叶变换, 从而高效计算两个多项式的相乘结果.

**多项式的表示方法** 假设我们有两个 $N-1$ 阶多项式

$$f(x) = f_0 + f_1 x + f_2 x^2 + \cdots + f_{N-1} x^{N-1}$$

$$g(x) = g_0 + g_1 x + g_2 x^2 + \cdots + g_{N-1} x^{N-1}$$

为方便起见, 我们假设 $N$ 是 2 的幂, 即 $N = 2^k$. 我们想求出 $f(x)$ 与 $g(x)$ 的乘积, 即满足 $h(x) = f(x) \cdot g(x)$ 的多项式 $h(x)$. 假设我们用 $f(x)$ 的 $N$ 个系数 $\mathbf{f} = (f_0, \cdots, f_{N-1})$ 来表示 $f(x)$, 用 $g(x)$ 的 $N$ 个系数 $\mathbf{g} = (g_0, \cdots, g_{N-1})$ 来表示 $g(x)$. 在本节最开始, 我们直接用中学学过的方法完成计算, 即把表达式 $f(x) \cdot g(x)$ 展开后再合并同类项. 此方法需要 $\Theta(N^2)$ 次运算, 因为展开多项式时要把 $f(x)$ 和 $g(x)$ 的所有系数两两相乘.

请注意, 以上多项式表示的方式实际上是在用系数所构成的向量表示一个多项式, 这种表示方法称为**系数表示** (coefficient representation). 有趣的是, 我们还可以用另一种方法来表示一个多项式.

**定理 3.1** $N$ 个 ($\mathbb{R}^2$ 或 $\mathbb{C}^2$ 上的) 点值对所构成的集合唯一确定一个 $N-1$ 阶多项式.

这实际上就是 "给定平面上的两个点, 只存在唯一一条经过这两个点的直线" 的推广结论. 可以用线性代数知识来证明此结论: 给定 $N$ 个点值对, 可以通过求解一个线性方程组来计算出经过这些点的多项式所拥有的系数.

## 3.2 多项式环及其运算

这引出了多项式的**点值表示** (point-value representation): 给定点 $x_0, \cdots, x_{N-1} \in \mathbb{C}$, 一个 $N-1$ 阶多项式 $f(x)$ 可以由下述集合表示:

$$\{(x_0, f(x_0)), (x_1, f(x_1)), \cdots, (x_{N-1}, f(x_{N-1}))\}$$

得到点值表示的方法也很简单, 依次在 $x_0, \cdots, x_{N-1}$ 处对多项式求值即可. 此过程叫**多项式求值** (polynomial evaluation). 有了点值表示后, 我们很容易计算两个多项式 $f(x)$ 和 $g(x)$ 的乘积, 只需要把 $x_0, \cdots, x_{N-1}$ 处的求值结果逐点相乘即可.

$$\{(x_0, f(x_0)g(x_0)), (x_1, f(x_1)g(x_1)), \cdots (x_{N-1}, f(x_{N-1})g(x_{N-1}))\}$$

换句话说, 如果能使用点值表示, 计算两个多项式的乘积就只需要 $\Theta(N)$ 次运算了. 但这里有一个小问题: 如果 $f(x)$ 和 $g(x)$ 都是 $N-1$ 阶多项式, 则乘积 $h(x) = f(x) \cdot g(x)$ 的阶会增加到 $N-1+N-1 = 2N-2$. $N$ 个点值对逐点相乘的结果仍然是 $N$ 个点值对, 但现在我们需要 $2N-1$ 个点来表示一个 $2N-2$ 阶多项式. 为了解决这个问题, 我们可以在表示 $f(x)$ 和 $g(x)$ 时 "扩展" 点值对的数量, 即把 $N$ 个点值对扩展为 $2N$ 个点值对, 用 $2N$ 个点值对来表示 $f(x)$ 和 $g(x)$.

点值表示虽有效, 但我们更习惯使用系数表示, 因此还需要找到一种方法将点值表示转换回系数表示. 此过程叫**多项式插值** (polynomial interpolation), 见图 3.4. 如果整个过程可行, 我们就得到计算多项式乘法的一个新流程: 给定系数表示下的两个多项式 $f(x)$ 和 $g(x)$, 在 $2N$ 个点上对两个多项式求值, 从而将两个多项式转换为点值表示. 随后, 在线性时间下对各个值逐点相乘, 最后通过多项式插值将乘法结果转换回系数表示.

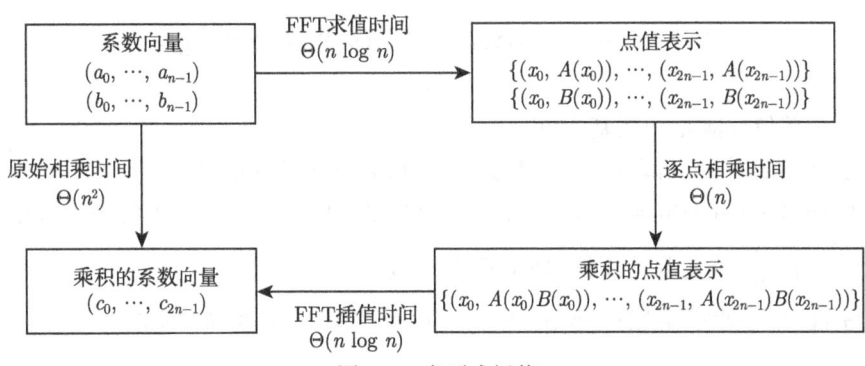

图 3.4 多项式插值

上述方案确实可以实现系数表示, 但还需要回答一个问题: 我们应该在哪些 $x_0, \cdots x_{2N-1}$ 处对两个多项式求值?

如果我们选择的是特殊的点，或许就可以更高效地完成多项式求值. 我们要选择的特殊点就是 **$N$ 阶复数单位根** ($N$-th complex roots of unity).

**$N$ 阶复数单位根**　$N$ 阶复数单位根是指一系列复数域 $\mathbb{C}$ 中的点, 这些点都是 $N$ 阶单位方程 $z^N = 1$ 的根, 因此叫 $N$ 阶复数单位根. 用数学语言描述如下.

**定义 3.1**　当 $z \in \mathbb{C}$ 满足 $z^N = 1$ 时, 称 $z$ 是一个 $N$ 阶复数单位根.

当 $N \geqslant 1$ 时, 我们一共能找到 $N$ 个满足 $z^N = 1$ 的 $N$ 阶复数单位根, 分别是 $\omega_N^0, \omega_N^1, \cdots, \omega_N^{N-1}$, 其中 $\omega_N = e^{\frac{2\pi i}{N}}$ 是 $N$ 阶复数单位根. 利用欧拉恒等式 $e^{\pi i} + 1 = 0$, 很容易验证

$$(\omega_N^j)^N = \left(e^{\frac{2\pi i}{N} \cdot j}\right)^N = e^{2\pi i \cdot j} = 1$$

从几何角度看, $N$ 阶复数单位根在复平面上构成了一个正 $N$ 边形. 图 3.5 给出了 $N = 9$ 时的 9 个 $N$ 阶复数单位根在复平面上的位置.

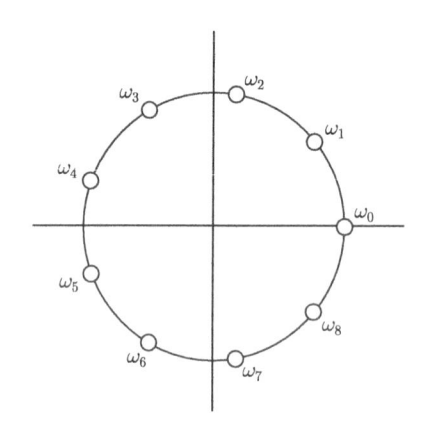

图 3.5　9 个 $N$ 阶复数单位根在复平面上的位置示意图

复数单位根满足一些基本性质.

**引理 3.1** (消去引理)　对于整数 $N \geqslant 0$, $k \geqslant 0$, $d > 0$, 我们有 $\omega_{dN}^{dk} = \omega_N^k$.

**引理 3.2** (折半引理)　如果 $N > 0$ 是偶数, 则 $N$ 个 $N$ 阶复数单位根的平方就是 $\frac{N}{2}$ 个 $\frac{N}{2}$ 阶复数单位根, 即 $(\omega_n^k)^2 = \omega_{\frac{n}{2}}^k$.

**引理 3.3** (求和引理)　如果 $N \geqslant 1$ 且 $k$ 不能被 $N$ 整除, 则有

$$\sum_{j=0}^{N-1} (\omega_N^k)^j = 0$$

## 3.2 多项式环及其运算

**利用快速傅里叶变换实现多项式求值** 我们现在给出**离散傅里叶变换** (discrete Fourier transform, DFT) 的定义, 并看看如何利用离散傅里叶变换在复数单位根处对多项式求值.

**定义 3.2** 令 $\mathbf{f} = (f_0, \cdots, f_{N-1}) \in \mathbb{C}^N$. 对 $\mathbf{f}$ 进行离散傅里叶变换, 得到的结果为向量 $\mathrm{DFT}_N(\mathbf{f}) = (\hat{f}_0, \cdots, \hat{f}_{N-1})$, 其中

$$\hat{f}_k = \sum_{j=0}^{N-1} f_j e^{\frac{2\pi i k j}{N}} = \sum_{j=0}^{N-1} f_j \omega_N^{kj}, \qquad 0 \leqslant k \leqslant N-1$$

仔细观察会发现, 离散傅里叶变换的结果就是 $f(x)$ 在 $N$ 次单位根处的求值结果. 令 $f(x) = f_0 + f_1 x + f_2 x^2 + \cdots + f_{N-1} x^{N-1}$ 是系数为 $\mathbf{f} = (f_0, \cdots, f_{N-1})$ 的多项式. 对于 $0 \leqslant k \leqslant N-1$, 多项式 $f(x)$ 在单位根 $\omega_N^k$ 处的求值结果正好为

$$f(\omega_N^k) = \sum_{j=0}^{N-1} f_j (\omega_N^k)^j = f_0 + f_1(\omega_N^k) + f_2(\omega_N^k)^2 + \cdots + f_{N-1}(\omega_N^k)^{N-1} = \hat{f}_k$$

快速傅里叶变换是计算离散傅里叶变换的一种快速方法. 快速傅里叶变换充分利用 $N$ 阶单位根的消去引理、折半引理与求和引理, 应用分治方法实现离散傅里叶变换.

仍然假设 $N$ 是 2 的幂, 即 $N = 2^k$. 我们把 $f(x)$ 的系数看成复数域中的元素, 即系数表示变为 $\mathbf{f} = (f_0, \cdots, f_{N-1}) \in \mathbb{C}^N$. 接下来, 我们把 $f(x)$ 的偶次系数和奇次系数提取出来, 从而分别定义两个多项式 $f_e(x)$ 和 $f_o(x)$, 每个多项式都包含 $\dfrac{N}{2}$ 个系数

$$f_e(x) = f_0 + f_2 x + f_4 x^2 + \cdots + f_{N-2} x^{\frac{N}{2}-1}$$

$$f_o(x) = f_1 + f_3 x + f_5 x^2 + \cdots + f_{N-1} x^{\frac{N}{2}-1}$$

对于任意 $x \in \mathbb{C}$, 我们可以利用下述公式计算 $f(x)$ 在 $x$ 处的求值结果

$$f(x) = f_e(x^2) + x f_o(x^2)$$

因此, 计算 $f(x)$ 在 $\omega_N^0, \omega_N^1, \cdots, \omega_N^{N-1}$ 处的多项式求值问题可以归约为下述步骤.

- 在点 $(\omega_N^0)^2, (\omega_N^1)^2, \cdots, (\omega_N^{N-1})^2$ 处分别计算两个 $\dfrac{N}{2} - 1$ 阶多项式 $f_e(x)$ 和 $f_o(x)$ 的求值结果.
- 利用公式 $f(x) = f_e(x^2) + x f_o(x^2)$ 合并结果.

这里的关键点在于，我们并不需要计算 $f_e(x)$ 和 $f_o(x)$ 在所有 $N$ 个复数单位根处的值. 根据折半引理，对 $N$ 个 $N$ 阶复数单位根求平方，得到的是重复的 $\frac{N}{2}$ 个 $\frac{N}{2}$ 阶复数单位根. 因此，我们只需要计算 $f_e(x)$ 和 $f_o(x)$ 在 $\frac{N}{2}$ 个点处的值，再把结果"复制"一份，就得到了 $f_e(x)$ 和 $f_o(x)$ 在全部 $N$ 个复数单位根处的值了. 在合并结果时，注意到 $f_e(x^2)$ 是偶函数, $xf_o(x^2)$ 是奇函数，而 $\omega_N^{k+\frac{N}{2}} = \omega_N^k \cdot \omega_N^{\frac{N}{2}} = \omega_N^k \cdot e^{\pi i} = -\omega_N^k$，因此

$$f(\omega_N^k) = f_e(\omega_N^{2k}) + \omega_N^k f_o(\omega_N^{2k})$$

$$f(\omega_N^{k+\frac{N}{2}}) = f_e(\omega_N^{2k}) - \omega_N^k f_o(\omega_N^{2k})$$

这样一来，每一次递归都将规模为 $N$ 的初始问题划分成规模为 $\frac{N}{2}$ 的两个子问题. 这就是快速傅里叶变换的基本原理，其伪代码如算法 3.1 所示. 我们对原始算法描述中的符号做了修改，以保证全文的符号统一.

**算法 3.1** 快速傅里叶变换的递归算法

1: **function** RECURSIVE-FFT(**a**)
2:     $n = \mathbf{a}.\text{length}$
3:     **if** $n == 1$ **then**
4:         **return a**
5:     **end if**
6:     $\mathbf{a_e} = (a_0, a_2, \cdots, a_{n-2})$
7:     $\mathbf{a_o} = (a_1, a_3, \cdots, a_{n-1})$
8:     $\mathbf{y_e} = \text{RECURSIVE-FFT}(\mathbf{a_e})$
9:     $\mathbf{y_o} = \text{RECURSIVE-FFT}(\mathbf{a_o})$
10:    $\omega_n = e^{\frac{2\pi i}{n}}$
11:    $\omega = 1$
12:    **for** $k = 0$ to $\frac{n}{2} - 1$ **do**
13:        $\mathbf{y}_k = (\mathbf{y_e})_k + \omega(\mathbf{y_o})_k$
14:        $\mathbf{y}_{k+\frac{n}{2}} = (\mathbf{y_e})_k - \omega(\mathbf{y_o})_k$
15:        $\omega = \omega\omega_n.$                                                           ▷ $\omega = \omega_n^{k+1}$
16:    **end for**
17:    $\mathbf{y} = (y_0, \cdots, y_{n-1})$
18:    **return y**
19: **end function**

伪代码与前面描述的算法流程基本保持一致. 先以 $f_e$ 和 $f_o$ 为输入递归调用离散傅里叶变换，利用消去引理得到 $f_e(x)$ 和 $f_o(x)$ 在 $k = 0, 1, \cdots, \frac{N}{2} - 1$ 时对

## 3.2 多项式环及其运算

应复数单位根处的求值结果

$$y_e[k] = f_e(\omega_{N/2}^k) = f_e(\omega_N^{2k})$$

$$y_o[k] = f_o(\omega_{N/2}^k) = f_o(\omega_N^{2k})$$

随后, 对于每个 $k = 0, \cdots, \dfrac{N}{2} - 1$, 我们计算

$$y[k] = f_e(\omega_N^{2k}) + \omega_N^k f_o(\omega_N^{2k}) = f(\omega_N^k)$$

并计算

$$\begin{aligned} y\left[k + \frac{N}{2}\right] &= f_e(\omega_{N/2}^k) - \omega_N^k f_o(\omega_{N/2}^k) \\ &= f_e(\omega_N^{2k}) + \omega_N^{k+\frac{N}{2}} f_o(\omega_N^{2k}) \\ &= f_e(\omega_N^{2k+N}) + \omega_n^{k+\frac{N}{2}} f_o(\omega_N^{2k+N}) \\ &= f(\omega_N^{k+\frac{N}{2}}) \end{aligned}$$

因此, $y[k] = f(\omega_N^k) = \hat{f}_k$ 对于所有的 $0 \leqslant k \leqslant N-1$ 都成立, 求值结果正确. 此外, 令 $T(n)$ 表示当 **f** 的长度为 $N$ 时 RECURSIVE-FFT(**f**) 的执行时间. 由于算法对规模为 $\dfrac{N}{2}$ 的子问题执行了两次递归调用, 并使用 $\Theta(N)$ 次运算来合并结果, 因此该算法的整体运行时间为

$$T(N) = 2T\left(\frac{N}{2}\right) + \Theta(N) = \Theta(N \log N)$$

综上, 我们只使用 $\Theta(N \log N)$ 次运算就得到了多项式在 $N$ 个 $N$ 阶复数单位根处的求值结果.

**利用逆快速傅里叶变换实现多项式插值** 我们现在已经可以利用快速傅里叶变换实现多项式求值了. 我们还需要根据多项式在 $N$ 个 $N$ 阶复数单位根上的求值结果执行多项式插值.

注意到可以把离散傅里叶变换定义为一个线性映射 $\text{DFT}_N : \mathbb{C}^N \to \mathbb{C}^N$. 这意味着我们可以把离散傅里叶变换改写成矩阵乘法的形式

$$\begin{bmatrix} 1 & 1 & 1 & \cdots & 1 \\ 1 & \omega_N & \omega_N^2 & \cdots & \omega_N^{N-1} \\ \vdots & \vdots & \vdots & \ddots & \vdots \\ 1 & \omega_N^{N-1} & \omega_N^{2(N-1)} & \cdots & \omega_N^{(N-1)^2} \end{bmatrix} \begin{bmatrix} f_0 \\ f_1 \\ \vdots \\ f_{N-1} \end{bmatrix} = \begin{bmatrix} \hat{f}_0 \\ \hat{f}_1 \\ \vdots \\ \hat{f}_{N-1} \end{bmatrix}$$

如果把上式左侧矩阵中的 1 替换为 $\omega_N^0$，我们可以得到一个非常有规律的矩阵

$$M_N(\omega_N) = \begin{bmatrix} \omega_N^0 & \omega_N^0 & \omega_N^0 & \cdots & \omega_N^0 \\ \omega_N^0 & \omega_N & \omega_N^2 & \cdots & \omega_N^{N-1} \\ \vdots & \vdots & \vdots & \ddots & \vdots \\ \omega_N^0 & \omega_N^{N-1} & \omega_N^{2(N-1)} & \cdots & \omega_N^{(N-1)^2} \end{bmatrix}$$

这个矩阵在线性代数中有个特殊的名字: **范德蒙德矩阵** (Vandermonde matrix). 只要找到此矩阵的逆矩阵, 就可以计算**逆离散傅里叶变换** (inverse DFT) 了. 事实证明, 可以很简单地利用范德蒙德矩阵的特殊结构求出它的逆矩阵.

**定理 3.2** (逆定理) 当 $N \geqslant 1$ 时, 矩阵 $M_N(\omega_N)$ 可逆, 且

$$M_N(\omega_N)^{-1} = \frac{1}{N} M_N(\omega_N^{-1})$$

**证明** $M_N(\omega_N)$ 的第 $(j, j')$ 项等于 $\omega_N^{jj'}$. 类似地, $\frac{1}{N} M_N(\omega_N^{-1})$ 的第 $(j, j')$ 项为 $\frac{1}{N} \omega_N^{-jj'}$. 因此, $\frac{1}{N} M_N(\omega_N^{-1}) M_N(\omega_N)$ 的第 $(j, j')$ 项等于

$$\frac{1}{N} \sum_{k=0}^{N-1} \omega_N^{-kj} \omega_N^{kj'} = \frac{1}{N} \sum_{k=0}^{N-1} \omega_N^{k(j'-j)}$$

如果 $j' = j$, 则求和部分等于 $N$, 整个表达式的值为 1. 如果 $j' \neq j$, 则根据求和引理, 求和部分等于 0. 因此, $\frac{1}{N} M_N(\omega_N^{-1}) M_N(\omega_N) = I_N$, 其中 $I_N$ 是一个 $N \times N$ 的单位矩阵, 故 $M_N(\omega_N)^{-1} = \frac{1}{N} M_N(\omega_N^{-1})$. □

逆定理允许我们使用与快速傅里叶变换完全相同的算法来求逆快速傅里叶变换 (inverse FFT). 只需要将 $\omega_N$ 替换为 $\omega_N^{-1}$, 再将整个结果除以 $N$. 因此, 我们确实可以使用 $\Theta(N \log N)$ 次运算, 根据 $N$ 个 $N$ 阶复数单位根上的求值结果执行多项式插值.

### 3.2.3 系数模数下的多项式乘法

我们现在把系数变回模 $q$ 下的整数环 $\mathbb{Z}_q$, 看看当系数为整数环 $\mathbb{Z}_q$ 中的元素时, 如何利用快速傅里叶变换实现系数多项式乘法.

对于快速傅里叶变换来说, 系数为实数 $\mathbb{R}$ 和系数为整数环 $\mathbb{Z}_q$ 在绝大多数情况下都没有本质的不同, 只需要把所有实数 $\mathbb{R}$ 下的运算改成整数环 $\mathbb{Z}_q$ 下的运算即可. 唯一的问题来自 $N$ 阶复数单位根. 回忆一下, 在实数 $\mathbb{R}$ 中, $N$ 阶复数单

位根为 $\omega_N^0, \omega_N^1, \cdots, \omega_N^{N-1}$, 其中 $\omega_N = e^{\frac{2\pi i}{N}}$ 是 $N$ 阶复数单位根. 在实数 $\mathbb{R}$ 下用计算机实现快速傅里叶变换多项式乘法时, 需要用欧拉公式将 $\omega_N = e^{\frac{2\pi i}{N}}$ 表示为 $\omega_N = \cos\frac{2\pi}{N} + i\sin\frac{2\pi}{N}$. 我们当然可以在实数 $\mathbb{R}$ 下分别计算 $\cos\frac{2\pi}{N}$ 和 $\sin\frac{2\pi}{N}$. 但这一步在整数环 $\mathbb{Z}_q$ 下就进行不下去了. 即使在实数 $\mathbb{R}$ 下, 由于计算机处理浮点数会出现精度损失, 用快速傅里叶变换实现多项式乘法的计算结果会出现误差, 也需要通过额外的方法处理精度丢失问题.

注意 $N$ 阶复数单位根的定义是: 当 $z \in \mathbb{C}$ 满足 $z^N = 1$ 时, 称 $z$ 是一个 $N$ 阶复数单位根. 既然现在所有运算都被限制在 $\mathbb{Z}_q$ 中, 我们的目标变成了要找到 $N$ 个 $z \in \mathbb{Z}_q$, 满足 $z^N = 1$. 回忆一下密码学中常用的阶为 $p$ 的离散对数群 $\mathbb{G}$. 离散对数群里有个生成元 $g$, 满足 $g^p = 1$, 且当 $k \in [0, p-1]$ 时, $g^k$ 刚好遍历整个离散对数群 $\mathbb{G}$. 对比一下, 如果我们把 $N$ 看成阶 (即类比 $N = p$), 则当 $k \in [0, p-1]$ 时, $g^k$ 互不相同, 且都有 $(g^k)^p = (g^p)^k = 1$, 刚好在 $\mathbb{G}$ 下满足 $p$ 阶单位根的要求. 只不过现在我们要求 $N$ 是 2 的幂, 即 $N = 2^k$, 并不是离散对数群常用的质数阶 $p$.

为此, 全同态加密使用的 $\mathbb{Z}_q$ 要满足两个特殊的条件.

(1) 系数模数 $q$ 为某个质数, 这使得 $\mathbb{Z}_q$ 形成了我们熟悉的有限域, 假设其生成元是 $g$.

(2) 系数模数满足 $q = 1 \bmod N$, 这意味着 $q - 1$ 可以被 $N$ 整除, 或者说存在正整数 $\varepsilon$, 使得 $q = \varepsilon N + 1$, 此时有 $g^{\varepsilon N} = 1 \bmod q$.

只要 $q$ 满足上述两个条件, 我们就可以把 $g^\varepsilon$ 看成 $\omega_N$, 使得当 $k \in [0, N-1]$ 时, $\omega_N^k \in \mathbb{Z}_q$ 互不相同, 且都满足 $(\omega_N^k)^N = (\omega_N^N)^k = 1$. 这样一来, 我们将 $\omega_N^0, \omega_N^1, \cdots, \omega_N^{N-1}$ 作为多项式的求值点, 快速傅里叶变换就可以执行下去了. 这种在满足 $q = 1 \bmod N$ 的有限域 $\mathbb{Z}_q$ 下实现的快速傅里叶变换就是数论变换 (number-theoretic transform, NTT), 对应的逆变换就是逆数论变换 (inverse NTT).

在 SEAL 代码中我们可以找到质数 $p$ 的寻找方法和 $\omega_N = g^\varepsilon$ 的搜索方法. numth.h[①]的 `get_primes` 函数定义为

```
//Generate a vector of primes with "bit_size" bits that are
    congruent to 1 modulo "factor"
SEAL_NODISCARD std::vector<Modulus> get_primes(std::uint64_t factor,
    int bit_size,std::size_t count);
```

这个函数的目的就是要找到一系列满足 $p = 1 \bmod N$ 的质数模数 $p$, 其中输入变量 `factor` 就是 $N$, `bit_size` 表示质数 $p$ 所需的比特长度 $\log p$. `get_primes`

---

[①] https://github.com/microsoft/SEAL/blob/v4.0.0/native/src/seal/util/numth.h, 引用日期: 2024-08-03.

函数的实现位于 numth.cpp[①]，其基本思想就是暴力尝试所有满足比特长度要求的 $mN+1$（其中 $m>0$ 为整数），验证 $mN+1$ 是否为质数. SEAL 代码 numth.h[②]的 try_primitive_root 函数就是要尝试找到 $\omega_N=g^\varepsilon$. 这个函数的定义为

```
//Try to find a primitive degree-th root of unity modulo small prime
//modulus, where degree must be a power of two.
bool try_primitive_root(std::uint64_t degree, const Modulus &
   prime_modulus, std::uint64_t &destination);
```

其中输入变量 degree 就是 $N$，prime_modulus 就是模数 $p$，destination 用于存储找到的 $\omega_N$，函数返回是否成功找到了 $\omega_N$. try_primitive_root 函数的实现位于 numth.cpp，其基本思想也很简单：在 $\mathbb{Z}_p$ 中随机选择一系列候选的 $\omega_N$（SEAL 的实现会随机选择 100 次），通过调用 is_primitive_root 验证 $\omega_N$ 是否满足单位根的要求. 验证方法也很简单，只需要判断 $\omega_N^{\frac{N}{2}}$ 是否等于 $-1$（即等于 $p-1$）即可. 在找到 $\omega_N$ 后，SEAL 代码 numth.h 中的 try_minimal_primitive_root 会把除 $\omega_N^0$ 以外的 $\omega_N^1,\cdots,\omega_N^{N-1}$ 排个序，返回最小的 $\omega_N$ 作为真正的主 $N$ 阶单位根.

### 3.2.4 全同态加密中的负循环多项式乘法

有了 $\mathbb{Z}_q$ 下的 $N$ 阶单位根 $\omega_N^0,\omega_N^1,\cdots,\omega_N^{N-1}$，我们就可以利用 $\mathbb{Z}_q$ 下的数论变换实现系数模数为 $q$ 的多项式乘法了. 最后，我们要把多项式模数 $x^N+1$ 加进来，看看如何利用快速傅里叶变换在多项式环 $\mathbb{Z}[x]/(x^N+1)$ 下实现负循环多项式乘法.

**利用快速傅里叶变换实现循环多项式乘法** 上节介绍快速傅里叶变换实现时不考虑模除多项式的多项式乘法. 前面提到，如果 $f(x)$ 和 $g(x)$ 都是 $N-1$ 阶多项式，则乘积 $h(x)=f(x)\cdot g(x)$ 的阶为 $N-1+N-1=2N-2$. 为了得到正确的 $h(x)$，我们在对 $f(x)$ 和 $g(x)$ 的系数表示执行快速傅里叶变换之前，要在系数列表后面填充足够多的零，以对多项式补足系数.

如果我们不在多项式 $f(x)$ 和 $g(x)$ 的系数向量 $\mathbf{f}=(f_0,\cdots,f_{N-1})$ 和 $\mathbf{g}=(g_0,\cdots,g_{N-1})$ 后面补零，而是直接对两组系数分别执行快速傅里叶变换，逐个值相乘，再对得到的 $N$ 个值执行逆快速傅里叶变换，则我们得到的就是

$$f(x)\cdot g(x)\bmod(x^N-1)$$

即得到的就是多项式商环 $\mathbb{Z}_q[x]/(x^N-1)$ 下的循环多项式乘法结果. 具体来说，令 fprod$(f,g)$ 表示对两个多项式的系数表示进行离散傅里叶变换，逐个值相乘，再取

---
[①] https://github.com/microsoft/SEAL/blob/v4.0.0/native/src/seal/util/numth.cpp，引用日期：2024-08-03.

[②] https://github.com/microsoft/SEAL/blob/v4.0.0/native/src/seal/util/numth.h，引用日期：2024-08-03.

## 3.2 多项式环及其运算

逆离散傅里叶变换,且令 fprod$(f,g)(j)$ 表示输出多项式的第 $j$ 个系数. 根据上式,我们有

$$\text{fprod}(f,g)(j) = \sum_{k=0}^{N-1} f_k g_{j-k \bmod N}$$

换句话说,输出多项式的第 $j$ 个系数等于,在 $x^N = 1$ 的情况下,从两个输入多项式中选择幂次和为 $j$ 的项,并将这些项相乘,最后对所有满足该条件的乘积结果求和. 举例来说,考虑 $j=1$,则 fprod$(f,g)(1) = f_0 g_1 + f_1 g_0 + f_2 g_{N-1} + f_3 g_{N-2} + \cdots$. 具体地,当 $x^N = 1$ 时, $f_2 g_{N-1}$ 对应的乘积为 $f_2 x^2 \cdot g_{N-1} x^{N-1} = f_2 g_{N-1} x^{N+1}$,当且仅当 $x^{N+1} = x$ 时, $f_2 g_{N-1}$ 才会出现在乘积结果的 $x^1$ 项中.

**利用快速傅里叶变换实现负循环多项式乘法** 全同态加密之所以使用多项式商环 $\mathbb{Z}_q[x]/(x^N+1)$,是因为多项式商环 $\mathbb{Z}_q[x]/(x^N-1)$ 的结构过于简单,利用循环多项式无法构造安全的加密方案. 多项式商环 $\mathbb{Z}_q[x]/(x^N+1)$ 中额外的系数 "取负" 操作可以进一步打乱多项式乘法结果,从而构造出安全的加密方案. 不过,我们需要使用一些特殊的技巧,才能用离散傅里叶变换实现负循环多项式乘法.

最简单的技巧是在更大的多项式商环 $\mathbb{Z}_q[x]/(x^{2N}-1)$ 中执行循环多项式乘法,再把结果映射回多项式商环 $\mathbb{Z}_q[x]/(x^N+1)$. 具体来说,给定 $f(x), g(x) \in \mathbb{Z}_q[x]/(x^N+1)$,我们在更大的多项式商环 $\mathbb{Z}_q[x]/(x^{2N}-1)$ 中找到与 $f(x), g(x)$ 对应的 $f^*(x), g^*(x)$,利用快速傅里叶变换在多项式商环 $\mathbb{Z}_q[x]/(x^{2N}-1)$ 中计算 $h^*(x) = f^*(x) \cdot g^*(x)$,再把 $h^*(x)$ 映射回多项式商环 $\mathbb{Z}_q[x]/(x^N+1)$ 中的 $h(x)$.

之所以把更大的多项式商环选为 $\mathbb{Z}_q[x]/(x^{2N}-1)$,是因为这个多项式商环的其中一个子环刚好是 $\mathbb{Z}_q[x]/(x^N+1)$. 注意到,可以把多项式 $x^{2N}-1$ 分解为 $(x^N-1)(x^N+1)$,而 $(x^N-1)$ 和 $(x^N+1)$ 在 $\mathbb{Z}_q[x]/(x^{2N}-1)$ 下又是 "互质" 的,因此根据**中国剩余定理** (Chinese remainder theorem),可以直接把多项式商环 $\mathbb{Z}_q[x]/(x^{2N}-1)$ 分解为两个多项式商环 $\mathbb{Z}_q[x]/(x^N-1)$ 和 $\mathbb{Z}_q[x]/(x^N+1)$ 的直接乘积. 我们会在后面详细介绍中国剩余定理.

很容易把多项式商环 $\mathbb{Z}_q[x]/(x^{2N}-1)$ 中的某个多项式 $f^*(x)$ 映射回多项式商环 $\mathbb{Z}_q[x]/(x^N+1)$ 中的 $f(x)$,只需要让 $f^*(x)$ 模除 $x^N+1$ 并取余数. 反过来就没那么简单了,如果想把多项式商环 $\mathbb{Z}_q[x]/(x^N+1)$ 中的某个多项式 $f(x)$ 映射成较大多项式商环 $\mathbb{Z}_q[x]/(x^{2N}-1)$ 中的 $f^*(x)$,我们需要使用一个映射函数 $f(x) \mapsto f^*(x)$. 虽然存在很多满足要求的映射函数,但多数映射函数的计算过程都比较复杂. 为了尽可能降低计算量,我们选择的映射函数是

$$f(x) \mapsto f^*(x) = f(x) - x^N f(x)$$

这个映射函数有两个特别好的性质. ① 计算 $f(x) \mapsto f^*(x) = f(x) - x^N f(x)$ 的过程非常简单. 注意到此映射后半部分的 $x^N f(x)$ 就是把 $f(x)$ 的系数搬到了 $x$

的高幂次项上. 因此, 实现此映射时只需要复制一份 $f(x)$ 的系数, 把它们的符号翻转一下, 再接在原系数的后面即可. ② 当计算 "逆映射", 即计算 $f^*(x) = f(x) - x^N f(x)$ 模除 $x^N + 1$ 时, "循环" 和 "取负" 使得后半部分的 $-x^N f(x)$ 变回成了 $f(x)$, 因此模除结果为 $2f(x)$. 这样一来, 乘积 $h^*(x) = f^*(x) \cdot g^*(x)$ 映射回多项式商环 $\mathbb{Z}[x]/(x^N + 1)$ 的结果就是 $h(x) = 4f(x) \cdot g(x)$. 更有趣的是, $h^*(x) = f^*(x) \cdot g^*(x)$ 的结构很特殊, 使得我们用一种更简单的方法将乘积 $f^*(x) g^*(x)$ 映射回多项式商环 $\mathbb{Z}_q[x]/(x^N+1)$. 具体来说, 将 $f(x)$ 和 $g(x)$ 映射成 $f^*(x)$ 和 $g^*(x)$ 后, 在多项式商环 $\mathbb{Z}_q[x]/(x^{2N} - 1)$ 上计算乘法, 得到的是

$$f^*(x) \cdot g^*(x) = (f(x) - x^N f(x)) \cdot (g(x) - x^N g(x))$$
$$= f(x)(x^N - 1) \cdot g(x)(x^N - 1)$$
$$= f(x)g(x)(x^N - 1)^2$$
$$= f(x)g(x)(x^{2N} - 2x^N + 1)$$
$$= f(x)g(x)(2 - 2x^N)$$
$$= 2(f(x)g(x) - x^N f(x)g(x))$$

这与原始映射 $f(x) \mapsto f^*(x) = f(x) - x^N f(x)$ 的结构完全相同, 只是前面多了一个额外的因子 2. 因此, 乘积结果的系数也具有 "复制一遍系数并对后半部分系数取负" 的形式, 只是结果多乘了一个 2. 因此, 计算 "逆映射" 的过程可以修改为只读取前一半的系数并除以 2.

**更高效的负循环多项式乘法** 我们前面利用了一个巧妙的映射实现了负循环多项式乘法. 但从论述过程可以看出, 计算过程似乎有一些冗余. 具体来说, 映射 $f(x) \mapsto f^*(x) = f(x) - x^N f(x)$ 要把多项式的所有系数复制一份. 逆映射 $f^*(x) \cdot g^*(x) \mapsto f(x) \cdot g(x)$ 在读取前一半系数后还要再除以 2. 我们输入的是两个 $N$ 维向量, 但计算过程要对两个 $2N$ 维向量执行离散傅里叶变换.

为了进一步提高计算效率, 密码学家 Bernstein 在论文《快速乘法及其应用》[106] 中介绍了如何运用更小规模的傅里叶变换计算负循环多项式乘法. 此技术仍然涉及特殊的多项式映射方法. 我们从多项式商环 $\mathbb{Z}_q[x]/(x^N + 1)$ 开始, 其中 $N$ 是 2 的幂. 我们选择一个可逆映射 $\mathbb{Z}_q[x]/(x^N + 1) \to \mathbb{C}_q[x]/(x^{N/2} - 1)$. 注意, 可逆映射把系数从 $\mathbb{Z}_q$ 变为复数 $\mathbb{C}_q$, 只不过这时候我们不需要计算正弦值和余弦值, 而是直接使虚部的元素也属于 $\mathbb{Z}_q$. 我们对映射结果应用傅里叶变换, 计算结束后再做一次逆映射.

此映射分为两个步骤, 先是映射 $\mathbb{Z}_q[x]/(x^N + 1) \mapsto \mathbb{C}_q[x]/(x^{N/2} - i)$, 再是映射 $\mathbb{C}_q[x]/(x^{N/2} - i) \mapsto \mathbb{C}_q[x]/(x^{N/2} - 1)$. 第一个映射实现起来非常简单, 因为 $(x^N + 1) = (x^{N/2} + i)(x^{N/2} - i)$, 我们只需要令 $x^{N/2} = i$ 并约简多项式. 此映射

## 3.2 多项式环及其运算

的效果是将多项式的后半部分系数变成了前半部分系数的复数部分.

第二个映射的实现过程更有意思. 我们不能简单地通过因式分解来约简多项式. 我们也不能简单地令 $i \mapsto 1$, 因为这样会把复数约简成整数. 相反, 观察到对于任意多项式阶 $k$ 和任意多项式 $f(x) \in \mathbb{C}_q[x]$, 如果将变量 $x$ 换成 $x \mapsto \omega_{4k} x$, 其中 $\omega_{4k}$ 是 $4k$ 阶复数单位根 $\omega_{4k} = e^{\frac{2\pi i}{4k}}$, 则 $f(x) \bmod (x^k - i)$ 的余数和 $f(x) \bmod (x^k - 1)$ 的余数是一一对应的. 具体来说: 如果 $f(x) \in \mathbb{C}_q[x]$ 模除 $x^k - i$ 的余数是 $g(x)$, 即 $f(x) = g(x) + h(x)(x^k - i)$, 则有

$$f(\omega_{4k}x) = g(\omega_{4k}x) + h(\omega_{4k}x)\left((\omega_{4k}x)^k - i\right)$$
$$= g(\omega_{4k}x) + h(\omega_{4k}x)(e^{\frac{\pi i}{2}} x^k - i)$$
$$= g(\omega_{4k}x) + ih(\omega_{4k}x)(x^k - 1)$$
$$= g(\omega_{4k}x) \bmod (x^k - 1)$$

令上述公式中的 $k = N/2$, 则映射 $\mathbb{C}_q[x]/(x^{\frac{N}{2}} - i) \mapsto \mathbb{C}_q[x]/(x^{\frac{N}{2}} - 1)$ 变成了 $f(x) \mapsto f(\omega_{2N}x)$. 如果 $f(x) = f_0 + f_1 x_1 + \cdots + f_{\frac{N}{2}-1} x^{\frac{N}{2}-1}$, 则映射等价于对 $f(x)$ 的每个系数 $f_k$ 乘以对应的 $\omega_{2N}^k$. 如果我们使用多项式的系数表示, 则映射 $f(x) \mapsto f(\omega_{2N}x)$ 看起来像 $(f_0, f_1, \cdots, f_N) \mapsto (f_0, \omega_{2N}f_1, \cdots, \omega_{2N}^N f_N)$. Bernstein 把这个操作称为 $\mathbb{C}_q^N$ 的一个 "扭转".

综上所述, 我们只需要额外进行一些预处理和后处理操作, 就可以利用复数域下长度为 $N/2$ 的快速傅里叶变换计算两个阶为 $N-1$ 的多项式的负循环多项式乘法. 具体过程是

(1) 将两个多项式的后半部分系数变成前半部分系数的复数部分.

(2) 在复数域下对两个系数列表计算长度为 $N/2$ 的快速傅里叶变换.

(3) 对快速傅里叶变换结果逐点相乘.

(4) 计算逐点相乘结果的逆快速傅里叶变换.

(5) 对逆变换结果系数列表的第 $k$ 个元素上乘以 $\omega_{2N}^k$.

整个运算过程没有任何冗余, 是负循环多项式乘法的当前最优算法. 唯一的变化是我们需要使用的单位根从 $N$ 阶单位根变成了 $2N$ 阶单位根了. SEAL 代码 ntt.cpp[①] 中 `NTTTables` 的 `initialize` 中是以 $2N$ 作为参数 (即 $2*$`coeff_count`) 调用的 `try_minimal_privitive_root`, 目的就是寻找 $2N$ 阶单位根.

```
if (!$try_minimal_primitive_root$($2 * coeff_count$, modulus, root))
{
```

---

[①] https://github.com/microsoft/SEAL/blob/v4.0.0/native/src/seal/util/ntt.cpp, 引用日期: 2024-08-03.

```
    ...
}
```

### 3.2.5 通过细节优化提升性能

我们已经介绍完用来加速多项式商环 $\mathbb{Z}_q[x]/(x^N+1)$ 的全部技术了. 然而, 在具体实现时还可以引入很多技巧来进一步提高性能. 举例来说, 计算数论变换和逆数论变换时, 我们可以引入**蝶形结构** (butterfly structure), 把递归调用变为循环调用. 计算数论变换时, 我们可以进一步让输出按照索引值的**位反转顺序** (bit-reversed ordering) 排列, 这样可以节省几次乘法运算, 这就是 Cooley-Tukey (CT) 蝶形结构. 计算数论逆变换时, 可以利用特殊的优化把用于得到负循环多项式乘法结果的"扭转"映射 $(f_0, f_1, \cdots, f_N) \mapsto (f_0, \omega_{2N} f_1, \cdots, \omega_{2N}^N f_N)$ 合并到蝶形结构中, 这就是 Gentleman-Sande (GS) 蝶形结构.

来自微软研究院的 Longa 和 Naehrig 在 2016 年发表的论文《为更快的理想格密码学加速数论转换》[107] 中结合了所有已知的优化方法, 给出了基于 CT 蝶形结构的数论变换和基于 GS 蝶形结构的逆数论变换. 两种算法分别如算法 3.2 和算法 3.3 所示.

**算法 3.2**　基于 Cooley-Tukey (CT) 蝶形结构的 NTT 算法

**输入**: 标准排序 (standard ordering) 的向量 $\mathbf{f} = (f[0], f[1], \cdots, f[N-1]) \in \mathbb{Z}_q^N$, 其中 $q$ 是素数, 满足 $q \equiv 1 \bmod 2N$, $N$ 是 2 的指数幂; 位反转排序的预计算表 $\Psi_{\mathrm{rev}} \in \mathbb{Z}_q^N$, 其中保存着 $\psi$ 的指数幂.
**输出**: 位反转排序的 $\mathbf{f} \leftarrow \mathrm{NTT}(\mathbf{f})$.

$t = N$
**for** $(m = 1; m < N; m = 2m)$ **do**
　　$t = t/2$
　　**for** $(i = 0; i < m; i++)$ **do**
　　　　$j_1 = 2 \cdot i \cdot t$
　　　　$j_2 = j_1 + t - 1$
　　　　$S = \Psi_{\mathrm{rev}}[m+i]$
　　　　**for** $(j = j_1; j \leqslant j_2; j++)$ **do**
　　　　　　$U = f[j]$
　　　　　　$V = f[j+t] \cdot S$
　　　　　　$f[j] = U + V \bmod q$
　　　　　　$f[j+t] = U - V \bmod q$
　　　　**end for**
　　**end for**
**end for**
**return f**

## 3.2 多项式环及其运算

**算法 3.3** 基于 Gentleman-Sande (GS) 蝶形结构的 INTT 算法

**输入**: 标准排序的向量 $\hat{\mathbf{f}} = (\hat{f}[0], \hat{f}[1], \cdots, \hat{f}[N-1]) \in \mathbb{Z}_q^N$，其中 $q$ 是素数，满足 $q \equiv 1 \mod 2N$，$N$ 是 2 的指数幂；位反转排序的预计算表 $\Psi_{\text{rev}}^{-1} \in \mathbb{Z}_q^N$，其中保存着 $\psi^{-1}$ 的指数幂。
**输出**: 标准排序的 $\hat{\mathbf{f}} \leftarrow \text{INTT}(\hat{\mathbf{f}})$.

$t = 1$
**for** $(m = N; m > 1; m = m/2)$ **do**
    $j_1 = 0$
    $h = m/2$
    **for** $(i = 0; i < h; i++)$ **do**
        $j_2 = j_1 + t - 1$
        $S = \Psi_{\text{rev}}^{-1}[h + i]$
        **for** $(j = j_1; j \leqslant j_2; j++)$ **do**
            $U = \hat{f}[j]$
            $V = \hat{f}[j+t]$
            $\hat{f}[j] = U + V \mod q$
            $\hat{f}[j+t] = (U - V) \cdot S \mod q$
        **end for**
        $j_1 = j_1 + 2t$
    **end for**
    $t = 2t$
**end for**
**for** $(j = 0; j < N; j++)$ **do**
    $\hat{f}[j] = \hat{f}[j] \cdot n^{-1} \mod q$
**end for**
**return** $\hat{\mathbf{f}}$

在上述两种蝶形结构的基础上, Harvey 在 2014 年的论文《针对数论转换的快速算术运算》[108] 中又介绍了很多细节优化方法. 简单来说, Harvey 发现部分中间运算结果的取值范围可以预先确定, 从而将模 $q$ 运算替换为普通加法和减法运算. 结合上述所有优化方法, 我们终于得到了 SEAL 代码 numth.h 中 `DWTHandler` 的 `transform_to_rev` 函数实现的数论变换和 `transform_from_rev` 函数实现的逆数论变换. 从代码注释可以看出, SEAL 又增加了三处优化. ① 实现更加通用, 支持任意多项式商环; ② 通过调整 $(\omega_N^{-1}, \cdots, \omega_N^{-\frac{N}{2}})$ 的存储顺序降低逆数论变换实现中的内存访问开销; ③ 将逆数论变换最后一步乘以 $N^{-1}$ 合并到最后一次迭代中, 节省 $N/2$ 次乘法运算.

至此, 我们介绍了多项式商环 $\mathbb{Z}_q[x]/(x^N + 1)$ 下实现负循环多项式乘法所需的全部技术. 现在, 我们把所有这些技术细节都隐藏在符号表示中. 首先, 多项式商环 $\mathbb{Z}_q[x]/(x^N + 1)$ 的写法有点长. 当系数模数为 $q$ 时, 我们就把 $\mathbb{Z}_q[x]/(x^N + 1)$

简写为 $R_q$. 我们用粗体小写字母 (如 $\mathbf{a}$, $\mathbf{b}$ 等) 表示 $R_q$ 下的一个多项式, 用 $\mathbf{a}+\mathbf{b}$ 表示在 $R_q$ 下对两个多项式相加, 用 $\mathbf{a} \cdot \mathbf{b}$ 表示在 $R_q$ 下对两个多项式相乘. 有了这些符号表示后, 我们可以回到 2012 年, 一睹教科书版本的 BFV 全同态加密方案了. 后续, 密码学家又提出了剩余数系统 (residue number system, RNS) 版本的 BFV 全同态加密方案, 进一步提高了 BFV 方案的性能. 我们将在后续章节介绍 RNS 版本 BFV 方案.

## 3.3 教科书 BFV 方案

现在, 是时候介绍 2012 年提出的 BFV 方案了. 我们用范数 $\|\cdot\|$ 表示无穷范数, 即给定包含 $n$ 个元素的向量 $\mathbf{x}=(x_1,x_2,\cdots,x_n)$, 返回这个向量所有元素中绝对值最大的元素: $\|\mathbf{x}\|=\max(|x_1|,|x_2|,\cdots,|x_n|)$. 回忆前一节的定义, 某个 $N-1$ 阶多项式 $f(x)$ 的系数表示 $\mathbf{f}=(f_0,\cdots,f_{N-1})$ 和点值表示 $\hat{\mathbf{f}}=(\hat{f}_0,\cdots,\hat{f}_{N-1})$ (这也是 $\mathbf{f}$ 的数论变换后的结果) 同样可以看成一个向量, 因此也可以用 $\|\cdot\|$ 得到 $\mathbf{f}$ 中绝对值最大的系数或 $\hat{\mathbf{f}}$ 中绝对值最大的多项式求值结果.

全同态加密也是一种加密方案. 所有加密方案都以**明文** (plaintext) 为输入, 使用**私钥** (secret key) 派生出的**公钥** (public key) 将明文转换为**密文** (ciphertext). 只有掌握私钥, 才能简单地把密文转换回明文. 我们先介绍 BFV 方案的明文、密文、私钥和公钥, 再依次介绍加密、解密、同态运算的方法和原理.

BFV 方案的介绍离不开多项式商环中的各个参数. BFV 方案使用的多项式模数为 $x^N+1$, 还会用两个系数模数, 分别为 $t$ 和 $q$, 且一般来说 $q$ 要比 $t$ 大得多. 我们通过一系列例子来介绍 BFV 方案各个步骤的基本原理. 我们将使用小得多的参数来举例, 即 $N=16=2^4$, $t=7$, 以及 $q=874$. 注意, 这些参数并不安全, 只是为了方便演示教科书 BFV 方案.

### 3.3.1 明文密文与私钥公钥

**明文空间和密文空间** BFV 方案的明文是多项式商环 $R_t=\mathbb{Z}_t[x]/(x^N+1)$ 中的一个元素, 其中 $N=2^k$. 换句话说, BFV 方案的明文是一个系数模数为 $t$、阶数小于 $N$ 的多项式. 因此, 我们称 BFV 方案的明文空间 (plaintext space) 为 $R_t$. BFV 方案的明文运算也是在 $R_t$ 下定义的. 换句话说, 明文的加法运算是指系数模数为 $t$ 下的多项式加法运算, 明文的乘法运算指的是明文多项式在系数模数为 $t$、多项式模数为 $x^N+1$ 下的多项式乘法运算.

BFV 方案的密文由多项式商环 $R_q=\mathbb{Z}_q[x]/(x^N+1)$ 中的多个元素表示, 且元素数量至少为 2. 换句话说, BFV 方案的密文由至少 2 个多项式构成, 这些多项式的系数模数均为 $q$, 阶数均小于 $N$. 本节我们只考虑包含 2 个 $R_q$ 中元素的

## 3.3 教科书 BFV 方案

密文. 出于实用性和性能考虑, SEAL 等算法库支持元素数量超过 2 个的密文. 我们后面在介绍具体方案时就会了解到密文何时需要超过 2 个多项式. 现在, 我们就把 BFV 方案的密文空间 (ciphertext space) 记为 $R_q \times R_q$, 或者简写为 $R_q^2$.

**私钥和公钥** 我们用符号 s 表示私钥. 私钥是一个阶数小于 $N$、系数取值范围仅为 $\{-1, 0, 1\}$ 的随机多项式. 也可以把私钥 s 看成多项式商环 $R_3$ 中的一个随机元素. 例如

$$s(x) = -1 + x + x^2 - x^4 + x^6 + x^8 - x^9 - x^{11} - x^{12} - x^{13} + x^{15}$$

此时

$$\mathbf{s} = (-1, 1, 1, 0, -1, 0, 1, 0, 1, -1, 0, -1, -1, -1, 0, 1)$$

**注 3.1** 私钥多项式的系数也可以依其他分布采样, 这里我们沿用 SEAL 库的采样方法.

接下来, 我们要根据私钥来生成公钥. 为此, 我们要从密文对应的多项式商环 $R_q$ 中随机选择一个多项式, 把这个多项式命名为 $a(x)$, 对应的系数向量为 $\mathbf{a}$.

$$\begin{aligned} a(x) = &\ 84 - 60x - 282x^2 + 186x^3 + 322x^4 - 138x^5 + 70x^6 + 52x^7 + 107x^8 \\ &- 212x^9 - 369x^{10} + 447x^{11} - 229x^{12} - 393x^{13} - 256x^{14} + 42x^{15} \end{aligned}$$

即

$$\begin{aligned} \mathbf{a} = &\ (84, -60, -282, 186, 322, -138, 70, 52, 107, -212, -369, 447, \\ &\ -229, -393, -256, 42) \end{aligned}$$

我们还要定义一个系数比较 "小" 的错误多项式. 这个小多项式的所有系数都是以均值为 0、标准差为 $\sigma$ 的离散高斯分布 $\chi$ 采样得到的. 此多项式仅被使用一次, 用完后就可以丢弃了.

$$\begin{aligned} e(x) = &\ 1 + 4x + 4x^3 - 4x^4 + 3x^5 - x^6 + 4x^8 + x^9 - 6x^{10} - 6x^{11} \\ &+ 7x^{12} + x^{13} + x^{14} - 3x^{15} \end{aligned}$$

即

$$\mathbf{e} = (1, 4, 0, 4, -4, 3, -1, 0, 4, 1, -6, -6, 7, 1, 1, -3)$$

公钥由一个多项式对 $\mathsf{pk} = (\mathsf{pk}_0, \mathsf{pk}_1) = ([-\mathbf{as} + \mathbf{e}]_q, \mathbf{a})$ 定义. 由于私钥 s 中每个元素的取值范围仅为 $\{-1, 0, 1\}$, 所以也可以把 s 看成 $R_q$ 中的一个多项式. 同理, 由于离散高斯分布 $\chi$ 的标准差比较小, e 的系数也比较小, 因此也可以把 e

看成 $R_q$ 中的一个多项式. 所以, 公钥涉及的运算就变成了 $R_q$ 下的多项式乘法和多项式加法. 我们特意把公钥的第一项的外侧加上了 $[\cdot]_q$, 以强调这个公钥的多项式系数可以为负数.

如果用上面定义 s, a 和 e 举例, 则公钥中的第一项如图 3.6 所示.

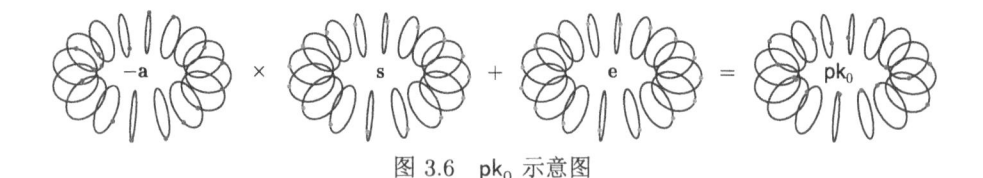

图 3.6 $\mathsf{pk}_0$ 示意图

其计算结果为

$$\begin{aligned}\mathsf{pk}_0(x) = & 252 - 113x - 234x^2 + 110x^3 + 377x^4 - 281x^5 \\ & - 158x^6 + 26x^7 + 430x^8 - 41x^9 - 142x^{10} \\ & - 83x^{11} + 86x^{12} - 32x^{13} - 431x^{14} - 285x^{15}\end{aligned}$$

即

$$\begin{aligned}\mathsf{pk}_0 = & (252, -113, -234, 110, 377, -281, -158, 26, \\ & 430, -41, -142, -83, 86, -32, -431, -285)\end{aligned}$$

由于 $R_q$ 下的多项式乘法具有幂次项 "循环" 和系数 "取负" 的过程, 因此 $-\mathbf{as}$ 将有效地用私钥 s 打乱 a 的所有系数. 完成多项式乘法后, 还要在结果上增加噪声项 e. 这样一来, 公钥中所包含的私钥信息就可以被掩盖了.

如果想从公钥入手破解加密方案, 就会涉及根据 $([-\mathbf{as} + \mathbf{e}]_q, \mathbf{a})$ 计算出 s. 这也是增加噪声项的原因. 当参数设置得当时, 求解 s 就变成了一个叫**环错误学习** (ring learning with errors, RLWE) 的困难问题了, 这也就是提供算法安全性的地方, 感兴趣的读者可以自行拓展学习.

### 3.3.2 加密与解密

**加密** 加密过程看起来有点像公钥生成过程, 或者也可以反过来说, 公钥的生成过程有点像在对数值为 0 的明文进行加密.

加密算法以明文空间 $R_t$ 中的一个元素 $\mathbf{m} \in R_t$ 为输入, 将 m 转换为两个 $R_q$ 中的元素. 在演示的例子中, 我们将加密一个非常简单的明文多项式 $m(x) = 3 + 4x^8 \equiv 3 - 3x^8$, 这个多项式只包含两个非零系数. 令 $N = 16, q = 874$ 以及

## 3.3 教科书 BFV 方案

$t = 7$. 此时
$$\mathbf{m} = (3, 0, 0, 0, 0, 0, 0, 0, -3, 0, 0, 0, 0, 0, 0, 0)$$

加密算法还需要用到三个小多项式. 前两个错误多项式 $\mathbf{e}_1, \mathbf{e}_2$ 的系数同样是以均值为 0、标准差为 $\sigma$ 的离散高斯分布 $\chi$ 采样得到的, 即与生成公钥时所用的离散高斯分布参数相同.

$$e_1(x) = 4 - 6x + 2x^2 - 3x^3 - 3x^4 - 4x^5 + 5x^6 + 4x^7 + 4x^8$$
$$+ x^9 + 3x^{10} - 4x^{11} - x^{12} + 3x^{13} - 2x^{14} - 5x^{15}$$
$$e_2(x) = 2 - 2x - 4x^2 + x^3 - 2x^4 + 2x^5 - 3x^6 - 4x^7 + 4x^8$$
$$- x^9 + 2x^{10} + 5x^{11} - 4x^{13} + 2x^{14} - 7x^{15}$$

即
$$\mathbf{e}_1 = (4, -6, 2, -3, -3, -4, 5, 4, 4, 1, 3, -4, -1, 3, -2, -5)$$
$$\mathbf{e}_2 = (2, -2, -4, 1, -2, 2, -3, -4, 4, -1, 2, 5, 0, -4, 2, -7)$$

第三个多项式 $\mathbf{u}$ 的系数取值范围与私钥 $\mathbf{s}$ 相同, 同样是 $\{-1, 0, 1\}$, 或者说是 $R_3$ 中的一个随机元素.

$$u(x) = 1 - x^3 - x^5 - x^8 + x^{12} + x^{13} + x^{14}$$

即
$$\mathbf{u} = (1, 0, -1, 0, -1, 0, 0, -1, 0, 0, 0, 1, 1, 1, 0)$$

$\mathbf{e}_1, \mathbf{e}_2, \mathbf{u}$ 仅在加密过程中使用, 用完后就可以丢弃了.

密文用 $R_q$ 中的两个元素表示, 计算过程为 $\mathsf{ct} = \left( \left[ \mathsf{pk}_0 \mathbf{u} + \mathbf{e}_1 + \dfrac{q}{t} \cdot \mathbf{m} \right]_q, \left[ \mathsf{pk}_1 \mathbf{u} + \mathbf{e}_2 \right]_q \right)$. 这里需要注意明文出现的位置和方式. 明文多项式的系数模数是 $t$, 即明文多项式的系数取值范围是 $\left[ -\dfrac{t}{2}, \dfrac{t}{2} \right)$. 加密过程会把明文的每一个系数都放大 $\dfrac{q}{t}$ 倍, 使系数取值范围变成 $\left[ -\dfrac{q}{2}, \dfrac{q}{2} \right)$. 只需要对明文多项式系数做这样一个缩放处理, 就可以把明文插入到密文中了. 观察密文的第一项 $\mathsf{ct}_0 = \left[ \mathsf{pk}_0 \mathbf{u} + \mathbf{e}_1 + \dfrac{q}{t} \cdot \mathbf{m} \right]_q$. 我们用多项式 $\mathsf{pk}_0 \mathbf{u}$ 掩盖放大后的消息. 此多项式的系数取值范围是 $\left[ -\dfrac{q}{2}, \dfrac{q}{2} \right)$, 与 $R_q$ 中的随机元素无法区分. $\mathbf{u}$ 的随机性会使得每次

加密使用的掩盖值都随机变化,保证相同明文的加密结果都不一样. 为了让密文满足 RLWE 困难问题的要求,要在 $\text{ct}_0$ 再加上噪声项 $\mathbf{e}_1$,最终得到了 $\text{ct}_0 = \left[\text{pk}_0 \mathbf{u} + \mathbf{e}_1 + \dfrac{q}{t} \cdot \mathbf{m}\right]_q$,如图 3.7 所示.

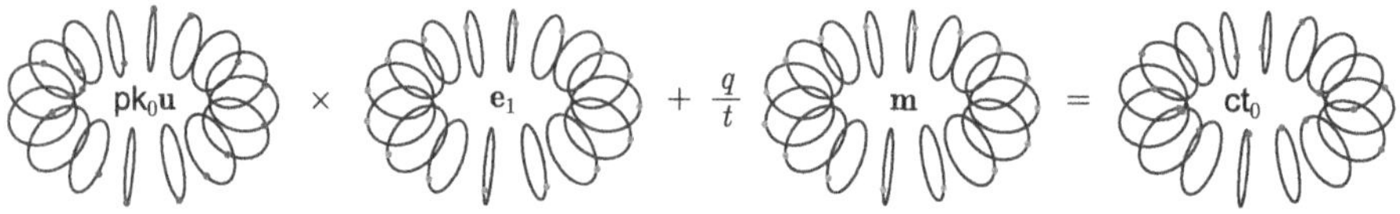

图 3.7 $\text{ct}_0$ 示意图

密文的第二项 $\text{ct}_1 = [\text{pk}_1 \mathbf{u} + \mathbf{e}_2]_q$ 用于在解密中移除多项式 $\text{pk}_0 \mathbf{u}$. 我们用上述计算过程把密文多项式显式计算出来, 得到

$$\text{ct}_0(x) = 42 + 23x + 144x^2 - 247x^3 - 258x^4 - 201x^5 + 184x^6 + 5x^7 + 115x^8$$
$$+ 252x^9 - 238x^{10} - 392x^{11} - 249x^{12} + 13x^{13} - 53x^{14} + 217x^{15}$$

$$\text{ct}_1(x) = 380 - 91x - 26x^2 - 20x^3 + 68x^4 - 332x^5 + 225x^6 + 386x^7 - 330x^8$$
$$+ 56x^9 - 24x^{10} + 350x^{11} + 270x^{12} - 12x^{13} + 225x^{14} + 25x^{15}$$

即

$$\text{ct}_0 = (42, 23, 144, -247, -258, -201, 184, 5, 115, 252, -238, -392,$$
$$-249, 13, -53, 217)$$

$$\text{ct}_1 = (380, -91, -26, -20, 68, -332, 225, 386, -330, 56, -24, 350,$$
$$270, -12, 225, 25)$$

其中 $\dfrac{q}{t} = \dfrac{874}{7} \approx 125$.

**解密** 先把公钥 $\text{pk}_0$ 的表达式代入密文项 $\text{ct}_0$ 中,可以得到 $\text{ct}_0 = \left[\mathbf{e}_1 + \mathbf{eu} - \mathbf{aus} + \dfrac{q}{t} \cdot \mathbf{m}\right]_q$. 在这个表达式中,前两个项 $\mathbf{e}_1$ 和 $\mathbf{eu}$ 都是 "小" 多项式. 其中,$\mathbf{e}_1$ 本身就是个噪声多项式,而 $\mathbf{eu}$ 是一个噪声多项式 $\mathbf{e}$ 乘以 $R_3$ 中的 "小" 多项式 $\mathbf{u}$,因此 $\mathbf{eu}$ 的各个系数都与噪声量成正比. 后两个项 $-\mathbf{aus}$ 和 $\dfrac{q}{t} \cdot \mathbf{m}$ 都是 "大" 多项式. 第一个 "大" 项可以有效掩盖第二个 "大" 项,而第二个 "大" 项就是缩放后的消息.

## 3.3 教科书 BFV 方案

再把公钥 $pk_1$ 代入密文的第二个多项式中, 可以得到 $ct_1 = [au + e_2]_q$. 此时我们已经能看出来该如何解密了. 如果我们知道 $s$, 就可以计算 $ct_1 s = [aus + e_2 s]_q$, 从而移除密文 $ct_0$ 中的非消息"大"项——$aus$. 解密的完整过程如下. 首先, 我们计算 $[ct_0 + ct_1 s]_q$, 这可以移除用于掩盖明文的多项式 $aus$. 计算完毕后把结果展开, 我们会得到 $\left[\frac{q}{t} \cdot \mathbf{m} + \mathbf{e}_1 + \mathbf{eu} + \mathbf{e}_2 \mathbf{s}\right]_q$. 换句话说, 我们得到的是缩放后的消息加上一些噪声项. 因此, 只要噪声项不太大, 我们就可以恢复出消息. 解密过程如图 3.8 所示.

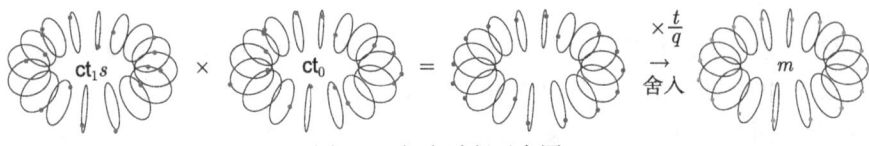

图 3.8 解密过程示意图

具体来说,
$$ct_1(x)s(x) + ct_0(x) = 393 + 7x - 12x^2 - 2x^3 - 3x^4 - 13x^5 + 10x^6 + 9x^7 - 380x^8 \\ + 19x^9 - 23x^{10} - 32x^{11} + 22x^{12} + 17x^{13} - 2x^{14} + 13x^{15}$$

即
$$ct_1 s + ct_0 = (393, 7, -12, -2, -3, -13, 10, 9, -380, 19, -23, -32, 22, 17, -2, 13)$$

可以看到, 除了明文中的两个非零系数 ($x^8$ 和 $x^0$) 外, 其他所有系数都小于 $\frac{q}{t} \approx 125$. 如果我们将 $ct_1 s + ct_0$ 的系数重新缩放到 $\left[-\frac{t}{2}, \frac{t}{2}\right)$ 的范围内, 则有

$$\frac{393}{125} + \frac{7}{125}x - \frac{12}{125}x^2 - \frac{2}{125}x^3 - \frac{3}{125}x^4 - \frac{13}{125}x^5 + \frac{10}{125}x^6 + \frac{9}{125}x^7 - \frac{380}{125}x^8 \\ + \frac{19}{125}x^9 - \frac{23}{125}x^{10} - \frac{32}{125}x^{11} + \frac{22}{125}x^{12} + \frac{17}{125}x^{13} - \frac{2}{125}x^{14} + \frac{13}{125}x^{15}$$

对系数做舍入处理, 就可以恢复出我们的消息
$$m(x) = 3 - 3x^8$$

把上述过程组合到一起, 解密密文的方法是计算
$$\mathbf{m}' = \left[\left\lfloor \frac{t}{q}[ct_0 + ct_1 s]_q \right\rceil\right]_t$$

其中 $\lfloor \cdot \rceil$ 表示舍入为最接近的整数.

如果系数中的噪声项太大, 则计算结果将会与正确结果不一致. 这意味着解密失败. 在上面的例子中, 最大的错误项是 $\frac{22}{125}$, 意味着密文中还有一些空间去容纳更大的噪声, 并保证解密结果仍然正确. 可以通过调整 $\frac{q}{t}$ 来调节噪声容量.

### 3.3.3 同态运算

BFV 方案的同态运算涉及同态加法和同态乘法, 分别对应明文在 $R_t$ 下的加法和乘法运算.

**同态加法** 同态加法的计算流程非常简单. 假设我们已经用相同的公钥 $\mathsf{pk} = (\mathsf{pk}_0, \mathsf{pk}_1)$ 加密了两个明文多项式 $\mathbf{m}_1$ 和 $\mathbf{m}_2$. 注意, 两个明文多项式的加密过程分别使用了两个不同的 "小" 多项式 $\mathbf{u}^{(1)}$ 和 $\mathbf{u}^{(2)}$, 以及两对不同的小噪声多项式 $\mathbf{e}_1^{(1)}, \mathbf{e}_2^{(1)}, \mathbf{e}_1^{(2)}, \mathbf{e}_2^{(2)}$.

$$\mathsf{ct}^{(1)} = (\mathsf{ct}_0^{(1)}, \mathsf{ct}_1^{(1)}) = \left( \left[ \mathsf{pk}_0 \mathbf{u}^{(1)} + \mathbf{e}_1^{(1)} + \frac{q}{t} \cdot \mathbf{m}_1 \right]_q, \left[ \mathsf{pk}_1 \mathbf{u}^{(1)} + \mathbf{e}_2^{(1)} \right]_q \right)$$

$$\mathsf{ct}^{(2)} = (\mathsf{ct}_0^{(2)}, \mathsf{ct}_1^{(2)}) = \left( \left[ \mathsf{pk}_0 \mathbf{u}^{(2)} + \mathbf{e}_1^{(2)} + \frac{q}{t} \cdot \mathbf{m}_2 \right]_q, \left[ \mathsf{pk}_1 \mathbf{u}^{(2)} + \mathbf{e}_2^{(2)} \right]_q \right)$$

我们只需要对相应的密文项求加法, 就可以得到一个新的密文

$$\begin{aligned}\mathsf{ct}^{(+)} &= \mathsf{ct}^{(1)} + \mathsf{ct}^{(2)} \\ &= \Big( \left[ \mathsf{pk}_0(\mathbf{u}^{(1)} + \mathbf{u}^{(2)}) + (\mathbf{e}_1^{(1)} + \mathbf{e}_1^{(2)}) + \frac{q}{t} \cdot (\mathbf{m}_1 + \mathbf{m}_2) \right]_q, \\ &\quad \left[ \mathsf{pk}_1(\mathbf{u}^{(1)} + \mathbf{u}^{(2)}) + (\mathbf{e}_2^{(1)} + \mathbf{e}_2^{(2)}) \right]_q \Big) \end{aligned}$$

因为消息仅以缩放形式存在于密文中, 所以加法结果与 $\mathbf{m}_1 + \mathbf{m}_2$ 的密文形式完全相同, 唯一的区别只是使用了一个新的噪声项

$$\mathsf{ct}^{(+)} = \left( \left[ \mathsf{pk}_0 \mathbf{u}^{(+)} + \mathbf{e}_1^{(+)} + \frac{q}{t} \cdot (\mathbf{m}_1 + \mathbf{m}_2) \right]_q, \left[ \mathsf{pk}_1 \mathbf{u}^{(+)} + \mathbf{e}_2^{(+)} \right]_q \right)$$

其中 $\mathbf{e}_1^{(+)} = \mathbf{e}_1^{(1)} + \mathbf{e}_1^{(2)}$, $\mathbf{u}^{(+)} = \mathbf{u}^{(1)} + \mathbf{u}^{(2)}$, $\mathbf{e}_2^{(+)} = \mathbf{e}_2^{(1)} + \mathbf{e}_2^{(2)}$. 如果对 $\mathsf{ct}^{(+)}$ 解密, 则舍入操作之前的近似解密结果将会是

$$\left[ \frac{q}{t}(\mathbf{m}_1 + \mathbf{m}_2) + \mathbf{e}_1^{(+)} + \mathbf{e}\mathbf{u}^{(+)} + \mathbf{e}_2^{(+)}\mathbf{s} \right]_q$$

## 3.3 教科书 BFV 方案

这意味着只要新的噪声项不太大, 我们就仍然可以正确解密出消息 $\mathbf{m}_1 + \mathbf{m}_2$. 反之, 如果噪声多项式中的某一个系数大于 $\frac{q}{2t}$, 噪声就会 "越界", 舍入操作会把明文舍入成错误的结果, 导致解密失败. 不过, 三个噪声的形式都是相同离散高斯分布 $\chi$ 下采样出多项式相加. 由于多项式系数都允许取负数, 因此在某些情况下, 我们会用一个正系数加上一个负系数, 结果将更接近于零. 反之, 在某些情况下, 两个系数的符号相同, 相加结果将变得更大. 在多数情况下, 噪声的增加量都相对比较温和.

**同态乘法**　　相比同态加法, 同态乘法的运算过程要稍复杂一些, 不过也没有想象得那么复杂. 比较麻烦的地方有两点. 第一是密文同态乘法所引入的噪声量会更大, 我们稍后就会来简单分析同态乘法的噪声增长情况. 第二是同态乘法会引入一个叫做重线性化 (relinearization) 的操作, 此操作又是密钥切换 (key switching) 的特殊形式. 别担心, 我们一步一步来.

先来看看同态乘法的第一步. 如前所述, 明文分别以缩放形式 $\frac{q}{t} \cdot \mathbf{m}_1$ 和 $\frac{q}{t} \cdot \mathbf{m}_2$ 出现在密文的第一项 $\mathbf{ct}_0^{(1)}$ 和 $\mathbf{ct}_0^{(2)}$ 中. 因此, 将两个密文的第一项相乘, 再乘以 $\frac{t}{q}$, 就可以得到一个包含 $\frac{q}{t} \cdot (\mathbf{m}_1 \mathbf{m}_2)$ 的密文项. 如果我们还能在解密过程中移除对应的掩盖项, 就仍然能成功解密并恢复出明文 $\mathbf{m}_1 \mathbf{m}_2$.

理解同态乘法原理的关键点是理解如何从密文的乘积中移除掩盖项. 为了做到这一点, 我们要把密文 ct 看成一个以私钥 s 为幂次项的多项式. 这里理解起来可能有些困难, 但这是理解同态乘法运算原理的核心思想.

回忆一下, 解密过程要计算的是 $\mathbf{m}' = \left[\left\lfloor\frac{t}{q}[\mathbf{ct}_0 + \mathbf{ct}_1\mathbf{s}]_q\right\rceil\right]_t$, 即先乘以私钥 s, 再放缩 $\frac{t}{q}$ 倍. 我们把解密过程的第一步 $[\mathbf{ct}_0 + \mathbf{ct}_1\mathbf{s}]_q$ 写成

$$[\mathbf{ct}_0 + \mathbf{ct}_1\mathbf{s}]_q = [\mathbf{ct}_0\mathbf{s}^0 + \mathbf{ct}_1\mathbf{s}^1]_q$$

这样一来, 密文的每一个元素都是 s 幂次项的一个系数. 记住, ct 和 s 本身就是 $R_q$ 中的元素, 因此这个公式实际上是一个多项式 ($\mathbf{ct}_0$) 乘以 $R_q$ 常数多项式 1 ($\mathbf{s}^0$) 后, 加上一个多项式 ($\mathbf{ct}_1$) 乘以另一个多项式 ($\mathbf{s}^1$), 所有运算都是在 $R_q$ 下执行的.

介绍解密过程时我们已经提到过, 解密过程将产生一个与掩盖项 aus 无关的噪声项 $\mathbf{e}_r$, 即

$$[\mathbf{ct}_0 + \mathbf{ct}_1\mathbf{s}^1]_q = \frac{q}{t} \cdot \mathbf{m} + \mathbf{e}_r$$

现在考虑两个明文 $\mathbf{m}_1$ 和 $\mathbf{m}_2$ 所对应的密文 $\mathbf{ct}^{(1)}$ 和 $\mathbf{ct}^{(2)}$. 解密过程是类似

的, 相应的噪声项分别为 $\mathbf{e}_r^{(1)}$ 和 $\mathbf{e}_r^{(2)}$, 即

$$\left[\mathsf{ct}_0^{(1)} + \mathsf{ct}_1^{(1)} \mathbf{s}^1\right]_q = \frac{q}{t} \cdot \mathbf{m}_1 + \mathbf{e}_r^{(1)}$$

$$\left[\mathsf{ct}_0^{(2)} + \mathsf{ct}_1^{(2)} \mathbf{s}^1\right]_q = \frac{q}{t} \cdot \mathbf{m}_2 + \mathbf{e}_r^{(2)}$$

如果我们对两个解密公式的左右两边分别计算乘积, 则得到

$$\left[\mathsf{ct}_0^{(1)} + \mathsf{ct}_1^{(1)} \mathbf{s}^1\right]_q \cdot \left[\mathsf{ct}_0^{(2)} + \mathsf{ct}_1^{(2)} \mathbf{s}^1\right]_q = \left(\frac{q}{t} \cdot \mathbf{m}_1 + \mathbf{e}_r^{(1)}\right)\left(\frac{q}{t} \cdot \mathbf{m}_2 + \mathbf{e}_r^{(2)}\right)$$

现在, 我们以 $\mathbf{s}$ 为变量展开左侧表达式, 并对所有项再乘以 $\frac{t}{q}$, 则有

$$\frac{t}{q} \cdot \left[\mathsf{ct}_0^{(1)} + \mathsf{ct}_1^{(1)} \mathbf{s}^1\right]_q \cdot \left[\mathsf{ct}_0^{(2)} + \mathsf{ct}_1^{(2)} \mathbf{s}^1\right]_q = \overline{\mathsf{ct}}_0 + \overline{\mathsf{ct}}_1 \mathbf{s} + \overline{\mathsf{ct}}_2 \mathbf{s}^2$$

其中 $\overline{\mathsf{ct}}_0 = \left[\frac{t}{q} \mathsf{ct}_0^{(1)} \mathsf{ct}_0^{(2)}\right]_q$, $\overline{\mathsf{ct}}_1 = \left[\frac{t}{q} (\mathsf{ct}_1^{(1)} \mathsf{ct}_0^{(2)} + \mathsf{ct}_0^{(1)} \mathsf{ct}_1^{(2)})\right]_q$, $\overline{\mathsf{ct}}_2 = \left[\frac{t}{q} \mathsf{ct}_1^{(1)} \mathsf{ct}_1^{(2)}\right]_q$.

这意味着与原始密文形式相比, 左侧表达式展开后得到的密文会多出一个与 $\mathbf{s}^2$ 对应的密文项. 解密时代入密钥 $\mathbf{s}$ 的正确幂次项后就可以正确解密了. 换句话说, 只需要把相应的密文项相乘, 得到 $(\overline{\mathsf{ct}}_0, \overline{\mathsf{ct}}_1, \overline{\mathsf{ct}}_2)$, 我们就完成了同态乘法运算. 这里需要特别注意的是, 乘以 $\frac{t}{q}$ 之前的 $\mathsf{ct}_0^{(1)} \mathsf{ct}_0^{(2)}$, $\mathsf{ct}_1^{(1)} \mathsf{ct}_0^{(2)} + \mathsf{ct}_0^{(1)} \mathsf{ct}_1^{(2)}$ 和 $\mathsf{ct}_1^{(1)} \mathsf{ct}_1^{(2)}$ 并不是 $R_q$ 下的多项式乘法, 而是移除了系数模数 $q$, 直接在多项式商环 $R$ 下完成的. 随后, 我们要把每个系数看成一个有理数, 对这些有理数分别乘以 $\frac{t}{q}$ 后再取整, 得到的才是正确的密文.

我们可以扩展解密过程的定义, 使其包含 $\mathbf{s}^2$ 这个额外的幂次项

$$\mathbf{m}' = \left[\left\lfloor\frac{t}{q}\left[\overline{\mathsf{ct}}_0 \mathbf{s}^0 + \overline{\mathsf{ct}}_1 \mathbf{s}^1 + \overline{\mathsf{ct}}_2 \mathbf{s}^2\right]_q\right\rceil\right]_t$$

归根到底, 我们只是在解密过程中多引入了一项, 即还要再计算一个多项式 $(\overline{\mathsf{ct}}_2)$ 乘以私钥的平方 $(\mathbf{s}^2)$. 这也是 BFV 方案的密文由至少 2 个多项式构成的原因: 每执行一次同态乘法后得到的密文就会增加一个密文项, 且这仍然是一个有效的密文, 可以用私钥 $\mathbf{s}$ 完成解密.

为了更进一步地理解其工作原理, 我们根据加密过程展开 $\mathsf{ct}^{(1)}$ 和 $\mathsf{ct}^{(2)}$

$$\mathsf{ct}^{(1)} = \left[\mathsf{pk}_0 \mathbf{u}^{(1)} + \mathbf{e}_1^{(1)} + \frac{q}{t} \cdot \mathbf{m}_1, \mathsf{pk}_1 \mathbf{u}^{(1)} + \mathbf{e}_1^{(1)}\right]$$

## 3.3 教科书 BFV 方案

$$\mathsf{ct}^{(2)} = \left[\mathsf{pk}_0\mathbf{u}^{(2)} + \mathbf{e}_1^{(2)} + \frac{q}{t}\cdot\mathbf{m}_2, \mathsf{pk}_1\mathbf{u}^{(2)} + \mathbf{e}_2^{(2)}\right]$$

如果我们展开同态乘法的运算过程，并把解密过程执行到乘以 $\dfrac{t}{q}$ 之前，会得到一个非常复杂的表达式

$$\overline{\mathsf{ct}}_0\mathbf{s}^0 + \overline{\mathsf{ct}}_1\mathbf{s}^1 + \overline{\mathsf{ct}}_2\mathbf{s}^2 = \frac{q}{t}\cdot\mathbf{m}_1\mathbf{m}_2 + \mathbf{e}_2^{(2)}\mathbf{m}_1\mathbf{s} + \mathbf{e}_2^{(1)}\mathbf{m}_2\mathbf{s} + \mathbf{e}\mathbf{m}_2\mathbf{u}^{(1)} + \mathbf{e}\mathbf{m}_1\mathbf{u}^{(2)}$$

$$+ \mathbf{e}_1^{(2)}\mathbf{m}_1 + \mathbf{e}_1^{(1)}\mathbf{m}_2 + \frac{t}{q}\mathbf{e}^2\mathbf{u}^{(1)}\mathbf{u}^{(2)} + \frac{t}{q}\mathbf{e}_2^{(1)}\mathbf{e}_2^{(2)}\mathbf{s}^2$$

$$+ \frac{t}{q}\mathbf{e}_2^{(2)}\mathbf{esu}^{(1)} + \frac{t}{q}\mathbf{e}_2^{(1)}\mathbf{esu}^{(2)} + \frac{t}{q}\mathbf{e}_2^{(1)}\mathbf{e}_1^{(2)}\mathbf{s} + \frac{t}{q}\mathbf{e}_1^{(1)}\mathbf{e}_2^{(2)}\mathbf{s}$$

$$+ \frac{t}{q}\mathbf{e}_1^{(2)}\mathbf{eu}^{(1)} + \frac{t}{q}\mathbf{e}_1^{(1)}\mathbf{eu}^{(2)} + \frac{t}{q}\mathbf{e}_1^{(1)}\mathbf{e}_1^{(2)}$$

虽然解密结果包含了很多噪声项，不过我们已经成功移除了所有的掩盖项，得到了 $\dfrac{q}{t}\cdot\mathbf{m}_1\mathbf{m}_2$. 只要后面的全部噪声项的范数不会超过 $\dfrac{q}{2t}$，解密结果就是正确的. 噪声项的分析过程比较复杂，这里我们不过多赘述. 感兴趣的读者可以阅读 Fan 和 Vercauteren 的论文《实用部分全同态加密》[46] 中的引理 2.

### 3.3.4 密钥切换与重线性化

上节介绍的同态乘法运算过程允许我们对密文执行多次同态乘法，但代价是每次同态乘法都会使密文增加一个密文项. 如果同态运算次数比较多，密文项数量的增加就会变成一个必须要解决的问题了. 实际上，可以通过一些方法将密文项数量降低回 2 个，代价是增加噪声. 由于此方法相当于把 $\mathbf{s}^2$ 或更高次项从解密过程中移除，因此这一过程被称为重线性化. 重线性化是密钥切换的一个特例，而密钥切换是后续全同态加密的核心技术. 因此，我们会用一种更通用的描述过程来描述密钥切换，以为后续学习其他全同态加密方案做好准备.

在介绍密钥切换之前，让我们重新回顾一下 BFV 方案的密文和公钥格式. BFV 方案的密文为

$$\mathsf{ct} = (\mathsf{ct}_0, \mathsf{ct}_1) = \left(\left[\mathsf{pk}_0\mathbf{u} + \mathbf{e}_1 + \frac{q}{t}\cdot\mathbf{m}\right]_q, [\mathsf{pk}_1\mathbf{u} + \mathbf{e}_2]_q\right)$$

把公钥代入密文中，有

$$\mathsf{ct} = (\mathsf{ct}_0, \mathsf{ct}_1) = \left(\left[-\mathbf{aus} + \mathbf{eu} + \mathbf{e}_1 + \frac{q}{t}\cdot\mathbf{m}\right]_q, [\mathbf{au} + \mathbf{e}_2]_q\right)$$

我们把第二个密文项 $\mathbf{au} + \mathbf{e}_2$ 看成一个整体 $\bar{\mathbf{a}}$, 把 $\dfrac{q}{t} \cdot \mathbf{m}$ 直接看成 (缩放前的) 明文 $\bar{\mathbf{m}}$. 为了简化公式, 我们暂时把最外侧的 $[\cdot]_q$ 移除, 则第一个密文项变成了

$$\mathrm{ct}_0 = -(\bar{\mathbf{a}} - \mathbf{e}_2) \cdot \mathbf{s} + \bar{\mathbf{m}} + \mathbf{eu} + \mathbf{e}_1 = -\bar{\mathbf{a}}\mathbf{s} + \bar{\mathbf{m}} + \mathbf{e}_2\mathbf{s} + \mathbf{eu} + \mathbf{e}_1$$
$$= -\bar{\mathbf{a}}\mathbf{s} + \bar{\mathbf{m}} + \mathbf{e}_{\text{original}}$$

其中 $\mathbf{e}_{\text{original}}$ 是新的噪声项. 此时, 可以把 BFV 的密文简单表示为

$$\mathrm{ct} = (\mathrm{ct}_0, \mathrm{ct}_1) = (-\bar{\mathbf{a}}\mathbf{s} + \bar{\mathbf{m}} + \mathbf{e}_{\text{original}}, \bar{\mathbf{a}})$$

这实际上就是 RLWE 问题的一个实例. 为方便描述, 我们后面会用 $\mathrm{RLWE}_\mathbf{s}(\mathbf{x})$ 表示私钥 $\mathbf{s}$ 下明文 $\mathbf{x}$ 的 RLWE 密文. 也就是说, $\mathrm{RLWE}_\mathbf{s}(\mathbf{x})$ 是一个满足密文格式和分布要求的有效 RLWE 密文.

再来看看 BFV 方案的公钥

$$\mathrm{pk} = (\mathrm{pk}_0, \mathrm{pk}_1) = ([-\mathbf{as} + \mathbf{e}]_q, \mathbf{a})$$

可以发现, 把符号做个简单的调整后, BFV 方案的公钥与 BFV 方案的密文格式竟然完全相同, 都是 RLWE 问题的一个实例. 唯一的区别是公钥里没有明文 $\bar{\mathbf{m}}$, 或者我们可以理解为公钥是 0 所对应的密文.

**密钥切换的定义与核心思想**　密钥切换指在不知道任何一个私钥的条件下, 把某个私钥下的 RLWE 密文切换成另一个私钥下的 RLWE 密文. 我们把上面的符号引入进来. 假设 RLWE 密文为

$$\mathrm{ct} = (\mathrm{ct}_0, \mathrm{ct}_1) = (-\bar{\mathbf{a}}\mathbf{s} + \bar{\mathbf{m}} + \mathbf{e}_{\text{original}}, \bar{\mathbf{a}})$$

其中的 $\mathbf{s} \in R_3$ 就是私钥. 现在, 假设我们有另一个多项式模数相同的私钥 $\mathbf{t} \in R_3$. 我们想把密文 $\mathrm{ct}$ 切换为密文 $\mathrm{ct}'$, 新密文加密的仍然是明文 $\mathbf{m}$, 但变成了新私钥 $\mathbf{t}$ 下的密文. 换句话说, 我们想得到的是

$$\mathrm{ct}' = (\mathrm{ct}'_0, \mathrm{ct}'_1) = (-\bar{\mathbf{a}}'\mathbf{t} + \bar{\mathbf{m}} + \mathbf{e}_{\text{original}} + \mathbf{e}_{\text{new}}, \bar{\mathbf{a}}')$$

这样写的目的是表明密钥切换可能会引入额外的噪声量. 一般来说, 只要密文的总噪声量足够小, 密钥切换后得到的密文就仍然是有效的 RLWE 密文.

密钥切换需要用到一个可以公开的**密钥切换密钥** (key switching key). 将私钥从 $\mathbf{s}$ 切换到 $\mathbf{t}$ 的密钥切换密钥 $\mathrm{ks}_{\mathbf{s} \to \mathbf{t}}$ 的定义为

$$\mathrm{ks}_{\mathbf{s} \to \mathbf{t}} = \mathrm{RLWE}_\mathbf{t}(\mathbf{s}) = (-\bar{\mathbf{a}}_{\mathbf{s} \to \mathbf{t}} \mathbf{t} + \mathbf{s} + \mathbf{e}, \bar{\mathbf{a}}_{\mathbf{s} \to \mathbf{t}})$$

换句话说, $\mathrm{ks}_{\mathbf{s} \to \mathbf{t}}$ 是私钥 $\mathbf{s}$ 在新私钥 $\mathbf{t}$ 下的有效 RLWE 密文, 其中 $\bar{\mathbf{a}}_{\mathbf{s} \to \mathbf{t}} \in R_q$ 是加密时从 $R_q$ 中采样的随机多项式. 有了密钥切换密钥 $\mathrm{ks}_{\mathbf{s} \to \mathbf{t}}$, 我们就可以通过下述

公式实现密钥切换了

$$\begin{aligned}
\mathsf{ct}' &= (\mathsf{ct}_0, \mathbf{0}) + \mathsf{ct}_1 \cdot \mathsf{ks}_{\mathsf{s} \to \mathsf{t}} \\
&= ((-\overline{\mathbf{a}}\mathsf{s} + \overline{\mathbf{m}} + \mathbf{e}_{\text{original}}) + \overline{\mathbf{a}}(-\overline{\mathbf{a}}_{\mathsf{s} \to \mathsf{t}}\mathsf{t} + \mathsf{s} + \mathbf{e}), \overline{\mathbf{a}} \cdot \overline{\mathbf{a}}_{\mathsf{s} \to \mathsf{t}}) \\
&= (-\overline{\mathbf{a}}\mathsf{s} + \overline{\mathbf{m}} + \mathbf{e}_{\text{original}} - \overline{\mathbf{a}} \cdot \overline{\mathbf{a}}_{\mathsf{s} \to \mathsf{t}}\mathsf{t} + \overline{\mathbf{a}}\mathsf{s} + \overline{\mathbf{a}}\mathbf{e}, \overline{\mathbf{a}} \cdot \overline{\mathbf{a}}_{\mathsf{s} \to \mathsf{t}}) \\
&= (-\overline{\mathbf{a}} \cdot \overline{\mathbf{a}}_{\mathsf{s} \to \mathsf{t}}\mathsf{t} + \overline{\mathbf{m}} + \mathbf{e}_{\text{original}} + \overline{\mathbf{a}}\mathbf{e}, \overline{\mathbf{a}} \cdot \overline{\mathbf{a}}_{\mathsf{s} \to \mathsf{t}})
\end{aligned}$$

如果我们把 $\overline{\mathbf{a}} \cdot \overline{\mathbf{a}}_{\mathsf{s} \to \mathsf{t}}$ 看成 $R_q$ 中的一个随机多项式 $\overline{\mathbf{a}}'$,再把 $\overline{\mathbf{a}}\mathbf{e}$ 看成新的噪声项 $\mathbf{e}_{\text{new}}$,那我们就得到了与期望结果完全一致的新密文

$$\mathsf{ct}' = (\mathsf{ct}'_0, \mathsf{ct}'_1) = (-\overline{\mathbf{a}}'\mathsf{t} + \overline{\mathbf{m}} + \mathbf{e}_{\text{original}} + \mathbf{e}_{\text{new}}, \overline{\mathbf{a}}')$$

但是,别忘了 $\mathbf{e}_{\text{new}} = \overline{\mathbf{a}}\mathbf{e}$,其中 $\overline{\mathbf{a}}$ 是 $R_q$ 中完全随机的元素. 这意味着 $\mathbf{e}_{\text{new}}$ 几乎变成了 $R_q$ 中的随机元素,会把密文中的明文完全淹没掉. 我们需要想出个噪声增长量不那么大的密钥切换方法. Fan 和 Vercauteren 在 BFV 方案的原始论文《实用部分全同态加密》[46] 中提出了两种密钥切换的实现方法. 我们分别介绍这两种方法.

**利用数位表示法实现密钥切换** 第一种方法要利用多项式系数的**数位表示法** (positional representation). Brakerski 和 Vaikuntanathan 在 2014 年的论文《基于 (标准) LWE 的高效全同态加密》[109] 中把这个方法推广到了更一般的情况.

所谓数位表示法,就是把 $R_q$ 中多项式的系数 $x \in \mathbb{Z}_q$ 按照某个基数 $w$ 拆分成 $w$ 进制,再从高到低依次写下每一位的数字.

- 假定 $x = 97, w = 10$,对应的就是 "十进制" 的数位表示,即用字符串 "97" 表示 $97 = 9 \cdot 10^1 + 7 \cdot 10^0$.
- 假定 $x = 97, w = 2$,对应的就是 "二进制" 的数位表示,即用字符串 "1100001" 表示 $97 = 1 \cdot 2^6 + 1 \cdot 2^5 + 0 \cdot 2^4 + 0 \cdot 2^3 + 0 \cdot 2^2 + 0 \cdot 2^1 + 1 \cdot 2^0$.

当 $w$ 为数位表示法的基数时,$\ell + 1 = \lfloor \log_w q \rfloor + 1$ 就是 $x \in \mathbb{Z}_q$ 以 $w$ 为基数的数位表示的最大长度.

- 假定 $q = 97, w = 10$. 我们知道 97 用两个十进制数字表示就够了. 而 $\ell + 1 = \lfloor \log_{10} q \rfloor + 1 = 2$,也说明任意 $x \in \mathbb{Z}_{97}$ 在十进制下的数位表示最多需要用 2 个十进制数字.
- 假定 $q = 97, w = 2$,我们知道 $97 = (1100001)_2$,需要 7 个二进制数字表示. 而 $\ell + 1 = \lfloor \log_2 q \rfloor + 1 = 7$,也说明任意 $x \in \mathbb{Z}_{97}$ 在二进制下的数位表示最多需要用 7 个二进制数字.

本质上说,数位表示法就是我们日常生活中最常用的整数表示方法. 数位表示法有很多好处. 第一个好处是,数位表示法也可以表示小数. 小数就是在数位表

示法里进一步加上基数 $w$ 的负数幂. 例如, $x = 97.0$ 在 $w = 10$ (即十进制) 的数位表示就是 $97 = 9 \cdot 10^1 + 7 \cdot 10^0 + 0 \cdot 10^{-1}$. 有了小数, 我们自然就可以完成有理数的除法运算, 也很容易完成舍入运算. 舍入运算本质上就是扔掉所有 $w$ 负数幂前的数字, 再看 $w^{-1}$ 前的数字是否大于等于 $\frac{w}{2}$, 如果是, 就让 $w^0$ 前的数字加 1, 否则就让 $w^0$ 前的数字保持不变. 因此, 舍入运算还涉及一次比较操作. 因为我们很容易在数位表示法下比较 $w^{-1}$ 前的数字是否大于等于 $\frac{w}{2}$, 所以数位表示法也很容易支持舍入操作.

数位表示法的第二个好处是, 将 $x \in \mathbb{Z}_q$ 用数位表示法表示成向量 $(x_0, \cdots, x_\ell)$ 后, 每个元素 $x_i$ 都被限制在 $[0, w)$ 的范围内. 观察我们前面给出的例子, $w = 10$ 时 $x = 97$ 的数位表示是 $(7, 9)$, 每个元素都在 $[0, 10)$ 的范围内; $w = 2$ 时 $x = 97$ 的数位表示是 $(1, 0, 0, 0, 0, 1, 1)$, 每个元素都在 $[0, 2)$ 的范围内.

现在, 我们引入数学公式来描述把元素拆分成数位表示的过程. 将某个元素 $x \in \mathbb{Z}_q$ 在基数 $w$ 下拆分成数位表示时, 我们要做的是由低到高地计算 $x$ 在 $w^i$ 前的每一个数字, 即依次计算 $\lfloor x/w^i \rfloor \bmod w \in \mathbb{Z}_w$. 由于基数 $w$ 下的数位表示最多需要 $\ell+1$ 个数字, 因此 $i \in [0, \ell]$, 我们最终得到的拆分结果是 $(x_0, \cdots, x_\ell) \in \mathbb{Z}_w^{\ell+1}$. 当使用 $|\cdot|_q$ 作为模运算时, 我们可以将拆分过程写成下述形式:

$$\mathcal{D}_{w,q}(x) = (x_0, \cdots, x_\ell) = \left(|x|_w, \left\lfloor x \cdot w^{-1} \right\rfloor \Big|_w, \cdots, \left\lfloor x \cdot w^{-\ell} \right\rfloor \Big|_w\right) \in \mathbb{Z}_w^{\ell+1}$$

对应地, 在把数位表示 $(x_0, \cdots, x_\ell) \in \mathbb{Z}_w^{\ell+1}$ 合并成 $x$ 时, 我们要先计算 $x_i \cdot w^i$, 得到第 $i$ 位数字 $x_i$ 对 $x$ 的贡献量后, 再将所有结果求和. 也就是说, 合并过程可以写为下述形式:

$$x = \left|x_0 + x_1 \cdot w + \cdots + x_\ell \cdot w^\ell\right|_q$$

如果系数需要支持负数, 我们也可以把 $|\cdot|_q$ 都替换为 $[\cdot]_q$.

当给定 $x, y \in \mathbb{Z}_q$ 时, 我们可以利用数位表示法来计算 $x \cdot y \in \mathbb{Z}_q$. 我们把拆分与合并过程的公式略作修改, 分别记为

$$\forall x \in \mathbb{Z}_q, \quad \begin{cases} \mathcal{D}_{w,q}(x) = \left(|x|_w, \left\lfloor x \cdot w^{-1} \right\rfloor \Big|_w, \cdots, \left\lfloor x \cdot w^{-\ell} \right\rfloor \Big|_w\right) \in \mathbb{Z}_w^{\ell+1} \\ \mathcal{P}_{w,q}(x) = \left(|x|_q, |x \cdot w|_q, \cdots, |x \cdot w^\ell|_q\right) \in \mathbb{Z}_q^{\ell+1} \end{cases}$$

上面的 $\mathcal{D}_{w,q}(x)$ 就是将 $x$ 以 $w$ 为基数分解成数位表示 $(x_0, \cdots, x_\ell) \in \mathbb{Z}_w^{\ell+1}$ 的过程. 反之, $\mathcal{P}_{w,q}(x)$ 就是分别计算 $x \cdot w^i$. 不过有两点不太一样. 第一, $\mathcal{P}_{w,q}(x)$ 的输入不是数位表示 $(x_0, \cdots, x_\ell) \in \mathbb{Z}_w^{\ell+1}$, 而直接是 $x \in \mathbb{Z}_q$. 第二, $\mathcal{P}_{w,q}(x)$ 中的每个运算都增加了一个 $|\cdot|_q$.

此时, 我们用 $\mathcal{D}_{w,q}(x)$ 来拆分 $x$, 用 $\mathcal{P}_{w,q}(y)$ 来拆分 $y$, 再对两个拆分结果做内积 $(\langle \cdot \rangle)$, 得到的刚好是 $x \cdot y \in \mathbb{Z}_q$. 也就是说, 我们有下述引理.

## 3.3 教科书 BFV 方案

**引理 3.4** 对于任意 $(x,y) \in \mathbb{Z}_q^2$, $|\langle \mathcal{D}_{w,q}(x), \mathcal{P}_{w,q}(y) \rangle|_q = |x \cdot y|_q$.

类似地, 我们也可以把 $|\cdot|_q$ 都替换为 $[\cdot]_q$, 同样相当于把 $|\cdot|_q$ 下的所有结果都减去一个 $\frac{q}{2}$.

我们还可以把此过程推广到多项式环 $R_q$ 下. 此时, 我们要用基数 $w$ 拆分 $f(x) \in R_q$ 中多项式的每一个系数, 从而把 $f(x)$ 拆分成 $\ell+1$ 个多项式 $f_i(x) \in R_w$. 也就是说, 给定

$$f(x) = f_0 + f_1 x^1 + \cdots + f_{N-1} x^{N-1} \in R_q$$

我们把 $f(x)$ 对应系数向量 $\mathbf{f} = (f_0, f_1, \cdots, f_{N-1})$ 的每一个系数 $f_i, i \in [0, N-1]$ 都用 $\mathcal{D}_{w,q}(x)$ 拆分成对应数位表示 $f_i \sim (f_{i,0}, \cdots, f_{i,\ell})$, 再分别根据对应数位把拆分结果重新组合成 $\ell+1$ 个 $R_w$ 中的多项式

$$f_0(x) = f_{0,0} + f_{1,0} x^1 + \cdots + f_{N-1,0} x^{N-1} \in R_w$$

$$\cdots$$

$$f_\ell(x) = f_{0,\ell} + f_{1,\ell} x^1 + \cdots + f_{N-1,\ell} x^{N-1} \in R_w$$

为了书写方便, 我们用向量的方式把公式压缩一下, 则有

$$\forall \mathbf{f} \in R_q, \quad \begin{cases} \mathcal{D}_{w,q}(\mathbf{f}) = \left([\mathbf{f}]_w, [\lfloor \mathbf{f} \cdot w^{-1} \rfloor]_w, \cdots, [\lfloor \mathbf{f} \cdot w^{-\ell} \rfloor]_w\right) \in R_w^{\ell+1} \\ \mathcal{P}_{w,q}(\mathbf{f}) = \left([\mathbf{f}]_q, [\mathbf{f} \cdot w]_q, \cdots, [\mathbf{f} \cdot w^\ell]_q\right) \in R_q^{\ell+1} \end{cases}$$

给定 $f(x), g(x) \in R_q$ 时, 我们也可以用数位表示法计算 $f(x) \cdot g(x) \in R_q$, 即用 $\mathcal{D}_{w,q}(\mathbf{f})$ 把 $f(x)$ 拆分成 $\ell$ 个多项式, 用 $\mathcal{P}_{w,q}(\mathbf{g})$ 把 $g(x)$ 拆分成 $\ell$ 个多项式, 再依次对拆分后的多项式计算内积 (乘法和加法都是 $R_q$ 下的多项式乘法和多项式加法). 也就是说, $R_q$ 下我们仍然有下述引理.

**引理 3.5** 对于任意 $(f(x), g(x)) \in R_q^2$, $[\langle \mathcal{D}_{w,q}(\mathbf{f}), \mathcal{P}_{w,q}(\mathbf{g}) \rangle]_q = [\mathbf{f} \cdot \mathbf{g}]_q$.

通过数位分解, 我们可以开始改造密钥切换的方法. 回忆一下, 噪声项 $\mathbf{e}_{\text{new}} = \bar{\mathbf{a}} \mathbf{e}$ 来自于 $\bar{\mathbf{a}}(-\bar{\mathbf{a}}_{s \to t} \mathbf{t} + \mathbf{s} + \mathbf{e})$. 因此, 改造的基本思想是选择一个远远小于 $q$ 的基数 $w$ (记为 $w \ll q$), 利用 $\mathcal{D}_{w,q}(\mathbf{f})$ 在基数 $w$ 下把 $\bar{\mathbf{a}}$ 拆分成 $\ell+1$ 个多项式, 使每个多项式的系数取值范围都限制在 $[0, w)$ 内. 同时, 我们在密钥切换密钥中利用 $\mathcal{P}_{w,q}(\mathbf{f})$ 把 $w^i, i \in [0, \ell]$ 预先与 $\mathbf{s}$ 相乘. 这样一来, $\bar{\mathbf{a}}$ 中每个系数的取值范围就从原来的 $[0, q)$ 变成了 $[0, w)$, 这样就可以把 $\mathbf{e}_{\text{new}} = \bar{\mathbf{a}} \mathbf{e}$ 变 "小".

具体来说, 首先选取数位表示法的基数 $w \ll q$, 令 $\ell + 1 = \lfloor \log_w(q) \rfloor + 1$. 密钥切换密钥包含 $\ell+1$ 个 RLWE 密文

$$\mathsf{ks}_{\mathbf{s} \to \mathbf{t}} = \left((-\bar{\mathbf{a}}_{s \to t, i} \mathbf{t} + w^i \cdot \mathbf{s} + \mathbf{e}_i, \bar{\mathbf{a}}_{s \to t, i})\right)_{i \in [0, \ell]}$$

密钥切换运算变为

$$\begin{aligned}
\text{ct}' &= (\text{ct}_0, \mathbf{0}) + \langle \mathcal{D}_{w,q}(\text{ct}_1), \text{ks}_{\mathbf{s} \to \mathbf{t}} \rangle \\
&= ((-\bar{\mathbf{a}}\mathbf{s} + \overline{\mathbf{m}} + \mathbf{e}_{\text{original}}) + \langle \mathcal{D}_{w,q}(\bar{\mathbf{a}}), (-\bar{\mathbf{a}}_{\mathbf{s} \to \mathbf{t},i}\mathbf{t} + w^i \cdot \mathbf{s} + \mathbf{e}_i)_{i \in [0,\ell]} \rangle, \bar{\mathbf{a}} \cdot \bar{\mathbf{a}}_{\mathbf{s} \to \mathbf{t}}) \\
&= (-\bar{\mathbf{a}}\mathbf{s} + \overline{\mathbf{m}} + \mathbf{e}_{\text{original}} - \bar{\mathbf{a}} \cdot \bar{\mathbf{a}}_{\mathbf{s} \to \mathbf{t}}\mathbf{t} + \bar{\mathbf{a}}\mathbf{s} + \langle \mathcal{D}_{w,q}(\bar{\mathbf{a}}), (\mathbf{e}_i)_{i \in [0,\ell]} \rangle, \bar{\mathbf{a}} \cdot \bar{\mathbf{a}}_{\mathbf{s} \to \mathbf{t}}) \\
&= (-\bar{\mathbf{a}} \cdot \bar{\mathbf{a}}_{\mathbf{s} \to \mathbf{t}}\mathbf{t} + \overline{\mathbf{m}} + \mathbf{e}_{\text{original}} + \langle \mathcal{D}_{w,q}(\bar{\mathbf{a}}), (\mathbf{e}_i)_{i \in [0,\ell]} \rangle, \bar{\mathbf{a}} \cdot \bar{\mathbf{a}}_{\mathbf{s} \to \mathbf{t}})
\end{aligned}$$

现在引入的噪声项变为

$$\mathbf{e}_{\text{new}} = \langle \mathcal{D}_{w,q}(\bar{\mathbf{a}}), (\mathbf{e}_i)_{i \in [0,\ell]} \rangle$$

这实际上是对 $\ell + 1$ 个系数, 其取值范围为 $\left[-\frac{w}{2}, \frac{w}{2}\right)$ 的多项式, 与 $\ell + 1$ 个噪声多项式进行内积的结果. 因为 $w \ll q$, 所以 $\mathbf{e}_{\text{new}}$ 显著减小. 只需通过适当设置 $t$ 和 $q$, 以确保 $\mathbf{e}_{\text{new}}$ 不会淹没密文中的明文, 就可以成功实现密钥切换.

**利用扩展模数实现密钥切换** 既然新噪声项 $\mathbf{e}_{\text{new}} = \bar{\mathbf{a}}\mathbf{e}$ 中的 $\bar{\mathbf{a}}$ 是 $R_q$ 中完全随机的元素, 我们还可以考虑把密文项的系数模数从 $q$ 扩大到 $pq$, 其中 $p \approx q$, 从而把密文转换成 $R_{pq}$ 中的元素, 此时 $\mathbf{e}_{\text{new}} = \bar{\mathbf{a}}\mathbf{e}$ 的系数仍然约为 $q$, 噪声看起来就没那么大了. 完成密钥切换后, 我们再把密文从 $R_{pq}$ 切换回 $R_q$, 就可以把结果恢复成原始的密文形式. 把密文从 $R_{pq}$ 切换回 $R_q$ 是全同态加密中的一个非常常见的操作, 称为**模数切换** (modular switching). 这就是实现密钥切换的第二种方法. Gentry、Halevi 和 Smart 于 2012 年在论文《多项式对数开销全同态加密》[110] 中把这个方法推广到了更一般的情况, 篇幅所限, 这里对这个方法不做具体描述, 感兴趣的读者可以参考上面提及的文献.

**利用密钥切换实现重线性化** 现在, 我们来看看如何利用密钥切换实现重线性化. 回忆一下, 当密文包含 3 个密文项时, 执行到乘以 $\frac{t}{q}$ 之前的解密过程为

$$\overline{\text{ct}}_0 \mathbf{s}^0 + \overline{\text{ct}}_1 \mathbf{s}^1 + \overline{\text{ct}}_2 \mathbf{s}^2 = (\overline{\text{ct}}_0 \mathbf{s}^0 + \overline{\text{ct}}_2 \mathbf{s}^2) + \overline{\text{ct}}_1 \mathbf{s}^1$$

如果单独看前半部分 $\overline{\text{ct}}_0 \mathbf{s}^0 + \overline{\text{ct}}_2 \mathbf{s}^2$, 这看起来好像就是 "用私钥 $\mathbf{s}^2$ 解密密文 $(\overline{\text{ct}}_0, \overline{\text{ct}}_2)$". 因此, 我们可以通过密钥切换把 "这一部分密文"$(\overline{\text{ct}}_0, \overline{\text{ct}}_2)$ 的私钥 $\mathbf{s}^2$ 换回 $\mathbf{s}$, 再利用同态加法将得到的密文与 "另一部分密文"$(0, \overline{\text{ct}}_1)$ 相加, 我们就可以让密文从 3 个密文项降低回 2 个密文项了. 由于这里密钥切换密钥 $\text{ks}_{\mathbf{s}^2 \to \mathbf{s}}$ 在同态求值过程中的同态乘法时使用, 因此一般将密钥切换密钥 $\text{ks}_{\mathbf{s}^2 \to \mathbf{s}}$ 称为求值密钥 (evaluation key).

### 3.3.5 教科书 BFV 方案描述

SEAL 2.3.1[①]手册, 完整描述了教科书 BFV 方案. 为保证符号的一致性, 我们对手册中方案描述所用的符号做了一定的修改.

令 $w$ 为数位表示法的基数, 令 $\ell+1 = \lfloor \log_w q \rfloor + 1$ 表示将整数 $q$ 以 $w$ 为基数分解所得到的数字长度. 我们用 $\chi$ 表示均值为 0, 标准差为 $\sigma$ 的离散高斯分布. 令 $\mathbf{a} \xleftarrow{R} \chi$ 表示依概率分布 $\chi$ 采样得到 $\mathbf{a}$. 令 $\mathbf{a} \xleftarrow{R} \mathcal{S}$ 表示 $\mathbf{a}$ 是从有限集合 $\mathcal{S}$ 中均匀随机采样得到的结果. 令 $N$ 为多项式模数 $x^N + 1$ 的阶, 则 $\mathbf{a} \leftarrow \chi$ ($\mathbf{a} \xleftarrow{R} \mathcal{S}$) 表示依概率分布 $\chi$ 采样 (从有限集合 $\mathcal{S}$ 中均匀随机采样) 得到 $N$ 个结果, 并将它们组合成一个长度为 $N$ 的向量. BFV 方案的明文空间为 $R_t = \mathbb{Z}_t[x]/(x^N+1)$, 密文空间为 $R_q \times R_q$, 其中 $R_q = \mathbb{Z}_q[x]/(x^N+1)$.

BFV 方案包含私钥生成 (SecretKeyGen)、公钥生成 (PublicKeyGen)、求值密钥生成 (EvaluationKeyGen)、加密 (Enc)、解密 (Dec)、加法 (Add) 和乘法 (Mul). 其中, 乘法的重线性化步骤采用基于 $w$ 的数位表示法实现.

**私钥生成**  sk ← SecretKeyGen($n,q$): 随机采样 $\mathbf{s} \xleftarrow{R} R_3$, 输出私钥 sk $= \mathbf{s}$.

**公钥生成**  pk ← PublicKeyGen(sk): 令 $\mathbf{s} = $ sk, 采样 $\mathbf{a} \xleftarrow{R} R_q$ 和 $\mathbf{e} \leftarrow \chi$ 输出

$$\mathsf{pk} = (\mathsf{pk}_0, \mathsf{pk}_1) = \left( [-(\mathbf{a} \cdot \mathbf{s} + \mathbf{e})]_q, \mathbf{a} \right) \in R_q^2$$

**求值密钥生成**  evk ← EvaluationKeyGen(sk): 对于 $i \in \{0, \cdots, \ell\}$, 采样 $\mathbf{a}_i \xleftarrow{R} R_q$, $\mathbf{e}_i \leftarrow \chi$. 输出

$$\mathsf{evk}[i] = \left( [-(\mathbf{a}_i \cdot \mathbf{s} + \mathbf{e}_i) + w^i \cdot \mathbf{s}^2]_q, \mathbf{a}_i \right) \in R_q^2$$

**加密**  ct ← Enc(pk, $\mathbf{m}$): 给定明文 $\mathbf{m} \in R_t$, 令 pk $= (\mathsf{pk}_0, \mathsf{pk}_1)$, 采样 $\mathbf{u} \xleftarrow{R} R_3$ 和 $\mathbf{e}_1, \mathbf{e}_2 \leftarrow \chi$, 计算密文

$$\mathsf{ct} = (\mathsf{ct}_0, \mathsf{ct}_1) = \left( \left[ \frac{q}{t} \cdot \mathbf{m} + \mathsf{pk}_0 \cdot \mathbf{u} + \mathbf{e}_1 \right]_q, [\mathsf{pk}_1 \cdot \mathbf{u} + \mathbf{e}_2]_q \right) \in R_q^2$$

**解密**  $m \leftarrow$ Dec(sk, ct): 令 $\mathbf{s} = $ sk, ct $= (\mathsf{ct}_0, \mathsf{ct}_1)$, 输出

$$\mathbf{m} = \left[ \left\lfloor \frac{t}{q} \cdot [\mathsf{ct}_0 + \mathsf{ct}_1 \cdot \mathbf{s}]_q \right\rceil \right]_t \in R_t$$

---

[①] https://www.microsoft.com/en-us/research/uploads/prod/2017/11/sealmanual-2-3-1.pdf, 引用日期: 2024-08-03.

**加法** $\text{ct}^{(+)} \leftarrow \text{Add}(\text{ct}^{(1)}, \text{ct}^{(2)})$: 令 $\text{ct}^{(1)} = (\text{ct}_0^{(1)}, \text{ct}_1^{(1)})$, $\text{ct}^{(2)} = (\text{ct}_0^{(2)}, \text{ct}_1^{(2)})$, 输出

$$\text{ct}^{(+)} = (\text{ct}_0^{(+)}, \text{ct}_1^{(+)}) = \left( \left[ \text{ct}_0^{(1)} + \text{ct}_0^{(2)} \right]_q, \left[ \text{ct}_1^{(1)} + \text{ct}_1^{(2)} \right]_q \right)$$

**同态乘法** $\text{ct}^{(\times)} \leftarrow \text{Mul}(\text{ct}^{(1)}, \text{ct}^{(2)}, \text{evk})$: 令 $\text{ct}^{(1)} = (\text{ct}_0^{(1)}, \text{ct}_1^{(1)})$, $\text{ct}^{(2)} = (\text{ct}_0^{(2)}, \text{ct}_1^{(2)})$, 输出

$$\overline{\text{ct}} = (\overline{\text{ct}}_0, \overline{\text{ct}}_1, \overline{\text{ct}}_2)$$
$$= \left( \left[ \left\lfloor \frac{t}{q} \left( \text{ct}_0^{(1)} \cdot \text{ct}_0^{(2)} \right) \right\rceil \right]_q, \left[ \left\lfloor \frac{t}{q} \left( \text{ct}_0^{(1)} \cdot \text{ct}_1^{(2)} + \text{ct}_1^{(1)} \cdot \text{ct}_0^{(2)} \right) \right\rceil \right]_q, \right.$$
$$\left. \left[ \left\lfloor \frac{t}{q} \left( \text{ct}_1^{(1)} \cdot \text{ct}_1^{(2)} \right) \right\rceil \right]_q \right)$$

在基数 $w$ 下将 $\overline{\text{ct}}_2$ 展开成 $\text{ct}_2' = \sum_{i=1}^{\ell} \overline{\text{ct}}_2^{(i)} \cdot w^i$, 应用求值密钥

$$\text{evk} = (\text{evk}_0[i], \text{evk}_1[i])_{i \in [0, \ell]} = \left( \left[ -(\mathbf{a}_i \mathbf{s} + \mathbf{e}_i) + w^i \cdot \mathbf{s}^2 \right]_q, \mathbf{a}_i \right)_{i \in [0, \ell]}$$

输出

$$\text{ct}^{(\times)} = \left( \text{ct}_0^{(\times)}, \text{ct}_1^{(\times)} \right) = \left( \left[ \overline{\text{ct}}_0 + \sum_{i=0}^{\ell} \text{evk}_0[i] \cdot \overline{\text{ct}}_2^{(i)} \right]_q, \left[ \overline{\text{ct}}_1 + \sum_{i=0}^{\ell} \text{evk}_1[i] \cdot \overline{\text{ct}}_2^{(i)} \right]_q \right)$$

**替换** $\text{ct}' \leftarrow \text{Sub}(\text{ct}, j, \text{glk})$: 除了全同态加密所必须支持的标准操作之外, BFV 方案还支持一种叫替换的同态密文操作. 回忆一下, BFV 方案的明文 $\mathbf{m} \in R_t$, 即明文为系数模数为 $t$、多项式模数为 $x^N + 1$ 的多项式 $m(x) = m_0 + m_1 x + \cdots + m_{N-1} x^{N-1}$. 替换的目标是将密文 $\text{ct}$ 转换成新的密文 $\text{ct}'$, 使对应的明文从原来的

$$m(x) = m_0 + m_1 x + \cdots + m_{N-1} x^{N-1} \in R_t$$

替换为

$$m'(x) = m(x^j) = m_0 + m_1(x^j) + \cdots + m_{N-1}(x^j)^{N-1} \in R_t$$

其中 $j$ 为一个整数. 注意, 由于 $\mathbf{m}'$ 仍然是 $R_t$ 中的元素, 因此最终得到的 $\mathbf{m}'$ 仍然是模除多项式 $x^N + 1$ 后的余数.

2012 年, Gentry、Halevi 和 Smart 在论文《多项式对数开销全同态加密》[110] 中指出, 当 $j \in \mathbb{Z}_{2N}^*$ (即 $j \in [1, 2N)$ 且 $j$ 与 $2N$ 互质. 由于 $N$ 是 2 的幂, 因此只需要求 $j$ 是 $[1, 2N)$ 中的奇数即可) 时, 无论私钥和密文是系数表示还是点值表示, 只需要对向量中元素的位置进行适当的置换, 就可以实现替换操作. 回忆一下, 负循环多项式的所有运算都要模除多项式模数 $x^N + 1$, 此模除本质上就是让 $x^N = -1$. 也就是说, 替换操作只是将明文中 $x^i$ 所对应的系数 $m_i$ 换到 $(x^k)^i$ 的位置后再根据 $i \cdot k$ 的结果决定是否 "取负". 因此, 只需要对应地置换密文系数就相当于置换了明文系数, 也就实现了替换操作. 当使用多项式的点值表示时, 只要 $j \in \mathbb{Z}_{2N}^*$, 我们仍然可以通过置换密文和系数实现替换操作. 置换点值表示与置换系数表示等价的这个性质, 从数学角度看就是数论中的伽罗瓦同构 (Galois automorphism), 因此一般把替换操作涉及的 $j \in \mathbb{Z}_{2N}^*$ 称为伽罗瓦元素 (Galois element).

注意, 替换不仅需要修改密文, 新密文对应的私钥也发生了变化. 由于私钥实际上是多项式 $s(x) = s_0 + s_1 x + \cdots + s_{N-1} x^{N-1} = \sum_{i=0}^{N-1} s_i x^i$, 在伽罗瓦元素 $j \in \mathbb{Z}_{2N}^*$ 下把密文从 ct 修改为 ct′ 后, 解密私钥也就相应地变成了 $s_j(x) = \sum_{i=0}^{N-1} s_i (x^j)^i$. 这就又需要引入密钥切换, 把修改后的私钥切换成原始私钥了. 我们把此时的密钥切换密钥称为伽罗瓦密钥 (Galois key) 的密钥 glk, 把生成此密钥的过程称为伽罗瓦密钥生成 (glk ← GaloisKeyGen(sk)). 伽罗瓦元素 $j \in \mathbb{Z}_{2N}^*$ 所对应的伽罗瓦密钥 glk[$j$] 为

$$\mathsf{glk}[j] = \left( \left[ -(\mathbf{a}_j \cdot \mathbf{s} + \mathbf{e}_k) + w^i \cdot \mathbf{s}_j \right]_q, \mathbf{a}_j \right) \in R_q^2$$

令密文 ct = (ct$_0$, ct$_1$), 当伽罗瓦元素为 $j$ 时, 在基数 $w$ 下将 ct$_1$ 展开成 ct$_1 = \sum_{i=0}^{\ell} \mathsf{ct}_1^{(i)} \cdot w^i$, 利用伽罗瓦密钥 glk[$j$] 执行密钥切换, 得到

$$\mathsf{ct}' = \left( \left[ \mathsf{ct}_0 + \sum_{i=0}^{\ell} \mathsf{glk}_0[j] \cdot \mathsf{ct}_1^{(i)} \right]_q, \left[ \sum_{i=0}^{\ell} \mathsf{glk}_1[j] \cdot \mathsf{ct}_1^{(i)} \right]_q \right)$$

利用与重线性化过程相似的方法可以验证, 用密钥 s 解密 ct′ 相当于用密钥 s$_j$ 解密 (ct$_0'$, ct$_1'$), 都可以得到明文 m′.

## 3.4 剩余数系统 BFV 方案

教科书 BFV 方案从功能上看已经很完善了, 我们唯一需要做的就是为方案选择满足密码学安全性要求的参数. 然而, 当真的在所需的安全参数下实现方案

时, 密码学家发现还可以进一步优化教科书 BFV 方案的性能. 这一优化方案就是剩余数系统 BFV 方案.

本节, 我们先给出安全的 BFV 方案参数, 并介绍剩余数系统 BFV 方案的核心思想. 随后, 我们介绍与剩余数系统相关的基础知识. 有了这些基础知识后, 我们介绍剩余数系统 BFV 方案的构造和实现.

### 3.4.1 安全的 BFV 方案参数

在密码学中, 我们一般用安全参数 $\lambda$ 来描述一个密码学方案的安全性. 安全参数 $\lambda$ 指的是破解此密码学方案所需的工作量. 工作量一般以 2 的指数幂来表示, 而指数幂上的整数就是对应的安全参数 $\lambda$. 例如, 如果破解某个密码学方案需要 $2^{128}$ 次运算, 则称此密码学方案的安全参数是 $\lambda = 128$.

我们知道 BFV 方案的安全性基于 RLWE 问题. 寻找安全 BFV 方案参数的核心思想就是利用已知的 RLWE 问题求解算法尝试求解对应参数下的 RLWE 问题, 估计求解算法的工作量. 遗憾的是, 密码学家到目前为止还没有找到专门针对 RLWE 问题的优化攻击算法. 已知方法通常需要将 RLWE 样本拆解成若干 LWE 样本, 并应用 LWE 问题求解算法来估计工作量.

估计 LWE 问题安全性最常用的工具之一是开源库 lattice-estimator[①]. 它包含了目前对 LWE 问题的主要攻击方法. 给定包括维度、模数、噪声标准差、私钥分布等参数, 开源库 lattice-estimator 可以输出不同的攻击方法在该组参数下恢复密钥的工作量, 其中的最小值就是加密方案在该组参数下的安全强度. 实际上, 我们可以在 lattice-estimator 的 schemes.py[②]中找到很多密码学方案的参数, 其中就包括了很多开源全同态加密算法库的参数.

全同态加密社区[③]于 2019 年发布了《全同态加密标准》(版本 v1.1)[111]. 此标准的 2.1 节 "推荐安全参数" 介绍了 RLWE 问题与 LWE 问题的关系、密码学家已知的相关问题求解算法, 以及应用 lattice-estimator 估计出的参数设置方法. 《全同态加密标准》建议噪声多项式所依赖的离散高斯分布标准差为 $\frac{8}{\sqrt{2\pi}} \approx 3.2$, 对应 SEAL 库中 hestdparms.h[④]的常数 `constexpr double seal_he_std_parms_error_std_dev = 3.2`. 《全同态加密标准》中分别给出了经典计算机和量子计算机下 $\lambda \in \{128, 192, 256\}$ 时全同态加密参数中密文项系数模数 $q$ 的比特长度要求.

---

[①] https://github.com/malb/lattice-estimator, 引用日期: 2024-08-03.

[②] https://github.com/malb/lattice-estimator/blob/main/estimator/schemes.py, 引用日期: 2024-08-03.

[③] https://homomorphicencryption.org/, 引用日期: 2024-08-03.

[④] https://github.com/microsoft/SEAL/blob/v4.0.0/native/src/seal/util/hestdparms.h, 引用日期: 2024-08-03.

## 3.4 剩余数系统 BFV 方案

有了 $q$ 的比特长度要求后，我们就可以根据 $N$ 选择适当的 $q$，并根据同态运算次数来选择明文系数模数 $t$. 这里我们仅列出经典计算机下 $\lambda = 128$ 时的参数设置方法，如表 3.1 所示.

表 3.1 经典计算机下 $\lambda = 128$ 时的参数设置方法

| $N$ | 1024 | 2048 | 4096 | 8192 | 16384 | 32768 |
| --- | --- | --- | --- | --- | --- | --- |
| $\log q$ | 27 | 54 | 109 | 218 | 438 | 881 |

### 3.4.2 剩余数系统

我们提及了很多次 "剩余数系统" 这个术语. 现在, 是时候揭开剩余数系统的 "面纱" 了.

**剩余数系统表示法**　在前面的章节中，我们曾介绍过数位表示法. 剩余数系统指的是用数的另一种表示方法实现运算. 这种表示法称为**剩余数系统表示法** (RNS representation). 给定 $k$ 个两两互质模数 $q_1, \cdots, q_k$ 的集合 (所有模数都大于 1), 并令它们的乘积为 $q = \prod_{i=1}^{k} q_i$. 对于所有的 $i \in \{1, \cdots, k\}$, 令

$$q_i^* = \frac{q}{q_i} \in \mathbb{Z}, \quad \tilde{q}_i = (q_i^*)^{-1} = q_i \cdot q^{-1} \in \mathbb{Z}_{q_i}.$$

注意, 这里的 $\tilde{q}_i = q_i \cdot q^{-1}$ 是 $q_i^* \in \mathbb{Z}$ 在 $\mathbb{Z}_{q_i}$ 中的倒数, 即 $q_i^* \cdot \tilde{q}_i = 1 \in \mathbb{Z}_{q_i}$.

在剩余数系统基数 $q \sim (q_1, \cdots, q_k)$ 下给定某个整数 $x \in \mathbb{Z}_q$, 我们可以用一个长度为 $k$ 的向量表示 $x$, 记为 $x \sim (x_1, \cdots, x_k)$, 其中 $x_i = [x]_{q_i} \in \mathbb{Z}_{q_i}$. 这样一来，我们就把 $x \in \mathbb{Z}_q$ 拆分成了 $k$ 个分别属于 $\mathbb{Z}_{q_i}$ 的分量. 如果每个 $q_i$ 的比特长度都不超过 64, 可以用 `long` 表示, 就可以用 $k$ 个 `long` 下的 $\mathbb{Z}_{q_i}$ 运算代替大整数 $\mathbb{Z}_q$ 下的运算, 大大提高运算效率.

通过 $(x_1, \cdots, x_k)$ 恢复出 $x$ 的方法是

$$x = \left[ \sum_{i=1}^{k} x_i \cdot \tilde{q}_i \cdot q_i^* \right]_q \tag{3.1}$$

我们类比一下剩余数系统表示法与数位表示法. 用数位表示法拆分 $x \in \mathbb{Z}_q$ 的过程是

$$\mathcal{D}_{w,q}(x) = (x_0, \cdots, x_\ell) = \left( [x]_w, \lfloor x \cdot w^{-1} \rfloor_w, \cdots, \lfloor x \cdot w^{-\ell} \rfloor_w \right) \in \mathbb{Z}_w^{\ell+1}.$$

用剩余数系统表示法拆分 $x \in \mathbb{Z}_q$ 的过程是

$$(x_1, \cdots, x_k) = \left( [x]_{q_1}, [x]_{q_2}, \cdots, [x]_{q_k} \right) \in (\mathbb{Z}_{q_1}, \cdots, \mathbb{Z}_{q_k})$$

类似地, 数位表示法的合并过程是

$$x = (x_0 + x_1 \cdot w + \cdots + x_\ell \cdot w^\ell) \mod q$$

剩余数系统表示法的合并过程是

$$x = (x_1 \cdot \tilde{q}_1 \cdot q_1^* + \cdots + x_k \cdot \tilde{q}_k \cdot q_k^*) \mod q$$

可以看出, 数位表示法和剩余数系统表示法几乎完全一致, 仅有的区别是

- 用数位表示法拆分时, $\ell+1$ 个拆分结果要分别乘以 $(1, w^{-1}, \cdots, w^{-\ell})$ 并取整; 用剩余数系统表示法拆分时, $k$ 个拆分结果是剩余数系统基数 $(q_1, \cdots, q_k)$ 下的模运算结果.
- 用数位表示法合并时, 要分别对 $x$ 乘以 $(1, w, \cdots, w^\ell)$; 用剩余数系统表示法合并时, 要分别对 $x$ 乘以 $(\tilde{q}_1 \cdot q_1^*, \cdots, \tilde{q}_k \cdot q_k^*)$.

**剩余数系统下的乘法运算** 与数位表示法的乘法运算类似, 当给定 $x, y \in \mathbb{Z}_q$ 时, 我们也可以利用剩余数系统表示法计算 $x \cdot y \in \mathbb{Z}_q$. 方法很简单, 我们把拆分与合并过程的公式略作修改, 分别记为

$$\forall x \in \mathbb{Z}_q, \begin{cases} \mathcal{D}_{w,q}(x) = \left([x]_{q_1}, [x]_{q_2}, \cdots, [x]_{q_k}\right) \in (\mathbb{Z}_{q_1}, \cdots, \mathbb{Z}_{q_k}) \\ \mathcal{P}_{w,q}(x) = \left([x \cdot \tilde{q}_1 \cdot q_1^*]_q, [x \cdot \tilde{q}_2 \cdot q_2^*]_q, \cdots, [x \cdot \tilde{q}_k \cdot q_k^*]_q\right) \in \mathbb{Z}_q^k \end{cases}$$

这样一来, 在给定 $x, y \in \mathbb{Z}_q$ 时, 我们在剩余数系统表示下用 $\mathcal{D}_{w,q}(x)$ 拆分 $x$, 用 $\mathcal{P}_{w,q}(y)$ 拆分 $y$, 再对两个拆分结果做内积 ($\langle \cdot \rangle$), 得到的仍然是 $x \cdot y \in \mathbb{Z}_q$.

同样可以将剩余数系统推广到多项式商环 $R_q$ 下. 此时, 我们要用基数 $(q_1, \cdots, q_k)$ 分解 $\mathbf{f} \in R_q$ 中多项式的每一个系数, 从而用 $k$ 个多项式 $\mathbf{f}_i \in R_{q_i}$ 来表示 $\mathbf{f}$. 也就是说, 给定

$$\mathbf{f} = f_0 + f_1 x + \cdots + f_{N-1} x^{N-1} \in R_q$$

我们把 $\mathbf{f}$ 的每个系数 $f_r, r \in [0, n]$ 都拆分成对应的剩余数系统表示 $f_r \sim (f_{r,1}, \cdots, f_{r,k})$, 从而得到 $k$ 个多项式

$$f_1(x) = f_{0,1} + f_{1,1} x + \cdots + f_{N-1,1} x^{N-1} \in R_{q_1}$$

$$\cdots \cdots$$

$$f_k(x) = f_{0,k} + f_{1,k} x + \cdots + f_{N-1,k} x^{N-1} \in R_{q_k}$$

## 3.4 剩余数系统 BFV 方案

我们用向量把公式压缩一下，得到

$$\forall \mathbf{f} \in R_q, \quad \begin{cases} \mathcal{D}_{w,q}(\mathbf{f}) = \left([\mathbf{f}]_{q_1}, [\mathbf{f}]_{q_2}, \cdots, [\mathbf{f}]_{q_k}\right) \in (R_{q_1}, \cdots, R_{q_k}) \\ \mathcal{P}_{w,q}(\mathbf{f}) = \left([\mathbf{f} \cdot \tilde{q}_1 \cdot q_1^*]_q, [\mathbf{f} \cdot \tilde{q}_2 \cdot q_2^*]_q, \cdots, [\mathbf{f} \cdot \tilde{q}_k \cdot q_k^*]_q\right) \in R_q^k \end{cases}$$

给定 $\mathbf{f}, \mathbf{g} \in R_q$，可以用剩余数系统计算 $\mathbf{f} \cdot \mathbf{g} \in R_q$，即用 $\mathcal{D}_{w,q}(\mathbf{f})$ 来拆分 $\mathbf{f}$，用 $\mathcal{P}_{w,q}(\mathbf{g})$ 来拆分 $\mathbf{g}$，再对两个拆分结果做内积。也就是说，$R_q$ 下我们仍然有下述引理。

**引理 3.6** 对于任意 $(\mathbf{f}, \mathbf{g}) \in R_q^2$，$\langle \mathcal{D}_{w,q}(\mathbf{f}), \mathcal{P}_{w,q}(\mathbf{g}) \rangle = [\mathbf{f} \cdot \mathbf{g}]_q$。

**快速剩余数系统基数转换** 在剩余数系统 BFV 方案中，存在把基数 $(q_1, \cdots, q_k)$ 下 $x$ 的剩余数系统表示 $(x_1, \cdots x_k)$ 转换成另一个基数 $(p_1, \cdots, p_{k'})$ 下 $x$ 的剩余数系统表示 $(x_1', \cdots, x_{k'}')$ 的情况。然而，如果先用公式 (3.1) 从 $(x_1, \cdots x_k)$ 恢复出大整数 $x$，再在 $(p_1, \cdots, p_{k'})$ 下计算 $(x_1', \cdots, x_{k'}')$，就不可避免地涉及影响性能的大整数计算。**快速剩余数系统基数转换** (fast RNS base conversion) 算法允许在无须还原为大整数的情况下实现剩余数系统基转换。

为了引入快速剩余数系统基数转换算法，我们把公式 (3.1) 修改为

$$x = \left(\sum_{i=1}^{k} \underbrace{[x_i \cdot \tilde{q}_i]_{q_i} \cdot q_i^*}_{\in \mathbb{Z}_q}\right) - v \cdot q, \quad \text{其中 } v \in \mathbb{Z}_k \tag{3.2}$$

也就是说，我们在求和的中间阶段就做一次模 $q_i$ 的运算 $[x_i \cdot \tilde{q}_i]_{q_i}$。我们来证明一下上述方法的正确性。注意模 $q_i$ 的意思是先计算 $x_i \cdot \tilde{q}_i$，然后找到某个整数 $\tilde{v}_i \geqslant 0$，使 $[x_i \cdot \tilde{q}_i]_{q_i} = \underbrace{x_i \cdot \tilde{q}_i}_{\in \mathbb{Z}_{q_i}} - \tilde{v}_i \cdot q_i$。与此同时，$q_i^* = \dfrac{q}{q_i}$，代入后有

$$[x_i \cdot \tilde{q}_i]_{q_i} \cdot q_i^* = (\underbrace{x_i \cdot \tilde{q}_i}_{\in \mathbb{Z}_{q_i}} - \tilde{v}_i \cdot q_i) \cdot \frac{q}{q_i}$$

$$= \underbrace{x_i \cdot \tilde{q}_i}_{\in \mathbb{Z}_{q_i}} \cdot \frac{q}{q_i} - \tilde{v}_i \cdot q_i \cdot \frac{q}{q_i}$$

$$= \underbrace{x_i \cdot \tilde{q}_i \cdot \frac{q}{q_i}}_{\in \mathbb{Z}_q} - \tilde{v}_i \cdot q$$

接下来，遍历所有 $i \in \{1, \cdots, k\}$，求和，并且把 $\tilde{v}_i \cdot q$ 提出来，就得到了

$$\left(\sum_{i=1}^{k}[x_i\cdot\tilde{q}_i]_{q_i}\cdot q_i^*\right) = \left(\sum_{i=1}^{k}\left(\underbrace{x_i\cdot\tilde{q}_i\cdot q_i^*}_{\in\mathbb{Z}_q}-\tilde{v}_i\cdot q\right)\right)$$

$$= \left(\sum_{i=1}^{k}\underbrace{x_i\cdot\tilde{q}_i\cdot q_i^*}_{\in\mathbb{Z}_q}\right) - \sum_{i=1}^{k}\tilde{v}_i\cdot q$$

令 $\sum_{i=1}^{k}\tilde{v}_i=v$, 我们最终就能得到

$$\left(\sum_{i=1}^{k}[x_i\cdot\tilde{q}_i]_{q_i}\cdot q_i^*\right) - v\cdot q = \left(\sum_{i=1}^{k}\underbrace{x_i\cdot\tilde{q}_i\cdot q_i^*}_{\in\mathbb{Z}_q}\right) - \sum_{i=1}^{k}\tilde{v}_i\cdot q$$

$$= \left(\sum_{i=1}^{k}\underbrace{x_i\cdot\tilde{q}_i\cdot q_i^*}_{\in\mathbb{Z}_q}\right) - v\cdot q$$

$$= \sum_{i=1}^{k}\underbrace{x_i\cdot\tilde{q}_i\cdot q_i^*}_{\in\mathbb{Z}_q} \pmod{q} = x$$

还需要注意的是, $v$ 的计算公式为

$$v = \left\lceil\left(\sum_{i=1}^{k}[x_i\cdot\tilde{q}_i]_{q_i}\cdot q_i^*\right)/q\right\rfloor = \left\lceil\sum_{i=1}^{k}[x_i\cdot\tilde{q}_i]_{q_i}\cdot\frac{q_i^*}{q}\right\rfloor = \left\lceil\sum_{i=1}^{k}\frac{[x_i\cdot\tilde{q}_i]_{q_i}}{q_i}\right\rfloor$$

因为每一个 $[x_i\cdot\tilde{q}_i]_{q_i}\in\left[-\frac{q_i}{2},\frac{q_i}{2}\right)$, 所以 $\frac{[x_i\cdot\tilde{q}_i]_{q_i}}{q_i}\in\left[-\frac{1}{2},\frac{1}{2}\right)$, 因此

$$v = \left\lceil\sum_{i=1}^{k}\frac{[x_i\cdot\tilde{q}_i]_{q_i}}{q_i}\right\rfloor < \left\lceil\sum_{i=1}^{k}\frac{1}{2}\right\rfloor = k,$$

于是我们知道 $0\leqslant v<k$, 即 $v\in\mathbb{Z}_k$.

根据公式 (3.2), 我们直接对所有的 $j\in[1,k']$ 计算

$$x_j' = \mathsf{FastBconv}((x_1,\cdots,x_k),(q_1,\cdots,q_k),p_j) = \left(\sum_{i=1}^{k}([x_i\cdot\tilde{q}_i]_{q_i}\cdot q_i^*)\right)\bmod p_j$$

(3.3)

## 3.4 剩余数系统 BFV 方案

这里, 我们直接用 $x$ 表示 $(x_1, \cdots, x_k)$, 用 $q$ 和 $p$ 分别表示对应的基数 $(q_1, \cdots, q_k)$ 和 $(p_1, \cdots, p_{k'})$, 并把 $p_1, \cdots, p_j$ 的循环过程也包含在公式里面, 就可以得到

$$\mathsf{FastBconv}(x, q, p) = \left( \sum_{i=1}^{k} ([x_i \cdot \tilde{q}_i]_{q_i} \cdot q_i^*) \mod p_j \right)_{p_j \in p}$$

我们来拆解一下整个运算过程:

(1) 在 $\mathbb{Z}_{q_i}$ 下分别计算 $[x_i \cdot \tilde{q}_i]_{q_i}$, 这一步仅涉及 $[\cdot]_{q_i}$ 下的运算, 因此所有结果都可以用 `long` 表示.

(2) 把 $q_i^*$ 看成 $\mathbb{Z}_{p_j}$ 下的元素, 在 $\mathbb{Z}_{p_j}$ 下计算 $\sum_{i=1}^{k}([x_i \cdot \tilde{q}_i]_{q_i} \cdot q_i^*) \mod p_j$. 这仅涉及 $k$ 个用 `long` 表示的 $[x_i \cdot \tilde{q}_i]_{q_i}$ 与 $k$ 个用 `long` 表示的 $q_i^* \in \mathbb{Z}_{p_j}$ 元素在模 $p_j$ 下做内积. 两个 `long` 表示的元素相乘用 `long[2]` 表示. 由于 $q$ 最大也就上百比特, 所以 $k$ 一般也不会很大 (例如 $k = 3$), 因此可以用 `long[2]` 表示求和结果, 最后对用 `long[2]` 的 128 比特求数模 $p_j$ 即可.

由公式 (3.2) 可知 FastBconv 返回的并不是准确的 $x_j'$, 而是 $[x]_q - v \cdot q \mod p_j$, 其中 $v \in \mathbb{Z}_k$ $\left(\text{也可以说 } \|v\|_\infty < \dfrac{k}{2}\right)$. 只要 $v \cdot q \mod p_j \neq 0$, FastBconv 就会带来 $-v \cdot q \mod p_j$ 的误差. 一般把此误差称为 FastBconv 的 $q$-溢出 ($q$-overflow). 在特定情况下, 我们不能忽略溢出, 需要移除或纠正溢出带来的影响.

rns.cpp[①]的 `BaseConverter::fast_convert` 实现的就是 FastBconv, 其实现的基本思想是通过**迭代器** (iterator) 遍历 $i \in [1, k]$, 在 $\mathbb{Z}_{q_i}$ 下得到 $k$ 个 $[x_i \cdot \tilde{q}_i]_{q_i}$, 随后再利用迭代器遍历 $j \in [1, k']$, 分别在 $\mathbb{Z}_{p_j}$ 下计算 $k$ 个 $[x_i \cdot \tilde{q}_i]_{q_i}$ 和 $k$ 个 $q_i^* \in \mathbb{Z}_{p_j}$ 的内积.

如果我们可以在剩余数系统下实现 BFV 方案涉及的所有运算, 就可以在 BFV 方案中把所有运算都替换为剩余数系统下的运算. 可惜的是, 剩余数系统表示法属于**非数位表示法** (non-positional representation). 我们无法在非数位表示法下定义有理数除法和舍入运算. 这是因为基数分量 $p_i$ 下的除法运算不是普通除法运算, 而是分别定义在 $\mathbb{Z}_{q_i}$ 下的乘法逆运算. 换句话说, 在基数分量 $p_i$ 下计算 $x_i/y_i$ 需要先找到满足 $y_i \cdot y_i^{-1} = 1 \mod p_i$ 的 $y_i^{-1} \in \mathbb{Z}_{q_i}$, 再计算 $x \cdot y^{-1} \in \mathbb{Z}_{q_i}$.

BFV 方案刚好涉及一些剩余数系统无法支持的有理数运算和除法运算. 具体来说, 在解密 (Decrypt) 和同态乘法 (Multiply) 中, 需要将 $x \in \mathbb{Z}_q$ 看成位于区间 $[-q/2, q/2)$ 中的有理数, 将 $x$ 缩放 $\dfrac{t}{q}$ 倍并舍入为 $y = \left\lfloor \dfrac{t}{q} \cdot x \right\rceil$. 这涉及有理数除

---

① https://github.com/microsoft/SEAL/blob/v4.0.0/native/src/seal/util/rns.cpp#L402, 引用日期: 2024-08-03.

法运算 $\left(\dfrac{t}{q} \cdot x\right)$ 和舍入运算 ($\lfloor \cdot \rceil$). 我们无法直接在 $x$ 的剩余数表示下完成有理数除法和舍入运算. 一般来说, 我们必须要先将 $x$ 从剩余数系统表示转换回高精度整数表示后, 才能进行有理数除法和舍入运算. 然而, 两种表示之间的来回转换会抵消使用剩余数系统带来的性能收益. 幸运的是, BFV 方案在进行有理数除法和舍入运算后还会执行一次模运算 (解密的最后要模 $t$, 同态乘法的最后要模 $q$), 这使得我们可以通过一些巧妙的方法, 在保持剩余数表示的前提下直接完成解密和同态乘法运算, 从而大大提高性能.

### 3.4.3 剩余数系统下的解密算法

解密时, 我们需要计算 $\left[\left\lfloor \dfrac{t}{q} \cdot [\mathsf{ct}_0 + \mathsf{ct}_1 \cdot \mathbf{s}]_q \right\rceil\right]_t$. 为了简化符号表示, 我们把 $\mathsf{ct}_0 + \mathsf{ct}_1 \cdot \mathbf{s}$ 简写为 $\mathsf{ct}(\mathbf{s})$, 从而把解密过程简写为计算 $\left[\left\lfloor \dfrac{t}{q}[\mathsf{ct}(\mathbf{s})]_q \right\rceil\right]_t$. 由于剩余数系统很难支持有理数除法和舍入运算, 我们要做的就是把有理数除法和舍入运算都替换为剩余数系统可以完成的运算. 为此, 我们要做三件事情: ① 用整数除法替代有理数除法; ② 用取整运算替代舍入运算; ③ 用 FastBconv 实现前面两项操作, 以避免使用高精度整数.

**用整数除法替代有理数除法** 剩余数系统可以支持 $\mathbb{Z}_{q_i}$ 下的乘法逆运算, 但此运算是在 $[0, q_i)$ 下定义的, 不考虑负数. 为了更好地支持乘法逆运算, 我们要利用 $[\cdot]_q$ 和 $|\cdot|_q$ 的等价性, 把所有 $[\cdot]_q$ 替换为 $|\cdot|_q$. 这样一来, 解密公式变成了

$$\mathbf{m} = \left[\left\lfloor \dfrac{t}{q}[\mathsf{ct}(\mathbf{s})]_q \right\rceil\right]_t \mapsto \left|\left\lfloor \dfrac{t \cdot |\mathsf{ct}(\mathbf{s})|_q}{q} \right\rceil\right|_t$$

这样就能把有理数除法 $\dfrac{1}{q}$ 换成乘法逆运算 $q^{-1}$ 了. 注意, 把所有 $[\cdot]_q$ 替换为 $|\cdot|_q$ 不会带来任何误差, 但计算完毕后要记得把结果从 $|\cdot|_q$ 转换回 $[\cdot]_q$.

**用取整运算替代舍入运算** 接下来, 对于内侧的 $\left\lfloor \dfrac{t \cdot |\mathsf{ct}(\mathbf{s})|_q}{q} \right\rceil$, 我们可以把舍入运算替换为取整运算 (即 $\lfloor \cdot \rfloor$). 由于

$$\left\lfloor \dfrac{t \cdot |\mathsf{ct}(\mathbf{s})|_q}{q} \right\rfloor = \dfrac{t \cdot |\mathsf{ct}(\mathbf{s})|_q - |t \cdot \mathsf{ct}(\mathbf{s})|_q}{q}$$

因此取整运算涉及的所有操作都可以在剩余数系统下进行. 此时, 解密公式变成了

$$\left|\left\lfloor \dfrac{t \cdot |\mathsf{ct}(\mathbf{s})|_q}{q} \right\rceil\right|_t \approx \left|\left\lfloor \dfrac{t \cdot |\mathsf{ct}(\mathbf{s})|_q}{q} \right\rfloor\right|_t = \left|\dfrac{t \cdot |\mathsf{ct}(\mathbf{s})|_q - |t \cdot \mathsf{ct}(\mathbf{s})|_q}{q}\right|_t$$

## 3.4 剩余数系统 BFV 方案

之所以用 "约等于" 号, 是因为用取整代替舍入会带来一定的误差. 举例来说, 如果有理数除法得到的小数位小于 $\frac{1}{2}$, 那么舍入与取整的结果完全一致. 但是, 有理数除法得到的小数位大于等于 $\frac{1}{2}$, 那么舍入会把大于 $\frac{1}{2}$ 的小数位补到个位上, 而取整会直接扔掉大于 $\frac{1}{2}$ 的小数位. 这使得舍入与取整结果会相差 1.

**应用** FastBconv 完成上述两次替换后, 要注意解密公式外面还会模 $t$, 这会把 $t \cdot |\mathsf{ct}(\mathbf{s})_q|$ 这一项消掉, 就剩下 $-|t \cdot \mathsf{ct}(\mathbf{s})_q|$, 也就是说

$$\left|\left\lfloor \frac{t \cdot |\mathsf{ct}(\mathbf{s})|_q}{q} \right\rceil\right|_t \approx \left|\frac{t \cdot |\mathsf{ct}(\mathbf{s})|_q - |t \cdot \mathsf{ct}(\mathbf{s})|_q}{q}\right|_t$$

$$= \left|-\frac{|t \cdot \mathsf{ct}(\mathbf{s})|_q}{q}\right|_t$$

$$= \left||t \cdot \mathsf{ct}(\mathbf{s})|_q\right|_t \cdot \left|-q^{-1}\right|_t \tag{3.4}$$

注意看 $\left||t \cdot \mathsf{ct}(\mathbf{s})|_q\right|_t$, 这刚好就是要把基数 $q \sim (q_1, \cdots, q_k)$ 下 $\mathsf{ct}(\mathbf{s}) \in R_q$ 的剩余数系统表示转换为单一基数 $t$ 下的剩余数系统表示. 这样我们就能使用 FastBconv 得到

$$\left||t \cdot \mathsf{ct}(\mathbf{s})|_q\right|_t \approx \mathsf{FastBconv}(|t \cdot \mathsf{ct}(\mathbf{s})|_q, q, t)$$

这样既可以不恢复出 $R_q$ 下的 $|t \cdot \mathsf{ct}(\mathbf{s})|_q$, 又可以完成解密. 不过, 根据公式 (3.2), FastBconv 得到的是 $||t \cdot \mathsf{ct}(\mathbf{s})|_q - v \cdot q|_t$, 其中 $v \in \mathbb{Z}_k$. 因此, 我们得到的实际上是

$$\left||t \cdot \mathsf{ct}(\mathbf{s})|_q - v \cdot q\right|_t = \mathsf{FastBconv}(|t \cdot \mathsf{ct}(\mathbf{s})|_q, q, t)$$

由于左右两侧都是 $\mathbb{Z}_t$ 下的运算, 我们可以把误差项 $|-v \cdot q|_t$ 移动到右侧后代入公式 (3.4), 得到

$$\left|\left\lfloor \frac{t \cdot |\mathsf{ct}(\mathbf{s})|_q}{q} \right\rceil\right|_t \approx (\mathsf{FastBconv}(|t \cdot \mathsf{ct}(\mathbf{s})|_q, q, t) + |v \cdot q|_t) \cdot |-q^{-1}|_t$$

$$= \mathsf{FastBconv}(|t \cdot \mathsf{ct}(\mathbf{s})|_q, q, t) \cdot |-q^{-1}|_t + |-v|_t$$

换句话说, 把 $\left||t \cdot \mathsf{ct}(\mathbf{s})|_q\right|_t \cdot |-q^{-1}|_t$ 换为 $\mathsf{FastBconv}(|t \cdot \mathsf{ct}(\mathbf{s})|_q, q, t) \cdot |-q^{-1}|_t$, 得到的结果与正确的结果相差 $|-v|_t$, 我们把误差项换回等式左侧, 就有

$$\left|\left\lfloor \frac{t \cdot |\mathsf{ct}(\mathbf{s})|_q}{q} \right\rceil + v\right|_t \approx \mathsf{FastBconv}(|t \cdot \mathsf{ct}(\mathbf{s})|_q, q, t) \cdot |-q^{-1}|_t \tag{3.5}$$

**引入额外 RNS 基数消除误差项**　取整替代舍入和 FastBconv 引入的误差会影响解密的正确性, 因此我们需要想办法消除误差. 先来看取整代替舍入. 在剩余数系统下考虑误差问题不太直观, 我们先想想数位表示法下的情况. 假设基数 $w = 10$, 给定数位表示法下的小数 $x = 1.666$, 舍入结果为 $\lceil x \rceil = 2$, 取整结果为 $\lfloor x \rfloor = 1$, 带来的误差是 1. 如果我们能把 $x$ 放大 $w$ 倍, 在 $wx$ 下操作后再除以 $w$ 倍, 则舍入结果就变为了 $\lceil wx \rceil / w = \lceil 16.6 \rceil / w = 1.7$, 取整结果为 $\lfloor wx \rfloor / w = \lfloor 16.6 \rfloor / w = 1.6$, 误差就降低到了 $\frac{1}{10}$. 以此类推, 我们可以把 $x$ 放大一定倍数, 操作后再缩小回相应倍数, 就可以降低取整替代舍入所带来的误差.

在剩余数系统下如何完成这一项操作呢? 注意到 FastBconv 就是把基数 $q = (q_1, \cdots, q_k)$ 下 $|x|_q$ 的剩余数系统表示快速转换成新基数 $p = (p_1, \cdots, p_{k'})$ 下的剩余数系统表示 $|x|_p$. 既然如此, 我们考虑再次利用 FastBconv, 增加一个与 $t$ 和 $q_1, \cdots, q_k$ 都互质的剩余数系统基数 $\gamma$, 把基数 $(q_1, \cdots, q_k)$ 下 $\mathsf{ct}(\mathbf{s}) \in R_q$ 的剩余数系统表示扩展到基数 $(t, \gamma)$ 下的剩余数系统表示. 此时, 解密的运算过程就从 $R_t$ 扩展到了 $R_{t \cdot \gamma}$, 相当于把 $t$ "放大" $\gamma$ 倍. 解密时, 我们先得到 $R_{t \cdot \gamma}$ 在基数 $(t, \gamma)$ 下的剩余数系统表示. 只要 $\gamma$ 足够大, 则取整替代舍入的误差就可以降低到非常小. 在最后恢复到 $R_t$ 下时, 只要把 $\gamma$ 分量中的误差项也一起合并到 $R_t$ 下, 就可以在很大程度上消除取整替代舍入的误差了. 不过, 在 $\gamma$ 下使用 FastBconv 时得到结果实际上是 $|t \cdot \mathsf{ct}(\mathbf{s})|_q - v \cdot q \bmod \gamma$, 又带来了 $-v \cdot q \bmod \gamma$ 的误差项.

Bajard 等在论文《形如 FV 部分同态加密的完全 RNS 变体》[112] 中使用了一个很巧妙的方法来消除两次 FastBconv 所引入的误差. 回顾一下, 公式 (3.5) 告诉我们

$$\left| \left\lfloor \frac{t \cdot |\mathsf{ct}(\mathbf{s})|_q}{q} \right\rfloor + v \right|_t \approx \mathsf{FastBconv}(|t \cdot \mathsf{ct}(\mathbf{s})|_q, q, t) \cdot |-q^{-1}|_t$$

现在, 我们把左侧分子上的 $t \cdot |\mathsf{ct}(\mathbf{s})|_q$ 替换为 $\gamma t \cdot |\mathsf{ct}(\mathbf{s})|_q$, 则公式两边都会被乘以 $\gamma$. 由于 $\gamma t \cdot |\mathsf{ct}(\mathbf{s})|_q$ 这一项仍然会被模 $t$ 消掉, 因此公式 (3.4) 仍然成立, 只是变为了下述形式

$$\left| \left\lfloor \frac{\gamma t \cdot |\mathsf{ct}(\mathbf{s})|_q}{q} \right\rfloor + v \right|_t = \left| |\gamma t \cdot \mathsf{ct}(\mathbf{s})|_q \cdot |-q^{-1}|_t \right|$$

这意味着我们可以得到类似公式 (3.5) 的

$$\left| \left\lfloor \frac{\gamma t \cdot |\mathsf{ct}(\mathbf{s})|_q}{q} \right\rfloor + v \right|_t \approx \mathsf{FastBconv}(|\gamma t \cdot \mathsf{ct}(\mathbf{s})|_q, q, t) \cdot |-q^{-1}|_t \qquad (3.6)$$

有意思的是, 如果我们把公式 (3.6) 内 FastBconv 的模数和最外侧的模数都从 $t$ 改为 $\gamma$, 则公式 (3.5) 中的 $\gamma t \cdot |\mathsf{ct}(\mathbf{s})|_q$ 这一项依然能被模 $\gamma$ 消掉, 这意味着我们

## 3.4 剩余数系统 BFV 方案

还可以得到类似公式 (3.6) 的

$$\left|\left\lfloor\frac{\gamma t \cdot |\mathsf{ct}(\mathsf{s})|_q}{q}\right\rceil + v\right|_\gamma \approx \mathsf{FastBconv}(|\gamma t \cdot \mathsf{ct}(\mathsf{s})|_q, q, \gamma) \cdot |-q^{-1}|_\gamma \quad (3.7)$$

现在, 我们尝试把公式 (3.6) 和公式 (3.7) 写在一起. 首先, 令 $m \in \{t, \gamma\}$. 其次, 由于 $\gamma t \cdot |\mathsf{ct}(\mathsf{s})_q|$ 总可以被模 $m \in \{t, \gamma\}$ 消掉, 因此我们直接略去这一项. 接下来, 我们把取整替代舍入以及 FastBconv 所引入的所有误差统一用 $\mathbf{e} \in R$ 表示. 最后, 把左右两侧调换一下, 再把 $[\mathsf{ct}(\mathsf{s})]_q = \left\lfloor\frac{q}{t}\right\rfloor[\mathbf{m}]_t + \mathbf{v} + q\mathbf{r}$ 代入公式 (3.6) 和公式 (3.7), 我们可以得到

$$\mathsf{FastBconv}(|\gamma t \cdot \mathsf{ct}(\mathsf{s})|_q, q, \{t, \gamma\}) \cdot |-q^{-1}|_m = \left|\left\lfloor\frac{\gamma t \cdot [\mathsf{ct}(\mathsf{s})]_q}{q}\right\rceil - \mathbf{e}\right|_t \quad (3.8)$$

根据解密的正确性, 我们知道 $[\mathsf{ct}(\mathsf{s})]_q$ 包含 3 个部分. 第 1 部分是 $\left\lfloor\frac{q}{t}\right\rfloor[\mathbf{m}]_t$, 即放大了 $\left\lfloor\frac{q}{t}\right\rfloor$ 的明文 $[\mathbf{m}]_t$. 第 2 部分是同态运算中累计的噪声 $\mathbf{v}$. 第 3 部分是因外侧 $|\cdot|_q$ 约简掉的 $q\mathbf{r}$. 也就是说, $[\mathsf{ct}(\mathsf{s})]_q = \left\lfloor\frac{q}{t}\right\rfloor[\mathbf{m}]_t + \mathbf{v} + q\mathbf{r}$. 代入公式 (3.8), 则有

$$\left|\left\lfloor\frac{\gamma t \cdot [\mathsf{ct}(\mathsf{s})]_q}{q}\right\rceil - \mathbf{e}\right|_t = \left|\left\lfloor\frac{\gamma t}{q} \cdot \left(\left\lfloor\frac{q}{t}\right\rfloor[\mathbf{m}]_t + \mathbf{v} + q\mathbf{r}\right)\right\rceil - \mathbf{e}\right|_t$$

$$= \left|\left\lfloor\frac{\gamma}{q} \cdot ((q - |q|_t)[\mathbf{m}]_t + t\mathbf{v} + tq\mathbf{r})\right\rceil - \mathbf{e}\right|_t$$

$$= \left|\gamma([m]_t + t\mathbf{r}) + \left\lfloor\gamma\frac{t\mathbf{v} - |q|_t[\mathbf{m}]_t}{q}\right\rceil - \mathbf{e}\right|_t$$

令 $\mathbf{v}_c = t \cdot \mathbf{v} - [\mathbf{m}]_t |q|_t$. 这就引出了下述引理.

**引理 3.7** (Bajard 等[112] 的引理 1) 令 ct 满足 $[\mathsf{ct}(\mathsf{s})]_q = \frac{q}{t}[\mathbf{m}]_t + \mathbf{v} + q\mathbf{r}$, 且令 $\mathbf{v}_c = t\mathbf{v} - [\mathbf{m}]_t|q|_t$. 令 $\gamma$ 为与 $q$ 互质的整数. 则对于 $m \in \{t, \gamma\}$, 下述等式在模 $m$ 下成立

$$\mathsf{FastBconv}(|\gamma t \cdot \mathsf{ct}(\mathsf{s})|_q, q, \{t, \gamma\}) \cdot |-q^{-1}|_m = \left|\left\lfloor\frac{\gamma t \cdot [\mathsf{ct}(\mathsf{s})]_q}{q}\right\rceil\right|_t - \mathbf{e}$$

$$= \gamma([\mathbf{m}]_t + t\mathbf{r}) + \left\lfloor\gamma\frac{\mathbf{v}_c}{q}\right\rceil - \mathbf{e} \quad (3.9)$$

如果左右两边模 $t$, 则公式 (3.9) 右边的 $t\mathbf{r}$ 就会被消去. 如果左右两边模 $\gamma$, 则公式 (3.9) 右边的 $\gamma([\mathbf{m}]_t + t\mathbf{r})$ 都会被消去. 但是, 只要 $\gamma$ 选得比较大, 且 $\mathbf{e}$ 的系数都在 $[0, k]$ 的范围内, 则 $\left\lfloor \gamma \dfrac{\mathbf{v}_c}{q} \right\rceil - \mathbf{e} \in \left[ -\dfrac{\gamma}{2}, \dfrac{\gamma}{2} \right)$. 换言之, $\left\lfloor \gamma \dfrac{\mathbf{v}_c}{q} \right\rceil - \mathbf{e}$ 的取值范围可以使我们拿掉外侧的模 $\gamma$, 这使得公式 (3.9) 左右两边模 $\gamma$ 得到的刚好是公式 (3.9) 左右两边模 $t$ 时额外增加的噪声. 实际上, 由于 $v \in \mathbb{Z}_k$, 且每一个 RNS 分量取整代替舍入最多引入 1 的误差, 因此 $\mathbf{e}$ 的系数确实都在 $[0, k]$ 的范围内. 这可以引出下述引理.

**引理 3.8** (Bajard 等[112] 的引理 2)　令 $\|\mathbf{v}_c\|_\infty \leqslant q\left(\dfrac{1}{2} - \varepsilon\right)$, $\mathbf{e} \in R$ 的系数都在 $[0, k]$ 的范围内, 且 $\gamma$ 为整数. 如果 $\gamma\varepsilon \geqslant k$, 则

$$\left[\left\lfloor \gamma \dfrac{\mathbf{v}_c}{q} \right\rceil - \mathbf{e}\right]_\gamma = \left\lfloor \gamma \dfrac{\mathbf{v}_c}{q} \right\rceil - \mathbf{e} \tag{3.10}$$

为了保证解密正确性, 只要密文包含的噪声项满足引理 3.7 中的条件, $\left\lfloor \gamma \dfrac{\mathbf{v}_c}{q} \right\rceil - \mathbf{e}$ 这一项就可以被消掉, 从而恢复出明文 $[\mathbf{m}]_t$. 把所有过程总结到一起, 我们就得到了剩余数系统下 BFV 方案的完整解密算法, 见算法 3.4.

---

**算法 3.4**　$\text{Decrypt}_{\text{RNS}}(\mathbf{ct}, \mathbf{sk}, \gamma)$

**输入**: $\mathbf{ct} = (\mathbf{c}_0, \mathbf{c}_1)$ 是 $[\mathbf{m}]_t$ 的密文, $\mathbf{sk} = \mathbf{s}$ 是私钥, 两者均用基数 $(q_1, \cdots, q_k)$ 表示. 整数 $\gamma$ 与 $t$ 和 $q_1, \cdots, q_k$ 互质.

**输出**: $[\mathbf{m}]_t$.

1: 计算 $\mathbf{ct}(\mathbf{s}) \leftarrow \mathbf{c}_0 + \mathbf{c}_1\mathbf{s}$.
2: 计算 $\mathbf{s}^{(t)} \leftarrow \left|\mathsf{FastBconv}(|\gamma t \cdot \mathbf{ct}(\mathbf{s})|_q, q, t) \times |-q^{-1}|_t\right|_t$. 对应公式 (3.6), 在 $|\cdot|_t$ 下将 $|\gamma t \cdot \mathbf{ct}(\mathbf{s})|_q$ 扩展到基数 $t$ 下.
3: 计算 $\mathbf{s}^{(\gamma)} \leftarrow \left|\mathsf{FastBconv}(|\gamma t \cdot \mathbf{ct}(\mathbf{s})|_q, q, \gamma) \times |-q^{-1}|_\gamma\right|_\gamma$. 对应公式 (3.7), 在 $|\cdot|_\gamma$ 下将 $|\gamma t \cdot \mathbf{ct}(\mathbf{s})|_q$ 扩展到基数 $\gamma$ 下.
4: 令 $\tilde{\mathbf{s}}^{(\gamma)} \leftarrow \left[\mathbf{s}^{(\gamma)}\right]_\gamma$, 对应公式 (3.10), 把 $\mathbf{s}^{(\gamma)}$ 上的模运算由 $|\cdot|_\gamma$ 转为 $[\cdot]_\gamma$.
5: 计算 $\mathbf{m}^{(t)} \leftarrow \left[\left(\mathbf{s}^{(t)} - \tilde{\mathbf{s}}^{(\gamma)}\right) \times |\gamma^{-1}|_t\right]_t$, 即在 $\mathbf{s}^{(t)}$ 中减去误差项 $\tilde{\mathbf{s}}^{(\gamma)}$, 再在解密结果上乘以 $|\gamma^{-1}|_t$, 解密得到 $|\mathbf{m}|_t$ 后再转换成 $[\mathbf{m}]_t$.

---

SEAL 库 rns.cpp[①] 的 `RNSTool::decrypt_scale_and_round` 实现的就是上述解密算法. Bajard 等[112] 指出, $\gamma$ 选得越大, RNS 下的 BFV 解密结果越接

---

[①] https://github.com/microsoft/SEAL/blob/v4.0.0/native/src/seal/util/rns.cpp, 引用日期: 2024-08-03.

近教科书 BFV 方案的解密结果. SEAL 在 rns.cpp 中利用 defines.h[①]中定义的 SEAL_INTERNAL_MOD_BIT_COUNT 参数把 $\gamma$ 的比特长度设置成了 61.

### 3.4.4 剩余数系统下的同态乘法

我们先来回顾下教科书 BFV 方案的同态乘法运算过程. 假设给定的两个密文分别为 $ct^{(1)} = (ct_0^{(1)}, ct_1^{(1)})$, $ct^{(2)} = (ct_0^{(2)}, ct_1^{(2)})$. 同态乘法运算的第一步是在 $R$ 下计算

$$ct^* = (ct_0^*, ct_1^*, ct_2^*) = \left(ct_0^{(1)} \cdot ct_1^{(1)}, ct_0^{(1)} \cdot ct_1^{(2)} + ct_0^{(2)} \cdot ct_1^{(1)}, ct_0^{(2)} \cdot ct_1^{(2)}\right) \in R^3$$

得到结果后, 再把 $ct^*$ 中每个密文项的系数看成有理数, 在有理数下执行除法和舍入运算, 从而得到

$$\bar{ct} = (\bar{ct}_0, \bar{ct}_1, \bar{ct}_2) = \left(\left[\left\lfloor \frac{t}{q} ct_0^* \right\rceil\right]_q, \left[\left\lfloor \frac{t}{q} ct_1^* \right\rceil\right]_q, \left[\left\lfloor \frac{t}{q} ct_2^* \right\rceil\right]_q\right) \in R_q^3$$

同态乘法运算的第二步是应用求值密钥 evk 对密文执行重线性化, 从而降低密文的元素个数, 得到最终的同态乘法运算结果 $ct^{(\times)} = (ct_0^{(\times)}, ct_1^{(\times)}) \in R_q^2$.

在剩余数系统 BFV 方案中, 模数 $q$ 是若干个低比特长度素数的乘积, 密文 $ct_0$ 和 $ct_1$ 里的多项式系数都是用剩余数系统表示法来表示的. 从教科书 BFV 方案的同态乘法运算步骤可以看出, 将其转换为剩余数系统表示下的运算会遇到两个问题. 第一个问题是重线性化之前涉及有理数除法和舍入运算. 我们通过引入辅助基数来扩大剩余数系统表示的范围, 使多项式乘法过程中的系数运算不再涉及模除系数. 随后, 我们通过**蒙哥马利约简** (Montgomery reduction) 消除误差, 再将辅助基数转换回原始基数. 第二个问题是当用数位表示法实现重线性化时, 就需要使用数位表示法拆分 $ct_2'$. 我们采用基于模数扩展的密钥切换方法来解决此问题.

**引入辅助基数** 为了能让剩余数系统表示容纳足够大的系数, 使同态乘法运算的第一步

$$ct^* = (ct_0^*, ct_1^*, ct_2^*) = \left(ct_0^{(1)} \cdot ct_1^{(1)}, ct_0^{(1)} \cdot ct_1^{(2)} + ct_0^{(2)} \cdot ct_1^{(1)}, ct_0^{(2)} \cdot ct_1^{(2)}\right)$$

仍然可以在 $R$ 下执行, 我们要扩展系数对应的基数 $q = (q_1, \cdots, q_k)$, 再增加由 $l$ 个质数组成的辅助基数 $B = (m_1, \cdots, m_l)$. 随后, 我们同时在原始基数 $q = (q_1, \cdots, q_k)$ 和辅助基数 $B = (m_1, \cdots, m_l)$ 下执行多项式乘法, 使运算过程在足

---

[①] https://github.com/microsoft/SEAL/blob/v4.0.0/native/src/seal/util/defines.h, 引用日期: 2024-08-03.

够大的基数 $q \cup B$ 下执行，从而在 $R$ 下完成乘法运算．由于有理数除法中涉及的乘以 $\frac{1}{q}$ 将变为乘以 $q^{-1}$，这不会引入任何计算误差，因此我们只需要保证辅助基数大到使 $t \cdot \mathrm{ct}'_i$ 的系数不涉及取模运算即可．为此，只需要令 $\|t \cdot \mathrm{ct}'_i\|_\infty < \prod_{i=1}^{l} m_i$，则在基数 $q \cup B = \{q_1, \cdots, q_k\} \cup \{m_1, \cdots, m_l\}$ 下就可以准确表示 $t \cdot \mathrm{ct}'_i$ 的计算结果．除此之外，我们还要选取另一个模数 $m_{\mathrm{sk}}$ 并构造扩展基数 $B_{\mathrm{sk}} = B \cup m_{\mathrm{sk}}$，扩展基数 $B_{\mathrm{sk}}$ 将帮助我们在重线性化操作之间完成过渡．注意，$q_1, \cdots, q_k, m_1, \cdots, m_l, m_{\mathrm{sk}}$ 均两两互质．

然而，我们现在只有 $\mathrm{ct}^{(1)}$ 和 $\mathrm{ct}^{(2)}$ 在基数 $q = (q_1, \cdots, q_k)$ 下的剩余数系统表示，为了计算 $t \cdot \mathrm{ct}'_i$ 在基数 $B_{\mathrm{sk}}$ 下的剩余数表示，我们需要用 FastBconv 把 $\mathrm{ct}^{(1)}$ 和 $\mathrm{ct}^{(2)}$ 的基数转换成 $B_{\mathrm{sk}}$ 下的剩余数系统表示．由于 FastBconv 的结果带有 $q$ 溢出，我们需要利用蒙哥马利模约简算法消除 $q$ 溢出．

**蒙哥马利模约简算法** 蒙哥马利模约简算法需要引入一个新的模数 $\tilde{m}$，模数 $\tilde{m}$ 与基数 $q$ 和 $B_{\mathrm{sk}}$ 中的所有模数均两两互质．蒙哥马利模约简算法 $\mathrm{SmMRq}_{\tilde{m}}$ 描述见算法 3.5．

---

**算法 3.5** $\mathrm{SmMRq}_{\tilde{m}}([\mathbf{c}'']_m)$

**输入**：基数 $B_{\mathrm{sk}} \cup \tilde{m}$ 表示下的多项式 $\mathbf{c}''$．
**输出**：基数 $B_{\mathrm{sk}}$ 表示下的多项式 $\mathbf{c}'$，满足 $\mathbf{c}' = \tilde{m}^{-1} \mathbf{c}'' \bmod q$，且 $\|\mathbf{c}'\|_\infty \leqslant \frac{\|\mathbf{c}''\|_\infty}{\tilde{m}} + \frac{q}{2}$．

1: 计算 $\mathbf{r}_{\tilde{m}} \leftarrow \left[ -\frac{[\mathbf{c}'']_{\tilde{m}}}{q} \right]_{\tilde{m}}$．
2: 对于 $m \in B_{\mathrm{sk}}$，计算 $\mathbf{c}'$ 在基数 $B_{\mathrm{sk}}$ 下的每个分量值 $[\mathbf{c}']_m \leftarrow \left| \left( [\mathbf{c}'']_m + q \mathbf{r}_{\tilde{m}} \right) \tilde{m}^{-1} \right|_m$．

---

$\mathrm{SmMRq}_{\tilde{m}}$ 的正确性由下述引理 3.9 所述．

**引理 3.9** (Bajard 等[112] 的引理 4) 给定输入 $|\mathbf{c}''|_m = |[\tilde{m} \cdot \mathbf{c}]_q + q\mathbf{u}|_m$，其中 $m \in B_{\mathrm{sk}} \cup \{\tilde{m}\}$，满足 $\|\mathbf{u}\|_\infty \leqslant \tau$，给定参数 $\rho$，当满足 $\tilde{m}\rho \geqslant 2\tau + 1$ 时，蒙哥马利模约简算法的输出为 $\mathbf{c}' = \mathbf{c} \bmod q$，其中 $\|\mathbf{c}'\|_\infty \leqslant \frac{q}{2}(1+\rho)$．

由于引入了新的模数 $\tilde{m}$，我们使用 FastBconv 时要把 $\mathrm{ct}^{(1)}$ 和 $\mathrm{ct}^{(2)}$ 的基数从 $q$ 转换成 $B_{\mathrm{sk}} \cup \tilde{m}$ 下的剩余数系统表示 $\mathrm{ct}''^{(1)}$ 和 $\mathrm{ct}''^{(2)}$，再通过调用 $\mathrm{SmMRq}_{\tilde{m}}$ 移除模数 $\tilde{m}$．由于直接调用 $\mathrm{SmMRq}_{\tilde{m}}$ 会让输出结果中带有 $\tilde{m}^{-1}$，因此我们稍微修改 FastBconv，把 $\tilde{m}$ 的影响提前考虑进去．我们把修改后的 FastBconv 记为 FastBConvMTilde．

$$\mathrm{FastBConvMTilde}(\mathbf{c}) = \left( \left( \sum_{i=1}^{k} \left| \mathbf{c} \cdot \frac{\tilde{m} q_i}{q} \right|_{q_i} \right) \cdot \frac{q}{q_i} \right) \bmod m$$

其中 $m \in B_{\text{sk}} \cup \tilde{m}$，且我们可以在预处理阶段计算 $\left|\frac{\tilde{m}q_i}{q}\right|_{q_i}$. 在 FastBConvMTilde 的帮助下，我们得到了密文 $\text{ct}^{(1)}$ 和 $\text{ct}^{(2)}$ 在基数 $B_{\text{sk}} \cup \tilde{m}$ 下（包含 $q$ 溢出）的剩余数系统表示 $\text{ct}''^{(1)}$ 和 $\text{ct}''^{(2)}$. 再将 $\text{ct}''^{(1)}$ 和 $\text{ct}''^{(2)}$ 代入到蒙哥马利模约简算法，得到消除 $q$ 溢出、基数变为 $B_{\text{sk}}$ 后的 $\text{ct}'^{(1)}$ 和 $\text{ct}'^{(2)}$. SEAL 库 rns.cpp 中的 `RNSTool::sm_mrq` 实现的就是蒙哥马利模约简算法，`RNSTool::fastbconv_m_tilde` 实现的就是消除 $\tilde{m}^{-1}$ 影响的 FastBconv.

有了 $\text{ct}^{(1)}$ 和 $\text{ct}^{(2)}$ 在基数 $B_{\text{sk}}$ 下的剩余数系统表示 $\text{ct}'^{(1)}$ 和 $\text{ct}'^{(2)}$，再加上 $\text{ct}^{(1)}$ 和 $\text{ct}^{(2)}$ 本身就是基数 $q$ 下的剩余数表示，我们就可以分别在基数 $q$ 和基数 $B_{\text{sk}}$ 下计算

$$\left(\text{ct}_0^{(1)} \cdot \text{ct}_1^{(1)}, \text{ct}_0^{(1)} \cdot \text{ct}_1^{(2)} + \text{ct}_0^{(2)} \cdot \text{ct}_1^{(1)}, \text{ct}_0^{(2)} \cdot \text{ct}_1^{(2)}\right)$$

以及

$$\left(\text{ct}_0'^{(1)} \cdot \text{ct}_1'^{(1)}, \text{ct}_0'^{(1)} \cdot \text{ct}_1'^{(2)} + \text{ct}_0'^{(2)} \cdot \text{ct}_1'^{(1)}, \text{ct}_0'^{(2)} \cdot \text{ct}_1'^{(2)}\right)$$

从而得到基数 $q \cup B_{\text{sk}}$ 下的同态乘法运算 $\text{ct}^* = (\text{ct}_0^*, \text{ct}_1^*, \text{ct}_2^*)$. 接下来，我们要根据 $(\text{ct}_0^*, \text{ct}_1^*, \text{ct}_2^*)$ 计算得到 $\left(\left[\left\lfloor\frac{t}{q}\text{ct}_0'\right\rceil\right]_{B_{\text{sk}}}, \left[\left\lfloor\frac{t}{q}\text{ct}_1'\right\rceil\right]_{B_{\text{sk}}}, \left[\left\lfloor\frac{t}{q}\text{ct}_2'\right\rceil\right]_{B_{\text{sk}}}\right)$，即放缩完毕后在基数 $B_{\text{sk}}$ 下同态乘法运算的结果，再把结果转换回基数 $q$ 下. 这涉及两个操作：快速剩余数系统取整、Shenoy-Kumaresan 基转换.

**快速剩余数系统取整** 我们首先统一在基数 $B_{\text{sk}}$ 下实现放缩和取整，此过程由 FastRNSFloor 定义.

$$\text{FastRNSFloor}_q(\mathbf{a}, m) = (\mathbf{a} - \text{FastBconv}(|\mathbf{a}|_q, q, m)) \times |q^{-1}|_m \bmod m$$

下述引理告诉我们 FastRNSFloor 输出密文的噪声量也很小.

**引理 3.10** (Bajard 等[112] 的引理 5) 令 $\text{ct}'^{(1)} = \text{ct}^{(1)} \bmod q$ 和 $\text{ct}'^{(2)} = \text{ct}^{(2)} \bmod q$ 分别为基数 $B_{\text{sk}}$ 下的剩余数系统表示，满足 $\|\text{ct}_i'^{(1)}\|_\infty \leqslant \frac{q}{2}(1+\rho)$, $\|\text{ct}_i'^{(2)}\|_\infty \leqslant \frac{q}{2}(1+\rho)$，其中 $i \in \{0, 1, 2\}$. 令 $\text{ct}^* = (\text{ct}_0^*, \text{ct}_1^*, \text{ct}_2^*)$ 为基数 $q \cup B_{\text{sk}}$ 下 $\text{ct}^{(1)}$ 和 $\text{ct}^{(2)}$（未放缩和取整前）的同态乘法运算结果. 则对于 $j \in \{0, 1, 2\}$，有

$$\text{FastRNSFloor}_q(t \cdot \text{ct}_j^*, B_{\text{sk}}) = \left\lfloor \frac{t}{q} \text{ct}_j^* \right\rfloor + \mathbf{b}_j \bmod B_{\text{sk}}$$

其中，$\|\mathbf{b}_j\|_\infty \leqslant k$.

由上述引理可知，向 FastRNSFloor 输入 $t \cdot \text{ct}_j^* \bmod q \cup B_{\text{sk}}$ 后，计算得到的是 $\left\lfloor \dfrac{t}{q} \text{ct}_j^* \right\rceil + \mathbf{b}_j \bmod B_{\text{sk}}$. SEAL 库 rns.cpp 中 `RNSTool::fast_floor` 实现的就是 FastRNSFloor.

**Shenoy-Kumaresan 基转换**[113]　　最后，我们利用 Shenoy-Kumaresan 基转换方法将基数从 $B_{\text{sk}}$ 转换为 $q$，以完成重线性化之前的运算。令 $\mathbf{x} = \left\lfloor \dfrac{t}{q} \text{ct}_j^* \right\rceil + \mathbf{b}_j \bmod B_{\text{sk}}$，其中 $B_{\text{sk}} = B \cup m_{\text{sk}}$. 我们首先用 FastBconv 计算得到 $\text{FastBconv}(\mathbf{x}, B, m_{\text{sk}}) = \mathbf{x} + M\alpha_{\text{sk},x} \bmod m_{\text{sk}}$，其中，$M = \prod_{m \in B} m$. 另一方面，$\mathbf{x} \bmod m_{\text{sk}}$ 也是已知的，记为 $|\mathbf{x}|_{m_{\text{sk}}} = \mathbf{x}_{\text{sk}}$，因此，我们可以计算出

$$|\alpha_{\text{sk},x}|_{m_{\text{sk}}} = \left| (\mathbf{x} + M\alpha_{\text{sk},x} - \mathbf{x}_{\text{sk}}) \cdot M^{-1} \right|_{m_{\text{sk}}}$$

进一步，选取合适的 $m_{\text{sk}}$ 后，我们有 $|\alpha_{\text{sk},x}|_{m_{\text{sk}}} = \alpha_{\text{sk},x}$. 然后通过 $\text{FastBconv}(\mathbf{x}, B, q) - M\alpha_{\text{sk},x}$ 得到 $\mathbf{x}$ 在基数 $q$ 下的剩余数系统表示. 这引出了下述引理.

**引理 3.11** (Bajard 等[112] 的引理 6)　　令 $B$ 为基数，$m_{\text{sk}}$ 为一个单独的质数，满足 $m_{\text{sk}}$ 与 $M = \prod_{m \in B} m$ 互质. 令 $x$ 为一个整数，满足 $|x| < \lambda M$，其中实数 $\lambda \geqslant 1$. 假设 $m_{\text{sk}}$ 满足 $m_{\text{sk}} \geqslant 2(|B| + \lceil \lambda \rceil)$，令 $\alpha_{\text{sk},x}$ 为

$$\alpha_{\text{sk},x} := \left[ (\text{FastBconv}(x, B, m_{\text{sk}}) - x_{\text{sk}}) * M^{-1} \right]_{m_{\text{sk}}},$$

则对于非零的 $x$，如果 $\text{FastBconvSk}(x, B_{\text{sk}}, q) := \text{FastBconv}(x, B, q) - M\alpha_{\text{sk},x}$，则下述等式成立:

$$\text{FastBconvSk}(x, B_{\text{sk}}, q) = x \bmod q$$

引理中将此算法命名为 FastBconvSk. SEAL 库 rns.cpp 中 `RNSTool::fastbconv_sk` 实现的就是 FastBconvSk. 至此，我们终于完成了 BFV 方案同态乘法重线性化前的运算过程，得到了 $\bar{\text{ct}} = (\bar{\text{ct}}_0, \bar{\text{ct}}_1, \bar{\text{ct}}_2)$.

**密文重线性化**　　在剩余数系统下，密文重线性化所需的求值密钥 evk 也需要相应地按照基数 $q = (q_1, \cdots, q_k)$ 拆分.

$$\text{evk} = \left( \left[ -(\mathbf{a}_i \cdot \mathbf{s} + \mathbf{e}_i) + pQ_i \tilde{Q}_i \mathbf{s}^2 \right]_{pq}, \mathbf{a}_i \right)_{i \in [1,k]} \in R_{pq}^2$$

其中 $Q_i = q/q_i$，$\tilde{Q}_i = [Q_i^{-1}]_{q_i}$，$p$ 为一个与 $q_i$ 互质的质数，$\mathbf{s}$ 为私钥. 令重线性化前的密文为 $\bar{\text{ct}} = (\bar{\text{ct}}_0, \bar{\text{ct}}_1, \bar{\text{ct}}_2)$，利用求值密钥 evk 分别计算

$$\sum_{i=1}^{k} [\bar{\text{ct}}_2]_{q_i} \cdot \text{evk}_0[i] = \left( -\sum_{i=1}^{k} [\bar{\text{ct}}_2]_{q_i} \cdot (\mathbf{a}_i \cdot \mathbf{s} + \mathbf{e}_i) + p \cdot \mathbf{s}^2 \cdot \sum_{i=1}^{k} [\bar{\text{ct}}_2]_{q_i} Q_i \tilde{Q}_i \right)$$

$$= \left(-\sum_{i=1}^{k}[\bar{\mathsf{ct}}_2]_{q_i} \cdot (\mathbf{a}_i \cdot \mathbf{s} + \mathbf{e}_i) + p \cdot \mathbf{s}^2 \cdot \bar{\mathsf{ct}}_2\right) \bmod pq$$

$$\sum_{i=1}^{k}[\mathsf{ct}_2]_{q_i} \cdot \mathsf{evk}_1[i] = \sum_{i=1}^{k}[\mathsf{ct}_2]_{q_i} \cdot \mathbf{a}_i \bmod pq$$

可以看出, $\left(\sum_{i=1}^{k}[\bar{\mathsf{ct}}_2]_{q_i} \cdot \mathsf{evk}_0[i], \sum_{i=1}^{k}[\bar{\mathsf{ct}}_2]_{q_i} \cdot \mathsf{evk}_1[i]\right)$ 是 $R_{pq}$ 下可以用私钥 s 解密的密文, 噪声为 $-\sum_{i=1}^{k}[\bar{\mathsf{ct}}_2]_{q_i} \cdot \mathbf{e}_i$. 接下来, 我们再利用模数转换得到 $R_q$ 下的密文, 即 $(-(\mathbf{a}' \cdot \mathbf{s} + \mathbf{e}') + \mathbf{s}^2 \cdot \bar{\mathsf{ct}}_2, \mathbf{a}') \in R_q^2$. 通过选取合适的质数 $p$, 可以使得模数转换后密文中的噪声 $\|\mathbf{e}'\|_\infty$ 足够小, 保证解密的正确性. 最后, 将两组密文相加, 我们就得到了最终的密文 $\mathsf{ct}^{(\times)} = (\mathsf{ct}_0^{(\times)}, \mathsf{ct}_1^{(\times)}) \in R_q^2$.

**同态乘法运算过程小结**　上述把所有过程总结到一起, 我们就得到了文献 [112] 给出的剩余数系统 BFV 方案同态乘法算法. SEAL 库 evaluator.cpp[①]中的 `Evaluator::bfv_multiply` 就是依照此过程实现的, 见算法 3.6.

---

**算法 3.6**　$\mathsf{Multiply}_{\mathsf{RNS}}(\mathsf{ct}^{(1)}, \mathsf{ct}^{(2)})$

---

输入: 密文 $\mathsf{ct}^{(1)} = (\mathsf{ct}_0^{(1)}, \mathsf{ct}_1^{(1)}) \in R_q^2$ 和 $\mathsf{ct}^{(2)} = (\mathsf{ct}_0^{(2)}, \mathsf{ct}_1^{(2)}) \in R_q^2$.
输出: $\mathsf{ct}^{(\times)} \in R_q^2$.
1: 利用 FastBConvMTilde, 将 $\mathsf{ct}^{(1)} \bmod q$ 和 $\mathsf{ct}^{(2)} \bmod q$ 转换为 $\mathsf{ct}''^{(1)} = [\tilde{m} \cdot \mathsf{ct}^{(1)}]_q + q - \mathsf{overflows} \bmod B_\mathsf{sk} \cup \tilde{m}$ 和 $\mathsf{ct}''^{(2)} = [\tilde{m} \cdot \mathsf{ct}^{(2)}]_q + q - \mathsf{overflows} \bmod B_\mathsf{sk} \cup \tilde{m}$.
2: 利用蒙哥马利模约简算法消去 $q - \mathsf{overflows}$, 得到 $\mathsf{ct}^{(1)}, \mathsf{ct}^{(2)}$ 在基数 $B_\mathsf{sk}$ 下的剩余数系统表示 $\mathsf{ct}'^{(1)} \leftarrow \mathsf{SmMRq}_{\tilde{m}}\left(\left(\left|\mathsf{ct}''^{(1)}\right|_m\right)_{m \in B_\mathsf{sk} \cup \{\tilde{m}\}}\right)$ 和 $\mathsf{ct}'^{(2)} \leftarrow \mathsf{SmMRq}_{\tilde{m}}\left(\left(\left|\mathsf{ct}''^{(2)}\right|_m\right)_{m \in B_\mathsf{sk} \cup \{\tilde{m}\}}\right)$.
3: 在基数 $q \cup B_\mathsf{sk}$ 下, 计算乘积 $\mathsf{ct}^* = (\mathsf{ct}_0^*, \mathsf{ct}_1^*, \mathsf{ct}_2^*)$.
4: 利用 FastRNSFloor 得到 $\bar{\mathsf{ct}} + \mathbf{b}_\mathsf{sk} \bmod B_\mathsf{sk} \leftarrow \mathsf{FastRNSFloor}_q(t \cdot \mathsf{ct}^*, B_\mathsf{sk})$.
5: 利用 FastBconvSk 得到 $\bar{\mathsf{ct}} + \mathbf{b}_q \bmod q \leftarrow \mathsf{FastBconvSk}(\bar{\mathsf{ct}} + \mathbf{b}_\mathsf{sk}, B_\mathsf{sk}, q)$.
6: 用给定的 evk 执行密文重线性化, 得到密文乘法同态运算结果 $\mathsf{ct}^{(\times)} \leftarrow \mathsf{Relin}_\mathsf{RNS}(\bar{\mathsf{ct}} + \mathbf{b}_q)$.

---

## 3.5　浮点数全同态加密算法: CKKS

经过密码学家的不懈努力, 同态加密领域取得了新的重大突破: 面向近似数运算的同态加密 (homomorphic encryption for arithmetic of approximate numbers)[47]

---

[①] https://github.com/microsoft/SEAL/blob/v4.0.0/native/src/seal/evaluator.cpp, 引用日期: 2024-08-03.

方案, 简称为 HEAAN 方案. 这一方案也被称为 CKKS 方案, 其名字来源于四位创始人姓氏的首字母. CKKS 方案支持对浮点数进行加密并执行同态操作, 尤其在处理实数和复数计算方面展现出独特的优势.

在本节中, 我们将深入探讨 CKKS 方案, 涵盖其构造思想、编码方案、形式化描述以及 RNS-CKKS 方案. 通过本节的学习, 读者将能够理解 CKKS 方案与第二代 BFV 同态加密方案之间的异同, 掌握 CKKS 方案的基本原理, 并认识到其在推动同态加密应用进展方面的重要作用. 需要指出的是, 同态加密领域仍是一个活跃发展的新兴领域, CKKS 方案也因其在实际应用中的广泛价值而被不断改进和优化.

### 3.5.1 CKKS 方案的构造思想

CKKS 方案同样是基于 RLWE 困难问题构建的全同态加密方案. 图 3.9 显示了 CKKS 方案的基本流程, 首先将消息数据 $m$ 编码为明文空间中的明文多项式 pt, 然后加密 pt 得到密文多项式 ct, 对 ct 执行同态运算操作 $f$ 后结果为 ct', 进一步对 ct' 解密和解码后得到的 $f(m)$ 即为所求. 图 3.9 中的示例实现了对消息进行左轮转 1 位的同态操作.

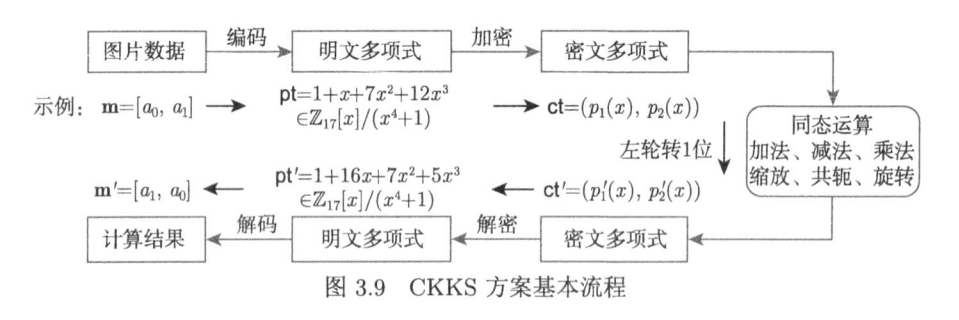

图 3.9 CKKS 方案基本流程

可以看见 CKKS 方案与第二代 BFV 方案有许多相似之处. 因此, 我们先从高层次上概览 CKKS 的创新点及其与 BFV 方案的异同, 而不过分关注细节.

**CKKS 方案的第一个创新点: 在设计基于 RLWE 困难问题的同态加密方案时, 将困难问题中固有的误差 $e$ 视为待加密的消息 $\mu$ (有效载荷) 的一部分.**

CKKS 方案中, 待加密明文由有效载荷 (明文多项式) 和噪声多项式的总和 $(\mu+e)$ 构成, 此时噪声包括全同态加密方案中为安全目的引入的误差多项式和编码过程中的误差等. 我们以 $(\mu+e)$ 作为加密机的输入, 那么输出的密文最终加密的是有效载荷的近似值. 这种思路的合理性在于, 如果噪声的量级远小于有效载荷, 那么它对有效载荷及其计算结果的影响就可以忽略. 值得注意的是, 在常规非加密场景中, 即使是实数数据, 也常常无法通过计算机的定点数或浮点数完全精确地表示. 我们通常通过标准的截断或舍入程序, 以预定的精度近似表示这些数

## 3.5 浮点数全同态加密算法: CKKS

据, 在大多数场合中, 这样的近似是可接受的. 从这个角度看, 加密领域中 RLWE 引入的误差, 实际上与明文领域中的截断或舍入误差类似.

在 CKKS 和 BFV 方案中, 密文通常由一对多项式组成, 其中一个多项式包含有效载荷信息. 我们在图 3.10 中仅展示 BFV 和 CKKS 方案中包含有效载荷信息的多项式. 这些多项式的系数受到整数 $q$ 的限制, 即密文系数模数, 其值可以在集合 $\{0,\cdots,q-1\}$ 中取值. 为了便于说明, 现在假设这些多项式的次数为 0. 在 BFV 方案的加密过程中, 为避免有效载荷 $\mu$ 与噪声 $\mathbf{e}$ 的相互作用导致 $\mu$ 丢失, 采用的方法是将 $\mu$ 乘以放大系数 $\delta = \left\lfloor \dfrac{q}{t} \right\rfloor$, 同时将噪声放在低位 ($q$ 和 $t$ 分别指密文多项式和明文多项式对应的系数模数). 而在 CKKS 方案中, $\mu$ 与 $\mathbf{e}$ 紧挨着作为一个整体被加密, 并且此时噪声位于低位.

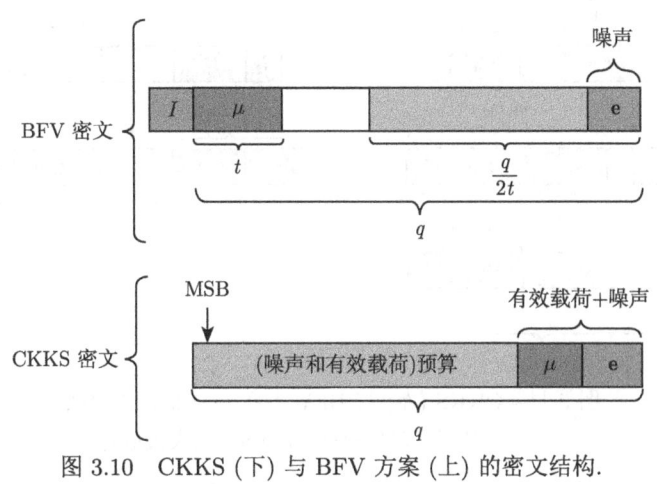

图 3.10 CKKS (下) 与 BFV 方案 (上) 的密文结构.
MSB 代表最高有效位 (改编自文献 [47])

**CKKS 方案的第二个创新点: 提供了一种自然的方式来计算加密的实数.**

我们首先在常规非加密环境中展示加法和乘法对数值量级的影响. 取 $\mu_1 = 1.34$ 和 $\mu_2 = 3.87$, 分别计算加和与乘积得到 $5.21$ 和 $5.1858$. 可以看见, 乘法操作几乎使计算结果位数翻倍. 然而, 大多数应用场景中, 我们希望通过截断或者舍入获得预定精度的计算结果即可.

虽然在非加密环境中通过截断或舍入来缩减数据量级的方法简单直观, 但将这种方法应用于加密后的密文却相当困难. 早期的解决方案尝试通过将舍入函数近似为多项式来消除加密值的低位数[114,115], 尽管全同态加密方案天然适合在加密数据上执行多项式运算, 实践中, 高维近似多项式带来的计算开销使得这些方案在实际场景中的可用性有限.

CKKS 方案基于特别的密文结构和模数切换 (mod switch) 操作巧妙地实现了高效的同态截断, 也称重缩放 (rescale) 操作. 图 3.11 中对比了不同密文结构对设计同态截断操作的影响. 已知 BFV 解密电路为 $\langle \mathsf{ct}_i, sk \rangle = qI_i + (q/t)m_i + e_i$, 高位存在多项式 $I$; 对于两个密文的乘积 $\mathsf{ct}^*$ 满足 $\langle \mathsf{ct}^*, sk \rangle = qI^* + (q/t)m_1m_2 + e^*$, 其中 $I^* = tI_1I_2 + I_1m_2 + I_2m_1$, $e^* \approx t(I_1e_2 + I_2e_1)$, 观察可知 BFV 密文中明文的最高有效位已经被破坏了, 无法像 CKKS 密文那样通过除以一个 $\delta$ 来保留明文的高位部分仅对低位做截断操作. 此外, 可以看到 CKKS 方案中的重缩放操作还能够减少噪声的规模 (由 $e^*$ 缩小到 $\acute{e}$), 从而减少噪声对计算结果精度的影响.

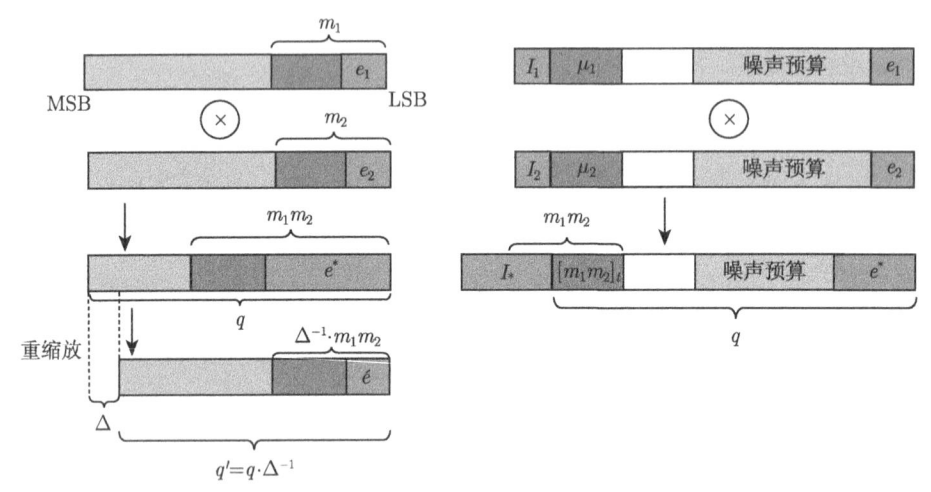

图 3.11 CKKS (左) 与 BFV 方案 (右) 的同态乘法.
MSB 代表最高有效位, LSB 代表最低有效位

### 3.5.2 CKKS 编、解码方案

编解码方案是 CKKS 同态加密方案的核心组成部分, 其在空间中的恰当映射是对定点数实现高效同态计算的基础. 本节, 我们首先将探讨编解码的作用, 了解其对同态加密应用发展的影响; 然后, 我们将详细说明 CKKS 方案所采用的编解码算法流程.

**编码的意义** 一方面, 通过巧妙地设计不同空间之间的映射, 我们可以简洁地将定点数映射到整系数多项式环上, 为加密对象提供更多的可能性. 另一方面, 在基于 RLWE 困难问题的同态加密方案中, 明文是多项式环上的元素, 直觉上这意味着一个 $N$ 次多项式可以携带 $N$ 个信息, 这为针对密态消息数据实现单一指令操作多数据 (single instruction, multiple data, SIMD) 的计算需求提供可能. 图 3.12 展示了如何通过编码操作提升计算吞吐率.

## 3.5 浮点数全同态加密算法: CKKS

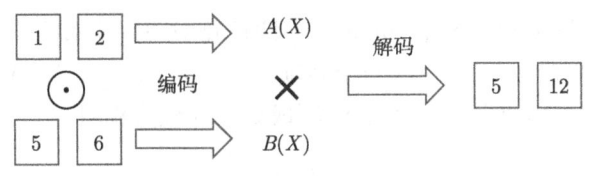

图 3.12 通过编码在同态加密框架内高效地批处理. 其中 $A(X)$ 和 $B(X)$ 分别表示向量 $(1,2)$ 和向量 $(5,6)$ 编码后所对应的两个多项式

CKKS 方案输入的消息数据为复数, 故一个 $N$ 次整系数的明文多项式最多能包含 $N/2$ 个复数数据. 通常把代表数据容量的变量称作槽 (slot). 一密文的密码学参数 (如 $N$) 以及批处理数据的数量和排列方式将共同决定同态应用的执行效率, 这也是当前基于同态加密方案的隐私保护机器学习应用的研究焦点之一. 此外, 简洁高效的编、解码方案也为 CKKS 方案的自举操作提供了方便, 因为这是自举操作的主要组成部分.

**明文空间和密文空间** 在 CKKS 方案中, 明文空间和密文空间均通过多项式环 $R_q = \mathbb{Z}_q[x]/\Phi_M(X)$ 定义. 其中, $\Phi_M(X) = X^N + 1$ 是 $M$ 次分圆多项式, 有 $M = 2N$[①]; 环 $R = \mathbb{Z}[X]/(\Phi_M(X))$ 模整数 $q$ 生成的剩余环写作 $R_q$. 与 BFV 方案类似, 一个 CKKS 明文实例包含一个环元素 (即一个多项式), 而一个 CKKS 密文实例至少包含两个环元素.

**编码 (解码) 算法原理** CKKS 方案的编码过程如图 3.13 所示. 原始消息空间由复数 $\mathbf{z} \in \mathbb{C}^{N/2}$ 构成, 明文空间是多项式环 $\mathcal{R} = \mathbb{Z}[X]/(X^N + 1)$. 接下来, 将首先说明如何将 $\mathbb{C}^N$ 上的复数向量编码到环 $\mathbb{C}[X]/(X^N + 1)$ 上的复系数多项式中, 然后阐述如何将 $\mathbb{C}^{N/2}$ 上的复数向量编码到环 $\mathbb{Z}[X]/(X^N + 1)$ 上的整系数多项式中, 同时, 我们将展示这两种编码过程所对应的解码过程.

$$\mathbb{C}^{\Phi(M)/2} \xrightarrow{\pi^{-1}} \mathbb{H} \xrightarrow{\lfloor \cdot \rceil_{\sigma(\mathcal{R})}} \sigma(\mathcal{R}) \xrightarrow{\sigma^{-1}} \mathcal{R}$$
$$\mathbf{z}=(z_i)_{i\in T} \longmapsto \pi^{-1}(\mathbf{z}) \longmapsto \lfloor\pi^{-1}(\mathbf{z})\rceil_{\sigma(\mathcal{R})} \longmapsto \sigma^{-1}\left(\lfloor\pi^{-1}(\mathbf{z})\rceil_{\sigma(\mathcal{R})}\right)$$

图 3.13 CKKS 方案的编码流程[47]

**将 $\mathbb{C}^N$ 上的复数向量编码到环 $\mathbb{C}[X]/(X^N + 1)$ 上的复系数多项式及解码**

解码的过程与快速傅里叶变换 (FFT) 十分相似. 具体地, 将 $M$ 次分圆多项式 $\Phi_M(X)$ 的 $N$ 个单位根 $\{\xi^1, \xi^3, \cdots, \xi^{2N-1}\}$ 代入多项式 $m(X)$, 得到 $N$ 个复值, 这 $N$ 个复值恰好可以构成 $N$ 维复向量 $\mathbf{z} \in \mathbb{C}^N$. 记规范嵌入映射 $\sigma(m(X)) = (m(\xi), m(\xi^3), \cdots, m(\xi^{2N-1})) \in \mathbb{C}^N$. 易证这里 $\sigma$ 是一个同构映射, 因此任意复向量都将被唯一地编码为相应的复系数多项式, 反之亦然.

---

[①] 通常, 为了提高计算效率我们取 $N$ 为 2 的幂次.

编码就是根据 $\mathbf{z}$ 和 $\xi$ 求解 $m(X)$, 亦即计算 $\sigma^{-1}$. 其本质就是求解一个线性方程组. 已知复向量 $\mathbf{z} \in \mathbb{C}^N$, 求一个多项式 $m(X) = \sum_{i=0}^{N-1} a_i X^i$, 满足 $\sigma(m) = (m(\xi), m(\xi^3), \cdots, m(\xi^{2N-1})) \in \mathbb{C}^N$, 写成如下线性方程组

$$a_0 + a_1 \xi + \cdots + a_{N-1} \xi^{N-1} = z_1$$
$$a_0 + a_1 \xi^3 + \cdots + a_{N-1} \xi^{3(N-1)} = z_2$$
$$\cdots\cdots$$
$$a_0 + a_1 \xi^{2N-1} + \cdots + a_{N-1} \xi^{(2N-1)(N-1)} = z_N$$

简记 $A\mathbf{a} = \mathbf{z}$, 其中 $A$ 是关于 $\xi_{i=1,2,\cdots,N}^{2i-1}$ 的范德蒙德矩阵, $\mathbf{a}$ 是多项式系数. 易知, $\mathbf{a} = A^{-1}\mathbf{z}$, 即可推出 $\sigma^{-1}(\mathbf{z}) = \sum_{i=0}^{N-1} a_i X^i \in \mathbb{C}[X]/(X^N+1)$.

$$\sigma^{-1}: \begin{bmatrix} 1 & \xi & \xi^2 & \cdots & \xi^{N-1} \\ 1 & \xi^3 & \xi^6 & \cdots & \xi^{N(N-1)} \\ 1 & \xi^5 & \xi^{10} & \cdots & \xi^{5(N-1)} \\ \vdots & \vdots & \vdots & \ddots & \vdots \\ 1 & \xi^{2N-1} & \xi^{(2N-1)2} & \cdots & \xi^{(2N-1)(N-1)} \end{bmatrix}^{-1} \begin{bmatrix} m(\xi^1) \\ m(\xi^3) \\ m(\xi^5) \\ \vdots \\ m(\xi^{2N-1}) \end{bmatrix} = \begin{bmatrix} a_0 \\ a_1 \\ a_2 \\ \vdots \\ a_{N-1} \end{bmatrix}$$

换言之, 已知 $\mathbf{z}$ 和 $\xi$ 就可以计算出一个 $\mathbb{C}[X]/(X^N+1)$ 上的复系数多项式.

**将 $\mathbb{C}^{N/2}$ 上的复数向量编码到环 $\mathbb{Z}[X]/(X^N+1)$ 上的整系数多项式及解码** 前文所述的编码方案是将复向量转化为复系数多项式, 而 CKKS 方案基于 RLWE 问题, 要求明文空间是 $\mathcal{R} = \mathbb{Z}[X]/(X^N+1)$ 上的整系数多项式, 接下来我们将说明如何将复向量编码为整系数多项式.

整系数环 $\mathbb{Z}[X]/(X^N+1)$ 实际上是复系数环 $\mathbb{C}[X]/(X^N+1)$ 的子环, 我们首先通过分析 $\sigma(\mathcal{R})$ 来说明这个问题. 注意到: ① $\mathcal{R}$ 上多项式是整系数的, 也是实系数的; ② 前面所使用的分圆多项式的单位根是两两共轭的, 即 $\xi^i = \overline{\xi^{-i}}$ ($\xi^{-i}$ 也可写作 $\xi^{2N-i}$). 那么将 $\xi^i$ 和 $\overline{\xi^{-i}}$ 分别代入 $m(X) \in \mathbb{Z}[X]/(X^N+1)$, 结合共轭运算性质, 会发现有 $m(\xi^i) = m(\overline{\xi^{-i}}) = \overline{m(\xi^{-i})}$. 整理一下, 对于一对共轭的自变量 $\xi^i$ 和 $\xi^{-i}$, 它们在实系数多项式 $m(X)$ 上对应的值也互为共轭, 即 $m(\xi^i) = \overline{m(\xi^{-i})}$. 因此, 有结论 $\sigma(\mathcal{R}) \subseteq \{\mathbf{z} \in \mathbb{C}^N : z_j = \overline{z_{-j}}\}$. 反过来说, 如果向量 $\mathbf{z} \in \mathbb{C}^N$ 在位置 $i$ 和 $2N-i$ 上对应的值互为共轭, 那么从 $\mathbf{z}$ 和 $\xi$ 通过 $\sigma^{-1}$ 映射得到的多项式便是实系数多项式, 这离我们的目标整系数多项式更近了一步.

我们用 $\mathbb{Z}_M^* = \{x \in \mathbb{Z}_M : \gcd(x, M) = 1\}$ 表示 $\mathbb{Z}_M$ 中单位的乘法群, 用 $T$ 表示 $\mathbb{Z}_M^*$ 中的一个乘法子群, 有 $\mathbb{Z}_M^*/T = \{\pm 1\}$. 为进一步分析, 定义 $\sigma(\mathcal{R})$ 的一个近似刻画为集合 $\mathbb{H}$, $\mathbb{H} = \left\{(z_j)_{j \in \mathbb{Z}_M^*} : z_j = \overline{z_{-j}}, \forall j \in \mathbb{Z}_M^*\right\} \subseteq \mathbb{C}^{\Phi(M)}$.

## 3.5 浮点数全同态加密算法: CKKS

因此, $\sigma(\mathcal{R})$ 中的元素都在一个 $N/2$ 维空间中, 而不是 $N$ 维空间. 换言之, 我们在使用一个 $N$ 项整系数多项式进行编码时, 最多能自由编码 $N/2$ 个复数数据, 剩余的 $N/2$ 个数据必须是前半部分数据的共轭. 在提出 CKKS 方案的论文 [47] 中, 称这样的一个映射为 $\pi$, 即 $\pi: \mathbb{H} \to \mathbb{C}^{N/2}$. 其中 $\pi$ 表示投影, 它截断 $N$ 维向量的后半部分并直接保留前半部分. $\pi^{-1}$ 表示扩展, 它用 $N/2$ 维向量的共轭值将 $N/2$ 维向量扩展为 $N$ 维向量 $\mathbf{z}$, 且对于向量 $\mathbf{z}$ 有 $z_j = \overline{z_{-j}}$. 易证 $\pi$ 是一个同构映射.

现在我们使用 $\pi^{-1}$ 来扩展 $\mathbf{z} \in \mathbb{C}^{N/2}$, 得到 $\pi^{-1}(\mathbf{z}) \in \mathbb{H}$. 注意到, $\mathbb{H}$ 中的一个元素不一定在像集 $\sigma(\mathcal{R})$ 中. 因此, 现在还不能直接使用同构映射 $\sigma$ 将 $\pi^{-1}(z) \in \mathbb{H}$ 映射到环 $\mathcal{R}$ 上 $(\sigma: \mathcal{R} = \mathbb{Z}[X]/(X^N+1) \to \sigma(\mathcal{R}) \subsetneq \mathbb{H})$. 事实上, 由环 $\mathcal{R}$ 是可数集可以推出像集 $\sigma(\mathcal{R})$ 是可数集, 但与 $\mathbb{C}^{N/2}$ 同构的集合 $\mathbb{H}$ 显然是不可数集, 因此, 像集 $\sigma(\mathcal{R})$ 确实是集合 $\mathbb{H}$ 的真子集.

那么, 现在还有最后一个困难: 需要将向量 $\pi^{-1}(\mathbf{z})$ 投影到像集 $\sigma(\mathcal{R})$ 上. 谈到投影, 首先需要关注的是基向量. 环 $\mathcal{R}$ 天然有一组正交的 $\mathbb{Z}$-基

$$\{1, \mathbf{X}, \cdots, \mathbf{X}^{N-1}\}$$

又 $\sigma$ 是一个同构映射, 所以像集 $\sigma(\mathcal{R})$ 也有一组正交的 $\mathbb{Z}$-基, 简记为 $\beta$, 具体有

$$\beta = \{\mathbf{b}_1, \mathbf{b}_2, \cdots, \mathbf{b}_N\} = \{\sigma(1), \sigma(\mathbf{X}), \cdots, \sigma(\mathbf{X}^{N-1})\}.$$

因此, 对于任何向量 $\mathbf{z} \in \mathbb{H}$, 我们只需将其投影到 $\beta$ 上

$$\mathbf{z} = \sum_{i=1}^{N} z_i \mathbf{b}_i, \text{其中} z_i = \frac{\langle \mathbf{z}, \mathbf{b}_i \rangle}{\|\mathbf{b}_i\|^2} \in \mathbb{R}$$

这里通过 $z_i = \dfrac{\langle \mathbf{z}, \mathbf{b}_i \rangle}{\|\mathbf{b}_i\|^2}$ 进行归一化处理. 其中, 定义 $\langle \mathbf{z}, \mathbf{b}_i \rangle$ 表示计算埃尔米特内积 (Hermitian inner product), 即 $\langle x, y \rangle = \sum_{i=1}^{N} x_i \overline{y_i}$. 又 $z_i, \mathbf{b}_i$ 都是集合 $\mathbb{H}$ 中元素, 代入可知这里埃尔米特内积值都是实数. 另一方面, 通过在 $\mathbb{H}$ 和 $\mathbb{R}^N$ 之间找到一个等距同构也将说明 $\mathbb{H}$ 中两个元素的内积将产生实数输出.

下一步, 我们使用一种称为 "坐标逐个随机舍入" 的技术将坐标从实数变成整数. 这种舍入技术允许将一个实数 $x$ 以更高概率舍入到 $x$ 更靠近的 $\lfloor x \rfloor$ 或 $\lfloor x \rfloor + 1$, 详细描述请参考文献 [116]. 具体地, 一旦我们得到了坐标 $z_i$, 便对 $z_i$ 使用 "坐标逐个随机舍入" 随机地向上或向下舍入到最接近的整数. 这样我们就得到了在基 $(\sigma(1), \sigma(\mathbf{X}), \cdots, \sigma(\mathbf{X}^{N-1}))$ 上具有整数坐标的向量 $\mathbf{z}'$. 通过对 $\sigma(\mathcal{R})$ 上的向量 $\mathbf{z}'$ 应用映射 $\sigma^{-1}$, 我们将获得一个环 $\mathcal{R}$ 上的整系数多项式.

最后, 我们考虑在舍入操作破坏数据有效数字的情况下如何保证计算的精度. 在实际编码过程中, 通常乘以一个大于零的缩放因子 $\Delta$, 并在解码期间除以 $\Delta$, 以保持 $\frac{1}{\Delta}$ 的精度. 以计算 $x = 1.3$ 舍入到最接近 0.25 的倍数的数字为例, 只要设置缩放因子 $\Delta = 4$, 就可以实现计算精度 $\frac{1}{\Delta} = 0.25$. 即, 首先计算 $\lfloor \Delta x \rceil = \lfloor 4 \times 1.3 \rceil = \lfloor 5.2 \rceil = 5$, 然后用同样的缩放因子 $\Delta$ 除以它, 我们得到 $1.25 = 5 \times \frac{1}{\Delta}$, 可以验证 1.25 确实是 $x = 1.3$ 最接近 0.25 倍数的值.

**CKKS 方案编码与解码的完整过程** 对复数空间 $\mathbb{C}^{N/2}$ 中任意给定的向量 $\mathbf{z}$, 计算 $\pi^{-1}(\mathbf{z})$ ($\pi^{-1}(\mathbf{z}) \in \mathbb{H}$); 然后乘以 $\Delta$ 以保证计算精度; 接下来通过"坐标随机取整"技术将当前向量投影到集合 $\sigma(\mathcal{R})$ 上, 得到 $\lfloor \Delta \cdot \pi^{-1}(\mathbf{z}) \rceil_{\sigma(\mathcal{R})}$; 最后通过映射 $\sigma^{-1}$ 返回编码的结果, 有整系数多项式 $m(X) = \sigma^{-1} \left( \lfloor \Delta \cdot \pi^{-1}(\mathbf{z}) \rceil_{\sigma(\mathbb{R})} \right) \in \mathcal{R}$. 解码过程相对简单, 对于多项式 $m(X)$, 只需计算 $\mathbf{z} = \pi \circ \sigma (\Delta^{-1} \cdot m)$.

现在, 我们举例说明 CKKS 方案编码与解码的过程. 令 $N = 4$, $M = 2N = 8$, $\Delta = 64$, $\phi_8(X) = X^4 + 1$ 是一个 8 次分圆多项式, 取 $\xi = e^{\frac{2\pi i}{2N}} = \frac{\sqrt{2}}{2} + \frac{\sqrt{2}}{2} i$. 假设现在需要编码向量 $\mathbf{z} = (3+4i, 2-i)$. 先复制共轭将其扩展到 $\pi^{-1}(\mathbf{z}) = (3+4i, 2-i, 3-4i, 2+i)$, 计算 $\sigma^{-1}$ 得到实系数多项式 $2.5 + 1.4142X + 2.5X^2 + 0.7071X^3$, 最后乘以 $\Delta$ 并取整即可得到编码结果 $m(X) = 160 + 91X + 160X^2 + 45X^3$, 它是最接近 $64 \times (2.5 + 1.4142X + 2.5X^2 + 0.7071X^3)$ 的整系数多项式. 对于解码, 我们代入 $\xi$ 和 $\xi^3$ 并除以 $\Delta$ 进行验证, 可以看到解码结果 $64^{-1} \cdot (m(\xi), m(\xi^3)) \approx (3.0082 + 4.0026i, 1.9918 - 0.9974i)$ 是向量 $\mathbf{z}$ 的高精度近似值.

### 3.5.3 CKKS 方案的形式化描述

在本节中, 我们将详细介绍 CKKS 方案的形式化描述. 这包括密钥生成、编码、解码、加密、解密、同态加法、同态乘法以及重缩放等关键部分. CKKS 方案的许多细节与 BFV 方案相似, 限于篇幅将不作过多展开, 对这些概念感兴趣的读者, 我们鼓励自行探索和验证.

以下遵循文献 [117] 给出的 CKKS 方案中特定分布的符号表示. 从分布 $\mathcal{DG}(\sigma^2)$ 中采样一个 $\mathbb{Z}^N$ 上向量意味着每个分量都取自方差为 $\sigma^2$ 的离散高斯分布. $\mathcal{HWT}(h)$ ($h \in \mathbb{Z}^+$) 表示在 $\{0, \pm 1\}^N$ 中汉明重量恰为 $h$ 的有符号二进制向量构成的集合. $\mathcal{ZO}(\rho)$ 分布 ($0 \leqslant \rho \leqslant 1$) 描述向量中每项抽取 $\{0, \pm 1\}^N$ 中元素的概率分布.

- 密钥生成: $\text{KeyGen}(1^\lambda)$.
  – 给定安全要求 $\lambda$, 密钥稀疏度 $h$ 和乘法深度 $q_L$, 计算 $M = M(\lambda, q_L)$, 以及整数 $P = P(\lambda, q_L)$.

## 3.5 浮点数全同态加密算法: CKKS

- 采样 $s \leftarrow \mathcal{HWT}(h), a \leftarrow \mathcal{R}q_L$ 和 $e \leftarrow \mathcal{DG}(\sigma^2)$. 记加密私钥为 $sk \leftarrow (1, s)$, 加密公钥为 $pk \leftarrow (b, a) \in \mathcal{R}q_L^2$, 其中 $b \leftarrow -as + e \pmod{q_L}$.
- $\text{KSGen}_{sk}(s')$. 对于 $s' \in \mathcal{R}$, 采样 $a' \leftarrow U(\mathcal{R}_{P \cdot q_L})$ 和 $e' \leftarrow \mathcal{DG}(\sigma^2)$. 输出计算公钥 $swk \leftarrow (b', a') \in \mathcal{R}_{P \cdot q_L}^2$, 其中 $b' \leftarrow -a's + e' + Ps' \bmod P \cdot q_L$. 具体地, 对于同态乘法所使用的计算公钥 $evk$, 有 $evk \leftarrow \text{KSGen}_{sk}(s^2)$.

- 编码: $\text{Ecd}(z; \Delta)$. 对于一个 $(N/2)$-维高斯整数向量 $z = (z_j)_{j \in T} \in \mathbb{Z}[i]^{N/2}$, 计算 $\sigma^{-1}(\lfloor \Delta \cdot \pi^{-1}(z) \rceil_{\sigma(\mathcal{R})})$ 即可得到定义域 $\mathcal{R}$ 上整系数多项式 $m(X)$.
- 解码: $\text{Dcd}(m; \Delta)$. 对于输入 $m(X) \in \mathcal{R}$, 计算向量 $\pi \circ \sigma(\lfloor \Delta^{-1} \cdot m(\zeta_M^j) \rceil)$, 结果为向量 $z = (z_j)_{j \in T} \in \mathbb{Z}[i]^{N/2}$.
- 加密: $\text{Enc}_{pk}(m)$. 给定多项式 $m \in \mathcal{R}$, 采样 $v \leftarrow \mathcal{ZO}(0.5)$ 和 $e_0, e_1 \leftarrow \mathcal{DG}(\sigma^2)$, 输出 $c = v \cdot pk + (m + e_0, e_1) \pmod{q_L} \in \mathcal{R}_{q_L}^k$. 加密了 $m$ 多项式的密文 $c$ 满足 $\langle c, sk \rangle = m + e \pmod{q_L}$.
- 解密: $\text{Dec}_{sk}(\text{ct})$. 对于给定 $sk$ 和在深度 $l$ 的密文 $\text{ct} = (b, a)$, 输出 $m' = \langle \text{ct}, sk \rangle = m + e \pmod{q_l} = b + a \cdot s \pmod{q_l}$.
- 密钥切换: $\text{KS}_{swk}(\text{ct})$. 给定密钥生成参数 $P$, 计算公钥 $swk \leftarrow \text{KSGen}_{sk}(s')$ 和输入 $\text{ct}$, 输出 $\text{ct}' \leftarrow (c_0, 0) + \lfloor P^{-1} \cdot c_1 \cdot swk \rceil \pmod{q_l}$.
- 同态加法: $\text{Add}(\text{ct}_1, \text{ct}_2)$. 对于 $\text{ct}_1, \text{ct}_2 \in \mathcal{R}q_\ell^2$, 输出 $\text{ct}_{\text{add}} \leftarrow \text{ct}_1 + \text{ct}_2 \pmod{q_\ell}$.
- 同态乘法: $\text{Mult}_{evk}(\text{ct}_1, \text{ct}_2)$. 对于 $\text{ct}_1 = (b_1, a_1), \text{ct}_2 = (b_2, a_2) \in \mathcal{R}_{q_\ell}^2$, 易知 $\langle \text{ct}_{\text{mult}}, sk \rangle = \langle \text{ct}_1, sk \rangle \cdot \langle \text{ct}_2, sk \rangle + e_{\text{mult}} \bmod q_\ell$, 设 $(d_0, d_1, d_2) = (b_1 b_2, a_1 b_2 + a_2 b_1, a_1 a_2) \bmod q_\ell$. 输出 $\text{ct}_{\text{mult}} \leftarrow (d_0, d_1) + \lfloor P^{-1} \cdot d_2 \cdot evk \rceil \bmod q_\ell$.
- 重缩放: $\text{RS}_{\ell \to \ell'}(\text{ct})$. 对于 $\text{ct} \in \mathcal{R}_{q_\ell}^2$ 和一个较低的级别 $\ell' < \ell$, 输出 $\text{ct}' \leftarrow \lfloor \frac{q_{\ell'}}{q_\ell} \text{ct} \rceil \bmod q_{\ell'}$. 当 $\ell' = \ell - 1$ 时, 我们通常省略下标 $\ell \to \ell'$.

- 同态轮转和同态取共轭: 对于第 $M$ 个分圆多项式, 取一个与 $M$ 互素的整数 $k$, 定义集合 $\mathcal{S}$ 上的映射 $\kappa_k : m(X) \mapsto m(X^k) \bmod \Phi_M(X)$.
  - 轮转 $r$ 位所需的计算公钥 $rk_r$: $\text{rk}_r \leftarrow \text{KSGen}_{sk}(\kappa_{5^r}(s))$.
  - $\text{Rot}(\text{ct}; r)$. 输出密文 $\text{KS}_{rk_r}(\kappa_{5^r}(\text{ct}))$.
  - 上述 $r = -1$ 时, 恰好对应同态取共轭运算.

以上为 CKKS 方案中主要操作的形式化描述, 还有几点需要补充.

(1) 我们通常使用术语 "同态加法" 或 "同态乘法" 来指代两个密文之间的运算. 然而, 实际上我们也可以将其中一个操作数设置为明文. 在这种情况下, 这类运算通常被称为 "明-密文加" 和 "明-密文乘". 具体的公式和运算细节请读者参考 BFV 方案中的示例自行推导. 另外, 本节所描述的同态乘法过程已经包含了重线性化操作, 其目的与 BFV 方案相同.

(2) 密文级数和有限级数同态 (leveled-HE) 的关系. CKKS 密文的噪声主要由同态乘法操作引入, 当噪声超过一定范围时, 就无法正确解密. 我们用密文级数来表示该密文剩余可执行乘法运算的次数. CKKS 方案最终通过模数的变化来表征密文级数的变化. 假设初始噪声规模为 $E$, 进行一次乘法后的噪声规模是 $E^2$, 进行 $\ell$ 次乘法后的噪声是 $E^{2^\ell}$. 要求正确解密的前提是噪声小于密文模数, 即 $E^{2^\ell} < q$, 则此时最多能进行的乘法次数 $\ell$ 是 $\log_2(\log_E(q)) - 1$, $\ell$ 亦即密文级数. **事实上, CKKS 方案引入重缩放操作来避免噪声呈指数级膨胀.** CKKS 方案计算 $(a,b) \bmod q \to (a',b') \bmod \frac{q}{E}$ 实现噪声规模回退. 因此, 选取模数链 $Q: \{Q_0, Q_1, \cdots, Q_L\}$, 其中 $Q_{i+1} \approx E \cdot Q_i$. 显然, 在给定噪声规模内实现模数链扩展之前, CKKS 方案只能做有限层乘法, 属于有限级数同态 (leveled homomorphic encryption). 综上, 模数链的精细管理对保证基于 CKKS 方案中复杂同态计算的有效性和性能至关重要.

(3) 重缩放操作与之前章节介绍的模数切换技术非常相似. 然而, 从图 3.14 中可以看到, 重缩放操作不仅涉及模数的切换, 还包括对数据本身的放缩.

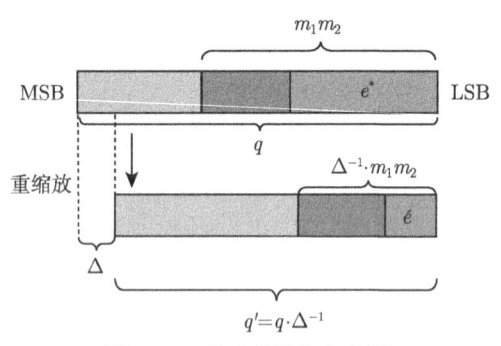

图 3.14 重缩放操作示意图

(4) CKKS 方案中同态轮转和同态取共轭的核心是自同构映射, 即 $\kappa_k$ 映射. 更多关于自同构映射的数学特性, 以及其在实现同态轮转操作中的应用可以参考文献 [118] 4.2 章.

## 3.5.4 RNS-CKKS

在本章的最后, 我们简要介绍基于剩余数系统的 CKKS 方案, 简称 RNS-CKKS 方案[118]. 回顾剩余数系统几个天然的好处: 一是 RNS 基中的每个模数可以按照特定机器字位宽选取, 而不需要依赖高精度数学计算库; 二是 RNS 基中对不同模数的操作可以并行执行, 有利于提升方案效率. 然而, 由 CKKS 方案转变成 RNS-CKKS 方案的过程中也存在几个问题, 包括转换引入的新误差的分析、

## 3.5 浮点数全同态加密算法: CKKS

RNS 基的选取和不同 RNS 基之间的转换等. 本节主要关注最后两个问题.

CKKS 方案的多项式系数模选取为 2 的幂次, 无法直接应用中国剩余定理进行拆解. 注意到 CKKS 方案的核心是各种意义上的 "近似计算", 不妨用 RNS 基去近似表示原始的大模数, 即选取一系列近似 2 的幂次的小模数 $q_i(0 \leq i \leq L)$, 使得乘积 $Q = \prod_{(0 \leq i \leq L)} q_i$ 满足 $Q \approx 2^k$. 另一方面, 为了使用 NTT 算法来加速环 $\mathcal{R}$ 上的多项式乘法, 希望 RNS 基中的模数满足 $q_i \equiv 1 \pmod{2N}$. 综上, 给定整数 $\kappa, \eta$ 和 $N$, 我们希望模数 $q_j$ 满足条件

$$\begin{cases} |2^{-\kappa} \cdot q_j - 1| < 2^{-\eta} \\ q_j \equiv 1 \pmod{2N} \end{cases}$$

即 $q_j$ 是一个对 $2^\kappa$ 的近似, 具有 $\eta$ 比特精确度, 且应存在 $2N$ 阶本原单位根.

鉴于所选定的 RNS 基只能近似原始大模数, 因此与模数相关的操作将不可避免地引入误差, 这里的关键在于确保累积误差不会影响到有效信息. 与模数相关的操作本质都是模数切换操作, 包括重缩放操作, 以及快速基变换中的模升操作和模降操作, 下面介绍这三个操作在 RNS-CKKS 中的实现.

前面提到, CKKS 方案的核心是重缩放算法, 它允许对加密的明文进行舍入, 即我们可以有效地将 $m$ 的加密转换为缩放后的消息 $q^{-1} \cdot m$ 的加密. 其中, 缩放因子为 $q$. 因此, 理论上密文模数应选为固定基数 $Q_\ell = q^\ell$ 的幂, 以保持相同的缩放比率. 然而, 实际 RNS-CKKS 方案使用缩放因子 $q$ 和 $\eta$ 来刻画最终实现的近似重缩放操作. 即给定缩放因子 $q$ 和比特精度 $\eta$, 找到一个基 $\mathcal{C} = \{q_0, \cdots, q_L\}$, 对于 $\ell = 1, \cdots, L$, 满足 $q/q_\ell \in (1 - 2^{-\eta}, 1 + 2^{-\eta})$. 这个近似基兼顾了多项式的 RNS 表示和同态加密方案的功能实现. 我们将级别 $\ell$ 的密文模数设置为 $Q_\ell = \prod_{i=0}^{\ell} q_i$, 那么连续级别的密文模数几乎具有相同的比率 $Q_\ell/Q_{\ell-1} = q_\ell \approx q$. 重缩放算法以 $q_\ell$ 为因子, 将 $\ell$ 级别上的 $m$ 的加密转换为 $(\ell - 1)$ 级别上的 $q_\ell^{-1} \cdot m$ 的加密.

对 $q$ 的近似为重缩放操作引入了额外的误差, 近似误差的界限为

$$|q_\ell^{-1} \cdot m - q^{-1} \cdot m| = |1 - q_\ell^{-1} \cdot q| \cdot |q^{-1} \cdot m| \leq 2^{-\eta} \cdot |q^{-1} \cdot m|$$

易知, 当 $\eta$ 充分大时, 误差是可忽略的.

CKKS 方案的密钥切换操作中, 多项式系数模位宽需要先增大后减小. 在基于 RNS 数系统的方案中, 模数位宽变化的核心操作是 RNS 基变换操作. RNS-CKKS 方案与 RNS-BFV 方案使用相同的快速基变换方案, 简记为 $\text{Conv}_{\mathcal{C} \to \mathcal{B}}([a]_\mathcal{C})$. 其中, 基 $\mathcal{C} = \{q_0, \cdots, q_{l-1}\}$, 基 $\mathcal{B} = \{p_0, \cdots, p_{k-1}\}$, 且基 $\mathcal{C}$ 和基 $\mathcal{B}$ 互素. 为了便于后续说明, 记集合 $\mathcal{D} = \mathcal{B} \cup \mathcal{C}$, 用 $P$ 表示 $P = \prod_{i=0}^{k-1} p_i$, $Q$ 表示 $Q = \prod_{j=0}^{l-1} q_j$.

不同的是, CKKS 方案中的 RNS 基变换操作是近似的, 以下将简要介绍近似模数提升 (approximate modulus raising) 操作和近似模数约简 (approximate modulus reduction) 操作.

**近似模数提升操作** 算法 3.7 中的 ModUp 表示近似模数提升函数. 假设有整数 $a \in \mathbb{Z}_Q$ 在 RNS 基 $\mathcal{C}$ 下的表示 $[a]_\mathcal{C}$, 近似模数提升操作旨在寻找整数 $\tilde{a} \in \mathbb{Z}_{PQ}$ 在基 $\mathcal{D}$ 下的 RNS 表示, 并且 $\tilde{a}$ 满足两个条件: $\tilde{a} \equiv a \pmod{Q}$ 和 $|\tilde{a}| \ll P \cdot Q$. 第一个条件可推出 $[\tilde{a}]_\mathcal{C} = [a]_\mathcal{C}$, 因此只需应用快速基转换算法生成 $\tilde{a}$ 在基 $\mathcal{B}$ 下的 RNS 表示. 可以看到, ModUp 算法的输出是 RNS 基 $\mathcal{D}$ 下的 $\tilde{a} := a + Q \cdot e$.

**算法 3.7** 近似模数提升操作

1: 函数: $\text{ModUp}_{\mathcal{C} \to \mathcal{D}} \left( a^{(0)}, a^{(1)}, \cdots, a^{(\ell-1)} \right)$
2: $\left( \tilde{a}^{(0)}, \cdots, \tilde{a}^{(k-1)} \right) \leftarrow \text{Conv}_{\mathcal{C} \to \mathcal{B}} ([a]_\mathcal{C})$
3: 返回: $\left( \tilde{a}^{(0)}, \cdots, \tilde{a}^{(k-1)}, a^{(0)}, \cdots, a^{(\ell-1)} \right)$

**近似模数约简操作** 我们用 ModDown 表示近似模数约简函数. 该算法的输入是整数 $\tilde{b} \in \mathbb{Z}_{P \cdot Q}$ 在 RNS 基 $\mathcal{D}$ 下的表示 $[\tilde{b}]_\mathcal{D}$. 目标是计算一个在基 $\mathcal{C}$ 下的整数环 $\mathbb{Z}_Q$ 上整数 $b$ (简记为 $[b]_\mathcal{C}$), 并且满足 $b \approx P^{-1} \cdot \tilde{b}$. 完整流程如算法 3.8 所示.

**算法 3.8** 近似模数约简操作

1: 函数: $\text{ModDown}_{\mathcal{D} \to \mathcal{C}} \left( \tilde{b}^{(0)}, \cdots, \tilde{b}^{(k+\ell-1)} \right)$
2: $\left( \tilde{a}^{(0)}, \cdots, \tilde{a}^{(l-1)} \right) \leftarrow \text{Conv}_{\mathcal{B} \to \mathcal{C}} \left( \tilde{b}^{(0)}, \cdots, \tilde{b}^{(k-1)} \right)$
3: **for** $0 \leqslant j \leqslant \ell$ **do**
4: $\quad b^{(j)} = (\prod_{i=0}^{k-1} p_i)^{-1} \cdot (\tilde{b}^{(k+j)} - \tilde{a}^{(j)}) \pmod{q_j}$
5: **end for**
6: 返回: $\left( b^{(0)}, \cdots, b^{(\ell-1)} \right)$

事实上, 近似模数约简的目标可以归结为寻找一个小 $\tilde{a}$, 满足 $\tilde{a} = \tilde{b} - P \cdot b$. 注意到 RNS 表示 $[\tilde{b}]_\mathcal{D}$ 是 $[\tilde{b}]_\mathcal{B}$ 和 $[\tilde{b}]_\mathcal{C}$ 的级联. 首先, 取 $[\tilde{b}]_\mathcal{B} = \left( \tilde{b}^{(0)}, \cdots, \tilde{b}^{(k-1)} \right)$, 对于 $\mathbb{Z}_P$ 中的 $a = (\tilde{b} \bmod P)$, 有 $[a]_\mathcal{B} = [\tilde{b}]_\mathcal{B}$. 然后, 应用快速基转换算法得到 $\tilde{a} = a + P \cdot e$ 的 RNS 表示 $[\tilde{a}]_\mathcal{C}$, 其中 $e$ 是某个可忽略的小数. 观察到 $\tilde{a} \equiv \tilde{b} \pmod{P}$ 和 $|\tilde{a}| \ll P \cdot Q$. 最后, 计算 $(\prod_{i=0}^{k-1} p_i)^{-1} \cdot ([\tilde{b}]_\mathcal{C} - [\tilde{a}]_\mathcal{C}) \in \prod_{j=0}^{\ell-1} \mathbb{Z}_{q_j}$, 可以得到 $b = P^{-1} \cdot (\tilde{b} - \tilde{a})$ 在基 $\mathcal{C}$ 下的 RNS 表示.

## 3.6 同态加密方案的应用

经过前几节的介绍，我们已经熟悉了 BFV 方案的算法细节，了解了明文空间、密文空间，以及 BFV 方案支持的各种同态运算. 接下来, 我们介绍全同态加密方案的主要应用场景: 隐匿信息查询 (PIR) 方案.

在本节中，我们首先给出基于同态加密方案的 PIR 的定义. 随后，我们介绍根据同态加密算法特性构造 PIR 方案的原理和思路. 最后，我们介绍当下 PIR 方案的分类.

### 3.6.1 PIR 定义

密码学家 Chor、Kushilevitz、Goldreich 和 Sudan 于 1998 年在论文《隐私信息检索》[119] 中给出了 PIR 方案的定义. PIR 方案允许用户从服务端的数据库上获取数据记录，但不向服务端披露与用户检索内容相关的任何信息. 随着数据安全重要性的日益提升，PIR 方案成为隐私计算领域的一项重要技术. 在数据库的信息检索场景中，PIR 方案可以有效地防止用户的查询信息不会被泄露给服务端或第三方，保证了用户的隐私性.

图 3.15 为 PIR 方案的示意图. 简单来说，PIR 方案需要达到两个目标: 一是正确性，即用户可以准确地检索到自己想要查询的数据记录，失败概率可以忽略不计; 二是隐私性，即服务端无法获得与用户检索内容相关的任何信息.

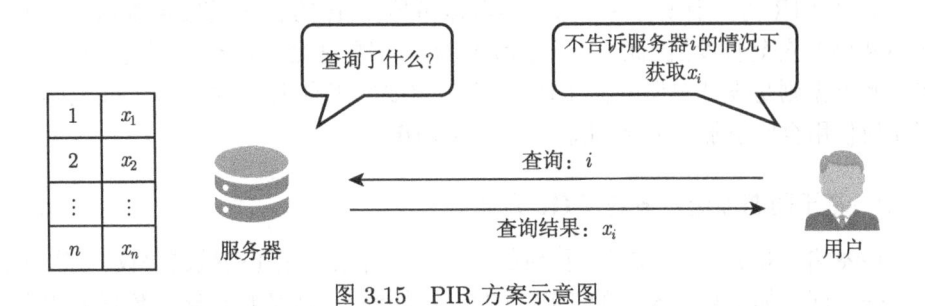

图 3.15 PIR 方案示意图

**PIR 方案分类**　根据服务器的数目，PIR 方案的构造可以分为两类: 一类涉及多个不共谋的服务端; 另一类则是单服务端.

多服务器 PIR 方案是指同一份数据预先复制存储在多个服务器的数据库中，由不同的数据服务方管理，方案可以简单描述为

(1) 用户向多个数据库发送 "检索信息";
(2) 每个数据服务方根据 "检索信息"，计算 "检索结果"，并返回给用户;
(3) 用户从多个 "检索结果" 中，恢复出正确的查询结果.

其中, "检索信息" 是由用户根据真实的检索信息计算得到的, 服务端得到 "检索信息" 后并不能获取真实的检索信息. 为了达到隐私性的目标, 多服务器 PIR 方案需要假设至少有一个服务端是诚实的, 或者至少有一个服务端与其他服务端不共谋. 服务器 PIR 方案通常能够提供信息论安全性, 即假使攻击者拥有无限的计算能力, 也无法获取用户的检索信息. 另外, 由于多服务器 PIR 方案的计算过程不包含耗时的密码学算法运算, 计算开销较小, 因此多服务器 PIR 方案可以支持的每秒查询数会远高于单服务器 PIR 方案. 但如果服务器之间存在共谋, 例如对于两服务器的 PIR 方案, 其中一个数据服务方将用户发送给自己的 "检索信息" 共享给另一个数据服务方, 那另一个数据服务方就可以由两个 "检索信息" 恢复出用户真实的查询信息.

单服务器 PIR 方案是指数据只存储在一个服务器的数据库中, 由一个数据服务方进行管理. 单服务器 PIR 方案可以描述为

(1) 用户向数据库发送 "检索信息";
(2) 数据服务方根据 "检索信息", 计算 "检索结果", 并返回给用户;
(3) 用户从 "检索结果" 中, 恢复出正确的查询结果.

其中, "检索信息" 同样是由用户根据真实的检索信息计算得到的, 服务端得到 "检索信息" 后并不能获取真实的检索信息. 为了保证查询信息的隐私性, 单服务器 PIR 方案需要基于密码学算法设计构造, 而 "检索信息" 则是公钥加密算法的密文, 因此这一类的 PIR 方案仅能提供计算安全性. 与多服务 PIR 方案相比, 单服务器 PIR 方案计算效率较低, 但单服务器 PIR 方案不需要各数据服务方之间不共谋的安全假设, 因此, 单服务器 PIR 方案更适合部署在实际场景中. 全同态加密方案则是设计单服务器 PIR 方案最重要的工具之一. 接下来, 我们具体介绍如何使用全同态加密方案构造单服务器 PIR 方案.

### 3.6.2 基于同态加密方案的 PIR 方案

1998 年, Stern 在论文《一种新的高效的全有或全无秘密披露协议》[120] 中提出了基于同态加密算法设计的 PIR 方案. 不妨假设, 服务端存储的数据为明文数组 $(x_1, \cdots, x_n)$, 长度为 $n$, 用户期望查询数组里第 $i \in [1, n]$ 个数据, 方案可以简单描述为

第一步, 用户生成加密算法的公私钥对 (pk, sk), 然后生成 "**检索信息**". "**检索信息**" 由一个查询向量构成, 期望查询的索引值对应的位置为 1, 其他位置为 0. 因为查询向量需要满足隐私性, 用户不能直接将此向量发送给服务端, 而是利用公钥分别对查询向量的分量进行加密, 得到 "**检索信息**" 为

$$(q_1, \cdots, q_i, \cdots, q_n) = (\mathsf{Enc}(\mathsf{pk}, 0), \cdots, \mathsf{Enc}(\mathsf{pk}, 1), \cdots, \mathsf{Enc}(\mathsf{pk}, 0))$$

## 3.6 同态加密方案的应用

其中, Enc 表示同态加密方案的加密函数.

第二步, 服务器收到 "**检索信息**" 后, 计算密文和明文的向量内积, 得到 "**检索结果**" 为

$$r = x_1 \cdot q_1 + \cdots + x_i \cdot q_i + \cdots + x_n \cdot q_n$$

由于 Enc 满足加法同态的特性, 因此

$$r = x_1 \cdot \mathsf{Enc}(\mathsf{pk}, 0) + \cdots + x_i \cdot \mathsf{Enc}(\mathsf{pk}, 1) + \cdots + x_n \cdot \mathsf{Enc}(\mathsf{pk}, 0) = \mathsf{Enc}(\mathsf{pk}, x_i)$$

第三步, 用户收到 "**检索结果**" 后, 可以解密得到 $x_i = \mathsf{Dec}(\mathsf{sk}, r)$, Dec 表示同态加密方案的解密函数.

可以看出, 上述方案可以满足 PIR 方案的安全性和隐私性的要求. 但注意到, 尽管服务器返回给用户的 "**检索结果**" 只有一个密文, 但用户需要发送 $n$ 个密文作为 "**检索信息**", 即 "**检索信息**" 的密文个数与数据库的大小相同. 为了解决这一问题, Stern 在论文中提出将数据库表示多维的数组, 降低 "**检索信息**" 的密文个数. 以二维矩阵为例, 如图 3.16 所示, 假设数据库有 16 条数据, 数据库可以表示为 $4 \times 4$ 的二维矩阵. 当用户想查询 $x_{23}$ 时, 检索值可以表示为 (2,3). 此时, 用户只需要构造两个长度为 4 的向量, 即 (0,1,0,0) 和 (0,0,1,0), 查询信息包含的密文个数, 由基础方案的 16 个减少为 8 个. 一般来讲, 如果数据库 $n$ 个元素表示成 $d$ 维矩阵, 那么查询信息中的密文个数为 $d \cdot (n)^{1/d}$. 明文状态下的信息检索过程如该图所示, 服务器首先按列与行检索向量做内积运算, 得到数据库的某一行数据后, 再与列检索向量做内积.

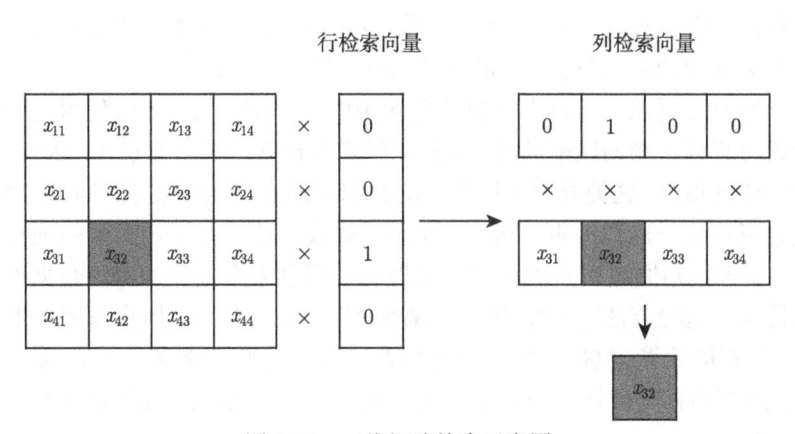

图 3.16 二维矩阵检索示意图

### 3.6.3 PIR 方案拓展

我们可以观察到, 基于同态加密算法设计的传统 PIR 方案通常需要将数据库视为包含 $n$ 个条目的规整数组, 这些方案允许客户端从数据库中检索第 $i$ 个条目

而不透露查询的具体位置. 然而, 这种方法与现实世界中应用程序所普遍采用的数据存储结构——特别是键值对结构——存在显著的差异. 实际上, 用户更希望的是根据特定的键 (keyword, 也称关键词) 来检索相应的值, 这在设计联系人列表、多媒体内容检索以及 Web 信息检索等场景中尤为常见.

因此, 为了应对这一挑战, 研究者提出了关键词隐匿信息查询 (Keyword PIR) 的概念. 与传统的 PIR 不同, Keyword PIR 不仅允许客户端在不泄露查询关键词的情况下从数据库中检索信息, 而且能够根据关键词来定位和检索相应的条目, 而不需要提前获知 $i$. 这大大扩展了 PIR 的适用范围, 并使其更加符合现实世界中的使用场景.

**Keyword PIR 方案** 根据客户获取 $i$ 方式的不同, Keyword PIR 方案的构造可以分为两类: 一类涉及客户端下载数据集的全部键 (记为 K)[119]; 另一类则是通过引入相等运算符计算得出[121].

第一种方案可以简单描述为

(1) 用户下载服务器端的 K;

(2) 用户与服务器采用相同的映射方法, 在本地对所有的键值条目进行排序;

(3) 用户将其想要查询的键 $k_i$ 与排序后的结果进行对比获得 $i$.

第二种方案可以简单描述为

(1) 用户将其将要查询的键 $k_i$ 加密后发送给服务器端;

(2) 服务器端通过一个相等性运算符判断 $k_i$ 与 K 是否相等. 如若结果相等, 则返回 1 的加密, 否则则返回 0 的加密.

在获得索引 $i$ 的信息之后, 上述两种 Keyword PIR 方案可以通过调用传统的 PIR 方案来实现隐匿信息查询. 以下是两种方案的优劣:

第一类方案要求用户首先下载数据库中的全部键. 这种方法使得用户能够在本地搜索与查询关键词匹配的键, 并据此确定要检索的条目索引 $i$. 然而, 由于需要下载整个键集合, 这类方案对用户端的存储资源有一定的要求. 同时, 网络带宽也将成为影响这一过程的重要因素, 因为下载大量数据会消耗大量的网络带宽资源. 第二类方案则通过引入加密的相等性比较机制来直接在加密的数据库上执行关键词搜索. 这种方法不需要用户下载整个键集合, 也无须用户与服务器进行多次交互. 所有的计算, 包括关键词搜索和确定索引 $i$, 均在服务器端完成. 但是, 作为代价, 加密的相等性比较引入了相对昂贵的计算开销, 这可能导致服务器端的延迟更为显著.

在实际应用中, 选择哪种方案取决于具体的场景和需求. 如果用户对存储资源和网络带宽的要求较高, 或者希望减少与服务器的交互次数, 那么第二类方案可能更为合适. 然而, 如果服务器端计算能力有限, 或者对延迟有较高的要求, 那么可能需要权衡这些因素来选择最合适的方案.

**Batch PIR 方案** 容易看出, PIR 的代价是十分显著的. 为了保证用户的查询兴趣不被泄露, 服务器必须扫描整个数据集. 因此, Angel 等[122] 提出了批处理隐匿信息查询 (Batch PIR), 旨在通过同时查询多个数据来摊销以此扫描全局数据的成本.

假设服务器端的数据库内部维护了 4 个条目, 分别是 $v_0, v_1, v_2, v_3$, 如图 3.17 所示. 用户使用 Batch PIR 协议批量查询 $v_0, v_2, v_3$. 其执行过程可被简单描述为

(1) 用户首先构建一个容量为 $n \times 1.5$ 的桶, $n$ 代表了批量查询的大小, 此处为 3.

(2) 用户使用布谷鸟哈希 (Cuckoo hashing) 将要查询的条目 $v_0, v_2, v_3$ 映射到不同的桶中. 接着, 用户加密这三个查询并将密文发送给服务器. 实际上, 每一个桶都将产出一个密文以避免服务器推测出用户的查询兴趣.

(3) 服务器收到密文之后, 先执行与用户相似的映射操作: 通过三个不同的哈希算法将所有的条目映射到不同的桶中. 接着, 服务器将收到的 5 个密文映射到不同的桶中执行 PIR 过程. 最后, 每一个桶产出一个结果, 共计 5 个, 发回给用户.

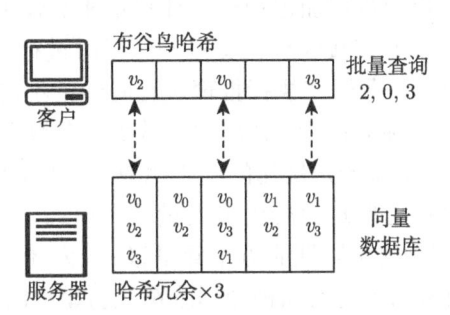

图 3.17 使用 Batch PIR 协议批量查询示例

在上述过程中, 由于服务器将条目数量冗余了 3 倍, 因此 Batch PIR 在此例子中并没有带来额外的性能优势. 然而, 随着批量查询的增大, 平均进行一次 PIR 的性能开销将呈现线性的下降趋势.

### 3.6.4 基于同态加密的神经网络推理

基于同态加密的神经网络推理是机器学习隐私保护技术中的一个实例. 神经网络的计算分为两个阶段: 模型训练和模型推理. 由于模型推理阶段相对于模型训练在数据量和计算复杂度上较低, 密文推理成为应用同态加密技术保护神经网络计算的首要研究对象. 该技术通过对模型数据或用户隐私数据进行加密, 实现了在密文状态下完成神经网络推理的计算, 保证了推理结果的准确性, 从而有效地维护了数据在处理过程中的安全性. 作为同态加密技术在实际应用场景中的一

种具有广泛潜力的实现方式, 它为确保敏感数据在处理过程中的安全性提供了强有力的保障, 尤其适用于数据隐私要求极高的领域, 如金融和医疗保健.

**威胁模型** 本节首先介绍同态加密的神经网络推理的威胁模型, 见图 3.18. 该模型中包括两方: 一方是拥有隐私数据的客户; 另一方是拥有模型的服务器. 客户使用同态加密对隐私数据进行加密, 发送给不可信的服务器. 服务器在密文数据上直接执行推理计算, 并将密文状态下的推理结果发送回客户. 只有持有密钥的客户才能对推理结果进行解密, 确保数据免受服务器的泄露, 保护数据隐私.

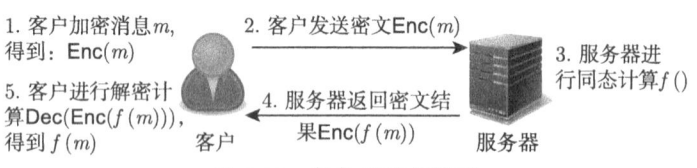

1. 客户加密消息 $m$, 得到: $\text{Enc}(m)$
2. 客户发送密文 $\text{Enc}(m)$
3. 服务器进行同态计算 $f()$
4. 服务器返回密文结果 $\text{Enc}(f(m))$
5. 客户进行解密计算 $\text{Dec}(\text{Enc}(f(m)))$, 得到 $f(m)$

图 3.18 客户-服务器模型

上述过程涵盖了数据加密、密文计算和推理结果解密等关键步骤. 在这一系列操作中, 客户端所承担的数据加密和解密计算量相对较小. 用户仅需在过程开始时执行一次数据加密, 并在接收到密文推理结果时进行一次解密, 这意味着加解密的频次较低. 此外, 服务器在执行推理过程时通常不对客户端的性能提出要求, 而且双方的计算可以独立进行, 这也相应减少了对数据加解密性能优化的需求. 然而, 服务器端的密文推理是优化的核心挑战. 在密文推理中, 涉及数量较多的同态运算, 进一步分解这些运算会生成大量的多项式计算和模运算, 使性能与非加密的神经网络推理相比下降四到五个数量级, 成为同态加密应用中的一个重大瓶颈. 因此, 尽管同态加密的卷积神经网络在威胁模型的设计上可能相对简单, 但在实际应用部署中仍面临以计算性能为主的挑战.

**CryptoNets 方案** 为了深入探讨同态加密与神经网络结合的技术, 本节以 CryptoNets[123] 为例进行详细说明. 该项目由微软的 Dowlin 等在 2016 年提出, 首次实现了同态加密技术在卷积神经网络的应用. 这一开创性的尝试实现了每小时处理 58982 张图片, 单张图片的推理时间为 250 秒的性能. 目前, 该研究主要采用 BFV 和 CKKS 同态加密方案进行实现. 在接下来的部分, 我们将详细介绍 CryptoNets 的基本设计以及在将同态加密技术与卷积神经网络 (convolutional neural network, CNN) 结合过程中遇到的技术挑战和相应的解决策略.

CryptoNets 实现的是同态密文推理的过程. 根据两方的威胁模型, 密文推理的过程由服务器进行, 服务器拥有权重数据, 因此无须加密权重, 需要加密的是客户数据. 这样, 所需要的同态运算大部分是明密文运算, 和密文运算相比在计算代价和性能上更有优势. 在具体实现上, CryptoNets 采用的 CNN 是一个 5 层的卷积神经网络, 包括卷积层、全连接层、激活层. 每层设置和参数大小见表 3.2. 这些网络层中，卷积层和全连接层都是线性计算的层，而激活层通常是非线性函数，这为同态加密和神经网络的结合带来了难题.

表 3.2 CryptoNets 的 5 层网络设置

| 层数 | 类型 | 描述 |
| --- | --- | --- |
| 1 | 卷积层 | 输入图片大小 (28×28)，卷积核大小 (5×5×5)，步长 2，填充 1，输出特征图大小 (5×13×13) |
| 2 | 激活层 | 平方函数 |
| 3 | 全连接层 | 全连接矩阵大小 (845×100)，输出节点 100 |
| 4 | 激活层 | 平方函数 |
| 5 | 全连接层 | 全连接矩阵大小 (100×10)，输出节点 10 |

同态加密技术和 CNN 结合的第一个难点在于非线性的激活层的实现. 这些非线性激活函数主要包括 ReLU, Sigmoid, Tanh 函数等，其中

$$\text{ReLU}: y = \max(0, x)$$

$$\text{Sigmoid}: y = \frac{1}{1+e^{-x}}$$

$$\text{Tanh}: y = \frac{e^x - e^{-x}}{e^x + e^{-x}}$$

由于 BFV 和 CKKS 方案仅支持线性操作，如乘法和加法，而无法实现非线性操作，如比较、指数对数运算和三角函数. 之前的方法通常使用低次多项式来近似非线性函数，相比之下，CryptoNets 采用了稍微不同的策略. 它同样使用低次多项式，但不同之处在于它直接将近似的低次多项式作为激活函数参与神经网络的训练，而不仅仅在推理阶段使用多项式来近似激活函数. 这一方法的优势在于：一方面，它允许多项式直接参与训练，以避免在推理时用多项式替换非线性激活函数引起的精度下降; 另一方面，仅替换非线性激活函数需要次数高的多项式以保持精度，CryptoNets 的方案可以使用次数相对较低的多项式，从而显著提高同态 CNN 的计算效率. 这是因为随着激活函数多项式次数的增加，所需的乘法深度和产生的噪声也随之增加，为了增加噪声预算，需要更大的密文参数 $N$，而 $N$ 的增加导致单个密文数据的数据量增加. 因此，不仅增加了同态运算的数量，还增加了每次同态运算的计算规模. 最终，CryptoNets 选择了最低次的多项式作为激活函数，即

$$f(x) = x^2,$$

并且其 CNN 推理的精度达到了 99%.

然而, 该优化方法也存在不足. 一方面, 平方函数实现的激活函数在针对 MNIST 手写识别数字的数据集里可以达到很高的精度, 但是这不意味平方函数能够在其他 CNN 也实现这样好的效果, 尤其是对于更复杂的网络和更大的图片. 另一方面, CryptoNets 的方法引入了新的神经网络训练, 即如果想要一个使用非线性函数的现有的网络能够实现同态推理, 首先需要选择合适的多项式近似函数进行训练, 并修改先前的网络, 才能实现目标. 这对于大部分经过专门设计的、广泛使用的、作为通用方案的 CNN 来说, 修改网络的代价以及模型训练的代价并不小. 因此, 近期的一些工作还是采用了多项式仅用来近似激活函数的方案, 并实现层数较多的神经网络推理, 这样的方案通常需要加入自举操作才能够满足其乘法深度.

同态加密技术和 CNN 结合的第二个难点在于如何发挥 SIMD 技术的优势来提升推理计算的性能. BFV 和 CKKS 等方案支持单一指令操作多数据 (SIMD) 技术, 即可以支持对明文矩阵加密后统一计算. 例如, 进行一次同态加法, 对应的矩阵的每个元素都执行了相同明文加法, 这个过程见图 3.19, 对于同态密文乘法以及明密文运算也是同样的. 我们称明文矩阵可用于放置数字的位置为明文槽, 对于一个密文而言, 它的明文槽的数量是有限的, 它取决于加密参数 $N$, 例如 BFV 的明文最大长度就是 $N$.

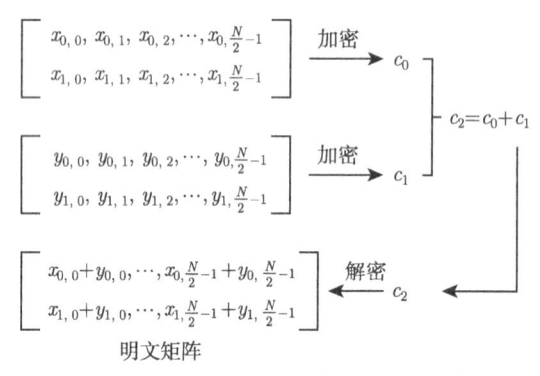

图 3.19 BFV 同态加密的 SIMD 示意图

我们把 CNN 图片数据到明文矩阵的映射的过程叫做打包 (packing). 打包的方式直接决定了明文向量的数量, 进而决定密文的数量和同态运算的数量. 以朴素的想法来看, 高效的打包方案有以下特点

- 尽可能把数据占满明文向量的每个位置, 以减少明密文的数量.
- 设计合理的数据布局, 降低计算代价大的同态操作 (例如, 旋转) 的数量.

CryptoNets 采取的打包方法, 是将 $N$ 张图片的每个像素, 打包为一个明文向量后加密, 见图 3.20. 由于 $N$ 张图片的计算是独立的, 符合 SIMD 的要求, 后续

## 3.6 同态加密方案的应用

的密文推理的计算和 CNN 原本的计算基本一致, 即以前的加法现在换成同态加法, 乘法换成同态乘法. 不同的是, 同态 CNN 的方案还需要在合适的地方插入重线性等操作. CryptoNets 的方案使得一次密文推理, 实现了 $N$ 张图片同时计算, 它百分百地利用了明文向量的所有位置, 而且没有增加额外的同态操作. 这种方法虽然实现了高效的吞吐量, 但单张图片的推理延迟达到了 250 秒. 在需要对单张图片实时推理的应用场景中该性能无法令人接受. 本方案的打包方法虽然简洁高效, 但是无法加速单张图片的推理. 因此, 在这之后的一些优化工作设计了不同的打包方案以加速单张图片推理的性能.

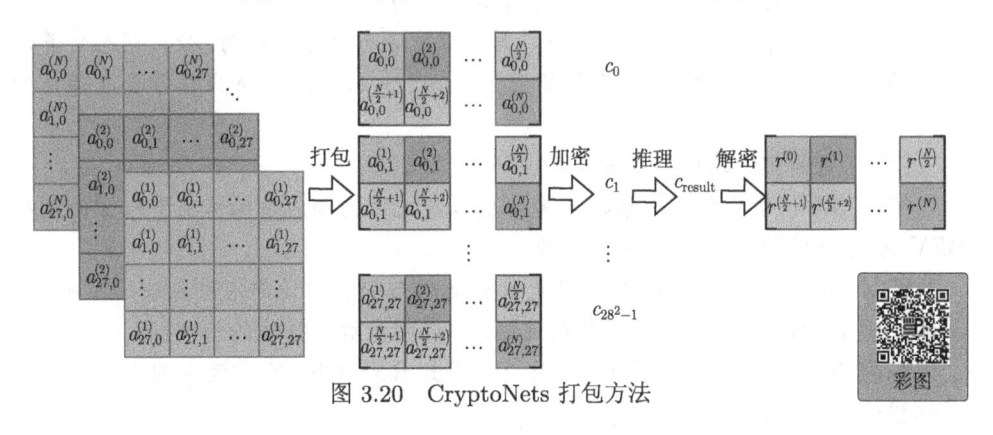

图 3.20 CryptoNets 打包方法

CryptoNets 还有一些细节上的设计. 它在模型训练时使用的是一个包含池化层在内的 9 层网络, 而表 3.2 展示了推理的网络是 5 层. 事实上, 推理采用的 5 层网络的运算和 9 层训练网络的是一致的, 因为它把训练用的 9 层网络中的部分层进行了合并, 例如, 将卷积层和池化层融合为全连接层. 这样的设计是为了在推理的时候可以通过合并一些乘法来降低乘法深度. 同时, 它使用平均池化函数来代替最大池化函数, 因为后者需要非线性的比较操作, 而它采用的平均池化省去了平均数计算的最后一步除法, 以简化计算. 此外, 由于其数据集和权重数据都是小数, 采用的同态加密方案仅支持整数运算. CryptoNets 为了解决这个问题, 将固定精度的实数通过缩放转化为整数, 再进行加密. 值得注意的是, 缩放后的整数在计算过程中的大小会增加, 而编解码的步骤要求原文数据大小不能超过模数 $t$, 如果最终的计算结果大小超过 $t$, 解码之后无法得到正确的计算结果. 为了避免这个问题, CryptoNets 设计明文的精度为 5 到 10bit, 其计算结果不会超过 $2^{80}$, 并设置了模数 $t$ 为 84bit. 该方案还设置了同态加密参数多项式次数 $N$ 为 4096.

CryptoNets 开创性地将同态加密与神经网络结合, 为未来更复杂的同态应用设计提供了有价值的参考. 同时, 他们还公开了基于 SEAL 库的开源代码[①].

---

① https://github.com/microsoft/CryptoNets/tree/master/CryptoNets, 引用日期: 2024-08-03.

## 3.7 习题

**练习 3.1** 请阐述同态方案中重线性化操作和密钥切换操作的关系，并说明 BFV 方案中是如何降低密钥转换操作引入的噪声的.

**练习 3.2** 请基于 BFV 方案实现一个同态矩阵向量乘法. 其中, 矩阵需编码至明文空间; 向量需经过编码和加密转换至密文空间. (可以使用 SEAL 等开源库进行实现.)

(1) 自行确定矩阵和向量的规模, 并选择恰当的密码学参数.

(2) 记录计算过程中加密、同态计算、解密等各部分的用时, 分析同态计算过程中的计算瓶颈. (提示: 可以考察环 $\mathbb{Z}_q[x]/(x^N+1)$ 上多项式乘法等底层操作的出现次数.)

(3) 探究如何加速这些计算瓶颈.

**练习 3.3** 请从加密对象、计算精度、密文结构和同态操作类型等方面列举 BFV 方案和 CKKS 方案的异同之处.

**练习 3.4** 对明密文的编解码是所有全同态加密方案都不可或缺的步骤, 请举例说明 CKKS 方案中解码操作的流程, 并证明该解码操作的正确性.

**练习 3.5** 请参考 RNS-BFV 方案, 写出 RNS-CKKS 方案中同态乘法的形式化描述 (包括密钥切换操作).

**练习 3.6** 给定函数 $f(x) = \dfrac{1}{x}$, 请基于 CKKS 方案, 利用同态乘、加操作实现在密态下近似计算 $f(x)$, 即, $\mathrm{Dec}\,(g(\mathrm{Enc}(x))) \approx \dfrac{1}{x}$. (提示: 可以使用多项式来近似非线性函数.)

(1) 可以使用 BFV 方案吗? 为什么?

(2) 请通过实验分析消耗乘法深度对近似计算结果精度的影响.

(3) 请分析在给定计算精度的要求下, 如何尽可能减少乘法深度的消耗. (提示: 可以考虑使用树形结构等方法来减少密文幂次的计算.)

# 第 4 章

# 安全多方计算

无论使用对称加密算法还是公钥加密算法, 通信双方中至少有一方的信息是可以被对方获知的. 但是, 现实生活中存在这样一种情况: 通信双方希望共同完成一种运算, 但又不希望对方获知自己的输入信息. 可以看出, 直接使用对称加密算法或公钥加密算法都无法解决这个问题, 但这个问题确实属于密码学中需要解决的问题之一. 为了解决这个问题, 安全多方计算 (secure multi-party computation, SMPC) 应运而生.

安全多方计算最早由图灵奖获得者姚期智提出. 1982 年, 姚期智[17] 提出了著名的百万富翁问题, 该问题是安全多方计算的一个特殊应用. 百万富翁问题是指如何在保护参与方输入信息的前提下比较参与方输入信息的大小的问题. 如果将这种比较运算扩展为任意函数, 就是安全多方计算. 1987 年, Goldreich 等[124] 提出了可以计算任意函数的基于密码学安全模型的安全多方计算协议, 从理论上证明了可以使用通用电路估值来实现所有安全多方计算协议. 1998 年, Goldreich[125] 对安全多方计算做了比较完整的总结, 并提出了安全多方计算的安全性定义.

## 4.1 安全多方计算的定义与模型

安全多方计算协议旨在允许多个参与方在不泄露各自私有输入的情况下共同计算某个函数的值. 通过一个 $n$ 元输入的功能函数 $\mathcal{F}$ 来刻画其定义, 即由 $n$ 个参与方 $P = \{P_1, \cdots, P_n\}$ 执行 $\mathcal{F}$, 输入相应消息 $x_i$ ($i \in [n]$), 正确获取计算结果的过程, 如 $y := (y_1, \cdots, y_m) = \mathcal{F}(x_1, \cdots, x_n)$. 其中, $y_j$ ($j \in [m], m \leqslant n$) 是参与方获取的输出结果. 在实际应用时, 通常会依据参与方的数量、网络模型 (如同步、半同步、异步)、安全模型 (如半诚实、恶意)、攻击者能力 (如计算安全、信息论安全) 以及攻击者入侵策略 (如静态、自适应) 等因素, 通过多维度细化功能函数 $\mathcal{F}$ 来定义安全多方计算.

### 4.1.1 安全性定义

在多方计算中,安全性是一个重要的考虑因素[126]. 我们关注的模型中包含一个攻击者,且其中某些参与方可能被攻击者控制并攻击协议的执行. 这些被控制的参与方称为 "腐败方" 或 "被破坏方",它们会遵循攻击者的指令. 安全协议必须能够抵御攻击者攻击 (攻击者的具体能力将在后续讨论).

为了正式声明和证明协议的安全性,需要对多方计算的安全性进行明确定义. 目前已经有多种不同的定义,旨在确保一些重要的安全属性,这些属性足够通用,可以涵盖大多数多方计算任务,以下为其核心内容.

**隐私性** 各方应严格遵循既定的输出规范,避免获取超出必要范围的信息. 具体而言,关于其他参与方的输入,唯一可供推断的信息应仅限于从输出结果中得出. 例如,在拍卖场景中,唯一公开的信息是最高出价者的出价,因此可以推测出所有其他出价均低于该金额. 然而,除这一推断外,关于未中标出价的具体细节不得被披露.

**正确性** 确保各方所接收到的输出信息是准确无误的. 以拍卖场景为例,这意味着出价最高的参与方必然会获得胜利,并且包括拍卖师在内的所有相关方均无法对这一结果进行干预或影响.

**输入独立性** 腐败方在选择其输入时必须与诚实参与方的输入保持独立. 这一点在密封拍卖中尤为重要,因为在这种情况下,出价是保密的,各方必须独立决定自己的出价. 需要注意的是,输入的独立性并不意味着隐私. 例如,在某些加密方案中,攻击者可能在不知道原始出价的情况下生成一个更高的出价 (例如,给定一个 100 元的加密值,攻击者可能能够创建一个有效的、加密后的 101 元出价,而无须了解原始的加密值).

**有保障输出交付性** 腐败方不得妨碍诚实参与方接收其应有的输出. 换句话说,恶意方无法通过实施 "拒绝服务" 攻击来干扰计算过程的正常进行.

**公平性** 只有在诚实参与方接收到其输出的情况下,腐败方才能获得相应的输出. 绝不可能出现腐败方能够获得输出而诚实参与方却无法获得的情形. 例如,在合同签署的场景中,如果腐败方收到了签署的合同,那么诚实参与方一定也收到了签署的合同.

需要注意的是,上述要求是一组适用于任何安全协议的基本原则,但并不构成对安全性的定义. 自然的想法则是通过列出这些要求,并声称如果满足所有要求,则协议安全. 但这种方法可能遗漏某些关键要求,且定义不够简洁清晰.

正式定义协议安全性的方法是将 "真实世界" 中的协议攻击与 "理想世界" 中的协议攻击进行比较,其中在理想世界中,这些攻击不会导致任何损害. 在理想情况下,协议依赖于一个可信方实现,所有参与方 (包括诚实参与方和腐败方) 都将输入提交给该可信方,并从中获得预定的输出,其中可信方本身不会受到攻击. 更详细地说, 在这个定义中, 我们首先要描述现实世界中协议执行的细节, 包括攻击者能力及通信网络的特性. 随后, 我们将描述理想世界的执行细节, 包括负责评估函数的可信方的行为. 安全性的定义如下: 对于现实世界中的每个有效攻击者 $\mathcal{A}$, 在理想世界中存在一个 "等效的" 有效攻击者 $\mathcal{S}$ (通常称为模拟器). 因为在理想世界中不存在可行的攻击, 所以在现实世界中也不应存在这样的攻击. 特别地, 这种定义隐含了隐私性、正确性和输入独立性等非正式概念. 实际上, 这些非正式概念显然可以在理想世界中得到满足, 因此, 考虑到现实世界和理想世界是等效的, 这些概念也必须在现实世界中成立. 为了使这种论证更加严谨, 需要对 "等效" 的含义进行更为严格的定义, 这将在 4.1.4 节中给出.

### 4.1.2 网络与安全模型及攻击者能力

**网络模型** 在安全多方计算的网络模型中, 通常考虑同步模型和异步模型, 网络模型定义了攻击者可以控制延迟消息的能力.

在同步模型中, 本地时钟是同步的, 假设消息在固定的时间内传递, 网络的延迟是可预测且有限的, 并保证消息在已知的时间范围 $\Delta$ 内传递. 对于发送的任何消息, 攻击者最多可在时间范围 $\Delta$ 内将其传递延迟. 同步模型的优点是在理论上便于分析, 因为消息的延迟是已知的, 设计的协议更容易证明安全性和达成正确性, 其缺点是同步模型的假设在实际中难以完全满足, 真实的网络中常会遇到无法预见的延迟、丢包等问题, 这使得同步模型在实际部署中适用性较低.

在异步模型中, 各方不能访问同步时钟, 所有消息的发送和接收可能存在任意的延迟, 没有预定的时间限制或同步的时间步. 对于发送的任何消息, 攻击者可以将其传递延迟任何有限的时间. 因此, 一方面, 传递消息的时间没有限制; 另一方面, 每条消息最终都必须传递. 异步模型的优点是更加灵活, 能适应现实中的不确定网络延迟和失效. 因此在更复杂的环境中, 异步协议具有更强的容错性和鲁棒性, 其缺点是协议设计更加复杂, 难以保证在任意网络延迟下都能有效达成共识或完成计算.

在对安全性的非正式定义中往往会忽略一个问题, 即攻击协议执行的攻击者的能力. 正如我们所说的, 攻击者控制了协议中部分参与方. 然而, 我们尚未描述腐化策略 (即参与方何时或如何被攻击者 "控制")、允许的攻击者行为 (即攻击者是否仅被动地收集信息, 还是可以指示被腐败方进行恶意行为), 以及假定攻击者具有什么样的复杂度 (即攻击者是多项式时间内的还是计算上不受限制的). 接下来我们将描述已被考虑的主要攻击者类型.

#### 4.1.2.1 腐化策略

腐化策略处理的是参与方何时以及如何被腐化的问题.

(a) **静态腐化模型** 在该模型中,攻击者控制一组固定的参与方.诚实的参与方始终保持诚实,腐败方始终处于腐化状态.

(b) **自适应腐化模型** 与静态腐化模型不同,自适应攻击者能够在计算过程中腐化参与方.攻击者可以任意决定何时以及腐化哪些参与方,并且这种选择可能取决于其在执行过程中观察到的内容(因此称为"自适应").这种策略模拟了外部"黑客"在执行过程中入侵机器的威胁.我们注意到,在这种模型中,一旦某个参与方被腐化,从那时起该参与方将始终处于腐化状态.

还有一种附加模型称为主动(proactive)腐化模型[127],考虑了参与方仅在特定时间段内被腐化的可能性.因此,诚实的参与方可能在计算过程中被腐化(如同自适应攻击者模型),但腐败方也可能重新变为诚实的.

#### 4.1.2.2 允许的攻击者行为

另一个必须定义的参数与被腐败方可以采取的行为有关.同样,这里主要有两种类型的攻击者.

(a) **半诚实攻击者** (semi-honest adversaries): 在半诚实攻击者模型中,模拟了诚实参与方在无意中泄露信息的情境.尽管某些参与方可能会被腐化,它们仍会正确遵循协议规范.然而,攻击者能够获取所有被腐败方的内部状态,包括其接收到的所有消息记录,并尝试利用这些信息推测本应保密的数据.故半诚实攻击者也被视为被动攻击者(passive adversaries),因为它们只能通过观察协议执行过程中收到的信息来试图获取秘密,而无法采取其他攻击手段.半诚实攻击者通常也被称为诚实但好奇(honest-but-curious)攻击者,在某些情况下是有用的,例如当参与方之间基本上互相信任,但希望确保除了输出之外不会泄露其他信息时.此外,该模型也适用于能够强制执行"正确"软件以确保协议准确执行的环境.

(b) **恶意攻击者** (malicious adversaries): 恶意攻击者又称主动攻击者.通常来说,优先考虑在恶意攻击者存在的情况下提供安全性,因为它确保任何攻击者攻击都不会成功.然而,能够实现这种安全级别的协议通常效率较低.在这种攻击者模型中,恶意攻击者可以在协议执行期间采取任意行动,被腐败方需根据攻击者的指示任意偏离协议规范.

除上述经典的攻击者模型,还存在一种中间的攻击者模型.原因在于,半诚实攻击者模型通常过于薄弱,而能够在面对恶意攻击者时提供安全性的协议可能效率太低.一种中间的攻击者模型是**隐蔽攻击者模型**.大致来说,这种攻击者可能会表现出恶意行为.然而,可以保证的是,如果他这样做,那么诚实的参与方会以某种给定的概率发现其作弊行为.

#### 4.1.2.3 复杂度

最后,我们考虑攻击者的假定计算复杂度.与前述类似,这里有两类.

(a) **概率多项式时间** (probabilistic polynomial time, PPT) **攻击者** 攻击者被允许在 (概率) 多项式时间内运行 (有时是期望多项式时间). 具体的计算模型有所不同, 取决于攻击者是否为一致的 (在这种情况下, 它是一个概率多项式时间图灵机) 或非一致的 (在这种情况下, 它由一个多项式大小的电路族进行建模).

(b) **计算上不受限制** (computationally unbounded) **的攻击者** 在该模型中, 攻击者没有任何计算限制.

上述关于攻击者复杂度的区分产生了两种非常不同的安全计算模型: 信息论安全模型[128] 和计算安全模型[129].

在信息论安全模型中, 攻击者不受任何复杂度类的限制 (特别是, 并不假定其以多项式时间运行). 因此, 该模型中的结果是无条件成立的, 不依赖于任何复杂性或密码学假设. 唯一的假设是参与方通过理想的私密通道连接 (即假定攻击者无法窃听或干扰诚实参与方之间的通信). 只有在诚实多数的情况下, 才能实现信息论安全[128].

相比之下, 在计算安全模型中, 我们假定攻击者是以多项式时间运行的. 该模型中的结果通常假设存在一些密码学假设, 如陷门置换的存在. 我们注意到, 在这里并不需要假定参与方访问理想的私密通道, 因为可以通过公钥加密实现这样的通道. 然而, 假定参与方之间的通信通道是经过认证的; 也就是说, 如果两个诚实的参与方进行通信, 攻击者可以窃听, 但不能修改发送的任何消息. 这种认证可以通过数字签名[130] 和公钥基础设施实现.

### 4.1.3 协议的独立性与通用组合性

对于安全多方计算领域而言, 已有广泛的可行性结果, 似乎剩下的唯一挑战是提出更高效的协议. 然而, 事实远非如此. 具体而言, 许多结果仅在独立计算模型中得到了证明. 在该模型中, 一组参与方在隔离状态下运行单个协议. 然而, 现代场景和网络的情况是多组参与方同时运行多个协议. 此外, 协议在独立模型中是安全的, 并不意味着在更一般的环境下 (即在组合下) 运行时仍然安全. 因此, 研究安全多方计算在组合下的可行性至关重要.

在独立的计算环境中, 一组参与方在隔离状态下执行单个协议. 这意味着这些参与方是唯一的协议运行方, 并且它们只运行一次. 一般来说, "协议的组合性" 概念指的是许多协议执行的场景. 这包括许多可能的场景, 从一组参与方多次运行相同协议的情况, 到多组不同的参与方多次运行多个不同协议的情况.

协议的组合性概念与许多协议执行的环境有关. 可以从上下文、参与方以及调度这三个角度来解读.

#### 4.1.3.1 上下文

上下文指的是在网络中一起运行哪些协议,换句话说,相关协议应该与哪些协议组合. 这里定义了两类组合.

(a) **自我组合**   如果一个协议在网络中多次单独执行时仍然保持安全,则称该协议为自我组合. 在这种情况下, 仅运行一个协议, 正如前面提到的, 诚实的参与方在每次协议执行时对其他执行毫不知情.

(b) **一般组合**   在这种类型的组合中, 网络中一起运行许多不同的协议. 此外, 这些协议可能是独立设计的. 如果一个协议在与其他任意协议一起运行时仍然保持安全, 则称该协议在一般组合下保持安全.

#### 4.1.3.2 参与方

根据是否所有执行中都涉及相同的参与方集合, 可分为如下情况.

(a) **单参与方集**   所有执行中的参与方都是相同的一组参与方. 在考虑自我组合时, 意味着在每次执行中, 同一方承担相同的角色.

(b) **任意参与方集**   在这种情况下, 每次协议执行时会有任意参与方集合.

#### 4.1.3.3 调度

调度可分为顺序、并行、并发三类主要调度类型.

(a) **顺序**   每个新执行在前一个执行结束后严格开始, 在这种情况下, 在任何时刻, 仅运行一个协议.

(b) **并行**   所有执行同时开始并以相同的速度进行.

(c) **并发**   攻击者决定协议执行的调度, 包括它们何时开始和进行的速度. 也就是说, 攻击者完全控制参与方发送的消息何时送达.

通用组合性 (universal composability, UC) 的引入是研究一般组合下协议安全性的一个重要突破[131]. 通用组合性是一种安全性定义, 它证明了一个强组合定理, 说明在任意方集合的并发一般组合下, 安全性是保持的. UC 定义遵循标准的理想/现实模拟范例, 将真实的协议执行与外部可信方的理想执行进行比较. 然而, 它也不同于以前的定义. 安全计算中的传统模型包括运行协议的参与方, 加上能控制一组腐败方的攻击者 $\mathcal{A}$. 然而, 在通用组合性的框架中, 引入了一个额外的对抗实体, 称为环境 $\mathcal{Z}$. 该环境为所有各方生成输入, 读取所有输出, 并且在整个计算过程中以任意方式与攻击者进行交互. 协议被称为 UC 实现给定的功能 $f$, 如果对于任何与协议交互的真实模型攻击者 $\mathcal{A}$, 存在一个理想模型攻击者 $\mathcal{A}'$, 使得没有环境 $\mathcal{Z}$ 可以区分它是与 $\mathcal{A}$ 和运行协议的各方交互, 还是与 $\mathcal{A}'$ 和在理想模型中运行的各方交互, 这样的协议被称为通用组合性.

### 4.1.4 形式化定义

对于安全多方计算协议的安全性定义通常采用仿真器的方式来定义, 即现实-理想范式, 其目标是使其在现实世界中提供的安全性与其在理想世界中提供的安全性等价. 实际上, Goldwasser 和 Micali[132] 给出的概率加密原语安全性定义是第一个使用现实-理想范式定义和证明安全性的实例.

引入的 "理想世界" 目标明确, 通过定义一个可信的参与方 $\mathcal{T}$(本质为可信的理想函数 $\mathcal{F}$) 涵盖所有安全性要求, 各个参与方将各自输入发送给 $\mathcal{T}$, 并由 $\mathcal{T}$ 计算 $\mathcal{F}(x_1, \cdots, x_n)$ 后将结果返回给所有参与方. 理想世界中, 各个参与方通信需经由 $\mathcal{T}$, 攻击者可任意控制一个或多个参与方 $P_i$ 但不允许控制 $\mathcal{T}$. 和现实世界中一样, 攻击者选择的输入与诚实参与方的输入是相互独立的, 攻击者只能获得 $\mathcal{F}(x_1, \cdots, x_n)$ 而无法得到 $\mathcal{F}(x_1, \cdots, x_n)$ 之外的任何信息. 此外, $\mathcal{T}$ 发送给所有诚实参与方的输出是有效且一致的. 现实世界中则无可信参与方 $\mathcal{T}$, 参与方可直接交互而无须经由 $\mathcal{T}$. 在现实世界中, 攻击者允许在协议开始前或协议进行中控制参与方, 依据不同安全目标所刻画威胁模型的定义, 被破坏方可以遵循协议规则执行协议, 亦可任意偏离协议规则执行协议, 无论是协议开始前被控制的参与方还是在协议进行中被控制的参与方, 其行为均与原始参与方等价. 因此, 在攻击者实施攻击后, 其在现实世界中达到的攻击效果与其在理想世界中达到的攻击效果相同, 则认为现实世界中的协议是安全的.

在静态半诚实攻击者的两方计算模型中, 攻击者在计算开始时控制其中一位参与方, 并严格遵循协议的规定. 然而, 攻击者可能会试图通过观察接收到的消息和内部状态, 来获取超出其应有权限的信息[126].

在两方计算中, 定义一个将输入映射到输出对 (每个参与方定义一个) 的函数 $f: \{0,1\}^* \times \{0,1\}^* \to \{0,1\}^* \times \{0,1\}^*$, 其中 $f = (f_1, f_2)$, 即对每一对输入 $x, y \in \{0,1\}^n$, 输出是值域为字符串对的随机变量 $(f_1(x,y), f_2(x,y))$. 其中一个参与方 (输入 $x$) 期望得到 $f_1(x,y)$, 另一个参与方 (输入 $y$) 期望得到 $f_2(x,y)$, 该函数可以表示为 $(x,y) \mapsto (f_1(x,y), f_2(x,y))$.

直观上, 如果协议中参与方可以计算的任何内容是仅基于输入和输出即可计算的, 那么这个协议就被认为是安全的. 这一概念通过模拟范式进行形式化. 简单来说, 我们要求在协议执行中, 其中一方的视图在已知其输入和输出的情况下是可被模拟的. 这意味着, 各方在协议执行过程中并未获得额外信息.

我们定义以下符号.

- 设 $f = (f_1, f_2)$ 是一个概率多项式时间函数, 设 $\pi$ 为计算 $f$ 的两方协议.
- $\text{view}_i^\pi(x, y, n)$ 表示参与方 $i$ ($i \in \{1, 2\}$) 在 $(x, y)$ 与安全参数 $n$ 上执行 $\pi$ 的视图, 等价于 $(w, r^i, m_1^i, \cdots, m_t^i)$, 其中 $w \in \{x, y\}$ (取值取决于 $i$ 的值), $r^i$ 为参与方 $i$ 内部随机条带的内容, $m_j^i$ 为其接收到的第 $j$ 条消息.

- $\text{output}_i^\pi(x,y,n)$ 表示参与方 $i$ 在 $(x,y)$ 与安全参数 $n$ 上执行 $\pi$ 的输出, 可以从其执行视图中计算. 两个参与方的联合输出表示为 $\text{output}^\pi(x,y,n) = (\text{output}_1^\pi(x,y,n), \text{output}_2^\pi(x,y,n))$.

**定义 4.1** (半诚实模型下的安全性) 设 $f=(f_1,f_2)$ 是一个函数, 当且仅当存在概率多项式算法 $\mathcal{S}_1$ 和 $\mathcal{S}_2$ 使得

$$\{(\mathcal{S}_1(1^n,x,f_1(x,y)),f(x,y))\}_{x,y,n} \stackrel{c}{\equiv} \{(\text{view}_1^\pi(x,y,n),\text{output}^\pi(x,y,n))\}_{x,y,n}$$

$$\{(\mathcal{S}_2(1^n,x,f_2(x,y)),f(x,y))\}_{x,y,n} \stackrel{c}{\equiv} \{(\text{view}_2^\pi(x,y,n),\text{output}^\pi(x,y,n))\}_{x,y,n}$$

时, 协议 $\pi$ 在静态半诚实攻击者模型下安全地计算了函数 $f$, 其中 $x,y \in \{0,1\}^*$, 且满足 $|x|=|y|$, $n \in \mathbb{N}$.

如上所述, 一方的视图可以通过一个概率多项式时间算法进行模拟, 该算法仅允许访问该参与方的输入和输出. 这里的对手是半诚实的, 因此在执行协议 $\pi$ 时, 其视图与双方遵循协议规范时的情况完全一致. 需要注意的是, 模拟器 $\mathcal{S}_i$ 的输出和函数输出 $f(x,y)$ 的联合分布必须与 $(\text{view}_i^\pi(x,y),\text{output}^\pi(x,y))$ 不可区分, 而非仅仅是模拟器 $\mathcal{S}_i$ 的输出与 $\text{view}_i^\pi(x,y)$ 不可区分.

下面考虑恶意攻击者的情况. 在恶意攻击者场景下的安全性, 将通过对理想世界与现实世界之间差异的比较来进行定义. 然而, 在这一过程中, 还需考虑两个重要的附加因素.

- **对诚实参与方输出的影响** 被破坏方若偏离协议的执行, 可能会对诚实参与方的输出产生影响, 从而导致其结果出现差异. 而在理想世界中, 所有参与方应当获得一致的输出. 在半诚实攻击模型中, 这一问题相对容易解决, 因为诚实参与方的输出与攻击者的行为无关. 然而, 在恶意攻击模型中, 情况则显得复杂得多, 因为恶意参与方可以任意操控输出结果, 所以我们无法对其提供的最终输出保持信任.

- **输入提取** 在理想世界中, 诚实参与方遵循协议规则, 其输入必须清晰地传递给 $\mathcal{T}$. 然而, 在现实世界中, 恶意参与方的输入往往难以准确界定, 因此必须在理想世界中明确指定提供给 $\mathcal{T}$ 的具体输入. 对于安全协议而言, 现实世界中的攻击者应能够通过适当选择被攻击参与方的输入, 从而在理想世界中复现该攻击. 因此, 模拟器需要对被攻击方的输入进行选择, 这一过程称为输入提取, 旨在从现实世界的攻击行为中提炼出有效的理想世界输入. 大多数安全性证明主要关注黑盒模拟, 即模拟器仅能够访问执行攻击的谕言机, 而无法直接接触攻击代码的细节.

此外, 在理想世界中, 若缺乏诚实多数的支持, 通常难以实现输出交付的保障性和公平性. 因此, 这一"弱点"被纳入理想模型的考量之中, 允许对手在理想执

## 4.1 安全多方计算的定义与模型

行过程中中止执行, 或者在诚实参与方尚未获得其输出的情况下, 获取其输出. 将参与方表示为 $P_1$ 和 $P_2$, 并用 $i \in \{1,2\}$ 表示被攻击者 $\mathcal{A}$ 控制的腐败方的索引. 对于一个函数 $f: \{0,1\}^* \times \{0,1\}^* \to \{0,1\}^* \times \{0,1\}^*$, 其理想执行过程如下.

- **输入** 设 $x$ 表示参与方 $P_1$ 的输入, $y$ 表示参与方 $P_2$ 的输入, $z$ 表示攻击者 $\mathcal{A}$ 的辅助输入.

- **将输入发送给可信方** 诚实的参与方 $P_j$ 将其接收到的输入传递给可信方. 与此同时, 受攻击者 $\mathcal{A}$ 控制的腐败方 $P_i$ 可以选择中止执行 (通过将输入替换为特定的消息 $\text{abort}_i$), 发送其接收到的输入, 或向可信方发送与原输入长度相同的其他输入. 该决策由 $\mathcal{A}$ 作出, 并且可以依据 $P_i$ 的输入值及其辅助输入 $z$ 进行调整. 设发送给可信方的输入对为 $(x', y')$(需注意, 若 $i = 2$, 则 $x' = x$, 但 $y'$ 不一定等于 $y$, 如果 $i = 1$ 反之亦然).

- **提前中止选项** 如果可信方接收到的输入形式为 $\text{abort}_i$, 其中 $i \in \{1,2\}$, 则它会向所有参与方发送 $\text{abort}_i$ 消息, 并中止理想执行. 否则, 执行继续进行到下一步. 此外, 可中止安全性通常指在几乎所有两方计算协议中, 一个参与方会在另一个参与方之前得到最终的输出. 如果此参与方是恶意的, 它可以拒绝将最后一条消息发送给诚实参与方, 从而阻止诚实参与方得到输出. 然而, 这种攻击行为与理想世界攻击行为不兼容. 在理想世界中, 输出公平性 (output fairness) 要求如果被破坏方可以从功能函数中得到输出, 则所有参与方均可以得到输出. 然而, 并非所有的功能函数在计算过程都可以满足输出公平性[133-135].

- **可信方将输出发送给攻击者** 此时, 可信方计算 $f_1(x', y')$ 和 $f_2(x', y')$, 并将 $f_i(x', y')$ 发送给 $P_i$ (即将输出发送给腐败的参与方).

- **攻击者 $\mathcal{A}$ 指示可信方继续或中止** $\mathcal{A}$ 向可信方发送继续 "continue" 或中止 "$\text{abort}_i$" 指令. 如果 $\mathcal{A}$ 发送 "continue", 则可信方将 $f_j(x', y')$ 发送给参与方 $P_j$ (即诚实参与方). 否则, 如果 $\mathcal{A}$ 发送 "$\text{abort}_i$", 可信方则发送 $\text{abort}_i$ 给 $P_j$.

- **输出** 诚实的参与方始终输出从可信方获得的结果, 而腐败方则不产生任何输出. 攻击者 $\mathcal{A}$ 可以输出任何基于腐败方的初始输入、辅助输入 $z$ 以及从可信方获得的值 $f_i(x', y')$ 的任意函数, 且该函数是在概率多项式时间内可计算的.

设 $f: \{0,1\}^* \times \{0,1\}^* \to \{0,1\}^* \times \{0,1\}^*$ 是一个两方函数, 其中 $f = (f_1, f_2)$. 设 $\mathcal{A}$ 是一个非均匀概率多项式时间机器, $i \in \{1,2\}$ 表示腐败方的索引. 那么, 在输入 $(x, y)$、攻击者 $\mathcal{A}$ 的辅助输入 $z$ 和安全参数 $n$ 下的理想执行 $f$, 记为 $\text{Ideal}_{f, \mathcal{A}(z), i}(x, y, n)$, 定义为上述理想执行中诚实方和攻击者 $\mathcal{A}$ 的输出对.

接下来, 我们将分析真实模型, 在此模型中执行的是一个真实的两方协议 $\pi$(没有可信的第三方介入). 在这种情况下, 攻击者 $\mathcal{A}$ 充当腐败方, 负责发送所有通信消息, 并能够采用任意多项式时间的策略. 与此同时, 诚实的参与方则按照协议 $\pi$ 的规定进行操作.

设 $f$ 如上, $\pi$ 是一个用于计算 $f$ 的两方协议. 进一步, 设 $\mathcal{A}$ 是一个非均匀的概率多项式时间机器, $i \in \{1,2\}$ 表示腐败方的索引. 那么, 协议 $\pi$ 在输入 $(x,y)$、攻击者 $\mathcal{A}$ 的辅助输入 $z$ 和安全参数 $n$ 下的真实执行, 记为 $\text{Real}_{\pi,\mathcal{A}(z),i}(x,y,n)$, 定义为协议 $\pi$ 的真实执行中诚实方和攻击者 $\mathcal{A}$ 的输出对.

在明确了理想模型与真实模型的定义之后, 我们可以开始定义协议的安全性. 简而言之, 这一定义表明, 一个安全的参与方协议 (在真实模型中) 能够有效模拟理想模型的运行 (即在存在可信第三方的情况下). 可以表述为: 在理想模型中, 攻击者能够模拟真实模型协议的执行过程.

**定义 4.2** (两方计算的安全性)  设 $f=(f_1,f_2)$ 是一个概率多项式时间函数, 设 $\pi$ 为计算 $f$ 的两方协议. 当且仅当对真实世界的任意非均匀概率多项式时间攻击者 $\mathcal{A}$, 在理想世界中存在一个非均匀概率多项式时间攻击者 $\mathcal{S}$ 使得对任意 $i \in \{1,2\}$ 有

$$\{\text{Ideal}_{f,\mathcal{S}(z),i}(x,y,n)\}_{x,y,z,n} \stackrel{c}{\equiv} \{\text{Real}_{\pi,\mathcal{A}(z),i}(x,y,n)\}_{x,y,z,n}$$

成立, 则协议 $\pi$ 在中止的恶意攻击者模型下安全计算了函数 $f$, 其中 $x,y \in \{0,1\}^*$, 且满足 $|x|=|y|$, $z \in \{0,1\}^*$, $n \in \mathbb{N}$.

围绕协议的可中止安全性 (security with abort), 理想功能函数需要做如下调整: 首先, 功能函数需识别被破坏方的身份; 其次, 功能函数在所有参与方提供输入后计算输出, 但仅将结果交付给被破坏方. 随后, 功能函数等待被破坏方发出"交付"或"中止"命令. 如果收到"交付"命令, 功能函数将输出交给所有诚实参与方; 如果收到"中止"命令, 则向所有诚实参与方交付一个表示协议中止的输出 ($\perp$). 在修改后的理想世界中, 攻击者可以在诚实参与方之前获得输出, 并阻止其接收任何结果. 一个关键点是, 诚实参与方是否中止协议只能依赖于被破坏方的命令; 如果诚实参与方中止协议的概率与其输入相关, 则协议可能不安全.

在描述功能函数时, 通常不会明确指出功能函数可能导致诚实参与方无法获得输出. 相反, 在讨论协议在恶意攻击者下的安全性时, 通常假设攻击者可以决定是否向诚实参与方交付输出, 因此不应期望协议满足输出公平性.

关于破坏 (又称入侵或腐化) 策略, 可细分为静态性破坏 (static corruption) 和适应性破坏 (adaptive corruption). 在现实-理想范式中为适应性破坏攻击行为建立安全模型的方法是允许攻击者发出"破坏 $P_i$"的命令. 在现实世界中, 攻击者可以得到 $P_i$ 的当前视图 (包括 $P_i$ 的私有随机状态), 并接管其在协议执行过程中发送消息的控制权. 在理想世界中, 模拟器只能得到破坏此参与方时该参与方的输入和输出, 并且必须使用这些信息生成模拟视图. 显然, 各个参与方的视图是相互关联的 (如果 $P_i$ 向 $P_j$ 发送一条消息, 则此消息会同时包含在两个参与方的视图

## 4.1 安全多方计算的定义与模型

中). 适应性安全的挑战是模拟器须逐段生成被破坏方的视图.

**混合世界与组合性** 出于模块化考虑, 设计协议时经常会让协议调用其他的理想功能函数. 例如, 我们可能需要设计一个安全实现某功能函数 $\mathcal{F}$ 的协议 $\pi$. 在 $\pi$ 中, 参与方除了彼此要发送消息之外, 还需要与另一个功能函数 $\mathcal{G}$ 交互. 因此, 该协议在现实世界中包含 $\mathcal{G}$, 但在理想世界 (一般来说) 仅包含 $\mathcal{F}$. 我们称这一修改后的现实世界为 $\mathcal{G}$-混合世界.

对安全模型的一个很自然的要求是组合性 (composition): 如果 $\pi$ 是一个安全实现 $\mathcal{F}$ 的 $\mathcal{G}$-混合协议 (即 $\pi$ 的参与方需要彼此发送消息, 且需要与一个理想的 $\mathcal{G}$ 交互), 且 $\rho$ 是一个安全实现 $\mathcal{G}$ 的协议, 则以最直接的方式组合使用 $\pi$ 和 $\rho$(将调用 $\mathcal{G}$ 替换为调用 $\rho$) 应该可以得到安全实现 $\mathcal{F}$ 的协议. 虽然我们没有从最底层的角度严格、详细地定义安全模型, 但令人惊讶的是, 一些非常直观的组合使用方式并不能保证多个安全协议可以安全组合, 满足可组合性.

保证组合性的标准方式是使用 Canetti 提出的通用可组合性 (universal composability, UC) 框架[131]. UC 框架对我们之前描述的安全模型进行了扩展, 在安全模型中增加了一个称为环境 (environment) 的实体, 此实体也同时包含在理想世界和现实世界中. 引入环境实体的目的是体现协议执行时的 "上下文" (例如, 当前协议被某个更大的协议所调用). 环境实体为诚实参与方选择输入, 接收诚实参与方的输出. 环境实体可以与攻击者进行任意交互.

现实世界和理想世界都包含相同的环境实体. 而环境实体的 "目标" 是判断自身是在现实世界还是在理想世界中被实例化的. 在此之前, 我们定义安全性的方式是要求现实世界和真实世界中的特定视图满足不可区分性. 在 UC 场景下, 我们还可以将区分两种视图的攻击者吸收到环境实体之中. 因此, 不失一般性, 环境实体的最终输出是一个单比特值, 表示环境实体 "猜测" 自身是在现实世界还是在理想世界被实例化的.

以下定义现实世界和理想世界的协议执行过程, 其中 $Z$ 是一个环境实体:

- $\text{Real}_{\pi,\mathcal{A},Z}(\kappa)$: 执行涉及攻击者 $\mathcal{A}$ 和环境 $Z$ 的协议交互过程. 当 $Z$ 为某一诚实参与方生成一个输入时, 此诚实参与方执行协议 $\pi$, 并将输出发送给 $Z$. 最后, $Z$ 输出一个单比特值, 作为 $\text{Real}_{\pi,\mathcal{A},Z}(\kappa)$ 的输出.
- $\text{Ideal}_{\mathcal{F},\text{Sim},Z}(\kappa)$: 执行涉及攻击者 (模拟器) Sim 和环境 $Z$ 的协议交互过程. 当 $Z$ 为某一诚实参与方生成一个输入时, 此输入将被直接转发给功能函数 $\mathcal{F}$, $\mathcal{F}$ 将相应的输出发送给 $Z$ ($\mathcal{F}$ 完成了诚实参与方的行为). $Z$ 输出一个单比特值, 作为 $\text{Ideal}_{\mathcal{F},\text{Sim},Z}(\kappa)$ 的输出.

**定义 4.3** 给定协议 $\pi$, 如果对于所有现实世界中的攻击者 $\mathcal{A}$, 存在一个满足 $\text{corrupt}(\mathcal{A}) = \text{corrupt}(\text{Sim})$ 的模拟器 Sim, 使得对于所有的环境实体 $Z$:

$$|\Pr[\mathsf{Real}_{\pi,\mathcal{A},\mathcal{Z}}(\kappa)=1] - \Pr[\mathsf{Ideal}_{\mathcal{F},\mathsf{Sim},\mathcal{Z}}(\kappa)=1]|$$

是 (在 $\kappa$ 下) 可忽略的, 则称此协议 UC-安全地实现了 $\mathcal{F}$.

由于定义中要求不可区分性对所有可能的环境实体都成立, 因此一般会把攻击者 $\mathcal{A}$ 的攻击行为也吸收到环境 $\mathcal{Z}$ 中, 只留下所谓的 "无作为攻击者" (此攻击者只会简单地按照 $\mathcal{Z}$ 的指示转发协议消息).

在其他 (非 UC 可组合的) 安全模型中, 理想世界中的攻击者 (模拟器) 可以随意利用现实世界中的攻击者. 特别地, 模拟器可以在内部运行攻击者, 并反复将攻击者的内部状态倒带成先前的内部状态. 可以在这类较弱的模型下证明很多协议的安全性, 但组合性可能会对模拟器的部分能力进行一些约束和限制.

在 UC 模型中, 模拟器无法倒带攻击者的内部状态, 因为攻击者的攻击行为可能会被吸收到环境实体之中, 而模拟器不允许利用环境实体完成模拟过程. 相反, 模拟器必须是一个直线模拟器 (straight-line simulator): 一旦环境实体希望发送一条消息, 模拟器必须立刻用模拟出的回复做出应答. 直线模拟器必须一次性生成模拟消息, 而先前的安全模型定义没有对模拟消息或视图生成过程做出任何限制. 对于本书描述的所有恶意安全协议, 假设这些协议所调用的其他原语可以提供 UC 安全性, 则这些协议也都是 UC 安全的.

## 4.2 不经意传输

不经意传输 (oblivious transfer, OT) 是一个密码学协议, 目前被广泛地应用于安全多方计算. 不经意传输是发送方与接收方之间的两方协议, 通过该协议, 发送方将一些信息传输给接收方, 但发送方并不知道接收方实际获得了哪些信息, 保护了发送方和接收方的隐私.

本节主要从基于陷门置换的 OT、Base OT、$\binom{2}{1}$-OT 扩展协议、$\binom{n}{1}$-OT 扩展协议对不经意传输协议[136] 进行介绍.

### 4.2.1 基于陷门置换的 OT 协议

考虑一个标准的两方功能, 其中两方都有私有输入并希望计算输出, 下面将展示如何安全地计算 $f((b_0,b_1),\delta) = (\lambda, b_\delta)$, 其中 $b_0, b_1, \delta \in \{0,1\}$. 换句话说, $P_1$ 有一对输入 $(b_0, b_1)$, $P_2$ 有一个选择位 $\delta$. $P_1$ 没有接收到输出 (用空字符串 $\lambda$ 表示), 特别是对 $\delta$ 一无所知. $P_2$ 接收到自己选择的比特 $b_\delta$, 而不了解 $b_{1-\delta}$. 这被称为不经意传输, 因为发送方 ($P_1$) 有两个输入, 根据接收方 ($P_2$) 的选择, 只将其中一个输入发送给接收方, 而不知道发送的是哪一个. 该协议依赖于增强陷门置换 (enhanced trapdoor permutation, ETP), 具体协议如图 4.1 所示.

## 4.2 不经意传输

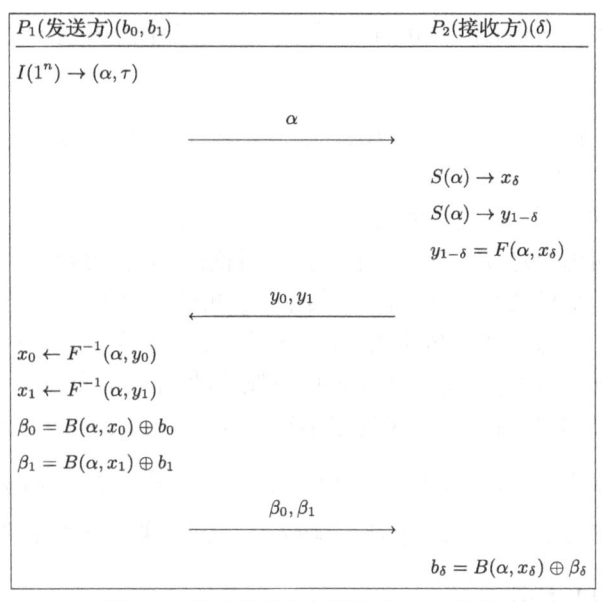

```
P₁(发送方)(b₀, b₁)                    P₂(接收方)(δ)
I(1ⁿ) → (α, τ)
                        α
                    ─────────→
                                      S(α) → x_δ
                                      S(α) → y_{1-δ}
                                      y_{1-δ} = F(α, x_δ)
                        y₀, y₁
                    ←─────────
x₀ ← F⁻¹(α, y₀)
x₁ ← F⁻¹(α, y₁)
β₀ = B(α, x₀) ⊕ b₀
β₁ = B(α, x₁) ⊕ b₁
                        β₀, β₁
                    ─────────→
                                      b_δ = B(α, x_δ) ⊕ β_δ
```

图 4.1 基于增强陷门置换的 OT 协议

非正式地说,一族陷门置换是一族双射函数,具有随机抽样函数很难在随机抽样值 (在其值域内) 上求逆的性质. 但存在陷门,给定该陷门,则可以有效地对函数求逆. 增强陷门置换具有额外的属性,即可以从值域中采样取值,即使给定用于采样的硬币,也很难求解函数在这些值上的逆. 陷门置换的集合是函数集合 $\{f_\alpha\}$ 和四种概率多项式时间算法 $I, S, F, F^{-1}$,具体如下.

(1) $I(1^n)$ 选择置换 $f_\alpha$ 的随机 $n$ 位索引 $\alpha$ 和对应陷门 $\tau$. 用 $I_1(1^n)$ 表示输出的 $\alpha$-部分.

(2) $S(\alpha)$ 在 $f_\alpha$ 的定义域 (等于值域) 内采样一个 (几乎均匀的) 元素. 用 $S(\alpha; r)$ 表示 $S(\alpha)$ 带有随机带 $r$ 的输出;简单起见,假设 $r \in \{0,1\}^n$.

(3) $F(\alpha, x) = f_\alpha(x)$,其中 $\alpha$ 在 $I_1$ 的值域中,$x$ 在 $S(\alpha)$ 的值域中.

(4) $F^{-1}(\tau, y) = f_\alpha^{-1}(y)$,其中 $y$ 在 $f_\alpha$ 的值域中,$(\alpha, \tau)$ 在 $I$ 的值域中.

如果对任意个非均匀概率多项式时间攻击者 $\mathcal{A}$ 存在一个可忽略的函数 $\mu$,使得对每个 $n$ 都有

$$\Pr[\mathcal{A}(1^n, \alpha, r) = f_\alpha^{-1}(S(\alpha; r))] \leqslant \mu(n)$$

其中 $\alpha \leftarrow I_1(1^n)$,$r \in_R \{0,1\}^n$ 是随机的,则该族是一个增强陷门置换集合. 观察到给定 $\alpha$ 和 $r$,$\mathcal{A}$ 可以计算 $y = S(\alpha; r)$,因此,当给定 $S$ 是用来对 $y$ 进行采样的随机硬币时,$\mathcal{A}$ 的任务是对 $y$ 求逆.

我们还将引用增强陷门置换的硬核谓词 (hard-core predicate) $B$. 如果对任

意个非均匀概率多项式时间攻击者 $\mathcal{A}$ 存在一个可忽略的函数 $\mu$, 使得对任意个 $n$, 都有

$$\Pr[\mathcal{A}(1^n, \alpha, r) = B(\alpha, f_\alpha^{-1}(S(\alpha; r)))] \leqslant \frac{1}{2} + \mu(n)$$

则 $B$ 为 $(I, S, F, F^{-1})$ 的硬核谓词.

协议背后的思想是 $P_1$ 选择一个增强陷门置换, 并将置换描述 (没有陷门) 发给 $P_2$. 然后 $P_2$ 采样两个元素 $y_0, y_1$, 其中 $P_2$ 知道 $y_\delta$ 的原像, 不知道 $y_{1-\delta}$ 的原像. $P_2$ 将 $y_0, y_1$ 发送给 $P_1$, $P_1$ 使用陷门 $\tau$ 对 $y_0, y_1$ 求逆, 并发送由 $f^{-1}(y_0)$ 的硬核比特掩蔽的 $b_0$ 和由 $f^{-1}(y_1)$ 的硬核比特掩蔽的 $b_1$. $P_2$ 能够得到 $b_\delta$, 因为它知道 $f^{-1}(y_\delta)$, 但不能得到 $b_{1-\delta}$. 因为它不知道 $f^{-1}(y_{1-\delta})$, 所以不能以不可忽略的大于 $\frac{1}{2}$ 的概率猜出它的硬核比特. 另外, $P_1$ 只看到相同分布的 $y_0$ 和 $y_1$ (即使 $P_2$ 生成这两者的方式不同), 因此对 $P_2$ 的输入 $\delta$ 一无所知. 具体协议如图 4.1 所示.

### 4.2.2 Base OT 协议

Base OT(base oblivious transfer) 是最基础的 $\binom{2}{1}$-OT 协议, 通常用于构建更复杂和高效的 OT 扩展协议. 在 Base OT 中, 发送方有两条消息 $m_0$ 和 $m_1$, 而接收方可以选择接收其中的一条 $m_b$ ($b=0$ 或 $b=1$). 关键的是, 接收方的选择 $b$ 是对发送方保密的, 同时接收方也只能获得所选择的消息, 不能同时获取 $m_0$ 和 $m_1$. 现在, 我们介绍一种方案, 允许执行任意两个相同长度的比特串 $m_0$ 和 $m_1$ 的 $\binom{2}{1}$-OT 协议. 方案取基于离散对数的公钥/私钥对 $(h = g^x, x)$, 其中 $g$ 是素数阶为 $q$ 的循环有限阿贝尔群 $\mathbb{G}$ 的生成元, $H$ 是从群 $\mathbb{G}$ 映射到 $n$ 位比特串的哈希函数. 方案的具体描述如下:

- Alice 随机选择一个元素 $c \in \mathbb{G}$, 发送给 Bob.
- Bob 随机选择 $x \in \mathbb{Z}_q$, 然后生成两个公钥 $h_b = g^x$, $h_{1-b} = c/h_b$, 发送 $h_0$ 给 Alice.
- Alice 计算 $h_1 = c/h_0$, $k \in \mathbb{Z}_q$, $c_1 = g^k$, 随后计算 $e_0 = m_0 \bigoplus H(h_0^k)$, $e_1 = m_1 \bigoplus H(h_1^k)$, Alice 完成计算后发送 $c_1, e_0, e_1$ 给 Bob.
- Bob 计算 $m_b = e_b \bigoplus H(c_1^x)$.

### 4.2.3 $\binom{2}{1}$-OT 扩展协议

OT 扩展 (oblivious transfer extension) 协议是一种用于大规模应用的不经意传输的优化技术. 它允许通过少量的 Base OT 实例扩展为大量的 OT 实例, 减

少了加密操作的计算成本和通信开销. 在传统的 OT 协议中, 执行每个 OT 实例都会涉及耗时的公钥加密操作, OT 扩展通过利用对称加密技术和少量的公钥加密, 使得多个 OT 实例可以在计算效率较高的基础上被生成. 本小节主要介绍了 IKNP 和 Silent 这两个 OT 扩展协议, 以帮助读者更好地理解 OT 扩展协议.

**IKNP-OT 扩展协议** 2003 年 Ishai 等[137] 提出了 IKNP-OT 协议框架 (IKNP-style OTE), 后续有关 OT 扩展协议的很多研究也都是基于 IKNP 协议开展的, 该协议是半诚实攻击者模型下 OT 扩展协议的经典框架, 如表 4.1 所示.

表 4.1 半诚实攻击者下的 IKNP-OT 扩展协议①

**参与方**: 发送方 Alice 和接收方 Bob.
**发送方输入**: 持有 $m$ 对 $\ell$ 比特的字符串 $(x_{j,0}, x_{j,1}) \in \{0,1\}^\ell, 1 \leqslant j \leqslant m$.
**接收方输入**: 持有 $m$ 个对应的选择比特 $\mathbf{r} = (r_1, \cdots, r_m)$.
**参数**: 一个安全参数 $\lambda$, 一个随机谕言机 $H : [m] \times \{0,1\}^\lambda \to \{0,1\}^\ell$, 一个理想的 $\mathrm{OT}_m^\lambda$ 原语.

1. Alice 初始化随机向量 $\mathbf{s} \in \{0,1\}^\lambda$, Bob 选择一个随机的 $m \times \lambda$ 比特的矩阵 $T$.
2. 调用 $\mathrm{OT}_m^\lambda$ 原语, 其中 Alice 作为一个接收方输入 $\mathbf{s}$, Bob 作为一个发送方输入 $(\mathbf{t}^i, \mathbf{r} \oplus \mathbf{t}^i), 1 \leqslant i \leqslant \lambda$.
3. 让 $Q$ 代表 Alice 接收的 $m \times \lambda$ 的矩阵 ($\mathbf{q}^i = (s_i \cdot \mathbf{r} \oplus \mathbf{t}^i), \mathbf{q}_j = (r_j \cdot \mathbf{s}) \oplus \mathbf{t}_j$). 对于 $1 \leqslant j \leqslant m$, Alice 发送 $(y_{j,0}, y_{j,1})$, 其中 $y_{j,0} = x_{j,0} \oplus H(j, \mathbf{q}_j), y_{j,1} = x_{j,1} \oplus H(j, \mathbf{q}_j \oplus \mathbf{s})$.
4. 对于 $1 \leqslant j \leqslant m$, Bob 输出 $z_j = y_{j,r_j} \oplus H(j, \mathbf{t}_j)$.

**Silent-OT 扩展协议** 2019 年, Boyle 等[138] 提出了半诚实攻击者下安全的 Silent-OT 扩展协议, 该协议依赖于对偶 LPN (dual learning parity with noise) 困难性假设和关联鲁棒性 (CR) 假设[136]. Silent-OT 是一种高效的不经意传输扩展协议, 它通过减少通信和计算开销, 能够在少量 Base OT 的前提下, 生成大量的 OT 实例. Silent-OT 协议的工作原理大致可以分为以下步骤: Base OT 阶段、密钥生成和扩展阶段、OT 实例生成阶段. Silent-OT 相对于传统 OT 扩展协议 (如 IKNP 协议) 的主要优势在于低通信成本、高效的计算、灵活性强.

## 4.2.4 $\binom{n}{1}$-OT 扩展协议

$\binom{n}{1}$-OT 协议可以定义为 $\binom{2}{1}$-OT 协议的自然推广. 具体来说, 发送方有 $n$ 条消息, 接收方有索引 $i$, 接收方希望接收第 $i$ 条发送方的消息, 而发送方不知道 $i$, 且发送方希望确保接收方只接收到 $n$ 条消息中的一条. $\binom{n}{1}$-OT 是隐匿信息查询无法比拟的. 一方面, $\binom{n}{1}$-OT 协议对数据库施加了一个额外的隐私要求, 即接

---
① 本章的算法均以表格形式呈现.

收方最多只能学习一个数据库条目. 另一方面, PIR 要求在 $n$ 内的通信是次线性的, 而 $\binom{n}{1}$-OT 协议则没有这样的要求.

$\binom{n}{1}$-OT 协议可以从 $\binom{2}{1}$-OT 协议来构造. 假设 $N = 2^l - 1$, 发送方有 $m_0, \cdots, m_N \in \{0,1\}^n$, 接收方有 $t \in \{0, \cdots, N\}$, 双方执行以下计算.

(1) 发送方准备 $2l$ 个密钥 $(K_1^0, K_1^1), \cdots, (K_l^0, K_l^1)$.

(2) 令 $F_k : \{0,1\}^l \to \{0,1\}^n$ 是一个伪随机函数, 发送方给接收方发送元组 $(C_0, \cdots, C_N)$, 把消息的索引看作一个比特字符串 $I = I_1 \cdots I_l \in \{0,1\}^l$, 并且用 $C_I = m_I \bigoplus_{i=1}^{l} F_{K_i^{I_i}}(I)$ 进行加密, 发送方一共发送 $O(N)$ 比特给接收方.

(3) 令 $t = t_1 \cdots t_l \in \{0,1\}^l$, 第 $j$ 次 OT 协议会完成 $l$ 个 $\binom{2}{1}$-OT 协议, 发送方有 $(K_j^0, K_j^1)$, 接收方有 $t_j \in \{0,1\}$.

(4) 接收方最终有 $K_1^{t_1}, \cdots, K_l^{t_l}$, 并且可以解密 $C_t$ 来得到 $m_t$.

因此通过 $\log N$ 个 $\binom{2}{1}$-OT 协议, 可以构造一个 $\binom{n}{1}$-OT 协议, 通信复杂度是 $O(N)$.

2017 年, Orrù 等[139] 设计了恶意攻击者下安全的 $\binom{n}{1}$-OT 扩展协议 (简称 OOS17 协议), 如表 4.2 所示. OOS17 协议在之前协议的基础上增加了简单的一致性检测, 从而实现了主动安全性. 但在实际构造过程中仍面临着一些技术上的挑战, OOS17 协议必须要确保字符串形式为 $\mathbf{t}_i + b \odot C(\mathbf{w}_i)$, 其中 $C$ 通过纠错码对 $\mathbf{w}_i$ 进行编码, 最终, 通过选用二元线性码, 利用其加法同态性质解决了一致性检测的构造问题.

**表 4.2　OOS17 协议**

**参与方**: 发送方 Alice 和接收方 Bob.
**公共输入**: $\kappa$ 和 $s$ 分别是计算和统计安全参数, $C$ 是二元线性码 $[n_C, k_C, d_C]$ 使得 $k_C = \log N$ 和 $d_C \geqslant \kappa$. $H : [m] \times \mathbb{F}_2^{n_C} \to \mathbb{F}_2^{\kappa}$ 是随机谕言机并且 PRG : $\{0,1\}^{\kappa} \to \{0,1\}^{m'}$ 是伪随机数生成器, $m' = m + s$.
**发送方输入**: $m$ 个子集 $S_i \subseteq \mathbb{F}_2^{n_C} \to \mathbb{F}_2^{\kappa}$, 对 $i \in [m]$, 有 $|S_i| = \mathsf{poly}(\kappa)$.
**接收方输入**: 选择 $m$ 个整数 $w_1, \cdots, w_m$, 每个都在 $0, \cdots, N-1$ 中, 编码成比特串 $\mathbf{w}_1, \cdots, \mathbf{w}_m \in \mathbb{F}_2^{k_C}$.
**初始化**: 双方调用 $\mathcal{F}_{2\text{-OT}}^{\kappa, n_C}$, 调用时接收方当发送方的角色, 发送方当接收方的角色, 输入 $n_C$ 随机比特. 发送方接收 $\left\{\left(b_j, \mathbf{r}_{b_j}^j\right)\right\}_{j \in [n_C]} \in \mathbb{F}_2 \times \mathbb{F}_2^{\kappa}$, 并且接收方接收 $\left\{(\mathbf{r}_0^j, \mathbf{r}_1^j)\right\}_{j \in [n_C]}$.
**扩展**: 令 $m' = m + s$.

续表

1. 接收方从种子 $\{(\mathbf{r}_0^j, \mathbf{r}_1^j)\}$ 构建矩阵 $T_0, T_1 \in \mathbb{F}_2^{m' \times n_C}$，使得各自的列是 $\mathbf{t}_0^j = \text{PRG}(\mathbf{r}_0^j) \in \mathbb{F}_2^{m'}$，$\mathbf{t}_1^j = \text{PRG}(\mathbf{r}_1^j) \in \mathbb{F}_2^{m'}$，$j \in [n_C]$。同样地，对于每一个 $j \in [n_C]$ 发送方产生 $\mathbf{t}_{b_j}^j$，综上所述，接收方持有 $\{(\mathbf{t}_0^j, \mathbf{t}_1^j)\}_{j \in [n_C]}$ 并且发送方持有 $\{\mathbf{t}_{b_j}^j\}_{j \in [n_C]}$。
2. 接收方采样随机向量 $\mathbf{w}_{m+\ell} \leftarrow_\$ \mathbb{F}_2^{kC}$，对每个 $\ell \in [s]$，然后构造一个矩阵 $C \in \mathbb{F}_2^{m' \times n_C}$ 使得每个行向量 $\mathbf{c}_i$ 是码字 $\mathcal{C}(\mathbf{w}_i)$。然后接收方发送给发送方 $\mathbf{u}^j = \mathbf{t}_0^j + \mathbf{t}_1^j + \mathbf{c}^j, j \in [n_C]$，其中 $\mathbf{c}^j$ 是 $C$ 的第 $j$ 列。
3. 发送方接收 $\mathbf{u}^j \in \mathbb{F}_2^{m'}$，并且计算 $\mathbf{q}^j = b_j \cdot \mathbf{u}^j + \mathbf{t}_{b_j}^j = b_j \cdot \mathbf{c}^j + \mathbf{t}_0^j$，从而形成一个 $m' \times n_C$ 矩阵 $Q$ 的列。用 $\mathbf{t}_i, \mathbf{q}_i$ 表示 $T_0, Q$ 的行，现在接收方持有 $\mathbf{c}_i, \mathbf{t}_i$ 并且发送方持有 $\mathbf{b}, \mathbf{q}_i$，使得 $\mathbf{q}_i = \mathbf{c}_i \odot \mathbf{b} + \mathbf{t}_i$。
4. 一致性检测：
   - 发送方采样 $s$ 个随机字符串 $\left\{\left(x_1^{(\ell)}, \cdots, x_m^{(\ell)}\right) \in \mathbb{F}_2^m\right\}_{\ell \in [s]}$ 并且将其发送给接收方.
   - 接收方对 $\ell \in [s]$ 计算并发送：$\mathbf{t}^{(\ell)} = \sum_{i \in [m]} \mathbf{t}_i \cdot x_i^{(\ell)} + \mathbf{t}_{m+\ell}$，$\mathbf{w}^{(\ell)} = \sum_{i \in [m]} \mathbf{w}_i \cdot x_i^{(\ell)} + \mathbf{w}_{m+\ell}$.
   - 发送方计算 $\mathbf{q}^{(\ell)} = \sum_{i \in [m]} \mathbf{q}_i \cdot x_i^{(\ell)} + \mathbf{q}_{m+\ell}$，并且检查 $\mathbf{t}^{(\ell)} + \mathbf{q}^{(\ell)} = \mathcal{C}\left(\mathbf{w}^{(\ell)}\right) \odot \mathbf{b}$，$\forall \ell \in [s]$。如果检查失败，发送方终止协议.

输出：发送方设置 $\forall i \in [m]$ 并且 $\mathbf{w} \in S_i$ 满足 $\mathbf{v}_{w,i} = H(i, \mathbf{q}_i + \mathcal{C}(\mathbf{w}) \odot \mathbf{b})$，发送方设置 $\forall i \in [m]$，满足 $\mathbf{v}_{w_i, i} = H(i, \mathbf{t}_i)$.

## 4.3 秘密分享

### 4.3.1 Shamir 秘密分享

Shamir 秘密分享方案基于在有限域 $\mathbb{F}$ 上的多项式，对有限域 $\mathbb{F}$ 的唯一限制是 $|\mathbb{F}| > n$，但是我们为了简洁而假设 $\mathbb{F} = \mathbb{Z}_p$，其中素数 $p > n$。通过选择阶数最大为 $t$ 的随机多项式 $f_s(X) \in \mathbb{F}[X]$ 使得 $f_s(0) = s$ 来分发值 $s$。然后将份额 $s_j = f_s(j)$ 通过私有信道发送给 $P_j$，该方法中，任何 $t$ 或者更少的份额集合都不包含关于 $s$ 的信息，而它可以很容易地从任何 $t+1$ 个或更多的份额中重构，可以用 Lagrange (拉格朗日) 插值进行验证.

在 Lagrange 插值法中，如果 $h(X)$ 是 $\mathbb{F}$ 上阶数为 $l$ 的多项式，并且 $C$ 是 $\mathbb{F}$ 上的子集，集合大小为 $|C| = l + 1$，那么有 $h(X) = \sum_{i \in C} h(i) \delta_i(X)$，其中 $\delta_i(X)$ 是次数为 $l$ 的多项式使得对所有的 $i, j \in C$，如果 $i \neq j$ 有 $\delta_i(j) = 0$；如果 $i = j$ 有 $\delta_i(j) = 1$. 也就是说

$$\delta_i(X) = \prod_{j \in C,\, j \neq i} \frac{X - j}{i - j}$$

简单回顾一下为什么成立，由于每个 $\delta_i(X)$ 是 $l$ 个单项式的乘积，因此它是一个最多为 $l$ 次的多项式. 而右侧 $\sum_{i \in C} h(i) \delta_i(X)$ 是一个最大阶数为 $l$ 的多项式，在输入 $i$ 上对 $i \in C$ 求值得到 $h(i)$. 所以 $h(X) - \sum_{i \in C} h(i) \delta_i(X)$ 在 $C$ 上的所有点上都是 0，由于 $|C| > l$ 且只有零多项式有比它的阶数更多的零元素，因此可以得出 $h(X) - \sum_{i \in C} h(i) \delta_i(X)$ 是零多项式，由此可以得出 $h(X) = \sum_{i \in C} h(i) \delta_i(X)$.

使用相同的论证, 很容易看出 Lagrange 插值是有效的, 即使没有预先定义多项式. 给定任意值集 $\{y_i \in \mathbb{F} \mid i \in C\}$, $|C| = l+1$, 我们可以构造一个阶数最大为 $l$ 的多项式 $h$ 满足 $h(X) = \sum_{i \in C} y_i \delta_i(X)$, 且有 $h(i) = y_i$.

Lagrange 插值的一个结论是存在易于计算的值 $\mathbf{r} = (r_1, \cdots, r_n)$, 使得 $h(0) = \sum_{i=1}^{n} r_i h(i)$, 对于所有阶数不超过 $n-1$ 次的多项式 $h(X)$, 即 $r_i = \delta_i(0)$, 我们设 $(r_1, \cdots, r_n)$ 为重组向量. 注意 $\delta_i(X)$ 不依赖于 $h(X)$, 所以 $\delta_i(0)$ 也不依赖于 $h(X)$. 因此, 相同的重组向量 $\mathbf{r}$ 适用于所有 $h(X)$, 这是所有人都可以计算的公开信息.

最后的结论是, 对于所有的秘密 $s \in \mathbb{F}$ 和所有的 $C \subset \mathbb{F}$, 其中 $|C| = t$ 并且 $0 \notin C$, 如果我们采样一个均匀随机的阶数小于等于 $t$ 且 $f(0) = s$ 的多项式, 那么 $t$ 个份额的分布 $(f(i))_{i \in C}$ 在 $\mathbb{F}^t$ 上是均匀分布, 因为 $\mathbb{F}^t$ 上的均匀分布显然是独立于 $s$ 的, 特别的是, 如果只有 $t$ 个份额, 那么一个人得不到任何关于秘密的信息.

下面介绍一个具体的例子, 假设我们有五个参与方 $P_1, \cdots, P_5$, 并且我们想容忍 $t = 2$ 个腐败方, 在 $\mathbb{F} = \mathbb{Z}_{11}$ 中进行计算, 并且想分发 $s = 7$. 首先选择 $a_1, a_2 \in_R \mathbb{F}$, 然后定义多项式

$$h(X) = s + a_1 X + a_2 X^2 = 7 + 4X + X^2 \bmod 11$$

计算 $s_1 = h(1) = 7 + 4 + 1 \bmod 11 = 1, s_2 = h(2) = 19 \bmod 11 = 8, s_3 = h(3) = 6, s_4 = h(4) = 6, s_5 = h(5) = 8$, 因此分发份额是 $[s] = (1, 8, 6, 6, 8)$.

我们将 $s_i$ 秘密分发给 $P_i$. 现在假设某人只得到了份额 $s_3, s_4, s_5$, 由于 $3 > 2$, 其可以用 Lagrange 插值来计算秘密. 我们首先计算

$$\delta_3(X) = \prod_{j=4,5} \frac{X-j}{3-j} = \frac{(X-4)(X-5)}{(3-4)(3-5)} = (X^2 - 9X + 20)((3-4)(3-5))^{-1} \bmod 11$$

有 $(3-4) \cdot (3-5) = 2$ 和 $2 \cdot 6 \bmod 11 = 1$, 因此 $((3-4) \cdot (3-5))^{-1} \bmod 11 = 6$. 所以

$$\begin{aligned}
\delta_3(X) &= (X^2 - 9X + 20) \cdot 6 \\
&= (X^2 + 2X + 9) \cdot 6 \\
&= 6X^2 + 12X + 54 \\
&= 6X^2 + X + 10 \pmod{11}
\end{aligned}$$

检查一下是否正确

$$\delta_3(3) = 6 \cdot 3^2 + 3 + 10 = 67 = 1 \bmod 11$$

## 4.3 秘密分享

$$\delta_3(4) = 6 \cdot 4^2 + 4 + 10 = 110 = 0 \bmod 11$$

$$\delta_3(5) = 6 \cdot 5^2 + 5 + 10 = 165 = 0 \bmod 11$$

然后计算

$$\delta_4(X) = \prod_{j=3,5} \frac{X-j}{4-j} = \frac{(X-3)(X-5)}{(4-3)(4-5)}$$

$$= (X^2 - 8X + 15)(-1)^{-1}$$

$$= (X^2 + 3X + 4)10$$

$$= 10X^2 + 8X + 7$$

然后可以检查 $\delta_4(3) = 121 = 0 \bmod 11, \delta_4(4) = 199 = 1 \bmod 11$ 和 $\delta_4(5) = 297 = 0 \bmod 11$. 然后计算

$$\delta_5(X) = \prod_{j=3,4} \frac{X-j}{5-j} = \frac{(X-3)(X-4)}{(5-3)(5-4)}$$

$$= (X^2 - 7X + 12)(2)^{-1}$$

$$= (X^2 + 4X + 1)6$$

$$= 6X^2 + 2X + 6$$

我们可以检查 $\delta_5(3) = 66 = 0 \bmod 11, \delta_5(4) = 110 = 0 \bmod 11$ 和 $\delta_5(5) = 166 = 1 \bmod 11$, 如果对任何 $s_3, s_4, s_5$, 我们让

$$h(X) = s_3 \cdot \delta_3(X) + s_4 \cdot \delta_4(X) + s_5 \cdot \delta_5(X)$$

那么 $h(3) = s_3 \cdot 1 + s_4 \cdot 0 + s_5 \cdot 0 = s_3, h(4) = s_3 \cdot 0 + s_4 \cdot 1 + s_5 \cdot 0 = s_4$ 和 $h(5) = s_3 \cdot 0 + s_4 \cdot 0 + s_5 \cdot 1 = s_5$, 这意味着如果对一些二次多项式 $s_3 = f(3), s_4 = f(4)$ 和 $s_5 = f(5)$, 则 $h(X) = f(X)$, 这允许从三个份额中计算 $h(X)$, 更具体地说,

$$h(X) = s_3 \delta_3(X) + s_4 \delta_4(X) + s_5 \delta_5(X)$$

$$= (6s_3 + 10s_4 + 6s_5)X^2 + (s_3 + 8s_4 + 2s_5)X + (10s_3 + 7s_4 + 6s_5)$$

由于考虑 $h(X)$ 的形式是 $h(X) = s + a_1 X + a_2 X^2$, 可以得到

$$s = 10s_3 + 7s_4 + 6s_5 \bmod 11$$

$$a_1 = s_3 + 8s_4 + 2s_5 \bmod 11$$

$$a_2 = 6s_3 + 10s_4 + 6s_5 \bmod 11$$

这就是从三个份额中计算 $h(X)$ 的一般公式 $s_3 = h(3), s_4 = h(4), s_5 = h(5)$. 在该例子中有份额 $s_3 = 6, s_4 = 6$ 和 $s_5 = 8$, 如果我们代入得到

$$s = 10 \cdot 6 + 7 \cdot 6 + 6 \cdot 8 \bmod 11 = 150 \bmod 11 = 7$$

$$a_1 = 6 + 8 \cdot 6 + 2 \cdot 8 \bmod 11 = 70 \bmod 11 = 4$$

$$a_2 = 6 \cdot 6 + 10 \cdot 6 + 6 \cdot 8 \bmod 11 = 144 \bmod 11 = 1$$

它正好给出了多项式.

如果只对秘密 $s$ 感兴趣而不是整个多项式感兴趣, 我们只需要方程 $s = 10s_3 + 7s_4 + 6s_5 \bmod 11$. 我们看到, 当 $h(X)$ 是至多 2 次的多项式时, $\mathbf{r} = (10, 7, 6)$ 是从 $h(3), h(4), h(5)$ 中求出 $h(0)$ 的重组向量.

### 4.3.2 可验证秘密分享

Feldman 可验证秘密分享 (verifiable secret sharing, VSS) 协议[140] 是 Shamir 秘密分享协议的一种推广, 但可以抵抗恶意攻击者攻击, 这里恶意攻击者的能力被界定为: 攻击者可以是包括可信中心在内的任何一方, 而且可以收买或控制至多 $(n-1)/2$ 个分享者.

Feldman 可验证秘密分享协议中使用了参数 $p, q, g$, 满足 $g^q \equiv 1 (\bmod \ p), p$ 和 $q$ 是两个大素数.

可信中心首先随机产生一个 $\mathbb{Z}_q$ 上的 $t$ 次多项式 $S(x)$, 且满足 $s = S(0), s$ 是共享秘密; 然后每一个分享者 $i$ $(i = 1, 2, \cdots, n)$ 得到来自可信中心的分享 $s_i = S(i) \bmod q$; 可信中心同时要广播数值 $Vs_k = g^{a_k} \bmod p$, 这里 $a_k$ 是 $S(x)$ 的 $k \leqslant t$ 次项系数. 这样每个分享者 $i$ 都可以通过检验等式

$$g^{s_i} \equiv \prod_k (Vs_k)^{i^k} (\bmod \ p) \left( \equiv \prod_k g^{a_k i^k} (\bmod \ p) \right)$$

是否成立来检验获得分享的可信中心的真实性. 如果以上等式不成立, 用户 $i$ 可以要求可信中心揭露该分享 (称为一个投诉, complaint). 如果超过 $t$ 个用户发出投诉, 那么可信中心被宣称为不合格 (disqualified).

在共享秘密重构时, Feldman 可验证秘密分享协议可以检测出不正确的分享 $s_i'$. 但必须指出, Feldman 可验证秘密分享协议只具有计算安全性, 因为对应秘密 $s$ 的值 $g^{a_0} = g^s$ 被泄露.

### 4.3.3 打包秘密分享

在本节中，我们将介绍一种打包技术，该技术允许我们一次秘密分享多个域元素，这样每个参与方只接收一个域元素作为它的共享. 但是会为此付出代价，即只能够容忍较少数量的被破坏方，但在许多情况下，这一理念可以与其他技术结合使用以获得更高的效率.

这个想法是 Shamir 秘密分享的一个简单转变，为了简化符号表示，我们假设对于素数 $p$，底层域是 $\mathbb{F} = \mathbb{Z}_p$，其中 $p > l + n$，$n$ 是参与方的数量. 这意味着数字 $-l+1, \cdots, 0, 1, \cdots, n$ 可以用自然的方式解释为不同的字段元素. 为了共享一个元素向量 $\mathbf{s} = (s_1, \cdots, s_l) \in \mathbb{F}^l$ 允许最多 $t$ 个被破坏方，选择一个阶数不超过 $d = l - 1 + t$ 的随机多项式 $f_\mathbf{s}(X)$，其性质是 $f_\mathbf{s}(-j+1) = s_j$，对于 $j = 1, \cdots, l$. 那么 $P_i$ 的份额就是 $f_\mathbf{s}(i)$.

现在我们将展示如何使用打包的秘密分享来获得对向量的被动安全计算，同时只让参与方操作单个域元素. 将需要假设多项式的阶 $d$ 满足 $2d < n$. 我们还将假设 $t$ 和 $r$ 都在 $\Theta(n)$ 中，这显然是可能的，同时仍然确保 $d$ 的要求得到满足.

首先定义一个有 $l$ 个坐标的向量的线性表示，记为

$$[\mathbf{a}; f_\mathbf{a}]_d = (f_\mathbf{a}(1), \cdots, f_\mathbf{a}(n))$$

若用坐标加法来定义表示的加法，则容易得到

$$[\mathbf{a}; f_\mathbf{a}]_d + [\mathbf{b}; f_\mathbf{b}]_d = [\mathbf{a} + \mathbf{b}; f_\mathbf{a} + f_\mathbf{b}]_d$$

换句话说，如果 $n$ 个参与方持有两个向量的表示，我们可以安全地将它们相加，每个参与方只作一个局部的加法，同样地，我们定义 $[\mathbf{a}; f_\mathbf{a}]_d * [\mathbf{b}; f_\mathbf{b}]_d$ 作为两组份额的坐标积，我们有

$$[\mathbf{a}; f_\mathbf{a}]_d * [\mathbf{b}; f_\mathbf{b}]_d = [\mathbf{a} * \mathbf{b}; f_\mathbf{a} f_\mathbf{b}]_{2d}$$

这意味着如果 $2d < n$，可以用与我们之前看到的相同的方式来作乘法协议，这可以在打包乘法中看到，见表 4.3. 协议假设有辅助表示 $[\mathbf{r}; f_\mathbf{r}]_{2d}, [\mathbf{r}; g_\mathbf{r}]_d$ 对随机向量 $\mathbf{r}$ 是可用的. 注意，将 $\mathbf{a} * \mathbf{b} - \mathbf{r}$ 的所有份额发送给 $P_1$ 是安全的，因为 $\mathbf{r}$ 和 $f_\mathbf{r}$ 是随机的.

思考一下这些想法实现了什么，如果 $2(t+l-1) < n$，那么我们可以对单个域元素进行加法和乘法，即每次操作发送 $O(n)$. 因此我们得到 $l$ 个操作的代价. 当然，这只适用于所谓的 "同一指令，多个数据" (single instruction, multiple data, SIMD)，也就是说，我们总是对块中的所有 $l$ 项执行相同的操作. 此外，SIMD 操

作是有代价的, 我们必须接受一个可以容忍的较小的破坏数量阈值, 但我们仍然可以容忍一部分参与方的破坏. 这种方法的一个明显的应用是在相同的算术电路 $C$ 上并行安全地计算 $l$ 实例, 因为选择 $l$ 为 $\Theta(n)$, 所以我们计算的每个门所需的通信是常数个数的域元素.

表 4.3 打包乘法

该协议输入两个向量表示 $[\mathbf{a}; f_\mathbf{a}]_d, [\mathbf{b}; f_\mathbf{b}]_d$. 同时假设对一个随机向量我们有一对可用的辅助表示 $[\mathbf{r}; f_r]_{2d}, [\mathbf{r}; g_r]_d$.

1. 本地计算 $[\mathbf{a}; f_\mathbf{a}]_d * [\mathbf{b}; f_\mathbf{b}]_d = [\mathbf{a} * \mathbf{b}; f_\mathbf{a} f_\mathbf{b}]_{2d}$.
2. 本地计算差值 $[\mathbf{a} * \mathbf{b}; f_\mathbf{a} f_\mathbf{b}]_{2d} - [\mathbf{r}; f_r]_{2d}$, 并将所有份额发送给参与方 $P_1$.
3. $P_1$ 从收到的份额重建 $\mathbf{a} * \mathbf{b} - \mathbf{r}$, 然后构造 $[\mathbf{a} * \mathbf{b} - \mathbf{r}; h]_d$ 并给每个参与方发送一个份额.
4. 参与方本地计算 $[\mathbf{a} * \mathbf{b} - \mathbf{r}; h]_d + [\mathbf{r}; g_r]_d = [\mathbf{a} * \mathbf{b}; h + g_r]$.

### 4.3.4 复制秘密分享

相较于只能作用在域上的 Shamir 秘密分享, 复制秘密分享 (replicated secret sharing, RSS)[141] 可以作用在任意环上.

我们将授权恢复秘密的参与方子集集合称为门限秘密分享方案的访问结构 $\Gamma$. 访问结构由合格集合 $Q \in \Gamma$ 定义, 合格集合是能够授权恢复出秘密的参与方集合, 其他的参与方集合称为不合格集合. 在 $(t, n)$ 秘密分享方案中任何具有 $t$ 个或更少的参与方的集合都无权得到有关秘密的信息 (即它们形成不合格集合), 而任何 $t + 1$ 个或更多的参与方都能够共同重建秘密 (从而形成合格集合).

复制秘密分享可以由任意 $n$ 和 $t$ 定义, 其中 $n \geqslant 2, t < n$. 为了使用 RSS 来秘密分享秘密值 $x$, 我们把 $x$ 作为一个有限环 $\mathcal{R}$ 上的元素, 并且将其加性分解成份额 $x_T$, 使得 $x = \sum_{T \in \mathcal{T}} x_T$ (此运算定义在 $\mathcal{R}$ 上), 其中 $\mathcal{T}$ 由 $\Gamma$ 中所有最大不合格集合组成 (即所有包含 $t$ 个参与方的集合). 然后每个参与方 $P_{i, i \in [1,n]}$ 依据 $i \notin T$ 保存所有 $T \in \mathcal{T}$ 的份额 $x_T$. 在一般的 $(t, n)$ 门限 RSS 情况下, 份额总数为 $\binom{n}{t}$, 其中每个参与方需要存储 $\binom{n-1}{t}$ 个份额, 可以预见的是, 随着 $n$ 和 $t$ 的增大, 份额数目会急剧增多.

例如, 在 $(2, 4)$ 门限 RSS 中, $\mathcal{T}$ 由 6 个集合组成, 即 $\mathcal{T} = \{\{1, 2\}, \{1, 3\}, \{1, 4\}, \{2, 3\}, \{2, 4\}, \{3, 4\}\}$, 因此对于每个被秘密分享的秘密 $x$ 都会有 6 个相关的份额. 参与方 $P_1$ 将会存储份额 $x_{\{1,3\}}, x_{\{2,4\}}, x_{\{3,4\}}$, 参与方 $P_2$ 将会存储份额 $x_{\{1,3\}}, x_{\{1,4\}}, x_{\{3,4\}}$, 以此类推.

可见, 当 $t$ 和 $n$ 较大时, Shamir 秘密分享的份额数目将远小于复制秘密分享.

## 4.4 基础安全多方计算

通用安全多方计算算法一般由混淆电路实现, 具有完备性, 理论上可支持任何计算任务. 具体做法是将计算逻辑编译成电路, 然后混淆执行, 但对于复杂计算逻辑, 混淆电路的效率会有不同程度的降低, 与专用算法相比效率会有很大的差距.

4.3 节已经介绍了专用安全多方计算, 本节主要介绍几个通用安全多方计算协议, 如 Yao 协议[129]、GMW (Goldreich-Micali-Wigderson) 协议[124]、BGW (Ben-Or-Goldwasser-Wigderson) 协议[128] 和 BMR (Beaver-Micali-Rogaway) 协议[142].

### 4.4.1 混淆电路与 Yao 协议

**定义 4.4** 混淆电路方案由两个过程组成, 分别是混淆 (garble) 和估算 (eval):
- Garble($C$): 以电路 $C$ 为输入, 输出混淆门 $\widehat{G}$ 和混淆输入线路 $\widehat{In}$ 的集合, 其中

$$\widehat{G} = \{\widehat{g}_1, \cdots, \widehat{g}_{|c|}\}$$
$$\widehat{In} = \{\widehat{in}_1, \cdots, \widehat{in}_n\}$$

- Eval($\widehat{G}, \widehat{In}_x$): 输入混淆电路 $\widehat{G}$ 和输入值 $x$ 的对应混淆输入线路 $\widehat{In}$, 输出 $z = C(x)$.

现在我们将概述混淆方案 (garbling schemes) 的工作原理.

- 在电路 $C$ 中, 每根线路 $i$ 都与两个密钥 $(k_0^i, k_1^i)$ 相关联. 这两个密钥属于一个密钥加密方案, 其中一个对应线路值为 0, 另外一个对应线路值为 1.
- 对于一个输入 $x$, 计算者会得到与输入值 $x$ 对应的输入线路密钥 $(k_{x_1}^1, \cdots, k_{x_n}^n)$. 另外, 对于电路 $C$ 中的每个门 $g$, 计算者还会获得一个门的加密真值表 (truth table), 我们将在后续展示这一点.
- 我们希望计算者使用输入线路密钥和加密的真值表来解密出每根内部线路 $i$ 对应的单个密钥 $k_v^i$, 其中 $v$ 是该线路的值. 同时, 密钥 $k_{1-v}^i$ 应该对计算者保持隐藏.

为了实现这一点, 我们必须定义一个特殊的加密方案.

**定义 4.5** 特殊的加密方案: 我们需要一个具有额外属性的密钥加密方案 (Gen, Enc, Dec): 存在一个可忽略的函数 $v(\cdot)$ 使得对于每个 $n$ 和每个消息 $m \in \{0,1\}^n$.

$$\Pr[k \leftarrow \text{Gen}(1^n), k' \leftarrow \text{Gen}(1^n), \text{Dec}_k(\text{Enc}_k(m)) = \bot] < 1 - v(n)$$

这段话是在说明, 如果一个密文是使用不同的或错误密钥进行解密, 那么输出的结果总是 $\bot$.

我们现在要为混淆电路定义 Garble 和 Eval. 设 (Gen, Enc, Dec) 是一种特殊的加密方案 (如上定义). 为电路 $C$ 中的每根线路分配一个索引, 使输入线路的索引为 $1, \cdots, n$.

Garble($C$):

• 对于电路 $C$ 中的每根非输出线路 $i$, 采样 $k_0^i \leftarrow \text{Gen}(1^n), k_1^i \leftarrow \text{Gen}(1^n)$. 对于每根输出线路 $i$, 设置 $k_0^i = 0, k_1^i = 1$.

• 对于每个 $i \in [n]$, 设置 $\widehat{in}_i = (k_0^i, k_1^i)$. 设置 $\widehat{In} = (\widehat{in}_1, \cdots, \widehat{in}_n)$.

• 对于电路 $C$ 中的每个门 $g$, 其输入线路为 $i$, 生成 $z_1, z_2, z_3, z_4$, 将它们随机打乱 $\widehat{g} = \text{RandomShuffle}(z_1, z_2, z_3, z_4)$. 输出 $(\widehat{G} = (\widehat{g}_1, \cdots, \widehat{g}_{|C|}), \widehat{In})$, 如表 4.4 所示.

表 4.4 加密真值表

| 第一个输入 | 第二个输入 | 输出 |
| --- | --- | --- |
| $k_0^i$ | $k_0^j$ | $z_1 = \text{Enc}_{k_0^i}(\text{Enc}_{k_0^j}(k_{g(0,0)}^l))$ |
| $k_0^i$ | $k_1^j$ | $z_2 = \text{Enc}_{k_0^i}(\text{Enc}_{k_1^j}(k_{g(0,1)}^l))$ |
| $k_1^i$ | $k_0^j$ | $z_3 = \text{Enc}_{k_1^i}(\text{Enc}_{k_0^j}(k_{g(1,0)}^l))$ |
| $k_1^i$ | $k_1^j$ | $z_4 = \text{Enc}_{k_1^i}(\text{Enc}_{k_1^j}(k_{g(1,1)}^l))$ |

为什么随机打乱是必要的? 如果我们不对输出进行随机打乱, 攻击者只通过返回值的索引就能够推断出使用了 $k_i$ 和 $k_j$ 的组合来得到输出的信息.

Eval($\widehat{G}, \widehat{In}_x$):

• 解析 $\widehat{G} = (\widehat{g}_1, \cdots, \widehat{g}_{|C|}), \widehat{In}_x = (k^1, \cdots, k^n)$.

• 解析 $\widehat{g}_i = (\widehat{g}_1, \cdots, \widehat{g}_4)$.

• 逐个按规范顺序解密每个混淆门 $\widehat{g}_i$:

− 设 $k^i$ 和 $k^j$ 为门 $g$ 的输入线路密钥.

− 对于每个 $p \in [4]$, 重复以下步骤:

$$\alpha_p = \text{Dec}_{k^i}(\text{Dec}_{k^j}(\widehat{g}_i^p))$$

如果 $\exists \alpha_p \neq \bot$, 则设置 $k^l = \alpha_p$.

• 对于每根输出线路 $i$, 设 $\text{out}_i$ 为获得的值. 输出 $\text{out} = (\text{out}_1, \cdots, \text{out}_n)$.

下面讨论一种使用混淆电路安全计算 $C(x, y)$ 的可行方法.

$A$ 为 $C(\cdot, \cdot)$ 生成一个混淆电路, 并为 $C$ 的第一个和第二个输入生成线路的密钥. 然后, 它将与它的输入 $x$ 相对应的线路密钥连同混淆电路一起发送给 $B$. 然而, 为了计算 $(x, y)$ 上的混淆电路, $B$ 也需要与它的输入 $y$ 相对应的线路密钥.

对于 $A$ 来说, 一个可能的解决方案是将所有与 $C$ 的第二个输入相对应的线路密钥发送给 $B$. 这似乎是个好主意, 然而, 这意味着对于 $B$ 选择的任意 $y'$, 不

仅可以计算 $C(x,y)$ 还可以计算 $C(x,y')$. 这显然是一个不安全的解决方案, 为了解决这个问题, $A$ 将使用不经意传输来传递与 $B$ 的输入相对应的线路密钥. 下面, 我们将详细描述该解决方案.

**已有方案**  混淆电路 (Garble, Eval), $\binom{2}{1}$-OT 方案 OT $= (S, R)$.

**共有输入**  函数 $f(\cdot, \cdot)$ 的电路 $C$.

$A$ **的输入**  $x = x_1, \cdots, x_n$.

$B$ **的输入**  $y = y_1, \cdots, y_n$.

**协议**  $P_i = (A, B)$, 见表 4.5.

**表 4.5**  协议 $P_i = (A, B)$

| | |
|---|---|
| $A \to B$ | $A$ 计算 $(\widehat{G}, \widehat{In})$, 解析 $\widehat{In} = (\widehat{in_1}, \cdots, \widehat{in_{2n}})$, 其中 $\widehat{in_i} = (k_0^i, k_1^i)$. 设 $\widehat{In}_x = (k_{x_1}^1, \cdots, k_{x_n}^n)$. 将 $(\widehat{G}, \widehat{In}_x)$ 发送给 $B$ |
| $A \leftrightarrow B$ | 对于每一个 $i \in [n]$, $A$ 和 $B$ 运行 OT $= (S, R)$, 其中 $A$ 作为发送方 $S$, 输入 $(k_0^{n+i}, k_1^{n+i})$, $B$ 作为接收方 $R$, 输入 $y_i$. 设 $\widehat{In}_y = (k_{y_1}^{n+1}, \cdots, k_{y_n}^{2n})$ 为 $B$ 在 $n$ 次 OT 协议执行中接收到的输出 |
| $B$ | $B$ 输出 Eval$(\widehat{G}, \widehat{In}_x, \widehat{In}_y)$ |

为了论证该构造的安全性, 我们使用了两个性质.

- **性质 1**  对于每条线路 $i$, $B$ 只会学到两个线路密钥中的一个:

— 输入线路: 对于 $A$ 的输入线路, 这可以从协议描述中推导出来. 对于 $B$ 的输入线路, 这可以通过 OT 的安全性来保证.

— 内部线路: 这来自于加密方案的安全性.

- **性质 2**  $B$ 不知道密钥对应的线路值是 0 还是 1(除了对应于它自己输入线路的密钥).

由此我们可以注意到, $B$ 只学到了输出而没有学到其他信息. $A$ 没有学到任何信息 (特别是, 由于 OT 的安全性, $B$ 的输入对 $A$ 保持隐藏).

### 4.4.2  GMW 协议

GMW (Goldreich-Micali-Wigderson) 协议[124] 是最早的 SMPC 协议之一, 假设 $n$ 方的多方计算任务 $f$ 以布尔电路的形式给出, 其中可能的操作是异或、并等. 该协议逐门计算电路, 以保护隐私的方式来表示在每个门上计算的值, 并调用子协议从其输入的表示中构造门的结果表示. 在本协议中, 布尔值 $b \in \mathbb{Z}_2$ 的表示 $[\![b]\!]$ 由 $n$ 个布尔值 $[\![b]\!]_1, \cdots, [\![b]\!]_n$, 其满足 $[\![b]\!]_1 \oplus \cdots \oplus [\![b]\!]_n = b$. 参与方 $P_i$ 已知 $[\![b]\!]_i$. 协议的工作原理如下.

**输入**  如果参与方 $P_i$ 为输入顶点 $v$ 提供了一个输入 $x$, 它就会随机生成 $b_1, \cdots, b_{n-1} \leftarrow_\$ \mathbb{Z}_2$, 并定义 $b_n = b_1 \oplus \cdots \oplus b_{n-1} \oplus x$. 发送 $b_j$ 给参与方 $P_j$,

$P_j$ 将使用该值作为 $[\![x]\!]_j$.

**常量** 由虚门计算的常数 $c$ 表示为 $[\![c]\!] = (c, 0, 0, \cdots, 0)$.

**加操作** 对于门 $v_1$ 和 $v_2$ 的计算结果 $y_1$ 和 $y_2$, 如果门 $v$ 的结果 $x$ 计算为 $x = y_1 \oplus y_2$, 并且 $[\![y_1]\!]$ 和 $[\![y_2]\!]$ 已经计算过, 则每一方 $P_i$ 定义 $[\![x]\!]_i = [\![y_1]\!]_i \oplus [\![y_2]\!]_i$.

**乘操作** 如果某个门的结果 $x$ 计算为 $x = y_1 \wedge y_2$, 并且 $[\![y_1]\!]$ 和 $[\![y_2]\!]$ 已有, 则 $[\![x]\!]$ 计算如下. 有 $x = \bigoplus_{i=1}^{n} \bigoplus_{j=1}^{n} [\![y_1]\!]_i \wedge [\![y_2]\!]_j$. 对于每一个 $i, j, k \in \{1, \cdots, n\}$, 参与方 $p_k$ 将得到一个值 $c_{ijk} \in \mathbb{Z}_2$, 使得 $\bigoplus_{k=1}^{n} c_{ijk} = [\![y_1]\!]_i \wedge [\![y_2]\!]_j$. 这些值的计算如下:

- 如果 $i = j$, 那么对 $k \neq i$ 有 $c_{iii} = [\![y_1]\!]_i \wedge [\![y_2]\!]_i$ 并且 $c_{iik} = 0$.
- 如果 $i \neq j$, 那么 $c_{iji} \in \mathbb{Z}_2$ 是 $P_i$ 随机选择的, 参与方 $P_i$ 定义比特位 $d_0 = c_{iji}$ 和 $d_1 = [\![y_1]\!]_i \oplus c_{iji}$. $P_i$ 和 $P_j$ 使用不经意传输发送 $d_{[\![y_2]\!]_j}$ 给 $P_j$, 该值被认为是 $c_{ijj}$, 如果 $k \notin \{i, j\}$, 那么 $c_{ijk} = 0$. 之后, 每个参与方 $P_k$ 定义 $[\![x]\!]_k = \bigoplus_{i=1}^{n} \bigoplus_{j=1}^{n} c_{ijk}$.

**输出** 如果参与方 $P_i$ 想知道在某个门中计算的值 $x$, 并且 $[\![x]\!]$ 已经计算过, 那么每个参与方 $P_j$ 发送 $[\![x]\!]_j$ 给 $P_i$. 参与方 $P_i$ 将输出 $x = [\![x]\!]_1 \oplus \cdots \oplus [\![x]\!]_n$.

验证协议正确计算 $f$ 并不困难, 如果使用的不经意传输协议对被动对手是安全的, 那么该协议对控制任意数量参与方的被动攻击者是安全的. 只要攻击者不知道 $[\![x]\!]$ 的所有组成部分, 并且如果该表示的每个组成部分都均匀分布, 那么攻击者就不知道 $[\![x]\!]$ 的实际值. 在协议中, 除了输入的份额之外, 被腐化的 $P_j$ 唯一能从诚实参与方 $P_i$ 获得的信息是不经意传输中的 $c_{ijj}$. 因此, 可以通过为攻击者控制的参与方接收的所有消息生成随机比特来模拟攻击者的视角.

### 4.4.3 BGW 协议

由 Ben-Or 等[128] 提出的 BGW (Ben-Or-Goldwasser-Wigderson) 协议是首批支持多个参与方计算的 SMPC 协议之一. 通常将 Ben-Or 等提出的协议称为 BGW 协议, 其与 GMW 协议[124] 的主要区别在于:

- 共享的不是布尔值, 而是任意域 $GF(q)$ 中的元素 (其中 $q > n$), 这允许更高效的计算.
- 使用的秘密分享方案不同: 每个参与方与一个域元素 $x_i$ 相关联, 值 $s$ 是通过选取一个随机多项式 $p(x) = s + a_1 x_1 + \cdots + a_t x_t$, 使得 $p(0) = s$, 参与方 $i$ 的共享值为 $p(x_i)$.

从理论角度来看, BGW 协议的主要优点是, 在假设存在秘密通道的情况下, 可以对计算能力无界的攻击者实现安全性. 同时, 使用纠错码代替零知识证明, 以及在 $GF(q)$ 上执行算术操作作为单步操作, 为其提供了许多潜在的效率优势.

**线性门** 假设各方持有 $p(0)$ 和 $q(0)$ 的共享值, 那么他们可以很容易地计算

## 4.4 基础安全多方计算

$(p+q)(0)$ 的共享值, 将每个共享值设置为 $(p+q)(x_i) = p(x_i) + q(x_i)$. 同样地, 对于任意常数 $c$, 他们可以计算 $(c*p)(0)$ 的共享值, 将 $(c*p)(x_i) = c*p(x_i)$ 设置为共享值. 这些操作可以结合起来, 为任何线性函数 $f(v) = Av$ 提供一个隐私计算协议, 其中每个参与方提供一个输入 $v_i$, 并接收输出 $A_i * v$, 该协议如下:

(1) 每个参与方 $P_i$ 与其他人分享 $v[i]$.
- 选取随机多项式 $p_i(x) = v[i] + c[i,q]x + \cdots + c[i,t]x^t$.
- 发送 $v[i,j] = p_i(x_j)$ 给 $P_j$.

(2) $P_j$ 计算输出值的共享.
- 设置 $s[k,j] = \sum_i a[k,i] * v[i,j]$
- 将 $s[k,j]$ 发送给 $P_k$.

(3) $P_k$ 重建输出.
- 通过插值 $(x_j, s[k,j])$ 获得多项式 $q_k(x_j) = s[k,j]$.
- 输出 $q_k(0)$.

协议的正确性是显而易见的, $q_k(x_j) = s[k,j] = \sum_i a[k,i] * v[i,j] = (\sum_i a[k,i] * p_i)(x_j)$, 两边都是 $t$ 次多项式并且在 $n$ 个点上相等, 因此它们必须是相同的多项式 $q[k] = (\sum_i a[k,i] * p_i)$, 计算这个多项式在点 $0$ 的值可以得到 $q_k(0) = \sum_i a[k,i] * p_i(0) = \sum_i a[k,i] * v[i] = A[k] * v$.

**乘法门** 考虑计算 $p(0) * q(0)$ 的问题, 一种可能的计算乘积共享的方法是逐点相乘每个共享值. 这种方法有两个缺点: 结果的共享值对应于一个阶数高于 $t$ 的多项式, 并且该多项式不是均匀分布的. 首先描述如何降低次数, 设 $p(x) = a_0 + \cdots + a_{2t}x^{2t}$ 是一个次数为 $2t$ 的多项式, 对应于 $p(0)$ 的值, 并定义多项式 $p'(x) = a_0 + \cdots + a_t x^t$, 注意到 $p'(0) = p(0)$, 所以可以在 Shamir 秘密分享方案中使用 $p'(x_i)$ 作为 $p'(0)$ 的共享值. 关键点是, 从 $p(x_i)$ 到 $p'(x_i)$ 的映射是线性的. 使用计算线性函数的方案, 所有参与方都可以计算乘积 $p(0) * q(0)$ 的共享值, 但为了使共享值随机, 在降低次数之前, 将随机多项式 $r_i$ 添加到 $p*q$ 上, 满足 $r_i(0) = 0$.

在此定义一个协议计算随机化的函数, 输入为 $p(0)$ 和 $q(0)$ 的共享值 $(p(x_i), q(x_i))$, 输出为 $p(0)*q(0)$ 的共享值 $s(x_i)$, 其中 $s(x) = p(0)*q(0) + u_1 x + \cdots + u_t x^t$, 这里 $u_1, \cdots, u_t$ 是随机选取的. 线性函数 $f(v) = \mathbf{A} * v$, 矩阵 $\mathbf{A} = \mathbf{V} * \mathbf{P} * \mathbf{V}^{-1}$, 其中 $\mathbf{V}$ 是范德蒙德矩阵. 乘积函数的协议如下:

(1) $P_i$ 用阶数为 $2t$ 的多项式共享 $0$.
- 随机选取 $r_i(x) = c[i,1]x + \cdots + c[i,2t]x^{2t}$.
- 将 $r[i,j] = r_i(x_j)$ 发送给 $P_j$.

(2) 使用线性函数 $\mathbf{A} = \mathbf{V} * \mathbf{P} * \mathbf{V}^{-1}$ 的计算协议计算输出的共享值.
- $P_j$ 提供输入 $v[j] = p[j] * q[j] + \sum_i r[i,j]$.
- $P_j$ 接收输出 $s[j] = \mathbf{A}[j] * v$.

(3) $P_j$ 输出 $s[j]$.

**电路协议** 电路中的协议按以下方式工作:

首先, 每个参与方通过选择一个随机的阶数为 $t$ 的多项式共享输入 $x_i$.

其次, 按照前述的线性函数和乘法协议逐门计算.

最后, 将输出的共享值发送给参与方 $P_i$, 后者通过插值重建输出.

### 4.4.4 BMR 协议

BMR (Beaver-Micali-Rogaway) 协议[142] 将 Yao 氏混淆电路的思想引入到多参与方场景下. 之所以选择混淆电路作为构造的出发点, 正是因为混淆电路协议的执行轮数为常数. 然而, 如果简单地把两个参与方混淆电路协议修改为多参与方协议, 则当需要将生成的混淆电路发送给求值方时, 协议会遇到安全问题. 实际上, 生成方知道电路的所有秘密信息 (即导线标签与导线值的对应关系), 如果生成方与任意一个求值方合谋, 这两个合谋方就可以得到中间导线值, 破坏协议的安全性.

在 Yao 氏混淆电路模型中, 两个参与方其中一方作为混淆者, 另一方作为评估者, 而在 BMR 协议中, 混淆表由多方协同生成. 具体来说, 首先每个参与方 $i$ 都会类似于混淆电路的对电路的每个门的输入端 $w$ 生成 0/1 密钥, 记为 $s_{w,i}^0, s_{w,i}^1$. 然后所有参与方会广播 $s_{w,i}^0, s_{w,i}^1$. 最后将所有的 $s_{w,i}^0$ 聚合成 $s_w^0$, 所有的 $s_{w,i}^1$ 聚合成 $s_w^1$, 具体方法为通过 PRG 扩展到需要的长度然后进行串联或异或操作, 即 $s_w^k = \mathsf{PRG}(s_{w,0}^k) \parallel \mathsf{PRG}(s_{w,1}^k) \parallel \cdots \parallel \mathsf{PRG}(s_{w,m-1}^k)$. 控制 PRG 的输出位数 $x$, 以确保 $\kappa n = L$, 其中 $L$ 为需要的密钥长度.

由此我们生成了所有门的所有密钥, 然而生成混淆表时还需要一个掩码来隐藏真实的值 (不然参与方得到输入时, 只需要查看自己生成的位就能知道输入). 我们将 $w$ 对应的掩码记为 $\lambda_w$, 所有门的真实值 $\tau_w$ 为 $\lambda_w$ 与生成密钥 $s_w^k$ 代表值的异或, 即 $\tau_w = \lambda_w \oplus k$. $\lambda_w$ 需要以秘密分享的方法共享给所有方以确保不泄露 $\lambda_w$ 明文, 该共享方法可以采用各种方法, 无论是加法秘密分享还是其他形式均可, 在 2010 年首次实现 BMR 的论文 "FairplayMP" 中采用 BGW (一种采用 Shamir 秘密分享实现的协议) 的方法来实现. 我们使用 $f_g$ 来代表第 $g$ 个门, 记其对应的输入端为 $w_0, w_1$, 输出端为 $w_2$, 进行混淆时需要评估 $f_g(\lambda_{w_0}, \lambda_{w_1}) = \lambda_{w_2}$ 来确定采用 $s_{w_0}^0, s_{w_1}^0$ 加密 $s_{w_2}^0$ 还是 $s_{w_2}^1$, 此过程属于混淆阶段, 在离线阶段完成.

在输入阶段, 输入方通过 $\lambda_w$ 和 $w$ 端的真实输入, 确定选择 $s_w^0$ 或 $s_w^1$ 作为输入. 在计算阶段, 参与方进行混淆表的计算, 得到输出 $s_w^\Lambda$, 然后将输出 $\Lambda$ 交付给输出方, 输出方通过 $z = \lambda_0 \oplus \Lambda$ 得到输出结果. 具体协议描述如下.

- 混淆协议

## 4.4 基础安全多方计算

(1) 所有参与方 $i$ 对所有的门输入端 $w$ 生成 $s_{w,i}^0$ 和 $s_{w,i}^1$ 通过 PRG 满足长度需求, 并广播结果.

(2) 所有参与方生成 $s_w^k = \text{PRG}(s_{w,0}^k) \| \text{PRG}(s_{w,1}^k) \| \cdots \| \text{PRG}(s_{w,n-1}^k)$.

(3) 所有参与方共同生成 $[\lambda_w]$ ($[\cdot]$ 代表秘密分享).

(i) 若为加法秘密分享, 则各方随机生成 $[\lambda_w]_i \in \mathbb{Z}_2$; 若 $w$ 为输出端, 则输入端相对应的输入方打开 $\lambda_w$.

(ii) 若为 BGW, 则: 如果 $w$ 为输出端, 那么由对应的输入方使用 $t$-out-of-$n$ 的布尔 Shamir 秘密分享方式共享 $\lambda_w$ 给 $n$ 方; 如果 $w$ 为中间计算端, 那么所有方随机生成对应的布尔 Shamir 秘密分享份额.

(iii) 若采用其他的形式请参考对应文献.

(4) 对于 $g$ 门, 其对应的输入端为 $w_0$、$w_1$, 输出端为 $w_2$, 所有参与方在不打开 $\lambda_w$ 的情况下评估以下条件:

(i) $f_g(\lambda_{w_0}, \lambda_{w_1}) = \lambda_{w_2}$, 则 $T_0 = \text{Enc}_{s_{w_0}^0, s_{w_1}^0}(s_{w_2}^0)$, $f_g(\lambda_{w_0}, \lambda_{w_1}) \neq \lambda_{w_2}$, 故 $T_g^0 = \text{Enc}_{s_{w_0}^0, s_{w_1}^0}(s_{w_2}^1)$.

(ii) $f_g(\lambda_{w_0}, \overline{\lambda_{w_1}}) = \lambda_{w_2}$, 则 $T_0 = \text{Enc}_{s_{w_0}^0, s_{w_1}^1}(s_{w_2}^0)$, $f_g(\lambda_{w_0}, \overline{\lambda_{w_1}}) \neq \lambda_{w_2}$, 故 $T_g^1 = \text{Enc}_{s_{w_0}^0, s_{w_1}^1}(s_{w_2}^1)$.

(iii) $f_g(\overline{\lambda_{w_0}}, \lambda_{w_1}) = \lambda_{w_2}$, 则 $T_0 = \text{Enc}_{s_{w_0}^1, s_{w_1}^0}(s_{w_2}^0)$, $f_g(\overline{\lambda_{w_0}}, \lambda_{w_1}) \neq \lambda_{w_2}$, 故 $T_g^2 = \text{Enc}_{s_{w_0}^1, s_{w_1}^0}(s_{w_2}^1)$.

(iv) $f_g(\overline{\lambda_{w_0}}, \overline{\lambda_{w_1}}) = \lambda_{w_2}$, 则 $T_0 = \text{Enc}_{s_{w_0}^1, s_{w_1}^1}(s_{w_2}^0)$, $f_g(\overline{\lambda_{w_0}}, \overline{\lambda_{w_1}}) \neq \lambda_{w_2}$, 故 $T_g^3 = \text{Enc}_{s_{w_0}^1, s_{w_1}^1}(s_{w_2}^1)$.

至此我们对 $g$ 门生成混淆表 $T_g = (T_g^0, T_g^1, T_g^2, T_g^3)$, 类似作用于所有的门得到混淆电路 $C = \|_g T_g$.

这里需要提一下的是, 在密文下评估 $f_g(\overline{\lambda_{w_0}}, \overline{\lambda_{w_1}}) = \lambda_{w_2}$, 需要在密文下计算 $[f_g(\overline{\lambda_{w_0}}, \overline{\lambda_{w_1}}) - \lambda_{w_2}]$, 然后打开观察是否为 0, 具体与门和异或门的操作见之前介绍的协议 (加法秘密分享采用 Beaver 方法, 而 Shamir 秘密分享采用 BGW 中的类似乘法协议的与门协议).

- 输入协议.

用户根据 $\lambda_{w_x}$ 和 $x$ 得到 $k_{w_x} = x \oplus \lambda_{w_x}$, 广播 $k_{w_x}$.

- 计算协议.

(1) 参与方根据用户输入 $k_{w_x}$, 选择 $s_{w_x}^{k_{w_x}}$, 再根据混淆表依次生成中间结果 $s_w^k$, 按照混淆表依次评估得到输出 $s_0^\Lambda$.

(2) 将 $\Lambda$ 发送给输出方.

- 输出协议.

(1) 所有参与方将 $\lambda_0$ 打开给输出方.

(2) 输出方输出结果 $z = \lambda_0 \oplus \Lambda$.

到这里就完成了 BMR 协议. 我们可以很简单地发现, BMR 的大部分内容是天生支持少数恶意节点的恶意威胁模型环境的, 因为在进行随机数广播后, 所有方都会持有其他任意方的随机数, 这就转换为拜占庭将军问题. 在少量节点 $\left(t < \dfrac{n}{3}\right)$ 作恶的情况下, 诚实节点可以检查最后的输出是否正确. 值得注意的是, 最后需要考虑的是恶意节点不通过向不同方发送不一致的随机数, 而是通过生成某些特点的随机数来破坏协议, 所以需要使用零知识证明的方法来证明 PRG 的正确使用, 这也是 BMR 开销最大的一部分.

在之后的研究中出现了大量的 BMR 改进协议, 这些研究大多将目光聚焦在安全性上, 就如何提升 BMR 协议的安全性做出了改进, 并将其应用到恶意者占多数的环境中, 也应用到转换 (convert) 等环境中.

## 4.5 安全多方计算范式

### 4.5.1 预计算乘法三元组

将 SMPC 协议划分为预处理阶段和在线阶段是一种常见且流行的构造范式. 在预处理阶段, 各参与方生成若干相互关联的随机数, 这些随机数会在在线阶段被 "消耗". 然而, 将操作转移至预处理阶段并非易事, 为解决这一问题, Beaver 于 1991 年提出了 Beaver 三元组 (又称乘法三元组)[143], 这一巧妙方法能够将大量通信开销转移至预处理阶段. 所谓 Beaver 三元组, 指的是秘密份额三元组 $[a], [b], [c]$, 其中 $a$ 和 $b$ 是从某一适当域中选出的随机数, 且 $c = ab$. 有多种方式可以在离线阶段生成这些三元组, 而在在线阶段, 每当对一个乘法门求值时, 都会 "消耗" 一个 Beaver 三元组.

对于一个输入导线为 $\alpha$ 和 $\beta$ 的乘法门, 参与方持有秘密分享的值 $[v_\alpha]$ 和 $[v_\beta]$. 为了使用 Beaver 三元组 $[a], [b], [c]$ 来计算 $[v_\alpha \cdot v_\beta]$, 各参与方按照以下步骤执行:

(1) 各参与方在本地计算 $[v_\alpha - a]$, 并打开 $d = v_\alpha - a$(即, 所有参与方都公开自己持有的 $d$ 的秘密份额). 尽管 $d$ 依赖于秘密值 $v_\alpha$, 但由于随机值 $a$ 掩盖了 $v_\alpha$, 因此打开 $d$ 不会泄露任何与 $v_\alpha$ 相关的信息.

(2) 各参与方在本地计算 $[v_\beta - b]$, 并打开 $e = v_\beta - b$.

(3) 接着观察以下等式:

$$\begin{aligned} v_\alpha v_\beta &= (v_\alpha - a + a)(v_\beta - b + b) \\ &= (d + a)(e + b) \\ &= de + db + ae + ab \end{aligned}$$

## 4.5 安全多方计算范式

$$= de + db + ae + c$$

由于 $d$ 和 $e$ 已经被公开,且各参与方持有 $[a]$, $[b]$ 和 $[c]$ 的秘密份额,因此各参与方可以在本地使用以下公式来计算 $[v_\alpha v_\beta]$ 的秘密份额:

$$[v_\alpha v_\beta] = de + d[b] + e[a] + [c]$$

应用此技术时,只需公开两个参数即可通过本地计算完成乘法门的求值. 总体而言,对于每个乘法门的求值,每个参与方只需广播两个域元素. 而在传统的 BGW 协议中,每个参与方需要通过安全通信信道发送 $n$ 个域元素. 不过,采用这种方式进行性能开销对比时,实际上忽略了生成 Beaver 三元组所带来的计算和通信开销. 需要注意的是,通过某些方法可以批量生成 Beaver 三元组,从而使得生成每个 Beaver 三元组的平均开销仅为每个参与方发送常数个域元素[144].

尽管 BGW 协议依赖于 Shamir 秘密分享方案,但 Beaver 三元组方法对 BGW 协议进行了有效的抽象. 实际上,只要某个 "抽象秘密分享方案" 中的秘密份额 $[v]$ 满足以下条件,就可以采用 Beaver 三元组方法:

- 加同态性: 给定 $[x]$, $[y]$ 和公开值 $z$,各参与方可以在不进行交互的情况下,计算出 $[x+y]$, $[x+z]$ 和 $[xz]$.
- 可打开性: 当给定 $[x]$ 时,各参与方可以选择将 $x$ 披露给其他所有参与方.
- 隐私性: 任何攻击者 (无论类型) 都无法从 $[x]$ 中获取与 $x$ 相关的任何信息.
- Beaver 三元组: 各参与方能够为每个乘法门生成满足 $c = ab$ 的随机三元组 $[a]$, $[b]$ 和 $[c]$.
- 随机输入工具: 对于属于参与方 $P_i$ 的输入导线,各方能够生成一个随机秘密份额 $[r]$,对于除 $P_i$ 以外的所有参与方,$[r]$ 是随机的,只有 $P_i$ 知道 $r$ 的值. 在协议执行过程中,当 $P_i$ 为该输入导线选择输入值 $x$ 后,$P_i$ 可以公开 $\delta = x - r$,而这不会泄露 $x$ 的任何信息. 各参与方通过本地计算并结合加同态性,可以得到 $[x] = [r] + \delta$.

只要抽象秘密分享方案能够满足上述所有条件,Beaver 三元组方法便是安全的. 此外,如果该抽象秘密分享方案在面对恶意攻击者时仍然保持可打开性和隐私性,那么 Beaver 三元组方法同样能够抵御恶意攻击者的攻击. 具体而言,如果该方法对恶意攻击者是安全的,攻击者将无法伪造出未被公开的秘密值.

举个例子,Shamir 秘密分享方案在面对最多 $t < n/2$ 个腐败方时,满足上述所有性质. 因此,Shamir 秘密分享方案可以作为满足这些性质的抽象秘密分享方案.

另一种满足这些性质的抽象秘密分享方案是基于域 $\mathbb{F}$ 上的简单加法秘密分享. 在加法秘密分享中,秘密值 $v$ 由各个参与方 $P_i$ 分别持有的秘密份额 $v_i$ 构成,

且满足 $\sum_{i=1}^{n} v_i = v$.

加法秘密分享方案具有加同态性, 并且能够抵御 $n-1$ 个腐败方的攻击. 特别地, 当令 $\mathbb{F} = \{0, 1\}$ 时, 可以得到 GMW 协议的在线/离线变种, 因为在 $\mathbb{F} = \{0, 1\}$ 的情况下, 域上的加法和乘法分别对应于 XOR 和 AND 运算. GMW 协议支持任意域 $\mathbb{F}$, 在不同的域 $\mathbb{F}$ 下, 能够构造出相应的 GMW 算术电路协议.

### 4.5.2 ABY 框架

ABY (arithmetic-Boolean-Yao) 框架[145] 是一个混合协议框架, 它支持基于 Beaver 三元组 (triple) 的算术共享 (arithmetic sharing)、基于 GMW 协议的布尔共享 (Boolean sharing) 和基于混淆电路的 Yao 氏共享 (Yao sharing). 整个框架的设计支持固定长度的数据类型和最基本的运算算子, 包括加法运算、乘法运算、与运算、异或运算等. 混合协议加上基本运算算子的设计, 使得框架具备很强的灵活性:

由于有底层最基本的运算算子的支持, 上层可以使用不同的高级语言来描述复杂的算法表示, 算法最终会被转换成最基本的运算算子执行.

由于采用混合协议, 而每种协议具有完全不同的特性 (比如 Yao 氏共享的交互次数是常量, 而布尔共享支持离线计算等), 因此在不同的应用场景中, 可以采用不同的协议以提升整体的计算效率.

ABY 框架支持的三种协议在整体架构上比较类似, 每种协议都支持明文态转密文态、密文态转明文态, 以及基于密文的基本运算, 只是不同协议的明文与密文转换方式不同, 支持的基本运算也不同.

#### 4.5.2.1 算术共享

算术共享 (即输入数据阶段) 主要是针对数字的算术操作. 我们先看看如何把一个数字从明文态转成密文态. 设两方分别用参与方 0 ($P_0$) 和参与方 1 ($P_1$) 表示, 参与方 0 同时兼具数据输入方的角色, 需要把明文数字 $x \in \mathbb{Z}_{2^{32}}$ 转成密文态, 整个过程如下.

(1) 参与方 0、参与方 1 在计算前持有相同的随机数种子 $k$, 参与方 0、参与方 1 使用 $k$ 生成随机数 $r \in \mathbb{Z}_{2^{32}}$.

(2) 参与方 0 用 $x$ 和随机数 $r$ 生成自己的密文 $[x]_0^A = x - r$ (这里 $[x]$ 表示 $x$ 的秘密分享态, 上标 $A$ 表示算术共享协议, 下标 0 表示数据存放在参与方 0 中), 参与方 1 用随机数 $r$ 作为自己的密文 $[x]_1^A = r$, 可以看到 $x = [x]_0^A + [x]_1^A$.

通过以上两步就可以完成 $x$ 从明文态到密文态的转换过程. 我们将这样两方的秘密分享, 并需要两方来打开秘密分享的 share 称为 2-out-of-2 share, 前一个 2 指的是打开需要的份额数, 后一个 2 指的是总共的份额数. 当需要打开秘密分享时, 只需要其中一方把持有的密文发送给另一方, 然后收到密文的这一方对两个密文进行相加, 即可恢复出明文.

可以看出这是一个加法同态的共享, 所以在进行密态加法时, 只需要将本地的共享份额相加即可, 即 $x = [x]_0^A + [x]_1^A, y = [y]_0^A + [y]_1^A, [z]_i^A = [x]_i^A + [y]_i^A$.

$x$ 和数字 $y$ 的密文, 记为 $[x]_0^A, [y]_0^A$ 和 $[x]_1^A, [y]_1^A$, 求 $z = x \cdot y = [z]_0^A + [z]_1^A$. 算术乘法协议计算流程如下.

(1) 计算双方需要各自生成一组 Beaver 三元组 $[a]_i^A, [b]_i^A, [c]_i^A$, 三元组中每个元素都是一个随机值, 与 $x$ 和 $y$ 的取值完全无关, 双方不能知道对方的三元组取值, 且满足条件: $c = a \cdot b = [c]_0^A + [c]_1^A = ([a]_0^A + [a]_1^A) \cdot ([b]_0^A + [b]_1^A)$. 如何安全地生成三元组有多种实现, 有了三元组之后, 双方使用 Beaver 三元组来掩盖 $x$ 和 $y$ 的值 ($[e]_i^A = [x]_i^A - [a]_i^A, [f]_i^A = [y]_i^A - [b]_i^A$).

(2) 打开 $e$ 和 $f$, 得到 $e = x - a, f = y - b$, 由于 $a, b$ 与 $x, y$ 完全独立, 所以 $e$ 和 $f$ 不会泄露任何有关 $x, y$ 的信息.

(3) 计算得到 $[z]_i^A = i \cdot e \cdot f + f \cdot [a]_i^A + e \cdot [b]_i^A + [c]_i^A$.

可以进行简单的验证, 打开 $z$ 得到 $z = ef + fa + eb c = xy$. 至于先前讨论的如何安全生成满足条件的三元组, 常用的三种方法已在 4.4 节中详细描述, 这里再次简要描述:

(1) 计算双方基于同态加密技术生成三元组;

(2) 计算双方基于不经意传输协议生成三元组;

(3) 由一个半可信第三方生成三元组, 之后再把生成的三元组通过安全通道分发给计算双方, 为了增加安全性, 可以让可信执行环境来充当这个半可信第三方.

#### 4.5.2.2 布尔共享

布尔共享与算术共享极为类似, 唯一的区别在于算术共享在 $\mathbb{Z}_{2^{32}}$ 上, 而布尔共享在 $\mathbb{Z}_2$ 上, 所以只需要将算术共享中的加法和减法运算替换为异或运算, 乘法运算替换为与运算即可.

• 布尔共享协议.

(1) 参与方 0 和参与方 1 在计算前持有相同的随机数种子 $k$, 参与方 0 和参与方 1 使用 $k$ 生成随机数 $r \in \mathbb{Z}_2$.

(2) 参与方 0 用 $x$ 和随机数 $r$ 生成自己的密文 $[x]_0^B = x \oplus r$, 参与方 1 用随机数 $r$ 作为自己的密文 $[x]_1^B = r$, 可以看到 $x = [x]_0^B \oplus [x]_1^B$.

• 布尔异或运算协议.

参与方 0 和参与方 1 在本地对共享份额进行异或得到新的共享份额, $[z]_i^B = [x]_i^B \oplus [y]_i^B$.

• 布尔与运算协议.

(1) 计算双方持有一比特的与门三元组 ($c = a \cdot b$, 参与方持有 $[a]_i^B, [b]_i^B, [c]_i^B$), 双方使用该三元组来掩盖 $x$ 和 $y$ 的值 ($[e]_i^B = [x]_i^B \oplus [a]_i^B, [f]_i^B = [y]_i^B \oplus [b]_i^B$).

(2) 打开 $e$ 和 $f$, 得到 $e = x \oplus a, f = y \oplus b$.

(3) 计算得到 $[z]_i^B = i \cdot e \cdot f \oplus f \cdot [a]_i^B \oplus e \cdot [b]_i^B \oplus [c]_i^B$.

这里需要注意的是, 布尔共享下可以由一个 $R\text{-OT}_1^2$ 生成与门三元组.

### 4.5.2.3 Yao 氏共享

Yao 氏混淆电路在作逻辑运算时比多方电路的协议速度快得多. 在 Yao 氏混淆电路协议中, 参与计算的两方其中一方作为混淆者, 另一方作为评估者, 混淆者将一个布尔函数加密成混淆表, 而评估者根据布尔电路和混淆表以及输入评估电路得到输出. 具体来说, 混淆者对一个布尔电路的每个门输入端生成两个端密钥 ($k_0^w, k_1^w \in \{0,1\}^\kappa$), 然后混淆者使用对应的密钥加密对应的输出, 如 $0 \cdot 1 = 0$, 则采用 $k_0^{w_1}, k_1^{w_2}$ 来加密 $k_0^{w_3}$, 将所有的可能都加密一遍生成混淆表, 然后将该混淆表发送给评估者, 同时将输入对应的密钥发送给评估者, 评估者通过 OT 来获取其他的输入密钥, 然后依次解密得到最后的评估密钥.

在协议描述中需要提及 free-XOR 和点置换 (point-and-permutation) 技术, 采用该技术, 混淆者选择随机数 $R$, 且令 $R[0] = 1$ (为了使异或后选择位数值相反), 对所有的门输入端生成 $k_0^w \in \{0,1\}^\kappa$, 令 $k_1^w = k_0^w \oplus R$, $k_1^w[0]$ 和 $k_0^w[0]$ 称为置换位 (选择位).

此时, 参与方 0 ($P_0$) 持有 $k_0^w$, 参与方 1 ($P_1$) 持有 $k_x^w$ 但不知道 $x$ 的值.

• Yao 氏共享协议.

(1) 参与方 0 ($P_0$) 随机生成上述的 $k_0^w$ 和 $R$.

(2) 输入方使用 OT 得到 $k_x^w$ 并将 $k_x^w$ 发送给参与方 1 ($P_1$). 由此 $[x]_0^Y = k_0^w, [x]_1^Y = k_x^w = k_0^w \oplus xR$ ($x = 0$ 或者 1). 由于只需要判断 $[x]_0^Y$ 是否与 $[x]_1^Y$ 相等, 若相等则明文为 0, 若不相等则明文为 1, 所以重构协议非常简单, 双方互相发送份额的置换位, 然后将其异或得到明文.

• Yao 氏重构协议.

参与方发送 $[x]_i^Y[0]$, 得到 $x = [x]_i^Y[0] \oplus [x]_{1-i}^Y[0]$.

• Yao 氏异或运算协议.

参与方本地异或得到新的份额, $[x]_i^Z = [x]_i^Y \oplus [y]_i^Y$.

• Yao 氏与运算协议.

(1) 参与方 0 ($P_0$) 构建与门的混淆表 (由于其知晓 $k_0^w$ 和 $R$), 将混淆表发送给参与方 1 ($P_1$), 设置新的份额为 $[z]_0^Y = k_0^{w_3}$.

(2) 参与方 1 根据 $k_x^{w_1}$ 和 $k_y^{w_2}$ 评估混淆表得到 $k_z^{w_3}$, 设置新的份额为 $[z]_1^Y = k_z^{w_3}$.

#### 4.5.2.4 份额转换

由于不同的共享方式具有在不同运算上的优势, 所以需要由转换协议来进行不同共享份额之间的转换.

- Yao 氏份额到布尔份额的转换 (Y2B).

从 Yao 氏份额转化到布尔份额不需要进行网络通信, 双方只需要在 Yao 氏份额中取置换位即可, 即 $[x]_i^B = [x]_i^Y[0]$.

- 布尔份额到 Yao 氏份额的转换 (B2Y).

布尔份额转化为 Yao 氏份额需要使用 OT, 参与方 0 ($P_0$) 随机生成 $[x]_0^Y = k_0 \in \{0,1\}^\kappa$, 以及 $R \in \{0,1\}^\kappa$, 参与方 0 ($P_0$) 使用 OT 输入 ($k_0 \oplus [x]_0^B \cdot R; k_0 \oplus (1-[x]_0^B) \cdot R$) 而参与方 1 ($P_1$) 将自己的布尔份额 $[x]_1^B$ 作为选择位得到 $[x]_1^Y = [x]_0^B \oplus k_0 \oplus [x]_0^B \cdot R = [x]_1^B \oplus [x]_0^B \oplus k_0 \cdot R = k_0 \oplus x \cdot R$.

- 算术份额到 Yao 氏份额的转换 (A2Y).

算术份额转换成 Yao 氏份额的过程较为简单, 但开销较大, 首先双方各自将算术份额作为输入进行 Yao 氏份额的共享, 即对 $[x]_i^A[\ell]$ 执行 Yao 氏共享协议, 其中 $\ell$ 为算术域的位数, 由此我们得到 $[[x]_0^A]_i^Y$ 和 $[[x]_1^A]_i^Y$, 然后使用加法电路计算 $[x]_i^Y = [[x]_0^A]_i^Y + [[x]_1^A]_i^Y$.

- 算术份额到布尔份额的转换 (A2B).

算术份额转换到布尔份额较为常见的方法是使用加法电路. 类似于 A2Y 的方法, 两方先将各自的算术份额作一次布尔共享, 得到 $[[x]_0^A]_i^B$ 和 $[[x]_1^A]_i^B$, 再使用加法器对两个布尔份额进行相加, 得到 $[x]_i^B = [[x]_0^A]_i^B + [[x]_1^A]_i^B$. 需要注意的是, 这里的加法是密文下的进位加法, 不考虑优化的话每次进位需要进行两次与运算操作, 一个 32 位的加法需要 64 次执行与运算操作, 通信开销极大. 因此可以考虑采用并行前缀加法器, 将该开销减少至原来的 1/6. 而在 ABY 协议中采用了先将算术份额转化为 Yao 氏份额, 再将 Yao 氏份额转化为布尔份额的方法, 即 $[x]_i^B = \text{Y2B}(\text{A2Y}([x]_i^A))$.

- 布尔份额到算术份额的转换 (B2A).

布尔份额到算术份额的转换可以采用 OT 来实现, 以一比特的布尔份额为例, 参与方 0 ($P_0$) 随机生成 $r \in \{0,1\}^\ell$, $\ell$ 为算术域的位数, 并将其作为算术份额 $[x]_0^A = r$. 参与方 0 ($P_0$) 输入 ($[x]_0^B - r, 1 - [x]_0^B - r$), 参与方 1 ($P_1$) 输入 $[x]_1^B$ 作为选择位, 得到 $[x]_1^A = [x]_0^B \oplus [x]_1^B - r = x - r$. 对应多位的布尔份额只需要多次运行以上步骤, 然后将得到的份额在本地放大 $2^\ell$ 倍相加即可.

- Yao 氏份额到算术份额的转换 (Y2A).

Yao 氏份额转化成算术份额, 直观能想到的是某一方先 Yao 氏共享一个随机值 $r \in \{0,1\}^\kappa$ 得到 $[r]_i^Y$, 再使用减法电路计算 $[d]_i^Y = [x]_i^Y - [r]_i^Y$, 然后向另一方打开 $d = x - r$, 得到 $d$ 和 $r$ 这样的算术份额. 但在 ABY 中可以先将 Yao 氏份额转为布尔份额,然后由布尔份额转为算术份额,即 $[x]_i^A = \text{B2A}(\text{Y2B}([x]_i^Y))$.

至此,就可以实现整个协议了,其在计算乘法加法等操作时在算术共享下完成,需要进行比较等逻辑操作时,先选择转换到 Yao 氏共享或布尔共享上进行,然后权衡利弊采用布尔共享还是算术共享或 Yao 氏共享进行计算从而减少开销,这是目前较为热门的研究.

根据上面的描述,我们不难发现 ABY 的确无法处理恶意的威胁模式,其只能运行在半诚实模型下. 并且,其在算术份额上采用了最为古老的加法秘密分享,该方案在计算乘法时需要发送 $4\ell$ 的通信量,而目前较优的方案只需 $2\ell$ 的通信量. 针对前一个问题,由于半诚实模型已经可以满足绝大多数企业的安全需求,而对于后一个问题,ABY 的部分作者实际上提出了新的协议,虽然没有具体实现到框架中,但接下来将大致描述新的协议. 实际上对于 ABY 后来又名为 ABY3[146] 的研究,其在三方情况下设计了类似的协议,该协议采用了复制秘密分享 (replicated secret share) 的形式,在三方情况下进行乘法需要 $3\ell$ 的通信量.

### 4.5.3 SPDZ 框架

SPDZ (Smart-Pastro-Damgård-Zakarias) 协议能抵御恶意的威胁模型关键在于采用了附带消息认证码 (message authentication code, MAC) 的方法,确保数据不被篡改. 这是由于在秘密分享的协议中,恶意方可以通过提供不正确的份额来使结果出错 ($x' = \sum x_i + \Delta \to x + \Delta$),如果引入 MAC,则恶意方修改份额后还需要修改份额的 MAC, 对应的 MAC 的修改值为 $\Delta' = \alpha\Delta$, 由于恶意方无法得到 MAC 密钥 $\alpha$,所以恶意方无法通过 MAC 检查.

#### 4.5.3.1 SPDZ

SPDZ 协议仍然采用了加法秘密分享的形式,但与传统加法秘密分享不同的是,SPDZ 采用的加法秘密分享附带了 MAC 检查.

具体来说,$\langle a \rangle := (\delta, (a_0, a_1, \cdots, a_{n-1}), (\gamma(a)_0, \cdots, \gamma(a)_{n-1}))$,其中 $a = \sum_{i=0}^{n-1} a_i$, $\gamma(a) = \sum_{i=1}^{n-1} \gamma(a)_i = \alpha(a+\delta)$,第 $i$ 方持有 $\langle a \rangle_i = (\delta, a_i, \gamma(a)_i)$. 对应的 $a_i$ 为数据部分,而 $\gamma(a)_i$ 为 MAC 部分.

显然其具有与传统秘密分享相同的性质,即

$$\langle a \rangle + \langle b \rangle = \langle a+b \rangle, \quad e \cdot \langle a \rangle = \langle ea \rangle, \quad e + \langle a \rangle = \langle e+a \rangle$$

其中,$\langle a+b \rangle_i = (\delta_a + \delta_b, a_i + b_i, \gamma(a)_i + \gamma(b)_i)$, $\langle ea \rangle_i = (e\delta_a, ea_i, e\gamma(a)_i)$, $e + \langle a \rangle = (\delta - e, (a_0 + e, a_1, \cdots, a_{n-1}), (\gamma(a)_0, \cdots, \gamma(a)_{n-1}))$,即加法和放大常数倍只需要所有参与方在本地进行对应的操作,而加上常数则要求第 0 方在本地加上对应的常数,而所有方在 $\delta$ 上减去该常数.

## 4.5 安全多方计算范式

加法秘密分享中的乘法,最为常见的参与方法为使用 Beaver 三元组,所以确保使用 Beaver 三元组计算阶段的正确性外,还需要确保生成的 Beaver 三元组的正确性,在 SPDZ 中将这两个阶段分为在线阶段和离线阶段 (预计算阶段).

SPDZ 另一个特点为: 其采用了"牺牲"的方法来确保离线阶段生成的 Beaver 三元组的正确性. 以下给出了实现 SPDZ 协议的一些子协议, 其中使用 $\langle \cdot \rangle$ 来表示带 MAC 的加法秘密分享, 使用 $[\cdot]$ 来表示常规的加法秘密分享. 值得注意的是, 由于直接打开共享时若将 MAC 部分也打开会导致 MAC 密钥的泄露, 所以在输出阶段前采用部分打开的方法, 即类似于传统加法秘密分享, 只打开共享份额的数值部分, 而不打开 MAC 部分.

- 共享协议

共享协议具体分为以下几个步骤:

(1) 为了共享 $x$, 各方在离线阶段生成 $\langle r \rangle$ 和 $[r]$, 当第 $i$ 方要输入数据时将 $[r]$ 打开给参与方 $P_i$.

(2) 参与方 $P_i$ 广播 $x_i - r \to \varepsilon$.

(3) 所有参与方计算 $\langle r \rangle + \varepsilon \to \langle x_i \rangle$.

- 乘法协议

实现 $x$ 和 $y$ 的乘法需要进行以下阶段:

(1) 离线阶段 ("牺牲" 一对三元组来检查另一对三元组).

各方在离线阶段生成了两对 Beaver 三元组, 记为 $(\langle a \rangle, \langle b \rangle, \langle c \rangle), (\langle f \rangle, \langle g \rangle, \langle h \rangle)$, 其中 $c = ab, h = fg$. 另外生成了随机加法秘密分享 $[t]$.

(i) 打开 $[t]$.

(ii) 部分打开 $t \cdot \langle c \rangle - \langle f \rangle \to \rho, \langle b \rangle - \langle g \rangle \to \sigma$.

(iii) 计算并部分打开 $\zeta \leftarrow t \cdot \langle c \rangle - \langle h \rangle - \sigma \cdot \langle f \rangle - \rho \cdot \langle g \rangle - \sigma \cdot \rho$, 检查 $\zeta$ 是否为 0, 若不为 0, 则说明两对三元组中至少有一对出错, 各方停止计算.

(2) 在线阶段.

在线阶段的计算与传统加法秘密分享类似.

(i) 各方计算并部分打开 $\langle x \rangle - \langle a \rangle \to \varepsilon, \langle y \rangle - \langle b \rangle \to \delta$.

(ii) 计算得到 $\langle z \rangle = \langle c \rangle + \varepsilon \langle b \rangle + \delta \langle a \rangle + \varepsilon \delta$.

(3) 输出阶段.

在该阶段我们需要验证所有计算过程中值的正确性. 在离线阶段已经生成了随机加法秘密分享 $[e]$.

(i) 令 $a_0, \cdots, a_T$ 代表之前所有部分打开的数据, 而

$$\langle a_j \rangle = (\delta_j, (a_{j,0}, \cdots, a_{j,n}), (\gamma(a_j)_0, \cdots, \gamma(a_j)_n))$$

打开 $[e]$, 所有参与方计算 $\sum e^j a_j \to a$.

(ii) 每个参与方 $P_i$ 承诺 (密码学操作, 类似于隐藏一个信息, 将隐藏后的密文公布, 确保无法通过修改明文来获得相同的密文, 在这里为了防止打开 MAC 密钥后恶意方修改份额以通过 MAC) $\sum_j e^j \gamma(a_j)_i \to \gamma_i$, 对需要的输出 $\langle z \rangle$ 同时承诺其份额 $z_i$ 和 MAC 份额 $\gamma(z)_i$.

(iii) 打开 MAC 密钥 $\alpha$.

(iv) 每个参与方 $P_i$ 打开承诺的内容得到 $\gamma_i$, 并检查 $\sum \gamma_i = \alpha(a + \sum e^j \delta_j)$. 如果不相等, 则停止计算.

(v) 每个参与方 $P_i$ 打开承诺的内容得到 $z_i, \gamma(z)_i$, 每个参与方计算 $y = \sum y_i$, 并检查 $\sum \gamma(y)_i = \alpha(y + \delta)$, 如果通过则输出结果, 不通过则停止协议.

到此, 参与方便可成功进行乘法计算, 但在离线阶段, 还有一个问题就是如何生成 Beaver 三元组? 生成随机加法秘密分享较为简单, 只需要每方生成对应的份额便可 (对应的 MAC 的密钥同理). 以下介绍如何生成 Beaver 三元组. SPDZ 中采用了 SWHE 中 SIMD 的方案, 其是一种深度为 1 的同态加密方法, 具体来说该同态加密可以作一次乘法和任意多次的加法运算. 这里介绍同态加密采用 BGV 的方法.

具体来说, 其具有三个部分: 一是密钥生成 KeyGen 函数, 产生一个私钥和公钥; 二是加密 Enc, 将明文加密为密文; 三是解密 Dec, 将密文解密为明文. 值得注意的是, BGV 支持分布式解密的方法, 即私钥被秘密分享给多方, 多方协同解密明文.

• 三元组生成协议.

三元组生成协议分为以下几个步骤.

(1) 参与方 $P_i$ 随机生成 $a_i, b_i, c'_i$, 然后将其作为秘密分享进行广播得到 $[a_i]$, $[b_i]$, $[c'_i]$.

(2) 所有参与方计算 $[a]_j = \sum_i [a_i]_j$, $[b]_j = \sum_i [b_i]_j$, $[c]_j = \sum_i [c'_i]_j$.

(3) 使用 Enc 加密 $[a]_j, [b]_j$ 和 $[c']_j$ (使用零知识证明来确保正确加密), 各方一起计算 $\delta' = (\sum [a]_j, \sum [b]_j) - \sum [c']_j$.

(4) 各方进行分布式解密得到 $\delta = \text{Dec}(\delta')$.

(5) 参与方 $P_0$ 设置本地共享份额为 $a_0, b_0, c'_0 + \delta$, 其他参与方 $P_i$ 设置本地共享份额为 $a_i, b_i, c'_i$.

值得注意的是, 在上述协议的 (3) 中需要采用零知识证明来确保正确加密. 类似地, 采用这种方法来生成 MAC, 至此协议完成.

#### 4.5.3.2 SPDZ 的衍生协议

MASCOT (faster malicious arithmetic secure computation with oblivious transfer) 采用同态加密来产生乘法三元组无疑是一种低效的方法, 在 MASCOT

协议中采用 OT 生成乘法三元组 (包括生成 MAC). 这里采用了一种 COPE (correlated oblivious product evaluation) 的方法, 该方法可以在一方持有 $x$, 另一方在持有 $y$ 的情况下, 生成 $xy$ 的加法秘密分享.

下面简单介绍 OPE (oblivious product evaluation). $P_0$ 持有 $a$, $P_1$ 持有 $b$, 双方使用 OT 来生成 $t+q = ab$, 首先对 $a,b \in \mathbb{Z}_p$, 参与方 $P_0$ 生成 $t_j \in \mathbb{Z}_p, j \in \{0,\cdots,k-1\}$, 对应的 $P_1$ 将 $b$ 按位拆解, 得到 $b = \sum b_i \cdot 2^i$, 参与方 $P_0$ 输入 $(t_i, a+t_i)$, $P_1$ 通过向 OT 输入 $b_i$ 得到 $q_i = a \cdot b_i + t_i$, 然后双方分别计算 $t = -\sum t_i \cdot 2^i, q = -\sum q_i \cdot 2^i$. 可以简单地验证 $t+q = \sum a \cdot b_i + t_i - t_i = ab$.

注意到该方法可以采用类似的相关 OT (correlated OT) 的方法进行通信优化, 采用预计算的方法来优化该过程.

- 预计算.
(1) 参与方 $P_1$ 拆分 $b = \sum b_i \cdot 2^i$, 向 OT 依次输入 $b_i$.
(2) 参与方 $P_0$ 随机生成 $k$ 对种子 $(k_0^i, k_1^i)^{k-1_i=0}$ 并依次向 OT 输入.
(3) 参与方 $P_1$ 得到 $k_{b_i}^i$.
- 计算.
(1) 参与方 $P_0$ 向 $P_1$ 发送 $u_i = k_0^i - k_1^i + a$.
(2) 参与方 $P_1$ 计算 $q_i = b_i u_i + k_{b_i}^i = k_0^i + b_i a$.
(3) 参与方 $P_1$ 计算 $q = \sum q_i \cdot 2^i$, $P_0$ 计算 $t = -\sum k_0^i \cdot 2^i$.

现在我们得到了 $t+q = ab$. 该改进方法使得计算阶段无须运行 OT, 直接进行一轮的网络通信即可得到份额.

MASCOT 采用以上的 OT 方案代替了原先 SPDZ 中的同态方案. 其离线阶段较 SPDZ 有所提升.

**SPDZ2k** SPDZ 需要作 MAC 等操作, 所以其运行在模素数 $p(\mathbb{Z}_p)$ 的域上, SPDZ2k 的工作将这一范围扩展到更为一般的环 ($\mathbb{Z}_{2^k}$) 上. 其设计了在环上同态的 MAC 协议, 将其应用到 SPDZ 上, 构建了恶意节点多数环境下的 SMPC 协议, 且效率与传统域上的 SPDZ 效率保持一致.

## 4.6 应用案例

### 4.6.1 百万富翁问题

百万富翁问题是安全多方计算的基础[147], 探讨如何在保护两个输入数据隐私的情况下, 比较这两个数据的大小. 如果我们增加输入数据的数量或参与者的数量, 就形成了安全多方数据比较问题.

问题描述如下: 有两位百万富翁希望比较彼此的财富, 但又不愿意披露各自的具体金额. 在这种情况下, 他们应如何进行比较呢? 我们可以将这一百万富翁问题形式化为一个数学问题.

假设有两个参与方 $P_1$ 和 $P_2$,分别持有保密数据 $x$ 和 $y$. 参与方希望在不泄露各自保密数据的前提下,确定 $x$ 和 $y$ 之间的大小关系. 该问题可以用以下函数表达式表示

$$f(x,y) = \begin{cases} 1, & x > y \\ 0, & x < y \\ -1, & x = y \end{cases}$$

安全多方数据比较问题可以视为对百万富翁问题的扩展. 用数学语言表述如下: 设有 $n$ 个参与方 $P_1, P_2, \cdots, P_n$, 每个参与方分别持有保密数据 $m_1, m_2, \cdots, m_n$, 并且满足条件 $\max(m_1, m_2, \cdots, m_n) < N$. 参与方希望在不暴露各自保密数据的情况下, 了解自己持有的数据在所有数据中的排名. 该问题的函数表达式如下:

$$f(m_1, m_2, \cdots, m_n) = (y_1, y_2, \cdots, y_n)$$

其中 $y_i$ 表示数据 $m_i$ 在输入数据集合中的排名.

**百万富翁问题的 Yao 氏解决方案**[147]　利用通用混淆电路估值技术实现百万富翁问题. 在此过程中, 首先需要构建一个布尔电路. 接下来, 根据布尔电路中不同门的类型, 选择合适的混淆电路估值方案, 以确保计算的安全性.

如图 4.2 所示, 比较器 CMP 的拓扑结构仅包含一种门电路类型, 即 1 比特比较器. 由于 Yao 氏混淆电路估值方案具备对任意类型门电路进行估值的能力, 因此可以直接将其应用于该 CMP 电路, 以此来有效解决百万富翁问题.

假定参与方的输入隐私数据均使用 $n = 4$ 位二进制表示, 参与方 Alice 以 $x = 10 = (x_4|x_3|x_2|x_1)_2 = (1010)_2$ 作为输入, Bob 以 $y = 7 = (y_4|y_3|y_2|y_1)_2 = (0111)_2$ 作为输入. 如图 4.3 所示为比较电路 CMP 的拓扑结构.

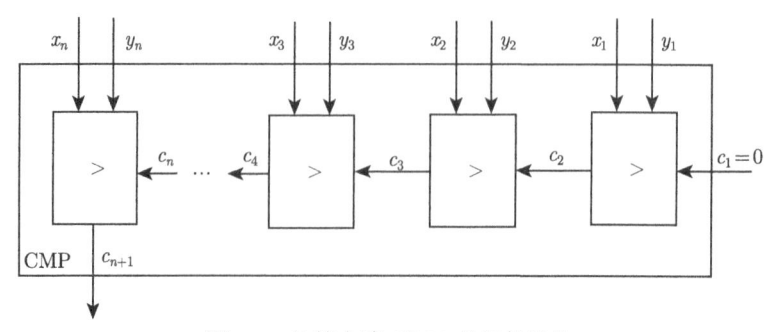

图 4.2　比较电路 CMP 的拓扑结构

## 4.6 应用案例

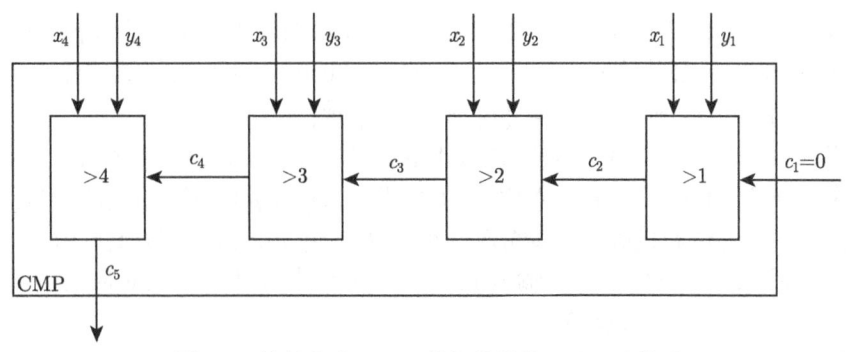

图 4.3 比较电路 CMP 的拓扑结构 ($n=4$) 情形

步骤 1: Alice 生成布尔电路 CMP 上每个 1 比特比较器输入和输出信号的混淆密钥: $\tilde{x}_1^0, \tilde{x}_1^1, \tilde{x}_2^0, \tilde{x}_2^1, \tilde{x}_3^0, \tilde{x}_3^1, \tilde{x}_4^0, \tilde{x}_4^1, \tilde{y}_1^0, \tilde{y}_1^1, \tilde{y}_2^0, \tilde{y}_2^1, \tilde{y}_3^0, \tilde{y}_3^1, \tilde{y}_4^0, \tilde{y}_4^1, \tilde{c}_1^0, \tilde{c}_1^1, \tilde{c}_2^0, \tilde{c}_2^1, \tilde{c}_3^0, \tilde{c}_3^1, \tilde{c}_4^0, \tilde{c}_4^1, \tilde{c}_5^0, \tilde{c}_5^1$.

对于 $i=1,2,3,4$, Alice 利用加密算法 $E$ 生成 CMP 电路中第 $i$ 个 1 比特比较器的混淆真值表. 例如, 对于第 $i$ 个 1 比特比较器 $Q_1$, 首先需要执行如下加密操作. 其中, 当输入比特信号为 $x,y,z$ 时, 1 比特比较器所产生的输出信号值表示为 $g(x,y,z)$.

$$s_{0,0,0}^i = E_{\tilde{x}_i^0}(E_{\tilde{y}_i^0}(E_{\tilde{c}_i^0}(\tilde{c}_{i+1}^{g(0,0,0)}))) = E_{\tilde{x}_i^0}(E_{\tilde{y}_i^0}(E_{\tilde{c}_i^0}(\tilde{c}_{i+1}^0)))$$

$$s_{0,0,1}^i = E_{\tilde{x}_i^0}(E_{\tilde{y}_i^0}(E_{\tilde{c}_i^1}(\tilde{c}_{i+1}^{g(0,0,1)}))) = E_{\tilde{x}_i^0}(E_{\tilde{y}_i^0}(E_{\tilde{c}_i^1}(\tilde{c}_{i+1}^1)))$$

$$s_{0,1,0}^i = E_{\tilde{x}_i^0}(E_{\tilde{y}_i^1}(E_{\tilde{c}_i^0}(\tilde{c}_{i+1}^{g(0,1,0)}))) = E_{\tilde{x}_i^0}(E_{\tilde{y}_i^1}(E_{\tilde{c}_i^0}(\tilde{c}_{i+1}^0)))$$

$$s_{0,1,1}^i = E_{\tilde{x}_i^0}(E_{\tilde{y}_i^1}(E_{\tilde{c}_i^1}(\tilde{c}_{i+1}^{g(0,1,1)}))) = E_{\tilde{x}_i^0}(E_{\tilde{y}_i^1}(E_{\tilde{c}_i^1}(\tilde{c}_{i+1}^0)))$$

$$s_{1,0,0}^i = E_{\tilde{x}_i^1}(E_{\tilde{y}_i^0}(E_{\tilde{c}_i^0}(\tilde{c}_{i+1}^{g(1,0,0)}))) = E_{\tilde{x}_i^1}(E_{\tilde{y}_i^0}(E_{\tilde{c}_i^0}(\tilde{c}_{i+1}^1)))$$

$$s_{1,0,1}^i = E_{\tilde{x}_i^1}(E_{\tilde{y}_i^0}(E_{\tilde{c}_i^1}(\tilde{c}_{i+1}^{g(1,0,1)}))) = E_{\tilde{x}_i^1}(E_{\tilde{y}_i^0}(E_{\tilde{c}_i^1}(\tilde{c}_{i+1}^1)))$$

$$s_{1,1,0}^i = E_{\tilde{x}_i^1}(E_{\tilde{y}_i^1}(E_{\tilde{c}_i^0}(\tilde{c}_{i+1}^{g(1,1,0)}))) = E_{\tilde{x}_i^1}(E_{\tilde{y}_i^1}(E_{\tilde{c}_i^0}(\tilde{c}_{i+1}^0)))$$

$$s_{1,1,1}^i = E_{\tilde{x}_i^1}(E_{\tilde{y}_i^1}(E_{\tilde{c}_i^1}(\tilde{c}_{i+1}^{g(1,1,1)}))) = E_{\tilde{x}_i^1}(E_{\tilde{y}_i^1}(E_{\tilde{c}_i^1}(\tilde{c}_{i+1}^1)))$$

然后, Alice 对集合 $\{s_{0,0,0}^i, s_{0,0,1}^i, s_{0,1,0}^i, s_{0,1,1}^i, s_{1,0,0}^i, s_{1,0,1}^i, s_{1,1,0}^i, s_{1,1,1}^i\}$ 执行随机置换操作, 从而生成如图 4.3 所示的第一个 1 比特比较器 ">$i$" 的混淆真值表: $s^i = \{s_0^i, s_1^i, s_2^i, s_3^i, s_4^i, s_5^i, s_6^i, s_7^i\}$. 采用相同的方法, Alice 为 CMP 电路中的其他 1 比特比较器生成相应的混淆真值表. 在完成所有计算后, Alice 将 $s^1, s^2, s^3, s^4$ 发送给 Bob.

步骤 2: Alice 向 Bob 发送电路 C 输出门的扇出信号密钥 $\tilde{c}_5^0, \tilde{c}_5^1$.

步骤 3: 针对门电路 >1, >2, >3, >4, Alice 的输入值依次为 $x_1 = 0, x_2 = 1, x_3 = 0, x_4 = 1$, 公共输入信号 $c_1 = 0$. 随后, Alice 向 Bob 发送这些输入所对应的混淆密钥 $\{\tilde{x}_1, \tilde{x}_2, \tilde{x}_3, \tilde{x}_4, \tilde{c}_1\} = \{\tilde{x}_1^0, \tilde{x}_2^1, \tilde{x}_3^0, \tilde{x}_4^1, \tilde{c}_1^0\}$.

步骤 4: Alice 和 Bob 共同执行不经意传输协议. 在这一过程中, Alice 担任信息发送方, 其所发送的输入信息为 $\{(\tilde{y}_1^0, \tilde{y}_1^1), (\tilde{y}_2^0, \tilde{y}_2^1), (\tilde{y}_3^0, \tilde{y}_3^1), (\tilde{y}_4^0, \tilde{y}_4^1)\}$; 与此同时, Bob 作为信息接收方, 其输入信息为 $\{y_1, y_2, y_3, y_4\} = \{1, 1, 1, 0\}$. 在协议执行完毕后, Bob 获得了与其输入到 CMP 电路中每个信号相对应的混淆密钥 $\{\tilde{y}_1, \tilde{y}_2, \tilde{y}_3, \tilde{y}_4\} = \{\tilde{y}_1^1, \tilde{y}_2^1, \tilde{y}_3^1, \tilde{y}_4^0\}$.

步骤 5: Bob 对 CMP 电路中的每个门电路依次执行电路估值操作. 以门电路 $> i$ 为例, Bob 对 $s^i$ 中的每个值 $s_j^i$ 执行解密操作, 即 $a_{i,j} = D_{\tilde{c}}(D_{\tilde{y}_i}(D_{\tilde{x}_i}(s_j^i)))$. 其中, $i$ 的取值为 1, 2, 3, 4, $j$ 的取值为从 0 到 7 的整数. 在正常情况下, 集合 $A = \{a_{i,0}, a_{i,1}, a_{i,2}, a_{i,3}, a_{i,4}, a_{i,5}, a_{i,6}, a_{i,7}\}$ 中应仅包含一个有效值, 且该有效值代表 $\tilde{c}_{i+1}$ 的值. 若集合 $A$ 中有两个及以上的有效值, 则中止协议. 完成了对整个 CMP 电路中所有门的估值后, Bob 得到 $\tilde{c}_5 = \tilde{c}_5^{f(x,y)}$, 在本例中 $\tilde{c}_5 = \tilde{c}_5^1$. 根据步骤 2 中 Bob 收到的电路 $C$ 输出门扇出信号密钥 $\tilde{c}_5^0, \tilde{c}_5^1$, 他最终计算得出 $f(x, y) = 1$.

步骤 6: Bob 将 $f(x, y)$ 的值发送给 Alice.

### 4.6.2 相等性检测

隐私相等性检测 (private equality testing, PET) 是一种用于比较两个或多个数据集是否相等, 同时保护参与方的隐私的技术. 在 PET 中, 数据的拥有者可以比较它们的数据集, 而无须暴露其细节或与其他参与方共享原始数据. 相等性检测 (equality testing, ET) 协议作为各种多方计算协议的构建块得到了广泛的应用, 示例包括 (但不限于) 用于在加密方案之间切换的协议、安全线性代数、安全模式匹配和线性程序的安全评估. 这些 ET 协议利用密码学技术、差分隐私和安全多方计算等方法, 为数据拥有者提供了隐私相等性检测与比较解决方案. 随着隐私保护技术的不断发展和应用场景的不断扩展, 可以预期将会出现更多创新的方案, 以满足不同情况下的隐私相等性检测需求. ET 协议分为如下几种类型: 基于混淆电路、基于同态加密、基于算术黑盒模型、基于通用的两方计算.

两方 PET 协议用于比较两个数据拥有者或参与方之间的数据集是否相等, 并同时保护其隐私. 这些协议的目标是对数据集进行比较, 而不泄露原始数据. 常用的技术包括同态加密、差分隐私和安全多方计算等. 同态加密允许在加密数据上执行计算操作, 而不需要解密数据. 差分隐私通过向数据添加噪声来保护隐私, 从而实现数据集的相等性比较. 安全多方计算允许多参与方协同计算结果, 而不暴露各方的输入数据. 这些技术可以结合使用, 以提供更强的隐私保护.

Couteau 在 [148] 中提出了基于 OT 的 PET 新协议, 该协议对于被动对手是

## 4.6 应用案例

UC 安全的，这确保了在一般组合下的安全性．其相等性检测方案中，考虑两个长度为 $\ell$ 的输入 $(x,y)$，$(x_i,y_i)_{i\leqslant \ell}$ 表示它们的位数．两个参与方 $A,B$ 在 $\mathbb{Z}_{\ell+1}$ 上执行并行 OT，其中第一个参与方输入 $(a_i + x_i \pmod{\ell+1}, a_i + 1 - x_i \pmod{\ell+1})$ ($a_i$ 是 $\mathbb{Z}_{\ell+1}$ 上的随机掩码)，第二个参与方输入他的秘密位 $y_i$，设 $b_i$ 为其输出 ($b_i = a_i + x_i \oplus y_i \pmod{\ell+1}$)．当且仅当 $x$ 和 $y$ 之间的汉明距离为 0，$x=y$ 时，$x' \leftarrow \sum_i a_i \pmod{\ell+1}$，$y' \leftarrow \sum_i b_i \pmod{\ell+1}$，其中 $x'$、$y'$ 的长度为 $\log(\ell+1)$．

参与方反复调用上述方法，从 $(x',y')$ 开始，在保持相等的情况下缩小输入的大小，直到它们最终得到长度最多 3 位的字符串 (大约需要 $O(\log \ell)$ 次协议调用，其中第一次调用主导通信成本)．然后，参与方在这些小字符串上执行一个直接的相等性检测，使用 OT 来评估一个明确的指数大小的公式，以检查小条目的相等性．

这种压缩方法的核心是它几乎可以完全预处理：通过在预处理阶段对随机输入 $(r,s)$ 执行压缩协议 (并存储生成的掩码)，参与方可以在在线阶段简单地通过交换 $x \oplus r$ 和 $s \oplus y$ 来重构输入 $(x,y)$ 的协议输出．因此，整个相等性检测协议的通信在在线阶段可以低至几十到几百位．此外，在预处理阶段，协议只涉及非常小的条目 (每个条目的大小最多为 $\log \ell$ 位) 上的 OT，对于这些条目，存在特别有效的结构[149]．

该 ET 协议具体步骤如下．

- **初始化** 设 $i \leftarrow 1, j \leftarrow \ell$．参与方执行以下操作．

**大小减少** (size reduction)：当 $j > n$ 时，两方都在输入 (SR, $j$) 上调用 $\mathcal{F}_{\text{ET-prep}}$ 以获得输出 $(r_i, \mathbf{a}_i)$ 和 $(s_i, \mathbf{b}_i)$．参与方设置 $i \leftarrow i + 1, j \leftarrow j + 1$．

**乘积共享** (product sharing)：双方在输入 (PS, $n$) 上调用 $\mathcal{F}_{\text{ET-prep}}$ 以获得输出 $(r, \mathbf{a})$ 和 $(s, \mathbf{b})$．

- **相等性检测 ET** 输入两个 $\ell$ 位整数，分别来自 Alice 的 $x$ 和来自 Bob 的 $y$，设 $x_1 \leftarrow x, y_1 \leftarrow y$．设 $i \leftarrow 1, j \leftarrow \ell$．双方执行如下操作．

当 $j > n$ 时，Alice 发送 $x'_i \leftarrow r_i \oplus x_i$ 给 Bob，Bob 发送 $y'_i \leftarrow s_i \oplus y_i$ 给 Alice．设 $z_i \leftarrow x'_i \oplus y'_i$．Alice 设 $x_{i+1} \leftarrow -\sum_{l=1}^{j}(-1)^{z_i[l]}\mathbf{a}_i[l] \pmod{j+1}$，Bob 设 $y_{i+1} \leftarrow \sum_{l=1}^{j}(-1)^{z_i[l]}\mathbf{b}_i[l] + z_i[l] \pmod{j+1}$．双方设 $i \leftarrow i+1, j \leftarrow |j+1|$．$(x_i, y_i) \in \mathbb{Z}_j^2$．

当 $j \leqslant n$ 时，设 $(I_k)_{1 \leqslant k \leqslant 2^n - 2}$ 表示 $\{1, \cdots, n\}$ 的非空严格子集列表 (任意固定顺序)．对于 $k=1$ 到 $2^n - 2$，Alice 设 $X_k \leftarrow \prod_{l \in I_k}(1 \oplus x_i[l])$，$\alpha_k \leftarrow r[k] \oplus X_k$．然后，Bob 设 $Y_k \leftarrow \prod_{l \notin I_k} y_i[l]$，$\beta_k \leftarrow s[k] \oplus Y_k$．Alice 选择 $\alpha \leftarrow_R \{0,1\}$ 并发送 $(\alpha, (\alpha_k)_{k \leqslant 2^n - 2})$，Bob 选择 $\beta \leftarrow_R \{0,1\}$ 并发送 $(\beta, (\beta_k)_{k \leqslant 2^n - 2})$．

Alice 输出

$$\bigoplus_{k\leqslant 2^n-2}(a[k]\oplus \beta_k X_k)\oplus \prod_{l\leqslant n}(1\oplus x_i[l])\oplus \alpha\oplus \beta$$

Bob 输出

$$\bigoplus_{k\leqslant 2^n-2}(b[k]\oplus \alpha_k s[k])\oplus \prod_{l\leqslant n}y_i[l]\oplus \alpha\oplus \beta$$

其中 $\mathcal{F}_{\text{ET-prep}}$ 由两个参与方执行, 具体如下.

• 大小减少: 当两个参与方收到 $(\text{SR},j)$ 时, 函数选择 $(x,y)\leftarrow_R (\mathbb{Z}_2^j)^2$, 设置 $(\mathbf{a},\mathbf{b})\leftarrow_R \langle x\oplus y\rangle_{j+1}$. $\mathcal{F}_{\text{ET-prep}}$ 输出 $(x,\mathbf{a})$ 给 Alice, 输出 $(y,\mathbf{b})$ 给 Bob.

• 乘积共享: 当两个参与方收到 $(\text{PS},n)$ 时, 函数选择 $(x,y)\leftarrow_R (\mathbb{Z}_2^{2^n-2})^2$ 并设 $(\mathbf{a},\mathbf{b})\leftarrow_R \langle x*y\rangle_2$. $\mathcal{F}_{\text{ET-prep}}$ 输出 $(x,\mathbf{a})$ 给 Alice, 输出 $(y,\mathbf{b})$ 给 Bob.

Couteau[150] 提出了半诚实模型中的批量相等性检测 (private batch equality test, PriBET) 协议, 该协议需要双方之间进行 7 轮通信来比较 16—128 位的数据大小. Saha 等[151] 使用基于 RLWE 的 SWHE 方案在半诚实模型中对整数进行隐私相等性检测, 分别讨论了 PET 协议和 PriBET 协议, 下面通过一个私有在线拍卖盲验证场景描述该 PET 协议.

假设 Alice 是拍卖师, 决定其拍卖的最终出价. 另一方面, 拍卖中失败的竞标者想要验证中标价格. 如果两者不匹配, 它们不希望暴露自己的私有值, 而是希望获得相等性检测的结果. 为了解决这个问题, 第三方 (PET 协议中的 Bob) 将在未知实际值的情况下代表它们进行计算. 在该比较场景中, 假设 Alice 有一个 $l$ 位的整数 $a=(a_1,\cdots,a_l)$, 竞标者有另一个 $l$ 位的整数 $b=(b_1,\cdots,b_l)$. 通过两个整数之间的汉明距离 $H_{\text{dis}}$ 可以得到两者的相等性. 如果 $H_{\text{dis}}=0$, 则这两个整数相等. 单次比较的相等性检测可以通过下面等式实现:

$$c=\sum_{i=1}^{l}|a_i-b_i|=\sum_{i=1}^{l}(a_i+b_i-2a_ib_i)$$

其中 $c$ 表示两个整数 $a$ 和 $b$ 之间的汉明距离, 所以当 $c=0$ 时, $a=b$, 否则 $a\neq b$.

该 PET 协议输入为 $a=(a_1,\cdots,a_l),b=(b_1,\cdots,b_l)$, 输出为 $a=b$ 或 $a\neq b$, 下面描述协议的具体步骤:

• Alice 自己生成公钥和私钥, 并通过安全通道将公钥发送给竞标者; 然后用公钥加密其最终出价 $a=(a_1,\cdots,a_l)$, 并将其发送给 Bob.

• 竞标者使用 Alice 公钥加密他的出价 $b=(b_1,\cdots,b_l)$ 并将值发送给 Bob.

• Bob 按照上式进行整数的安全计算相等性检测, 并将加密后的结果 $\text{ct}_{r_1}$ 发送给 Alice 以验证 $c$ 是否等于 0.

- Alice 用她的私钥解密 $\mathrm{ct}_{r_1}$, 并检查 $c$ 的值, 如果 $c=0$, 则给 Bob 发送 0 作为确认, 否则发送 1.
- Bob 根据确认决定 $a=b$ 或 $a\neq b$.

下面考虑批量相等性检测的场景, 假设一个患者在医院接受了一项服务, 并在支付账单时申诉他的健康保险. 现在医院 (Alice) 想用患者的社会安全号码 (social security number, SSN) 检查他的健康保险. 由于 SSN 是患者的重要信息, 医院不能将患者信息和 SSN 一起透露给保险公司, 相反, 保险公司不能向医院透露其 $k$ 个客户的信息. 为了解决这个问题, 第三方 (PriPET 协议中的 Bob) 将在不知道实际值的情况下代替它们进行计算. 在该比较场景中, 假设 Alice 有一个 $l$ 位整数 $\mathbf{a}=(a_1,\cdots,a_l)$, 保险公司有 $k$ 个 $l$ 位整数 $\mathbf{b_m}=(b_{m,1},\cdots,b_{m,l})$, 其中 $1\leqslant m\leqslant k$. 此外, 如上所述, 如果两个 $l$ 位整数之间的汉明距离 $H_{\mathrm{dis}}=0$, 则它们相等. 在这里, 如果对某个 $1\leqslant m\leqslant k$ 有 $\mathbf{a}=\mathbf{b_m}$, 那么对于索引 $m$ 的安全性有两个选择, 要么无法知道 $m$ 的值, 要么无法指定这样的 $m$. 在该 PriPET 协议中, Alice 可以知道索引 $m$. 因为该索引不是保险公司数据库中存储的实际索引, 索引将信息给 Alice 并不会损害协议的安全性. 此外, 如果对某个 $1\leqslant m\leqslant k$ 有 $\mathbf{a}=\mathbf{b_m}$, Alice 只向 Bob 发送关于相等的确认, 而不会向 Bob 泄露任何关于索引 $m$ 的信息. 对于某个 $1\leqslant m\leqslant k$, 批量相等性检测可以通过以下等式实现.

$$d_m = \sum_{i=1}^{l} |a_i - b_{m,i}| = \sum_{i=1}^{l} (a_i + b_{m,i} - 2a_i b_{m,i})$$

这里, $d_m$ 定义了两个二进制向量 $\mathbf{a}$ 和 $\mathbf{b_m}$ 之间的汉明距离. 此外, 如果对于 $m$ 中的某些位置, 上式中的 $d_m$ 是 0, 则 $\mathbf{a}=\mathbf{b_m}$, 否则 $\mathbf{a}\neq\mathbf{b_m}$. 通过这种方式, Alice 在 Bob 的帮助下安全地验证了她的客户.

PriPET 协议的输入为 $\mathbf{a}=(a_1,\cdots,a_l)$, $\mathbf{b}=(b_1,b_2,\cdots,b_k)$, 其中对每个 $m\in\{1,2,\cdots,k\}$, $\mathbf{b_m}=(b_{m,1},\cdots,b_{m,l})$, 输出为 $\exists m[\mathbf{a}=\mathbf{b_m}]$ 或 $\forall m[\mathbf{a}\neq\mathbf{b_m}]$, 下面描述协议的具体步骤.

- Alice 生成自己的公钥和私钥, 并通过安全通道将公钥发送给保险公司. 然后她用自己的公钥加密 SSN $(\mathbf{a}=(a_1,\cdots,a_l))$ 并将其发送给 Bob.
- 保险公司使用 Alice 的公钥加密 $k$ 个 SSN $(\mathbf{b_m}=(b_{m,1},\cdots,b_{m,l}))$, 其中 $1\leqslant m\leqslant k$, 并将值发送给 Bob.
- Bob 按照上式的方法进行批量相等性检测的安全计算, 并将加密结果 $\mathrm{ct}_{r_2}$ 发送给 Alice, 以验证 $d_m$ 中是否至少有一个等于 0.
- 对 $1\leqslant m\leqslant k$, Alice 用自己的私钥解密 $\mathrm{ct}_{r_2}$ 并检查每个值 $d_m$, 如果至少有一个 $d_m=0$, 则给 Bob 发送 0 作为确认, 否则发送 1.
- Bob 根据确认决定相等或不相等.

上述 PET 协议和 PriPET 协议在 Bob 半诚实的情况下都是安全的. 目前, PET 协议和 PriPET 协议在在线拍卖、基因组计算、机器学习和数据挖掘、私有数据库查询处理等领域上都有广泛应用.

### 4.6.3 隐私集合求交协议

安全多方计算根据支持的计算任务可分为专用场景和通用场景两类. 专用安全多方计算是指为解决特定问题所构造出的特殊 SMPC 协议, 由于是针对性构造并进行优化, 专用算法的效率会比基于混淆电路的通用框架高很多, 当前 SMPC 专用算法包含四则运算、比较运算、矩阵运算、隐私集合求交、隐私数据查询等.

虽然专用安全多方计算与通用安全多方计算相比效率更高, 但同样存在一些缺点, 如只能支持单一计算逻辑, 场景无法通用; 另外专用算法设计需要领域专家针对特定问题精心设计, 设计成本高.

为了方便读者理解专用安全多方计算, 本节主要介绍隐私集合求交协议. 该协议的目标是允许一组参与方联合计算各自输入集合的交集, 但不泄露除交集之外的任何额外信息 (额外信息不包括输入集合的大小上界). 尽管 Huang 等利用通用 SMPC 协议构造 PSI 协议[145], 但可以利用集合求交这一问题的特殊结构实现更高效的专用协议.

我们将介绍当前最先进的两方 PSI 协议[152]. 此协议是在 Pinkas 等[153] 协议的基础上构造的, 该协议强依赖于不经意 PRF(oblivious PRF, OPRF) 协议, 并将 OPRF 作为此协议的分支协议. OPRF 是一个 SMPC 协议, 允许两个参与方对一个 PRF 的 $F$ 求值, 其中一个参与方持有 PRF 的密钥 $k$, 另一个参与方持有 PRF 的输入 $x$, 协议令第二个参与方得到 $F(k,x)$. 我们首先阐述应用 OPRF 构造 PSI 的方法, 随后简要讨论 OPRF 的构造方法. Kolesnikov 等[152] 协议的核心优化点在于, 他们提出了一个更高效的 OPRF 协议.

**应用 OPRF 构造 PSI**  我们现在将描述应用 OPRF 构造 PSI 的 Pinkas-Schneider-Segev-Zohner(PSSZ) 协议. 具体来说, 我们将介绍当两个参与方拥有大致相同数量的 $n$ 个元素时 PSSZ 协议所用的参数.

该协议要用到包含 3 个哈希函数的布谷鸟哈希. 我们现在简要介绍布谷鸟哈希的基本原理. 为应用布谷鸟哈希将 $n$ 个元素分配到 $b$ 个箱子中, 首先选择 3 个随机哈希函数 $h_1, h_2, h_3 : \{0,1\}^* \to [b]$, 并初始化 $b$ 个空箱子 $\mathcal{B}[1,\cdots,b]$. 为计算元素 $x$ 的哈希值, 首先检查 $\mathcal{B}[h_1(x)], \mathcal{B}[h_2(x)], \mathcal{B}[h_3(x)]$ 这三个箱子中是否有一个是空箱子. 如果至少有一个箱子是空的, 则将 $x$ 放置在其中一个空箱子内, 并终止算法. 否则, 随机选择 $i \in \{1,2,3\}$, 将 $\mathcal{B}[h_i(x)]$ 中的当前元素驱逐出箱子, 将 $x$ 放置在此箱子中, 并向其他箱子迭代插入被驱逐的元素. 如果经过一定次数的迭代之后算法仍未终止, 则将最后被驱逐出的元素放置在一个名为暂存区 (stash)

的特殊箱子中.

PSSZ 方案应用布谷鸟哈希实现 PSI. 首先, 两个参与方为 3-布谷鸟哈希选择 3 个随机哈希函数 $h_1, h_2, h_3$. 假设 $P_1$ 的输入集合为 $X$, $P_2$ 的输入集合为 $Y$, 且满足 $|X| = |Y| = n$. $P_2$ 应用布谷鸟哈希将集合 $Y$ 中的元素放置在 $1.2n$ 个箱子和大小为 $s$ 的暂存区中. 此时, $P_2$ 的每个箱子中最多含有一个元素, 暂存区中最多含有 $s$ 个元素. $P_2$ 用虚拟元素填充箱子和暂存区, 使每个箱子均包含一个元素, 暂存区中包含 $s$ 个元素.

两个参与方随后执行 $1.2n + s$ 个 OPRF 协议, $P_2$ 作为 OPRF 协议的接收方, 分别将 $1.2n + s$ 个元素作为 OPRF 的输入. 令 $F(k_i, \cdot)$ 表示第 $i$ 个 OPRF 协议所对应的 PRF. 如果 $P_2$ 通过布谷鸟哈希将元素 $y$ 放置在第 $i$ 个箱子中, 则 $P_2$ 得到 $F(k_i, y)$; 如果 $P_2$ 将元素 $y$ 放置在暂存区中, 则 $P_2$ 得到 $F(k_{1.2n+j}, y)$.

另一方面, $P_1$ 可以对任意 $i$ 计算 $F(k_i, \cdot)$. 因此, $P_1$ 计算得到下述两个候选 PRF 的输出集合:

$$H = \{F(k_{h_i(x)}, x) \mid x \in X \text{ 且 } i \in \{1, 2, 3\}\}$$

$$S = \{F(k_{1.2n+j}, x) \mid x \in X \text{ 且 } j \in \{1, \cdots, s\}\}$$

$P_1$ 随机打乱集合 $H$ 和 $S$ 中元素的位置, 并将 $H$ 和 $S$ 发送给 $P_2$. $P_2$ 可按下述方法计算得到 $X$ 和 $Y$ 的交集: 如果 $P_2$ 有一个被映射到暂存区中的元素 $y$, 则 $P$ 验证 $S$ 中是否含有 $y$ 所对应的 OPRF 输出. 如果 $P_2$ 有一个被映射到哈希箱子中的元素 $y$, 则 $P_2$ 验证 $H$ 中是否含有 $y$ 所对应的 OPRF 输出.

直观上看, 此协议可以抵御半诚实 $P_2$ 的攻击. 这是因为元素 $x \in X \setminus Y$ 所对应的 PRF 输出 $F(k_i, y)$ 满足伪随机性. 类似地, 如果密钥具有关联性, 但 PRF 的输出仍然满足伪随机性, 则用 OPRF 实现关联密钥 PRF 也可以保证方案的安全性.

只要 PRF 的输出不发生碰撞 (即对于 $x \neq x'$, $F(k_i, x) = F(k_{i'}, x')$), 此协议的计算结果就是正确的. 我们必须谨慎设置协议的参数, 避免 PRF 的输出发生碰撞.

用 $\binom{n}{1}$-OT 协议构建更高效的 OPRF. Kolesnikov 等[152] 为 PSI 协议构建了一个高效的 OPRF 协议. 此协议最大的技术贡献点是指编码 $C$ 不一定要满足线性纠错码的全部性质. 用伪随机编码替换编码 $C$, 即可构造出 $\binom{n}{1}$-OT 协议, 进而构建高效的 PSI 协议. 具体来说,

(1) 协议不包含解码步骤, 因此编码不需要具备有效解码能力.

(2) 协议只要求对所有可能的 $r, r', C(r) \oplus C(r')$ 的汉明重量至少等于计算安全参数 $\kappa$. 实际上, 能概率性地满足汉明距离的要求就足够了. 也就是说, 选择的 $C$ 能以压倒性的概率保证汉明距离大于等于计算安全参数 $\kappa$.

为方便描述, 假设 $C$ 是一个可输出适当长随机数的随机谕言机. 直观上看, 当 $C$ 的输出足够长时, 很难为 $C$ 找到输出接近碰撞的输入值. 也就是说, 很难找到 $r$ 和 $r'$ 值, 使得 $C(r) \oplus C(r')$ 具有很小 (小于计算安全参数 $\kappa$) 的汉明重量. 令随机函数的输出长度为 $k = 4\kappa$, 就足以让接近碰撞的概率变得可忽略.

我们将满足这一条件的函数 $C$ (在标准模型下, 应该称其为函数族) 称为伪随机编码 (pseudo random code, PRC), 这是因为此函数的编码理论性质, 即最小汉明距离阈值, 在密码学意义上也是成立的.

通过将 $C$ 的要求从线性纠错编码放宽到伪随机编码, 就能移除接收方选择字符串的前置上限了. 本质上, 接收方可以用任意字符串作为选择字符串. 发送方可以得到任何字符串 $r'$ 所对应的秘密值 $H(\mathbf{q}_j \oplus [C(r') \cdot s])$. 如前所述, 接收方只能计算得到 $H(\mathbf{t}_j) = H(\mathbf{q}_j \oplus [C(r) \cdot s])$, 即选择字符串 $r$ 所对应的秘密值. 伪随机编码的性质是, 有压倒性的概率满足所有其他 $\mathbf{q}_j \oplus [C(\tilde{r}) \cdot s]$ 的值与 $\mathbf{t}_j$ 均有较大的差异. 接收方至少能猜测出 $s$ 中的 $\kappa$ 个比特才能得到 $\mathbf{q}_j \oplus [C(\tilde{r}) \cdot s]$.

实际上, 我们可以把上面构造的 $\binom{n}{1}$-OT 协议看作一个 OPRF. 直观上看, $r \mapsto H(\mathbf{q} \oplus [C(r) \cdot s])$ 是一个函数, 发送方可以对任意输入求对应的输出, 输出结果满足伪随机性, 而接收方可以求得其选择输入 $r$ 所对应的输出.

将 $\binom{n}{1}$-OT 协议看作 OPRF 时, 需要注意下述细节.

(1) 接收方得到的信息要比 PRF 的输出稍多一些. 具体来说, 接收方得到的是 $\mathbf{t} = \mathbf{q} \oplus [C(r) \cdot s]$, 而不仅仅是 $H(t)$.

(2) 协议可以实现很多 PRF 实例, 但各实例的密钥具有关联性, 即所有实例共享密钥 $s$ 和伪随机编码 $C$.

Kolesnikov 等证明, 可以用此 OPRF 安全地替换 PSSZ 协议中的 OPRF. 在广域网环境下, 可以在 7 秒内安全计算出两个包含 $n = 2^{20}$ 个元素的集合交集. 迭代计算两两集合的交集, 就可以得到多个集合的交集. 然而, 并不能直接将上述 2PC 的 PSI 协议扩展到支持多参与方, 这需要克服几个关键障碍. 其中的一个障碍是, 在 2PC 的 PSI 协议中, 参与方可以得到两个输入集合的交集, 但在多参与方下, 参与方只应该得到所有集合的共同交集, 必须保护两两集合的交集信息. 在 2017 年, Kolesnikov 等[154] 提出了将上述 PSI 协议扩展为支持多参与方的方法.

### 4.6.4 隐私保护机器学习

隐私保护机器学习 (privacy-preserving machine learning, PPML) 是在确保数据隐私不被侵犯的前提下进行的机器学习实践. 它旨在应对机器学习中固有的隐私安全问题, 使机器学习能够在不泄露敏感信息的前提下发挥其效用. 其核心思想在于, 在不暴露原始数据的前提下, 有效地学习和利用数据中的有价值信息. 安全多方计算允许不同参与方在不暴露各自私有信息的情况下共同计算函数结果, 有效避免了机器学习模型训练及推理过程中可能发生的数据泄露, 因此这一技术在 PPML 领域中得到了广泛应用.

目前, 安全多方计算技术根据底层实现的不同, 主要分为混淆电路 (garbled circuit) 和秘密分享两大类. 基于混淆电路的协议更适用于两方逻辑运算场景, 其通信轮次固定, 但扩展性相对较差.

另一类基于秘密分享的安全多方计算中, 数据输入和计算中间值都以 "密文分片" 的形式存在. 秘密分享技术可以将隐私数据切割成两份或更多份, 并将这些随机分片分发给参与计算的各方. 这种方法既保护了数据隐私, 又允许多方联合对数据进行计算. 此类技术具有较强的扩展性, 理论上支持无限多方参与计算, 计算效率较高, 但通信开销相对较大.

在 PPML 场景中, 运算模块大致可分为线性运算 (如密文加/减法、密文乘法) 和非线性运算. 线性运算通常通过秘密分享技术实现, 而非线性运算的实现方式则更为多样. 相较于使用混淆电路技术的协议, 使用秘密分享技术的协议在计算效率上通常表现更优.

目前, 针对 PPML 场景的安全多方计算定制优化正处于快速发展阶段. 通过分析神经网络典型操作的计算特征与数据传输特点, 相关领域研究者提出了一系列安全多方计算框架. 本节将以 Falcon[155] 为例, 介绍此类框架的基本设计思路及其应用方式. Falcon 是由 Wagh 等专为神经网络设计的高效三方安全计算框架, 其建立在 SecureNN、ABY3 等先前工作的基础之上, 具备以下特点:

(1) Falcon 框架提供了一套端到端的解决方案, 专门用于大型机器学习模型的高效训练和推理. 该框架采用先进的协议设计, 确保了 PPML 实现过程中的数据安全和计算效率.

(2) Falcon 框架兼容并支持 VGG16 等大型神经网络框架, 同时支持使用批量归一化操作提升神经网络的训练效率.

(3) 在假设诚实多数节点存在的条件下, Falcon 框架能够对抗来自恶意攻击者的攻击, 从而确保机器学习过程中数据的安全性和隐私性.

(4) 通过精细调整数据类型大小、避免非必要的协议转换等策略, Falcon 框架显著降低了通信开销, 提升了整体通信效率, 即使在广域网环境下也能保持良好的性能表现.

在具体实现方面,Falcon 框架使用 Araki 等提出的复制秘密分享 (replicated secret sharing, RSS)[156] 来表示加密数据. 具体来说, 设模数为 $m$, 对于任意 $x$, 将 $x$ 分割为三个随机值 $x_1, x_2, x_3$, 使 $x = x_1 + x_2 + x_3 \mod m$, 用 $[x] = (x_1, x_2, x_3)$ 来表示 $x$ 模 $m$ 的 2-out-of-3 RSS. 这些 $[x]$ 份额被成对分发 $\{(x_1,x_2),(x_2,x_3),(x_3,x_1)\}$, 其中参与方 $P_i$ 拥有第 $i$ 对, 即 $P_1$ 拥有 $(x_1,x_2)$, $P_2$ 拥有 $(x_2,x_3)$, $P_3$ 拥有 $(x_3,x_1)$. $x$ 模 $m$ 的 3-out-of-3 RSS 记作 $[x]_3$, 代表参与方 $P_i$ 仅持有 $x_i$. Falcon 在具体实现中使用了三个不同的模数: $L = 2$, 小素数 $p$ 和 $2^p$.

基于 RSS 密文格式, Falcon 按照底层操作、中间协议、高层神经网络运算三个层次完成了自底向上的安全多方计算框架构建. 图 4.4 展示了 Falcon 框架中计算模块层级关系, 图 4.4 中从下至上, 分别代表了代码自底层操作到高层神经网络运算的构成关系.

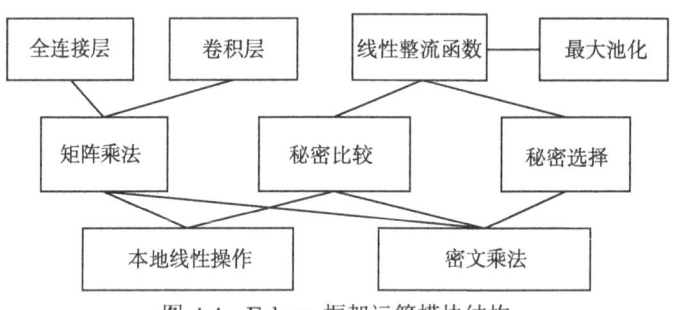

图 4.4 Falcon 框架运算模块结构

**底层操作** 最基本运算包括本地线性操作 (local linear operation) 和密文乘法 (multiplication).

本地线性操作包含参与方可以在本地完成的一系列操作, 例如密文与公共常数的加/减法与乘法操作. 对于密文与公共常数的加减法操作, 只需要单个参与方进行计算, 对于密文与公共常数的乘法操作, 则需要所有的参与方的参与, 分别计算新的本地份额. 但无论哪种运算, 其计算结果仍是 2-out-of-3 秘密分享格式, 因此不需要进行额外通信, 参与方本地即可完成.

密文乘法可分为整数乘法、定点数乘法两种类型. 对于整数乘法, 每个参与方使用自己拥有的两份额秘密分享值进行本地计算形成 3-out-of-3 秘密分享, 随后参与方使用 Reshare 操作将其恢复为 2-out-of-3 秘密分享格式, 完成最终运算. 定点数乘法计算也可以根据上述步骤完成, 但由于进行相乘后小数位会翻倍, 所以参与方在计算乘积后还需要通过数据截断方式对运算结果进行缩放调整. 这两类运算是神经网络的基础运算, 对应神经网络中计算神经元之间的连接权重和激活值计算操作.

**中间协议** 包括矩阵乘法 (matrix multiplication)、秘密比较 (private compare, PC)、秘密选择 (secret select, SS)。

对于矩阵乘法运算，Falcon 通过将矩阵乘法拆分为向量的内积操作，使用底层操作的乘法计算出结果矩阵中的每个密文，保证了矩阵乘法结果仍然是 2-out-of-3 的秘密分享格式。秘密比较与秘密选择两者是 Falcon 框架中实现神经网络应用非线性运算的基础。其中秘密比较运算的目的是实现安全的比较操作，以确定一个秘密值是否大于或者等于一个公开值。而秘密选择允许参与方在不泄露输入的情况下共同决定使用两个秘密值中的哪一个，即实现秘密数值的选择操作。

**高层神经网络运算** 包括全连接层 (full connected layer, FC)、卷积层 (convolutional layer, Conv)、线性整流函数 (rectified linear unit, ReLU)、最大池化 (maxpooling)。

全连接层和卷积层是神经网络中的基本结构，全连接层中每个神经元与前一层中的所有神经元相连。在 Falcon 中，全连接层的操作可以通过矩阵乘法来实现。卷积层用于提取输入数据的特征，通常用于图像和视频处理。Falcon 通过将卷积展开为更大维度的矩阵乘法来执行卷积操作，在计算时采用定点数的形式进行运算。ReLU 是一种激活函数，用于提高网络的非线性特征，其定义为 $\text{ReLU}(x) = \max(x, 0)$。在 Falcon 中，ReLU 的计算涉及计算最高有效位 (most significant bit, MSB) 操作和计算密文相加产生进位数值的 Wrap 函数，这些都是通过秘密选择和秘密比较操作实现的。Falcon 在设计 ReLU 激活函数时避免了使用布尔和混合电路转换协议，使其非线性运算的效率得到增强。神经网络中池化操作用于降低特征图的维度并提取最显著的特征，最大池化对应选择秘密子矩阵中的最大值。Falcon 基于 ReLU 函数实现了该功能，得益于模块化设计，Falcon 的每个运算模块都可以独立工作，具备较强的使用灵活性。此外，Falcon 框架还提供了神经网络训练过程中所需的导数计算和批量归一化操作，为神经网络模型的训练提供了全面的支持。

基于上述高层神经网络算子，开发人员可利用 Falcon 框架将现有的神经网络模型转化为安全多方计算模式，从而在三方参与的场景中执行神经网络的训练和推理任务。Falcon 框架的设计者对包括 LeNet, AlexNet, VGG-16 等在内的多种神经网络进行了验证，并与 SecureNN, ABY3 等相关工作进行了性能对比，结果显示 Falcon 框架在性能上有着显著的提升。

将安全多方计算技术应用于隐私保护机器学习领域，可以有效保护敏感数据，解决机器学习过程中可能遇到的隐私泄露问题。然而相较于明文计算，安全多方计算往往伴随着额外的通信和计算开销。特别是在涉及大量矩阵乘法的机器学习场景中，这种开销无疑会增加计算成本和时间，从而影响模型在处理大规模数据集时的性能。此外，PPML 场景中的非线性运算，如激活函数的计算，通常要求采

## 4.7 习题

**练习 4.1** 请简述安全多方计算中参与方的类型.

**练习 4.2** 考虑函数 $f: \mathbb{Z}_q^{n+1} \to \{0,1\}$，它的定义如下：

$$f(x_1, \cdots, x_n, x) := \begin{cases} 1, & x \in \{x_1, \cdots, x_n\} \\ 0, & 其他 \end{cases}$$

给出 $f$ 的算术电路，它使用 $O(n + \log q)$ 乘法门和 $O(n)$ 加/减法门. (提示: 使用费马小定理)

**练习 4.3** 假设 $(I, S, F, F^{-1})$ 构成一个硬核谓词 $B$ 的增强陷门置换族，请尝试证明如图 4.1 所示的基于陷门置换的 OT 协议在静态半诚实攻击者存在的情况下安全地计算功能 $f((b_0, b_1), \delta) = (\lambda, b_\delta)$.

**练习 4.4** 请尝试列举 PET 协议在在线拍卖、基因组计算、机器学习、数据挖掘和私有数据库查询处理等领域中的应用实例.

**练习 4.5** 除了两方情形外，多方情形下的相等性检测协议可被用于比较多个数据拥有者之间的数据集是否相等，请尝试基于可信服务器、PAKE (password authenticated key exchange) 等构造安全的多方协议.

**练习 4.6** 在 (3,6) Shamir 秘密分享中，已知 6 个点 $(1, 1494), (2, 1942), (3, 2578), (4, 3402), (5, 4414), (6, 5614)$，请用 Lagrange 插值法计算秘密 $s$.

**练习 4.7** 在可验证秘密分享中，请给出在构造中通过什么方法实现了可验证这个属性.

**练习 4.8** Yao 氏混淆电路方案和 GMW 协议都需要 OT 协议，请分别叙述 OT 协议在两个方案中的作用.

**练习 4.9** 两个参与方希望安全地计算一个联合函数 $f(x, y)$，其中 $x$ 和 $y$ 分别是两个参与方的私有输入. 请使用 ABY 框架，设计一个方案来安全地计算这个函数.

**练习 4.10** $n$ 个参与方希望安全地计算一个函数 $f(x_1, x_2, \cdots, x_n)$，其中每个参与方持有一个输入值 $x_i$，并且他们不希望泄露自己的输入给其他参与方. 请使用 SPDZ 协议，设计一个方案来安全地计算这个函数.

## 4.7 习题

**练习 4.11** 请论述如何优化 SPDZ 协议的效率, 并思考 SPDZ 协议可以适用于哪些实际应用场景中.

**练习 4.12** 实践题: 查阅一篇最新发表的安全多方计算领域内的论文, 阐述其流程.

# 第 5 章

# 门限签名

## 5.1 门限签名概述

### 5.1.1 数字签名与门限签名

数字签名 (digital signature) 是密码学方案中的一类重要算法, 通常用于验证信息 (例如电子邮件、信用卡交易或数字文档) 的数据完整性、数据来源鉴别, 以及行为的不可否认性. 例如, 签名者 Alice 需要向其他用户证明消息 $m$ 是由她发出的, 且未经篡改. 为此, Alice 可以生成公私钥 $(pk, sk)$, 并将公钥 $pk$ 公布给所有验证者. Alice 使用私钥 $sk$ 签署消息 $m$ 得到签名 $\sigma$, 并将消息 $m$ 和签名 $\sigma$ 公开. 任何知道公钥 $pk$ 的验证者在接收到消息 $m$ 和签名 $\sigma$ 后, 都可以使用公钥 $pk$ 来验证签名的有效性, 确保消息 $m$ 在发出后没有被篡改, 并确认消息 $m$ 的来源. 由于对消息 $m$ 的签名 $\sigma$ 只能由拥有对应私钥 $sk$ 的 Alice 生成, 如果消息 $m$ 附带了有效签名 $\sigma$, Alice 也无法否认她曾经签署过消息 $m$.

数字签名提供相应安全保障的前提是用于进行签名的私钥未被泄露. 如果签名私钥被攻击者窃取, 那么攻击者就可以任意地执行签名操作、伪造身份. 另一方面, 也有各种软硬件漏洞可能导致攻击者窃取私钥, 例如, 著名的 OpenSSL "心脏出血" 漏洞可使得远程攻击者获得 SSL 服务器的内存数据; Meltdown 攻击可利用中央处理器 (CPU) "乱序执行" (out-of-order execution) 特性, 读取受限内存区域中存储的密钥等敏感信息. 将密钥存储于单一设备、在单一设备上执行数字签名计算, 会导致该设备成为攻击者的重点攻击对象. 门限签名为缓解此类密钥泄露风险提供了有效的解决方案.

门限签名利用秘密分享技术将签名私钥拆分为不同的签名私钥份额 (share), 这些份额分别分发给不同的参与方, 参与方使用自己的设备来执行计算. 在常见的 $(t, n)$ 门限签名方案 (threshold signature scheme, TSS) 中, $t$ 称为门限值, $n$ 是参与方总数, $t$ 满足 $0 < t \leqslant n$. $(t, n)$ 门限签名方案要求 $n$ 位参与方中, 必须有不少于 $t$ 个成员合作才能生成有效签名. 所以, 即使攻击者获得了 $t-1$ 个参与方的私钥份额, 或者控制了 $t-1$ 个参与方, 也无法生成有效签名, 能够有效提升数字

签名方案的抗攻击强度.

### 5.1.2 门限签名方案的基本概念

一个 $(t,n)$ 门限签名方案, 主要包括以下三个子算法.

(1) 密钥生成算法 $(pk, sk_i) \leftarrow \text{KeyGen}(\ell, t, n)$: 输入安全参数 $\ell$、门限值 $t$ 和参与方总数 $n$, 输出公钥 $pk$ 和各参与方私钥份额 $sk_i$ $(1 \leqslant i \leqslant n)$.

(2) 签名算法 $\sigma \leftarrow \sigma_i \leftarrow \text{Sign}(sk_i, m)$: 签名算法输入不少于门限数量的参与方私钥 $sk_i$ 和消息 $m$, 各参与方输出部分签名 $\sigma_i$, 算法输出完整签名 $\sigma$.

(3) 验证算法 $b \in \{0,1\} \leftarrow \text{Verify}(pk, m, \sigma)$: 验证算法输入公钥 $pk$、消息 $m$ 和签名 $\sigma$, 当签名验证成功时输出 1, 否则输出 0.

门限签名方案的基本要求是验证算法与原签名算法中的验证算法保持完全一致. 例如, 对于 RSA 算法, 不论签名者是使用常规的私钥计算签名, 还是利用门限签名方案来计算签名, 验证者都能执行相同的验证算法来验证签名的有效性.

密钥生成算法, 又可进一步分为有受信中心 (trusted dealer) 和分布式密钥生成 (distributed key generation, DKG) 两种情况. 受信中心是指在系统中被各参与方信任的实体, 负责密钥对生成和私钥份额分发, 通常是在受到保护的安全环境中运行的. 在有受信中心的场景中, 公私钥对 $(pk, sk)$ 由受信中心生成, 然后利用秘密分享方案将私钥 $sk$ 拆分为 $n$ 个私钥份额 $sk_i$, 并将 $sk_i$ 分发给对应的参与方. 在私钥份额分发完成后, 为了防止完整私钥泄露, 受信中心可将完整私钥销毁. 上述密钥生成过程通常是在离线的、物理隔离的环境中执行的. 另一方面, 分布式密钥生成则是由各参与方合作密钥生成过程, 每一个参与方在本地生成各自的私钥份额 $sk_i$, 最终的私钥 $sk$ 由各参与方的私钥份额 "隐含" 地确定; 在 DKG 中, 任一参与方都不能构造完整私钥 $sk$, 每个参与方不知道 $sk$, 但是各方对 $sk$ 的生成具有同等的贡献, 且确保密钥 $sk$ 的随机性.

在签名算法中, 参与方需要使用各自的私钥份额 $sk_i$ 计算消息 $m$ 的部分签名 $\sigma_i$, 并将 $\sigma_i$ 发送给其他参与方. 当参与方在接收到不少于门限数量的部分签名后, 便可组合得到该消息的签名 $\sigma$. 如果在签名计算时, 各参与方之间不需要交互通信, 则称签名方案是非交互的 (non-interactive).

在安全性方面, 门限签名应该达到与对应的常规签名算法相同的安全性, 也就是选择消息攻击下的存在性不可伪造 (existential unforgeability under chosen message attack, EU-CMA). 进一步, 门限签名还需满足以下基本要求:

(1) 对于密钥生成算法, 所有各参与方应输出相同且正确的公钥, 同时不会泄露各自的秘密信息 (主要是私钥份额 $sk_i$).

(2) 对于签名算法, 要求诚实的参与方能够生成正确的签名, 同时确保在签名过程中不会泄露有关私钥份额或者完整私钥的任何信息.

除了上述基本安全性要求之外, 可验证性也是一个重要的考虑因素. 例如, 在签名计算过程中, 参与方需要向其他参与方证明自己确实拥有正确的秘密份额 $sk_i$, 或者证明部分签名 $\sigma_i$ 是由相应的私钥份额 $sk_i$ 计算生成的, 而不是由恶意攻击者通过随机数模拟得到的. 这通常借助零知识证明 (zero-knowledge proof, ZKP) 实现, 零知识证明的详细内容将在第 6 章中详细介绍. 这一类可以验证参与方私钥份额正确性和部分签名正确性的门限计算方案称为可验证的门限签名方案 (verifiable threshold signature scheme, VTSS).

### 5.1.3 门限签名方案的发展

1979 年, Shamir 和 Blakley 分别独立地提出了秘密分享方案, 为门限签名技术奠定了基础. 针对 RSA 签名算法, Desmedt 和 Frankel 等引入了门限密码的概念[57], 并首先提出了 $(t, n)$ 门限签名方案[157]. 该方案设计中存在受信中心, 用于生成公私钥、生成插值多项式以分发私钥份额. 之后, 2000 年 Shoup[58] 改进了上述方案, 构造了静态模型下非交互式的门限签名方案. 徐秋亮延续上述方案思路, 设计了一个特殊的 RSA 签名体制[158], 该体制通过证明所使用的哈希函数具有强抗碰撞性和单向性, 避免了在代数结构中计算逆元素, 且无须代数扩张.

ECDSA 签名算法是概率性签名算法, 签名计算时不仅需要保证私钥 $sk$ 的安全性, 还需要保证签名随机数 $k$ 的安全性, 所以所有签名参与方需要合作生成签名随机数 $k$ 及其逆元 (在 ECDSA 算法签名过程中, 需要使用 $k$ 和 $k^{-1}$). 早期的 ECDSA 门限计算方案基于联合随机秘密分享 (joint random secret sharing, JRSS) 方案和联合零秘密分享 (joint zero secret sharing, JZSS) 方案设计. 但是这样的方案会导致 Shamir 秘密分享方案多项式的次数扩张. 当门限值为 $t$ 时, 至少需要阶为 $2t + 1$ 的插值多项式, 因而需要 $2t + 1$ 个参与方才能合成签名[59]. 2016 年, Gennaro 等[159] 提出了门限最优 (threshold optimality) 的概念. 在 $(t, n)$ 门限方案中, 参与方总数仅需要满足 $n \geqslant t$. 此外, 他们还提出了基于 Paillier 同态加密方案的门限方案和陷门承诺技术, 构造了门限最优的 ECDSA 签名方案. 事实上, 在 Gennaro 等提出门限最优的概念之后, 这也成为 ECDSA 门限签名方案的基本要求. Lindell[160] 在 2017 年和 Doerner 等[161] 在 2018 年分别提出了基于 Paillier 同态加密的两方 ECDSA 门限签名方案. 随后在 2018 年, Gennaro 和 Goldfeder[61] 给出了仅使用 Paillier 同态加密方案的简单多方门限 ECDSA 方案, 避免了零知识证明的大量交互.

针对 SM2 签名算法, 2014 年林璟锵等[162] 针对 SM2 签名算法提出了首个两方门限计算方案, 该方案首先给出了 SM2 签名计算的等价变形, 从而避免了同时计算 $d$ 和 $(1 + d)^{-1}$, 这个等价计算形式也是后续大量 SM2 门限签名方案的设计基础. 同年, 尚铭等[163] 分别针对存在受信中心和不存在受信中心的情况, 设计了基于 Shamir 秘密分享方案的 SM2 签名算法的 $(t,n)$ 门限计算方案.

## 5.2 预备知识

本节将介绍门限签名方案的预备知识. 作为门限签名的基础技术, 我们将首先介绍秘密分享技术. 接下来, 我们将介绍乘法加法 (multiplicative-to-additive, MtA) 转换器以及如何在分享份额状态下利用多方安全计算技术计算逆元. 秘密分享可以对秘密 (例如私钥) 进行拆分和恢复, 乘法加法转换器允许参与方将分享的乘法份额转换为加法份额, 在不同的门限签名方案中使用. 此外, 在门限签名方案中, 计算某个数的逆元时常使用多方安全计算的 Beaver 三元组乘法方案.

### 5.2.1 秘密分享

作为门限密码的关键技术, 秘密分享将秘密分解为多个份额, 且保证达到门限数量的份额可以恢复原始秘密. 具体地, 一个 $(t,n)$ 秘密分享方案通常由秘密分发者 $D$ 和参与方 $P_1, \cdots, P_n$ 共同参与, 主要包括以下两个子协议.

(1) 秘密拆分协议: 秘密分发者 $D$ 将秘密 $s$ 分解为 $n$ 个份额 $s_1, s_2, \cdots, s_n$, 分别发送给 $P_1, \cdots, P_n$, 使得参与方 $P_i$ 持有份额 $s_i$ $(1 \leqslant i \leqslant n)$.

(2) 秘密恢复协议: 任意不少于 $t$ $(0 < t \leqslant n)$ 个参与方利用各自份额, 合作恢复原始秘密 $s$.

在安全性方面, 秘密分享方案要求少于 $t$ 个参与方合作无法获得关于秘密 $s$ 的任何信息.

下面, 我们介绍一种广泛使用的 $(t,n)$ 秘密分享方案——**Shamir 秘密分享方案**. 1979 年, Shamir 提出了一种 $(t,n)$ 的门限方案, 利用了 Lagrange 插值多项式的性质: 次数不超过 $t-1$ 的多项式可以由多项式上的任意 $t$ 个点唯一确定. 例如, 给定二次多项式 $f(x) = a_2 x^2 + a_1 x + a_0$ 上任意三点, 比如 $(0,1)$, $(1,0)$ 和 $(2,1)$ 可唯一确定曲线 $f(x) = x^2 - 2x + 1$, 如图 5.1 所示.

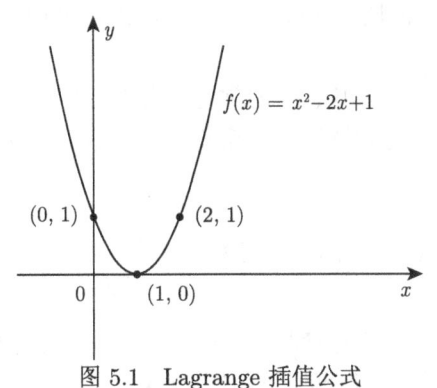

图 5.1 Lagrange 插值公式

Shamir 秘密分享方案的运算均在阶为 $q$ 的有限域上进行, 计算时还需要模 $q$, 在下面的描述中不再特别标注.

- **参数设置** 设秘密分发者为 $D$, $n$ 个参与方为 $P_1, \cdots, P_n$, 门限为 $t$, 秘密 $s \in \mathbb{Z}_q$, 其中 $q$ 为素数, 所有的计算都在素域 $\mathbb{Z}_q$ 上进行.
- **秘密分发** 秘密分发者 $D$ 随机选择 $a_1, a_2, \cdots, a_{t-1} \in \mathbb{Z}_q$, 定义如下多项式:

$$f(x) = a_{t-1}x^{t-1} + a_{t-2}x^{t-2} + \cdots + a_1 x + a_0$$

$f(x)$ 是次数为 $t-1$ 的多项式, 且满足 $f(0) = a_0 = s$. 然后, 任意选择 $n$ 个不同的非零整数 $x_1, x_2, \cdots, x_n \in \mathbb{Z}_q$, 对于 $i = 1, 2, \cdots, n$, 分别计算 $y_i = f(x_i) \in \mathbb{Z}_q$, 将每一对 $(x_i, y_i)$ 作为秘密份额 $s_i$ 分发给参与方 $P_i$. 为了防止多项式 $f(x)$ 泄露, $D$ 可在分发完成后将 $f(x)$ 销毁.

- **秘密恢复** 任意 $t$ 个参与方利用各自份额合作恢复秘密 $s$. 假设他们的秘密份额为 $(x_1, y_1), (x_2, y_2), \cdots, (x_t, y_t)$, 计算 $t-1$ 次的多项式表达

$$g(x) = \sum_{i=1}^{t} y_i \prod_{j=1, j \neq i}^{t} \frac{x - x_j}{x_i - x_j}$$

计算 $g(0)$ 即为秘密 $s$.

**正确性说明** 令

$$L_i(x) = \prod_{j=1, j \neq i}^{t} \frac{x - x_j}{x_i - x_j} \in \mathbb{Z}_q[x]$$

则 Lagrange 插值多项式可以表示为

$$g(x) = L_1(x) y_1 + \cdots + L_t(x) y_t \in \mathbb{Z}_q[x]$$

可以看出, 当 $i \neq j$ 时, $L_i(x_i) = 1$, 且 $L_i(x_j) = 0$. 所以对 $t$ 个参与方, 都有 $g(x_j) = f(x_j) = y_j$, 又因为 $f(x)$ 和 $g(x)$ 都是次数最多为 $t-1$ 的多项式, 所以根据多项式的一般性质, $f(x)$ 和 $g(x)$ 是相同多项式. 因此恢复出的秘密 $s = f(0) = g(0)$.

在 Shamir 秘密分享方案中, $x_i$ 通常是公开的. 例如, $x_i$ 设置为参与方身份标识的信息 $x_i = i$, 每个参与方持有的秘密份额 $s_i = y_i$. Lagrange 系数 $\lambda_1, \lambda_2, \cdots, \lambda_t \in \mathbb{Z}_q$ 定义如下.

$$\lambda_i = L_i(0) = \prod_{j=1, j \neq i}^{t} \frac{-x_j}{x_i - x_j} \in \mathbb{Z}_q[x]$$

由于 $\lambda_i$ 与 $y_i$ 无关, 在给定参与方集合且 $x_i$ 公开的情况下可以预计算 $\lambda_i$. 因此, 秘密 $s$ 可采用以下线性组合的形式计算恢复:

## 5.2 预备知识

$$s = \sum_{i=1}^{t} \lambda_i y_i$$

**安全性说明**

**命题 5.1** *少于 $t$ 个参与方无法合作计算恢复秘密 $s$.*

假设有 $t-1$ 个参与方合作试图恢复 $s$，其份额为 $(x_1', y_1'), (x_2', y_2'), \cdots, (x_{t-1}', y_{t-1}')$. 对任意给定 $(0, s')$，其中 $s' \in \mathbb{Z}_q$，由 Lagrange 插值的性质可知，可唯一确定次数不超过 $t$ 的多项式，其对应函数图像经过 $(x_1', y_1'), (x_2', y_2'), \cdots, (x_{t-1}', y_{t-1}')$ 与 $(0, s')$. 这意味着对任意的 $s' \in \mathbb{Z}_q$ 作为秘密都可以产生份额 $(x_1', y_1'), (x_2', y_2'), \cdots, (x_{t-1}', y_{t-1}')$. 此时，攻击者猜中原始秘密 $s$ 的概率是 $\dfrac{1}{q}$，因此没有泄露有关于 $s$ 的任何信息.

除了 Shamir 秘密分享，基于冗余加性份额的秘密分享方案经常用来将全门限 $(n, n)$ 方案转换为 $(t, n)$ 门限方案. 首先，可以将 $n$ 个参与方划分出来 $k = C_n^t$ 个子集 (每一个子集包括 $t$ 个参与方)，在每一个子集内都会进行一次秘密 $s$ 的全门限拆分 (例如，将 $s$ 拆分为 $t$ 个随机数相加，相当于一次 $(t, t)$ 加性秘密分享)，使得该子集内的所有参与方合作才可以恢复出秘密 $s$. 接下来，对 $s$ 进行 $k$ 次独立无关的 $(t, t)$ 加性秘密分享，使得任意子集都可以恢复出秘密 $s$. 上述方法通过多次独立无关的 $(t, t)$ 加性秘密分享，将全门限方案转换为 $(t, n)$ 门限计算方案. 在秘密恢复阶段，参与方 $P_i$ 会被告知参与此次恢复的参与方集合，然后 $P_i$ 根据参与方集合选择匹配的秘密份额即可与其他参与方恢复出完整秘密.

另一方面，我们还可以通过份额的多次分发，将全门限的加性秘密分享方案转换为 $(t, n)$ 门限秘密分享方案. 记 $m = C_n^{t-1}$，将 $n$ 个参与方划分出来 $m$ 个不同子集，且每一个子集包括 $t-1$ 个参与方，将各子集分别记为 $\mathbb{P}_i$ $(1 \leqslant i \leqslant m)$; 然后将秘密 $s$ 拆分为 $m$ 个随机数相加: $s = s_1 + s_2 + \cdots + s_m$. 按照如下方式分发份额 $s_i$: 如果 $P_j \in \mathbb{P}_i$，则 $P_j$ 不获得 $s_i$; 否则, $P_j$ 获得 $s_j$. 可以发现，任意 $\mathbb{P}_i$ 子集缺少 $s_i$，不能恢复秘密 $s$; 任意包括 $t$ 个参与方的子集，会得到全部 $m$ 个份额 $s_i$，能够恢复秘密 $s$.

上述冗余加性秘密分享方案原理简单，在现实系统中被广泛使用. 在实践中，使用者可以综合使用"冗余"多次的全门限加性秘密分享和份额的"冗余"多次分发，从而获得需要的特性.

### 5.2.2 乘法加法转换器

目前常用的签名算法多数是概率性算法，尤其是 ECDSA 等椭圆曲线密码算法，其门限计算方案需要参与方通过交互运算生成签名随机数 $k$. 在这个过程中，参与方有时需要将乘法份额分享转换为加法份额分享, 此时就可以借助乘法加法转换器.

假设现在有两个参与方 Alice 和 Bob, 分别持有秘密 $z$ 的乘法份额分享 $z_A \in \mathbb{Z}_q$ 和 $z_B \in \mathbb{Z}_q$, 满足 $z = z_A z_B$. Alice 和 Bob 可以分别将 $z_A$ 和 $z_B$ 作为 MtA 转换器的输入, 分别得到输出 $z'_A$ 和 $z'_B$, 满足 $z = z'_A + z'_B$. MtA 转换器可以通过使用加法同态加密方案或不经意传输实现. 下面的计算过程需要在相应的素域上进行, 我们省略了取模计算的表述.

#### 5.2.2.1 基于加法同态加密的 MtA 转换器

前面章节已经对同态加密方案有详细的介绍, 在此我们介绍一种使用加法同态实现 MtA 的具体方案. 在这个方案中, 加法同态选择使用 Paillier 算法. 参与方 Alice 首先需要生成一对 Paillier 算法的公私钥 $(pk, sk)$, 之后与 Bob 按照如下步骤完成 MtA.

(1) Alice 使用公钥 $pk$ 加密自己的乘法份额分享 $z_A$, 得到 $c_A = \mathrm{Enc}_{pk}(z_A)$, 并将 $c_A$ 发送给 Bob.

(2) Bob 在收到 $c_A$ 后, 将自己的乘法份额分享 $z_B$ 与 $c_A$ 进行幂运算得到 $c_B = c_A^{z_B}$. 之后 Bob 生成随机数 $z'_B$, 利用 Alice 的公钥 $pk$ 加密 $-z'_B$, 并与 $c_B$ 进行乘法运算 $c'_B = c_B \mathrm{Enc}_{pk}(-z'_B)$. Bob 将 $c'_B$ 发送给 Alice.

(3) Alice 收到 $c'_B$ 后, 使用私钥 $sk$ 解密 $c'_B$ 得到自己的加法份额分享 $z'_A = \mathrm{Dec}_{sk}(c'_B)$.

这个交互过程如图 5.2 所示.

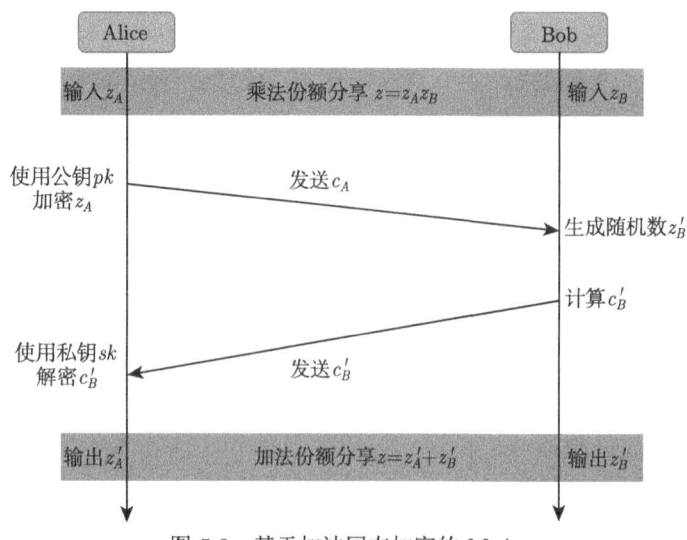

图 5.2 基于加法同态加密的 MtA

5.2 预备知识 · 229 ·

在 Paillier 同态加密方案中, 有如下等式关系.

$$\text{Enc}_{pk}(m_1)\text{Enc}_{pk}(m_2) = \text{Enc}_{pk}(m_1 + m_2)$$

$$\text{Enc}_{pk}(m)^k = \text{Enc}_{pk}(km)$$

所以在上述流程中 $c_B = c_A^{z_B} = \text{Enc}_{pk}(z_A z_B) = \text{Enc}_{pk}(z)$, $c_B' = c_B \text{Enc}_{pk}(-z_B') = \text{Enc}_{pk}(z - z_B')$, Alice 最后得到的份额 $z_A' = z - z_B'$, 所以 Alice 和 Bob 持有的份额满足 $z_A z_B = z_A' + z_B' = z$.

#### 5.2.2.2 基于不经意传输的 MtA 转换器

在常见的 OT 协议中, 发送方 Alice 输入 2 个比特串 $(\alpha_0, \alpha_1)$, 接收方 Bob 输入一个比特 $b \in \{0, 1\}$, 根据 $b$ 取值选择接收比特串. 在协议结束后, Bob 仅获得比特串 $\alpha_b$, 不知道另一个比特串, 而且 Alice 不知道 $b$ 的取值, 也不知道 Bob 选择接收了哪一个比特串.

Alice 和 Bob 可以按照以下步骤利用 OT 实现 MtA.

• **预处理** 令 $\rho = \log_2 q$, 其中 $q$ 是有限域 $\mathbb{Z}_q$ 的阶. Bob 首先生成 $\rho$ 个随机数, 分别记为 $\mu_0, \mu_1, \cdots, \mu_{\rho-1} \in \mathbb{Z}_q$. Bob 利用 $\rho$ 个随机数, 计算 $\rho$ 个比特串对 $(t_0^0, t_0^1), (t_1^0, t_1^1), \cdots, (t_{\rho-1}^0, t_{\rho-1}^1)$, 其中 $t_i^0 = \mu_i, t_i^1 = 2^i z_B + \mu_i, i \in [0, \rho-1]$. 然后, Alice 将 $z_A$ 转换为二进制表示形式 $z_{A_{\rho-1}} z_{A_{\rho-2}} \cdots z_{A_0}$.

• **份额传输** Alice 和 Bob 运行 $\rho$ 次 OT 协议. 在第 $i$ 次运行时, Alice 输入比特 $z_{A_i}$, Bob 输入比特串对 $(t_i^0, t_i^1)$. 当结束时, Alice 获得比特串 $t_i^{z_{A_i}}$.

• **份额转换** Alice 计算自己的新份额

$$z_A' = \sum_{i=0}^{\rho-1} t_i^{z_{A_i}}$$

Bob 计算自己的新份额

$$z_B' = -\sum_{i=0}^{\rho-1} \mu_i$$

**正确性说明** 若 $z_A$ 的第 $i$ 个二进制位 $z_{A_i}$ 为 0, 则在第 $i$ 次的 OT 运行中, Alice 会获得 $t_i^0 = \mu_i$, 而 Bob 在这一位的相应份额是 $-\mu_i$, 所以对于 $z_{A_i} = 0$ 的相应二进制位, Alice 和 Bob 的加法份额分享之和为 0. 若 $z_A$ 的第 $i$ 个二进制位 $z_{A_i}$ 为 1, Alice 在这一位得到的比特串是 $2^i z_B + \mu_i$. 相应地, Alice 和 Bob 的加法份额分享是 $2^i z_B$. 也就是说, $z_A' + z_B' = \sum_{i=0}^{\rho-1} x z_B$, 如果 $z_{A_i} = 0$, 则 $x = 0$; 如果 $z_{A_i} = 1$, 则 $x = 2^i$. 这与二进制表示的 $z_A z_B$ 乘法一致, 所以有 $z_A' + z_B' = z_A z_B = z$.

### 5.2.2.3 多参与方 MtA 转换器

在上面乘法份额与加法份额的转换中, 份额 $z$ 被拆分为 $z_A$ 和 $z_B$ 两个份额, 分别由 Alice 和 Bob 持有并进行转换. 如果 $z$ 拆分为多个份额, 分别由多参与方 $P_i$ 持有并转换, 也可以采取类似的过程. 例如 Alice、Bob 和 Charlie 分别持有秘密份额 $z_A, z_B$ 和 $z_C$, 并希望利用 MtA 转换器实现份额的转换. 三个参与方可以参照如下过程实现转换: Alice 和 Bob 首先利用两方的 MtA 将各自的乘法份额 $z_A$ 和 $z_B$ 转换为加法份额 $z'_A$ 和 $z'_B$. 之后, Alice 与 Charlie 分别使用 $z'_A$ 和 $z_C$ 运行两方 MtA 协议, 使得 Alice 持有份额 $z''_A$、Charlie 持有 $z'_{C_1}$. 同时, Bob 和 Charlie 分别使用 $z'_B$ 和 $z_C$ 运行两方 MtA 协议, 使得 Bob 持有份额 $z''_B$, Charlie 持有 $z'_{C_2}$, 最后, Charlie 将 $z'_{C_1}$ 与 $z'_{C_2}$ 相加得到自己的加法份额 $z''_C = z'_{C_1} + z'_{C_2}$. 在上述过程中, Alice、Bob 和 Charlie 的份额满足

$$z''_A + z''_B + z''_C = z''_A + z'_{C_1} + z''_B + z'_{C_2}$$
$$= z'_A z_C + z'_B z_C$$
$$= (z'_A + z'_B) z_C$$
$$= z_A z_B z_C$$

更多参与方实现转换的过程可以根据此过程类推, 在此不再展开描述.

### 5.2.3 利用 Beaver 三元组乘法求逆元

数字签名算法中通常包括素域的加法、乘法和求逆运算, 例如在 ECDSA 签名算法和国产 SM2 签名算法中, 都涉及求逆运算. 因此各参与方可以使用如下的多方安全计算方案, 将自己的秘密份额转换为相应逆元的份额.

假设 $n$ 个参与方 $P_i$ 各持有秘密份额 $z_i$, 秘密份额 $z_i$ 与秘密 $z$ 满足加法关系 $z = z_1 + z_2 + \cdots + z_n$. 各参与方需要在不暴露自己的秘密份额的情况下获得秘密 $z$ 的逆元的份额, 也就是获得逆元的份额 $[z^{-1}]_i$. 逆元的份额与秘密的逆元同样满足加法关系 $z^{-1} = [z^{-1}]_1 + [z^{-1}]_2 + \cdots + [z^{-1}]_n$. 这个过程可以利用 Beaver 三元组乘法实现. 在下面的描述中, 用 $[z]$ 表示秘密 $z$ 的加法份额.

回顾 Beaver 三元组乘法. 每个参与方 $P_i$ 持有秘密 $x$ 和 $y$ 的份额 $[x]$ 和 $[y]$, 并利用 Beaver 三元组乘法计算 $xy$ 的份额 $[xy]$: 离线阶段生成 Beaver 三元组, 在线阶段用三元组辅助计算乘法.

在离线阶段, 每个参与方获得三元组份额 $([a], [b], [c])$, 且 $a, b$ 和 $c$ 满足关系 $c = ab$. 在在线阶段, 每一个参与方 $P_i$ 计算 $\alpha_i = [x] - [a]$ 和 $\beta_i = [y] - [b]$ 并将 $\alpha_i$ 和 $\beta_i$ 广播给其他参与方. 参与方 $P_i$ 将收到的 $\alpha_j$ 和 $\beta_j$ $(j \neq i)$ 与自己的 $\alpha_i$ 和

$\beta_i$ 相加恢复出 $\alpha = \sum_{i=1}^n \alpha_i$ 和 $\beta = \sum_{i=1}^n \beta_i$. 然后, 在 $n$ 个参与方中的一个, 比如 $P_1$, 计算自己的份额为 $[xy] = \alpha\beta + \alpha[b] + \beta[a] + [c]$, 其他参与方计算自己的份额为 $[xy] = \alpha[b] + \beta[a] + [c]$.

容易验证, 各参与方的份额 $[xy]$ 相加等于 $\alpha\beta + \alpha(\sum[b]) + \beta(\sum[a]) + \sum[c] = \alpha\beta + \alpha b + \beta a + c = (xy - ay - bx + ab) + bx - ab + ay - ab + ab = xy$.

Beaver 三元组可以由受信的第三方生成, 并在离线阶段分发份额给每一个参与方, 此时受信第三方需要保证 Beaver 三元组的安全性. 或者, 各参与方可以使用同态加密算法或是不经意传输协议分布式地生成 Beaver 三元组. 这样可以避免引入受信第三方, 但是会增加的计算和通信开销.

接下来, 利用 Beaver 三元组乘法, 可以实现将秘密 $z$ 的加法份额转换为逆元 $z^{-1}$ 的加法份额.

(1) 参与方 $P_i$ 选择随机数 $r_i$ 作为随机数 $r$ 的加法份额 $[r]$, 即 $r = \sum[r]$. 注意, $r$ 并不需要被显式地恢复. 也就是说, $P_i$ 在本地生成 $r_i$ 后, 不需要将自己的 $[r]$ 暴露给其他参与方.

(2) $P_i$ 利用 Beaver 三元组乘法获得 $[zr]$, 并将结果广播给其他参与方. 在收集到其他参与方的份额后, $P_i$ 恢复出 $zr = \sum[zr]$.

(3) $P_i$ 计算秘密的逆元的加法份额 $[z^{-1}] = (zr)^{-1}[r]$.

**正确性说明** 各 $P_i$ 持有的份额 $[z^{-1}]$ 满足

$$\sum[z^{-1}] = \sum(zr)^{-1}[r] = (zr)^{-1}\sum[r] = z^{-1}$$

## 5.3 RSA 签名算法的门限计算方案

RSA 签名算法是最早研究的门限签名算法之一, Desmedt 和 Frankel 于 1991 年针对 RSA 签名算法、应用 Shamir 秘密分享提出了 $(t, n)$ 门限计算方案[157]. 由于 RSA 签名计算过程 (不包括填充步骤) 是确定性的, 在签名过程中并不需要生成签名随机数, 因此 RSA 签名算法的门限签名计算方案相对简单.

回顾 RSA 签名算法的基本过程: 首先选择两个大素数 $p$ 和 $q$, 计算乘积 $N = pq$, 计算欧拉函数 $\phi(N) = (p-1)(q-1)$; 然后, 随机选择一个小于 $\phi(N)$ 且与 $\phi(N)$ 互质的整数 $e$, 计算 $e$ 模 $\phi(N)$ 的逆元 $d$, 满足 $ed = 1 \bmod \phi(N)$. 签名者的公钥是 $(N, e)$, 私钥是 $(p, q, d)$. 对消息 $m$ 签名时, 签名者首先计算消息摘要 $h = \text{Hash}(m) \bmod N$, 签名 $s = h^d \bmod N$. 当对签名 $(m, s)$ 进行验证时, 计算 $h' = \text{Hash}(m)$, 判断 $h' = s^e \bmod N$ 是否成立, 如果成立, 则签名有效, 否则签名无效. 在实际应用中, 计算摘要 $\text{Hash}(m)$ 的步骤还应该包括 PKCS#1 填充或者 PSS 填充等.

### 5.3.1 加法拆分私钥

可以采取加法形式拆分 RSA 签名算法的签名私钥, 实现门限计算方案. 假设存在一个受信中心, 负责选择 RSA 签名算法的参数 $p, q$, 确定签名公私钥 $(e, d)$. 受信中心将签名私钥 $d$ 以加法的方式进行拆分, 即 $d = d_1+d_2+\cdots+d_n \bmod \phi(N)$; 通常, 受信中心先随机选取 $d_i \in [1, \phi(N)]$ $(i = 1, \cdots, n-1)$, 计算 $d_n = d - \sum_{i=1}^{n-1} d_i \bmod \phi(N)$. 然后, 将 $n$ 个私钥份额分发给 $n$ 个参与方 $P_i$, 并公开参数 $N$ 和 $e$.

#### 5.3.1.1 签名计算

各参与方按照如下过程对消息 $m$ 进行签名.

(1) 参与方 $P_i$ 计算消息 $m$ 的摘要, 得到 $h = \text{Hash}(m) \bmod N$.

(2) $P_i$ 计算部分签名 $\sigma_i = h^{d_i} \bmod N$, 并将 $\sigma_i$ 广播给其他参与方.

(3) $P_i$ 收到其他所有参与方的部分签名 $\sigma_j$ $(j \in [1, n])$ 后, 合成完整签名 $\sigma = \prod_{i=1}^{n} \sigma_i \bmod N$.

容易验证上述过程的正确性, $\prod_{i=1}^{n} \sigma_i = h^{d_1} h^{d_2} \cdots h^{d_n} = h^{\sum_{i=1}^{n} d_i} = h^d$. 所以, 以上步骤给出了有受信中心的 RSA 算法 $(n, n)$ 门限签名方案.

以上介绍的 RSA 算法门限签名计算方案中门限值与参与方总数相同, 也称全门限方案, 数字签名需要所有参与方共同计算. 为了实现 $(t, n)$ 门限签名, 可以采取冗余加性秘密分享的技术思想, 各参与方持有多份加性秘密分享的私钥份额.

假设此时共有 4 个参与方 $P_1, P_2, P_3$ 和 $P_4$. 如果方案的门限值为 2, 那么每一个参与方都需要持有两份私钥份额, 每个参与方持有的私钥份额如图 5.3 所示, 完整私钥 $d$ 与私钥份额满足关系 $d = d_1 + d_2 = d_3 + d_4$; 如果门限值为 3, 每一个参与方需要两份私钥份额, 每个参与方持有的私钥份额如图 5.4 所示, 完整私钥 $d$ 与私钥份额满足关系 $d = d_1 + d_2 + d_3 = d_4 + d_5 + d_6$. 在签名计算时, 各个参与方事先需要知晓参与此次签名的参与方集合以选择匹配的私钥份额, 比如在 $(3, 4)$ 门限方案中, 某一次签名计算需要 $P_1, P_3$ 和 $P_4$ 共同参与, 那么 $P_1, P_3$ 和 $P_4$ 应该分别使用 $d_4, d_5$ 和 $d_6$ 计算各自的部分签名.

| $P_1$ | $P_2$ | $P_3$ | $P_4$ |
|---|---|---|---|
| $d_1$ | $d_1$ | $d_2$ | $d_2$ |
| $d_3$ | $d_4$ | $d_3$ | $d_4$ |

$$d = d_1 + d_2$$
$$d = d_3 + d_4$$

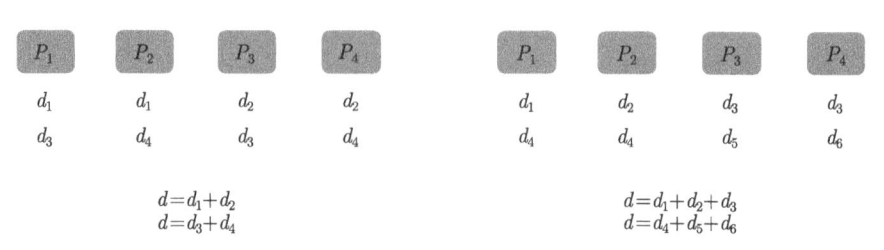

图 5.3　$(2, 4)$ 签名私钥份额分配

| $P_1$ | $P_2$ | $P_3$ | $P_4$ |
|---|---|---|---|
| $d_1$ | $d_2$ | $d_3$ | $d_3$ |
| $d_4$ | $d_4$ | $d_5$ | $d_6$ |

$$d = d_1 + d_2 + d_3$$
$$d = d_4 + d_5 + d_6$$

图 5.4　$(3, 4)$ 签名私钥份额分配

上述 $(t,n)$ 门限方案就是 5.2.1 节中冗余加性秘密分享技术思想的应用. 二者的区别是, 上述例子中优化了每一个参与方持有的份额, 使得每一个参与方持有的份额尽可能少, 以减少参与方的存储开销.

#### 5.3.1.2 分布式密钥生成

在上述过程中, 密钥对和私钥份额由受信中心生成, 一旦该中心被攻击者攻陷, 就会导致私钥泄露. Malkin、Wu 和 Boneh[164] 在 1999 年提出了一种 RSA 算法的分布式密钥生成方案, 不需要受信中心节点, 并且完整的签名私钥不会显式地被构建, 进一步提升了安全性. 在 Malkin 等的方案中, 各参与方按照如下步骤分布式地生成各自的私钥份额.

**参数协商** $n$ 个参与方需要先协商出 RSA 算法密钥生成所需的参数, 为此 $n$ 个参与方先约定好一个大素数 $\Phi$, 下面的运算需要基于 $\Phi$ 取模, 以保证每一个参与方协商的参数相同. 在以下的计算过程中, 除非特殊说明都需要模 $\Phi$.

(1) 每一个参与方首先各选择两个 $\ell$ 比特的整数 $p_i$ 和 $q_i$, $\ell$ 根据安全参数选定, 如 2048. 之后各选择两个 $l$ 阶的多项式 $f_i$ 和 $g_i$, 满足 $f_i(0)=p_i$ 和 $g_i(0)=q_i$, 其中 $l = \left\lfloor \dfrac{(n-1)}{2} \right\rfloor$. 之后每个参与方再各选择一个 $2l$ 阶的多项式 $h_i$, 满足 $h_i(0)=0$.

(2) 每个参与方 $P_i$ 为其他参与方 $P_j$ ($j \neq i$) 计算 $p_{i,j}=f_i(j)$, $q_{i,j}=g_i(j)$ 和 $h_{i,j}=h_i(j)$, $j \in [1,n]$. 之后 $P_i$ 将 $(p_{i,j}, q_{i,j}, h_{i,j})$ 发送给其他参与方 $P_j$. 参与方 $P_i$ 在接收到其他所有的参与方发送的信息后, 计算

$$N_i = \left(\sum_{j=1}^{n} p_{i,j}\right)\left(\sum_{j=1}^{n} q_{i,j}\right) + \sum_{j=1}^{n} h_{i,j}$$

并将 $N_i$ 广播给所有参与方.

(3) 由于 $n \geqslant 2l+1$, 所以每一个参与方都可以插值计算出下面的 $2l$ 阶多项式 $\alpha(x)$ 并计算得到 RSA 算法的公钥参数 $N = (\sum p_i)(\sum q_i)$.

$$\alpha(x) = \left(\sum f_j(x)\right)\left(\sum g_j(x)\right) + \sum h(x)$$

每个参与方计算 $\alpha(0) = N = \sum_{i=1}^{n} \lambda_i N_i = (\sum p_i)(\sum q_i)$, 其中 $\lambda_i = \prod_{i \neq j} \dfrac{-j}{i-j}$.

**素性检测** 由于上一步中 $N$ 是每一个参与方随机选择 $p_i$ 和 $q_i$ 之后通过秘密分享方案计算生成的, 所以不能保证满足 $N$ 为两个大素数乘积 (也就是说, 不能保证 $\sum p_i$ 和 $\sum q_i$ 是两个素数), 所以还需要各参与方进行分布式的素性检测. 各参与方需要提前约定参数 $g$ 用于检测.

参与方 $P_1$ 计算 $v_1 = g^{N-q_1-p_1+1} \bmod N$, 其他参与方 $P_i$ 计算 $v_i = g^{p_i+q_i} \bmod N$. 每一个参与方 $P_i$ 向其他参与方 $P_j$ $(j \neq i)$ 发送 $v_i$, 并验证是否满足费马素性检测.

$$v_1 = \prod_{i=2}^{n} v_i \bmod N$$

$$g^{N-q_1-p_1+1} = g^{\sum_{i=2}^{n} p_i + \sum_{i=2}^{n} q_i} \bmod N$$

$$g^{\left(\sum_{i=1}^{n} p_i - 1\right)\left(\sum_{i=1}^{n} q_i - 1\right)} = 1 \bmod N$$

如果验证失败, 参与方需要重新生成 $p_i$ 和 $q_i$, 协商新的 $N$.

**私钥份额生成** 在协商出参数 $N$ 后, 各参与方需要分布式地生成加法分享的私钥份额 $d_i$. 在 RSA 签名算法中, 通常将公钥 $e$ 设置为素数 65537. 在下面的私钥份额生成中, 假设 $e$ 已经被事先选定并公开.

(1) 为了分布式地计算 $d$, 各参与方首先需要分布式地计算出 $\kappa = \phi(N) \bmod e$. 参与方 $P_1$ 计算 $\phi_1 = N - q_1 - p_1 + 1$, 其他参与方 $P_j$ 计算 $\phi_j = -p_j - q_j$. 之后每一个参与方将各自的 $\phi_i$ 拆分为加法份额, 记为 $\gamma_{i,j}$, 使得 $\phi_i = \sum_{j=1,j\neq i}^{n} \gamma_{i,j} \bmod e$, 并将 $\gamma_{i,j}$ 发送给对应的参与方 $P_j$. 每个参与方在收到所有其他参与方发送的 $\gamma_{i,j}$ 后, 计算 $\iota_j = \sum_{i=1,i\neq j}^{n} \gamma_{i,j} \bmod e$, 并向其他参与方广播 $\iota_j$. 这时每个参与方 $P_i$ 可以计算得到 $\kappa = \sum_{j=1}^{n} \iota_j \bmod e = \sum_{i=1}^{n} \phi_i \bmod e$. 因为有 $\sum_{i=1}^{n} \phi_i = N - p_1 - q_1 + 1 - p_2 - q_2 - \cdots - p_n - q_n = \left(\sum_{i=1}^{n} p_i - 1\right)\left(\sum_{i=1}^{n} q_i - 1\right) = \phi(N)$, 所以 $\kappa = \phi(N) \bmod e$.

(2) 由于 $ed = 1 \bmod \phi(N)$, 可以看出 $d = (-\kappa^{-1}\phi(N) + 1)/e$ 满足要求. 所以每一个参与方分别计算自己的私钥份额

$$d_i = \left\lfloor \frac{-\kappa^{-1}\phi_i}{e} \right\rfloor$$

此时完整私钥 $d = \sum d_i + r \bmod \phi(N)$, 其中 $0 \leqslant r \leqslant n$. 为了找到 $r$, 所有参与方需要进行一次 RSA 加解密或者数字签名尝试. 在尝试过程中, 参与方 $P_1$ 尝试 $r \in [1, n]$ 的所有可能值. 在找到对应的 $r$ 后, 设置自己的私钥份额 $d_1 = d_1 + r$.

各参与方得到各自的私钥加性份额之后, 就可按照之前介绍的签名流程对消息 $m$ 签名.

### 5.3.2 基于 Shamir 秘密分享拆分私钥

RSA 签名算法的签名私钥还可以应用 Shamir 秘密分享方案进行拆分, 本小节将介绍应用 Shamir 秘密分享拆分 RSA 签名私钥的经典方案. Kong 等[165] 基

## 5.3 RSA 签名算法的门限计算方案

于 Shamir 秘密分享技术提出了 RSA 门限签名方案. 该方案需要有受信中心选择 RSA 签名算法的参数 $(N, e, d)$, 并随机选择 Shamir 秘密分享多项式的系数, 生成如下多项式, 将私钥 $d$ 分享.

$$f(x) = d + f_1 x + \cdots + f_{t-1} x^{t-1}$$

之后受信中心计算参与方 $P_i$ 的私钥份额 $d_i = f(i) \bmod N$ 并将 $d_i$ 分发给相应的参与方. 任何 $t$ 个参与方合作可以按照如下步骤对消息 $m$ 进行签名.

(1) 每个参与方 $P_i$ 计算消息 $m$ 的摘要 $h = H(m)$.

(2) 每个参与方 $P_i$ 根据 Lagrange 插值公式计算 $L_i(0)$, 其中 $x_j \in [1, n]$ 是其他 $t-1$ 个参与方的标识.

$$L_i(0) = \prod_{j=1, j \neq i}^{t} \frac{-x_j}{i - x_j}$$

并计算 $SK_i = d_i L_i(0) \bmod N$ 和 $s_i = h^{SK_i} \bmod N$.

(3) 所有 $t$ 个参与方将 $s_i$ 发送给其中某一个参与方或第三方, 合成签名 $s = \prod_i^{s_i} \bmod N$.

(4) 合成得到 $s$ 的参与方或第三方执行如下循环.

(i) 设置 $z = h^{-N} \bmod N$.

(ii) 设置循环变量 $j = 0$, 以及 $w = 1$, 当 $j \leqslant t$ 时, 计算

$$s = sw \bmod N$$

$$w = wz \bmod N$$

(iii) 如果 $h = s^e \bmod N$, 则中止循环退出, 并将 $s$ 作为签名结果输出; 否则设置 $j = j + 1$, 循环执行上一步.

**正确性说明** 回顾 5.2.1 节 Shamir 秘密分享方案, 可以得到

$$d = \sum_{i=1}^{t} (d_i L_i(0) \bmod N) = \sum_{i=1}^{t} (SK_i \bmod N)$$

也就是 $\sum_{i=1}^{t} (SK_i \bmod N) = kN + d$, 所以 $s = s_1 s_2 \cdots s_t = h^{(SK_1 + SK_2 + \cdots + SK_t)} = h^{kN+d}$, 但是下面的等式却并不一定成立.

$$h^{kN+d} = h^d \bmod N$$

所以在输出签名前, 需要通过循环消去指数中的 $kN$ 项. 显然有 $k \leqslant t$, 所以循环可以在 $t$ 轮内结束, 并得到正确的签名结果 $s$. 如果不能在 $t$ 轮内结束, 则表示有参与方提供的部分签名 $s_i$ 错误.

## 5.4 Schnorr 签名算法的门限计算方案

Schnorr 签名算法[166] 是由德国数学家和密码学家 Schnorr 于 1989 年提出的基于离散对数难题的数字签名算法. Schnorr 签名具有签名长度短、可证明安全性和扩展性好等一系列性质, 因此一直被广泛应用. 例如, 比特币系统在 2021 年进行了一次重要的技术升级——将 Schnorr 签名集成到 Bitcoin Core 的 0.21.0 版本中, 这被视为是比特币协议具有里程碑意义的一次更新. 本节首先对 Schnorr 签名算法进行回顾, 之后对 Schnorr 签名的结构进行简单分析并介绍两种直观的门限计算方案.

Schnorr 是椭圆曲线签名算法. 在签名前, 签名者需要确定椭圆曲线参数. 曲线的基点记为 $G$, 曲线的阶记为 $q$, 之后的计算操作均基于该椭圆曲线, 因此在下面的公式中不再重复标注模 $q$. 签名者选择 $d \in \mathbb{Z}_q$ 作为私钥, 相应的公钥 $P = d \cdot G$. 签名者对消息 $m$ 签名的过程如下.

(1) 随机选择 $k \in \mathbb{Z}_q$.
(2) 计算 $Q = k \cdot G$ 和 $e = h(Q\|m)$.
(3) 计算 $s = k + ed \bmod q$.

签名结果为 $(Q, s)$.

验证者在收到签名 $(Q, s)$ 后, 首先检查 $s \in \mathbb{Z}_q$ 是否成立, 之后验证

$$s \cdot G = Q + h(Q\|m) \cdot P$$

是否成立. 如果两个条件都满足, 则认为签名有效.

### 5.4.1 加法拆分私钥

从 Schnorr 签名中 $s$ 的结构, 可以发现 $s = k + ed$ 是线性的, 可以由此得到以加法拆分私钥的 Schnorr 签名门限计算方案如下.

首先是分布式的密钥生成过程, 各参与方合作生成私钥 $d$.

(1) 参与方 $v_1$ 随机生成 $d_1 \in \mathbb{Z}_q$, 计算 $P_1 = d_1 \cdot G$ 并将其发送给 $v_2$.
(2) 参与方 $v_2$ 在收到 $P_1$ 后, 随机生成 $d_2 \in \mathbb{Z}_q$, 并计算 $P_2 = d_2 \cdot G$. $v_2$ 将 $P_2' = P_2 + P_1$ 发送给 $v_3$.
(3) 依次计算, 直至参与方 $v_n$ 生成公钥 $P = P_1 + \cdots + P_n = \sum_{i=1}^{n} d_i \cdot G = d \cdot G$.

在上述密钥生成过程中, 椭圆曲线离散对数难题 (elliptic curve discrete logarithm problem, ECDLP) 确保各参与方可以安全地发送 $P_i$ 而不会暴露自己的私钥份额 $d_i$. 可以看出, 有 $\sum_{i=1}^{n} d_i = d$.

签名的计算方案如图 5.5 所示, $n$ 个参与方计算签名的过程如下.

(1) 参与方 $v_1$ 生成随机数 $k_1 \in \mathbb{Z}_q$, 计算 $Q_1 = k_1 \cdot G$. $v_1$ 将 $Q_1$ 发送给 $v_2$.

## 5.4 Schnorr 签名算法的门限计算方案

(2) 参与方 $v_2$ 生成随机数 $k_2 \in \mathbb{Z}_q$,并计算 $Q_2 = k_2 \cdot G$. $v_2$ 将 $Q_2' = Q_2 + Q_1$ 发送给 $v_3$.

(3) 依次计算,直至参与方 $v_n$ 生成 $Q = (k_1 + k_2 + \cdots + k_n) \cdot G$.

(4) 参与方 $v_n$ 将 $Q$ 广播给所有参与方.

(5) 参与方 $v_1$ 计算 $s_1 = k_1 + H(Q\|m)d_1$,并将 $s_1$ 发送给 $v_2$.

(6) 参与方 $v_2$ 计算 $s_2 = k_2 + H(Q\|m)d_2$,并将 $s_2' = s_2 + s_1$ 发送给 $v_3$. 依次计算,直至 $v_n$ 计算出 $s = k_n + H(Q\|m)d_n + s_{n-1}'$.

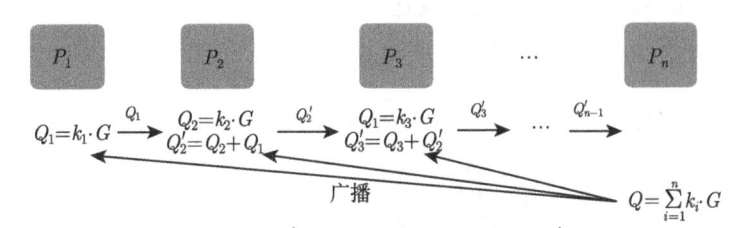

图 5.5 Schnorr 签名算法私钥加法拆分的门限计算方案

**正确性说明** 上述签名生成过程的正确性说明如下. 签名随机数 $k = k_1 + k_2 + \cdots + k_n = \sum_{i=1}^{n} k_i$, 签名结果为

$$s = \sum_{i=1}^{n} k_i + H(m\|Q) \left( \sum_{i=1}^{n} d_i \right)$$
$$= k + ed$$

可以看出, $s$ 与常规 Schnorr 签名算法的 $s$ 一致.

**安全性说明** 每一个参与方 $v_i$ 计算的 $s_i$ 包含自己的私钥信息 $d_i$, 但是 $s_i$ 的方程等式中包含两个未知数 $k_i$ 和 $d_i$, 攻击者不能从 $s_i$ 获得 $k_i$ 或者 $d_i$ 的信息. 而且, 由于 ECDLP 难题, 攻击者也无法通过 $Q_i$ 求解 $k_i$.

### 5.4.2 乘法拆分私钥

在参与方分布式地生成密钥对时, $v_i$ 随机生成 $d_i$, 也可以计算 $P_i = d_i \cdot P_{i-1}$ 得到公钥, 此时完整签名私钥 $d$ 与各参与方的私钥份额 $d_i$ 满足 $d = \prod_{i=1}^{n} d_i$. 相应的分布式密钥生成过程如下.

(1) 参与方 $v_1$ 随机生成 $d_1 \in \mathbb{Z}_q$, 并计算 $P_1 = d_1 \cdot G$. $v_1$ 将 $P_1$ 发送给 $v_2$.

(2) 参与方 $v_2$ 在收到 $P_1$ 后, 随机生成 $d_2 \in \mathbb{Z}_q$, 并计算 $P_2 = d_2 \cdot P_1$. $v_2$ 将 $P_2$ 发送给 $v_3$.

(3) 依次计算，直至参与方 $v_n$ 生成 $P = \prod_{i=1}^{n} d_i \cdot G = d \cdot G$.

当私钥以乘法形式拆分时，签名结果 $s$ 相应变化为 $s = k + e\prod_{i=1}^{n} d_i$. 所以各参与方生成签名的过程如下.

(1) 参与方 $v_1$ 生成随机数 $k_1 \in \mathbb{Z}_q$，计算 $Q_1 = k_1 \cdot G$. $v_1$ 将 $Q_1$ 发送给 $v_2$.

(2) 参与方 $v_2$ 生成随机数 $k_2 \in \mathbb{Z}_q$，并计算 $Q_1' = d_2 \cdot Q_1$ 和 $Q_2 = k_2 \cdot G$，$v_2$ 将 $Q_1'$ 和 $Q_2$ 发送给 $v_3$.

(3) 参与方 $v_3$ 生成随机数 $k_3 \in \mathbb{Z}_q$，计算 $Q_1'' = d_3 \cdot Q_1'$，$Q_2' = d_3 \cdot Q_2$ 和 $Q_3 = k_3 \cdot G$，$v_3$ 将 $Q_1''$，$Q_2'$ 和 $Q_3$ 发送给 $v_4$.

(4) 依次类推，直至参与方 $v_n$ 生成 $Q$.

$$Q = k_1 d_2 \cdots d_n \cdot G + k_2 d_3 \cdots d_n \cdot G + \cdots + k_n \cdot G$$
$$= \left(\sum_{i=1}^{n} k_i \prod_{j=i+1}^{n} d_j\right) \cdot G$$

(5) 参与方 $v_n$ 将 $Q$ 广播给所有参与方.

(6) 参与方 $v_1$ 计算 $s_1 = k_1 + H(Q\|m)d_1$，并将 $s_1$ 发送给 $v_2$.

(7) 参与方 $v_2$ 计算 $s_2 = k_2 + d_2 s_1$，并将 $s_2$ 发送给 $v_3$.

(8) 依次类推，直至参与方 $v_n$ 计算 $s = k_n + d_n s_{n-1}$.

**正确性说明** 在签名生成中，参与方生成签名随机数 $k = \sum_{i=1}^{n} k_i \prod_{j=i+1}^{n} d_j$，签名 $s$ 满足

$$\begin{aligned}
s &= k_n + d_n s_{n-1} \\
&= k_n + d_n(k_{n-1} + d_{n-1} s_{n-2}) \\
&= \cdots \\
&= k_n + d_n k_{n-1} + \cdots + d_n d_{n-1} \cdots k_1 + e d_1 d_2 \cdots d_n \\
&= \sum_{i=1}^{n} k_i \prod_{j=i+1}^{n} d_j + e \prod_{i=1}^{n} d_i \\
&= k + ed
\end{aligned}$$

与常规 Schnorr 签名算法一致.

**安全性说明** 私钥乘法拆分的计算方案在安全性上与私钥加法拆分的方案类似，均依赖于 ECDLP 难题和 $\mathbb{Z}_q$ 域上超定的方程，使得攻击者无法求解各参与方的私钥份额 $d_i$ 和签名随机数份额 $k_i$.

最后还需要说明的是，上述方案中，无论私钥是以加法形式拆分还是以乘法形式拆分，Schnorr 签名的门限计算方案都是全门限. 参与方可以按照 5.2.1 节中所述，采取冗余加性秘密分享方案，同时持有多份私钥份额，得到 $(t,n)$ 门限方案.

## 5.5 ECDSA 签名算法的门限计算方案

基于椭圆曲线离散对数难题设计的椭圆曲线数字签名算法 (elliptic curve digital signature algorithm, ECDSA) 是美国国家标准算法，相比基于大数分解难题设计的 RSA 签名算法具有密钥短、计算速度快等优势，在现有网络中广泛使用. 然而，ECDSA 是概率性算法并且签名结构并非线性，在门限计算方案中需要参与方安全地计算签名随机数 $k$ 的逆元，使得 ECDSA 门限方案较为复杂. 本节首先介绍 ECDSA 签名算法的基本过程，之后介绍两种代表性的 ECDSA 门限计算方案. 相比 RSA 算法，ECDSA 签名算法的分布式密钥生成过程更简单，但是签名计算过程更复杂.

ECDSA 签名算法与其他基于椭圆曲线的概率性签名算法过程类似，签名者首先生成签名随机数 $k$，利用私钥 $d$、随机数 $k$ 和消息 $m$ 的摘要 $e$ 计算签名，具体过程如下所述. 其中，$q$ 是椭圆曲线的阶，$G$ 是椭圆曲线的基点.

(1) 生成随机数 $k \in \mathbb{Z}_q$，计算 $Q = (x_1, y_1) = k \cdot G$ 和 $e = H(m)$.
(2) 计算 $s = k^{-1}(e + x_1 d) \bmod q$.
(3) 签名结果为 $(x_1, s)$.

验证者对签名结果进行验证时首先验证 $x_1, s \in \mathbb{Z}_q$ 是否成立，之后计算

$$\begin{aligned} Q' &= s^{-1}(e \cdot G + x_1 \cdot P) \\ &= s^{-1}(e + x_1 d) \cdot G \\ &= (x_1', y_1') \end{aligned}$$

并验证 $x_1' = x_1$ 是否成立. 如果成立则认为签名有效，否则认为签名无效.

由于 ECDSA 的签名 $s$ 不是线性的，且计算过程需要签名随机数 $k$ 和其逆元 $k^{-1}$，所以 ECDSA 的门限方案设计复杂. 近些年，以比特币为代表的加密货币发展为 ECDSA 提供了更广阔的应用场景，加之同态加密、不经意传输和多方安全计算等相关领域研究的技术突破，使得 ECDSA 门限方案也有新的进展. 下面介绍两种 ECDSA 的门限计算方案.

### 5.5.1 基于不经意传输的门限计算方案

Doerner、Kondi 和 Lee 等在 2018 年基于相关不经意传输 (correlated oblivious transfer, COT) 来实现签名随机数 $k$ 的生成和求逆，从而构建了 $(2,2)$ 和

$(2, n)$ 的 ECDSA 门限方案[161].

#### 5.5.1.1 ECDSA 算法的 $(2, 2)$ 门限签名方案

在 $(2,2)$ 门限方案中,签名私钥以乘法拆分,参与方 Alice 和 Bob 分别持有私钥份额 $d_A$ 和 $d_B$,即 $d = d_A d_B$,相应的公钥 $P = d_A d_B \cdot G$. 密钥生成过程可以参考上述 Schnorr 算法的分布式密钥生成过程.

Alice 和 Bob 合作计算签名的过程包括两个阶段: **签名随机数交换阶段**和**签名阶段**. 主要设计思路是 Alice 和 Bob 分别生成各自的签名随机数 $k_A$ 和 $k_B$,之后基于 COT 将乘法份额转换为加法份额,也就是 5.2.2 节的 MtA 协议,然后根据加法份额分别计算各自的部分签名,最后合成出完整签名,具体过程如下. 需要说明的是, Doerner 等方案的 MtA 协议并不与 5.2.2 节中基于 OT 的方案完全一致. Doerner 等的 MtA 协议添加了其他计算以提升计算效率和保证安全性,更多细节内容可以参考论文原文.

- **签名随机数交换**

此阶段 Alice 和 Bob 生成并安全地交换各自的签名随机数.

(1) Bob 随机选取 $k_B \in \mathbb{Z}_q$, Alice 随机选取 $k'_A \in \mathbb{Z}_q$.

(2) Bob 计算 $K_B = k_B \cdot G$,并向 Alice 发送 $K_B$.

(3) Alice 分别计算

$$Q' = k'_A \cdot K_B$$

$$k_A = H(Q') + k'_A$$

$$Q = k_A \cdot K_B$$

此时 Alice 已经生成 $Q$,相当于签名随机数 $k = k_A k_B$. 下面 Alice 将协助 Bob 计算出相同的 $Q$.

(4) Alice 随机选择 $\phi \in \mathbb{Z}_q$ 用于保护 $k_A$,然后与 Bob 执行 MtA 协议: Alice 输入 $\phi + \dfrac{1}{k_A}$, Bob 输入 $\dfrac{1}{k_B}$; 协议完成后, Alice 获得输出 $t_A^1$, Bob 获得输出 $t_B^1$,且 $t_A^1$ 和 $t_B^1$ 满足

$$t_A^1 + t_B^1 = \left(\phi + \frac{1}{k_A}\right)\frac{1}{k_B} = \frac{\phi}{k_B} + \frac{1}{k_A k_B}$$

(5) Alice 和 Bob 再次执行 MtA 协议: Alice 输入 $\dfrac{d_A}{k_A}$, Bob 输入 $\dfrac{d_B}{k_B}$; Alice 在协议结束后获得输出 $t_A^2$, Bob 获得 $t_B^2$,满足

$$t_A^2 + t_B^2 = \frac{d_A d_B}{k_A k_B}$$

(6) Alice 向 Bob 发送 $Q'$, Bob 计算

$$Q = H(Q') \cdot K_B + Q'$$

可以验证, Alice 和 Bob 分别计算得到相同的 $Q$.

$$Q = (H(Q') + k'_A) k_B \cdot G$$

- **签名计算**

在此阶段, Alice 和 Bob 会利用签名随机数交换阶段得到的加法份额, 计算各自的部分签名并合成出签名. 如图 5.6 所示.

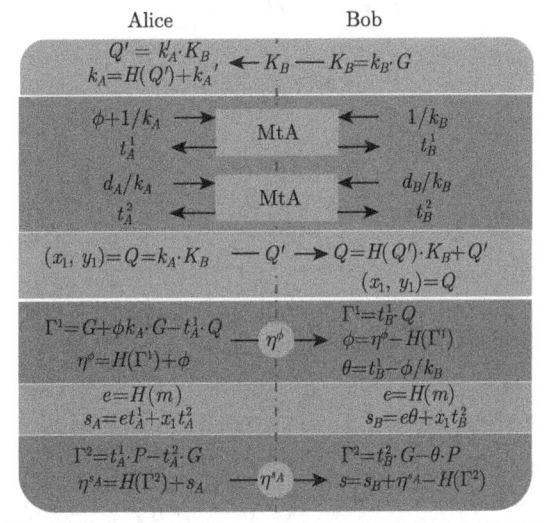

图 5.6 ECDSA 算法 (2,2) 门限方案的签名计算过程

(1) Alice 首先计算校验值 $\Gamma^1$, 并用 $\Gamma^1$ 保护 $\phi$ 得到 $\eta^\phi$. Alice 将 $\eta^\phi$ 发送给 Bob.

$$\Gamma^1 = G + \phi k_A \cdot G - t_A^1 \cdot Q$$

$$\eta^\phi = H(\Gamma^1) + \phi$$

(2) Alice 计算消息 $m$ 的摘要后计算自己的部分签名 $s_A$ 和另一个校验值 $\Gamma^2$, 之后用 $\Gamma^2$ 保护 $s_A$ 得到 $\eta^{s_A}$. Alice 将 $\eta^{s_A}$ 发送给 Bob 用于生成完整签名 $s$.

$$e = H(m)$$

$$s_A = e t_A^1 + x_1 t_A^2$$

$$\Gamma^2 = t_A^1 \cdot P - t_A^2 \cdot G$$

$$\eta^{s_A} = H(\Gamma^2) + s_A$$

(3) Bob 首先计算出校验值 $\Gamma^1$, 利用 $\Gamma^1$ 与 $\eta^\phi$ 恢复出 $\phi$. 之后, 利用 $\phi$, $t_B^1$, $t_B^2$ 和 $k_B$ 恢复出 $\Gamma^2$. 最后, Bob 计算出自己的部分签名 $s_B$, 利用 $\eta^{s_A}$, $\Gamma^2$ 和 $s_B$ 计算出完整的 $s$.

$$e = H(m)$$

$$\Gamma^1 = t_B^1 \cdot Q$$

$$\phi = \eta^\phi - H(\Gamma^1)$$

$$\theta = t_B^1 - \frac{\phi}{k_B}$$

$$\Gamma^2 = t_B^2 \cdot G - \theta \cdot P$$

$$s_B = e\theta + x_1 t_B^2$$

$$s = s_B + \eta^{s_A} - H(\Gamma^2)$$

**正确性说明**  方案的正确性说明如下.

$$\begin{aligned} s &= s_A + s_B \\ &= (et_A^1 + x_1 t_A^2) + \left(e\left(t_B^1 - \frac{\phi}{k_B}\right) + x_1 t_B^2\right) \\ &= e\left(t_A^1 + t_B^1 - \frac{\phi}{k_B}\right) + x_1\left(t_A^2 + t_B^2\right) \\ &= e\left(\frac{\phi}{k_B} + \frac{1}{k_A k_B} - \frac{\phi}{k_B}\right) + x_1\left(\frac{d_A d_B}{k_A k_B}\right) \\ &= (k_A k_B)^{-1}\left(e + x_1(d_A d_B)\right) \\ &= k^{-1}(e + x_1 d) \end{aligned}$$

Alice 和 Bob 分别持有加性份额 $(t_A^1, t_A^2)$ 和 $(t_B^1, t_B^2)$. $(t_A^1, t_B^1)$ 中包含了签名 $s$ 所需的 $k^{-1}$ 项; $(t_A^2, t_B^2)$ 中包含了签名 $s$ 所需的 $k^{-1}d$ 项. Alice 分别将 $t_A^1$ 和 $t_A^2$ 分别以 $\eta^\phi$ 和 $\eta^{s_A}$ 的形式发送给 Bob. Bob 利用 $\eta^\phi$, $t_B^1$ 和 $t_B^2$ 计算自己的部分签名 $s_B$, 最后与 $\eta^{s_A}$ 合成出完整签名 $s$.

#### 5.5.1.2 ECDSA 算法的 $(2,n)$ 门限签名方案

在 $(2,2)$ 门限签名方案的基础上, Doerner 等进一步提出了 $(2,n)$ 的 ECDSA 门限签名方案, 共有 $n$ 个参与方, 其中任意 2 个参与方可以合作完成签名. $(2,n)$ 门限方案由密钥生成协议和门限签名计算协议两个子协议组成, 具体过程包括密钥生成、签名随机数交换和签名计算.

**密钥生成** 在此阶段各参与方 $v_i$ 生成各自的私钥份额 $d_i$, 协商出签名公钥 $P$ 并进行一致性校验.

(1) 每一个参与方 $v_i$ 随机选择 $d_i \in \mathbb{Z}_q$, 计算 $P_i = d_i \cdot G$. $v_i$ 并将 $P_i$ 广播给其他参与方.

(2) 所有参与方计算公钥 $P = \sum_{i=1}^{n} P_i$.

(3) 每一个参与方 $v_i$ 随机选取一阶多项式 $f_i(x)$ 满足 $f_i(0) = d_i$. 每一个 $v_i$ 为其他参与方 $v_j$ 计算 $f_i(j)$, 并将 $f_i(j)$ 发送给 $v_j$.

(4) 参与方 $v_i$ 对得到的所有 $f_j(i)$ 求和, 得到联合多项式 $f(x) = \sum_{j=1}^{n} f_j(x)$ 上的点 $f(i) = \sum f_j(i), j \in [1,n]$.

(5) 参与方 $v_i$ 为自己的份额 $f(i)$ 计算一个对应承诺 $T_i = f(i) \cdot G$, 并将 $T_i$ 广播给所有的参与方.

(6) 对于每一个参与方 $v_i$, $v_i$ 都与 $v_{i-1}$ 进行一次校验 ($v_1$ 与 $v_n$ 进行校验)、验证是否计算得到公钥 $P$, 以确保各自的得到的点 $f(i)$ 均基于同一多项式 $f(x)$.

$$\lambda_{(i-1),i} \cdot T_{i-1} + \lambda_{i,(i-1)} \cdot T_i = P$$

其中 $\lambda$ 是 Lagrange 系数, 即

$$\lambda_{i,j} = \prod_{j=1, j \neq i}^{t} \frac{-x_j}{x_i - x_j}$$

由于联合多项式 $f(x)$ 的阶数为 1, 所以此时 $\lambda_{i,j} = \dfrac{-x_j}{x_i - x_j}$, 校验计算相当于恢复秘密并执行椭圆曲线标量乘. 如果存在 $v_i$ 与 $v_{i-1}$, 使得上述等式不成立, 说明密钥生成过程中存在参与方持有错误的份额, 则流程中止, 所有参与方需要重新开始密钥生成.

门限签名计算协议同样包括签名随机数交换和签名计算两个阶段. 在签名时, 需要先选定任意 2 个参与方 Alice 和 Bob, 然后顺序执行两个阶段.

**签名随机数交换** $(2,n)$ 方案的签名随机数交换与 $(2,2)$ 方案相似, 参与方 Alice 和 Bob 利用 MtA 协议得到 $dk^{-1}$ 的分享份额. 具体过程如下.

(1) Alice 与 Bob 分别计算 Lagrange 系数 $\lambda_{A,B}$ 和 $\lambda_{B,A}$, 计算 $t_A^0 = \lambda_{A,B} f(A)$ 和 $t_B^0 = \lambda_{B,A} f(B)$, 其中 $f(A)$ 和 $f(B)$ 是 Alice 和 Bob 在密钥生成协议中计算得到的 $f(i)$.

(2) Bob 随机生成 $k_B \in \mathbb{Z}_q$, Alice 选取随机数 $k'_A \in \mathbb{Z}_q$, Bob 计算 $K_B = k_B \cdot G$ 并向 Alice 发送 $K_B$.

(3) Alice 计算 $Q' = k'_A \cdot K_B$, $Q_A = H(Q') + k'_A$, $Q = k_A \cdot K_B$.

(4) Alice 选择填充 $\phi \in \mathbb{Z}_q$, 随后 Alice 和 Bob 使用 MtA 协议, 分别输入 $\phi + \dfrac{1}{k_A}$ 和 $\dfrac{1}{k_B}$, 并分别得到 $t_A^1$ 和 $t_B^1$, 满足 $t_A^1 + t_B^1 = \dfrac{\phi}{k_B} + \dfrac{1}{k_A k_B}$.

(5) Alice 和 Bob 运行 MtA 协议, 分别输入 $\dfrac{t_A^0}{k_A}$ 和 $\dfrac{1}{k_B}$, 得到份额 $t_A^{2a}$ 和 $t_B^{2a}$, 满足

$$t_A^{2a} + t_B^{2a} = \dfrac{t_A^0}{k_A k_B}$$

(6) Alice 和 Bob 再次运行 MtA 协议, 分别输入 $\dfrac{1}{k_A}$ 和 $\dfrac{t_B^0}{k_B}$, 得到份额 $t_A^{2b}$ 和 $t_B^{2b}$, 满足

$$t_A^{2b} + t_B^{2b} = \dfrac{t_B^0}{k_A k_B}$$

(7) Alice 和 Bob 分别将各自的份额合并, 得到 $t_A^2$ 和 $t_B^2$.

$$t_A^2 = t_A^{2a} + t_A^{2b}$$
$$t_B^2 = t_B^{2a} + t_B^{2b}$$

(8) Alice 向 Bob 发送 $Q'$, Bob 计算 $Q = H(Q') \cdot K_B + Q'$. Alice 和 Bob 均获得相同的 $Q = (x_1, y_1) = k_A k_B \cdot G$.

**签名计算** $(2, n)$ 方案的签名计算阶段与 $(2, 2)$ 方案完全一致, 不再重复描述.

**正确性说明** 在密钥生成协议中, $v_i$ 与 $v_{i-1}$ 验证份额正确性, 从验证计算式中可以看出

$$\lambda_{A,B} f(A) + \lambda_{B,A} f(B) = d \tag{5.1}$$

密钥生成时的验证是 Alice 和 Bob 为相邻参与方的特例, 对于更一般的情况, 等式 (5.1) 依然成立. 所以签名组成 $s$ 满足

$$\begin{aligned} s &= s_B + s_A \\ &= e t_B^1 - \phi/k_B + x_1 t_B^2 + e t_A^1 + x_1 t_A^2 \\ &= \dfrac{1}{k_A k_B} e + \dfrac{\lambda_{A,B} f(A) + \lambda_{B,A} f(B)}{k_A k_B} x_1 \\ &= k^{-1}(e + x_1 d) \end{aligned}$$

**安全性说明**  $(2,2)$ 和 $(2,n)$ 的方案与计算性 Diffie-Hellman 假设 (computational Diffie-Hellman 假设) 同等困难. 当攻击者仅控制 1 个签名参与方时, 攻击者无法在随机谕言机模型下判断真实世界和理想世界, 所以该方案与常规 ECDSA 拥有同等的安全性.

### 5.5.2 基于多方安全计算的门限计算方案

Dalskov、Orlandi 和 Keller 等于 2020 年提出了一种通用转换方法[167], 将有限域上的 MPC 协议转换为在椭圆曲线群上运行. 这使得各参与方能够利用 MPC 协议安全地计算 ECDSA 签名所需的签名随机数 $k^{-1}$.

回顾 5.2.3 节使用 Beaver 三元组乘法求解秘密逆元的过程: 每个参与方 $v_i$ 持有 $a, b$ 和 $c$ 的加法分享份额 $a_i, b_i$ 和 $c_i$, 其中 $a$ 和 $b$ 是随机数, $c$ 是 $a$ 和 $b$ 的乘积. 所有参与方可以先合作恢复出 $c$, $v_i$ 利用 $c$ 计算得到 $a_i$ 的逆元 $a_i^{-1} = c^{-1}b_i$. 这一技术思想可以让所有参与方安全地生成签名随机数 $k$, 并求出逆元 $k^{-1}$.

在多方安全计算中, 一般将秘密 $a$ 的分享份额记作 $[a]$, 在此我们遵循使用习惯也使用 $[a]$ 表示 $a$ 的分享份额. 该方案中使用了如下 MPC 算术黑盒 (arithmetic black box, ABB) 功能.

- $([a], [b], [c]) \leftarrow \text{RandMul}()$: 生成随机数 $a, b$ 和 $c$ 的加法分享份额, 其中 $c = ab$.
- $[c] \leftarrow \text{Mul}([a], [b])$: 输入秘密 $a$ 的加法分享份额 $[a]$ 和秘密 $b$ 的加法分享份额 $[b]$, 输出 $c$ 的分享份额 $[c] = [ab]$.
- $[a] \leftarrow \text{Rand}()$: 生成随机数 $a$ 的加法分享份额.
- $a \leftarrow \text{Open}([a])$: 输入参与方的加法分享份额 $[a]$, 恢复秘密 $a$.

除此之外, Dalskov 等的方案还对 ABB 进行了功能扩展, 增加了两个功能: Convert $([a])$ 和 Open $(\langle a \rangle)$. Convert $([a])$ 实现了分享份额从素域到椭圆曲线群的转换; Open $(\langle a \rangle)$ 利用椭圆曲线上的分享份额恢复出椭圆曲线上的完整秘密. 其中, $[a]$ 表示素域上的分享份额, $\langle a \rangle$ 表示椭圆曲线上的分享份额.

- $\langle a \rangle \leftarrow \text{Convert}([a])$: 输入秘密 $a$ 在素域上的加法分享份额 $[a]$, 输出秘密 $a$ 对应椭圆曲线点 $a \cdot G$ 的分享份额 $\langle a \rangle = [a] \cdot G$.
- $a \cdot G \leftarrow \text{Open}(\langle a \rangle)$: 输入椭圆曲线上的分享份额 $\langle a \rangle$, 恢复出秘密 $a$ 对应的椭圆曲线点 $a \cdot G$.

在椭圆曲线签名算法中, 签名私钥和签名随机数都是有限域 $Z_q$ 上的标量, 方案的核心思想是利用 MPC 协议完成这些标量的运算, 之后与椭圆曲线的基点进行多倍点运算, 将相应的标量转换为椭圆曲线点, 最终生成签名. 具体内容如下.

- **密钥生成**

(1) 向 ABB 中输入指令 $[d] \leftarrow \text{Rand}()$, 将生成的 $n$ 个加法份额分享 $d_i$ 作为参与方 $v_i$ 的私钥份额.

(2) 向 ABB 中输入指令 $P = d \cdot G \leftarrow \text{Open}(\text{Convert}([d]))$, 将生成的 $P$ 作为 $n$ 个参与方的完整公钥.

- **签名计算**

(1) 向 ABB 中输入指令 $([a], [b], [c]) \leftarrow \text{RandMul}()$, 生成 Beaver 三元组 $[a], [b], [c]$ 份额, 并分发给每一个参与方.

(2) 每一个参与方向 ABB 提供 $[c]$, 在 ABB 中输入指令 $c \leftarrow \text{Open}([c])$, 恢复出秘密 $c$, 并将 $c$ 广播给每一个参与方.

(3) 令 $[k^{-1}] = [a]$.

(4) 每一个参与方向 ABB 提供 $[b]$ 和 $c^{-1}$, 在 ABB 中输入指令 $\langle k \rangle \leftarrow \text{Convert}([b]) c^{-1}$, 使每一个参与方各自得到签名随机数份额对应的椭圆曲线点 $\langle k \rangle$.

(5) 每一个参与方向 ABB 提供 $d_i$, 在 ABB 中输入指令 $[d_i'] \leftarrow \text{Mul}([k^{-1}], [d_i])$, 使得每一个参与方各自得到 $[d_i'] = \left[\dfrac{d}{k}\right]$.

(6) 每一个参与方向 ABB 提供 $\langle k \rangle$, 向 ABB 中输入指令 $(x_1, y_1) = Q \leftarrow \text{Open}(\langle k \rangle)$, 生成 $Q$.

(7) 每一个参与方计算 $[s] = H(m)[k^{-1}] + x_1[d_i']$.

(8) 每一个参与方向 ABB 提供 $[s]$, 向 ABB 中输入指令 $s \leftarrow \text{Open}([s])$, 生成签名组成 $s$.

**正确性说明**　方案中的签名随机数 $k = a^{-1}$, $Q = \sum \langle k \rangle = (bc^{-1}) \cdot G = a^{-1} \cdot G = k \cdot G$, 所以 $k$ 与 $Q$ 满足 ECDSA 签名算法的椭圆曲线离散对数关系. $s = \sum [s] = H(m)[k^{-1}] + x_1[d_i'] = k^{-1}(H(m) + x_1 d)$, 与常规 ECDSA 签名算法计算得到的 $s$ 相同.

**安全性说明**　上述方案利用 MPC 协议来计算 ECDSA 签名算法的各步骤, 其安全性由相应的 MPC 协议的安全性来保证.

## 5.6　SM2 签名算法的门限计算方案

SM2 算法是我国自主设计的公钥密码算法, 由国家密码管理局于 2010 年 12 月 17 日发布, 在 2012 年成为密码行业标准 GM/T 0003—2012, 并于 2016 年成为中国国家密码标准 GB/T 32918—2016. 2017 年, SM2 算法进入国际标准 ISO/IEC 14888-3—2016. SM2 算法包括数字签名算法、密钥交换协议以及公钥加密算法. SM2 算法在我国的政务、金融、通信等领域得到了广泛应用, 有效保

## 5.6 SM2 签名算法的门限计算方案

护国家重要信息的安全.

SM2 签名算法基于椭圆曲线密码学设计, 包括密钥生成、签名计算和签名验证等算法. 在下面的描述中, $G$ 是椭圆曲线的基点、$q$ 是椭圆曲线的阶.

- **密钥生成**

(1) 签名者随机生成 $d \in \mathbb{Z}_q$.

(2) 计算 $P = d \cdot G$, 将 $P$ 作为公钥公开, $d$ 作为私钥保存.

- **签名计算**

(1) 签名者拼接消息 $m$ 和 $z$, 计算摘要 $e = H(m||z)$, 其中 $z$ 由签名者的身份标识 ID、签名者公钥 $P$ 和椭圆曲线参数等确定.

(2) 生成签名随机数 $k \in \mathbb{Z}_q$, 计算 $Q = (x_1, y_1) = k \cdot G$.

(3) 计算 $r = e + x_1 \bmod q$, 如果 $r = 0$ 或 $r + k = q$, 则返回重新生成 $k$ 再次执行.

(4) 计算 $s = (1+d)^{-1}(k-rd) \bmod q$, 如果 $s = 0$, 则返回重新生成 $k$ 再次执行, 否则输出签名结果为 $(r, s)$.

- **签名验证**

(1) 验证者检查签名结果 $(r, s)$ 是否满足 $r, s \in [1, q-1]$, 并计算 $(x_1, y_1) = s \cdot G + (r+s) \cdot P$.

(2) 计算 $r' = H(m||z) + x_1$, 如果 $r' = r$ 则认为签名有效, 否则认为无效.

分析 SM2 签名 $(r, s)$, 从 $s$ 的计算公式可以看出, SM2 签名结果和 ECSDA 签名结果一样, 是非线性的. SM2 签名计算需要 $(1+d)^{-1}$ 和 $d$; ECDSA 签名计算需要 $k$ 和 $k^{-1}$. ECDSA 签名计算的非线性部分是随机数 $k$, 而且 $k$ 必须保证不重用, 因此在门限签名方案中需要签名参与方在每一次计算时安全且高效地计算 $k^{-1}$, 这是 ECDSA 门限计算方案的主要挑战. 在 SM2 签名算法中, 非线性部分是签名私钥 $d$, 同时需要 $d$ 和 $(1+d)^{-1}$. 在每次签名计算时, $d$ 不变化, 因此可以在密钥生成时将 $(1+d)^{-1}$ 作为整体进行拆分, 使得 $s$ 的计算线性化, 从而在门限签名计算时避免复杂的求逆运算. 但是, 直接在 SM2 签名中同时使用 $d$ 和 $(1+d)^{-1}$, 也会带来密钥生成过程的复杂. 这是因为在密钥生成过程中, 需要同时分别生成 $d$ 和 $(1+d)^{-1}$ 的份额.

但是, 对于 SM2 签名算法, 当 $(1+d)^{-1}$ 以整体拆分时, 签名结果 $s$ 可以等价变换为公式 (5.2).

$$s = (1+d)^{-1}(k+r) - r \bmod q \tag{5.2}$$

根据以上等价公式, 可将 $(1+d)^{-1}$ 视为整体拆分且由多参与方分享, 各参与方不再需要拆分 $d$. 然后, 在门限签名过程中, 多个参与方合作生成签名随机数 $k$, 计算 $k \cdot G$, 并根据公式 (5.2) 计算 $s$.

### 5.6.1 SM2 两方门限计算方案

在移动互联网应用中, SM2 签名算法大量以 (2, 2) 门限方案方式来实施, 由移动客户端和半受信的服务器 (semi-trusted server) 共同分享私钥, 每一次签名计算都需要客户端和服务器协同进行, 所以 SM2 签名 (2, 2) 门限方案也经常被称为 SM2 协同签名方案.

2014 年, 林璟锵、马原和荆继武等公开了第一个 SM2 签名算法的高效两方门限签名方案[162]. 之后, 利用不同的私钥拆分方式和签名随机数构造方式, 也出现了多种两方门限计算方案. 2023 年, 刘振亚、林璟锵[168] 对现有方案进行了全面总结, 提出了 SM2 算法的两方门限计算方案框架, 可用于分析现有多种方案. 在现有多种 SM2 两方门限签名方案中, 私钥 $d$ 可以是以乘法或者加法拆分, 签名随机数 $k$ 以不同的方式由客户端和服务器共同生成, 就得到各种不同的 SM2 门限签名方案.

#### 5.6.1.1 私钥乘法拆分

由于 $(1+d)^{-1}$ 在签名计算过程中以整体形式出现, 所以私钥在生成时是对 $(1+d)^{-1}$ 进行拆分, 而不是拆分 $d$. 当私钥以乘法拆分时, 签名参与方 Alice 和 Bob 分别持有私钥份额 $d_1$ 和 $d_2$ 满足

$$(1+d)^{-1} = d_1 d_2 \bmod q \tag{5.3}$$

由公式 (5.3) 可知, 公钥 $P = d \cdot G = (d_1^{-1} d_2^{-1} - 1) \cdot G$.

密钥生成过程按照如下分布式执行, 不需要受信中心.

(1) Alice 随机生成 $d_1 \in \mathbb{Z}_q$, 并计算 $P_1 = d_1^{-1} \cdot G$, 将 $P_1$ 发送给 Bob.
(2) Bob 随机生成 $d_2 \in \mathbb{Z}_q$, 并计算 $P_2 = d_2^{-1} \cdot G$, 将 $P_2$ 发送给 Alice.
(3) Bob 计算公钥 $P = d_2^{-1} \cdot P_1 - G$.
(4) Alice 计算公钥 $P = d_1^{-1} \cdot P_2 - G$.

此时, 签名组成 $s$ 满足

$$\begin{aligned} s &= (1+d)^{-1}(k+r) - r \\ &= d_1 d_2 (k+r) - r \\ &= d_1 d_2 k + d_1 d_2 r - r \end{aligned} \tag{5.4}$$

在公式 (5.4) 中, $k$ 是签名随机数, 不同的方案采用不同的构造方式; $r$ 是 $Q = kG$ 的 $x$ 坐标, 结构相对固定. 因此, 可以根据 $r$ 的计算组成分析得到 $k$ 的构造. 当签名随机数 $k$ 的构造确定后, 由于 ECDLP 难题, 可以容易地设计安全的签名随机数交换过程.

## 5.6 SM2 签名算法的门限计算方案

根据公式 (5.4), 从 $s$ 的结构可以看出, Bob 需要向 Alice 提供 $d_2r$, Alice 才能在其基础上计算 $d_1d_2r$. 由于 $r$ 是公开的签名结果, 所以 Bob 为了防止自己的私钥份额 $d_2$ 泄露, 应该生成或计算一个额外的随机数 $w_2$ 来保护. Bob 可以计算 $s_1 = d_2(r+w_2)$ 并发送给 Alice, 同样地, Alice 在利用 $s_1$ 计算 $s$ 时也应该生成或计算一个随机数 $w_1$ 来保护自己的私钥份额, 所以 $s$ 满足

$$\begin{aligned} s &= d_1(s_1+w_1) - r \\ &= d_1d_2w_2 + d_1w_1 + d_1d_2r - r \\ &= d_1d_2(w_2 + d_2^{-1}w_1) + d_1d_2r - r \end{aligned} \quad (5.5)$$

对比公式 (5.4) 和公式 (5.5) 容易看出 $k = w_2 + d_2^{-1}w_1$.

综合以上分析, Alice 和 Bob 合作计算 SM2 签名的过程如下.

(1) Alice 计算 $e = \text{Hash}(m\|z)$.

(2) Alice 随机生成或计算 $w_1 \in \mathbb{Z}_q$, 并计算 $Q_1 = w_1 \cdot G$. Alice 将 $Q_1$ 和 $e$ 发送给 Bob.

(3) Bob 随机生成或计算 $w_2 \in \mathbb{Z}_q$, 并计算 $Q = (x_1, y_1) = w_2 \cdot G + d_2^{-1} \cdot Q_1$.

(4) Bob 计算 $r = x_1 + e$ 和 $s_1 = d_2(r + w_2)$. Bob 将 $s_1$ 和 $r$ 发送给 Alice.

(5) Alice 计算 $s = d_1(s_1 + w_1) - r$, 签名结果为 $(r, s)$.

进一步, 在共同计算 SM2 签名的过程中, Alice 和 Bob 可以通过不同的方式构造各自的随机数 $w_1$ 和 $w_2$, 对上述门限计算方案框架完成实例化, 如图 5.7 所示, 得到不同的两方门限计算方案. 随机数的构造应满足如下安全要求.

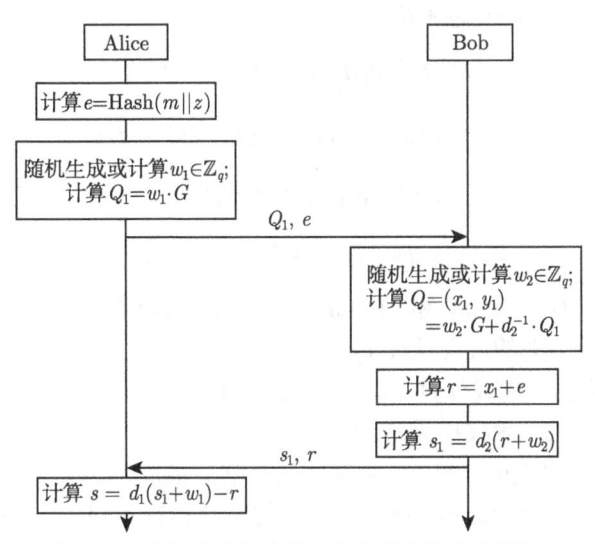

图 5.7 私钥乘法拆分的两方门限计算方案框架

- 随机数 $w_1$ 至少包含 1 个独立随机生成的随机数 $k_1$，能够使得 $w_1$ 在 $\mathbb{Z}_q$ 上随机分布，方程 $s = d_1 d_2 (w_2 + d_2^{-1} w_1 + r) - r$ 对于 Bob 来说至少包含两个未知的随机变量 $d_1$ 和 $w_1$，从而保证 Bob 无法求解或推导 Alice 的私钥份额 $d_1$.
- 随机数 $w_2$ 至少包含 1 个独立随机生成的随机数 $k_2$，能够使得 $w_2$ 在 $\mathbb{Z}_q$ 上随机分布，方程 $s_1 = d_2(r + w_2)$ 对于 Alice 来说至少包含两个未知的随机变量 $d_2$ 和 $w_2$，从而保证 Alice 无法求解或推导 Bob 的私钥份额 $d_2$.

$w_i$ $(i=1,2)$ 可以是一个独立随机生成、均匀分布的随机数，也可以是随机变量与私钥份额 $d_1$ 和 $d_2$ 以及逆元 $d_1^{-1}$, $d_2^{-1}$ 进行加法或乘法的组合. 表 5.1 给出了签名随机数 $k$ 的不同构造形式，Alice 和 Bob 可以按照表格 $w_1$ 和 $w_2$ 的表达式，根据框架过程完成 SM2 签名.

表 5.1 签名随机数的不同构造

| $w_1$ | $w_2$ | $k = w_2 + d_2^{-1} w_1$ | $s = (1+d)^{-1}(k+r) - r$ |
|---|---|---|---|
| | $k_2$ | $k_2 + d_2^{-1} k_1$ | $d_1 d_2 k_2 + d_1 k_1 + (d_1 d_2 - 1)r$ |
| | $d_2 k_2$ | $d_2 k_2 + d_2^{-1} k_1$ | $d_1 d_2^2 k_2 + d_1 k_1 + (d_1 d_2 - 1)r$ |
| | $d_2^{-1} k_2$ | $d_2^{-1}(k_2 + k_1)$ | $d_1(k_2 + k_1) + (d_1 d_2 - 1)r$ |
| $k_1$ | $1 + d_2 k_2$ | $1 + d_2 k_2 + d_2^{-1} k_1$ | $d_1 d_2 + d_1 d_2^2 k_2 + d_1 k_1 + (d_1 d_2 - 1)r$ |
| | $1 + d_2^{-1} k_2$ | $1 + d_2^{-1}(k_2 + k_1)$ | $d_1 d_2 + d_1(k_2 + k_1) + (d_1 d_2 - 1)r$ |
| | $d_2 + k_2$ | $d_2 + k_2 + d_2^{-1} k_1$ | $d_1 d_2^2 + d_1 d_2 k_2 + d_1 k_1 + (d_1 d_2 - 1)r$ |
| | $d_2^{-1} + k_2$ | $d_2^{-1} + k_2 + d_2^{-1} k_1$ | $d_1 + d_1 d_2 k_2 + d_1 k_1 + (d_1 d_2 - 1)r$ |

除了表 5.1 中展示的签名随机数的构造，两方还可以隐式地将完整私钥 $d$ 加入 $k$ 的构造中，$k$ 可以进一步表述为如下公式：

$$\begin{aligned} k &= w_2 + d_2^{-1} w_1 \\ &= d_1^{-1} d_2^{-1}(d_1 d_2 w_2 + d_1 w_1) \\ &= ((d_1^{-1} d_2^{-1} - 1) + 1)(d_1 d_2 w_2 + d_1 w_1) \\ &= (1+d)(d_1 d_2 w_2 + d_1 w_1) \\ &= (1+d) d_1 d_2 w_2 + (1+d) d_1 w_1 \end{aligned} \tag{5.6}$$

令 $(1+d)d_1 d_2 w_2 = w_2'$ 和 $(1+d)d_1 w_1 = w_1'$，此时有 $k = d_1 w_2' + w_1'$. Alice 和 Bob 可以通过下面的过程计算 $Q$.

(1) Alice 随机生成或计算 $w_1 \in \mathbb{Z}_q$，计算 $Q_1 = d_1 \cdot (P + G)$ 和 $Q_2 = d_1 w_1 \cdot (P + G)$. Alice 将 $Q_1$ 和 $Q_2$ 发送给 Bob.

(2) Bob 随机生成或计算 $w_2 \in \mathbb{Z}_q$，计算 $Q = d_2 w_2 \cdot Q_1 + Q_2$.

虽然上述 $Q$ 的计算过程与框架中 $Q$ 的协商稍有不同，但是签名随机数的构造相同，因此仍然可以按照框架的过程计算生成 SM2 签名.

### 5.6.1.2 私钥加法拆分

当签名私钥以加法拆分时, Alice 和 Bob 分别持有私钥份额 $d_1$ 和 $d_2$ 且满足

$$(1+d)^{-1} = d_1 + d_2 \bmod q \tag{5.7}$$

公钥 $P = d \cdot G = (d_1 + d_2)^{-1} \cdot G - G$. 密钥生成过程可以由受信中心来帮助完成.

上述密钥生成过程也可以利用 MtA 协议来分布式实现. Alice 和 Bob 首先进行一次私钥乘法拆分时的分布式密钥生成, 分别得到 $d_1'$ 和 $d_2'$, 满足 $d_1' d_2' = (1+d)^{-1}$. 然后, Alice 和 Bob 运行 MtA 协议, 分别将 $d_1'$ 和 $d_2'$ 作为输入, 得到输出 $d_1$ 和 $d_2$, 满足 $d_1 + d_2 = (1+d)^{-1}$. 此时, $s$ 满足

$$\begin{aligned} s &= (1+d)^{-1}(k+r) - r \\ &= (d_1+d_2)(k+r) - r \\ &= (d_1+d_2)k + (d_1+d_2)r - r \end{aligned} \tag{5.8}$$

Alice 和 Bob 为了合作计算 $s$, Bob 应发送 $d_2 r$ 给 Alice. 而且, 为了防止 Alice 获得 Bob 的私钥份额, Bob 应构造一个随机数 $w_2$ 来保护自己的私钥份额, Bob 可以计算 $s_1 = d_2(r + w_2)$ 并发送给 Alice. Alice 接收到 $s_1$ 后同样也需要构造一个随机数 $w_2$ 来保护自己的私钥份额, 所以 Alice 计算

$$\begin{aligned} s &= d_1(r + w_1) + s_1 - r \\ &= d_1 r + d_1 w_1 + d_2 r + d_2 w_2 - r \\ &= (d_1+d_2)((d_1+d_2)^{-1}(d_1 w_1 + d_2 w_2) + r) - r \\ &= (d_1+d_2)(d_1+d_2)^{-1}(d_1 w_1 + d_2 w_2) + (d_1+d_2)r - r \end{aligned} \tag{5.9}$$

此时 $k = (d_1+d_2)^{-1}(d_1 w_1 + d_2 w_2) = (1+d)(d_1 w_1 + d_2 w_2)$, 由此可以得到当私钥以加法拆分时, SM2 签名算法的两方门限计算方案框架, 如图 5.8 所示.

(1) Alice 计算 $e = \text{Hash}(m \| z)$.

(2) Alice 随机生成或计算 $w_1 \in \mathbb{Z}_q$, 并计算 $Q_1 = d_1 w_1 \cdot (P+G)$. Alice 将 $Q_1$ 和 $e$ 发送给 Bob.

(3) Bob 随机生成或计算 $w_2 \in \mathbb{Z}_q$, 并计算 $Q = (x_1, y_1) = d_2 w_2 \cdot (P+G) + Q_1$.

(4) Bob 计算 $r = x_1 + e$ 和 $s_1 = d_2(r + w_2)$. Bob 将 $s_1$ 和 $r$ 发送给 Alice.

(5) Alice 计算 $s = d_1(r + w_1) + s_1 - r$, 签名结果为 $(r, s)$.

与私钥乘法拆分的两方门限计算框架相同, Alice 和 Bob 可以不同的方式构造各自的随机数, 对私钥加法拆分的 SM2 门限计算方案框架实例化. 随机数的构

造需要满足的安全要求与私钥乘法拆分的一样: $w_1$ 和 $w_2$ 需要至少包括一个独立随机生成的随机数 $k_i$ 确保相应的方程超定, 使得各自的私钥份额无法被对方求解或推导. 表 5.2 列出了私钥加法拆分时, 常见方案的签名随机数构造.

```
┌─────────┐                          ┌─────────┐
│  Alice  │                          │   Bob   │
└─────────┘                          └─────────┘
计算 e = Hash(m||z)

随机生成或计算 $w_1 \in \mathbb{Z}_q$;
计算 $Q_1 = d_1 w_1 \cdot (P+G)$
                    ──── $Q_1, e$ ────→
                                     随机生成或计算 $w_2 \in \mathbb{Z}_q$;
                                     计算 $Q = (x_1, y_1)$
                                          $= d_2 w_2 (P+G) + Q_1$
                                     计算 $r = x_1 + e$
                                     计算 $s_1 = d_2(r + w_2)$
                    ←──── $s_1, r$ ────

计算 $s = d_1(r + w_1) + s_1 - r$
```

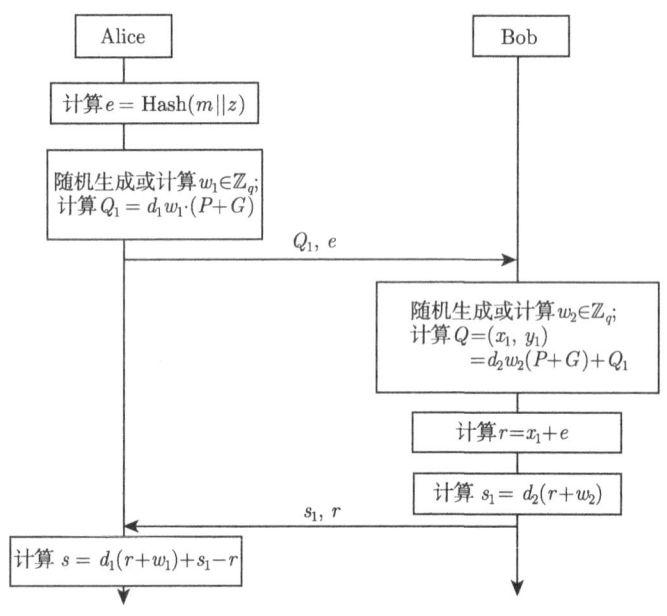

图 5.8  私钥加法拆分的两方门限计算方案框架

表 5.2  签名随机数构造

| $w_1$ | $w_2$ | $k = (d_1+d_2)^{-1}(d_1w_1+d_2w_2)$ | $s = (1+d)^{-1}(k+r)-r$ |
|---|---|---|---|
| | $k_2$ | $(d_1+d_2)^{-1}(d_1k_1+d_2k_2)$ | $d_1k_1+d_2k_2+(d_1+d_2-1)r$ |
| | $d_2^{-1}k_2$ | $(d_1+d_2)^{-1}(d_1k_1+k_2)$ | $d_1k_1+k_2+(d_1+d_2-1)r$ |
| | $d_2^{-2}k_2$ | $(d_1+d_2)^{-1}(d_1k_1+d_2^{-1}k_2)$ | $d_1k_1+d_2^{-1}k_2+(d_1+d_2-1)r$ |
| $k_1$ | $1+d_2^{-1}k_2$ | $(d_1+d_2)^{-1}(d_1k_1+d_2+k_2)$ | $d_1k_1+d_2+k_2+(d_1+d_2-1)r$ |
| | $1+d_2^{-2}k_2$ | $(d_1+d_2)^{-1}(d_1k_1+d_2+d_2^{-1}k_2)$ | $d_1k_1+d_2+d_2^{-1}k_2+(d_1+d_2-1)r$ |
| | $d_2^{-1}+k_2$ | $(d_1+d_2)^{-1}(d_1k_1+1+d_2k_2)$ | $d_1k_1+1+d_2k_2+(d_1+d_2-1)r$ |
| | $d_2^{-2}+k_2$ | $(d_1+d_2)^{-1}(d_1k_1+d_2^{-1}+d_2k_2)$ | $d_1k_1+d_2^{-1}+d_2k_2+(d_1+d_2-1)r$ |

以上列出的所有实例化方案并非所有的可能方案, 只要是满足安全要求的构造, 均可以在框架中实例化得到两方门限计算方案.

### 5.6.2  SM2 两方门限盲协同计算方案

SM2 签名算法的两方门限计算方案大量在移动互联网中应用, 由移动客户端和集中式的半受信服务器共同完成 SM2 签名计算. 在协同签名计算过程中, 半受信服务器的作用主要是保护私钥, 通常不参与用户的消息处理, 被签名消息的生

## 5.6 SM2 签名算法的门限计算方案

成、检查、确认等操作由移动客户端完成. 所以, 出现了与盲签名类似的隐私保护需求. 半受信服务器参与 SM2 门限签名计算, 但是在门限签名过程中, 不应知道被签名消息; 即使事后消息 $m$ 和签名结果 $(r,s)$ 被同时公开, 半受信服务器也不能将该签名与某一次门限签名计算关联起来, 从而知道该签名计算的时间. 类似于盲签名算法, 满足以上特性的两方门限方案被称为两方门限盲协同计算方案. 不同于其他门限签名方案, 在两方门限盲协同方案中, 两个参与方的地位不对等.

已有公开研究提出了多种 SM2 两方门限盲协同计算方案, 2024 年张可臻、林璟锵等在公开研究基础上, 进一步总结提出了 SM2 两方门限盲协同计算方案的一般流程[169], 可以在 SM2 两方门限计算方案的基础上, 改进得到具有盲协同特性的方案.

为了实现签名结果 $(r,s)$ 的盲化, 在盲协同签名计算方案中, 需要确保 $s$ 和 $r$ 在协同签名过程中未泄露给服务器, 使得服务器无法获知最终签名结果 $(r,s)$ 的相关信息. 由于 $r$ 是 $Q$ 的 $x$ 坐标, 因此在盲协同计算方案中 $Q$ 应由客户端生成, 并且客户端需要盲化保护 $r$ 得到 $r'$, 服务器利用 $r'$ 计算相应的 $s_{s_1}$, 以协助客户端计算签名的第二部分 $s$.

客户端盲化保护 $r$ 的简单高效方式是生成随机数 $k_r$ 以加法或乘法的形式对 $r$ 进行变换. 当客户端选择 $r' = r + k_r \bmod q$ 时, 如果客户端的私钥份额 $d_c$ 和服务器的私钥份额 $d_s$ 满足公式 (5.3), 即 $(1+d)^{-1} = d_c d_s$, 根据 5.5 节的分析, 服务器需要向客户端发送

$$s_{s_1} = d_s \left( r' + k_{s_1} \right) \tag{5.10}$$

根据公式 (5.4), 为了计算得到 $d_c d_s r$, 客户端在收到 $s_{s_1}$ 后需要计算 $d_c s_{s_1} = d_c \left( d_s \left( r' + k_{s_1} \right) \right)$. 同样地, 为了保护 $d_c$, 客户端也需要使用至少一个随机数 $k_{c_1}$. 因此客户端计算 $s = d_c \left( s_{s_1} + k_{c_1} \right) - r$, 将公式 (5.10) 代入, 可得到当私钥份额 $d_c$ 和 $d_s$ 满足公式 (5.3) 时, $s$ 与 $r$ 满足

$$\begin{aligned}
s &= d_c \left( s_{s_1} + k_{c_1} \right) - r \\
&= d_c \left( d_s \left( r' + k_{s_1} \right) + k_{c_1} \right) - r \\
&= d_c k_{c_1} + d_c d_s k_{s_1} + d_c d_s r' - r \\
&= d_c d_s \left( d_s^{-1} k_{c_1} + k_{s_1} + k_r \right) + d_c d_s r - r
\end{aligned} \tag{5.11}$$

当客户端与服务器的私钥份额 $d_c$ 和 $d_s$ 满足公式 (5.7), 即 $(1+d)^{-1} = d_c + d_s$, $s$ 与 $r$ 满足公式 (5.8). 在公式 (5.8) 中, $r$ 的系数为 $(d_c + d_s)$, 因此服务器计算 $s_{s_1}$ 需要计算 $d_s r'$, 并使用随机数保护 $d_s$, 即 $s_{s_1} = d_s \left( r' + k_{s_1} \right)$. 为了使得 $s$ 中 $r$ 的系数为 $(d_c + d_s)$, 客户端计算 $s$ 时需要计算 $d_c r + s_{s_1} = d_c r + d_s \left( r' + k_{s_1} \right)$, 并使

用随机数保护 $d_c$. 所以，当 $d_c$ 和 $d_s$ 满足公式 (5.7) 时，$s$ 与 $r$ 满足

$$\begin{aligned} s &= d_c(r + k_{c_1}) + s_{s_1} - r \\ &= d_c(r + k_{c_1}) + d_s(r' + k_{s_1}) - r \\ &= (d_c + d_s)\left((d_c + d_s)^{-1}(d_c k_{c_1} + d_s k_{s_1} + d_s k_r)\right) + (d_c + d_s)r - r \end{aligned} \quad (5.12)$$

除 $r' = r + k_r$ 外，客户端还可以选择 $r' = rk_r^{-1} \bmod q$，类似的分析如下. 当 $d_c$ 和 $d_s$ 满足公式 (5.3) 时，即 $(1+d)^{-1} = d_c d_s$，服务器向客户端返回的 $s_{s_1}$ 仍满足 $s_{s_1} = d_s(r' + k_{s_1})$. 由于公式 (5.4) 中 $r$ 的系数为 $d_c d_s$，因此客户端在计算 $d_c d_s r$ 时，需要消去 $d_c s_{s_1}$ 计算公式的 $k_r^{-1}$ 项，即计算 $d_c k_r s_{s_1}$. 此时 $s$ 与 $r$ 满足

$$\begin{aligned} s &= d_c(s_{s_1}k_r + k_{c_1}) - r \\ &= d_c k_{c_1} + d_c d_s k_{s_1} k_r + d_c d_s k_r k_r^{-1} r - r \\ &= d_c d_s (d_s^{-1} k_{c_1} + k_{s_1} k_r) + d_c d_s r - r \end{aligned} \quad (5.13)$$

当 $d_c$ 和 $d_s$ 满足公式 (5.7) 时，即 $(1+d)^{-1} = d_c + d_s$，服务器计算的 $s_{s_1}$ 与前述保持一致，客户端在计算 $s$ 时需要计算 $k_r s_{s_1}$ 消去 $k_r^{-1}$，并计算 $d_c(r + k_{c_1}) + k_r s_{s_1}$ 以保证 $r$ 的系数为 $(d_c + d_s)$. 因此 $s$ 与 $r$ 满足

$$\begin{aligned} s &= d_c(r + k_{c_1}) + k_r s_{s_1} - r \\ &= (d_c + d_s)\left((d_c + d_s)^{-1}(d_c k_{c_1} + d_s k_{s_1} k_r)\right) + (d_c + d_s)r - r \end{aligned} \quad (5.14)$$

综合以上分析，$r$ 可以加法或乘法盲化，也就是 $r' = r + k_r$ 或 $r' = rk_r^{-1}$. 客户端和服务器在 $r'$ 的基础上协同计算 $s$ 时，为防止各自的私钥份额泄露均需使用随机数对私钥份额进行保护，且服务器计算 $s_{s_1}$ 时总是满足公式 (5.10). 双方为保护私钥份额而使用的多个随机数就构成了 SM2 签名所需的签名随机数 $k$，然后根据 $Q$ 与 $k$ 的椭圆曲线离散对数关系，可以得到服务器与客户端在生成 $Q$ 时的签名随机数交换步骤.

如图 5.9 所示，可以总结得到构建 SM2 两方盲协同签名计算方案的一般流程如下.

(1) 客户端选择使用随机数 $k_r$ 以加法或乘法保护 $r$，得到 $r' = r + k_r$ 或 $r' = rk_r^{-1}$.

(2) 服务器根据公式 (5.10) 计算得到 $s_{s_1}$.

(3) 客户端根据私钥拆分方式和 $r'$ 的组成，计算 $s$.

## 5.6 SM2 签名算法的门限计算方案

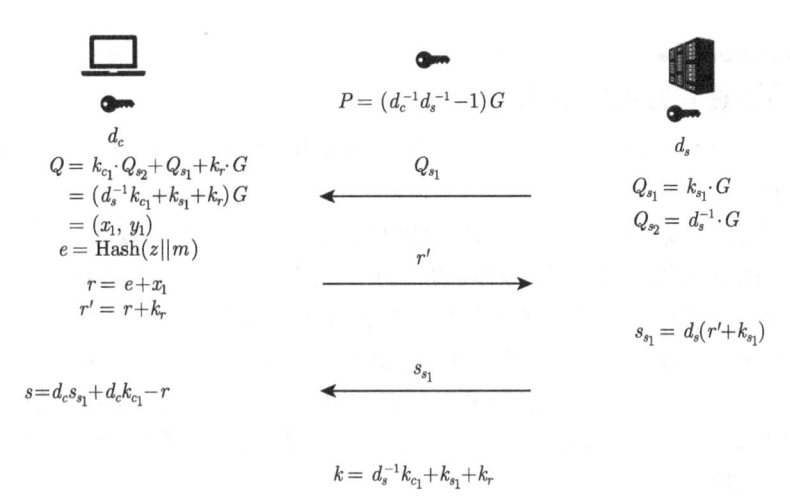

```
[客户端]                                        [服务器]
 d_c                  P = (d_c^{-1}d_s^{-1}-1)G      d_s
 Q = k_{c_1}·Q_{s_2}+Q_{s_1}+k_r·G
   = (d_s^{-1}k_{c_1}+k_{s_1}+k_r)G    ← Q_{s_1}    Q_{s_1} = k_{s_1}·G
   = (x_1, y_1)                                      Q_{s_2} = d_s^{-1}·G
 e = Hash(z||m)
 r = e+x_1
 r' = r+k_r           → r' →                        s_{s_1} = d_s(r'+k_{s_1})
 s = d_c s_{s_1}+d_c k_{c_1}-r   ← s_{s_1}

            k = d_s^{-1}k_{c_1}+k_{s_1}+k_r
```

图 5.9 私钥乘法拆分、加法盲化 $r$ 的盲协同签名计算方案

- 若 $d_c$ 和 $d_s$ 满足公式 (5.3), 即乘法拆分 $(1+d)^{-1}$.
  - 若 $r' = r+k_r$, $s$ 使用公式 (5.11) 计算.
  - 若 $r' = rk_r^{-1}$, $s$ 使用公式 (5.13) 计算.
- 若 $d_c$ 和 $d_s$ 满足公式 (5.7), 即加法拆分 $(1+d)^{-1}$.
  - 若 $r' = r+k_r$, $s$ 使用公式 (5.12) 计算.
  - 若 $r' = rk_r^{-1}$, $s$ 使用公式 (5.14) 计算.

(4) 根据客户端的 $s$ 计算公式, 分析其中因子 $k$ 的构造, 再由 $Q = k · G$ 得到服务器在生成 $Q$ 时需要发送给客户端的 $Q_{s_1}, Q_{s_2}$ 以及相应的计算如下.

- 若 $s$ 满足公式 (5.11), 则 $k = d_s^{-1}k_{c_1}+k_{s_1}+k_r$, 服务器需要向客户端发送 $Q_{s_1} = k_{s_1}·G$, $Q_{s_2} = d_s^{-1}·G$, 客户端计算 $Q = k_{c_1}·Q_{s_2}+Q_{s_1}+k_r·G$.
- 若 $s$ 满足公式 (5.12), 则 $k = (d_c+d_s)^{-1}(d_ck_{c_1}+d_sk_{s_1}+d_sk_r)$, 服务器需要向客户端发送 $Q_{s_1} = d_sk_{s_1}·(P+G)$, $Q_{s_2} = d_s·(P+G)$, 客户端计算 $Q = d_ck_{c_1}·(P+G)+Q_{s_1}+k_r·Q_{s_2}$.
- 若 $s$ 满足公式 (5.13), 则 $k = d_s^{-1}k_{c_1}+k_{s_1}k_r$, 服务器需要向客户端发送 $Q_{s_1} = k_{s_1}·G$, $Q_{s_2} = d_s^{-1}·G$, 客户端计算 $Q = k_{c_1}·Q_{s_2}+k_r·Q_{s_1}$.
- 若 $s$ 满足公式 (5.14), 则 $k = (d_c+d_s)^{-1}(d_ck_{c_1}+d_sk_{s_1}k_r)$, 服务器需要向客户端发送 $Q_{s_1} = d_sk_{s_1}·(P+G)$, 客户端计算 $Q = d_ck_{c_1}·(P+G)+k_r·Q_{s_1}$.

在上面的一般性流程分析中, 客户端和服务器各只使用了一个随机数 $k_{c_1}$ 和 $k_{s_1}$ 来保护各自的私钥份额. 与 5.6.1 节中的方案框架相同, 客户端和服务器可用其他满足安全要求的随机数组合来保护各自的私钥份额, 构建出更多具有签名结果盲化特性的两方门限计算方案.

## 5.7 门限签名方案的应用

数字签名算法的门限计算方案在很多领域中有应用, 其中最具代表性的就是区块链系统.

(1) 区块链钱包私钥管理. 私钥是区块链加密货币的所有权凭证, 例如, 比特币的唯一所有权凭证就是地址对应的私钥. 不同于以往其他信息系统, 即使私钥丢失或者被盗用也可以依赖现实世界的身份凭证重新申请密钥, 比特币钱包的私钥一旦丢失或者被盗用后, 就没有其他方式可以恢复. 所以, 有不少加密货币的钱包和托管服务采用了门限签名技术来保护私钥. 用户交易的私钥被拆分为多个份额, 需要门限数量的参与方共同参与才能实现交易, 提高了私钥的安全性, 降低了单点失效风险.

(2) 联盟链/私有链的权限管理. 由于联盟链/私有链通常由多个机构共同维护, 通常由多个节点组成的委员会共同管理, 例如对交易执行背书. 为了简化签名验证过程、不需要同时验证多个节点签名, 所以在联盟链/私有链中也广泛采用门限签名, 可以确保关键操作需要达到或超过期望数量节点的参与才能生效.

(3) 电子投票. 许多区块链系统的操作, 例如协议升级或变更, 都需要电子投票机制. 传统的集中式投票系统存在被操控的风险, 所以可以在区块链上的投票经常会使用门限签名实现安全、去中心化的投票, 提高投票过程的透明度.

比特币钱包 Zengo 使用了 Lindell 提出的 ECDSA 算法 (2, 2) 门限方案[160], 目前支持比特币和以太坊等主流平台. 在 Zengo①中, 服务器和用户的移动设备会独立地生成各自的私钥份额. 在进行交易时, 先由用户的移动设备启动交易, 并将生成相应的部分签名发送给服务器. 服务器计算出完整的签名并发送到区块链网站, 然后交易才能被确认. 在 Tezos 区块链平台上, Zengo 还支持 $n$ 方全门限的 EdDSA 签名方案, 并计划将来支持 $(t,n)$ 门限方案. Zengo 钱包使用的 ECDSA 和 EdDSA 门限签名方案的相应源代码已经公开在 Github②上.

NIST 在 2019 年启动了多方门限密码 (multi-party threshold cryptography) 项目, 其中数字签名算法部分包括 RSA, Schnorr 和 ECDSA 签名算法. 目前, 该项目已经发布公告, 介绍了门限密码方案的定义和背景并论述了门限密码方案的研究前景. 还发布了两份文件 "Threshold Schemes for Cryptographic Primitives: Challenges and Opportunities in Standardization and Validation of Threshold Cryptography" 和 "NIST Roadmap Toward Criteria for Threshold Schemes for Cryptographic Primitives", 详细描述了门限密码方案的功能需求和安全性要求

---

① https://zengo.com/security-in-depth, 引用日期: 2024-08-03.
② https://github.com/ZenGo-X, 引用日期: 2024-08-03.

并列出了门限密码方案标准化的步骤包括标准的制定、评审、发布和更新的时间表. 此外, 还有两份草案阶段的文件 "Notes on Threshold EdDSA/Schnorr Signatures" 和 "NIST First Call for Multi-Party Threshold Schemes", 对征集的数字签名算法门限计算方案给出了详细的规定, 包括系统模型、密码学原语等.

对于现网应用而言, NIST 将门限密码算法标准化, 具有重要意义. 标准化工作将明确技术规范、安全级别等细节, 为产品开发和系统集成提供指导, 降低应用阻力, 从而推动门限密码技术的成熟和商业化进程.

目前, SM2 数字签名算法门限计算方案已经在移动互联网中广泛应用, 使用 $(2,2)$ 门限方案由移动客户端和集中式的服务器共同掌握私钥, 而且服务器还带有专门的硬件密码设备来保护私钥份额, 每次签名计算, 都需要用户掌握控制的移动客户端和服务器的同时参与, 有效提升了控制 SM2 私钥的安全性. 2020 年, 中国密码行业标准化技术委员会启动立项 "基于 SM2 密码算法的协同签名技术规范", 开始进行 SM2 数字签名算法门限计算方案的标准化工作.

## 5.8 习题

**练习 5.1** 秘密分享方案与门限签名方案的主要区别是什么?

**练习 5.2** 在加法拆分 RSA 私钥的门限签名方案中, 为什么加法应在 $\mathbb{Z}_{\phi(N)}$ 上计算? 如果使用简单的整数加法, 在安全性上会有什么影响?

**练习 5.3** 在应用 Shamir 秘密分享方案拆分 RSA 私钥的门限签名方案中, 如果秘密分享多项式在 $\mathbb{Z}_{\phi(N)}$ 上计算, 是否能省去合作签名时的循环比较步骤? 在安全性上会有什么影响?

**练习 5.4** 在 Schnorr 签名算法、ECDSA 签名算法和 SM2 签名算法的门限方案设计中, 为什么签名随机数 $k$ 必须由各参与方合作生成? 如果由某一个参与方独立生成, 是否可以简化方案? 在安全性上会有什么影响?

**练习 5.5** 请使用 Shamir 秘密分享方案拆分 Schnorr 签名算法的私钥, 并基于此设计门限签名方案.

注意: 在门限签名过程中, 不能泄露私钥份额.

**练习 5.6** 请利用多方安全计算协议, 设计 SM2 签名算法 $(t,n)$ 门限方案.

# 第 6 章

# 零知识证明

零知识证明 (zero-knowledge proof, ZKP) 是一种特殊的两方安全计算协议, 它允许一个计算能力较强的一方 (通常称为证明者) 向另一个计算能力较弱的一方 (通常称为验证者) 证明某个陈述或断言为真, 而无须透露该陈述或断言为真以外的任何信息. 零知识证明的概念最早由 Goldwasser、Micali 和 Rackoff 在 1989 年提出[18], 它是对经典意义上的数学 "证明" 概念的一个重大扩展. 尽管零知识证明的概念可追溯到 20 世纪 80 年代, 但直到近些年通用零知识证明才变得相对热门, 并逐渐用于实际的密码协议设计. 目前, 零知识证明被广泛应用于构建公钥加密方案、数字签名、投票系统、拍卖系统、电子现金、安全多方计算和可验证外包计算等领域. 然而, 由于计算开销较大, 零知识证明仍然是这些方案中的瓶颈, 限制了它们在实际场景中的广泛应用. 本章聚焦零知识证明, 主要介绍其基本概念以及一些典型的构造和应用. 在开始本章的介绍之前, 我们规范一下本章使用的符号.

**符号** 对于正整数 $n$, $a$ 和 $b$, 其中 $a < b$, 我们用 $[n]$ 表示集合 $\{1, 2, \cdots, n\}$, 用 $[a, b]$ 表示集合 $\{a, a+1, \cdots, b\}$. 我们使用 $\{0,1\}^*$ 表示任意长度的二进制字符串所形成的集合. 特别地, 对于任意的字符串 $s$, 我们用 $|s|$ 表示 $s$ 的长度. 除非另有说明, 我们使用 $\lambda$ 来表示安全参数. 如果对于所有的 $c \in \mathbb{N}$ 成立 $f(\lambda) = o(1/\lambda^c)$, 我们称函数 $f(\lambda)$ 关于 $\lambda$ 是可忽略的, 记作 $\mathrm{negl}(\lambda)$. 如果一个算法可以在其输入长度的概率多项式时间 (probabilistic polynomial time, PPT) 内结束运行, 则它被称为有效的. 我们使用 $\mathrm{poly}(\lambda)$ 来表示一个可以被 $\lambda$ 的固定的多项式所限制的值. 给定一个集合 $\mathscr{S}$, 我们用 $s \leftarrow_\$ \mathscr{S}$ 表示从 $\mathscr{S}$ 中均匀随机抽样 $s$ 的过程, 而算法 $\mathcal{A}$ 在输入 $x$ 上的输出写作 $y \leftarrow \mathcal{A}(x)$. 令 $\approx_p$, $\approx_s$ 和 $\approx_c$ 分别表示两个分布族是完美不可区分、统计不可区分和计算不可区分的.

## 6.1 交互式证明系统

从数学意义上来讲, "证明" 是一个固定的序列, 由不证自明或普遍认同的陈

## 6.1 交互式证明系统

述或通过不证自明或普遍认同的规则从先前的陈述推导出来的陈述组成. 事实上, 在证明的形式化研究 (即数理逻辑) 中, 普遍认同的陈述被称为公理, 而普遍认同的规则被称为推导规则. 数学证明有两个主要特性: 一是证明通常被视为静态的对象 (例如, 证明是 "写" 出来的并且可以被逐行检查其正确性); 二是证明至少与其结果 (即定理) 同等重要. 然而, 在人类科学的其他领域中, 例如计算复杂性和密码学, "证明" 的概念有着更广泛的解释. 特别地, 证明不再被视为一个静态的对象, 而是一个确定论断有效性的过程, 因此证明具有了动态的性质 (即证明是通过交互建立的). 例如, 在法庭上经受住盘问就可以被视为法律上的证明, 而在哲学、政治, 有时甚至是技术讨论中, 未能对对手的主张做出适当回答也被视为证明. 同样, 日常发生的各种辩论也有可能确立主张, 然后被视为证明. 毋庸置疑, 这类证明的一个关键特性是其交互 (动态) 性. 在密码和安全领域中, 证明是构建安全密码协议的基本工具之一 (即子协议). 证明的动态性, 对于建立非平凡的零知识证明是至关重要的, 也就是一个非平凡的零知识证明需要涉及多轮的交互过程. 在每一轮交互中, 两个参与方根据协议规定的规则进行信息的传递和处理. 通过多轮的交互, 其中一方逐渐增加对论断正确的信心, 从而得出对论断正确性的判断. 数学证明与密码学中的 "证明" 之间的另一个区别是, 前者的目的是确定性, 而后者的目的是在排除任何合理怀疑的情况下确立主张. 在密码学中, 明确限定的错误概率是排除任何合理怀疑并确立主张的一种极为有力的形式.

在上面关于交互式证明的讨论中, 都隐含着证明者的概念: 证明者是提供证明的实体 (有时是隐藏的或超验的). 相比之下, 验证者的概念在这类讨论中往往更为明确, 通常强调验证过程, 或者换句话说, 强调验证者的作用. 无论是在数学还是在密码学领域中, 证明都是根据验证过程来定义的. 验证过程通常被认为是相对简单的, 提供证明的一方 (即证明者) 承担着构建证明的责任. 例如, 在数学中, 给出一个证明通常认为要比验证证明困难得多. $\mathcal{NP}$ 复杂度类完全刻画了这种验证证明的复杂性与建立证明的复杂性之间的不对称性, 可以被视为一类证明系统. 具体地, $\mathcal{NP}$ 类中的每种语言 $\mathscr{L}$ 都有一个有效的验证程序, 用于证明形如 $x \in \mathscr{L}$ 的陈述. 具体地, 我们有下面的定义.

**定义 6.1** ($\mathcal{NP}$ 语言) 对于一个集合 $\mathscr{L} \subseteq \{0,1\}^*$, 如果存在一个多项式 $p: \mathbb{N} \to \mathbb{N}$ 以及一个多项式时间的图灵机 $M$ 使得对任意的 $x \in \{0,1\}^*$ 成立 $x \in \mathscr{L}$ 当且仅当存在 $w \in \{0,1\}^{p(|x|)}$ 使得 $M(x,w) = 1$, 那么 $\mathscr{L} \in \mathcal{NP}$. 语言 $\mathscr{L}$ 所对应的关系, 记作 $\mathscr{R}_{\mathscr{L}}$, 定义为集合 $\{(x,w) \in \{0,1\}^* \times \{0,1\}^* : |w| \leqslant p(|x|) \text{ 且 } M(x,w) = 1\}$, 其中 $M$ 称为 $\mathscr{L}$ 的 "验证者", 字符串 $x$ 称为 "陈述 (或论断、实例)", $w$ 称为 $x$ 的 "证据".

根据 $\mathcal{NP}$ 类的定义, $\mathcal{NP}$ 类中的每一个语言 $\mathscr{L}$ 都可以由一个多项式时间可判定的关系 $\mathscr{R}_{\mathscr{L}}$ 来刻画, 使得 $\mathscr{L} = \{x \in \{0,1\}^* : \exists w \text{ 使得 } (x,w) \in \mathscr{R}_{\mathscr{L}}\}$ 并且仅

当 $|w| \leqslant \mathrm{poly}(|x|)$ 时,成立 $(x,w) \in \mathscr{R}_{\mathscr{L}}$. 因此,形如 $x \in \mathscr{L}$ 的陈述的验证过程是指将 $\mathscr{R}_{\mathscr{L}}$ 的多项式时间的图灵机 $\mathcal{M}$ 应用到 $x$ (陈述) 和 $w$ (预期的证明) 上的过程. 验证过程是 "容易的" (即多项式时间), 而提出证明可能是 "困难的".

宽泛地说, 交互式证明是一个计算受限的验证者和一个计算无界的证明者之间的 "游戏", 证明者的目标是让验证者相信某个陈述的有效性. 具体来说, 验证者采用一种概率多项式时间策略 (而证明者的策略则不受计算限制). 根据游戏规则或要求, 如果该陈述成立 (即该陈述属于 $\mathscr{L}$), 那么验证者总是接受 (即在与适当的证明者策略交互时). 另一方面, 如果陈述为假 (即该陈述不属于 $\mathscr{L}$), 无论证明者采用什么策略, 那么验证者必须能够以显著的概率 (例如 1/2) 拒绝接受. (通过多次运行这样的证明系统, 可以降低错误概率.)

形式上, 我们可以将交互式证明中各方采用的策略描述为一个函数, 它将该方到目前为止在交互中的视图映射为该方的下一步行动. 也就是说, 这种策略描述 (或者更确切地说是规定) 了该方的下一步行动 (即下一条消息或最终决定), 它是公共输入 (即上述陈述)、该方的隐私输入 (如果有的话)、内部随机性以及迄今为止收到的所有消息的函数. 当然, 这一表述假定了每一方都记录了其过去抛币的结果以及收到的所有消息, 并以此为基础决定自己的下一步行动. 因此, 分别采用策略 $\mathcal{A}$ 和 $\mathcal{B}$ 的双方之间的交互式证明是由公共输入 (记为 $x$)、双方的隐私输入 (记为 $y$ 和 $z$) 以及双方的随机性 (记为 $r_{\mathcal{A}}$ 和 $r_{\mathcal{B}}$) 决定的. 假如 $\mathcal{A}$ 走第一步 ($\mathcal{B}$ 走最后一步), 则相应的 ($t$ 轮) 交互记录 (基于公共输入 $x$、隐私输入 $y$, $z$, 以及随机性 $r_{\mathcal{A}}, r_{\mathcal{B}}$) 为 $\alpha_1, \beta_1, \cdots, \alpha_t, \beta_t$. 其中, $\alpha_i = \mathcal{A}(x, y, r_{\mathcal{A}}, \beta_1, \cdots, \beta_{i-1})$, $\beta_i = \mathcal{B}(x, z, r_{\mathcal{B}}, \alpha_1, \cdots, \alpha_i)$. $\mathcal{A}$ 相应的最终决定则定义为 $\mathcal{A}(x, y, r_{\mathcal{A}}, \beta_1, \cdots, \beta_t)$.

如果一方下一步的行动可以在公共输入长度的多项式时间内计算, 我们就说该方采用了概率多项式时间策略. 具体而言, 这意味着当输入 $x$ 时, 该策略最多能够发送的消息数目以及发送的每条消息的长度都为 $|x|$ 的多项式. 直观地说, 如果对方允许发送消息的总长度超过了一个先验的 ($\mathrm{poly}(|x|)$) 界, 那么执行就会暂停. 因此, 如果对每个 $i$ 和 $r_{\mathcal{A}}, \beta_1, \cdots, \beta_i$, $\mathcal{A}(x, y, r_{\mathcal{A}}, \beta_1, \cdots, \beta_i)$ 的值可以在 $|x|$ 的多项式时间内计算出来, 我们就说 $\mathcal{A}$ 是一个概率多项式时间策略. 当然, $|r_{\mathcal{A}}|$, $t$ 和 $|\beta_i|$ 的值都必须是 $|x|$ 的多项式. 当双方的内部随机性 $r_{\mathcal{A}}, r_{\mathcal{B}}$ 为独立均匀分布的字符串时, 我们通常省略该随机性输入, 并用 $\langle \mathcal{A}(x,y), \mathcal{B}(x,z) \rangle$ 表示双方停止交互后 $\mathcal{B}$ 的输出 (接受或者拒绝), 其中 $x$ 为双方的公共输入, $y$ 和 $z$ 分别为 $\mathcal{A}$ 和 $\mathcal{B}$ 的隐私输入. 下面是交互式证明 (interactive proof, IP) 系统的正式定义.

**定义 6.2** (交互式证明系统) 语言 $\mathscr{L} \subseteq \{0,1\}^*$ 的一个交互式证明系统是一个执行在概率多项式时间策略的验证者 (记为 $\mathcal{V}$) 和 (计算策略无限制的) 证明者 (记为 $\mathcal{P}$) 之间的游戏, 且游戏满足下面两个条件.

- 完备性 (completeness): 对于任意的 $x \in \mathscr{L}$, 验证者 $\mathcal{V}$ 在与证明者 $\mathcal{P}$ 就

## 6.1 交互式证明系统

公共输入 $x$ 进行交互后,总是接受,即对任意的 $x \in \mathcal{L}$,存在一个字符串 $y$ 使得对所有的 $z \in \{0,1\}^*$,$\Pr[\langle \mathcal{P}(x,y), \mathcal{V}(x,z) \rangle = 1] = 1$.

- 可靠性 (soundness): 对于任意的 $x \notin \mathcal{L}$ 和任意的证明者策略 $\mathcal{P}^*$,验证者 $\mathcal{V}$ 与 $\mathcal{P}^*$ 就公共输入 $x$ 进行交互后,拒绝概率至少为 $1/2$,即对任意的 $x \notin \mathcal{L}$,任意的证明者策略 $\mathcal{P}^*$ 和所有的 $y, z \in \{0,1\}^*$,$\Pr[\langle \mathcal{P}^*(x,y), \mathcal{V}(x,z) \rangle = 1] \leqslant \dfrac{1}{2}$.

在上面的交互式证明系统定义中,我们允许每一方有一个隐私的输入 (除公共输入和内部随机性外). 宽泛地讲,这些额外的隐私输入用于刻画各方可用的额外信息. 具体来说,当使用交互式证明系统作为一个较大协议中的子协议时,隐私输入与进入子协议前的各方的本地配置有关. 特别地,证明者的隐私输入可能包含能有效执行证明者任务的信息. 例如,在计算可靠的证明系统中 (见论证系统的定义 6.3),证明者的计算能力将被弱化为概率多项式时间,因此证明者与验证者有相同的计算能力. 当证明一个 $\mathcal{NP}$ 语言 $\mathcal{L}$ 时,一个有效的证据需要额外提供给证明者 (对于一个计算能力无限的证明者,他可以自己找到这样的证据).

直观上,可靠性表示,验证者不会被 "欺骗" 而接受虚假的陈述. 换句话说,可靠性体现了验证者保护自己不被虚假陈述说服的能力 (无论证明者如何愚弄它). 另一方面,完备性刻画的是某些证明者说服验证者相信真陈述的能力. 这两个属性对于证明系统的概念本身都至关重要.

衡量任意一个交互式证明的最重要的两个成本是 $\mathcal{P}$ 和 $\mathcal{V}$ 的运行时间,其他成本如 $\mathcal{P}$ 和 $\mathcal{V}$ 的空间使用量、通信量以及交换的消息数量也同样需要考虑. 如果 $\mathcal{P}$ 和 $\mathcal{V}$ 总共交换 $k$ 条消息,则该交互式证明系统的轮复杂度为 $\lceil k/2 \rceil$. 如果 $k$ 是奇数,那么交互中最后的一轮实际上只是一次发送,没有回复,即它只包含从证明者到验证者的一条消息.

我们用 $\mathcal{IP}$ 表示具有交互式证明系统的语言的集合. 注意连续应用证明系统可以降低 (可靠性条件中的) 错误概率. 具体地,连续重复证明过程 $k = \text{poly}(|x|)$ 次,可将验证者被愚弄 (即接受错误陈述) 的概率减小到 $2^{-k}$.

### 6.1.1 交互式论证系统

在本小节中,我们考虑放宽交互式证明系统的概念. 具体来说,我们可以放宽交互式证明系统的可靠性条件. 我们不再要求不可能欺骗验证者接受虚假的陈述 (概率大于某个界),而是要求这样做是计算上不可行的. 我们称这种证明系统为计算可靠 (computationally sound) 的证明系统 (或论证 (argument) 系统). 计算可靠证明系统的优势在于,在一些合理的复杂性假设下,可以为 $\mathcal{NP}$ 中的所有语言构建完美的零知识论证系统. 具体地,我们有下面的定义.

**定义 6.3** (交互式论证系统) 语言 $\mathcal{L} \subseteq \{0,1\}^*$ 的一个交互式论证系统是一个执行在概率多项式时间策略的验证者 (记为 $\mathcal{V}$) 和概率多项式时间策略的证明

者 (记为 $\mathcal{P}$) 之间的游戏, 且游戏满足以下两个条件.

- 完备性: 对于任意的 $x \in \mathscr{L}$, 验证者 $\mathcal{V}$ 在与证明者 $\mathcal{P}$ 就公共输入 $x$ 进行交互后, 总是接受, 即对任意的 $x \in \mathscr{L}$, 存在一个字符串 $y$ 使得对所有的字符串 $z$, $\Pr[\langle \mathcal{P}(x,y), \mathcal{V}(x,z)\rangle = 1] = 1$.
- 可靠性: 对于充分长的 $x \notin \mathscr{L}$ 和任意的概率多项式时间证明者策略 $\mathcal{P}^*$, 验证者 $\mathcal{V}$ 与 $\mathcal{P}^*$ 就公共输入 $x$ 进行交互后, 拒绝概率至少为 $1/2$, 即对充分长的 $x \notin \mathscr{L}$, 任意的概率多项式时间证明者策略 $\mathcal{P}^*$ 和所有的字符串 $y, z$, $\Pr[\langle \mathcal{P}^*(x,y), \mathcal{V}(x,z)\rangle = 1] \leqslant \frac{1}{2}$.

与交互式证明系统不同, 交互式论证系统可以充分利用密码学中的基本原语和困难性假设. 我们知道, 在交互式证明系统中, 证明者有无限的计算资源, 因此证明者能够破解一些困难性假设 (例如离散对数困难性问题), 从而欺骗验证者接受一个错误的密码学陈述, 但多项式时间的证明者却无法破解这些困难性假设 (假定 $\mathcal{P} \neq \mathcal{NP}$). 密码学的使用通常允许交互式论证系统实现交互式证明无法实现的其他理想特性, 例如可重用性 (即验证者能够重用相同的 "秘密状态" 来外包相同输入的许多计算)、公共可验证性等.

### 6.1.2 公开抛币的证明系统

在交互式证明系统中, $\mathcal{V}$ 的随机性是内部的, 证明者通常是看不到的. 我们一般称这样的证明系统为隐私抛币 (private-coin) 的证明系统. 我们也可以考虑验证者的随机性是公开的证明系统, 也就是说, $\mathcal{V}$ 抛出的任何 (随机性) 硬币一经抛出, 证明者就能看到. 我们将看到, 这种公开抛币 (public-coin) 的证明系统在实际的应用中特别有用, 因为它们可以与密码学相结合, 获得具有重要特性的论证系统 (见 6.6.1 节中的 Fiat-Shamir 变换). 本章中我们介绍的大部分证明系统都满足这种性质, 即公开抛币的交互式证明/论证系统.

## 6.2 Sum-Check 协议

本节我们介绍一个交互式证明的实例——Sum-Check 协议, 它由 Lund、Fortnow、Karloff 和 Nisan 于 1990 年提出[170], 在建立交互式证明系统和实现高效计算验证方面具有不可估量的价值, 许多高效交互式证明协议的设计都受到了该协议的启发. Sum-Check 协议允许验证者将检查和的有效性这一计算昂贵的任务交给证明者. 传统方法需要在输入范围内的每个点上对多项式求值 (或者查询), 在输入范围较大的情况下, 计算成本很高. Sum-Check 协议巧妙地避开了这一问题, 将这一计算负担转移给了证明者 (通常有较高的计算能力). 证明者向验证者发送一系列单变元多项式, 其中每个多项式对应原始输入范围的一个子集和. 验证者

## 6.2 Sum-Check 协议

只需检查这些多项式在随机点上的取值, 就能验证和的正确性, 这大大降低了验证者的计算成本.

具体地, Sum-Check 协议是证明者向验证者证明一个多变元多项式在一个结构化子集上的取值之和等于其声明的值. 也就是说, 给定有限域 $\mathbb{F}$ 上的一个 $n$ 变元多项式 $g : \mathbb{F}^n \to \mathbb{F}$, 其中每个变元的次数最多为 $d$, 那么在 Sum-Check 协议中, 证明者希望证明以下形式的陈述.

$$\sum_{x_1,\cdots,x_n\in\{0,1\}} g(x_1,\cdots,x_n) = z \tag{6.1}$$

如果没有证明者, 验证者将必须对 $g$ 进行 $2^n$ 次求值, 才能验证这样的陈述. 然而在 Sum-Check 协议中, 验证者的运行时间仅为 $\mathcal{O}(nd \cdot \mathrm{polylog}(|\mathbb{F}|))$ 以及额外对 $g$ 的 $\mathcal{O}(1)$ 次求值.

Sum-Check 协议的主要思路是考虑由以下定义的单变元多项式:

$$g_1(x) = \sum_{x_2,\cdots,x_n\in\{0,1\}} g(x,x_2,\cdots,x_n)$$

这与式 (6.1) 的表达式相同, 只是这里我们不对变元 $x_1$ 求和. 由于变元 $x_1$ 的次数最多为 $d$, 因此 $g_1(x)$ 的次数最多也为 $d$. 注意到

$$\begin{aligned} g_1(0) + g_1(1) &= \sum_{x_1\in\{0,1\}} \sum_{x_2,\cdots,x_n\in\{0,1\}} g(x_1,x_2,\cdots,x_n) \\ &= \sum_{x_1,\cdots,x_n\in\{0,1\}} g(x_1,x_2,\cdots,x_n) \end{aligned}$$

如果验证者知道 $g_1(x)$, 那么验证者就可以通过检查 $g_1(0) + g_1(1) = z$ 来检验等式 (6.1). 然而验证者并不知道 (或者至少不能有效地计算) $g_1(x)$, 但是其可以要求证明者将它发送给自己. 我们知道, 多项式 $g_1$ 的次数最多为 $d$, 因此 $g_1$ 可以被 $d+1$ 个域上的元素所唯一确定. 例如, 证明者可以发送 $g_1$ 在集合 $[0, d]$ 上每个点的取值来指定 $g_1$, 或者发送 $g_1$ 的全部 $d+1$ 个系数.

假定证明者发送给验证者某个多项式 $g_1'(x)$, 如果证明者作弊, 它可能并不等于 $g_1(x)$. 验证者检查 $g_1'(x)$ 的次数是否不超过 $d$, 并且 $g_1'(0) + g_1'(1) = z$, 如果其中任意一个条件不成立则停止交互并输出拒绝. 如果等式 (6.1) 为真, 那么证明者只需向验证者发送正确的多项式 $g_1'(x) = g_1(x)$ 即可. 如果等式 (6.1) 不成立, 那么如果证明者想让验证者接受, 它就必须发送一个错误的多项式 $g_1'(x) \ne g_1(x)$. 因为两个多项式的次数最多为 $d$, 那么有限域 $\mathbb{F}$ 上所有满足 $g_1'(x) = g_1(x)$ 的点 $x$ 的数目至多为 $d$, 因此对于随机选取的一个元素 $r_1 \in \mathbb{F}$, $g_1'(r_1) \ne g_1(r_1)$ 的概率至

少为 $1-d/|\mathbb{F}|$. 如果验证者知道 $g_1(x)$, 那么验证者只需要求出 $g_1(r_1)$ 和 $g_1'(r_1)$, 就能够以一个高的概率抓住作弊者. 当然, 问题的关键在于验证者没有 (或者至少不能有效地计算) $g_1(x)$, 但我们现在已经把原来的问题, 即验证公式 (6.1), 变成了同一问题的一个更简单的实例, 即验证

$$\sum_{x_2,\cdots,x_n\in\{0,1\}} g(r_1,x_2\cdots,x_n) = g_1'(r_1) \tag{6.2}$$

通过向验证者发送 $g_1'(x)$, 证明者隐含地声称等式 (6.2) 成立. 虽然他无法事先知道验证者会选择哪个元素 $r_1$, 但这给了验证者一个优势. 如果等式 (6.1) 成立, 那么当证明者向验证者发送正确的多项式时, 等式 (6.2) 也成立. 如果等式 (6.1) 不成立, 那么无论证明者的行为如何, 等式 (6.2) 都有很大概率不成立. 无论哪种情况, 我们都回到了原始的问题, 只不过现在只有 $n-1$ 个变元被求和. 我们不断重复这个过程, 直到验证者的任务简化为验证

$$g(r_1,r_2,\cdots,r_n) = g_n'(r_n) \tag{6.3}$$

其中 $r_1,\cdots,r_n \leftarrow_\$ \mathbb{F}$, $g_n'$ 为在第 $n$ 轮中证明者发送的单变元多项式. 现在, 验证者可以利用 $g$ 的另一个必要特性, 即它可以被有效地求值 (或者查询), 来明确检查等式 (6.3) 是否成立. 如果成立, 验证者接受, 否则拒绝. 这是整个协议中唯一一次验证者可能输出接受的情况. 协议的完整描述如图 6.1 所示.

**定理 6.1** 对任意的正整数 $n \in \mathbb{N}$ 以及 $z \in \mathbb{F}$, 令

$$\mathrm{SC} = \left\{ g \in \mathbb{F}[x_1,\cdots,x_n] : \sum_{x_1,\cdots,x_n\in\{0,1\}} g(x_1,\cdots,x_n) = z \text{ 且 } \deg_i(g) \leqslant d, \forall i \in [n] \right\}$$

Sum-Check 协议是语言 SC 的一个公开抛币的交互式证明系统, 并且可靠性误差 $\leqslant \dfrac{nd}{|\mathbb{F}|}$.

**证明** 完备性是显而易见的, 如果证明者在所有轮都发送了正确的多项式 $g_i(x)$, 那么根据前面直观性的分析, $\mathcal{V}$ 将以概率 1 接受.

可靠性的证明是通过对 $n$ 进行归纳而得到的. 在 $n=1$ 的情况下, $\mathcal{P}$ 发送的唯一的消息是指定一个 $d$ 次单变元多项式 $g_1(x)$. 如果 $g_1(x) \neq g(x)$, 那么由于任何两个不同的 $d$ 次单变元多项式最多可以在 $d$ 个输入上相等, 所以对于均匀随机选取的 $r_1 \in \mathbb{F}$, $g_1(r_1) \neq g(r_1)$ 的概率至少为 $1-d/|\mathbb{F}|$. 因此 $\mathcal{V}$ 最后的检查将导致 $\mathcal{V}$ 至少以 $1-d/|\mathbb{F}|$ 的概率输出拒绝.

通过归纳法, 我们假设对于所有的 $n-1$ 元多项式, Sum-Check 协议的可靠性误差最多为 $(n-1)d/|\mathbb{F}|$. 令 $g_1(x) = \sum_{x_2,\cdots,x_n\in\{0,1\}} g(x,x_2,\cdots,x_n)$, 假定 $\mathcal{P}$ 在第

## 6.2 Sum-Check 协议

1 轮发送了一个多项式 $g'_1(x) \neq g_1(x)$. 因为任意两个不同的 $d$ 次单变元多项式最多可以在 $d$ 个输入上相等,那么对于均匀随机选取的 $r_1 \in \mathbb{F}$, $g'_1(r_1) \neq g_1(r_1)$ 的概率至少为 $1-d/|\mathbb{F}|$. 以该事件为条件,$\mathcal{P}$ 需要证明第 2 轮中的错误陈述 $g'_1(r_1) = \sum_{x_2,\cdots,x_n \in \{0,1\}} g(r_1, x_2, \cdots, x_n)$. 由于 $g(r_1, x_2, \cdots, x_n)$ 是 $n-1$ 元多项式,单变元次数最多为 $d$,那么由归纳假设可知,$\mathcal{V}$ 将在随后轮中的某个时刻拒绝协议的概率至少为 $1-(n-1)d/|\mathbb{F}|$. 因此,$\mathcal{V}$ 最终将拒绝的概率至少为

$$1 - \Pr[g'_1(r_1) \neq g_1(r_1)] - \left(1 - \Pr\left[\mathcal{V} \text{ 在第 } i > 1 \text{ 轮拒绝} \mid g'_1(r_1) \neq g_1(r_1)\right]\right)$$
$$\geqslant 1 - \frac{d}{|\mathbb{F}|} - \frac{(n-1)d}{|\mathbb{F}|} = 1 - \frac{nd}{|\mathbb{F}|}.$$

最后,该协议的公开抛币性是显然的——在每一步中,验证者仅使用其随机性来选择 $r_i$,然后将 $r_i$ 发送给证明者. □

---

**SC 的 Sum-Check 协议:**

(1) 在第 1 轮,$\mathcal{P}$ 向 $\mathcal{V}$ 发送一个单变元多项式

$$g_1(x) = \sum_{x_2,\cdots,x_n \in \{0,1\}} g(x, x_2, \cdots, x_n),$$

$\mathcal{V}$ 检查是否 $g_1$ 是一个单变元多项式并且次数不超过 $\deg_1(g)$,然后检查是否 $z = g_1(0) + g_1(1)$. 任意检查失败则终止协议并输出拒绝.

(2) $\mathcal{V}$ 均匀随机地选取一个元素 $r_1 \leftarrow_{\$} \mathbb{F}$ 并发送给 $\mathcal{P}$.

(3) 在第 $i$ ($1 < i < n$) 轮,$\mathcal{P}$ 向 $\mathcal{V}$ 发送一个单变元多项式

$$g_i(x) = \sum_{x_{i+1},\cdots,x_n \in \{0,1\}} g(r_1, \cdots, r_{i-1}, x, x_{i+1}, \cdots, x_n),$$

$\mathcal{V}$ 检查是否 $g_i$ 是一个单变元多项式并且次数不超过 $\deg_i(g)$,然后检查是否 $g_{i-1}(r_{i-1}) = g_i(0) + g_i(1)$. 任意检查失败则终止协议并输出拒绝.

(4) $\mathcal{V}$ 均匀随机地选取一个元素 $r_i \leftarrow_{\$} \mathbb{F}$ 并发送给 $\mathcal{P}$.

(5) 在第 $n$ 轮,$\mathcal{P}$ 向 $\mathcal{V}$ 发送一个单变元多项式

$$g_n(x) = g(r_1, \cdots, r_{n-1}, x),$$

$\mathcal{V}$ 检查是否 $g_n$ 是一个单变元多项式并且次数不超过 $\deg_n(g)$,然后检查是否 $g_{n-1}(r_{n-1}) = g_n(0) + g_n(1)$. 任意检查失败则终止协议并输出拒绝.

(6) $\mathcal{V}$ 均匀随机地选取一个元素 $r_n \leftarrow_{\$} \mathbb{F}$ 并计算 (或 (谕言机) 查询) 多项式 $g$ 在点 $(r_1, \cdots, r_n)$ 处的取值,然后检查是否 $g_n(r_n) = g(r_1, \cdots, r_n)$. 检查失败则终止协议并输出拒绝.

(7) 如果 $\mathcal{V}$ 尚未拒绝,则 $\mathcal{V}$ 停止并输出接受.

图 6.1 Sum-Check 协议

---

多项式 $g$ 的每个变元,对应协议中的一轮交互,因此证明者到验证者的总通信量为 $\sum_{i=1}^{n}(\deg_i(g) + 1) = n + \sum_{i=1}^{n} \deg_i(g)$ 个域上的元素,验证者到证明者之

间的总通信量为 $n$ 个域上的元素. 特别地, 如果对于所有 $i$, $\deg_i(g) = \mathcal{O}(1)$, 那么通信复杂度为 $\mathcal{O}(n)$ 个域元素.

验证者在整个协议执行过程中的运行时间与总通信量成正比, 再加上一次对 $g$ 的求值 (查询) 来计算 $g(r_1, \cdots, r_n)$ 的时间成本. 对于确定证明者的运行时间复杂度, 我们注意到, $\mathcal{P}$ 可以通过发送

$$g_i(j) = \sum_{x_{i+1}, \cdots, x_n \in \{0,1\}} g(r_1, \cdots, r_{i-1}, j, x_{i+1}, \cdots, x_n) \tag{6.4}$$

的值来指定多项式 $g_i$, 其中 $j \in \{0, \cdots, \deg_i(g)\}$. 方程 (6.4) 中, $g_i(j)$ 的求和项的数目随 $i$ 呈几何下降: 在第 $i$ 个求和中, 只有 $(1 + \deg_i(g)) \cdot 2^{n-i}$. 因此, 在协议执行过程中必须求值的项的总数为 $\sum_{i=1}^{n}(1 + \deg_i(g)) \cdot 2^{n-i}$. 如果对于所有的 $i$, $\deg_i(g) = \mathcal{O}(1)$, 则该值为 $\mathcal{O}(1) \cdot \sum_{i=1}^{n} 2^{n-i} = \mathcal{O}(1) \cdot (2^n - 1) = \mathcal{O}(2^n)$. 因此, 证明者 $\mathcal{P}$ 的计算复杂度为 $\mathcal{O}(2^n \cdot T)$, 其中 $T$ 为一次求值 $g$ 所需要的时间.

## 6.3 零知识证明系统

交互式证明系统的两个性质中, 完备性是针对诚实执行协议指令的证明者与验证者的性质, 与安全性无关; 可靠性则保护验证者不受恶意证明者的欺骗. 但是, 交互式证明系统并没有给出针对证明者的安全保护措施. 下面介绍的零知识定义, 它要求证明结束时验证者除了相信证明者所证明的陈述为真外不能获得任何额外的 "知识", 这保证了证明者所拥有的 "知识" 没有泄露.

直观上, 我们可以将零知识证明理解为验证者除了断言的有效性之外 "不获得任何知识" 的证明. 那么两个自然的问题就产生了, 什么是知识以及什么是知识的获得. 在讨论零知识证明时, 我们回避第一个问题 (这个问题的复杂性超出了本书的范围), 而直接讨论第二个问题. 也就是说, 我们不给出知识的定义, 而是阐释一种一般的情况, 在这种情况下, 讨论没有获得知识是有意义的. 幸运的是, 就密码学和安全领域而言, 这种方法似乎已经足够了.

为了解释零知识的定义, 我们考虑 Alice 和 Bob 两人之间的一次对话并且假设这次对话是单向的. 具体来说, Alice 只说, Bob 只听. 显然, 我们可以说 Alice 没有从这次对话中获得任何知识. 另一方面, Bob 可能会也可能不会从对话中获得知识 (这取决于 Alice 说了什么). 例如, 如果 Alice 仅说了 "$1 + 1 = 2$", 那么 Bob 显然不会从对话中获得任何知识, 因为他已经知道了这个事实. 另一方面, 如果 Alice 向 Bob 透露了 $\mathcal{P} \neq \mathcal{NP}$ 的证明, 那么他肯定从对话中获得了知识 (当然假定 Bob 在对话前并不知道该证明).

## 6.3 零知识证明系统

我们现在考虑对话是双向的, 在对话中, Bob 就一个 (公共已知的) 图向 Alice 提问. 首先考虑这样一种情况: Bob 问 Alice 该图是否为一个欧拉图[①]. 显然, Bob 没有从 Alice 的回答中获得任何知识, 因为他完全可以自己确定答案 (通过运行多项式时间的判定算法). 另一方面, 如果 Bob 问 Alice 这个图是否为一个哈密顿图, 而 Alice (以某种方式) 回答了这个问题, 那么我们就不能说 Bob 没有获得任何知识 (因为目前我们并不知道是否存在一个有效的算法可以用来判定一个图是否为哈密顿图[②]). 因此, 如果 Bob 对公共已知的图的计算能力有所提高 (也就是说, 如果交互后他能轻松计算出交互前无法有效计算的东西), 我们就说 Bob 从交互中获得了知识. 但是, 如果 Bob 在与 Alice 交互后能有效计算出的有关图的任何内容, 他自己也能有效地从图本身计算出来, 那么我们就说 Bob 没有从交互中获得任何知识. 也就是说, 只有当 Bob 收到了对他来说是不可行的计算结果时, 他才获得了知识. 注意在交互式证明系统中, Alice 有无限的计算资源, 使她能够高效地进行对 Bob 来说是不可行的计算; 但是在论证系统中, Alice 和 Bob 有相同的计算能力, 因此一个额外的隐私输入 (提示或证据) 需要提供给 Alice.

上述讨论遵循了一个通用的定义范式, 即模拟范式, 该范式也被广泛用于其他的密码学安全性证明和分析中. 模拟范式假设, 任何一方能够独自有效完成的事情都不能被视为与外部交互的获得, 这种范式的有效性是显而易见的. 因此粗略地讲, 如果在公共输入 $x \in \mathscr{L}$ 上与 $\mathcal{P}$ 进行交互后可以有效计算的任何内容也可以由 $x$ 本身 (没有任何交互) 有效地计算出来, 我们就说语言 $\mathscr{L}$ 的交互式证明系统 $(\mathcal{P}, \mathcal{V})$ 是零知识的. 需要强调的是, 这适用于与 $\mathcal{P}$ 交互的任何有效方式, 不一定是由验证者 $\mathcal{V}$ 所定义的方式. 实际上, "零知识" 是证明者 $\mathcal{P}$ 的一个属性, 它刻画了 $\mathcal{P}$ 在尝试通过与之交互来获取知识时的可靠性.

**定义 6.4** (零知识) 假定 $(\mathcal{P}, \mathcal{V})$ 为某个语言 $\mathscr{L}$ 的交互式证明系统. 如果对于任意的概率多项式时间的验证者 $\mathcal{V}^*$, 都存在一个概率多项式时间算法 $\mathcal{S}$, 使得对任意 $x \in \mathscr{L}$,

$$\text{View}_{\mathcal{V}^*}^{\mathcal{P}}(x, z) \approx_c \mathcal{S}(x, z)$$

那么称该证明系统 $(\mathcal{P}, \mathcal{V})$ 是计算零知识的. 其中, $\text{View}_{\mathcal{V}^*}^{\mathcal{P}}(x, z)$ 表示验证者 $\mathcal{V}^*$ 和 $\mathcal{P}$ 在交互过程中的视图, 这包括它的公共输入 $x$、隐私输入 $z$、随机性和接收到的所有消息.

概率多项式时间算法 $\mathcal{S}$ 称为 $\mathcal{V}^*$ 与 $\mathcal{P}$ 交互的模拟器. 这种模拟器虽然不能访问 $\mathcal{P}$, 却能模拟 $\mathcal{V}^*$ 与 $\mathcal{P}$ 的交互. 存在这种模拟器意味着 $\mathcal{V}^*$ 不会从 $\mathcal{P}$ 中获得任何知识 (因为不访问 $\mathcal{P}$ 也能产生 (计算意义上) 相同的输出). 完美零知识和统计

---

[①] 根据欧拉定理, 我们知道一个图是欧拉图当且仅当该图是连通的, 并且其所有顶点的度数都是偶数. 因此判定一个图是否为欧拉图存在确定性的多项式时间算法.

[②] 假设 $\mathcal{P} \neq \mathcal{NP}$, 那么这样的算法是不存在的.

零知识性的定义可类似给出.

定义 6.4 要求为每一个可能的概率多项式时间验证者 $\mathcal{V}^*$ 提供一个高效的模拟器. 这被称为恶意或不诚实验证者零知识 (文献中可能会经常省略恶意或不诚实验证者这一说明性短语). 同样有趣的是, 如果将该定义条件放宽, 使得零知识性只针对诚实的验证者, 即仅为按照协议预先定义的验证算法进行交互的验证者提供高效的模拟器, 则可得到弱化的零知识性, 通常称为诚实验证者零知识 (honest-verifier zero-knowledge, HVZK). 虽然这一弱化概念不足以满足典型的密码学应用, 但基于以下两个原因, 其在实际中仍然有着广泛的应用. 首先, 诚实验证者零知识的这一弱概念本身就具有高度的非平凡性和吸引力. 其次, 一般地, 公开抛币的诚实验证者零知识协议可以转化为相似的 (恶意或不诚实验证者) 零知识协议.

我们下面以图同构语言的零知识证明协议为例来帮助深化理解零知识的定义. 设 $G = (V, E)$ 为由顶点集合 $V$ 和边集 $E \subseteq V \times V$ 组成的无向图, 其中 $(v_0, v_1) \in E$ 表示点 $v_0$ 和 $v_1$ 之间存在一条边. 不失一般性, 记点集为 $[n] = \{1, \cdots, n\}$, 其中 $n$ 为一个非负整数. 对于两个图 $G_0 = (V_0, E_0)$ 和 $G_1 = (V_1, E_1)$, 如果存在一个双射 $\phi : V_0 \to V_1$ 使得 $(v_0, v_1) \in E_0$ 当且仅当 $(\phi(v_0), \phi(v_1)) \in E_1$, 那么称图 $G_0$ 和 $G_1$ 同构, 记为 $G_0 \cong G_1$. 例如, 图 6.2 中 $G_0$ 与 $G_1$ 同构, 但不与 $G_2$ 同构.

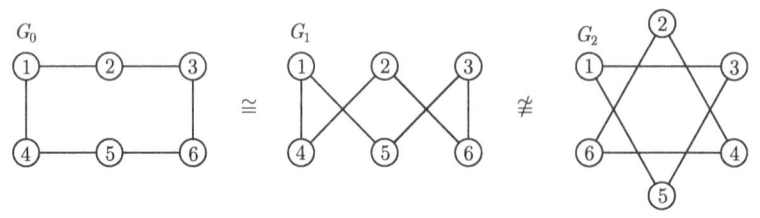

图 6.2 三个包含 6 个顶点的图, 前两个图是同构的, 第三个图与前两个图不同构

定义图同构语言 GI 为

$$\text{GI} = \{(G_0, G_1) : G_0, G_1 \text{ 均为无向图且 } G_0 \cong G_1\}$$

为证明图 $G_0$ 与 $G_1$ 同构, 证明者首先随机选取与 $G_0$ 和 $G_1$ 同构的一个图 $H$ 并将其发送给验证者, 验证者随机选取一个挑战 $b \leftarrow_\$ \{0, 1\}$ 并将其发送给证明者, 证明者发送置换 $\phi$ 以证明 $G_b$ 与 $H$ 同构. 验证者收到 $\phi$ 后, 验证是否 $H = \phi(G_b)$, 如果相等则输出接受, 否则输出拒绝. 具体的零知识证明协议如图 6.3 所示. 注意在该协议中, 验证者没有隐私输入.

## 6.3 零知识证明系统

---
**GI 的零知识证明协议:**

**公共输入**: 一对顶点个数为 $n$ 的图 $(G_0, G_1)$.
$\mathcal{P}$ **的隐私输入**: 一个置换 $\pi : [n] \to [n]$ 使得 $G_1 = \pi(G_0)$.
(1) $\mathcal{P}$ 均匀随机地选取一个置换 $\pi_1 : [n] \to [n]$, 然后发送 $H = \pi_1(G_1)$ 给 $\mathcal{V}$.
(2) $\mathcal{V}$ 均匀随机地选取 $b \leftarrow_\$ \{0, 1\}$, 并将其发送给 $\mathcal{P}$.
(3) 如果 $b = 1$, $\mathcal{P}$ 向 $\mathcal{V}$ 发送 $\pi_1$. 如果 $b = 0$, $\mathcal{P}$ 向 $\mathcal{V}$ 发送 $\pi_1 \circ \pi$ (即 $n$ 到 $\pi_1(\pi(n))$ 的置换).
(4) 令 $\phi$ 表示上一条消息中验证者接收到的置换, 那么 $\mathcal{V}$ 输出接受当且仅当 $H = \phi(G_b)$.

---

图 6.3　GI 的零知识证明协议

**定理 6.2**　图 6.3 中所描述的语言 GI 的交互式证明协议满足完备性、可靠性和 (统计) 零知识性.

**证明**　我们首先证明该协议确实构成了语言 GI 的交互式证明系统. 显然, 如果输入的图 $G_0$ 和 $G_1$ 是同构的, 则第 (1) 步中构造的图 $H$ 将与它们都同构. 因此, 如果各方都诚实地执行其规定的程序, 那么验证者将始终接受. 另一方面, 如果 $G_0$ 和 $G_1$ 不同构, 则没有图可以与 $G_0$ 和 $G_1$ 同时同构. 由此可见, 无论 (可能作弊的) 证明者如何构造 $H$, 都存在一个 $b \in \{0, 1\}$, 使得 $H$ 和 $G_b$ 不同构. 因此, 如果验证者诚实地执行其规定的程序, 它将以至少 $1/2$ 的概率拒绝.

下面我们考虑零知识性. 对于任意的 PPT 验证者 $\mathcal{V}^*$, 可以构造如下的模拟器 $\mathcal{S}$, 在给定公共输入 $x = (G_0, G_1)$ 时输出验证者的视图. 模拟器 $\mathcal{S}$ 首先猜测验证者的挑战 $b'$ 并随机选取图 $G_{b'}$ 的一个同构 $H$. 若验证者发送的挑战恰好为 $b'$, 则模拟器对挑战做出相应的回应; 否则, 模拟器重新猜测挑战并调用验证者算法直至猜测成功或者达到一个给定的运行时间界限. 具体地, 模拟器 $\mathcal{S}(G_0, G_1)$ 算法描述如下.

$\mathcal{S}(G_0, G_1)$:
(1) 初始化 $t = 0$.
(2) 令 $q(\cdot)$ 表示 $\mathcal{V}^*$ 的运行时间. 模拟器 $\mathcal{S}$ 首先均匀地选择一个字符串 $r \leftarrow_\$ \{0,1\}^{q(|x|)}$, 作为 $\mathcal{V}^*$ 的随机性.
(3) 选择一个随机的比特 $b' \leftarrow_\$ \{0,1\}$ 和一个随机的置换 $\phi : [n] \to [n]$, 然后计算 $H = \phi(G_{b'})$.
(4) 调用 $\mathcal{V}^*(x, r, H)$ 获得一个比特 $b$.
(5) 如果 $t < |x|$ 且 $b = b'$, 那么终止并输出 $((G_0, G_1), r, H, \phi)$. 如果 $t = |x|$, 那么终止并输出失败符号 $\bot$. 否则令 $t \leftarrow t + 1$ 并返回第 (2) 步.

因为 $\mathcal{V}^*$ 是一个多项式时间算法, 所以模拟器 $\mathcal{S}$ 也是一个多项式时间的算法. 下面我们证明, $\mathcal{S}$ 输出 $\bot$ 的概率最多是可忽略的 $(2^{-|x|})$, 并且在不输出 $\bot$ 的条件下, 模拟器 $\mathcal{S}$ 的输出与验证者 $\mathcal{V}$ 在与 $\mathcal{P}$ 的 "真实交互中" 的视图有相同的概率分布. 下面的断言是完成这个证明的关键.

**断言 6.1** 对任意的字符串 $r$、图 $H$，以及置换 $\psi : [n] \to [n]$，

$$\Pr\left[\text{View}_{\mathcal{V}^*}^{\mathcal{P}}(x) = (x, r, H, \psi)\right] = \Pr\left[\mathcal{S}(x) = (x, r, H, \psi) \mid \mathcal{S}(x) \neq \bot\right].$$

**证明** 当 $\mathcal{S}(x)$ 不等于 $\bot$ 时，我们用 $s(x)$ 表示 $\mathcal{S}(x)$. 我们首先观察到，$s(x)$ 和 $\text{View}_{\mathcal{V}^*}^{\mathcal{P}}(x)$ 的分布都是形如 $(x, r, \cdot, \cdot)$ 的四元组，其中 $r \in \{0,1\}^{q(|x|)}$ 为均匀随机分布的字符串. 显然前两部分（即 $(x, r)$）的分布是相同的，因此，我们可以只考虑后两个部分，即证明者发送给验证者的第一条和第二条信息. 我们用随机变量 $\nu(x, r)$ 描述当 $\text{View}_{\mathcal{V}^*}^{\mathcal{P}}(x)$ 的第二个元素为 $r$ 时的后两部分. 同样地，我们用随机变量 $\mu(x, r)$ 描述当 $s(x)$ 的第二个元素为 $r$ 时的后两部分. 我们需要证明对任意的 $x$ 和 $r$，$\nu(x, r)$ 与 $\mu(x, r)$ 有相同的分布. 注意到 $\mathcal{V}^*$ 发送的消息（比特 $b$）可以由公共输入 $x$、随机性 $r$ 以及接收到的消息 $H$ 所唯一确定，我们记为 $\mathcal{V}^*(x, r, H)$. 我们可以证明 $\nu(x, r)$ 与 $\mu(x, r)$ 在集合

$$\mathscr{C}_{x,r} := \left\{(H, \psi) : H = \psi(G_{\mathcal{V}^*(x,r,H)})\right\}$$

上是均匀分布的[①]. □

**断言 6.2** 假定图 $G_1$ 与 $G_2$ 同构，那么 $\mathcal{S}(x)$ 输出失败的概率是可忽略的，即

$$\Pr\left[\mathcal{S}(x) = \bot\right] = \frac{1}{2^{|x|}}$$

**证明** 观察到从集合 $\mathscr{S}_0 := \{\pi : \pi(G_0) = H\}$ 到集合 $\mathscr{S}_1 := \{\pi : \pi(G_1) = H\}$ 存在一个双射，因此 $|\mathscr{S}_0| = |\mathscr{S}_1|$. 令 $\Pi$ 为 $[n]$ 上所有置换构成的集合上的一个均匀分布的随机变量，$\xi$ 为均匀分布在 $\{0,1\}$ 上的一个随机变量，那么

$$\Pr[\Pi(G_\xi) = H \mid \xi = 0] = \Pr[\Pi(G_0) = H] = \Pr[\Pi \in \mathscr{S}_0]$$

$$= \Pr[\Pi \in \mathscr{S}_1] = \Pr[\Pi(G_\xi) = H \mid \xi = 1]$$

然后运用贝叶斯定理，我们可以得到

$$\Pr[\xi = 0 \mid \Pi(G_\xi) = H] = \Pr[\xi = 1 \mid \Pi(G_\xi) = H] = \frac{1}{2}$$

因此，对任意的 $b' \leftarrow_\$ \{0,1\}$，给定随机的一个置换 $\phi$（或者等价地 $H$，模拟器第 (3) 步），当验证者 $\mathcal{V}^*$ 输出 $b$ 时，$b \neq b'$ 的概率恰好为 $\frac{1}{2}$. 所以，对于任意的 $x = (G_0, G_1) \in \text{GI}$，$\mathcal{S}(x)$ 在一次迭代中成功的概率为 $\frac{1}{2}$. 那么 $|x|$ 次迭代全部失败的概率为 $\frac{1}{2^{|x|}}$. □

---

[①] 不幸的是，这个证明相当繁琐，而且与密码学并无特别关联，在此我们忽略该证明. 感兴趣的读者可以参考文献 [171].

## 6.3 零知识证明系统

综上，$\text{View}_{\mathcal{V}^*}^{\mathcal{P}}(x)$ 和 $\mathcal{S}(x)$ 的统计距离最多为 $\dfrac{1}{2^{|x|}}$，这完成对定理 6.2 的证明。  □

本节最后，我们来看一个诚实验证者零知识的例子。考虑图不同构的问题，也就是证明者想向验证者证明两个图 $(G_0, G_1)$ 不是同构的。不失一般性，我们假设这两个图有相同数目的顶点以及相同数目的边。一种可能的方法是写下 $n$ 个顶点上所有可能的置换 $\pi$ 并证明对于每个 $\pi$，$G_1 \neq \pi(G_0)$，但这显然并不非常有效。图 6.4 中描述了一个完美的 (隐私抛币的) 诚实验证者零知识协议，用于证明两个图不是同构的。

---

**图不同构的诚实验证者零知识证明协议:**

**公共输入**：一对顶点个数为 $n$ 的图 $(G_0, G_1)$。
(1) $\mathcal{V}$ 均匀随机地选取一个比特 $b \in \{0,1\}$，以及一个置换 $\pi : [n] \to [n]$，然后发送 $H = \pi(G_b)$ 给 $\mathcal{P}$。
(2) $\mathcal{P}$ 计算 $b' \in \{0,1\}$ 使得 $G_{b'} \cong H$，并将其发送给 $\mathcal{V}$。
(3) $\mathcal{V}$ 输出接受当且仅当 $b = b'$。

---

图 6.4　图不同构的诚实验证者零知识证明协议

完备性是显然的。如果 $G_0$ 与 $G_1$ 不同构，那么 $\pi(G_b)$ 与 $G_b$ 同构，但与 $G_{1-b}$ 不同构。那么一个计算能力没有限制的证明者总是可以通过确定 $H$ 与 $G_0, G_1$ 中的某一个同构来从 $H$ 中识别出 $b$。对于可靠性，如果 $G_0$ 和 $G_1$ 同构，那么当 $\pi$ 是 $[n]$ 上一个均匀随机的置换时，$\pi(G_0)$ 和 $\pi(G_1)$ 有着相同的概率分布。因此，从统计学角度讲，图 $\pi(G_b)$ 没有提供任何关于比特 $b$ 的信息，这意味着无论证明者选择 $b'$ 的策略如何，$b'$ 等于 $b$ 的概率都将恰好等于 $1/2$。

我们考虑零知识性。直观地说，当两个图不同构时，诚实的验证者不可能从证明者那里获得任何知识，因为证明者只是向验证者发送了一个比特 $b'$，其等于验证者自己选择的比特 $b$。严格地说，模拟器 $\mathcal{S}$ 在输入 $(G_0, G_1)$ 时，只需从 $\{0,1\}$ 中随机选择一个比特 $b$，并随机选择一个置换 $\pi$，然后输出 $((G_0, G_1), r, \pi(G_b), b)$ 即可 (注意 $\pi$ 和 $b$ 可以由验证者的随机性 $r$ 所唯一确定)。显然当诚实的验证者与诚实的证明者交互时，$\mathcal{S}$ 的输出与诚实验证者的视图有相同的概率分布。

需要指出的是，针对恶意的验证者，上面的协议并不是零知识的 (假设不存在图同构的多项式时间判定算法)。假定有一个不诚实的验证者事先知道一个图 $H$ 与 $G_0, G_1$ 中的某一个同构，但不知道具体是哪一个。如果验证者在协议中用图 $H$ 代替其第一轮中发送的消息 $\pi(G_b)$，那么诚实的证明者将回复一个值 $b'$，使得 $H$ 与 $G_{b'}$ 同构。因此，这个不诚实的验证者就知道了两个输入图中的哪一个与 $H$ 是同构的，如果没有有效的图同构算法，那么验证者就获得了自己无法有效计算的信息。

## 6.4 Σ 协议

为了抵抗恶意的证明者, 在实际的协议中, 可靠性误差应当充分小 (可忽略的). 因此, 上一节中给出的图同构以及图不同构的零知识证明协议必须重复一定的次数以降低可靠性误差, 然而这样产生的协议显然并不非常有效. 本节我们将会看到更多高效的零知识协议, 下面是一个例子.

令 $p$ 为一个素数, $q$ 为 $p-1$ 的一个素因子, $g$ 为 $\mathbb{Z}_p$ 中一个 $q$ 阶元素. 假设证明者 $\mathcal{P}$ 随机选择一个 $w \leftarrow_\$ \mathbb{Z}_q$ (例如, 签名私钥) 并公开发布 $h = g^w \mod p$ (例如, 签名公钥). 给定公共输入 $(p, q, g, h)$, 验证者 $\mathcal{V}$ 可以有效地验证 $p, q$ 是素数, 以及 $g, h$ 的阶都为 $q$. Schnorr[166] 提供了一个非常有效的方式, 可以令 $\mathcal{P}$ 向 $\mathcal{V}$ 证明它知道唯一的值 $w \in \mathbb{Z}_q$ ($h$ 的离散对数) 使得 $h = g^w \mod p$. 具体的协议描述如图 6.5 所示.

---

**Schnorr 离散对数协议:**

**公共输入**: $(p, q, g, h)$.
**$\mathcal{P}$ 的隐私输入**: $h$ 的离散对数 $w \in \mathbb{Z}_q$ 使得 $h = g^w \mod p$.
(1) $\mathcal{P}$ 均匀随机地选取一个 $r \leftarrow_\$ \mathbb{Z}_q$, 然后发送 $a = g^r \mod p$ 给 $\mathcal{V}$.
(2) $\mathcal{V}$ 均匀随机地选取一个挑战 $e \leftarrow_\$ \{0,1\}^t$, 并将其发送给 $\mathcal{P}$, 其中 $t \in \mathbb{N}$ 固定并且满足 $2^t < q$.
(3) $\mathcal{P}$ 向 $\mathcal{V}$ 发送 $z = r + e \cdot w \mod q$.
(4) $\mathcal{V}$ 输出接受当且仅当 $g^z = ah^e \mod p$.

---

图 6.5 Schnorr 离散对数协议

直观上, 这是一个知识证明, 因为如果某个 $\mathcal{P}^*$ 发送了 $a$, 并且可以正确回答两个不同的挑战 $e, e'$, 那么这意味着它可以产生 $z, z'$, 使得 $g^z = ah^e \mod p$ 并且 $g^{z'} = ah^{e'} \mod p$. 将一个方程除以另一个方程, 我们得到 $g^{z-z'} = h^{e-e'} \mod p$. 现在, 根据假设, $e - e' \neq 0 \mod q$ (否则 $e$ 和 $e'$ 不是不同的挑战), 因此它模 $q$ 具有乘法逆. 由于 $g, h$ 的阶为 $q$, 我们得到 $h = g^{(z-z')(e-e')^{-1}} \mod p$, 因此 $w = (z-z')(e-e')^{-1} \mod q$. 观察到 $z, z', e, e'$ 对于证明者来说都是已知的, 因此证明者自己可以计算 $w$, 从而知道所需的值 (允许一个 $2^{-t}$ 的失败概率, 这是对一个随机的猜测回答正确的概率). 因此, Schnorr 离散对数协议是一种知识证明, 我们稍后将正式定义并证明这一点.

相比之下, Schnorr 离散对数协议并不被认为 (目前理论上没有证明) 是 (恶意) 零知识的. 为了在协议的单次运行中实现可忽略的可靠性误差, $2^t$ 必须呈指数级大. 在这种情况下, 零知识模拟器的标准倒带重复猜测技术 (例如, 定理 6.2 中的模拟器 $\mathcal{S}(G_0, G_1)$) 将失败, 因为模拟器很难提前猜测 $e$ 的值 (一次迭代猜测成功的概率是 $1/2^t$). 因此, 我们目前并不知道是否存在恶意的验证者策略, 也许在多次执行协议之后, 使其能够获得有关 $w$ 的信息 (或比单独从 $(p,q,g,h)$ 中获得更多的信息).

然而从积极的一面来看, 该协议满足诚实验证者零知识性. 要模拟诚实验证者 $\mathcal{V}$ 的视图, 只需要随机选取 $z \leftarrow_\$ \mathbb{Z}_q$ 和 $e \leftarrow_\$ \{0,1\}^t$, 计算 $a = g^z h^{-e} \mod p$, 并输出 $(a,e,z)$. 很明显, $(a,e,z)$ 与诚实证明者和诚实验证者之间的真实交互具有完全相同的概率分布. 我们甚至可以取任何给定的值 $e$, 然后生成一个交互式证明, 其中 $e$ 作为挑战出现——只需随机地选择 $z$ 并计算匹配的 $a$ 即可. 换句话说, 模拟器本身甚至不需要选择 $e$, 它可以将 $e$ 直接作为输入. 正如下节我们将看到的, 这个属性非常有用. 具有这种较弱属性的协议通常可以用来构造可以防止主动作弊的协议, 并且几乎与原始协议一样有效.

我们观察到, 上一节介绍的图同构语言的零知识证明协议以及本节的 Schnorr 离散对数协议都遵循了一个非常简单的结构, 也即证明者与验证者仅仅交换三条消息. 这种三轮交互协议是零知识证明中使用最广泛的一类协议, 即 $\Sigma$ 协议. 此外, 在这些协议中假定 $\mathcal{P}$ 和 $\mathcal{V}$ 都是概率多项式时间策略, 因此 $\mathcal{P}$ 相对于 $\mathcal{V}$ 的唯一优势就是它知道证据 $w$. 下面我们正式介绍 $\Sigma$ 协议的定义以及一些性质, 并例举一些针对具体语言的高效的 $\Sigma$ 协议 ($\Sigma$ 协议的名称来自字母 $\Sigma$ 的形状, 它描绘了三步交互).

**定义 6.5** ($\Sigma$ 协议) 如果一个关系 $\mathcal{R}$ 的交互式证明协议满足如图 6.6 所示的三轮公开抛币的交互形式, 并且满足以下三个性质, 那么我们称它是关系 $\mathcal{R}$ 的一个 $\Sigma$ 协议.

- 完备性: 如果 $\mathcal{P}$ 和 $\mathcal{V}$ 在公共输入 $x$ 和证明者隐私输入 $w$ 上, 都诚实地执行协议规定的指令, 其中 $(x,w) \in \mathcal{R}$, 那么 $\mathcal{V}$ 总是接受.
- 特殊可靠性: 存在一个多项式时间算法 $\mathcal{E}$, 对任意给定的公共输入 $x$ 和两个初始消息相同且为验证者所接受的交互记录 $(a,e,z)$, $(a,e',z')$, 其中 $e \neq e'$, 输出 $w$, 使得 $(x,w) \in \mathcal{R}$.
- 特殊诚实验证者零知识性: 对于任意的 $(x,w) \in \mathcal{R}$, 都存在一个 PPT 的模拟器 $\mathcal{S}$, 在给定 $x$ 和挑战 $e$ 的情况下, 可以生成一个记录 $(a,e,z)$, 使得该记录与诚实的证明者和验证者之间真实交互所产生的记录是不可区分的.

在 Schnorr 离散对数协议中, 由于 $\mathbb{Z}_p^*$ 中只有一个 $q$ 阶子群, 这意味着 $h \in \langle g \rangle$, 因此总是存在一个值 $w \in \mathbb{Z}_q$ 使得 $h = g^w$ (这是成立的, 因为在素数阶群中, 除了单位元之外的任何元素都是生成元). 也就是说对任意的 $h \in \mathbb{Z}_q$, $h$ 总是属于语言 $\{h \in \mathbb{Z}_q : \exists w \in \mathbb{Z}_q$ 使得 $h = g^w \mod p\}$. 显然, 证明这样的语言 (即解的存在性) 是平凡的, 我们更关心的是 $\mathcal{P}$ 是否知道 $w$. 定义 $\mathcal{L}_\mathcal{R} := \{x \in \{0,1\}^* : \exists w \in \{0,1\}^{\text{poly}(|x|)}$ 使得 $(x,w) \in \mathcal{R}\}$. 那么, 特殊可靠性意味着 $\mathcal{R}$ 的 $\Sigma$ 协议总是 $\mathcal{L}_\mathcal{R}$ 的交互式证明系统, 可靠性误差为 $2^{-t}$. 这是因为, 如果给定任意两个接受的交互记

录, 特殊可靠性的提取器算法 $\mathcal{E}$ 必须能够输出 $w$, 那么只要 $x \notin \mathcal{L}_\mathcal{R}$, 就必然至多有一个接受的交互记录.

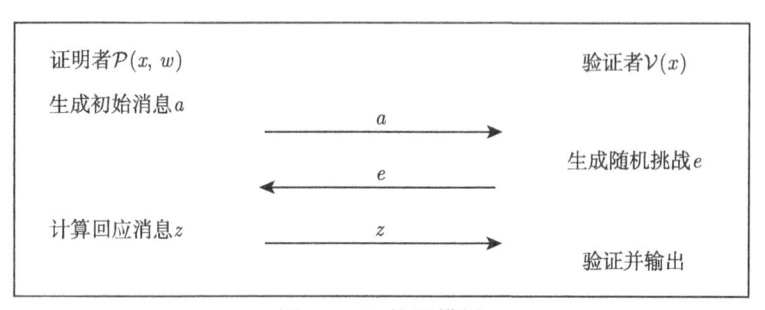

```
证明者 P(x, w)                           验证者 V(x)
生成初始消息 a
                      ——— a ———→
                                         生成随机挑战 e
                      ←——— e ———
计算回应消息 z
                      ——— z ———→
                                         验证并输出
```

图 6.6  Σ 协议模板

**命题 6.1**  假定 $\Pi$ 为关系 $\mathcal{R}$ 的一个 Σ 协议且挑战长度为 $t$. 那么, $\Pi$ 是语言 $\mathcal{L}_\mathcal{R}$ 的一个交互式证明系统, 且可靠性误差为 $2^{-t}$.

**证明**  令 $x \notin \mathcal{L}_\mathcal{R}$. 我们证明, 即使 $\mathcal{P}^*$ 在计算上是无限的, $\mathcal{P}^*$ 也无法说服 $\mathcal{V}$ 以大于 $2^{-t}$ 的概率接受 $\Pi$. 通过反证法我们假设 $\mathcal{P}^*$ 可以以大于 $2^{-t}$ 的概率说服 $\mathcal{V}$ 接受协议 $\Pi$. 这意味着存在来自 $\mathcal{P}^*$ 的第一条消息 $a$ 和来自 $\mathcal{V}$ 的至少两个随机挑战 $e, e'$, 可以导致产生接受的交互记录. 这是因为如果对于每个 $a$ 至多存在一个挑战 $e$ 可以产生接受的交互记录, 那么 $\mathcal{P}^*$ 将以至多 $2^{-t}$ 的概率说服 $\mathcal{V}$. 也就是说, 只有当 $\mathcal{V}$ 选择 $\mathcal{P}^*$ 可以回答的那个挑战 $e$ 时, $\mathcal{P}^*$ 才会与 $\mathcal{V}$ 交互产生接受的记录, 并且由于 $e \leftarrow_\$ \{0,1\}^t$, 这种情况发生的概率只有 $2^{-t}$. 特殊的可靠性要求存在一个提取器 $\mathcal{E}$, 当给定任何一对接受的记录 $(a, e, z), (a, e', z')$ 且 $e \neq e'$ 时输出一个证据 $w$, 使得 $(x, w) \in \mathcal{R}$ (即 $x \in \mathcal{L}_\mathcal{R}$). 因此, 我们可以得出结论, 每当 $\mathcal{P}^*$ 能够以大于 $2^{-t}$ 的概率说服 $\mathcal{V}$ 时, 它就认为 $x \in \mathcal{L}_\mathcal{R}$, 这与假设相矛盾.  □

下面我们给出另一个实际比较有用的 Σ 协议的例子, 它与离散对数的情况不同, 这里语言的输入实例在实际中并不容易验证. 具体来说, 令 $\mathbb{G}$ 为一个阶为素数 $q$ 的循环群, $g, h$ 为 $\mathbb{G}$ 的两个生成元. 我们考虑证明一个六元组 $(\mathbb{G}, q, g, h, u, v)$ 具有 Diffie-Hellman 的形式, 即存在一个 $w$ 使得 $u = g^w$ 且 $v = h^w$. 根据判定 Diffie-Hellman 假设, 对于某些 $w$, $u = g^w$ 和 $v = h^w$ 的情形与 $u = g^w$ 和 $h = g^{w'}$, 其中 $w' \neq w$ 的情形在计算上是无法区分的. 因此, 想要证明这一事实并非易事. 我们注意到这种类型的证明在许多情况下都会出现. 例如, 利用这一证明, 我们可以构造安全的抵抗恶意敌手的不经意传输协议. 形式上, 图 6.7 所描述的协议是下面关系的一个 Σ 协议.

$$\mathcal{R}_{\text{DH}} = \left\{ ((\mathbb{G}, q, g, h, u, v), w) : g, h \in \mathbb{G} \wedge u = g^w \wedge v = h^w \right\}$$

## 6.4 Σ 协议

---

**Diffie-Hellman 元组的 Σ 协议:**

**公共输入:** $(\mathbb{G}, q, g, h, u, v)$.
**$\mathcal{P}$ 的隐私输入:** $w \in \mathbb{Z}_q$ 使得 $u = g^w \wedge v = h^w$.
(1) $\mathcal{P}$ 均匀随机地选取一个 $r \leftarrow_\$ \mathbb{Z}_q$, 并计算 $a = g^r$, $b = h^r$, 然后发送 $(a, b)$ 给 $\mathcal{V}$.
(2) $\mathcal{V}$ 均匀随机地选取一个挑战 $e \leftarrow_\$ \{0,1\}^t$, 并将其发送给 $\mathcal{P}$, 其中 $t \in \mathbb{N}$ 固定并且满足 $2^t < q$.
(3) $\mathcal{P}$ 向 $\mathcal{V}$ 发送 $z = r + e \cdot w \mod q$.
(4) $\mathcal{V}$ 输出接受当且仅当 $g^z = au^e \wedge h^z = bv^e$.

---

图 6.7　Diffie-Hellman 元组的 Σ 协议

**命题 6.2**　*图 6.7 所描述的协议是关系 $\mathscr{R}_{\text{DH}}$ 的一个 Σ 协议.*

**证明**　**完备性**　如果 $\mathcal{P}$ 诚实地执行了所描述的协议, 那么

$$g^z = g^{r+ew} = g^r \cdot g^{we} = g^r \cdot (g^w)^e = a \cdot u^e$$

同样地, 我们有 $h^z = b \cdot v^e$.

**特殊可靠性**　假定 $((a,b), e, z)$, $((a,b), e', z')$ 为两个接受的交互记录, 那么根据协议描述, $g^z = au^e$, $g^{z'} = au^{e'}$ 以及 $h^z = bv^e$, $h^{z'} = bv^{e'}$. 于是不难得到 $g^{z-z'} = u^{e-e'}$ 和 $h^{z-z'} = v^{e-e'}$. 与 Schnorr 协议类似, 我们有 $u = g^{\frac{z-z'}{e-e'}}$, $v = h^{\frac{z-z'}{e-e'}}$. 因此, 提取器 $\mathcal{E}$ 输出 $w = \dfrac{z-z'}{e-e'} \mod q$. 容易验证其满足 $((\mathbb{G}, q, g, h, u, v), w) \in \mathscr{R}_{\text{DH}}$.

**特殊诚实验证者零知识性**　给定公共输入 $x = (\mathbb{G}, q, g, h, u, v)$ 和随机挑战 $e \in \{0,1\}^t$, 模拟器 $\mathcal{S}$ 的构造方法为: 随机选取 $z \leftarrow_\$ \mathbb{Z}_q$, 计算 $a = g^z/u^e$, $b = h^z/v^e$, 然后输出 $((a,b), e, z)$. 由于在实际的交互协议中, 当证明者诚实地执行了协议的指令时, $z = r + ew \mod q$. 因此当 $r$ 均匀随机分布在 $\mathbb{Z}_q$ 上时, $z$ 也均匀随机分布在 $\mathbb{Z}_q$ 上, 这与模拟器 $\mathcal{S}$ 输出的 $z$ 有相同的概率分布. 给定 $e$ 和 $z$, $a$ 和 $b$ 可由验证等式所唯一确定. 因此, 模拟器 $\mathcal{S}$ 的输出 $((a,b), e, z)$ 与在真实交互中生成的记录有相同的概率分布. □

### 6.4.1　Σ 协议的性质

本小节我们考虑 Σ 协议的两个重要但易于验证的性质. 我们首先考虑并行重复, 其中各方使用相同的输入多次重复运行相同的协议, 并且 $\mathcal{V}$ 接受当且仅当它在所有的重复中都接受. 我们强调, 各方在每次执行中都使用独立的随机性来生成消息.

**命题 6.3**　*Σ 协议的性质在并行重复下保持不变. 也即, 将关系 $\mathscr{R}$ 的一个挑战长度为 $t$ 的 Σ 协议并行重复 $\ell$ 次可以得到 $\mathscr{R}$ 的一个新的 Σ 协议, 其挑战长度为 $\ell \cdot t$.*

将此与命题 6.1 结合, 我们发现并行重复可以以指数方式快速减小其可靠性误差. 如果并行重复的协议有两个接受的交互记录, 那么这实际上意味着有 $\ell$ 对接受的交互记录. 因此, 正如预期的那样, 可靠性误差可以减少到 $2^{-\ell \cdot t}$. 接下来我们将证明在 $\Sigma$ 协议中随机挑战可以设置为任意的长度.

**命题 6.4** 如果关系 $\mathscr{R}$ 存在一个挑战长度为 $t$ 的 $\Sigma$ 协议 $\Pi$, 则对于任意的长度 $t' \in \mathbb{N}$, 关系 $\mathscr{R}$ 也存在一个挑战长度为 $t'$ 的 $\Sigma$ 协议 $\Pi'$.

**证明** 令 $t$ 为给定协议 $\Pi$ 的挑战的长度. 当 $t' < t$ 时, 我们可以如下构建一个挑战长度为 $t'$ 的 $\Sigma$ 协议 $\Pi'$. $\mathcal{P}$ 首先按照协议 $\Pi$ 的指令发送第一条消息 $a$. 然后 $\mathcal{V}$ 发送一个随机的 $t'$ 比特长的字符串 $e$. 最后, $\mathcal{P}$ 将 $t-t'$ 个 0 附加到 $e$ 的后面, 记为 $e'$, 并遵循协议 $\Pi$ 的步骤计算回应 $z$ (对应挑战 $e'$). 验证者 $\mathcal{V}$ 以 $e'$ 为挑战执行协议 $\Pi$ 最后一步检查并输出. 不难验证完备性和特殊可靠性仍然成立. 此外, 特殊诚实验证者零知识性质也成立, 因为根据定义模拟器 $\mathcal{S}$ 需要对每个挑战 $e$ 都能工作 (提取出一个有效的证据 $w$), 这当然包括那些以 $t-t'$ 个 0 结尾的挑战.

当 $t' > t$ 时, 这可以通过首先并行执行 $j$ 次协议 $\Pi$ 来实现, 其中 $j$ 满足 $j \cdot t \geqslant t'$ (见命题 6.3), 然后在 $j \cdot t > t'$ 的情况下按照上面的方式将 $j \cdot t$ 向下调整到 $t'$. □

### 6.4.2 知识的证明

命题 6.1 告诉我们, 一个挑战长度为 $t$ 的 $\Sigma$ 协议, 其可靠性误差为 $2^{-t}$. 这意味着即便一个计算不受限制的恶意证明者 $\mathcal{P}^*$ 也无法说服 $\mathcal{V}$ 以大于 $2^{-t}$ 的概率接受一个虚假的陈述. 反之, 如果 $\mathcal{P}^*$ 可以以大于 $2^{-t}$ 的概率说服 $\mathcal{V}$ 接受某个陈述 $x$, 那么 $\mathcal{P}^*$ 至少能够回答两个来自 $\mathcal{V}$ 的随机挑战. 特殊可靠性保证了存在一个多项式时间的算法可以输出一个有效的证据. 而 $z, z', e, e'$ 对于证明者来说也都是已知的, 因此证明者本身可以有效地计算 $w$, 从而事实上知道该值. 这实际上刻画了可靠性的一种加强的变体: 知识可靠性. 下面的定义形式化了这一点, 它基本上是说, 如果一个算法能被用来高效地计算一个证据, 那么它就知道这个证据. 换句话说, 如果可以通过访问 $\mathcal{P}^*$ 高效地计算出一个证据, 那么这就意味着 $\mathcal{P}^*$ 本身知道这个证据. 事实上, $\mathcal{P}^*$ 可以调用自己来运行知识提取器算法, 从而明确地获得证据.

**定义 6.6** (知识的证明) 令 $\kappa$ 为一个 $\{0,1\}^*$ 到 $[0,1]$ 的函数. 一个关系 $\mathscr{R}$ 的交互式证明系统 $(\mathcal{P}, \mathcal{V})$ 如果满足以下两个性质, 我们称 $(\mathcal{P}, \mathcal{V})$ 为关系 $\mathscr{R}$ 的一个知识误差为 $\kappa$ 的知识证明系统.

- 完备性: 对任意的 $(x, w) \in \mathscr{R}$, 如果 $\mathcal{P}$ 和 $\mathcal{V}$ 在公共输入 $x$ 和 ($\mathcal{P}$ 的) 隐私输入 $w$ 上都诚实地执行了协议, 那么 $\mathcal{V}$ 总是输出接受.

- 知识可靠性 (或有效性): 存在一个常数 $c > 0$ 和一个概率谕言机 $\mathcal{K}$ (称为知识提取器), 使得对任意的交互式证明者策略 $\mathcal{P}^*$ 和每个 $x \in \mathcal{L}_{\mathcal{R}}$, 机器 $\mathcal{K}$ 都满足以下条件. 令 $\varepsilon(x)$ 为 $\mathcal{V}$ 在公共输入 $x$ 上与 $\mathcal{P}^*$ 进行交互后输出接受的概率. 如果 $\varepsilon(x) > \kappa(x)$, 那么在输入 $x$ 和对 $\mathcal{P}^*$ 进行谕言机访问后, 机器 $\mathcal{K}$ 在不超过 $\dfrac{|x|^c}{\varepsilon(x) - \kappa(x)}$ 的期望时间内输出一个字符串 $w$, 使得 $(x, w) \in \mathcal{R}$.

我们可以将误差 $\kappa$ 视为在不知道有效证据 $w$ 的情况下证明者能够说服验证者的概率, 而能够以较高的概率说服验证者意味着证明者知道 $w$. 此外, $\mathcal{P}^*$ 说服 $\mathcal{V}$ 的概率越高, 计算 $w$ 的效率就越高.

直观上, 任何具有挑战长度 $t$ 的 $\Sigma$ 协议都是知识误差为 $2^{-t}$ 的知识证明系统, 因为这本质上就是特殊可靠性所规定的. 具体来说, 如果 $\mathcal{P}$ 能够以大于 $2^{-t}$ 的概率说服 $\mathcal{V}$, 那么必然存在两个接受的交互记录, 在这种情况下, 可以直接应用由特殊可靠性所保证存在的提取器算法. 然而, 证明这一点确实成立的方法比较复杂 (在此我们不做证明, 感兴趣的读者可以参考文献 [172]), 因为知识提取器 $\mathcal{K}$ 必须首先为这样的证明者找到两个可接受的交互记录, 而特殊可靠性的提取器只需要在以某种方式神奇地给出这样一对记录时才需要工作.

**定理 6.3** 假定 $\Pi$ 为关系 $\mathcal{R}$ 的一个 $\Sigma$ 协议且挑战长度为 $t$. 那么, $\Pi$ 是关系 $\mathcal{R}$ 的一个知识误差为 $2^{-t}$ 的知识证明系统.

## 6.5 从 $\Sigma$ 协议构造高效的零知识证明

在本节中, 我们将展示如何从任意的 $\Sigma$ 协议构建高效的零知识证明协议. 首先, 我们将介绍一种使用完美隐藏承诺方案的构造. 这种构造满足零知识性, 但并不是知识的证明. 然后, 我们将说明需要做哪些修改才能使构造满足知识可靠性, 并同时保持零知识性.

### 6.5.1 基本的零知识协议构造

从前面 Schnorr 离散对数的例子, 我们已经看到, $\Sigma$ 协议对于恶意的验证者并不是零知识的, 原因在于, 模拟器无法以大于 $2^{-t}$ 的概率预测随机挑战 $e$. 因此, 如果验证者对每一条接收到的信息 $a$ (例如, 对 $a$ 应用一个伪随机函数) 都输出一个不同的随机挑战, 那么验证者就无法被模拟. 要解决这个问题, 只需让验证者在协议执行开始前承诺其挑战 $e$. 由此产生的协议, 其零知识模拟器策略及其分析要简单得多, 因为底层 $\Sigma$ 协议具有完美的零知识属性 (尽管是对诚实的验证者而言). 令 CM 为一个完美隐藏的承诺方案, 用于对长度为 $t$ 的字符串做出承诺. 构造细节见图 6.8.

---

**基于 Σ 协议 Π 的零知识证明方案:**

**公共输入:** $x$.

**$\mathcal{P}$ 的隐私输入:** $w \in \{0,1\}^*$ 使得 $(x, w) \in \mathscr{R}$.

(1) $\mathcal{V}$ 选择一个随机的、长度为 $t$ 的字符串 $e$, 并通过承诺方案 CM 与 $\mathcal{P}$ 交互, 来承诺 $e$.

(2) $\mathcal{P}$ 使用 $(x, w)$ 作为输入, 遵循协议 Π 的指令计算第一条信息 $a$, 并将其发送给 $\mathcal{V}$.

(3) $\mathcal{V}$ 向 $\mathcal{P}$ 打开对 $e$ 的承诺.

(4) $\mathcal{P}$ 验证承诺 $e$ 的打开, 如果无效则终止. 否则继续遵循协议 Π 中的指令计算挑战 $e$ 的回应 $z$, 并将 $z$ 发送给 $\mathcal{V}$.

(5) $\mathcal{V}$ 输出接受当且仅当 $(a, e, z)$ 在协议 Π 中是可接受的.

---

图 6.8 基于 Σ 协议 Π 的零知识证明方案

**定理 6.4** 假定 CM 是一个完美隐藏的承诺方案, Π 是关系 $\mathscr{R}$ 的一个 Σ 协议, 其挑战长度为 $t \in \mathbb{N}$, 那么图 6.8 所构造的协议是语言 $\mathscr{L}_\mathscr{R}$ 的一个零知识证明系统, 其可靠性误差为 $2^{-t}$.

完备性是显而易见的. 可靠性来自于命题 6.1 和承诺方案的隐藏性质. 具体来说, 根据承诺方案的完美隐藏性质, 作弊的证明者在发送 $a$ 之前对 $e$ 一无所知. 因此, 它只能回答一个挑战, 并且其等于 $e$ 的概率至多为 $2^{-t}$. 对任意的验证者策略 $\mathcal{V}^*$, 我们构造零知识模拟器 $\mathcal{S}^{\mathcal{V}^*}(x)$ 如下.

(1) $\mathcal{S}$ 调用多项式时间验证者策略 $\mathcal{V}^*(x)$, 并在承诺方案中与之交互.

(2) $\mathcal{S}$ 在一个随机挑战 $\tilde{e}$ 上运行 Σ 协议的诚实验证者零知识模拟器 $\mathcal{M}$, 以获得第一条信息 $a'$, 并将其传递给 $\mathcal{V}^*$.

(3) $\mathcal{S}$ 接收到 $\mathcal{V}^*$ 的去承诺打开. 如果打开是无效的, $\mathcal{S}$ 就输出当 $\mathcal{V}^*$ 接收到的消息为 $(x, a', \perp)$ 时的输出并停止. 否则, 令 $e$ 为去承诺的打开值. 然后, $\mathcal{S}$ 继续如下操作.

(3.1) $\mathcal{S}$ 调用模拟器 $\mathcal{M}$, 获得当其输入为 $e$ 时的输出 $(a, z)$.

(3.2) $\mathcal{S}$ 将 $a$ 传递给 $\mathcal{V}^*$ 并接收其去承诺打开. 如果该去承诺是打开到 $e$ 的, 则 $\mathcal{S}$ 调用 $\mathcal{V}^*$ 并输出当 $\mathcal{V}^*$ 接收到的输入为 $(a, e, z)$ 时的输出并停止. 如果该去承诺打开到一个 $e' \neq e$, 那么 $\mathcal{S}$ 输出失败. 如果去承诺打开无效, $\mathcal{S}$ 则返回上一步并重复 (用新的独立的随机性).

可以证明模拟器 $\mathcal{S}$ 有期望多项式的运行时间, 并且未输出失败时, $\mathcal{S}$ 的输出与 $\mathcal{V}^*$ 在真实交互中的视图有相同的概率分布. 承诺方案的计算绑定性质, 确保 $\mathcal{S}$ 输出失败的概率最多是可忽略的 (更多细节请参考 [173]).

**Pedersen 承诺方案** 图 6.8 所构造的协议的计算复杂度取决于运行完美隐藏承诺方案的计算成本. 下面, 我们描述一个高效的 Pedersen 承诺方案[174], 该方案在离散对数困难性假设下是安全的, 具体构造见图 6.9.

图 6.9 所构造的 Pedersen 承诺方案是完美隐藏的. 首先观察到 $c = g^r \cdot \alpha^x = g^{r+ax}$, 那么对于每个 $x' \in \mathbb{Z}_q$, 都存在一个值 $r'$ 使得 $r' + ax' = r + ax \mod q$ (具

## 6.5 从 Σ 协议构造高效的零知识证明

体而言, 取 $r' = r + ax - ax' \mod q$). 因此, 由于 $r$ 是随机选取的, 所以对 $x$ 的承诺和对 $x'$ 的承诺有相同的概率分布. 为了证明计算绑定性质, 观察两个分别去承诺打开到 $x$ 的 $(x,r)$ 和去承诺打开到 $x'$ 的 $(x',r')$, 其中 $x \neq x'$, 那么我们能够按照 Schnorr 协议的知识可靠性证明那样计算 $\alpha$ 的离散对数. 具体来说, 假设两个去承诺打开均有效, 则 $g^x \alpha^r = g^{x'} \alpha^{r'}$, 因此 $\alpha = g^{(x'-x)/(r-r')} \mod q$. 这种与 Schnorr 协议的相似性并非巧合, 事实上, 可以从任何 Σ 协议构建有效的承诺方案.

---

**Pedersen 承诺方案:**

**公共输入:** 安全参数 $\lambda \in \mathbb{N}$.

**承诺者 $\mathcal{C}$ 的隐私输入:** $x \in \{0,1\}^\lambda$, 可以看作 $[0, 2^\lambda)$ 之间的一个整数.

- **承诺阶段:**
(1) 接收方 $\mathcal{R}$ 选择一个阶为素数 $q > 2^\lambda$ 的群 $\mathbb{G}$, 以及群 $\mathbb{G}$ 的一个生成元 $g$, 然后选择一个随机的 $a \leftarrow_{\$} \mathbb{Z}_q$, 计算 $\alpha = g^a$ 并发送 $(\mathbb{G}, q, g, \alpha)$ 给 $\mathcal{C}$.
(2) $\mathcal{C}$ 验证 $\mathbb{G}$ 为一个阶为 $q$ 的群, $g$ 为 $\mathbb{G}$ 的一个生成元以及 $\alpha \in \mathbb{G}$, 然后随机选择一个 $r \leftarrow_{\$} \mathbb{Z}_q$, 计算 $c = g^r \cdot \alpha^x$ 并将 $c$ 发送给 $\mathcal{R}$.

- **打开 (去承诺) 阶段:**
(1) $\mathcal{C}$ 发送 $(r, x)$ 给 $\mathcal{R}$.
(2) $\mathcal{R}$ 验证是否 $c = g^r \cdot \alpha^x$.

---

图 6.9 Pedersen 承诺方案

基于 Σ 协议的零知识证明方案的总体计算成本与调用一次底层的 Σ 协议以及调用一次完美隐藏承诺方案的承诺和打开阶段的计算成本之和相同. 以 Pedersen 承诺方案为例, 除了 Σ 协议的计算开销外, 实现零知识的总计算代价仅为 $\mathbb{G}$ 的 5 个幂运算操作 (参数 $(\mathbb{G}, q, g)$ 可以多次重复使用, 甚至可以固定并只验证一次. 因此, 我们忽略了选择和验证参数的成本). 除了上述计算成本之外, 还需要额外的两轮通信 (总共 5 轮), 以及额外的两个群元素和两个 $\mathbb{Z}_q$ 中的值.

### 6.5.2 满足零知识的知识证明方案

定理 6.3 告诉我们, 任何 Σ 协议都是一个知识证明系统. 但遗憾的是, 图 6.8 所构造的零知识协议似乎并不是知识证明. 其原因在于, 提取器无法向证明者发送同一消息 $a$ 的两个不同挑战 $e \neq e'$, 因为在证明者 $\mathcal{P}^*$ 发送 $a$ 之前, 提取器已经对 $e$ 做出了承诺. 因此, 定理 6.3 所保证的提取器并不工作. 这可以通过使用完美隐藏的陷门承诺方案来解决, 这种承诺方案具有下面的性质: 存在一个陷门, 当知道该陷门时, 该陷门能够使承诺者生成特殊的承诺值, 这些值的分布与常规的承诺完全相同, 但可以在去承诺阶段打开到任意的值. 然后, 在协议的最后一步, 在验证者已经打开到 $e$ 后, 证明者可以发送陷门. 尽管这在实际的证明中没有意义, 但这解决了上述问题, 因为知识提取器可以获取陷门, 然后倒带重复调用 $\mathcal{P}^*$, 以便根据提取需要为相同的 $a$ 提供不同的挑战值 $e$.

令 CM 为一个完美隐藏的陷门承诺方案, trap 为陷门. 我们假设承诺方案中的接收方 (同时也是证明方案中的证明者) 拥有 (生成或者知道) 陷门, 并且承诺者 (同时也是证明方案中的验证者) 如果稍后收到它, 可以有效地验证该陷门是否有效. 我们在此忽略其正式的定义, 实际上稍后我们将会看到图 6.9 所构造的 Pedersen 承诺方案满足此额外性质. 具体的构造细节如图 6.10 所示.

---

**基于 $\Sigma$ 协议 $\Pi$ 的满足零知识的知识证明方案:**

**公共输入**: $x$.
$\mathcal{P}$ 的隐私输入: $w \in \{0,1\}^*$ 使得 $(x,w) \in \mathscr{R}$.
(1) $\mathcal{V}$ 选择一个随机的、长度为 $t$ 的字符串 $e$, 并通过承诺协议 CM 与 $\mathcal{P}$ 交互, 来承诺 $e$.
(2) $\mathcal{P}$ 使用 $(x,w)$ 作为输入, 按照协议 $\Pi$ 的指令计算第一条信息 $a$, 并将其发送给 $\mathcal{V}$.
(3) $\mathcal{V}$ 向 $\mathcal{P}$ 打开对 $e$ 的承诺.
(4) $\mathcal{P}$ 验证承诺 $e$ 的打开, 如果无效则终止. 否则继续按照协议 $\Pi$ 中的指令计算挑战 $e$ 的回应 $z$, 并将 $(z, \text{trap})$ 发送给 $\mathcal{V}$.
(5) $\mathcal{V}$ 输出接受当且仅当陷门 trap 是有效的并且 $(a,e,z)$ 在协议 $\Pi$ 中是可接受的.

---

图 6.10　基于 $\Sigma$ 协议 $\Pi$ 的满足零知识的知识证明方案

**定理 6.5**　假定 CM 是一个完美隐藏的陷门承诺方案, $\Pi$ 是关系 $\mathscr{R}$ 的一个 $\Sigma$ 协议, 其挑战长度为 $t \in \mathbb{N}$, 那么图 6.10 所构造的协议是语言 $\mathscr{L}_\mathscr{R}$ 的一个知识证明系统并满足零知识性, 其可靠误差为 $2^{-t}$.

零知识性是显而易见的, 可以从图 6.8 的构造是零知识的证明中类似得到. 特别地, 我们可以构造与定理 6.4 的证明中相同的模拟器 $\mathcal{S}$. 微妙之处在于当 $\mathcal{S}$ 不输出失败的情形. 对于 $\mathcal{S}$ 输出失败的情况, 我们回顾定理 6.4 所描述的模拟器 $\mathcal{S}$, 如果 $\mathcal{S}$ 输出失败的概率不是可忽略的, 那么可以构造一个算法, 通过调用 $\mathcal{S}^{\mathcal{V}^*}$ 来破坏承诺方案的计算绑定性质. 但是在这里的陷门承诺方案中, 一旦陷门被知晓, 我们就无法保证任何形式的绑定性质, 因此用于破坏计算绑定性质的机器 (或算法) 不会被赋予陷门. 这意味着它无法将包含陷门的最后一条消息传递给 $\mathcal{V}^*$. 然而, 仔细观察 $\mathcal{S}$ 的指令可以发现, 它仅在第二次收到对 $e$ 的去承诺打开后, 才将最后一条消息 $z$ 传递给 $\mathcal{V}^*$. 也就是说, 如果 $\mathcal{S}^{\mathcal{V}^*}$ 输出失败的概率不是可忽略的, 那么这一事件可以在不需要 $\mathcal{S}$ 将最后一条消息 $z$ 和陷门 trap 传递给 $\mathcal{V}^*$ 的情况下, 以高的概率重现. 因此, 应用定理 6.4 相同的分析, 可以得到 $\mathcal{S}$ 输出失败的概率必然是可忽略的.

关于知识性证明, 直观上, 根据图 6.10 中协议的规定, 每当 $\mathcal{V}$ 输出接受时, 知识提取器 $\mathcal{K}$ 就会获得有效的陷门. 因此, 在第一次 $\mathcal{V}$ 输出接受后, $\mathcal{K}$ 可以重新开始整个提取过程. 不过, 这一次它发送的是一个 "特殊" 的承诺, 可以在后面的阶段打开为任意的值. 值得注意的是, 在第一次 $\mathcal{V}$ 输出接受之前, $\mathcal{K}$ 每次从头开始执行，并承诺新的随机挑战 $e$，因此该阶段不需要陷门.

**Pedersen 承诺方案是陷门承诺方案** 如果 Pedersen 承诺方案 (图 6.9) 中的承诺者知道接收方为计算 $\alpha$ 而选择的指数 $a$，那么它就可以将 $c$ 打开为任何它希望的值. 特别地，$\mathcal{C}$ 可以通过发送 $c = g^r \cdot \alpha^x$ 来承诺 $x$，之后可以通过计算 $r' = r + ax - ax' \mod q$ 来打开到任意的 $x'$. 这就意味着 $r' + ax' = r + ax \mod q$，因此 $g^r \cdot \alpha^x = c = g^{r'} \cdot \alpha^{x'}$. 换句话说，$(r', x')$ 是 $c$ 的一个有效的去承诺打开，因此 $a$ 就是所需的陷门.

最后，同样以 Pedersen 陷门承诺方案为例，我们发现使协议成为知识证明的额外代价是一个额外的幂运算操作 (这个幂运算是 $\mathcal{V}$ 对陷门的验证). 因此，只需额外的 6 个幂运算操作，任何 $\Sigma$ 协议都可以转化为一个零知识的知识证明系统. 此外，通信轮数为 5 轮，额外的通信成本为 3 个群元素和一个 $\mathbb{Z}_q$ 中的值.

## 6.6 非交互式零知识证明系统

上一节中，我们介绍了如何通过 $\Sigma$ 协议构造高效的零知识证明方案，证明者需要通过 5 轮交互才能使验证者确信某个陈述为真，但在一些场景下，交互的代价是巨大的，甚至在实际中难以实现，如证明者需要向多个验证者证明同一陈述为真时，与多个验证者分别独立地执行交互式证明，不仅实现起来阻碍重重，而且交互中产生的通信与计算开销也会随验证者人数增加而线性增大. 对于此类情况，非交互式零知识证明对于降低通信与计算开销可起到关键性作用. 它允许证明者独自运行协议生成仅包含一条消息的证明，任何验证者可通过验证算法验证该证明的有效性.

非交互式证明系统由三个部分组成：证明者、验证者和一个均匀随机选取的序列 (通常由可信的第三方生成). 验证者和证明者都可以读取该随机序列，并且每方都可以抛掷额外的硬币以获取各自的随机性. 交互过程包括证明者发送给验证者的单条消息，然后由验证者做出决定 (是否接受).

**定义 6.7** (非交互式证明系统) 令 $(\mathcal{P}, \mathcal{V})$ 为一对概率算法，如果 $\mathcal{V}$ 是多项式时间的，并且满足以下的两个条件，那么 $(\mathcal{P}, \mathcal{V})$ 为语言 $\mathscr{L}$ 的非交互式证明系统.

- 完备性：对任意的 $x \in \mathscr{L}$，

$$\Pr[\mathcal{V}(x, R, \mathcal{P}(x, R)) = 1] = 1$$

其中 $R$ 为均匀随机分布在 $\{0,1\}^{\mathsf{poly}(|x|)}$ 上的随机变量.

- 可靠性：对任意的 $x \notin \mathscr{L}$，任意的算法 $\mathcal{P}^*$，

$$\Pr[\mathcal{V}(x, R, \mathcal{P}^*(x, R)) = 1] \leqslant \frac{1}{2}$$

其中 $R$ 为均匀随机分布在 $\{0,1\}^{\text{poly}(|x|)}$ 上的随机变量.

均匀选取的字符串 $R$ 称为公共参考字符串 (common reference string, CRS). 通过重复多次协议 (每次使用独立的 CRS), 我们可以将可靠性条件中的错误概率降低到 $2^{-\text{poly}(|x|)}$. 在非交互式系统中, 由于验证者不能影响证明者的行为, 因此在考虑零知识性时, 我们只需要考虑单个验证者 (即诚实的验证者) 的视图的可模拟性即可, 这简化了非交互式证明系统的零知识定义. 在实际的定义中 (定义 6.8), 我们并不考虑验证者, 因为它的视图可以从 CRS 和发送的消息中生成.

**定义 6.8** (非交互式零知识) 假定 $(\mathcal{P},\mathcal{V})$ 为语言 $\mathscr{L}$ 的一个非交互式证明系统. 如果存在一个多项式 $p$ 以及一个概率多项式时间算法 $\mathcal{S}$ 使得以下两个概率分布族

$$\{(x, U_{p(|x|)}, \mathcal{P}(x, U_{p(|x|)}))\}_{x \in \mathscr{L}} \approx_c \{\mathcal{S}(x)\}_{x \in \mathscr{L}}$$

是 (计算) 不可区分的, 其中 $U_m$ 为均匀分布在 $\{0,1\}^m$ 上的随机变量. 那么 $(\mathcal{P},\mathcal{V})$ 为语言 $\mathscr{L}$ 的非交互式零知识证明系统.

需要指出的是, 非交互式零知识证明系统模型假设存在一个可供证明者和验证者使用的均匀选取的 CRS, 这通常可以借助一个可信的第三方来生成. 当在实际中不存在这样的可信第三方时, 我们可以用两方协议 (见第 4 章) 来生成指定长度的 CRS. 这样的协议应该能同时抵抗双方的恶意行为, 也即其中任一方偏离协议 (使用任何概率多项式时间策略), 输出也应该是均匀分布的. 此外, 这种协议似乎还应当具有很强的可模拟性, 允许为每个给定的结果生成随机的交互记录. 具体来说, 为了获得常数轮次的零知识证明系统, 我们似乎需要一个常数轮次 (强可模拟性) 的协议来生成均匀分布的字符串. 这样的协议可以用完美隐藏的承诺方案来构建, 在此我们不做详细展开.

### 6.6.1 Fiat-Shamir 变换

Fiat-Shamir 变换于 1986 年提出[66], 可将多轮公开抛币的交互式证明系统转化为安全性由哈希函数所保证的非交互式证明系统. 其主要思想是通过使用一个安全的哈希函数来生成一些伪随机输出, 然后用以模拟验证者的随机挑战. 具体来说, 证明者不再需要来自验证者的随机挑战, 而是在本地对之前的消息数据进行哈希计算来得到验证者的随机挑战. 这消除了验证者向证明者发送任何信息的需要——证明者可以简单地发送一条包含整个协议记录的消息 (即, 在交互协议中由证明者发送的所有消息, 以及由哈希函数所模拟的验证者的随机抛币).

下面展示如何通过 Fiat-Shamir 变换将一个 $\Sigma$ 协议转化为非交互的形式 (见图 6.11). 简单来说, 证明者不需要接收来自验证者的挑战, 而是通过计算陈述 $x$ 与初始消息 $a$ 的哈希值来代替挑战. 设 $\Pi = (\mathcal{P},\mathcal{V})$ 为语言 $\mathscr{L}$ 的一个 $\Sigma$ 协议, $(a,e,z) \in \mathscr{A} \times \mathscr{C} \times \mathscr{Z}$ 为 $\mathcal{P},\mathcal{V}$ 交互所产生的记录. 令 $H: \mathscr{X} \times \mathscr{A} \to \mathscr{C}$ 为一个

哈希函数，则基于 Fiat-Shamir 变换的非交互式证明系统 $\Pi_{\mathrm{FS}} = (\mathsf{GenPrf}, \mathsf{VrfyPrf})$ 定义如下.

- $\pi \leftarrow \mathsf{GenPrf}(x, w)$: 算法 GenPrf 首先调用 $\Sigma$ 协议 $\Pi$ 的算法 $\mathcal{P}(x, w)$ 得到初始消息 $a \in \mathscr{A}$，再通过哈希函数计算挑战 $e \in \mathscr{C} \leftarrow \mathsf{H}(x, a)$，然后将 $e$ 传递给算法 $\mathcal{P}(x, w)$ 并得到回应 $z \in \mathscr{Z}$，最后输出证明 $\pi = (a, z)$.
- $b \in \{0, 1\} \leftarrow \mathsf{VrfyPrf}(x, \pi)$: 算法 VrfyPrf 首先计算挑战 $e \leftarrow \mathsf{H}(x, a)$，然后运行 $\Sigma$ 协议 $\Pi$ 的算法 $\mathcal{V}$ 来验证是否 $(a, e, z)$ 为一个有效的证明，若是，则输出 $b = 1$; 否则输出 $b = 0$.

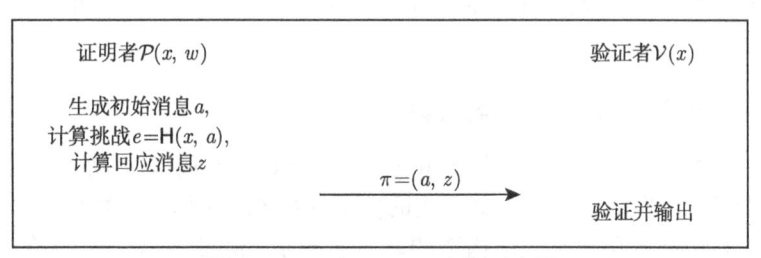

图 6.11　Fiat-Shamir 变换示意图

在多轮交互式协议中应用 Fiat-Shamir 变换时，第 $i$ 轮中验证者的随机挑战是通过对证明者在第 $1, \cdots, i$ 轮中发送的所有消息取哈希值来模拟的，即 $e_i = \mathsf{H}(x, a_1, \cdots, a_i)$，其中 $a_i$ 为证明者在第 $i$ 轮中发送的消息. 在实际中，为提高效率，我们通常使用一种叫做哈希链的技术来实现. 这意味着，在交互式协议中我们并不选择证明者在前 $i$ 轮中发送的所有消息 $a_1, \cdots, a_i$ 的哈希值作为第 $i$ 轮验证者的挑战 $e_i$，而是选择 $(x, i, e_{i-1}, a_i)$ 的哈希值作为挑战 $e_i$. 这在实践中降低了哈希的成本，因为它缩短了哈希函数的输入量. 可以证明这并不影响协议的安全性.

### 6.6.2　随机谕言机模型

随机谕言机模型 (random oracle model, ROM) 是一种理想化的设置，用于刻画哈希函数 (如 SHA-3, BLAKE3 或者 SM3) 似乎完全无法与随机函数区分开来的事实. 这里的随机函数指的是一个从 $\mathscr{D}$ 到 $\{0, 1\}^\lambda$ 的函数 R，它对任意的输入 $x \in \mathscr{D}$ 从 $\{0, 1\}^\lambda$ 中均匀随机选择一个字符串作为 $\mathsf{R}(x)$. 因此，ROM 简单地假设证明者和验证者可以通过谕言机访问一个随机函数 R. 这意味着存在一个随机谕言机，使得证明者和验证者可以向谕言机提交任何查询 $x$，并且谕言机将返回 $\mathsf{R}(x)$. 也就是说，对于向谕言机访问的每个查询 $x \in \mathscr{D}$，谕言机都会做出独立的随机选择来确定 $\mathsf{R}(x)$ 并用该值进行回应. 它保留其回应的记录，以确保在再次查询 $x$ 时它会重复相同的回应.

随机谕言假设在现实世界中无效，因为指定一个随机函数 R 需要 $|\mathscr{D}| \cdot \lambda$ 比特

——本质上必须列出每个输入 $x \in \mathscr{D}$ 的值 $R(x)$——这是完全不切实际的, 因为实际中的 $|\mathscr{D}|$ 必须很大才能确保必要的安全性 (例如, $|\mathscr{D}| \geqslant 2^{256}$ 或更大). 在实际的协议实现中, 随机谕言机被 SHA-3 (或者 SM3) 等具体的哈希函数所代替, 这些具体的哈希函数通常有更简短的描述. 原则上, 即使协议在 ROM 中是安全的, 现实世界中的作弊证明者也可能利用对这种简短表示的访问来破坏协议的安全性. 然而, 到目前为止, 在 ROM 中被证明安全的协议在实践中通常被认为是安全的, 而且实际上还没有部署的协议以这种方式被破坏.

**定理 6.6** 假定 $\Pi$ 为关系 $\mathscr{R}$ 的一个 $\Sigma$ 协议, $\Pi_{\text{FS}}$ 为 $\Pi$ 通过 Fiat-Shamir 变换得到的协议. 那么在随机谕言机模型下, $\Pi_{\text{FS}}$ 为关系 $\mathscr{R}$ 的一个非交互式零知识证明系统.

### 6.6.3 一个例子: Schnorr 签名方案

本节最后, 我们展示如何将 Schnorr 的离散对数 (认证) 协议 (通过 Fiat-Shamir 变换) 转换成一个 (非交互式的) 签名方案. 在离散对数假设下, 该签名方案在 ROM 中是安全的. 该构造的基本思想是, 消息 $m \in \mathscr{M}$ 的签名是一对 $(a, z)$, 其中 $(a, e, z)$ 是 Schnorr 离散对数协议中一个接受的交互记录, 挑战 $e$ 的计算公式为 $e \leftarrow \mathsf{H}(m, a)$. 具体来说, 令 $\mathbb{G}$ 为一个 $q$ ($q$ 为一个素数) 阶循环群, $g$ 为 $\mathbb{G}$ 的一个生成元. Schnorr 签名方案定义为 $\mathsf{Sig} = (\mathsf{KGen}, \mathsf{Sign}, \mathsf{Vrfy})$, 其中

- $(\mathsf{pk}, \mathsf{sk}) \leftarrow \mathsf{KGen}(1^\lambda)$: 当输入安全参数 $\lambda \in \mathbb{N}$ 后, 密钥生成算法 $\mathsf{KGen}$ 随机地选取 $x \leftarrow_\$ \mathbb{Z}_q$, 计算 $X = g^x$, 令签名公钥 $\mathsf{pk} := X$, 签名私钥 $\mathsf{sk} := x$, 然后输出 $(\mathsf{pk}, \mathsf{sk})$.

- $\sigma \leftarrow \mathsf{Sign}(\mathsf{sk}, m)$: 当输入签名私钥 $\mathsf{sk}$ 以及消息 $m \in \mathscr{M}$ 后, 签名算法 $\mathsf{Sign}$ 随机选取 $r \leftarrow_\$ \mathbb{Z}_q$, 计算 $R = g^r$, $e \leftarrow \mathsf{H}(m, R)$ 以及 $z \leftarrow r + ex \mod q$, 然后输出签名 $\sigma := (R, z)$.

- $b \in \{0, 1\} \leftarrow \mathsf{Vrfy}(\mathsf{pk}, m, \sigma)$: 当输入签名公钥 $\mathsf{pk}$、消息 $m \in \mathscr{M}$ 以及签名 $\sigma$ 后, 验证算法 $\mathsf{Vrfy}$ 计算 $e \leftarrow \mathsf{H}(m, R)$, 然后输出接受当且仅当 $g^z = R \cdot X^e$.

可以证明, 如果离散对数假设成立, 那么上面的 Schnorr 签名方案在 ROM 中是自适应选择消息攻击下存在不可伪造的 (EUF-CMA).

## 6.7 简洁的非交互式知识论证系统

现在, 我们考虑一类特殊的非交互式论证系统, 即简洁的非交互式知识论证 (succinct non-interactive argument of knowledge, SNARK) 系统, 其可以为大规模的一般计算问题提供非常简短和快速的证明. 这是一类通用的非交互式论证系统, 可以处理一般的计算问题. 此外, SNARK 系统还可以进一步配备零知识属性,

## 6.7 简洁的非交互式知识论证系统

使证明能够在不透露任何有关中间计算步骤 (证据) 的情况下完成验证, 这些方案被称为 (zk)SNARK.

一般来说, 一个 (zk)SNARK 协议由三个算法 (Gen, Prove, Verify) 构成, 其描述分别如下.

- (crs, vrs, td) ← Gen($1^\lambda, \mathscr{R}$) 为密钥生成 (设置) 算法, 它以安全参数 $\lambda$ 和一个 $\mathcal{NP}$ 关系 $\mathscr{R}$ 作为输入, 输出一个公共参考字符串 crs 和一个陷门 td. 它通常由可信的第三方来运行.

- Prove 是证明算法, 它以 crs、陈述 $x$ 和相应的证据 $w$ 作为输入, 并输出一个证明 $\pi$.

- Verify 是验证算法, 它以 crs、陈述 $x$ 和一个证明 $\pi$ 作为输入, 并返回 1 ("接受" 证明) 或 0 ("拒绝" 证明).

实际的 (zk)SNARK 必须满足一些安全特性, 来同时保护证明者免于泄露隐私, 以及验证者免于被伪造证明. 具体地, (zk)SNARK 需要满足

- **完备性** 对于所有的 $\lambda \in \mathbb{N}$ 和 $(x, w) \in \mathscr{R}$,

$$\Pr\left[\mathsf{Verify}(\mathsf{crs}, x, \pi) = 1 \ \middle| \ \begin{array}{l}(\mathsf{crs}, \mathsf{td}) \leftarrow \mathsf{Gen}(1^\lambda, \mathscr{R}), \\ \pi \leftarrow \mathsf{Prove}(\mathsf{crs}, x, w)\end{array}\right] = 1$$

- **知识可靠性** 对于所有的 PPT 敌手 $\mathcal{A}$ 都存在一个 PPT 提取器 $\mathcal{E}_\mathcal{A}$, 使得

$$\Pr\left[\begin{array}{l}\mathsf{Verify}(\mathsf{crs}, x, \pi) = 1 \\ \wedge\ (x, w) \notin \mathscr{R}\end{array} \ \middle| \ \begin{array}{l}(\mathsf{crs}, \mathsf{td}) \leftarrow \mathsf{Gen}(1^\lambda, \mathscr{R}), \\ ((x, \pi); w) \leftarrow (\mathcal{A} \| \mathcal{E}_\mathcal{A})(\mathsf{crs})\end{array}\right] \leqslant \mathsf{negl}(\lambda)$$

- **简洁性** 验证算法 Verify 的运行时间 $\leqslant \mathsf{poly}(\lambda + |x|)$ 并且证明长度 $|\pi| \leqslant \mathsf{poly}(\lambda)$.

- **零知识** 存在一个概率多项式时间算法 (模拟器)Sim, 使得对于所有的 $\lambda \in \mathbb{N}$, $(x, w) \in \mathscr{R}$ 以及所有的 PPT 敌手 $\mathcal{A}$, 以下两个概率分布是不可区分的.

$$\{\pi \leftarrow \mathsf{Prove}(\mathsf{crs}, x, w) \mid (\mathsf{crs}, \mathsf{td}) \leftarrow \mathsf{Gen}(1^\lambda, \mathscr{R})\}$$

$$\{\pi \leftarrow \mathsf{Sim}(\mathsf{crs}, \mathsf{td}, x) \mid (\mathsf{crs}, \mathsf{td}) \leftarrow \mathsf{Gen}(1^\lambda, \mathscr{R})\}$$

注意, 我们上面定义的 (zk)SNARK 使用一个公共的 crs 来生成和验证证明. 这样的系统通常称为可公开验证的. 为了使指定的验证者才能验证证明, 我们可以更改设置算法 Gen 额外输出一个仅用于验证的秘密验证状态 vrs. 对于指定验证者的 (zk)SNARK, 可靠性需要对所有无法访问此验证状态 vrs 的敌手成立.

(zk)SNARK 在密码学、可验证计算、隐私保护和区块链领域有许多潜在应用. 例如, (zk)SNARK 可用于保护区块链上交易的隐私、隐藏参与方的身份或者

交易金额. 此外, 它们还可以允许 (资源有限的) 用户将复杂的计算委托给功能更强大的服务器, 但不会失去对计算结果正确性的信任. 实现 (zk)SNARK 的方法有很多种, 本章剩余部分我们将主要介绍两类主流的 (zk)SNARK 构造方法, 其中一些构造代表了该领域的最新技术水平. 图 6.12 是一个大概的设计框架.

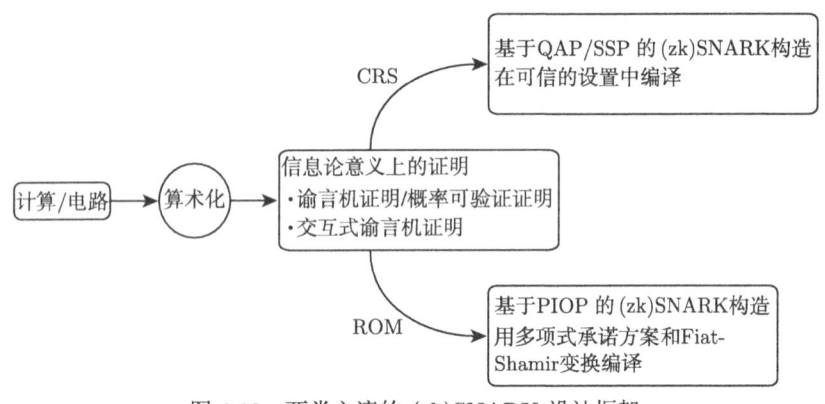

图 6.12 两类主流的 (zk)SNARK 设计框架

## 6.8 基于 QAP/SSP 的 (zk)SNARK 构造

目前 (zk)SNARK 的大多数构造和实现都是基于 Gennaro 等提出的二次张成方案的框架[29]. 这个一般的框架允许为任意的布尔或算术电路构建有效的 (zk)SNARK 协议, 从而导致了实际可验证计算的快速发展. 例如, 使用算术电路的张成方案, Pinocchio 协议[175] 实现了一个验证远程计算可以比本地计算更快的协议. 同时该协议是零知识的, 在验证过程中, 服务器可以不泄露计算的中间值和辅助值. 目前基于二次算术张成方案 (quadratic arithmetic program, QAP) 和平方张成方案 (square span program, SSP) 的 (zk)SNARK 的优化版本已被用于各种实际应用中, 例如 Zcash 等加密货币[176] 使用 (zk)SNARK 来快速验证一个交易是有效的, 并通过零知识性质来保证匿名性, 同时防止双花攻击.

### 6.8.1 电路以及电路可满足性问题

一个电路的 (zk)SNARK 方案必须能够有效地验证 (算术或布尔) 电路的可满足性关系, 即在给定一个电路后, 证明者必须能够让验证者相信它知道一个输入, 可以使电路的输出为真. 在下面的定义中, 我们可以把电路 C 视为可满足性问题的逻辑规范.

粗略地说, 算术电路由一组定义在有限域 $\mathbb{F}$ 上的加法门和乘法门以及连接它们的电路线组成, 一个简单的算术电路示例见图 6.13. 布尔电路由逻辑门以及逻

## 6.8 基于 QAP/SSP 的 (zk)SNARK 构造

辑门之间的一系列电路线组成, 其中每条电路线所允许的值为 0 或者 1. 一个简单的布尔电路示例见图 6.14. 对于任意的电路, 我们定义如下的一个可满足性问题:

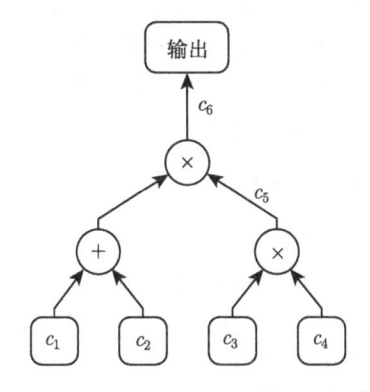

| 根门 | QAP 中的多项式 ($\mathbf{V}, \mathbf{W}, \mathbf{Y}, t(x)$) |||
|---|---|---|---|
| | 左输入 | 右输入 | 输出 |
| $r_5$ | $v_3(r_5)=1$, $v_i(r_5)=0$, $i\neq 3$ | $w_4(r_5)=1$, $w_i(r_5)=0$, $i\neq 4$ | $y_5(r_5)=1$, $y_i(r_5)=0$, $i\neq 5$ |
| $r_6$ | $v_1(r_6)=v_2(r_6)=1$, $v_i(r_6)=0$, $i\neq 1,2$ | $w_5(r_6)=1$, $w_i(r_6)=0$, $i\neq 5$ | $y_6(r_6)=1$, $y_i(r_6)=0$, $i\neq 6$ |

$$t(x)=(x-r_5)(x-r_6)$$

图 6.13 算术电路示例以及与之等价的 QAP

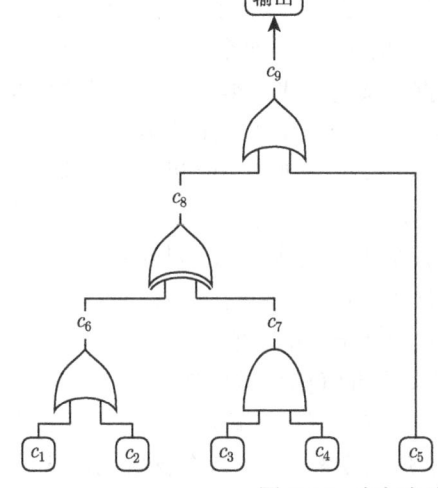

| 逻辑门的线性化 ||
|---|---|
| OR($c_1 \vee c_2 = c_6$) | AND($c_3 \wedge c_4 = c_7$) |
| $c_1$  $c_2$  $c_6$ | $c_3$  $c_4$  $c_7$ |
| 0  0  0 | 0  0  0 |
| 0  1  1 | 0  1  0 |
| 1  0  1 | 1  0  0 |
| 1  1  1 | 1  1  1 |
| $-c_1-c_2-2c_6 \in \{0,1\}$ | $c_3+c_4-2c_7 \in \{0,1\}$ |

| XOR门、输入以及输出比特 |||
|---|---|---|
| XOR($c_6 \oplus c_7 = c_8$) | IN($\{c_i\}_{i=1}^8$) | OUT($c_9$) |
| $c_6$  $c_7$  $c_8$ | $c_i$ | $c_9$ |
| 0  0  0 | | |
| 0  1  1 | $\in \{0,1\}$ | 1 |
| 1  0  1 | | |
| 1  1  0 | | |
| $c_6+c_7+c_8 \in \{0,2\}$ | $2c_i \in \{0,2\}$ | $3-3c_9 \in \{0,2\}$ |

图 6.14 布尔电路示例及其逻辑门的线性化

**定义 6.9** (电路可满足性关系 Circ-SAT) 一个电路 $C: \mathscr{I}_x \times \mathscr{I}_w \to \{0,1\}$ 的可满足性问题定义为关系 $\mathscr{R}_C = \{(\mathbf{x}, \mathbf{w}) \in \mathscr{I}_x \times \mathscr{I}_w : C(\mathbf{x}, \mathbf{w}) = 1\}$, 其语言定义为 $\mathscr{L}_C = \{\mathbf{x} \in \mathscr{I}_x : \exists \mathbf{w} \in \mathscr{I}_w \text{ 使得 } C(\mathbf{x}, \mathbf{w}) = 1\}$.

标准的计算复杂性结果表明, 一个多项式大小 (门的数量) 的电路与一个在多项式时间内运行的图灵机等效 (最多差一个对数因子). 当然通过电路进行计算的实际效率在很大程度上取决于具体的应用. 例如, 与在原生硬件上的计算相比, 用于矩阵乘法的算术电路基本上不增加额外开销, 而用于整数乘法的布尔电路则效率要低得多.

**电路的 $\mathcal{NP}$ 刻画** 有很多方法可以对任意的计算问题进行紧凑的编码,从而获得高效的 (zk)SNARK. 其主要思想是首先将每个门的输入和输出表示为一个变量,然后将每个门表述为一个关于该门的输入和输出的代数关系式,只有符合逻辑或算术操作的线路赋值才能满足这些关系式. 通过组合电路中所有门的约束,一个电路存在可满足性的赋值等价于存在一组二次方程,使得这些二次方程落在由一组多项式 (仅依赖于电路) 所张成的空间内. 因此,证明者需要找到等价多项式问题的解,让验证者相信所有二次方程满足指定的约束.

### 6.8.2 二次算术张成方案 (QAP) 和平方张成方案 (SSP)

**二次算术张成方案 (QAP)** 在正式定义 QAP 之前,我们将以图 6.13 为例逐步解释如何将电路编码为一个等效的 QAP. 首先,我们从有限域 $\mathbb{F}$ 上选择两个任意的值 $r_5, r_6 \in \mathbb{F}$ 以表示两个乘法门 (加法门将被压缩为对乘法门的贡献). 然后我们通过以下方式定义 3 组多项式 $\mathbf{V} = \{v_i(x)\}_{i \in [6]}$, $\mathbf{W} = \{w_i(x)\}_{i \in [6]}$ 和 $\mathbf{Y} = \{y_i(x)\}_{i \in [6]}$: $\mathbf{V}$ 中的多项式编码每个乘法门的左输入,$\mathbf{W}$ 中的多项式编码每个乘法门的右输入,$\mathbf{Y}$ 中的多项式编码每个乘法门的输出. 因此,对于图 6.13 中的电路,我们为每组 $\mathbf{V}$, $\mathbf{W}$ 和 $\mathbf{Y}$ 定义了 6 个多项式,其中四个用于乘法门的 (左和右) 输入,两个用于乘法门的输出. 我们根据每条电路线对乘法门的贡献来定义这些多项式. 具体来说,因为第 3 个输入线仅对下面 (输出为 $c_5$) 的乘法门的左输入有贡献,所以,除了 $v_3(r_5) = 1$, 其余的 $v_i(r_5) = 0$. 类似地,前两个输入线仅对上面 (输出为 $c_6$) 的乘法门的左输入有贡献,所以除了 $v_1(r_6) = v_2(r_6) = 1$, 其余的 $v_i(r_6) = 0$. 对于 $\mathbf{W}$, 我们考虑右输入,对于 $\mathbf{Y}$ 我们考虑输出. 因为所有的输入线都不是输出,那么对于 $i \in [4]$, $y_i(r_5) = y_i(r_6) = 0$, 而 $y_5(r_5) = y_6(r_6) = 1$. 我们可以使用电路的这种编码来有效地检查其是否被正确地求值.

更一般地,给定一个算术函数 $F$, 我们定义 $F$ 的 QAP 编码如下.

**定义 6.10** (二次算术张成方案, QAP) 令 $F: \mathbb{F}^n \to \mathbb{F}^{n'}$ 为一个算术函数并且 $N = n + n'$. 那么 $F$ 的一个二次算术张成方案 $Q$ 由三个多项式族 $\mathbf{V} = \{v_i(x)\}_{i \in [0,m]}$, $\mathbf{W} = \{w_i(x)\}_{i \in [0,m]}$, $\mathbf{Y} = \{y_i(x)\}_{i \in [0,m]}$ 和一个目标多项式 $t(x)$ 组成,并且 $(c_1, \cdots, c_N) \in \mathbb{F}^N$ 是 $F$ 的一个有效的输入输出赋值当且仅当存在系数 $(c_{N+1}, \cdots, c_m)$ 使得 $t(x)$ 整除 $p(x)$, 其中

$$p(x) := \left(v_0(x) + \sum_{i=1}^m c_i v_i(x)\right) \cdot \left(w_0(x) + \sum_{i=1}^m c_i w_i(x)\right) - \left(y_0(x) + \sum_{i=1}^m c_i y_i(x)\right)$$

多项式 $t(x)$ 整除 $p(x)$ 意味着存在一个多项式 $h(x)$, 使得 $h(x) \cdot t(x) = p(x)$, 我们因此称 QAP $Q$ 计算了 $F$. 我们定义 $Q$ 的大小为 $m$, $Q$ 的次数为多项式 $t(x)$ 的次数. 实际上稍后我们将会看到,对于任意具有 $d$ 个乘法门和 $N$ 个输入输出线

## 6.8 基于 QAP/SSP 的 (zk)SNARK 构造

路的算术电路, 都可以构造一个等效的 QAP, 其次数 (根的个数) 为 $d$ 和大小 (每个集合中多项式的个数) 为 $m = d + N$. 请注意, 加法门和乘以常数的门对 QAP 的大小和次数没有影响. 因此, 这些门在基于 QAP 的 (zk)SNARK 构造中基本上是 "免费" 的.

为一般的算术电路 C 构建 QAP 相当简单——我们首先对 C 中的每个乘法门 $g$ 选择一个任意的根 $r_g \in \mathbb{F}$, 并将目标多项式定义为 $t(x) = \prod_g (x - r_g)$, 然后将电路的每个输入线路和乘法门的每个输出线路关联到一个索引 $i \in [m]$, 最后, 将多项式族 $\mathbf{V}, \mathbf{W}$ 和 $\mathbf{Y}$ 中的多项式分别编码为每个门的左/右输入以及输出. 例如, 如果第 $i$ 条线路是门 $g$ 的左输入, 则 $v_i(r_g) = 1$, 否则 $v_i(r_g) = 0$. 类似地, 我们可以定义多项式 $w_i(r_g)$ 和 $y_i(r_g)$ 的值. 因此, 如果我们考虑一个特定的门 $g$ 及其根 $r_g$, 定义 6.10 中多项式 $p$ 的定义和约束 $p(r_g) = t(r_g) \cdot h(r_g) = 0$ 表明 $g$ 的输出值等于其两个输入值的乘积, 这即乘法门的定义.

例如, 在图 6.13 中所示的电路中, 如果在 $r_5$ 处计算 $p(x)$, 我们可以得到 $c_3 \cdot c_4 = c_5$, 它直接对应了下面的乘法门, 同样, 当 $x = r_6$ 时, $p(x)$ 简化为 $(c_1 + c_2) \cdot c_5 = c_6$, 即上面的乘法门. 简而言之, $t(x)$ 对 $p(x)$ 的整除性检查可以分解为 $d = \deg(t)$ 个单独的检查, 其中每个检查对应于一个门 $g$ 和 $t(x)$ 的根 $r_g$, 即 $p(r_g) = 0$.

**平方张成方案 (SSP)** 对于布尔电路, 我们观察到, 任何输入为 $a, b$ 和输出为 $c$ 的二元逻辑门 $g(a, b) = c$ 都可以用一个关于 $a, b, c$ 的仿射函数 $L = \alpha a + \beta b + \gamma c + \delta$ 来指定. 当 $a, b, c$ 满足该门的逻辑关系时, $L$ 严格取两个值, 即 $L = 0$ 或 $L = 2$. 这导致一个等价的单个 "平方" 约束 $(L - 1)^2 = 1$. 图 6.14 展示了一些逻辑门的真值表和它们的一些线性化.

因此, 类似于算术电路的 QAP, 对于一个扇入为 2 的布尔电路, 其存在可满足性的赋值等价于存在一组仿射函数, 使得这些仿射函数包含在由一组多项式 (仅依赖于电路) 所张成的空间内. 由于其概念简单, SSP 相较于之前其他的布尔电路刻画 (例如二次张成方案 (QSP)), 具有多项优势. 例如, 它们通常有更少的约束以及更小的张成空间等, 表示它们所需的多项式的大小和次数也更小. 因此基于 SSP 的 (zk)SNARK 构造通常有更低的计算复杂度. 平方张成方案 (SSP) 的正式定义如下.

**定义 6.11** (平方张成方案, SSP) 一个域 $\mathbb{F}$ 上的平方张成方案 $S$ 由 $m + 1$ 个多项式 $\{v_i(x)\}_{i=0}^m$ 和一个目标多项式 $t(x)$ 组成, 其中 $\deg(v_i(x)) \leqslant \deg(t(x))$, $0 \leqslant i \leqslant m$. 进一步, 我们称 SSP $S$ 接受输入 $c_1, \cdots, c_N \in \{0, 1\}$ 当且仅当存在 $c_{N+1}, \cdots, c_m \in \{0, 1\}$ 使得 $t(x)$ 整除 $p(x)$, 其中

$$p(x) := \left(v_0(x) + \sum_{i=1}^{m} c_i v_i(x)\right)^2 - 1$$

对于一个布尔电路 C : $\{0,1\}^N \to \{0,1\}$, 如果一个 SSP $S$ 恰好接受所有满足 $C(c_1, \cdots, c_N) = 1$ 的输入 $c_1, \cdots, c_N \in \{0,1\}$, 那么我们称 SSP $S$ 验证 C. $S$ 的大小定义为 $m$, $S$ 的次数定义为多项式 $t(x)$ 的次数.

**定理 6.7** (见 [177])  对于任意有 $m$ 条线路和 $n$ 个 (扇入为 2) 逻辑门的布尔电路 C 以及任意的素数 $p \geqslant \max\{n, 8\}$, 存在多项式 $v_0(x), \cdots, v_m(x) \in \mathbb{F}[x]$ 使得对于任意 $d$ 个不同的根 $r_1, \cdots, r_d \in \mathbb{F}$, C 是可满足的当且仅当

$$t(x) \text{ 整除 } p(x) := \left(v_0(x) + \sum_{i=1}^{m} c_i v_i(x)\right)^2 - 1$$

其中 $t(x) = \prod_{i=1}^{d}(x - r_i)$, $c_1, \cdots, c_m \in \{0,1\}$ 对应一个可满足性赋值中电路线上的值. 即存在一个次数为 $d = m+n$ 的平方张成方案 $S = (v_0(x), \cdots, v_m(x), t(x))$ 验证 C.

对于一个有 $m$ 条线路和 $n$ 个逻辑门 (扇入为 2) 的布尔电路 C : $\{0,1\}^N \to \{0,1\}$, 我们可以遵循如下的方式来构建 SSP $S$(有关示例, 请参见图 6.14). 首先, 我们将 C 中所有线路的赋值表示为一个向量 $\mathbf{c} \in \{0,1\}^m$. 该赋值是电路 C 的一个可满足性赋值当且仅当所有的输入输出属于 $\{0,1\}$ 并且遵循所有的逻辑门约束关系. 此外, 观察到 $c_i \in \{0,1\}$ 当且仅当 $2c_i \in \{0,2\}$. 因此将图 6.14 中的一些逻辑门方程按系数 2 缩放, 我们就可以将所有的逻辑门方程写成如 $L = \alpha c_i + \beta c_j + \gamma c_k + \delta \in \{0,2\}$ 的形式. 此外, 我们希望电路输出线的值为 1, 为此, 将条件 $3 - 3 \cdot c_{\text{out}}$ 添加到输出门的线性化中.

进一步, 我们定义一个矩阵 $\mathbf{V} \in \mathbb{Z}^{m \times d}$ 和一个向量 $\mathbf{b} \in \mathbb{Z}^d$, 使得 $\mathbf{cV} + \mathbf{b} \in \{0,2\}^d$ 对应于逻辑门和输入/输出的一个线性化. 那么存在一个 $\mathbf{c}$ 使得 $\mathbf{cV} + \mathbf{b} \in \{0,2\}^d$ 等价于电路中线路的一个可满足的赋值. 因此, 我们可以将此条件改写为

$$(\mathbf{cV} + \mathbf{b}) \circ (\mathbf{cV} + \mathbf{b} - 2) = 0 \iff (\mathbf{cV} + \mathbf{b} - 1) \circ (\mathbf{cV} + \mathbf{b} - 1) = 1 \qquad (6.5)$$

其中 ∘ 表示 Hadamard 乘积 (逐项乘法).

令 $\mathbb{F}$ 为一个 $p$ 阶有限域, 其中 $p \geqslant \max\{n, 8\}$, $r_1, \cdots, r_d$ 为 $d$ 个不同的元素. 定义多项式 $v_0(x), \cdots, v_m(x)$ 为满足 $v_0(r_j) = b_j - 1$, $v_i(r_j) = V_{i,j}$ 并且次数为 $d - 1$ 的多项式. 现在条件 (6.5) 可以重新表述为: 电路 C 是可满足的当且仅当存在一个向量 $\mathbf{c} \in \mathbb{F}^m$ 使得对于所有的 $r_j$,

$$\left(v_0(r_j) + \sum_{i=1}^{m} c_i v_i(r_j)\right)^2 = 1$$

## 6.8 基于 QAP/SSP 的 (zk)SNARK 构造

由于多项式 $v_c(x) = v_0(x) + \sum_{i=1}^m c_i v_i(x)$ 可以由其在 $r_1, \cdots, r_d$ 处的取值所唯一确定, 因此条件 (6.5) 可以重新表述为

$$\prod_{i=1}^d (x - r_i) \text{ 整除 } \left(v_0(x) + \sum_{i=1}^m c_i v_i(x)\right)^2 - 1$$

### 6.8.3 基于 QAP/SSP 的证明框架

给定一个 (算术或者布尔) 电路, 一旦我们有了与之相对应的二次/平方张成方案, 就可以遵循如下的步骤 (框架) 来构建一个证明协议.

**证明者** 证明者首先求解由一组多项式 $\{v_i(x)\}$ (或者 $\{v_i(x)\}, \{w_i(x)\}, \{y_i(x)\}$) 所构成的 SSP (或 QAP). 在这两种情况下, 目标都是找到输入多项式的一个线性组合 $\{c_i\}$: $v_c(x) = v_0(x) + \sum_i c_i v_i(x)$ (以及 QAP 中的 $w_c(x), y_c(x)$), 使得张成方案所定义的多项式 $p(x)$ 是另一个给定多项式 $t(x)$ 的倍数.

对于一个给定的输入, 我们可以直接按拓扑序求值电路 C 以获得输出和所有内部电路线的值. 这些值直接对应了二次/平方张成方案的系数 $\{c_i\}_{i=1}^m$.

**验证者** 验证者需要检查一个多项式是否整除另一个多项式, 或者如果证明者发送了一个商多项式 $h(x)$ 使得 $t(x)h(x) = p(x)$, 那么验证者的任务就转变为检查多项式等式 $t(x)h(x) = p(x)$ 是否成立. 或者等价地, 验证者需要验证 $t(x)h(x) - p(x) = 0$, 即验证某个多项式是否为零多项式.

**效率** 对于一般的计算问题, 这些多项式的大小和次数通常很大, 直接将这些大的多项式相乘效率会非常低, 因此验证者需要一种更为有效的方式来检查证明的有效性. 此外, 每个多项式的次数都与原始电路中门的数量成正比. 从简洁性的角度来看, 发送多项式 $h(x), v_c(x)$ (以及 QAP 中的 $w_c(x), y_c(x)$) 也并不是最优的.

**在随机点上的求值** 在实际的方案设计中, 为了简洁和效率考虑, 验证者通常不会计算多项式的乘积. 相反, 他们会选择一个随机的点 $s \in \mathbb{F}$, 并要求证明者发送 $h(s), v_c(s)$ (以及 QAP 中的 $w_c(s), y_c(s)$), 然后检查是否满足 $t(s)h(s) = p(s)$. 这样, 多项式的运算就被简化为域上的乘法和加法运算, 而这与多项式的次数无关.

**可靠性** 当然, 仅在单个点上而不是在所有点上检查多项式等式是否成立会降低协议的安全性. 但是根据 Schwartz-Zippel 引理, 有限域 $\mathbb{F}$ 上任何两个次数为 $d$ 的不同多项式最多可以在 $d$ 个点上相等. 由于 $t(x)h(x)$ 和 $p(x)$ 是非零的多项式, 因此, 如果我们仔细选择有限域 $\mathbb{F}$, 并且均匀随机地选取 $s \leftarrow_\$ \mathbb{F}$, 那么一个验证者接受错误证明的概率不超过 $d/|\mathbb{F}|$. 注意, $h(s)$ 和 $p(s)$ 是证明的一部分, 或者可以从证明中计算出来. 当然, 证明者在生成多项式时应当事先不知道点 $s$, 否则一个恶意的证明者可以很容易地伪造虚假陈述的证明.

**对随机点的编码** 如上所述,保持协议可靠性的关键是求值点 $s$ 的机密性,也就是说,证明者在生成 SSP 多项式 $v_c(x)$, $h(s)$ (或者 QAP 多项式 $v_c(x)$, $w_c(x)$, $y_c(x)$, $h(s)$) 时,应事先不知道这个点. 然而,证明者必须能够计算这些多项式在 $s$ 点的取值. 找到一种方式在不泄露 $s$ 的同时,允许证明者对多项式在 $s$ 点上的取值执行线性操作,并允许验证者检查证明,这是构建 (zk)SNARK 的一个关键技巧.

### 6.8.4 编码方案

构建高效预处理 (zk)SNARK 的一个主要组件是域 $\mathbb{F}$ 上的编码方案 Enc,它可以在不泄露取值点 $s$ 的基础上生成和验证证明. 下面是正式的定义.

**定义 6.12** (编码方案) 域 $\mathbb{F}$ 上的一个编码方案 Enc 包含以下两个算法.

- $(\text{pk}, \text{sk}) \leftarrow \text{KGen}(1^\lambda)$: 一个密钥生成算法,它输入一个安全参数 $\lambda$,输出一个秘密状态 sk 和一些公共信息 pk.

- $z \leftarrow \text{Enc}(s)$: 一个将元素 $s \in \mathbb{F}$ 映射到某个编码值的编码算法. 根据编码算法的不同,Enc 可能还需要输入公共信息 pk 或秘密状态 sk. 为了简化表述,我们将省略这个额外的参数.

并且满足下面的三个性质.

- **加法同态**: 对任意的 $x, y \in \mathbb{F}$, $\text{Enc}(x + y) = \text{Enc}(x) + \text{Enc}(y)$.

- **二次根检测**: 给定一些编码 $\text{Enc}(a_0), \cdots, \text{Enc}(a_t)$ 和一个二次多项式 $p \in \mathbb{F}[x_0, \cdots, x_t]$,存在一个有效的算法,可以验证是否 $p(a_0, \cdots, a_t) = 0$. 我们将使用下面的非正式的符号来表示此检测

$$p(\text{Enc}(a_0), \cdots, \text{Enc}(a_t)) \stackrel{?}{=} 0$$

- **有效编码检测**: 存在一个有效的算法 ImCheck,可以验证一个元素 $c$ 是否为域 $\mathbb{F}$ 上一个元素的正确编码,即 $\text{ImCheck}(c) \to \{0, 1\}$.

在一些 (指定验证者的) (zk)SNARK 构造中,(指定验证者的) 编码算法需要一个秘密状态 sk 来执行二次根检测. 然后,在生成的 (zk)SNARK 中,验证算法需要一个验证密钥 vrs = sk. 如果不需要这样的秘密状态,我们令 sk = ⊥ 并将其称为 "单向的" 或者可公开验证的编码.

**双线性群** 目前,文献中存在的唯一的 "单向" (可公开验证的) 编码方案是基于双线性群的,其中双线性映射可以支持有效的二次根检测,而不需要任何额外的秘密信息. 一个对称的双线性群由 $(p, \mathbb{G}, \mathbb{G}_T, e)$ 组成,其中,

- $p$ 是一个 $\lambda$ 比特的素数.

- $\mathbb{G}, \mathbb{G}_T$ 是两个 $p$ 阶循环群.

- $e: \mathbb{G} \times \mathbb{G} \to \mathbb{G}_T$ 是一个双线性映射,即对任意的 $a, b \in \mathbb{Z}_p$, $e(g^a, g^b) = e(g, g)^{ab}$.

## 6.8 基于 QAP/SSP 的 (zk)SNARK 构造

- 如果 $\mathbb{G} = \langle g \rangle$, 则 $\mathbb{G}_T = \langle e(g,g) \rangle$.

**例 6.1** (基于配对的编码方案) 假定 $\mathsf{gk} = (p, \mathbb{G}, \mathbb{G}_T, e)$ 为一个对称的双线性群, $g$ 是群 $\mathbb{G}$ 的一个生成元. 对任意的 $a \in \mathbb{Z}_p$, 我们定义

$$\mathsf{Enc}(a) = g^a$$

那么, 我们可以验证 Enc 是 $\mathbb{Z}_p$ 上的一个编码方案.

- **加法同态**: 对任意的 $a, b \in \mathbb{Z}_p$, $\mathsf{Enc}(a+b) = g^{a+b} = g^a \cdot g^b = \mathsf{Enc}(a) \cdot \mathsf{Enc}(b)$.

对于一个多项式 $h(x)$, 给定其系数 $\{h_i\}_{i=0}^d$ 以及一个点 $s$ 各幂次的编码 $\{g^{s^i}\}_{i=0}^d$, 我们可以利用编码的同态性质来计算多项式 $h$ 在点 $s$ 处取值 $h(s) = \sum_{i=0}^d h_i s^i$ 的编码

$$\mathsf{Enc}(h(s)) = g^{h(s)} = g^{\sum_{i=0}^d h_i s^i} = \prod_{i=0}^d \left(g^{s^i}\right)^{h_i}$$

- **二次根检测**: 给定一个二次多项式, 例如 $p = x_1 x_2 + x_3^2$ 和一些编码 $(g^{a_1}, g^{a_2}, g^{a_3})$, 我们可以使用双线性映射来验证是否 $p(a_1, a_2, a_3) = 0$,

$$e(g,g)^{p(a_1, a_2, a_3)} = e(g,g)^{a_1 a_2 + a_3^2} = e(g^{a_1}, g^{a_2}) \cdot e(g^{a_3}, g^{a_3}) \stackrel{?}{=} e(g,g)^0$$

- **有效编码检测**: 确定一个 $\mathbb{G}$ 中的元素是否为有效的编码是平凡的, 因为 $\mathbb{G}$ 中所有的元素都是有效的编码.

在上面的基于配对的编码方案中, 这三条性质都不需要任何的秘密状态. 结合前面的证明框架, 我们可以构造一个可公开验证的 (zk)SNARK, 验证算法除了公开的配对映射 $e$ 之外不需要任何其他信息. 此外, 此编码方案是确定性的. 在具体的构造中, 我们通常使用椭圆曲线群来实例化上面的群 $\mathbb{G}$.

### 6.8.5 基于 QAP 的构造

有了上面定义的编码工具, 本小节我们介绍一个基于 QAP 的 (zk)SNARK 方案 Pinocchio[175]. 图 6.15 提供了基于 QAP 构建 (zk)SNARK 的一个高层的概述 (框架).

为便于表述和一般性, 下面的 (zk)SNARK 协议描述我们使用一般的编码方案 Enc. 图 6.16 给出了一个基于双线性群编码的实例化 (参见例 6.1).

**设置算法** $(\mathsf{crs}, \mathsf{vrs}) \leftarrow \mathsf{Gen}(1^\lambda, C)$

设置算法 Gen 输入一个安全参数 $\lambda$ 和一个具有 $N$ 个输入和输出的电路 C. 它首先生成一个有限域 $\mathbb{F}$ 上大小为 $m$、次数为 $d$ 的 QAP $Q$, 用于验证 C. 定义集合 $\mathscr{I}_{\mathsf{mid}} = \{N+1, \cdots, m\}$. 然后, 算法 Gen 运行编码方案 Enc 的密钥生成算

法 Enc.KGen($1^\lambda$) (包括秘密状态 sk, 或 sk = ⊥). 最后, 它随机选取 $\alpha, \beta_v, \beta_w, \beta_y$, $s \leftarrow_\$ \mathbb{F}$ 使得 $t(s) \neq 0$, 计算并返回 (vrs = sk, crs), 其中 crs 定义为

$$\text{crs} := \Big( Q, \text{Enc}, \{\text{Enc}(s), \cdots, \text{Enc}(s^d), \text{Enc}(\alpha), \text{Enc}(\alpha s), \cdots, \text{Enc}(\alpha s^d)\},$$

$$\{\text{Enc}(\beta_v), \text{Enc}(\beta_w), \text{Enc}(\beta_y)\},$$

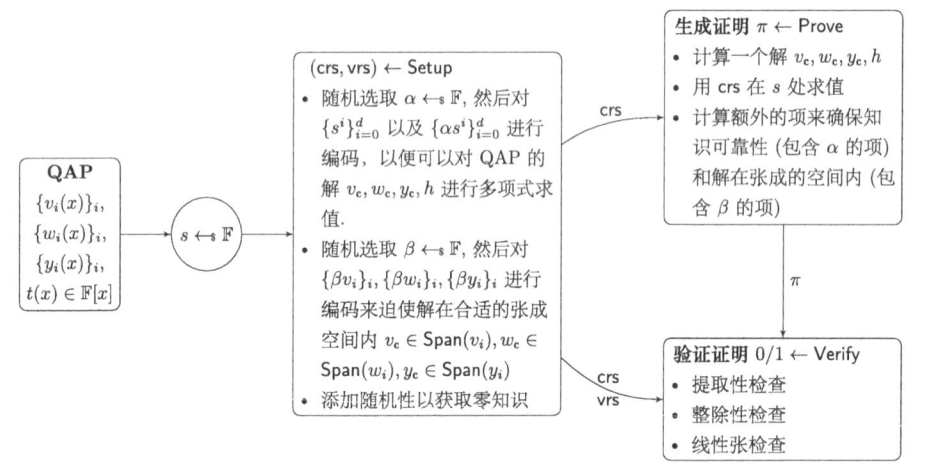

$$\{\text{Enc}(\beta_v v_i(s))\}_{\mathscr{I}_\text{mid}}, \{\text{Enc}(\beta_w w_i(s))\}_{i \in [m]}, \{\text{Enc}(\beta_y y_i(s))\}_{i \in [m]} \Big)$$

图 6.15 从 QAP 构造 (zk)SNARK 协议的简化流程

Gen($1^\lambda$, C):

gk := $(p, \mathbb{G}, \mathbb{G}_T, e)$
$s, \alpha, \beta_v, \beta_w, \beta_y \leftarrow_\$ \mathbb{Z}_p$
$Q := (\{v_i, w_i, y_i\}_{i \in [m]}, t)$
$\mathscr{I}_\text{mid} = [N+1, m]$
crs := $\Big( Q, \text{gk}, \{g^{s^i}, g^{\alpha s^i}\}_{i=0}^d,$
  $g^{\beta_v}, \{g^{\beta_v v_i(s)}\}_{i \in \mathscr{I}_\text{mid}},$
  $g^{\beta_w}, \{g^{\beta_w w_i(s)}\}_{i \in [m]},$
  $g^{\beta_y}, \{g^{\beta_y y_i(s)}\}_{i \in [m]} \Big)$
返回 crs

Prove(crs, **x**, **w**):

**x** := $(c_1, \cdots, c_N)$
**w** := $(\{c_i\}_{i \in \mathscr{I}_\text{mid}})$
$v_\text{mid} := \sum_{i \in \mathscr{I}_\text{mid}} c_i v_i(x)$
$H := g^{h(s)}, \widehat{H} := g^{\alpha h(s)}$
$V_\text{mid} := g^{v_\text{mid}(s)}, \widehat{V}_\text{mid} := g^{\alpha v_\text{mid}(s)}$
$W := g^{w_c(s)}, \widehat{W} := g^{\alpha w_c(s)}$
$Y := g^{y_c(s)}, \widehat{Y} := g^{\alpha y_c(s)}$
$B := g^{\beta_v v_c(s) + \beta_w w_c(s) + \beta_y y_c(s)}$
返回 $\pi :=$
$(H, \widehat{H}, V_\text{mid}, \widehat{V}_\text{mid}, W, \widehat{W}, Y, \widehat{Y}, B)$

Verify(crs, **x**, $\pi$):

提取性检查:
$e(H, g^\alpha) \stackrel{?}{=} e(g, g^{\widehat{H}})$
$e(V_\text{mid}, g^\alpha) \stackrel{?}{=} e(g, g^{\widehat{V}_\text{mid}})$
$e(W, g^\alpha) \stackrel{?}{=} e(g, g^{\widehat{W}})$
$e(Y, g^\alpha) \stackrel{?}{=} e(g, g^{\widehat{Y}})$

整除性检查:
$e(H, g^{t(s)}) \stackrel{?}{=} e(V, W)/e(Y, g)$

线性张检查:
$e(B, g) \stackrel{?}{=}$
$e(V, g^{\beta_v}) \cdot e(W, g^{\beta_w}) \cdot e(Y, g^{\beta_y})$

图 6.16 基于 QAP 的 (zk)SNARK 构造

**证明算法** $\pi \leftarrow$ Prove(crs, **x**, **w**)

当输入某个陈述 **x** := $(c_1, \cdots, c_N)$ (电路 C 的一个有效的输入输出值) 后, 证明算法 Prove 首先计算出一个证据 **w** := $(c_{N+1}, \cdots, c_m)$ (C 中间电路线上

## 6.8 基于 QAP/SSP 的 (zk)SNARK 构造

的值) 以及多项式 $v_{\mathsf{mid}}(x) = \sum_{i \in \mathscr{I}_{\mathsf{mid}}} c_i v_i(x)$, $v_{\mathsf{c}}(x) = \sum_{i \in [m]} c_i v_i(x)$, $w_{\mathsf{c}}(x) = \sum_{i \in [m]} c_i w_i(x)$, $y_{\mathsf{c}}(x) = \sum_{i \in [m]} c_i y_i(x)$, 使得

$$t(x) \text{ 整除 } p(x) = v_{\mathsf{c}}(x) w_{\mathsf{c}}(x) - y_{\mathsf{c}}(x)$$

然后, 它计算商多项式 $h(x) := \dfrac{p(x)}{t(x)}$. 利用编码方案 Enc 的加法同态性质和 crs 中的编码值, 证明算法计算以下多项式在 $s$ 处的编码.

$$H := \mathsf{Enc}(h(s)), \qquad \widehat{H} := \mathsf{Enc}(\alpha h(s))$$
$$V_{\mathsf{mid}} := \mathsf{Enc}(v_{\mathsf{mid}}(s)), \quad \widehat{V}_{\mathsf{mid}} := \mathsf{Enc}(\alpha v_{\mathsf{mid}}(s))$$
$$W := \mathsf{Enc}(w_{\mathsf{c}}(s)), \qquad \widehat{W} := \mathsf{Enc}(\alpha w_{\mathsf{c}}(s))$$
$$Y := \mathsf{Enc}(y_{\mathsf{c}}(s)), \qquad \widehat{Y} := \mathsf{Enc}(\alpha y_{\mathsf{c}}(s))$$
$$B := \mathsf{Enc}(\beta_v v_{\mathsf{c}}(s) + \beta_w w_{\mathsf{c}}(s) + \beta_y y_{\mathsf{c}}(s))$$

最后输出证明 $\pi := (H, \widehat{H}, V_{\mathsf{mid}}, \widehat{V}_{\mathsf{mid}}, W, \widehat{W}, Y, \widehat{Y}, B)$.

**验证算法** $\{0,1\} \leftarrow \mathsf{Verify}(\mathsf{crs}, \mathbf{x}, \pi)$

当收到一个证明 $\pi$ 和陈述 $\mathbf{x}$ 后, 验证算法使用编码方案 Enc 的二次根检测算法来验证证明是否满足以下三个检查.

- **提取性检查** $\widehat{H} \stackrel{?}{=} \alpha H$, $\widehat{V}_{\mathsf{mid}} \stackrel{?}{=} \alpha V_{\mathsf{mid}}$, $\widehat{W} \stackrel{?}{=} \alpha W$, $\widehat{Y} \stackrel{?}{=} \alpha Y$. 这些检查可以在知识假设下用来证明协议的知识可提取性.
- **整除性检查** $H \cdot T \stackrel{?}{=} V \cdot W - T$, 其中 $T := \mathsf{Enc}(t(s))$, $V := \mathsf{Enc}(v_{\mathsf{c}}(s))$. 注意验证者知道输入向量 $(c_1, \cdots, c_N)$ (即公共陈述), 因此验证者可以使用 crs 自己计算 $v_{\mathsf{c}}(x)$ 中缺失的部分 $\sum_{i \in [N]} c_i v_i(x)$ 并编码. 这对应于多项式整除性约束.
- **线性张检查** $B \stackrel{?}{=} \beta_v V + \beta_w W + \beta_y Y$. 此检查确保多项式 $v_{\mathsf{c}}(x), w_{\mathsf{c}}(x)$ 和 $y_{\mathsf{c}}(x)$ 确实是初始多项式集 $\{v_i\}_i, \{w_i\}_i, \{y_i\}_i$ 的线性组合.

**知识可靠性** 直观上, 知道公共参考字符串 crs 但不知道具体 $\alpha$ 的证明者很难输出一对 $(H, \widehat{H})$ 满足 $\widehat{H} = \mathsf{Enc}(\alpha H)$, 其中 $H$ 为某个值 $h$ 的编码. 除非证明者知道一个表示 $h = \sum_{i \in [d]} h_i s^i$ 并将相同的线性组合应用于 $\alpha s^i$ 以获得 $\widehat{H} = \sum_{i \in [d]} h_i \alpha s^i$. 指数知识假设形式上刻画了这种直观性, 具体地, 对于任何输出一对比值为 $\alpha$ 的编码元素的算法, 都存在一个提取器可以通过"监视"算法的计算过程然后输出相应的表示 (线性组合的系数). 下面我们简要概述一下证明, 分别对应验证算法中的三个检查.

- **提取性检查** 基于 $q$-PKE ($q$-幂指数知识) 假设, 从编码对 $(H, \widehat{H})$, $(V_{\mathsf{mid}}$,

$\widehat{V}_{\text{mid}}$), $(W, \widehat{W})$, $(Y, \widehat{Y})$ 中, 我们可以提取多项式 $v_{\text{mid}}(x)$, $w_{\text{c}}(x)$, $y_{\text{c}}(x)$ 以及 $h(x)$ 的系数.

- **整除性检查** 如果检查 $H \cdot T \stackrel{?}{=} V \cdot W - Y$ 通过, 其中 $T = \text{Enc}(t(s))$, 则 $h(s)t(s) = v_{\text{c}}(s)w_{\text{c}}(s) - y_{\text{c}}(s)$. 如果确实 $h(x)t(x) = v_{\text{c}}(x)w_{\text{c}}(x) - y_{\text{c}}(x)$, 那么 QAP 的可靠性意味着我们已经提取了一个正确的证明. 否则, $h(x)t(x) - v_{\text{c}}(x)w_{\text{c}}(x) + y_{\text{c}}(x)$ 是以 $s$ 为根的非零多项式, 这允许我们求解一个 $q$ 型假设的实例.

- **线性张检查** 在方案中, 包含 $\alpha$ 的项 $\widehat{V}_{\text{mid}}$, $\widehat{W}$ 和 $\widehat{Y}$ 仅用于提取编码项相对于多项式基的表示, 而不是这些多项式 $\{v_i(x), w_i(x), y_i(x)\}_{i \in [m]}$. 此提取不能保证多项式 $v_{\text{mid}}(x)$, $w_{\text{c}}(x)$ 以及 $y_{\text{c}}(x)$ 位于它们所张成的空间内. 因此, 需要通过证明中包含的 $B$ 来强制这一点. 注意 $B$ 只能由证明者从 crs 中将 $v_{\text{c}}$, $w_{\text{c}}$, $y_{\text{c}}$ 表示为 $\{v_i(x), w_i(x), y_i(x)\}_{i \in [m]}$ 的线性组合时才能计算出来. 如果最终检查 $B \stackrel{?}{=} \beta_v V + \beta_w W + \beta_y Y$ 通过, 但多项式 $v_{\text{c}}, w_{\text{c}}, y_{\text{c}}$ 不在 $\{v_i(x), w_i(x), y_i(x)\}_{i \in [m]}$ 张成的空间内, 我们可以利用此来求解 $d$ 次 Diffie-Hellman 问题.

**添加零知识** 不难看出, 前面描述的构造并非零知识的, 因为证明中的元素并不是均匀分布于各自的空间上, 可能泄露关于证据的信息, 并且多项式 $v_{\text{c}}(x)$, $w_{\text{c}}(x)$, $y_{\text{c}}(x)$, $h(x)$ 的系数直接确定了电路的可满足性赋值 (包括中间线路上的值). 为了使这个构造满足统计零知识性质, 我们需要添加一些均匀采样的值来随机化多项式 $v_{\text{c}}(x)$, $w_{\text{c}}(x)$, $y_{\text{c}}(x)$, $h(x)$, 同时保持它们之间的整除性关系. 主要思路是, 证明者使用一些随机的值 $\delta_v, \delta_w, \delta \leftarrow_\$ \mathbb{F}$ 来随机化上述原始构造的多项式, 并在证明中执行以下替换.

- $v'_{\text{mid}}(x) := v_{\text{mid}}(x) + \delta_v t(x)$;
- $w'_{\text{c}}(x) := w'_{\text{c}}(x) + \delta_w t(x)$;
- $y'_{\text{c}}(x) := y'_{\text{c}}(x) + \delta_y t(x)$;
- $h'(x) = h(x) + \delta_v w_{\text{c}}(x) + \delta_w v_{\text{c}}(x) + \delta_v \delta_w t^2(x) - \delta_y t(x)$.

通过这些替换, 包含证据的编码值 $V_{\text{mid}}$, $W$ 和 $Y$ 在统计上与随机元素是不可区分的, 因此 (直观上) 它们是 (统计) 零知识的. 为了使这种修改成为可能, 我们应该在 crs 中额外添加包含随机性 $\delta_v, \delta_w, \delta$ 的项, 以使证明者能够随机化其证明, 并且验证者能够验证它.

**Groth16: 一般群模型中的 (zk)SNARK 构造** 目前基于 QAP 的 (zk) SNARK 构造的最佳结果来自 Groth 的构造[178], 在一般群模型 (GGM) 下, 其证明仅包含三个群元素. 相较于之前的 Pinocchio, 这个构造得到了很大的简化. Groth 构造的安全性并不依赖于 $q$-PKE 假设, 而是依赖于一个更强的模型, 即一般群模型. 在这个更强的安全性模型中, 对于某些随机值, 证明元素并不会重复, 这对于提取来说是不需要的.

## 6.8 基于 QAP/SSP 的 (zk)SNARK 构造

一般群模型是一种理想化的密码学模型，其中算法不能利用任何群元素表示的特殊结构，因此可以应用于任何循环群. 在此模型中, 攻击者只能访问群元素的一个随机编码, 而不是有效的编码. 例如, 实践中使用的有限域或椭圆曲线群所使用的编码都是有效的编码. 该模型包括一个可以执行群运算的谕言机. 因此, 模拟器可以有效地提取一组系数, 将谕言机的输出表示为初始群元素的线性组合.

为了描述 Groth16 的结构, 我们首先将关系 $\mathscr{R}$ 实现为一个包含 $m$ 条线路的算术电路. 我们用 $\mathscr{I}_{\text{io}} = \{1, 2, \cdots, \ell\}$ 表示 (索引) 电路的公共输入和公共输出线路 (对应于陈述 **x**), 用 $\mathscr{I}_{\text{mid}} = \{\ell+1, \cdots, m\}$ 表示 (索引) 电路的隐私输入和中间线路 (对应于证据 **w**). 协议的完整描述见图 6.17, Groth16 在一个单一的配对方程中同时实现了整除性和线性张检查. $\alpha$ 和 $\beta$ 的作用是确保 $A, B$ 和 $C$ 在

---

**Groth.Gen($1^\lambda$, C):**

$\alpha, \beta, \gamma, \delta \xleftarrow{\$} \mathbb{Z}_p^*, \quad s \xleftarrow{\$} \mathbb{Z}_p^*, \quad \mathscr{I}_{\text{mid}} := [\ell+1, m]$

$\text{crs} := \left( \text{QAP}, g^\alpha, g^\beta, g^\delta, \{g^{s^i}\}_{i=0}^{d-1}, \left\{ g^{\frac{\beta v_k(s) + \alpha w_k(s) + y_k(s)}{\gamma}} \right\}_{k=0}^{\ell}, \left\{ g^{\frac{\beta v_k(s) + \alpha w_k(s) + y_k(s)}{\delta}} \right\}_{k=\ell+1}^{m}, \right.$
$\left. \left\{ g^{\frac{s^i t(s)}{\delta}} \right\}_{i=0}^{d-2}, h^\beta, h^\gamma, h^\delta, \{h^{s^i}\}_{i=0}^{d-1} \right)$

$\text{vk} := \left( P = g^\alpha, Q = h^\beta, \left\{ S_k = g^{\frac{\beta v_k(s) + \alpha w_k(s) + y_k(s)}{\gamma}} \right\}_{k=0}^{\ell}, H = h^\gamma, D = h^\delta \right)$

$\text{td} := (\alpha, \beta, \gamma, \delta, s)$

返回 (crs, td)

---

**Groth.Prove(crs, x, w):**

$\mathbf{x} := (a_1, \cdots, a_\ell), a_0 = 1$
$\mathbf{w} := (a_{\ell+1}, \cdots, a_m)$
$v(x) = \sum_{k=0}^{m} a_k v_k(x)$
$v_{\text{mid}} = \sum_{i \in \mathscr{I}_{\text{mid}}} a_k v_k(x)$
$w(x) = \sum_{k=0}^{m} a_k w_k(x)$
$w_{\text{mid}} = \sum_{i \in \mathscr{I}_{\text{mid}}} a_k w_k(x)$
$y(x) = \sum_{k=0}^{m} a_k y_k(x)$
$y_{\text{mid}} = \sum_{i \in \mathscr{I}_{\text{mid}}} a_k y_k(x)$
$h(s) = \frac{v(x)w(x) - y(x)}{t(x)}$
$f_{\text{mid}} := \frac{\beta v_{\text{mid}}(s) + \alpha w_{\text{mid}}(s) + y_{\text{mid}}(s)}{\delta}$
$r, r' \xleftarrow{\$} \mathbb{Z}_p^*, a = \alpha + v(s) + r\delta$
$b = \beta + w(s) + r'\delta$
$c = f_{\text{mid}} + \frac{t(s)h(s)}{\delta} + r'a + rb - rr'\delta$
返回 $\pi := (A := g^a, B := h^b, C := g^c)$

**Groth.Verify(vk, x, $\pi$):**

$\pi = (A, B, C)$
$v_{\text{io}}(x) = \sum_{i=0}^{\ell} a_i v_i(s)$
$w_{\text{io}}(x) = \sum_{i=0}^{\ell} a_i w_i(s)$
$y_{\text{io}}(x) = \sum_{i=0}^{\ell} a_i y_i(s)$
$f_{\text{io}} = \frac{\beta v_{\text{io}}(s) + \alpha w_{\text{io}}(s) + y_{\text{io}}(s)}{\gamma}$

检查:
$e(A, B) \stackrel{?}{=} e(g^\alpha, h^\beta) e(g^{f_{\text{io}}}, h^\gamma) e(C, h^\delta)$

**Groth.Sim(td, x):**

$a, b \xleftarrow{\$} \mathbb{Z}_p^*$
$c = \frac{ab - \alpha\beta - \beta v_{\text{io}}(s) - \alpha w_{\text{io}}(s) - y_{\text{io}}(s)}{\delta}$
返回 $\pi := (A := g^a, B := h^b, C := g^c)$

图 6.17 基于 QAP 的 Groth16 构造

$a_1,\cdots,a_m$ 的选择中相互一致. $\delta$ 和 $\gamma$ 的作用是使验证方程的不同乘积相互独立. $r$ 和 $r'$ 的作用是随机化证明, 以获得零知识.

### 6.8.6 基于 SSP 的 (zk)SNARK 构造

对于布尔电路, Danezis 等[177] 构造了一个 (zk)SNARK, 可以有效地降低生成和验证证明的复杂度, 他们构造的关键是使用 SSP 语言. 正如前面提到的, SSP 由于其概念简单, 相较于以前的布尔电路结构表示 (例如 QSP) 具有多项优势. 它们通常有更少的约束和更小的张成方案, 所需的多项式的大小和次数也更小. SSP 只需要一个多项式 $v_c(x)$ 的取值即可进行验证 (早期的 QSP 需要两个, 而 QAP 需要 3 个), 从而实现更简单、更紧凑的设置以及更小的公共参数. 此外, 生成证明和验证证明所需的操作也更少. 例如, Danezis 等的构造[177], 其证明仅包含 4 个群元素, 验证只需要 6 个配对操作, 再加上对每个 (非零) 输入比特的乘法. 证明的长度以及验证的复杂度跟电路 C 的大小 (逻辑门的数目) 无关. 这可能是迄今为止最紧凑的构造. 完整的协议描述见图 6.18.

Gen($1^\lambda$, C):

gk $:= (p, \mathbb{G}, \mathbb{G}_T, e)$
$g \leftarrow_{\$} \mathbb{G}, s, \alpha, \beta \leftarrow_{\$} \mathbb{Z}_p$
$S := (v_0,\cdots,v_m,t)$
$\mathscr{I}_{\text{mid}} = [N+1, m]$

crs $:= \Big(S, \text{gk}, \{g^{s^i}, g^{\alpha s^i}\}_{i=0}^d,$
$\quad g^\beta, \{g^{\beta v_i(s)}\}_{i \in \mathscr{I}_{\text{mid}}},$
$\quad g^{\beta t(s)}\Big)$

返回 crs

Prove(crs, x, w):

$\mathbf{x} := (c_1,\cdots,c_N) \in \{0,1\}^N$
$\mathbf{w} := (\{c_i\}_{i \in \mathscr{I}_{\text{mid}}})$
$v_{\text{mid}} := \sum_{i \in \mathscr{I}_{\text{mid}}} c_i v_i(x)$

$H := g^{h(s)}, V_{\text{mid}} := g^{v_{\text{mid}}(s)}$
$\widehat{V} := g^{\alpha v_c(s)}, B_{\text{mid}} := g^{\beta v_{\text{mid}}(s)}$

返回 $\pi := (H, V_{\text{mid}}, \widehat{V}, B_{\text{mid}})$

Verify(crs, x, $\pi$):

$V := g^{\sum_{i \in [N]} c_i v_i(s)} V_{\text{mid}}$

提取性检查:
$e(V, g^\alpha) \stackrel{?}{=} e(g, \widehat{V})$

整除性检查:
$e(H, g^{t(s)}) \stackrel{?}{=} e(V, \widehat{V})/e(g, g)$

线性张检查:
$e(B_{\text{mid}}, g) \stackrel{?}{=} e(V_{\text{mid}}, g^\beta)$

图 6.18 基于 SSP 的 (zk)SNARK 构造

## 6.9 基于 PIOP 的 (zk)SNARK 构造

正如我们之前所看到的, (zk)SNARK 通常以模块化的方式构建. 最近的许多构造都遵循了一个新的框架, 从而实现了更多的可能性, 例如透明构造 (无须可信设置)、递归、聚合性、后量子安全等.

简而言之, 最近 (zk)SNARK 的模块化构造在理论上都采用了多项式交互式谕言机证明 (polynomial interactive oracle proof, PIOP) 的范式, 并使用多项式承诺方案进行密码学编译. 使用多项式承诺方案的一个优势是, 该设置仅需针对承诺方案, 因此与被证明的陈述无关. 与上一节中介绍的基于电路的 (zk)SNARK 相比, 这些 (zk)SNARK 具有通用性. 另一个优势是多项式承诺方案的选择有助于在性能和安全性之间找到正确的平衡.

构建这样的 (zk)SNARK 通常需要遵循以下 3 个步骤.

- **电路的 $\mathcal{NP}$ 特征化或算术化**　首先, 将需要证明的计算描述为一个有限域上的约束系统. 然后, 将这个约束系统转换为 (低次数的) 单变元多项式表达式.
- **PIOP 或代数全息证明** (algebraic holographic proof, AHP)　其次, 证明这样的多项式方程成立: 在多项式交互式谕言机证明 (PIOP) 中, 证明者向验证者发送一些低次数的多项式, 验证者并不读取整个系数列表, 而是通过访问一个谕言机来查询这些多项式在一些随机点上的取值.
- **密码学编译**　最后, 使用多项式承诺方案和 Fiat-Shamir 变换 (见 6.6.1 节), 可以将前面的多项式等式检测编译为一个高效的非交互式证明系统. 生成的 (zk) SNARK 要么具有通用的可更新的结构化参考字符串 (structured reference string, SRS), 要么具有透明的设置, 这取决于此步骤中使用的多项式承诺方案的性质.

需要注意的是, 我们仅在最后一步使用密码学技术. 在这个密码学编译步骤中, 之前的谕言机被适当的密码学实现所取代, 即多项式承诺方案 (polynomial commitment scheme, PCS). 多项式承诺方案允许高效地检查由算术化步骤产生的低次数多项式的一系列恒等式. 这通常需要引入计算困难性假设来保证安全性, 有时可能还需要一些可信设置. 此外, 通过采用 Fiat-Shamir 变换, 可以消除交互. 这使得可以使用哈希函数公开计算验证者的挑战. 在给出这种方法的示例之前, 我们分别讨论这些技术.

### 6.9.1　电路的 $\mathcal{NP}$ 化或算术化

从多项式承诺方案构建 (zk)SNARK 的关键点是第一步, 将要证明的计算 (通常表示为电路) 转换为多项式方程. 更一般地, 我们也可以考虑程序源代码. 最近的方案提出了不同的方式来将这种计算表示为有限域上的约束系统, 以优化需要证明的多项式方程. 目标是尽可能减少多项式的数量, 从而减少承诺以及由这种转换而导致的证明者开销.

最近的通用 (zk)SNARK 构造使用了不同的技术来实现算术化. 我们总结了 3 种不同的有影响力的方法.

- Sonic[179] 将电路表示为左输入、右输入和输出的三个向量. 然后, 乘法门和线性约束的一致性被约化为关于变量 $Y$ 的一个多项式方程. 然后将该方程嵌入到一个双变元多项式 $t(X, Y)$ 的 $X^0$ 项中. 验证者将检查证明者是否根据电路赋值和电路逻辑正确计算了二元多项式, 使得 $X^0$ 的项相互抵消. 使用 PIOP, 这些双变元多项式可以在某些条件下用单变元多项式来模拟.

- Marlin[180] 和 Aurora[181] 将算术约束系统表示为 Reed-Solomon 码字，它们是单变元多项式。最后需要检查相关的多项式恒等式是否成立，也就是这些码字的 Hadamard 乘积是否被正确地计算。
- PLONK[182] 使用插值将线路赋值向量以及不同的门选择器表示为多项式。多项式整除性检测确保了证明者知道每个门的可满足性的输入和输出，置换论证确保了门到线路赋值的一致性。

### 6.9.2 多项式交互式谕言机证明

前面提到的算术化可以将一个属性或关系转化为一个更有效的可证明的等价属性或关系，但它本身并不提供一个高效的证明系统。通常下一步是考虑一个信息论意义上的证明系统，该系统可以使验证者相信一个陈述的真实性，即使对于一个计算能力无限制的证明者也是如此（见 6.1 节）。当然，这样的系统通常效率并不高，安全性甚至依赖于诸如谕言机这样的理想化模型，一个额外的密码学编译步骤将解决这个问题。

我们首先考虑信息论意义上的证明系统，该系统允许验证者在其选择的输入上通过谕言机访问一些多项式，这些多项式由证明者根据先前的验证者消息选择。这种构建 (zk)SNARK 的方法一般称为多项式交互式谕言机证明 (PIOP)[183]（一些文献中也将其称之为代数全息证明 (AHP)[180]）。下面是一个简化的 PIOP 定义。

**定义 6.13** (多项式交互式谕言机证明)　令 $\mathscr{R}$ 为一个 $\mathcal{NP}$ 关系，$\mathbb{F}$ 是一个有限域，$d$ 是一个次数上界。一对交互式算法 $(\mathcal{P}, \mathcal{V})$ 如果满足

- $(\mathcal{P}, \mathcal{V})$ 是一个交互式证明系统；
- 在每一轮中，验证者 $\mathcal{V}$ 向证明者 $\mathcal{P}$ 发送一个挑战 $y \in \mathbb{F}$；
- 在第 $i$ 轮中，证明者 $\mathcal{P}$ 输出一个次数最多为 $d$ 的单变元多项式 $f_i(X) \in \mathbb{F}[X]$，并将其添加到由谕言机所维护的多项式列表中；
- 在第 $i$ 轮中，验证者可以通过在其选择的 $z$ 值上重复谕言机访问一些 $f_j(X), j \leqslant i$ 来与多项式 $f_1, \cdots, f_i$ 交互；
- 验证者 $\mathcal{V}$ 是公开抛币的，

则我们称其为一个多项式交互式谕言机证明 (PIOP) 系统。图 6.19 是一个简化 PIOP 协议（第 $i$ 轮）。

### 6.9.3 密码编译器——多项式承诺方案

正如前面提到的，在 PIOP 框架中构建通用 (zk)SNARK 的一个关键组件是多项式承诺方案。多项式承诺方案最初由 Kate、Zaverucha 和 Goldberg 引入[184]，是对消息空间 $\mathbb{F}^{\leqslant d}[X]$ 的承诺，它支持一个交互式的知识论证协议 (KGen, Open, Verify)，允许对一个次数有界的多项式进行承诺，并能在后续阶段证明承诺的多项式在某个点上的取值等于一个声明的值。

## 6.9 基于 PIOP 的 (zk)SNARK 构造

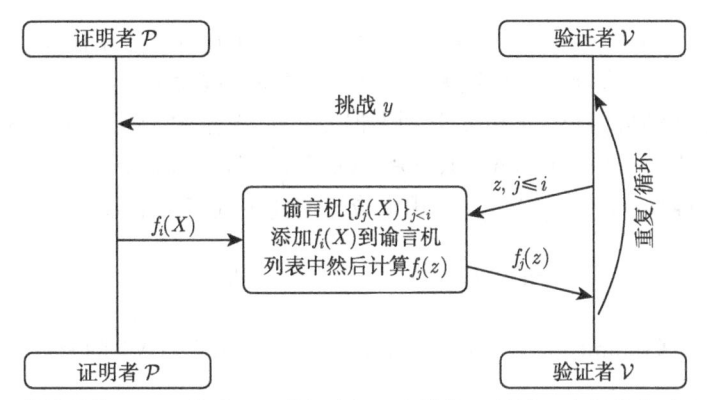

图 6.19 第 $i$ 轮的简化 PIOP 协议: 证明者对每一个挑战 $y$ 计算一个新的多项式 $f_i(X)$, 验证者向多项式谕言机请求任意数量的查询 $(z,j)$, $j \leqslant i$ 来获得 $f_j(z)$

具体来说, 一个域 $\mathbb{F}$ 上的多项式承诺方案 PCS 包含四个算法 (KGen, Commit, Open, Verify), 其描述分别如下.

- $(\mathsf{ck}, \mathsf{vk}) \leftarrow \mathsf{KGen}(1^\lambda, d)$: 密钥生成算法输入一个安全参数 $\lambda \in \mathbb{N}$ 和一个可接受的多项式次数的上界 $d \in \mathbb{N}$, 它生成一个群描述 gk, 以及一对承诺和验证密钥 (ck, vk). 我们隐含地假设 ck 和 vk 各自包含 gk.

- $\mathsf{C} \leftarrow \mathsf{Commit}(\mathsf{ck}, f(X))$: 承诺算法输入一个承诺密钥 ck 和一个次数不超过 $d$ 的单变元多项式 $f(X) \in \mathbb{F}[X]$, 它输出一个承诺 C.

- $\pi \leftarrow \mathsf{Open}(\mathsf{ck}, \mathsf{C}, x, y, f(X))$: 承诺打开算法输入一个承诺密钥 ck、一个承诺 C、一个点 $x \in \mathbb{F}$、一个值 $y \in \mathbb{F}$ 和一个单变元多项式 $f(X) \in \mathbb{F}[X]$, 它为下面的关系输出一个证明 $\pi$.

$$\mathscr{R} := \left\{ ((\mathsf{ck}, \mathsf{C}, x, y), f(X)) : \begin{array}{l} \mathsf{C} = \mathsf{Commit}(\mathsf{ck}, f(X)) \\ \wedge\ \deg(f(X)) \leqslant d \wedge y = f(x) \end{array} \right\}$$

- $\{0, 1\} \leftarrow \mathsf{Verify}(\mathsf{vk}, \mathsf{C}, x, y, \pi)$: 验证算法输入一个验证密钥 vk、一个承诺 C、一个点 $x \in \mathbb{F}$、一个值 $y \in \mathbb{F}$ 和一个证明 $\pi$. 它验证是否 $\pi$ 是 $(\mathsf{ck}, \mathsf{C}, x, y)$ 的一个有效的证明.

一个多项式承诺方案应当满足计算知识绑定性质, 即对任意的 PPT 敌手 $\mathcal{A}$, 存在一个提取器算法 $\mathcal{E}_\mathcal{A}$ 使得对任意的 $d \in \mathbb{N}$,

$$\Pr \left[ \begin{array}{l} \mathsf{C} = \mathsf{Commit}(\mathsf{ck}, f(X)) \\ \wedge\ \mathsf{Verify}(\mathsf{vk}, \mathsf{C}, x, y, \pi) = 1 \end{array} \middle| \begin{array}{l} (\mathsf{ck}, \mathsf{vk}) \leftarrow \mathsf{KGen}(1^\lambda, d), \\ ((\mathsf{C}, \pi) \| f(X)) \leftarrow (\mathcal{A} \| \mathcal{E}_\mathcal{A})(\mathsf{ck}) \end{array} \right] \geqslant 1 - \mathsf{negl}(\lambda)$$

**KZG 多项式承诺方案** 用于构建通用 (zk)SNARK 的多项式承诺方案的一个例子是由 Kate 等构造的 KZG 多项式承诺方案[184]. 这是一个基于配对的构造,

它允许在一个点上打开取值，打开证明仅包含一个群元素，并且验证算法的运行时间是常值的，与多项式的次数无关. 更准确地说，假设 $(p, \mathbb{G}_1, \mathbb{G}_2, \mathbb{G}_T, e)$ 是一个非对称的双线性群，其中 $g$ 和 $h$ 分别为群 $\mathbb{G}_1$ 和 $\mathbb{G}_2$ 的生成元. 那么 KZG 多项式承诺方案 KZG = (KGen, Commit, Open, Verify) 可以定义如下.

- (ck, vk) ← KGen($1^\lambda, d$)：密钥生成算法随机选取一个 $\alpha \leftarrow_{\$} \mathbb{F}$，计算并返回

$$\mathsf{ck} = \{g, g^\alpha, \cdots, g^{\alpha^d}\}, \quad \mathsf{vk} = h^\alpha$$

- $\mathsf{C}_f$ ← Commit(ck, $f(X)$)：令 $\{f_i\}_{i=0}^d$ 为多项式 $f(X)$ 的系数，承诺算法计算并输出

$$\mathsf{C}_f = \prod_{i=0}^d (g^{\alpha^i})^{f_i} = \prod_{i=0}^d g^{f_i \alpha^i} = g^{f(\alpha)}$$

- $\pi$ ← Open(ck, C, $x, y, f(X)$)：对于一个点 $x$ 和一个值 $y$，打开算法首先计算商多项式 $q(X) = \dfrac{f(X) - y}{X - x}$，然后计算并输出

$$\pi = \mathsf{C}_q = \mathsf{Commit}(\mathsf{ck}, q(X))$$

- $\{0, 1\}$ ← Verify(vk, C, $x, y, \pi$)：验证算法输出 1 当且仅当

$$e(\mathsf{C}_f \cdot g^{-y}, h) = e(\mathsf{C}_q, h^\alpha \cdot h^{-x})$$

### 6.9.4 基于 PIOP 和多项式承诺方案构造 (zk)SNARK 的一般框架

一般地，给定一个 PIOP，以及一个安全的多项式承诺方案 (PCS)，那么我们可以遵循如下的步骤 (框架) 来构造一个通用的 (zk)SNARK 协议 (图 6.20).

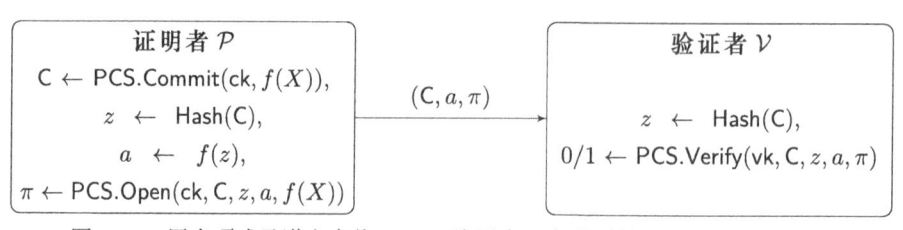

图 6.20　用多项式承诺方案将 PIOP 编译为一个通用的 (zk)SNARK 协议

- 令 $d$ 为 PIOP 中谕言机列表中所有多项式次数的一个上界. 然后，设置算法运行多项式承诺方案的密钥生成算法生成一对密钥，

$$(\mathsf{ck}, \mathsf{vk}) \leftarrow \mathsf{PCS.KGen}(1^\lambda, d)$$

- 在任意第 $i$ 轮中, 当 PIOP 证明者 $\mathcal{P}_{\text{PIOP}}$ 需要添加一个次数不超过 $d$ 的多项式 $f_i(X)$ 到谕言机列表中时, 证明者 $\mathcal{P}$ 计算并发送

$$C_i \leftarrow \text{PCS.Commit}(\text{ck}, f_i(X))$$

给验证者 $\mathcal{V}$.

- 在任意第 $i$ 轮中, 当 PIOP 验证者 $\mathcal{V}_{\text{PIOP}}$ 需要谕言机访问一个多项式 $f_j(X)$ 在一个点 $z$ 处的取值时, 证明者 $\mathcal{P}$ 计算

$$a \leftarrow f_j(z), \quad \pi \leftarrow \text{PCS.Open}(\text{ck}, C_j, z, a, f_j(X))$$

并发送 $(a, \pi)$ 给验证者 $\mathcal{V}$. 验证者 $\mathcal{V}$ 在接收到 $(a, \pi)$ 之后验证是否满足

$$\text{PCS.Verify}(\text{vk}, C_j, z, a, \pi) = 1$$

- 最后, 因为上面的协议是公开抛币的, 我们可以通过 Fiat-Shamir 变换将协议转换为一个非交互式的 (zk)SNARK 协议.

## 6.10 零知识证明的应用

在前几节中, 我们已经了解了零知识证明的基本概念以及一些典型的构造. 现在, 我们将介绍一些零知识证明的应用, 其中重点详细介绍范围证明, 并简要提及在匿名身份验证和投票中的其他应用.

### 6.10.1 范围证明

基于区块链的数字货币通过维持一个全局的分布式账本来支持点对点的电子转账, 转账后需要同步账本, 任何独立的观察者可以验证当前区块链状态, 也即验证账本上的所有交易. 在一些数字货币诞生的早期, 其一大卖点是向用户承诺匿名性. 当时由于对数字货币功能的误解和缺乏链分析技术, 人们普遍认为, 用户可以在发送和接收数字货币以及与网络互动的过程中, 不留下可追溯到真实身份的数字足迹. 虽然这个观念在当时被广泛接受, 但随着人们开始将现实世界的身份与其在区块链上的活动联系起来, 这种看法迅速被推翻. 一些机构突然能够通过揭示数字公钥背后的身份来追踪交易.

这种数字货币的透明性意味着它无法提供绝对的保密性, 因此人们开始探索绕过这一问题的方法, 以实现隐私保护. 混币器或不倒翁是最早的尝试之一, 但最成功的一种方法之一是机密交易 (confidential transaction, CT). 简而言之, 通过机密交易, 用户可以发送或接收资金, 而不会泄露所涉及的价值或地址. 然而, 由于其实施意味着必须对数字货币结构进行改变, 机密交易从未被整合到一些早期

的数字货币协议中. 这是因为这种方法似乎阻碍了区块链的公开验证, 观察者无法再检查交易输入总和是否大于交易输出总和, 以及所有交易值是否为正值.

要解决这个问题, 可以在每笔交易中加入机密交易有效性的零知识证明, 即承诺的输入总和大于承诺的输出总和, 且所有输出均为正值. 这就是范围证明的由来, 它是一种零知识证明系统, 可帮助确定一个数字是负数还是正数, 而不泄露其值. 实质上, 范围证明可以解决在保密交易中证明货币数量是否在所需范围内的问题, 而不实际揭示金额.

理论上, 我们也可以通过算术电路来证明一个承诺所包含的整数在给定范围内, 本章前面介绍的透明的 (zk)SNARK 可以用来构造一个渐近对数大小的范围证明 (以 $v$ 的长度为单位). 然而, 算术电路需要实现承诺功能, 即多指数的 Pedersen 承诺功能, 这将导致一个庞大而复杂的电路. Bulletproofs[185] 中构造了一个 (透明的) 范围证明, 可以直接在 Pedersen 承诺上证明承诺的值在给定的范围内而无须转换成电路. 它改进了现有数字货币机密交易方案中线性大小的 (透明的) 范围证明, 其证明长度仅包括 $2\log n + 9$ 个群和域元素, 其中 $n$ 为范围的比特长度. Bulletproofs 支持范围证明的聚合, 也即参与方对于给定范围的 $m$ 个承诺, 只需要 $\mathcal{O}(\log m)$ 个群元素就可以生成一个证明. 本节我们简要介绍一下 Bulletproofs, 更多细节可以参考论文 [185].

具体地, 令 $\mathbb{G}$ 为一个 $p$ 阶循环群, $\mathbf{g}, \mathbf{h}$ 是群 $\mathbb{G}$ 的两个独立的生成元. 那么在一个范围证明中, 证明者必须让验证者 (零知识) 相信一个 (Pedersen) 承诺字符串 $V = \text{Ped.Com}(v, \gamma) := v \cdot \mathbf{g} + \gamma \cdot \mathbf{h}$ 包含一个整数 $v$ 使得 $v \in [0, 2^n - 1]$. 注意这里, 为简化表达式, 我们将群操作写作加法. Bulletproofs 的基本思想是将金额 $v$ 的所有展开位隐藏在单个 Pedersen 向量承诺中, 然后证明每一位都是 0 或者 1, 并且它们的总和为 $v$. 假定 $\mathbf{a}_L$ 是整数 $v$ 二进制展开之后的向量, 也即 $\langle \mathbf{a}_L, \mathbf{2}^n \rangle = v$, 这里 $\mathbf{k}^n$ 定义为向量 $(1, k, \cdots, k^{n-1})$. 为了证明向量 $\mathbf{a}_L$ 的每个元素是 0 或者 1, 我们定义 $\mathbf{a}_L$ 的一个 "补" 向量 $\mathbf{a}_R = \mathbf{a}_L - \mathbf{1}^n$ 并要求其成立 $\mathbf{a}_L \circ \mathbf{a}_R = \mathbf{0}^n$. 因此, 我们需要为证明者构建一个算法, 以向验证者证明以下这些条件成立.

$$\langle \mathbf{a}_L, \mathbf{2}^n \rangle = v, \quad \mathbf{a}_R = \mathbf{a}_L - \mathbf{1}^n \quad 以及 \quad \mathbf{a}_L \circ \mathbf{a}_R = \mathbf{0}^n \tag{6.6}$$

这保证了向量 $\mathbf{a}_L$ 中所有的元素都在 $\{0,1\}$ 中, 并且 $\mathbf{a}_L$ 是 $v$ 的二进制展开. Bulletproofs 将这 $2n+1$ 个约束转换成一个单一的内积约束, 然后使用高效的内积论证系统来证明该内积关系成立. 要做到这一点, 我们需要对约束进行随机线性组合 (由验证者选择). 如果原始的约束条件未被满足, 那么组合后的约束条件成立的可能性很低 (反比例于挑战空间的大小).

为证明一个向量满足 $\mathbf{b} = \mathbf{0}^n$, 验证者可以发送一个随机的 $y \in \mathbb{Z}_p^*$ 并要求证明者证明 $\langle \mathbf{b}, \mathbf{y}^n \rangle = 0$. 如果 $\mathbf{b} \neq \mathbf{0}^n$, 那么根据 Schwartz-Zippel 引理, 等式

## 6.10 零知识证明的应用

$\langle \mathbf{b}, \mathbf{y}^n \rangle = 0$ 成立的概率最多为 $(n-1)/p$. 因此假如 $\langle \mathbf{b}, \mathbf{y}^n \rangle = 0$, 那么验证者可以以很高的概率相信 $\mathbf{b} = \mathbf{0}^n$. 基于以上观察, 用一个随机的 $y \leftarrow_\$ \mathbb{Z}_p^*$, (6.6) 中的三个等式可以转换为下列形式.

$$\langle \mathbf{a}_L, \mathbf{2}^n \rangle = v, \quad \langle \mathbf{a}_L - \mathbf{1}^n - \mathbf{a}_R, \mathbf{y}^n \rangle = 0 \quad \text{以及} \quad \langle \mathbf{a}_L, \mathbf{a}_R \circ \mathbf{y}^n \rangle = 0 \tag{6.7}$$

我们可以使用相同的技术将这三个等式合而为一: 验证者随机选择一个 $z \leftarrow_\$ \mathbb{Z}_p^*$, 然后证明者证明

$$z^2 \cdot \langle \mathbf{a}_L, \mathbf{2}^n \rangle + z \cdot \langle \mathbf{a}_L - \mathbf{1}^n - \mathbf{a}_R, \mathbf{y}^n \rangle + \langle \mathbf{a}_L, \mathbf{a}_R \circ \mathbf{y}^n \rangle = z^2 \cdot v$$

该方程可以进一步表述为

$$\langle \mathbf{a}_L - z \cdot \mathbf{1}^n, \mathbf{y}^n \circ (\mathbf{a}_R + z \cdot \mathbf{1}^n) + z^2 \cdot \mathbf{2}^n \rangle = z^2 \cdot v + \delta(y, z) \tag{6.8}$$

其中 $\delta(y, z) = (z - z^2) \cdot \langle \mathbf{1}^n, \mathbf{y}^n \rangle - z^3 \cdot \langle \mathbf{1}^n, \mathbf{2}^n \rangle \in \mathbb{Z}_p$ 可以由验证者自己计算. 这样, 证明 (6.6) 成立的问题已经被简化为证明一个单一的内积关系.

如果证明者能将内积关系 (6.8) 中的两个向量发送给验证者, 那么验证者就能利用对 $v$ 的承诺 $\mathsf{V}$ 检查 (6.8) 本身, 并确信 (6.6) 成立. 然而, 这两个向量揭示了 $\mathbf{a}_L$ 的信息, 因此证明者不能将它们发送给验证者. 为了解决这个问题, 我们引入两个额外的盲向量 $\mathbf{s}_L, \mathbf{s}_R \in \mathbb{Z}_p^n$ 来随机化这些向量. 令 $\mathbf{g}, \mathbf{h} \in \mathbb{G}^n$ 为群 $\mathbb{G}$ 的 $2n$ 个 (不同于 $g, h$) 独立的生成元, 为简化记号, 我们用 $\langle \mathbf{x}, \mathbf{g} \rangle$ 来表示向量 $\mathbf{x}$ 的 Pedersen 承诺 $\sum_{i=1}^n x_i \cdot \mathbf{g}_i$. 那么, 为了证明 $v \in [0, 2^n - 1]$, $\mathcal{P}$ 和 $\mathcal{V}$ 执行下面的步骤.

(1) $\mathcal{P}$ 首先计算向量 $\mathbf{a}_L \in \{0, 1\}^n$, $\mathbf{a}_R \in \mathbb{Z}_p^n$ 使得 $\langle \mathbf{a}_L, \mathbf{2}^n \rangle = v$, $\mathbf{a}_R = \mathbf{a}_L - \mathbf{1}^n$, 然后随机采样 $\alpha \leftarrow_\$ \mathbb{Z}_p$, $\mathbf{s}_L, \mathbf{s}_R \leftarrow_\$ \mathbb{Z}_p^n$, $\rho \leftarrow_\$ \mathbb{Z}_p$, 最后计算并发送 $\mathsf{A} = \langle \mathbf{a}_L, \mathbf{g} \rangle + \langle \mathbf{a}_R, \mathbf{h} \rangle + \alpha \cdot h$ 和 $\mathsf{S} = \langle \mathbf{s}_L, \mathbf{g} \rangle + \langle \mathbf{s}_R, \mathbf{h} \rangle + \rho \cdot h$ 给 $\mathcal{V}$.

(2) $\mathcal{V}$ 采样并发送 $y, z \leftarrow_\$ \mathbb{Z}_p^*$ 给 $\mathcal{P}$.

接下来我们定义两个与内积向量相关的多项式 $l(X), r(X) \in \mathbb{Z}_p^n[X]$, 以及一个二次多项式 $t(X) \in \mathbb{Z}_p[X]$.

$$l(X) = (\mathbf{a}_L - z \cdot \mathbf{1}^n) + \mathbf{s}_L \cdot X$$
$$r(X) = \mathbf{y}^n \circ (\mathbf{a}_R + z \cdot \mathbf{1}^n + \mathbf{s}_R \cdot X) + z^2 \cdot \mathbf{2}^n$$
$$t(X) = \langle l(X), r(X) \rangle = t_0 + t_1 \cdot X + t_2 \cdot X^2$$

利用盲向量 $\mathbf{s}_L, \mathbf{s}_R$, 证明者可以在一个随机点 $x \in \mathbb{Z}_p^*$ 处公开两个多项式的值 $l(x), r(x)$, 而不会泄露关于 $\mathbf{a}_L$ 和 $\mathbf{a}_R$ 的相关信息.

这里观察一下多项式 $t(x)$, 其常数项 $t_0$ 恰好等于方程 (6.8) 的右侧, 也即证明者需要向验证者证明

$$t_0 = z^2 \cdot v + \delta(y, z)$$

证明的方式也很简单, 证明者首先对 $t(x)$ 的一次项和二次项的系数进行承诺, 然后向验证者证明其知道 $t(x)$ 的系数. 具体地, 双方继续执行以下步骤.

(3) $\mathcal{P}$ 首先随机采样 $\tau_1, \tau_2 \leftarrow_\$ \mathbb{Z}_p$, 然后计算并发送 $\mathsf{T}_1 = t_1 \cdot \mathsf{g} + \tau_1 \cdot \mathsf{h}$ 和 $\mathsf{T}_2 = t_2 \cdot \mathsf{g} + \tau_2 \cdot \mathsf{h}$ 给 $\mathcal{V}$.

(4) $\mathcal{V}$ 采样并发送 $x \leftarrow_\$ \mathbb{Z}_p^*$ 给 $\mathcal{P}$.

(5) $\mathcal{P}$ 计算并发送 $\tau_x = \tau_2 \cdot x^2 + \tau_1 \cdot x + z^2 \cdot \gamma$, $\mu = \rho \cdot x + \alpha$, $\mathbf{l} = (\mathbf{a}_L - z \cdot \mathbf{1}^n) + \mathbf{s}_L \cdot x$, $\mathbf{r} = \mathbf{y}^n \circ (\mathbf{a}_R + z \cdot \mathbf{1}^n + \mathbf{s}_R \cdot x) + z^2 \cdot \mathbf{2}^n$, 以及 $\hat{t} = \langle \mathbf{l}, \mathbf{r} \rangle$ 给 $\mathcal{V}$.

验证者然后通过检查内积 $\langle \mathbf{l}, \mathbf{r} \rangle$ 来验证 $t(x)$. 这里需要注意的一点是验证者需要将生成元由 $\mathbf{h} \in \mathbb{G}^n$ 转换到 $\mathbf{h}' = \mathbf{y}^{-n} \circ \mathbf{h}$ 来计算 $\mathbf{a}_R \circ \mathbf{y}$ 的承诺. 这样一来, 承诺值 A 可以看作以 $(\mathbf{g}, \mathbf{h}', \mathsf{h})$ 为生成元对向量 $(\mathbf{a}_L, \mathbf{a}_R \circ \mathbf{y}^n)$ 的承诺, 类似地, S 可以看作以 $(\mathbf{g}, \mathbf{h}', \mathsf{h})$ 为生成元对向量 $(\mathbf{s}_L, \mathbf{s}_R \circ \mathbf{y}^n)$ 的承诺. 最后验证者继续执行以下步骤.

(6) $\mathcal{V}$ 首先计算 $\mathbf{h}' = \mathbf{y}^{-n} \circ \mathbf{h}$ 与 $\mathsf{P} = \mathsf{A} + x \cdot \mathsf{S} - z \cdot \langle \mathbf{1}^n, \mathbf{g} \rangle + \langle z \cdot \mathbf{y}^n + z^2 \cdot \mathbf{2}^n, \mathbf{h}' \rangle$, 然后检查

- $\hat{t} \cdot \mathsf{g} + \tau_x \cdot \mathsf{h} \stackrel{?}{=} z^2 \cdot \mathsf{V} + \delta(y, z) \cdot \mathsf{g} + x \cdot \mathsf{T}_1 + x^2 \cdot \mathsf{T}_2$,
- $\mathsf{P} \stackrel{?}{=} \langle \mathbf{l}, \mathbf{g} \rangle + \langle \mathbf{r}, \mathbf{h}' \rangle + \mu \cdot \mathsf{h}$,
- $\hat{t} \stackrel{?}{=} \langle \mathbf{l}, \mathbf{r} \rangle$.

这样范围证明 (6.7) 等价于要求验证者检查两个向量之间的内积.

**基于 Folding 技术的高效内积论证系统** 基于前面的分析, 证明一个包含在 Pedersen 承诺中的值属于某个范围, 其核心在于如何高效地证明所导出的内积关系. 接下来我们介绍一个基于 Folding 技术的高效内积论证系统. 形式上, 内积论证的输入是两个独立的生成元组 $\mathbf{g}, \mathbf{h} \in \mathbb{G}^n$、标量 $t \in \mathbb{Z}_p$ 以及 $\mathsf{P} \in \mathbb{G}$. 该论证可以让证明者向验证者证明, 证明者知道两个向量 $\mathbf{l}, \mathbf{r} \in \mathbb{Z}_p^n$ 使得

$$\mathsf{P} = \langle \mathbf{l}, \mathbf{g} \rangle + \langle \mathbf{r}, \mathbf{h} \rangle, \qquad t = \langle \mathbf{l}, \mathbf{r} \rangle \tag{6.9}$$

我们将 P 称为对向量 $\mathbf{l}, \mathbf{r}$ 的绑定的承诺. 不失一般性, 我们假设维度 $n$ 是 2 的幂次. (必要的话, 可以通过填充 0, 以确保它成立.)

最简单也是最直接的一个方式就是证明者直接将向量 $\mathbf{l}, \mathbf{r} \in \mathbb{Z}_p^n$ 发送给验证者. 验证者检查这些向量是否满足约束关系 (6.9). 这显然是正确的, 但是, 它需要向验证者发送 $2n$ 个元素. Bulletproofs 改进的内积论证系统仅需要发送 $2 \log n$

## 6.10 零知识证明的应用

个元素即可. 具体地, Bulletproofs 考虑下面等价的一个内积关系.

$$\left\{((\mathbf{g},\mathbf{h}\in\mathbb{G}^n,\mathsf{u},\mathsf{P}\in\mathbb{G}),(\mathbf{l},\mathbf{r})\in\mathbb{Z}_p^n\times\mathbb{Z}_p^n):\mathsf{P}=\langle\mathbf{l},\mathbf{g}\rangle+\langle\mathbf{r},\mathbf{h}\rangle+\langle\mathbf{l},\mathbf{r}\rangle\cdot\mathsf{u}\right\} \quad (6.10)$$

证明者和验证者递归地执行如下协议.

(1) $\mathcal{P}$ 按如下公式计算 $\mathsf{L}, \mathsf{R} \in \mathbb{G}$,

$$\mathsf{L}:=\langle\mathbf{l}_L,\mathbf{g}_R\rangle+\langle\mathbf{r}_R,\mathbf{h}_L\rangle+\langle\mathbf{l}_L,\mathbf{r}_R\rangle\cdot\mathsf{u}$$

$$\mathsf{R}:=\langle\mathbf{l}_R,\mathbf{g}_L\rangle+\langle\mathbf{r}_L,\mathbf{h}_R\rangle+\langle\mathbf{l}_R,\mathbf{r}_L\rangle\cdot\mathsf{u}$$

其中下标 $L, R$ 分别表示向量的左/右部分. $\mathcal{P}$ 然后发送 $\mathsf{L}, \mathsf{R}$ 给 $\mathcal{V}$.

(2) $\mathcal{V}$ 采样并发送 $e \leftarrow_\$ \mathbb{Z}_p^*$ 给 $\mathcal{P}$.

(3) $\mathcal{P}$ 和 $\mathcal{V}$ 计算 $\mathbf{g}' := e^{-1} \cdot \mathbf{g}_L + e \cdot \mathbf{g}_R$, $\mathbf{h}' := e \cdot \mathbf{h}_L + e^{-1} \cdot \mathbf{h}_R$ 以及 $\mathsf{P}' := e^2 \cdot \mathsf{L} + \mathsf{P} + e^{-2} \cdot \mathsf{R}$.

(4) $\mathcal{P}$ 计算 $\mathbf{l}' := e \cdot \mathbf{l}_L + e^{-1} \cdot \mathbf{l}_R$, $\mathbf{r}' := e^{-1} \cdot \mathbf{r}_L + e \cdot \mathbf{r}_R$.

(5) $\mathcal{P}$ 和 $\mathcal{V}$ 递归地执行协议 $((\mathbf{g}',\mathbf{h}',\mathsf{u},\mathsf{P}'),(\mathbf{l}',\mathbf{r}'))$ 直到向量 $\mathbf{l}', \mathbf{r}'$ 的长度为 1. 在最后一轮, $\mathcal{P}$ 发送两个元素 $l', r' \in \mathbb{Z}_p$ 给 $\mathcal{V}$. $\mathcal{V}$ 验证是否 $\mathsf{P}' = l' \cdot \mathsf{g}' + r' \cdot \mathsf{h}' + (l' \cdot r') \cdot \mathsf{u}$.

直观地说, 如果 $\mathsf{P} = \langle\mathbf{l},\mathbf{g}\rangle + \langle\mathbf{r},\mathbf{h}\rangle + \langle\mathbf{l},\mathbf{r}\rangle\cdot\mathsf{u}$, 那么我们有 $\mathsf{P}' = \langle\mathbf{l}',\mathbf{g}'\rangle + \langle\mathbf{r}',\mathbf{h}'\rangle + \langle\mathbf{l}',\mathbf{r}'\rangle\cdot\mathsf{u}$. 因此, 正确性是显而易见的. 然而, 这种直观理解虽然足以证明正确性, 但却不足以证明 (知识) 可靠性. 我们需要证明上述方案是一个知识证明. 粗略地说, 这意味着对于每个多项式时间的证明者策略 $\mathcal{P}^*$, 都存在一个多项式时间的提取器 $\mathcal{E}$, 使得对于每个公共输入 $(\mathbf{g},\mathbf{h},\mathsf{u},\mathsf{P})$, 如果 $\mathcal{P}^*$ 以非常大的概率说服 $\mathcal{V}$ 接受, 则 $\mathcal{E}^{\mathcal{P}^*}$ 可以以非常大的概率输出两个向量 $\mathbf{l}, \mathbf{r}$, 使得 $\mathsf{P} = \sum_{i=1}^n l_i \cdot \mathsf{g}_i + \sum_{i=1}^n r_i \cdot \mathsf{h}_i + \langle\mathbf{l},\mathbf{r}\rangle\cdot\mathsf{u}$.

为了直观地理解知识可靠性, 提取器以递归方式进行, 其基本想法如下. 回想一下, 在最后一轮中, 验证者直接收到两个元素, 满足 $\mathsf{P}' = l' \cdot \mathsf{g}' + r' \cdot \mathsf{h}' + (l' \cdot r') \cdot \mathsf{u}$, 所以假设我们已经有了长度为 $m$ 情况下的提取器, 并尝试构造长度为 $2m$ 的情况的提取器. 在证明者发送 $\mathsf{L}, \mathsf{R}$ 后, 提取器用三个 (不同的) 均匀随机选择的 $e$ 对证明者进行倒带重复, 我们将其记为 $e_1, e_2$ 和 $e_3$. 这定义了三个三元组 $(e_i, \mathbf{l}'_i, \mathbf{r}'_i)$, 其中 $i \in [3]$, $\mathbf{l}'_i, \mathbf{r}'_i \in \mathbb{Z}_p^m$, 并且

$$\begin{aligned}
e_i^2 \cdot \mathsf{L} + \mathsf{P} + e_i^{-2} \cdot \mathsf{R} &= \mathsf{P}'_i \\
&= \langle\mathbf{l}'_i, e_i^{-1} \cdot \hat{\mathbf{g}}_L + e_i \cdot \hat{\mathbf{g}}_R\rangle + \langle\mathbf{r}'_i, e_i \cdot \hat{\mathbf{h}}_L + e_i^{-1} \cdot \hat{\mathbf{h}}_R\rangle + \langle\mathbf{l}'_i, \mathbf{r}'_i\rangle \cdot \mathsf{u} \\
&= \langle(e_i^{-1} \cdot \mathbf{l}'_i, e_i \cdot \mathbf{l}'_i), \hat{\mathbf{g}}\rangle + \langle(e_i \cdot \mathbf{r}'_i, e_i^{-1} \cdot \mathbf{r}'_i), \hat{\mathbf{h}}\rangle + \langle\mathbf{l}'_i, \mathbf{r}'_i\rangle \cdot \mathsf{u} \quad (6.11)
\end{aligned}$$

其中 $\hat{\mathbf{g}}, \hat{\mathbf{h}}$ 是长度为 $2m$ 情况下的递归生成元向量. 考虑以下关于 L, P, R 的线性方程组,

$$\begin{bmatrix} e_1^2 & 1 & e_1^{-2} \\ e_2^2 & 1 & e_2^{-2} \\ e_3^2 & 1 & e_3^{-2} \end{bmatrix} \cdot \begin{bmatrix} \mathsf{L} \\ \mathsf{P} \\ \mathsf{R} \end{bmatrix} = \begin{bmatrix} \mathsf{C}_1 \\ \mathsf{C}_2 \\ \mathsf{C}_3 \end{bmatrix}$$

其中 $\mathsf{C}_i$ 为 (6.11) 右侧的群元素, 它仅依赖于已提取到的三元组 $(e_i, \mathbf{l}'_i, \mathbf{r}'_i)$ (长度为 $m$ 的情况). 注意, 由于挑战 $e_i$ 互不相同, 并且系数矩阵是范德蒙德矩阵, 所以它是可逆的. 因此, 这个系统在 $\mathbb{Z}_p$ 上有 (唯一的) 解. 于是我们可以得到 $\mathsf{P} = \langle \hat{\mathbf{l}}, \hat{\mathbf{g}} \rangle + \langle \hat{\mathbf{r}}, \hat{\mathbf{h}} \rangle + \hat{c} \cdot \mathsf{u}$.

通过一个额外的倒带, 提取器可以获得满足 (6.11) 的第四个关系, 利用该关系, 那么我们必须有很高的概率成立 $\hat{c} = \langle \hat{\mathbf{l}}, \hat{\mathbf{r}} \rangle$. 因此, 提取器最终提取的向量 $\mathbf{l}, \mathbf{r} \in \mathbb{Z}_p^n$ 是关系 (6.10) 的一个有效证据.

注意到上面的协议中的验证者是公开抛币的, 所有诚实验证者的消息均来自于 $\mathbb{Z}_p$ 中的随机元素, 因此利用 Fiat-Shamir 变换 (见 6.6.1 节), 我们可以将其变换为 ROM 中的一个非交互式零知识证明方案.

### 6.10.2 去中心化的可验证身份

在线证明用户的身份并不是一件容易的事, 尤其是在 Web3 中. 许多应用程序需要知道他们的客户是谁——也许不是在个人层面上, 但至少要确定它们的每个用户都是一个独立的人. 依赖集中数据存储的传统基于文档的验证经常会被泄露和黑客攻击. 即便不是如此, 用户也常常不愿意向网上随机的人和公司提供他们的个人数据.

使用零知识证明协议, 用户 (身份持有者) 可以将凭证内任何信息的证明发送给验证者, 而无须透露凭证内的信息. 用户还可以选择他想要共享凭证内的哪些信息 (无须选择整个凭证). 在共享此信息的同时, 他还会发送关于这些信息的证明, 以便验证者可以检查其正确性.

• **用户注册及验证** 用户通过在区块链网络上注册来创建自己的数字身份. 在注册过程中, 用户在生成加密密钥对时提供最少的识别信息. 该密钥对构成了他们数字身份的基础, 并作为他们在区块链上的唯一标识符.

• **基于零知识证明的身份验证** 当用户需要对自己进行身份验证时, 可以利用零知识证明来验证自己的身份, 而无须泄露敏感信息. 用户可以提供其身份属性的加密证明, 例如年龄、公民身份或凭证, 同时保持实际数据的私密性. 区块链网络无须了解底层信息即可验证证明的真实性.

• **身份属性的去中心化存储** 身份属性, 例如个人详细信息或证书, 可以安全地存储在区块链上. 区块链的去中心化性质确保没有任何单一实体控制或访问

完整的属性集. 只有用户和授权方才能通过零知识证明访问特定属性, 维护隐私和控制.

### 6.10.3 匿名可验证投票

在分布式账本技术方面, 建立清晰的治理协议一直是困难的. 为了确保适当的链上治理结构, 匿名和可验证的投票至关重要. 投票也是从国家的民主到公司股东参与的每一个民主制度的重要组成部分. 因此, 随着国家向数字化迈进和安全代币的大量发行, 对安全和匿名投票解决方案的需求必然会增加.

在这里, 零知识证明协议提供了一个有希望的解决方案. 这当然取决于零知识证明协议如何处理匿名可验证的投票. 通过在公共区块链上记录投票, 不再需要信任的第三方来验证结果. 此外, 任何形式的审查可能性都被消除了. 使用零知识证明协议, 符合资格的选民可以证明他们有权投票, 而不必透露自己的身份, 使得投票系统匿名化. 此外, 零知识证明协议允许选民要求一个可验证的证据, 证明他们的投票被报告结果的实体纳入最终统计数据. 这使得选举机构可以审计投票结果, 即使投票本身在公共区块链上不可见. Groth 在 [186] 中使用非交互式零知识证明构造了几类常见的匿名投票系统, 感兴趣的读者可以阅读相关论文 [186].

- **身份验证和资格检查**　利用前面去中心化身份解决方案, 零知识证明可用于验证选民的身份及其投票资格. 这种方法确保只有合格的个人才能参与投票过程, 并且任何人都不能多次投票. 这种身份验证充当了访问现有投票系统的看门人, 坚持每张选票都很重要并且应该被正确计算的原则.

- **匿名可验证投票**　除了验证选民身份之外, 零知识证明还可以保留投票过程的匿名性. 选民可以自信地验证自己的资格并投票, 而无须透露自己的身份或投票的具体信息. 零知识证明允许每次投票保持机密, 同时确保整个投票过程透明且可审计.

- **可审计且保密的投票系统**　通过纳入零知识证明, 系统不仅可将每张选票与合格选民联系起来, 而且还可以保持选民的匿名性. 这种双重功能能够创建一个安全、透明且尊重选民隐私的投票环境. 基于零知识的系统既可以作为访问现有投票平台之前的身份检查, 也可以作为基于区块链的新投票系统的组成部分, 将身份验证和投票嵌入到统一、安全的框架中.

## 6.11 习题

**练习 6.1**　定义 6.2 和定义 6.3 中对可靠性的定义, 为什么要求验证者的拒绝概率 (可靠性误差) 至少为 $\frac{1}{2}$, 换成其他的常数 (比如 $\frac{1}{3}$) 是否对定义有影响?

**练习 6.2**　从现实应用的角度出发, 思考为什么要提出论证系统的概念.

**练习 6.3**  令多变元多项式 $g(X_1, X_2, X_3) = 2X_1^3 + X_1X_3 + X_2X_3$,

(1) 计算 Sum-Check 协议中待证明的 $z$.

(2) 给出对 $z$ 的 Sum-Check 协议流程.

**练习 6.4**  对 6.3 节给出的图不同构语言的 HVZK, 如何改进协议使其满足恶意验证者零知识性 (只需阐明想法和大致协议内容, 不必给出证明)?

**练习 6.5**  对输入 $(x_1, \cdots, x_n), x_i \in [N]$, 定义哈希函数 $\mathsf{H}, \mathsf{H}(x_i) \in \{1, \cdots, R\}$, 一个哈希函数的碰撞实例为一对 $(x_i, x_j)$, 其中 $x_i \neq x_j$ 并且满足 $\mathsf{H}(x_i) = \mathsf{H}(x_j)$. 不失一般性, 令 $N = R$, 请给出一个针对哈希碰撞的有效的协议并且满足 HVZK 性 (有效意味着验证算法的复杂度是 $\log N$), 证明者可以向验证者证明其知道一个验证者的像 $k \in R$ 的碰撞, 并给出对协议完备性、可靠性及 HVZK 的证明.

**练习 6.6**  6.4 节中给出的 Schnorr 协议可否改成如下的形式:

(1) 证明者 $\mathcal{P}$ 随机选取 $r \in \mathbb{Z}_q$, 计算并发送 $a = g^r, z = w + r \mod q$ 给 $\mathcal{V}$.

(2) 验证者 $\mathcal{V}$ 输出接受当且仅当检验 $a \cdot h = g^z \mod p$.

更改之后的协议是否满足完备性、特殊可靠性和特殊诚实验证者零知识性?

**练习 6.7**  比较练习 6.6 和 6.4 节给出的 Schnorr 协议定义, 思考为什么 $\Sigma$ 协议需要三轮交互.

**练习 6.8**  在大多数实际的应用中, 承诺者往往需要证明他知道 (或拥有) 能够打开承诺 $c$ 的消息 $m$, 而不实际打开 $c$ 或者发送 $m$ (避免泄露隐私信息). Pederson 承诺实际上可以做到这一点. 请思考如何构造对 Pederson 承诺的诚实验证者零知识的打开证明.

**练习 6.9**  证明不存在同时满足完美绑定性和完美隐藏性的承诺方案, 也即不存在信息论意义上安全的承诺方案.

**练习 6.10**  6.6 节中指出在应用 Fiat-Shamir 变换时, 可以采用哈希链技术, 以 $\mathsf{H}(x, i, e_{i-1}, a_i)$ 来代替 $\mathsf{H}(x, a_1, \cdots, a_i)$ 作为第 $i$ 轮的挑战 $e_i$, 以此降低哈希时的计算成本.

(1) 为什么这种替代不影响协议原本的安全性?

(2) 可以使用 $\mathsf{H}(i, e_{i-1}, a_i)$ 作为哈希链吗? 为什么?

**练习 6.11**  在实际应用中, 交互式协议和非交互式协议对安全性的要求有很大差距, 交互式协议往往只需要保证几十比特的安全性, 而非交互式协议则要求至少 128 比特的安全性, 这是为什么?

**练习 6.12**  请给出图 6.21 所示算术电路的等价 QAP 真值表.

**练习 6.13**  6.8 节中详细描述了基于 QAP 的 (zk)SNARK 方案构造及协议内容.

(1) 请简单描述可信设置阶段在 (zk)SNARK 协议中的作用.

(2) 思考为什么协议中需要引入 $\alpha$ 进行提取性检查.

(3) 可信设置阶段产生的随机元素 $s \in \mathbb{F}$ 通常被称为"有毒废料",必须保证参与 (zk)SNARK 协议的任意一方都不能获得 $s$,你有实现可信设置的方案吗?

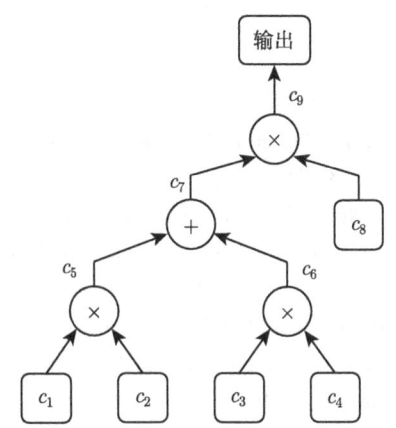

图 6.21 计算函数 $(X_1 \cdot X_2 + X_3 \cdot X_4) \cdot X_5$ 的一个算术电路

**练习 6.14** 请编写一个能够执行 $[0, 15]$ 的范围证明的算术电路.

**练习 6.15** 请简要阐述几个零知识证明技术在区块链和数字货币中的应用.

# 参 考 文 献

[1] Rubinstein I S. Big data: The end of privacy or a new beginning?[J] International Data Privacy Law, 2013, 3: 74.

[2] Voigt P, Von dem Bussche A.The EU General Data Protection Regulation (GDPR): A Practical Guide[M]. Cham: Springer International Publishing, 2017.

[3] Goldberg I, Wagner D, Brewer E. Privacy-enhancing technologies for the internet[C]//Proceedings IEEE COMPCON 97. Digest of Papers, 1997: 103-109.

[4] Hes R, Borking J. Privacy-enhancing technologies: The path to anonymity[R]. Achtergrondstudies en Verkenningen, 1995.

[5] Chaum D L. Untraceable electronic mail, return addresses, and digital pseudonyms[J]. Communications of the ACM, 1981, 24(2): 84-90.

[6] Möller U, Cottrell L, Palfrader P, et al. Mixmaster protocol version 2[J]. IETF Internet draft, 2004.

[7] Chaum D. Blind signatures for untraceable payments[C]//Proceedings of the Advances in Cryptology Conference (CRYPTO'83), 1983: 199-203.

[8] Agre P, Rotenberg M. Technology and Privacy: The New Landscape[M]. Cambridge: MIT Press, 1998.

[9] Burkert H. Privacy-enhancing technologies: Typology, critique, vision[M]// Agre D, Rotenberg M. Technology and Privacy: The New Landscape. Cambridge: MIT Press, 1997: 125-142.

[10] OECD. Inventory of privacy-enhancing technologies(PETs)[EB/OL]. (2002-01-07)[2024-08-03]. https://one.oecd.org/document/DSTI/ICCP/REG(2001)1/FINAL/en/pdf.

[11] Borking J, Verhaar P, Eck B, et al. Handbook of Privacy and Privacy-Enhancing Technologies the Case of Intelligent Software Agents[M]. Den Haag: Privacy Incorporated Software Agent Consortium, 2003.

[12] Fritsch L. State of the art of privacy-enhancing technology (PET)[Z]. Norsk Regnesentral, 2007.

[13] Fritsch L, Abie H. Towards a research road map for the management of privacy risks in information systems[J]. Sicherheit 2008, 2008: 1-15.

[14] Diffie W, Hellman M. New directions in cryptography[J]. IEEE Transactions on Information Theory, 1976, 22(6): 644-654.

[15] Rivest R L, Shamir A, Adleman L. A method for obtaining digital signatures and public-key cryptosystems[J]. Communications of the ACM, 1978, 21(2): 120-126.

[16] Rivest R L, Adleman L, Dertouzos M L. On data banks and privacy homomorphisms[J]. Foundations of Secure Computation, 1978, 4(11): 169-180.

[17] Yao A C. Protocols for secure computations[C]//Proceedings of the 23rd Annual IEEE Symposium on Foundations of Computer Science (SFCS'82), 1982: 160-164.

[18] Goldwasser S, Micali S, Rackoff C. The knowledge complexity of interactive proof systems[J]. SIAM Journal on Computing, 1989, 18(1): 186-208.

[19] Samarati P, Sweeney L. Protecting privacy when disclosing information: $k$-anonymity and its enforcement through generalization and suppression [R]. SRI International, 1998.

[20] Dwork C, McSherry F, Nissim K, et al. Calibrating noise to sensitivity in private data analysis[C]//Proceedings of the Third Theory of Cryptography Conference (TCC'06), 2006: 265-284.

[21] Dwork C. Differential privacy[C]//Proceedings of the International Colloquium on Automata, Languages, and Programming Conference (ICALP'06), 2006: 1-12.

[22] McSherry F D. Privacy integrated queries: An extensible platform for privacy-preserving data analysis[C]//Proceedings of the 2009 ACM SIGMOD/PODS International Conference on Management of Data (SIGMOD'09), 2009: 19-30.

[23] Erlingsson Ú, Pihur V, Korolova A. RAPPOR: Randomized aggregatable privacy-preserving ordinal response[C]//Proceedings of the 2014 ACM SIGSAC Conference on Computer and Communications Security (CCS'14), 2014: 1054-1067.

[24] Apple. Apple differential privacy technical overview[R]. Apple, 2015.

[25] Gentry C. Fully homomorphic encryption using ideal lattices[C]//Proceedings of the Annual ACM Symposium on Theory of Computing (STOC'09), 2009: 169-178.

[26] Malkhi D, Nisan N, Pinkas B, et al. Fairplay-A secure two-party computation system[C]//Proceedings of the USENIX Security Symposium Conference (Security'04), 2004: 9.

[27] Bogdanov D, Laur S, Willemson J. Sharemind: A framework for fast privacy-preserving computations[C]//Proceedings of the 13th European Symposium on Research in Computer Security (ESORICS'08), 2008: 192-206.

[28] Pinkas B, Schneider T, Zohner M. Faster private set intersection based on OT extension[C]//Proceedings of the USENIX Security Symposium Conference (Security'14), 2014: 797-812.

[29] Gennaro R, Gentry C, Parno B, et al. Quadratic span programs and succinct NIZKs without PCPs[C]//Proceedings of the International Conference on the Theory and Application of Cryptographic Techniques (EUROCRYPT'13), 2013: 626-645.

[30] The Privacy Preserving Techniques Task Team (PPTTT). UN Handbook on privacy-preserving computation techniques[R]. UN Global Working Group, 2019.

[31] Hansen M, Hoepman J H, Jensen M. Readiness analysis for the adoption and evolution of privacy enhancing technologies[J]. European Union Agency for Network and Information Security, 2015.

[32] InfoComm Media Development Authority. Invitation to participate in privacy enhancing technology sandbox[Z]. IMDA, 2022.

[33] Canetti R, Kaptchuk G, Reyzin L, et al. Request for information (RFI) on advancing privacy enhancing technologies[Z]. Federal Register, 2022.

[34] Information Commissioner's Office. Chapter 5: Privacy-enhancing technologies (PETs)[Z]. 2022.

[35] United Nations BigData. The PET guide[Z]. 2023.

[36] OECD. Emerging privacy-enhancing technologies: Current regulatory and policy approaches[Z]. 2023.

[37] Office of the Privacy Commissioner of Canada. Privacy enhancing technologies: A review of tools and techniques[Z]. 2017.

[38] Federal Reserve Bank. Privacy enhancing technologies: Categories, use cases, and considerations[Z]. 2021.

[39] Dinur I, Nissim K. Revealing information while preserving privacy[C]//Proceedings of Twenty-Second ACM SIGMOD-SIGACT-SIGART Symposium on Principles of database Systems, 2003: 202-210.

[40] Microsoft. A platform for differential privacy[Z]. 2020.

[41] ElGamal T. A public key cryptosystem and a signature scheme based on discrete logarithms[J]. IEEE Transactions on Information Theory, 1985, 31(4): 469-472.

[42] Paillier P. Public-key cryptosystems based on composite degree residuosity classes[C]//Proceedings of the International Workshop on the Theory and Application of Cryptographic Techniques (EUROCRYPT'99), 1999: 223-238.

[43] Gentry C. A fully homomorphic encryption scheme[D]. Stanford: Stanford University, 2009.

[44] Brakerski Z, Gentry C, Vaikuntanathan V. (Leveled) fully homomorphic encryption without bootstrapping[J]. ACM Transactions on Computation Theory, 2014, 6(3): 1-36.

[45] Brakerski Z. Fully homomorphic encryption without modulus switching from classical GapSVP[C]//Proceedings of the 32nd Annual Cryptology Conference (CRYPTO'17), 2012: 868-886.

[46] Fan J, Vercauteren F. Somewhat practical fully homomorphic encryption [J]. Cryptology ePrint Archive, 2012.

[47] Cheon J H, Kim A, Kim M, et al. Homomorphic encryption for arithmetic of approximate numbers[C]//Proceedings of the International Conference on the Theory and Application of Cryptology and Information Security (ASIACRYPT'17), 2017: 409-437.

[48] Li B, Micciancio D. On the security of homomorphic encryption on approximate numbers[C]//Proceedings of the International Workshop on the Theory and Application of Cryptographic Techniques (EUROCRYPT'21), 2021: 648-677.

[49] Chillotti I, Gama N, Georgieva M, et al. TFHE: Fast fully homomorphic encryption over the torus[J]. Journal of Cryptology, 2020, 33(1): 34-91.

[50] Goldreich O, Micali S, Wigderson A. How to play any mental game or a completeness theorem for protocols with honest majority[C]//The Proceedings of the 19th Annual ACM Symposium on Theory of Computing, 1987: 218-229.

[51] Bogetoft P, Christensen D L, Damgård I, et al. Secure multiparty computation goes live[C]//Proceedins of the International Conference on Financial Cryptography and Data Security (FC'09), 2009: 325-343.

[52] Archer D W, Bogdanov D, Lindell Y, et al. From keys to databases-real-world applications of secure multi-party computation[J]. The Computer Journal, 2018, 61(12): 1749-1771.

[53] Hart N, Archer D, Dalton E. Privacy-preserved data sharing for evidence-based policy decisions: A demonstration project using human services administrative records for evidence-building activities[J]. SSRN Electronic Journal, 2019. DOI: 10.2139/ssrn.3808054.

[54] National Institute of Standards and Technology. FIPS PUB 186-4: Digital Signature Standard (DSS)[EB/OL]. (2013-07-19)[2024-10-14]. https://csrc.nist.gov/publications/detail/fips/186/4/final.

[55] Schnorr C P. Efficient signature generation by smart cards[J]. Journal of Cryptology, 1991, 4(3): 161-174.

[56] Desmedt Y. Society and group oriented cryptography: A new concept [C]// Proceedings of the Annual International Cryptology Conference (CRYPTO'87), 1987: 120-127.

[57] Desmedt Y, Frankel Y. Threshold cryptosystems[C]//Proceedings of the Annual International Cryptology Conference (CRYPTO'89), 1989: 307-315.

[58] Shoup V. Practical threshold signatures[C]//Proceedings of the International Workshop on the Theory and Application of Cryptographic Techniques (EUROCRYPT'00), 2000: 207-220.

[59] Gennaro R, Jarecki S, Krawczyk H, et al. Robust threshold DSS signatures [C]//Proceedings of the International Workshop on the Theory and Application of Cryptographic Techniques (EUROCRYPT'96), 1996: 354-371.

[60] Lindell Y, Nof A. Fast secure multiparty ECDSA with practical distributed key generation and applications to cryptocurrency custody[C]//ACM CCS, 2018: 1837-1854.

[61] Gennaro R, Goldfeder S. Fast multiparty threshold ECDSA with fast trustless setup[C]//Proceedings of the 2018 ACM SIGSAC Conference on Computer and Communications Security (CCS'18), 2018: 1179-1194.

[62] Xue H Y, Au M H, Xie X, et al. Efficient online-friendly two-party ECDSA signature[C]//Proceedings of the ACM SIGSAC Conference on Computer and Communications Security (CCS'21), 2021: 558-573.

[63] Xue H Y, Au M H, Liu M L, et al. Efficient multiplicative-to-additive function from Joye-Libert cryptosystem and its application to threshold ECDSA [C]//Proceedings of the ACM SIGSAC Conference on Computer and Communications Security (CCS'23), 2023: 2974-2988.

[64] Doerner J, Kondi Y, Lee E, et al. Threshold ECDSA in three rounds[J]. Cryptology ePrint Archive, 2023.

[65] Blum M, Feldman P, Micali S. Non-interactive zero-knowledge and its applications[C]//Providing Sound Foundations for Cryptography, 1988: 103-112.

[66] Fiat A, Shamir A. How to prove yourself: Practical solutions to identification and signature problems[C]//Proceedings of the Annual International Cryptology Conference (CRYPTO'86), 1986: 186-194.

[67] Intel IT. Enhancing cloud security using data anonymization[R]. 17. White Paper, Intel Coporation, 2012.

[68] Personal Data Protection Commission. Guide to basic anonymisation[R]. Personal Data Protection Commission (PDPC'22), 2022.

[69] Sweeney L. Simple demographics often identify people uniquely[J]. Health, 2000, 671: 1-34.

[70] Ohm P. Broken promises of privacy: Responding to the surprising failure of anonymization[J]. UCLA Law Review, 2010, 57(6): 1701-1777.

[71] Sweeney L. K-anonymity: A model for protecting privacy[J]. International Journal of Uncertainty, Fuzziness and Knowledge-Based Systems, 2002, 10(5): 557-570.

[72] Greely H T. The uneasy ethical and legal underpinnings of large-scale genomic biobanks[J]. Annual Review of Genomics and Human Genetics, 2007, 8: 343-364.

[73] Machanavajjhala A, Gehrke J, Kifer D, et al. L-diversity: Privacy beyond k-anonymity[C]//Proceedings of the 22nd International Conference on Data Engineering (ICDE'06), 2006: 256-267.

[74] Li N, Li T, Venkatasubramanian S. T-Closeness: Privacy beyond kanonymity and l-diversity[C]//Proceedings of the 23rd International Conference on Data Engineering (ICDE'07), 2007: 106-115.

[75] Wang K, Fung B C. Anonymizing sequential releases[C]//Proceedings of the ACM SIGKDD International Conference on Knowledge Discovery and Data Mining (KDD'06), 2006: 414-423.

[76] Wong R C W, Li J, Fu A W C, et al. ($\alpha$, k)-anonymity: an enhanced k-anonymity model for privacy preserving data publishing[C]//Proceedings of the ACM SIGKDD International Conference on Knowledge Discovery and Data Mining (KDD'06), 2006: 754-759.

[77] Nergiz M E, Clifton C, Nergiz A E. Multirelational k-anonymity[J]. IEEE Transactions on Knowledge and Data Engineering (TKDE'08), 2008, 21: 1104-1117.

[78] Nergiz M E, Atzori M, Clifton C. Hiding the presence of individuals from shared databases[C]//Proceedings of the ACM SIGMOD International Conference on Management of Data (SIGMOD'07), 2007: 665-676.

[79] Chawla S, Dwork C, McSherry F, et al. Toward privacy in public databases [C]//Proceedings of the Theory of Cryptography Conference (TCC'05), 2005: 363-385.

[80] Barbaro M, Zeller T, Hansell S. A face is exposed for AOL searcher no. 4417749[J]. New York Times (NYT'06), 2006, 9: 8.

[81] Narayanan A, Shmatikov V. Robust de-anonymization of large sparse datasets[C]// Proceedings of the IEEE Symposium on Security and Privacy (SP'08), 2008: 111-125.

[82] Golle P. Revisiting the uniqueness of simple demographics in the US population[C]//Proceedings of the ACM Workshop on Privacy in Electronic Society (WPES'06), 2006: 77-80.

[83] Cohen A. Attacks on Deidentification's Defenses [C]//31st USENIX Security Symposium (USENIX Security'22), 2022: 1469-1486.

[84] Garfinkel S, Abowd J M, Martindale C. Understanding database reconstruction attacks on public data[J]. Communications of the ACM, 2019, 62(3): 46-53.

[85] Cohen A, Nissim K. Linear program reconstruction in practice[J]. arXiv preprint arXiv:1810.05692, 2018.

[86] Dwork C, McSherry F, Talwar K. The price of privacy and the limits of LP decoding[C]//Proceedings of the Thirty-Ninth Annual ACM Symposium on Theory of Computing (STOC'07), 2007: 85-94.

[87] Ding B, Kulkarni J, Yekhanin S. Collecting telemetry data privately[C]. Proceedings of the 31st International Conference on Neural Information Processing Systems, 2017: 3574-3583.

[88] Dajani A N, Lauger A D, Singer P E, et al. The modernization of statistical disclosure limitation at the US Census Bureau[R]// September 2017 meeting of the Census Scientific Advisory Committee, 2017.

[89] Warner S L. Randomized response: A survey technique for eliminating evasive answer bias[J]. Journal of the American Statistical Association, 1965, 60(309): 63-69.

[90] Vadhan S. The complexity of differential privacy[M]// Lindell Y. Tutorials on the Foundations of Cryptography: Dedicated to Oded Goldreich. Cham: Springer International Publishing, 2017: 347-450.

[91] Dwork C, Kenthapadi K, McSherry F, et al. Our data, ourselves: Privacy via distributed noise generation[C]//Advances in Cryptology-EUROCRYPT 2006: 24th Annual International Conference on the Theory and Applications of Cryptographic Techniques (EUROCRYPT'06), 2006: 486-503.

[92] Mironov I. On significance of the least significant bits for differential privacy[C]//Proceedings of the 2012 ACM conference on Computer and communications security (CCS'12), 2012: 650-661.

[93] Holohan N, Braghin S. Secure random sampling in differential privacy[C]//Proceedings of the 26th European Symposium on Research in Computer Security (ESORICS'21), 2021: 523-542.

[94] McSherry F, Talwar K. Mechanism design via differential privacy[C]//48th Annual IEEE Symposium on Foundations of Computer Science (FOCS'07). 2007: 94-103.

[95] Dwork C, Roth A. The algorithmic foundations of differential privacy [J]. Foundations and Trends in Theoretical Computer Science, 2014, 9(3-4): 211-407.

[96] Kairouz P, Oh S, Viswanath P. The composition theorem for differential privacy[C]//International Conference on Machine Learning (ICML'15), 2015: 1376-1385.

[97] Kasiviswanathan S P, Lee H K, Nissim K, et al. What can we learn privately?[J]. SIAM Journal on Computing, 2011, 40(3): 793-826.

[98] Wang T, Blocki J, Li N, et al. Locally differentially private protocols for frequency estimation[C]//26th USENIX Security Symposium (USENIX Security'17), 2017: 729-745.

[99] Cormode G, Maddock S, Maple C. Frequency estimation under local differential privacy [experiments, analysis and benchmarks][J]. arXiv preprint arXiv: 2103.16640, 2021.

[100] Dwork C, Kohli N, Mulligan D. Differential privacy in practice: Expose your epsilons![J]. Journal of Privacy and Confidentiality, 2019, 9(2).

[101] Aktay A, Bavadekar S, Cossoul G, et al. Google COVID-19 community mobility reports: Anonymization process description (version 1.1)[J]. arXiv preprint arXiv: 2004. 04145, 2020.

[102] Rogers R, Subramaniam S, Peng S, et al. LinkedIn's audience engagements API: A privacy preserving data analytics system at scale[J]. arXiv preprint arXiv: 2002.05839, 2020.

[103] Van Dijk M, Gentry C, Halevi S, et al. Fully homomorphic encryption over the integers[C]//Advances in Cryptology - EUROCRYPT 2010, 29th Annual International Conference on the Theory and Applications of Cryptographic Techniques, Monaco, 2010: 24-43.

[104] Gentry C, Sahai A, Waters B. Homomorphic encryption from learning with errors: Conceptually-simpler, asymptotically-faster, attribute-based [C]//Annual Cryptology Conference (CRYPTO'13), 2013: 75-92.

[105] Ducas L, Micciancio D. FHEW: bootstrapping homomorphic encryption in less than a second[C]//Annual International Conference on the Theory and Applications of Cryptographic Techniques (EUROCRYPT'15), 2015: 617-640.

[106] Bernstein D J. Fast multiplication and its applications[J]. Algorithmic Number Theory, 2008, 44: 325-384.

[107] Longa P, Naehrig M. Speeding up the number theoretic transform for faster ideal lattice-based cryptography[C]//Cryptology and Network Security (CNS'16), 2016: 124-139.

[108] Harvey D. Faster arithmetic for number-theoretic transforms[J]. Journal of Symbolic Computation, 2014, 60: 113-119.

[109] Brakerski Z, Vaikuntanathan V. Efficient fully homomorphic encryption from (standard) LWE[J]. SIAM Journal on Computing, 2014, 43(2): 831-871.

[110] Gentry C, Halevi S, Smart N P. Fully homomorphic encryption with polylog overhead[C]//Proceedings of the Annual International Conference on the Theory and Applications of Cryptographic Techniques (EUROCRYPT'12), 2012: 465-482.

[111] Albrecht M, Chase M, Chen H, et al. Homomorphic encryption standard [Z]. Cryptology ePrint Archive, Paper 2019/939. 2019.

[112] Bajard J C, Eynard J, Hasan M A, et al. A full RNS variant of FV like somewhat homomorphic encryption schemes[C]//Proceedings of the Selected Areas in Cryptography (SAC'16), 2016: 423-442.

[113] Shenoy M A P, Kumaresan R. A fast and accurate RNS scaling technique for high speed signal processing[J]. IEEE Transactions on Acoustics, Speech, and Signal Processing, 1989, 37(6): 929-937.

[114] Halevi S, Shoup V. Bootstrapping for helib[C]//Proceedings of the Annual International Conference on the Theory and Applications of Cryptographic Techniques (EUROCRYPT'15), 2015: 641-670.

[115] Chen H, Han K. Homomorphic lower digits removal and improved FHE bootstrapping[C]//Proceedings of the Annual International Conference on the Theory and Applications of Cryptographic Techniques (EUROCRYPT'18), 2018: 315-337.

[116] Lyubashevsky V, Peikert C, Regev O. A toolkit for ring-LWE cryptography[C]//Proceedings of the Annual International Conference on the Theory and Applications of Cryptographic Techniques (EUROCRYPT'21), 2013: 35-54.

[117] Gentry C, Halevi S, Smart N P. Homomorphic evaluation of the AES circuit[C]//Proceedings of the Annual International Cryptology Conference (CRYPTO'12), 2012: 850-867.

[118] Cheon J H, Han K, Kim A, et al. A full RNS variant of approximate homomorphic encryption[C]//Proceedings of the Selected Areas in Cryptography (SAC'18), 2019: 347-368.

[119] Chor B, Kushilevitz E, Goldreich O, et al. Private information retrieval [J]. Journal of the ACM (JACM'98), 1998, 45: 965-981.

[120] Stern J P. A new and efficient all-or-nothing disclosure of secrets protocol[C]//Proceedings of the International Conference on the Theory and Applications of Cryptology and Information Security (ASIACRYPT'98), 1998: 357-371.

[121] Ahmad I, Agrawal D, Abbadi A E, et al. Pantheon: Private retrieval from public key-value store[C]//Proceedings of the International Conference on Very Large Data Bases (VLDB'22), 2022, 16(4): 643-656.

[122] Angel S, Chen H, Laine K, et al. PIR with compressed queries and amortized query processing[C]//Proceedings of the 2018 IEEE Symposium on Security and Privacy (SP'18), 2018: 962-979.

[123] Gilad-Bachrach R, Dowlin N, Laine K, et al. CryptoNets: Applying neural networks to encrypted data with high throughput and accuracy[C]//Proceedings of the International Conference on Machine Learning (ICML'16), 2016: 201-210.

[124] Goldreich O, Micali S, Wigderson A. How to play ANY mental game[C] //Proceedings of the 19th Annual ACM Symposium on Theory of Computing (STOC'87). Association for Computing Machinery, 1987: 218-229.

[125] Goldreich O. Secure multiparty computation[J]. Preliminary version, 1998, 78: 1-108.

[126] Hazay C, Lindell Y. Efficient Secure Two-Party Protocols[M]. Berlin, Heidelberg: Springer, 2010.

[127] Ostrovsky R, Yung M. How to Withstand Mobile Virus Attacks (Extended Abstract)[C]//Proceedings of the Tenth Annual ACM Symposium on Principles of Distributed Computing, 1991: 51-59.

[128] Ben-Or M, Goldwasser S, Wigderson A. Completeness theorems for non-cryptographic fault-tolerant distributed computation (Extended Abstract)[C]//Proceedings of the 20th Annual ACM Symposium on Theory of Computing (STOC'88), 1988: 1-10.

[129] Yao A C. How to generate and exchange secrets[C]//Proceedings of the 27th IEEE Symposium on Foundations of Computer Science, 1986: 162-167.

[130] Goldwasser S, Micali S, Rivest R L. A Digital signature scheme secure against adaptive chosen-message attacks[J]. SIAM Journal on Computing, 1988, 17(2): 281-308.

[131] Canetti R. Universally composable security: A new paradigm for cryptographic protocols[C]//Proceedings of the 42nd IEEE Symposium on Foundations of Computer Science, 2001: 136-145.

[132] Goldwasser S, Micali S. Probabilistic encryption[J]. Journal of Computer and System Sciences, 1984, 28: 270-299.

[133] Cleve R. Limits on the security of coin flips when half the processors are faulty[C]//Proceedings of the 18th Annual ACM Symposium on Theory of Computing (STOC'86), 1986: 364-369.

[134] Gordon S D, Hazay C, Katz J, et al. Complete fairness in secure two-party computation[C]//Proceedings of the 40th Annual ACM Symposium on Theory of Computing (STOC'08), 2008: 413-422.

[135] Asharov G, Beimel A, Makriyannis N, et al. Complete characterization of fairness in secure two-party computation of Boolean functions[C]//Proceedings of the Theory of Cryptography Conference (TCC'15), 2015: 199-228.

[136] 高莹, 李寒雨, 王玮, 等. 不经意传输协议研究综述 [J]. 软件学报, 2023, 34(4): 1879-1906.

[137] Ishai Y, Kilian J, Nissim K, et al. Extending oblivious transfers efficiently[C]// Proceedings of the Annual International Cryptology Conference (CRYPTO'03), 2003: 145-161.

[138] Boyle E, Couteau G, Gilboa N, et al. Efficient pseudorandom correlation generators: Silent OT extension and more[C]//Proceedings of the 39th Annual International Cryptology Conference (CRYPTO'19), 2019: 489-518.

[139] Orrù M, Orsini E, Scholl P. Actively secure 1-out-of-N OT extension with application to private set intersection[C]//Proceedings of the Cryptographers' Track at the RSA Conference (CT-RSA'17), 2017: 381-396.

[140] Feldman P. A practical scheme for non-interactive verifiable secret sharing[C]//Proceedings of the 28th Annual Symposium on Foundations of Computer Science (FOCS'87), 1987: 427-437.

[141] Ito M, Saito A, Nishizeki T. Secret sharing scheme realizing general access structure[J]. Electronics and Communications in Japan (Part III: Fundamental Electronic Science), 1989, 72: 56-64.

[142] Beaver D, Micali S, Rogaway P. The round complexity of secure protocols [C]//Proceedings of the Twenty-Second Annual ACM Symposium on Theory of Computing (SOTC'90), 1990: 503-513.

[143] Beaver D. Efficient multiparty protocols using circuit randomization [C]//Proceedings of the Annual International Cryptology Conference (CRYPTO'91), 1991: 420-432.

[144] Beerliová-Trubíniová Z, Hirt M. Perfectly-secure MPC with linear communication complexity[C]//Proceedings of the Theory of Cryptography Conference (TCC'08), 2008: 213-230.

[145] Huang Y, Evans D, Katz J. Private set intersection: Are garbled circuits better than custom protocols?[C]//Proceedings of the 19th Annual Network and Distributed System Security Symposium (NDSS'12), 2012.

[146] Mohassel P, Rindal P. ABY3: A mixed protocol framework for machine learning[C]//Proceedings of the 2018 ACM SIGSAC Conference on Computer and Communications Security (CCS'18), 2018: 35-52.

[147] 孙茂华. 现代密码学: 基于安全多方计算协议的研究 [M]. 北京: 电子工业出版社, 2016.

[148] Couteau G. New protocols for secure equality test and comparison[C] //Proceedings of the International Conference on Applied Cryptography and Network Security (ACNS'18), 2018: 303-320.

[149] Kolesnikov V, Kumaresan R. Improved OT extension for transferring short secrets[C]//Proceedings of the 33rd Annual International Cryptology Conference (CRYPTO'13), 2013: 54-70.

[150] Couteau G. Efficient Secure Comparison Protocols[J]. IACR Cryptol. ePrint Archive, 2016: 544.

[151] Saha T K, Koshiba T. Private equality test using ring-LWE somewhat homomorphic encryption[C]//Proceedings of the 3rd Asia-Pacific World Congress on Computer Science and Engineering (APWC on CSE'16), 2016: 1-9.

[152] Kolesnikov V, Kumaresan R, Rosulek M, et al. Efficient batched oblivious PRF with applications to private set intersection[C]//Proceedings of the 2016 ACM SIGSAC Conference on Computer and Communications Security (CCS'16), 2016: 818-829.

[153] Pinkas B, Schneider T, Segev G, et al. Phasing: Private set intersection using permutation-based hashing[C]//Proceedings of the 24th USENIX Security Symposium (USENIX Security'15), 2015: 515-530.

[154] Kolesnikov V, Matania N, Pinkas B, et al. Practical multi-party private set intersection from symmetric-key techniques[C]//Proceedings of the 2017 ACM SIGSAC Conference on Computer and Communications Security (CCS'17), 2017: 1257-1272.

[155] Wagh S, Tople S, Benhamouda F, et al. Falcon: Honest-majority maliciously secure framework for private deep learning[J]. arXiv preprint arXiv: 2004. 02229, 2020.

[156] Araki T, Furukawa J, Lindell Y, et al. High-throughput semi-honest secure three-party computation with an honest majority[C]//Proceedings of the ACM SIGSAC Conference on Computer and Communications Security (CCS'16), 2016: 805-817.

[157] Desmedt Y, Frankel Y. Shared generation of authenticators and signatures[C]// Proceedings of the Annual International Cryptology Conference (CRYPTO'91), 1991: 457-469.

[158] 徐秋亮. 改进门限 RSA 数字签名体制 [J]. 计算机学报, 2000, 23(5): 449-453.

[159] Gennaro R, Goldfeder S, Narayanan A. Threshold-optimal DSA/ECDSA signatures and an application to bitcoin wallet security[C]//Proceedings of the Fourteenth International Conference Applied Cryptography and Network Security (ACNS'16), 2016: 156-174.

[160] Lindell Y. Fast secure two-party ECDSA signing[J]. Advances in Cryptology-CRYPTO'17, 2017: 613-644.

[161] Doerner J, Kondi Y, Lee E, et al. Secure two-party threshold ECDSA from ECDSA assumptions[C]//Proceedings of the IEEE Symposium on Security and Privacy (SP'18), 2018: 980-997.

[162] 中国科学院信息工程研究所. 适用于云计算的基于 SM2 算法的签名及解密方法和系统: CN104243456B[P]. 2017-11-03.

[163] 尚铭, 马原, 林璟锵, 等. SM2 椭圆曲线门限密码算法 [J]. 密码学报, 2014, 1(2): 155-166.

[164] Malkin M, Wu T D, Boneh D. Experimenting with shared generation of RSA keys[C]//Network and Distributed System Security Symposium (NDSS'99), 1999: 43-56.

[165] Kong J, Petros Z, Luo H, et al. Providing robust and ubiquitous security support for mobile ad-hoc networks[C]//Proceedings of the Ninth International Conference on Network Protocols (ICNP'01), 2001: 251-260.

[166] Schnorr C P. Efficient identification and signatures for smart cards[C]// Proceedings of the 9th Annual International Cryptology Conference (CRYPTO'89), 1989: 239-252.

[167] Dalskov A, Orlandi C, Keller M, et al. Securing DNSSEC keys via threshold ECDSA from generic MPC[C]//Proceedings of the 25th European Symposium on Research in Computer Security (ESORICS'20), 2020: 654-673.

[168] 刘振亚, 林璟锵. SM2 数字签名算法的两方门限计算方案框架 [J]. 软件学报, 2023: 1-24.

[169] 张可臻, 林璟锵, 王伟, 等. SM2 签名算法两方门限盲协同计算方案研究 [J]. 密码学报, 2024, 11(4): 945-962.

[170] Lund C, Fortnow L, Karloff H J, et al. Algebraic methods for interactive proof systems[C]//Proceedings of the 31st Annual Symposium on Foundations of Computer Science (FCS'90), 1990: 2-10.

[171] Goldreich O, Micali S, Wigderson A. Proofs that yield nothing but their validity or all languages in NP have zero-knowledge proof systems [J/OL]. J. ACM, 1991, 38(3): 690-728.

[172] Damgård I. On Σ-protocols. [EB/OL]. (2010-03-11)[2024-08-03]. https://www.cs.au.dk/~ivan/Sigma.pdf.

[173] Goldreich O, Kahan A. How to construct constant-round zero-knowledge proof systems for NP[J]. Journal of Cryptology, 1996, 9(3): 167-189.

[174] Damgård I, Pedersen T P, Pfitzmann B. On the existence of statistically hiding bit commitment schemes and fail-stop signatures[C]//Proceedings of the Annual International Cryptology Conference (CRYPTO'93), 1993: 250-265.

[175] Parno B, Howell J, Gentry C, et al. Pinocchio: Nearly practical verifiable computation[C]//Proceedings of the IEEE Symposium on Security and Privacy (SP'13), 2013: 238-252.

[176] Hopwood D, Bowe S, Hornby T, et al. Zcash protocol specification[A/OL]. (2010-01-15)[2024-08-03]. https://zcash.readthedocs.io/en/latest/rtd_pages/protocol.html.

[177] Danezis G, Fournet C, Groth J, et al. Square span programs with applications to succinct NIZK arguments[C]//Proceedings of the International Conference on the Theory and Application of Cryptology and Information Security (ASIACRYPT'14), 2014: 532-550.

[178] Groth J. On the size of pairing-based non-interactive arguments[C]//Proceedings of the Annual International Conference on the Theory and Applications of Cryptographic Techniques (EUROCRYPT'16), 2016: 305-326.

[179] Maller M, Bowe S, Kohlweiss M, et al. Sonic: Zero-knowledge SNARKs from linear-size universal and updatable structured reference strings[C]//Proceedings of the ACM SIGSAC Conference on Computer and Communications Security (CCS'19), 2019: 2111-2128.

[180] Chiesa A, Hu Y, Maller M, et al. Marlin: Preprocessing zkSNARKs with universal and updatable SRS[C]//Proceedings of the Annual International Conference on the Theory and Applications of Cryptographic Techniques (EUROCRYPT'20), 2020: 738-768.

[181] Ben-Sasson E, Chiesa A, Riabzev M, et al. Aurora: Transparent succinct arguments for R1CS[C]//Proceedings of the Annual International Conference on the Theory and Applications of Cryptographic Techniques (EUROCRYPT'19), 2019: 103-128.

[182] Gabizon A, Williamson Z J, Ciobotaru O. PLONK: Permutations over lagrange-bases for oecumenical noninteractive arguments of knowledge [EB/OL]. (2019-08-21)[2024-08-03]. https://eprint.iacr.org/2019/953.

[183] Bünz B, Fisch B, Szepieniec A. Transparent SNARKs from DARK compilers[C]//Proceedings of the Annual International Conference on the Theory and Applications of Cryptographic Techniques (EUROCRYPT'20), 2020: 677-706.

[184] Kate A, Zaverucha G M, Goldberg I. Constant-size commitments to polynomials and their applications[C]//Proceedings of the International Conference on the Theory and Application of Cryptology and Information Security (ASIACRYPT'10), 2010: 177-194.

[185] Bünz B, Bootle J, Boneh D, et al. Bulletproofs: Short proofs for confidential transactions and more[C]//Proceedings of the IEEE Symposium on Security and Privacy (SP'18), 2018: 315-334.

[186] Groth J. Non-interactive zero-knowledge arguments for voting[C]//Proceedings of the International Applied Cryptography and Network Security Conference (ACNS'05), 2005: 467-482.